农业部物种资源保护（农作物）项目资助

中国作物种质资源
保护与利用"十二五"进展

刘　旭　　张延秋　主编

中国农业科学技术出版社

图书在版编目（CIP）数据

中国作物种质资源保护与利用"十二五"进展/刘旭，张延秋主编. —北京：
中国农业科学技术出版社，2016.9
ISBN 978-7-5116-2726-1

Ⅰ. ①中… Ⅱ. ①刘… ②张… Ⅲ. ①作物—种质资源—利用—中国 Ⅳ. ①S326

中国版本图书馆 CIP 数据核字（2015）第 203093 号

责任编辑　张孝安
责任校对　马广洋
出 版 者　中国农业科学技术出版社
　　　　　北京市中关村南大街12号　邮编：100081
电　　话　（010）8210 9708（编辑室）　（010）8210 9702（发行部）
　　　　　（010）8210 9709（读者服务部）
传　　真　（010）8210 6650
网　　址　http://www.castp.cn
经 销 者　各地新华书店
印 刷 者　北京画中画印刷有限公司
开　　本　787mm × 1092mm　1/16
印　　张　37.25
字　　数　700千字
版　　次　2016年9月第1版　2016年9月第1次印刷
定　　价　160.00元

前 言
PREFACE

农作物种质资源是农业科技原始创新、现代种业发展的物质基础，是保障粮食安全、建设生态文明、支撑农业可持续发展的战略性资源。农作物种质资源保护与利用工作具有公益性、基础性、长期性等显著特点。"十二五"期间，在农业部和财政部的大力支持下，中国农业科学院作物科学研究所牵头组织全国各有关单位、专家，经协同努力，扎实工作，在作物种质资源保护与利用方面取得重要进展。一是在确保库圃原有41.8万份种质资源安全保存基础上，新收集引进各类种质资源7.1万份，其中5.3万余份经鉴定、编目、繁殖，已入国家库和种质圃长期保存，是前10年入库圃保存总量的1.2倍，新增物种数385个。截至2015年底，库圃长期保存总量达到47.1万份，物种数达2452个，实现了我国农作物种质资源保存质量与数量的同步提升。二是繁殖更新了中期库和种质圃30余万份种质资源，累计向5504个单位、3.5万人次，分发了24万余份种质资源，年供种能力比项目执行初期提高了3倍多。三是鉴定筛选出各类作物优异种质1.5万份，向育种家田间展示了2万份次，超过3万人次实地考察了展示现场，索取种质资源3.2万份次。据不完全统计，育种家利用这些种质资源，培育出新品种326个，推广面积上亿亩，直接产值达50多亿元人民币。四是支撑获得国家级科技成果奖13项，省部级奖77项，获得专利32项，发表科技论文1152篇，出版专著89部；支撑国家973、863、科技支撑计划、国家自然科学基金、产业技术体系等项目608项。显然，农作物种质资源在解决国家重大需求方面的支撑作用日益显著。

2015年，农业部、国家发展与改革委员会、科技部联合发布了《全国农作物种质资源保护与利用中长期发展规划（2015—2030年）》，正式启动了"第三次全国农作物种质资源普查与收集行动"，"主要农作物种质资源的精准鉴定与创新利用"已被列入国家重点研发计划。这都标志着我国农作物种质资源保护、研究和利用工作已全面进入发展新阶段。值此"十三五"启动之际，我们组织参与农作物种质资源保护与利用的专家，总结"十二五"取得的巨大成绩，梳理"十三五"面临的新挑战，明确下一步工作目标和重点研发任务，制定行动方案，通过协同攻关，潜心工作，继续推进我国农作物种质资源事业和现代种业的更大发展。

编者

2016年6月

目 录
CONTENTS

农作物种质资源保护与利用"十二五"回顾 1

水稻种质资源（北方） 22

水稻种质资源（南方） 31

小麦种质资源 37

玉米种质资源 46

大豆种质资源 54

野生大豆种质资源 61

食用豆种质资源 69

黍稷种质资源 79

小宗作物种质资源 85

棉花种质资源 93

麻类种质资源 101

油料作物种质资源 110

蔬菜种质资源 123

多年生蔬菜种质资源 151

西瓜甜瓜种质资源 160

甜菜种质资源 167

牧草种质资源 174

烟草种质资源 181

抗病虫、抗逆及品质鉴定 186

作物种质资源的长期保存与离体保存 198

作物种质复份保存 207

葡萄、桃种质资源（郑州） 210

梨、苹果种质资源（兴城） 219

桃、草莓种质资源（北京）..229

桃、草莓种质资源（南京）..236

枣、葡萄种质资源（太谷）..244

马铃薯种质资源（克山）..252

甘薯种质资源（徐州）..259

甘薯种质资源（广州）..267

龙眼、枇杷种质资源（福州）..276

砂梨种质资源（武汉）..287

水生蔬菜种质资源（武汉）..296

野生稻种质资源（南宁）..307

野生稻种质资源（广州）..315

香蕉、荔枝种质资源（广州）..326

云南特有果树及砧木资源（昆明）..333

大叶茶树资源（勐海）..346

甘蔗种质资源（开远）..356

新疆特有果树种质及砧木资源（轮台）..364

新疆伊犁野生苹果种质资源（伊犁）..369

柿种质资源（杨凌）..375

柑橘种质资源（重庆）..383

桑树种质资源（镇江）..391

茶树种质资源（杭州）..400

李杏种质资源（熊岳）..410

野生棉种质资源（三亚）..419

野生花生种质资源（武汉）..424

苎麻种质资源（长沙）..431

寒地果树种质资源（公主岭）..438

核桃、板栗种质资源（泰安）..447

山楂种质资源（沈阳）..453

山葡萄种质资源（左家）..469

橡胶树种质资源（儋州）..478

香料饮料种质资源（兴隆）...488

热带牧草种质资源（儋州）...494

木薯种质资源（儋州）...503

热带果树种质资源（湛江）...515

热带棕榈种质资源（文昌）...523

猕猴桃种质资源（武汉）...531

果梅、杨梅种质资源（南京）...546

红萍种质资源（福州）...556

食用菌种质资源...563

绿肥作物种质资源...571

西藏农作物种质资源...577

农作物种质资源保护与利用"十二五"回顾

王述民　卢新雄　李立会　黎　裕　何娟娟

（中国农业科学院作物科学研究所，北京，100081）

摘要：2011—2015年新收集各类作物种质资源71 043份，其中，引进27 726份。经农艺性状的初步鉴定评价、编目和繁殖，入国家种质库和种质圃长期保存资源合计52 945份，其中，入国家种质库保存43 961份，入43个国家种质圃保存8 984份。新增物种数385个，实现了我国作物种质资源在质与量方面的同步提升。截至2015年年底，我国收集保存各类作物种质资源470 627份，物种数2 452个，保存总量居世界第二位，其中，国家作物种质库长期保存资源总量已突破40万份，达到404 690份，43个国家圃保存资源65 937份。通过精准鉴定，评价筛选出1.5万份优异农作物种质资源。共繁殖更新作物种质资源104 053份，累计分发种质24.2万份次，其中，向育种家田间展示了21 998份优异种质，先后有33 522人次参加了现场展示会，有针对性索取32 375份（次）优异种质。年均信息共享服务达30万人次。"十二五"期间种质资源支撑效果成效显著：已培育出粮、棉、油、糖、茶、烟、蔬菜、果树等作物新品种326多个，获得国家级科技成果奖13项，省部级奖77项，获得专利32项，发表有代表性的科技论文1 152篇，出版专著89部，培养博士生72名，硕士生253名。2015年《全国农作物种质资源保护与利用中长期发展规划（2015—2030年）》颁布实施，以及"第三次全国农作物种质资源普查收集行动"项目的启动，标志着我国作物种质资源研究工作进入新的发展阶段。

农作物种质资源是农业科技原始创新、现代种业发展的物质基础，是保障粮食安全、建设生态文明、支撑农业可持续发展的战略性资源。"十二五"期间，我国作物种质资源研究紧紧围绕农业科技原始创新和现代种业发展的重大需求，以"广泛收集、妥善保存、深入评价、积极创新、共享利用"为指导方针，集中力量解决种质资源保护和利用中的重大科学问题和关键技术难题，进一步增加我国种质资源保存数量、丰富多样性，发掘创制优异种质和基因资源，为新品种选育和种业发展提供了重要支撑作用。

一、新收集作物种质资源7.1万余份，资源保存数量与质量得到同步提升

1. 收集引进

新资源收集引进，是丰富我国库存种质资源的遗传多样性，增强国家战略资源的储备的根本保证。"十二五"期间，种质资源收集引进有以下4方面特点。

（1）新收集种质资源71 043份，是前10年收集总量1.2倍。新增收集引进水稻、小麦、玉米、大豆、棉花、油料、糖类、茶叶、烟草、蔬菜和果树等220多种作物的种质资源71 043份（隶属706个物种），见表1所示。其中，从国外引进27 726份，占总数的39%；属种子类的新收集作物种质资源62 059份，占到总数的87%。苗木及多年生类种质资源8 984份，占总数的13%；新增资源隶属于706个物种，其中，引进资源隶属385个物种，占总数的54%。目前这些新增资源已经初步样本登记、试种观察（引进材料需隔离试种检疫）和植物学分类鉴定后，分别临时保存于中期库或种质圃中。

（2）在国内种质资源收集中，主要是注重作物野生近缘种、边远山区、少数民族地区的地方品种、新育成优良品种以及特色种质资源的收集，获得一批珍贵作物种质资源。

①野生种质资源收集。我国的农业野生种质资源十分丰富，5年来在广西壮族自治区新收集野生稻种质资源共2 600多份，其中，含大穗种质25份，米质优的种质269份；在广东省收集到野生稻种茎样本251份，新发现了3个野生稻原生境分布点（历史资料无记载），并在河源市首次发现了1个药用野生稻分布点。在浙皖交界的淳安县王阜乡文家村收集了当地黄色、白色和紫色的淳安黄玉米、淳安白玉米和淳安紫玉米，是不可多得的抗逆、耐瘠、广适等基因来源。在四川省凉山地区收集到荞麦属野生材料*Fagopyrum caudatum* (Sam.) A.J. Li, comb. Nov (尾叶野荞麦)、*F.crispatifolium* J. L. Liu (皱叶野荞麦)、*F. cymosum* (Trev.) Meisn. (金荞麦)、*F. densovillosum* J. L. Liu (密毛野荞麦)等，这些荞麦种都是以前没有收集保护的新物种。

②地方栽培种的收集。在黔西北海拔在1 800m以上的乌蒙山区，新收集贵州抗旱、耐脊、优质地方老品种 "1146"、"1153"等。在云南省、重庆市、四川省、湖南省及江西省等地，收集大豆地方品种432份。在陕西省、山东省、河南省、广西壮族自治区、甘肃省、四川省、新疆维吾尔自治区等地新收集到葡萄4个种，包括鸡足葡萄（*Vitis anceolatifoliosa* C. L. Li）、小叶葡萄（*Vitis sinocinerea* W. T. Wang）、东南葡萄（*Vitis chunganensis* Hu）和河口葡萄（*Vitis hekouensis* C. L. Li）。在河北省、甘肃省、西藏自治

区等地收集到苹果地方资源，如"中国彩苹""香果""槟子"及"西藏八宿变叶海棠"等，并在甘肃省收集到梨优异地方品种"黑梨"等。

③新育成优良品种的收集。新育成品种聚合了较多的优质、抗病虫、抗逆等优异性状的基因，是作物种质资源重要的组成部分。本专项新收集的育成品种以大田作物居多，其中，包括育成小麦品种或优良品系1 404份，育种家创造的优异资源500余份，包含了小麦与中间偃麦草的远缘杂交中间材料和黑粒小麦等特异资源445份。以及水稻育成品种1 256份、大豆639份、谷子627份、棉花189份等。

④特色种质资源的收集。特色种质资源是我国人民多样化膳食结构的物质基础，也是增加农民收入的重要源泉。例如，在西北地区收集到一个玉米特长穗资源"30268"，穗长达到35cm；在新疆维吾尔自治区、甘肃省、青海省、河北省、贵州省、云南省等地新收集到特异苹果资源"红肉苹果""伏羲果""木瓜苹果"等特色苹果资源，并在云南省抢救性收集变叶海棠特异类型。收集引进一批桃特色种质资源，如红肉桃资源10份，短低温毛桃资源4份，极抗寒的珲春桃资源3份。收集引进一批草莓特色种质资源，如西藏林芝色季拉山上采集的18份野生草莓，内蒙古自治区、四川省采集的7份野生草莓。新收集到一批特异类型的龙眼资源，如"骨龙眼A""骨龙眼B"果皮为红色，一年多次开花结果，"中安1号""标桂龙眼""庆海1号"为一年两次开花结果，"Daw""HDIU20"等有香气、优质。

（3）在财政部支持下，农业部于2015年7月发布《第三次全国农作物种质资源普查与收集行动实施方案》。专项行动方案目标：全面普查2 228个农业县各类作物种质资源，征集种质资源4万~4.5万份；选择种质资源丰富的665个农业县，组织专业调查队伍进行实地系统调查，抢救性收集资源5.5万~6万份；对收集的10余万份种质资源进行繁殖和鉴定评价，并编目入库（圃）保存7万份；建立全国农作物种质资源分布、图像和地理生态数据库，并依据国家相关规定开放共享。为此，该行动方案的实施，将进一步丰富我国作物种质资源多样性，为作物育种和种业发展提供雄厚的物质基础。

（4）国外种质资源收集引进注重育种急需和资源战略储备相结合。例如，通过国外引进130份玉米近缘野生种资源，经初步鉴定和扩繁后存入国家粮食作物中期库，为我国玉米种质资源保护和利用提供新的内涵。从俄罗斯引进新增山黧豆野生种11个，其中，*Lathyrus cicera* L.被称为"红豌豆"，被认为是栽培山黧豆*Lathyrus sativus* L.的直系野生种，两者之间容易杂交成功，可通过人工杂交有目的挖掘该野生种中可能存在的特殊抗病、抗虫、抗逆基因，用于抗性等资源创新。从美国、加拿大、蒙古、ICARDA等国家和国际组织引进了各类小宗作物资源4 258份，其中，大麦3 674份、燕麦554份，谷子30份，包括了一些小宗作物资源新类型和新物种，如从加拿大引进的燕麦材料中，包括80多份野生新材料，再如从蒙古引进的大麦和燕麦资源多为20世纪收集的地方品种，遗传多样性非常丰富。从国外引进的油菜野生近缘物种7个，分别是野生甘蓝 *Brassica villos*、*Brassica incana*、*Brassica cretica*、*Brassica robertian*、*Brassica maurorum*、*Brassica macrocarpa*、*Sinapis arvensis* L.；新增由国外引进的芝麻物种数2个（*Sesamum rediatum*、*Sesamum mulayanum*）。从美国、加拿大、英国、意大利、俄罗斯、德国、缅甸、秘鲁、斐济、印度、乌干达、老挝等十多个国家，引进有性繁殖蔬菜资源1 093份，其中，明确分类的资源中新增物种8个。

2. 入库圃安全保存

通过对新收集引进资源的基本农艺性状的鉴定，其中，有52 945份编目繁殖入国家种质库和种质圃进行长期保存，其中，入国家作物种质库43 961份（表2），入43个国家种质圃8 984份。新增物种数385个，实现了我国作物种质资源在质与量方面的同步提升。截至2015年年底，我国收集保存各类作物种质资源470 627份，物种数2 452个，保存总量居世界第二位，其中，国家作物种质库长期保存资源总量已突破40万份，达到404 690份（表2），43个国家圃保存资源65 937份（表3）。10个国家作物种质中期库保存可供分发种质资源471 430份（表4），较长期库保存数量多6.6万余份，这部分为待整理编目繁种入国家长期库保存的种质材料。

随着种质资源在库圃保存时间的延长，进行了库存种质的生活力监测，并不间断实施种质圃保存资源的生长势（衰老）、病虫害、自然灾害监测，以及对活力低弱、受病虫危害严重的资源进行及时更新或复壮，确保库圃47万份种质资源的长期安全保存。2011—2015年国家长期库监测了34种作物4.1万份库存种子活力，表明国家库保存的多数作物种子可安全保存20年以上，对个别发芽率低的种质资源，及时进行了繁殖更新和再入库。此外，"十二五"期间，国家作物种质库新库建设项目在2015年4月得到国家发改委正式批复立项（发改农经〔2015〕773号）。该项目建成后，长期保存能力将从40万份提升到150万份（低温种子库110万份、试管苗库10万份、超低温库20万份、DNA库10万份），以满足今后50年我国作物育种、现代种业发展等对作物种质资源的重大需求；此外有国家热带作物中期库和近20个国家作物种质资源圃改扩建项目列入农业部种业提升工程的建设，以不断建立完善国家农作物种质资源保护设施体系。目前，国家级作物种质资源保护设施体系包括长期库1座、复份库1座、中期种质库10座、种质圃43个、种质信息系统中心1个和原生境保护点189个，为我国作物种质资源持久安全保存与有效利用提供了可靠保障。

二、鉴定和创新出一批优异农作物种质资源，为育种及农业原始创新提供了重要核心材料

"十二五"以来开展了重要育种性状精准鉴定的探索，建立了多年多点、数据高效采集的表型精准鉴定模式，发展了抗病虫、抗逆、品质、氮磷高效等育种急需性状的鉴定方法和标准。相关单位利用这些优异种质已在生产中发挥重要作用。如中国农业科学院作物科学研究所利用其筛选和创制的玉米优异种质材料，携手8家玉米种业公司，共同组建联合创新有限公司，搭建创新平台，旨在利用科研机构所拥有的资源优势，并为支撑我国民族种业发展探索新机制。据统计，2011—2015年共完成17 520份（次）主要作物种质资源的抗病虫、抗逆和品质性状的特性鉴定，包括粮食作物11905份、棉花950份、油料1830份、麻类886份、其他作物1949份。其中，评价筛选出4 041份特性突出、有育种价值的种质资源。

1. 抗病虫种质

通过对不同作物、不同病害分生理小种的接种鉴定，筛选出一批抗性突出的优异种质，例如，抗水稻纹枯病的水稻种质IR 3380-13、IR 78525-140-1-1-3等；高抗二化螟的水稻种质IR 80420-B-22-2、藤系180等；高抗褐飞虱的水稻种质IR 32720-138-2-1-1-2、IR74286-55-2-3-2-3等。抗长管蚜的小麦种质丰强4号、苏邳麦1号等；抗赤霉病的小麦种质宁8164、川80-1283等。抗纹枯病的玉米种质黄包谷（00232012）、紫红玉米（00724007）等；抗粗缩病的玉米种质08F241、辽68等；抗拟轮枝镰孢穗腐病的玉米种质沈11-11、丹599等。以及高抗锈病的野生大豆ZYD05173，抗菌核病种质垦丰10等。

2. 抗逆境种质

在人工控制逆境环境下，鉴定筛选出部分抗逆境种质，包括：水稻孕穗期强耐冷种质珍富15、日引A16、MALIXIU、BNA128、BNA290、BNA312、BNA313、BNA711、BNA774、BNA872、BNA877等，在公主岭冷水浇灌条件下仍表现为极强耐冷或耐冷。小麦耐旱性极强种质中作83-50003、品冬904017-9、石84-7085、泰山7号、烟中1934等；耐湿性极强种质烟C228、冀资辐85-2712、品冬4615-5、廊8505、品冬904024-6、河波小麦等；玉米耐旱性极强的种质CN788、赤L376、早215、米毫及子包谷等；大豆耐旱性极强种质大白眉、茶豆等；耐酸铝性种质锦豆34、铁丰23等；极强耐盐性种质石豆2号、汾豆60等。

3. 品质特性突出种质

通过对主要作物营养品质、加工品质的综合分析，评价筛选出一批品质特性突出的

优异种质，例如，蛋白质含量高、直链淀粉含量低的水稻双优种质New bonnet、BNA66、BNA85、BNA108、BNA109等。具有优异蛋白亚基组合的小麦种质晋麦67号、淮麦18、徐6142、中江971、川80-1283、豫8826(春)、保丰09-2、烟农0761等；以及高蛋白豌豆种质G4315（Jugeva Kirju）、G4308（PERFECTION）、G4560（白豌豆）等。

三、作物种质资源的支撑作用日益显著

2011—2015年间，国家作物中期库和种质圃共繁殖更新种质资源104053份，为提供分发利用奠定了良好基础。同时，采取多种有效措施，如上网公布优异种质目录、田间展示等方式，使得分发的种质资源数量和质量均大幅度提高。"十二五"期间，累计分发种质24.2万份次（表5、表6），在日常分发供种基础上，向育种家田间展示了21998份优异种质，先后有33522人次参加了现场展示会，有针对性索取32375份（次）优异种质，年平均供种分发数量比"十一五"提高了近20%。分发提供资源支撑或服务于各类科技计划项目、课题2380余个，国家科技进步奖13项，省部级科技进步奖77项，新品种326个，重要论文1152篇，重要著作89部。由此可见，作物种质资源在解决国家重大需求问题的支撑作用日益显著。

1. 支撑作物育种和种业发展

据初步统计，"十二五"期间，全国育种、科研、教学和生产单位利用本项目提供的优异种质资源，已经培育出粮、棉、油、糖、茶、烟、蔬菜、水果等新品种326多个，推广面积上亿亩*，直接产值50多亿元人民币。

（1）粮食作物。利用小麦种质"Yuma/*8 Chancellor"为亲本，育成新品种3个，其中，抗白粉病小麦新品种"扬麦11"，已成为长江下游地区主栽品种，累计推广面积达2315万亩；利用"宁麦资25"（携抗白粉病Pm2+Mld）为亲本，育成的"扬麦13"，成为全国推广面积最大的弱筋小麦品种；利用创新种质"95175"，育成"远丰175"，对控制陕西等西北麦区条锈病流行发挥了重要作用；利用"ZKZS289"育成通过河北省审定的玉米新品种"石玉10号"，利用"H111426"育成通过国家审定的玉米新品种"巡1102"；利用高产、抗倒性强、高抗大豆花叶病毒病的大豆种质中品661为亲本，育成中黄59（2011年北京审定）、中黄61（2012年国家审定）、中黄66（2012年北京审定）、中黄67（2012年北京审定）和德大豆1号（2011年云南审定）等5个品种。

（2）纤维作物。利用棉花抗逆、早熟种质"Tamcot SP37"和早熟、优质性状种质

---

*　1亩≈667m²,15亩=1hm²,全书同

"锦444"，育成适合我国西北内陆棉区种植的新品种中棉所49，该品种对全国棉花产业的稳定做出了卓有成效的贡献，"棉花品种中棉所49的选育及配套技术应用"获得2014—2015年度中华农业科技奖一等奖。利用定亚17、Red wood65、陇亚7号等麻类抗旱资源，先后育成陇亚10号和陇亚11号等系列抗旱高产胡麻新品种，在甘肃省、内蒙古自治区、陕西省等累计推广500万亩，新增产值1.0亿元。利用优质、高纤、抗性强亚麻品系96056和高纤、抗倒、早熟的品系96118，通过系谱法和抗病鉴定选择育成黑亚20号，2010—2013年累计增加效益8379.8万元，该品种的选育及推广，获2014年度黑龙江省农业科学技术二等奖。

（3）油料作物。利用优异油菜种质创制的特异资源多彩高产观光油菜种质美农801（乳白）和美农802（杏黄），对打造升级版农村观花经济意义重大，已在江西省婺源、湖北省黄陂木兰、广东省珠海和海南省文昌十余地区试验示范，产生了显著社会和经济效益；利用花生优异种质"粤油13"，育成新品种"泉花551"，该品种已通过福建省和国家南方片和长江流域片审定；利用抗黄曲霉、抗青枯病种质育成中花6花生品种，在接种条件下平均产毒比普通品种减少80%以上，使黄曲霉抗性资源鉴定和遗传分析作为"花生抗黄曲霉优质高产品种的培育与应用"创新点获得2015年湖北省科技进步一等奖。

（4）蔬菜作物。利用本专项提供的优异辣椒资源，育成的"赣丰辣玉""赣丰辣线101"和"赣丰15号"等3个新品种，累计推广应用面积10.48万亩，新增产值10 480.0万元，农民新增纯收入6 288.0万元，社会经济效益和生态效益显著；利用瓠瓜种质"三江口葫子"，育出新品种"浙蒲2号"，该新品种已成为长江流域设施瓠瓜的主栽品种之一，累计增产1 000万kg；利用优异种质"香丝瓜"，育成露地和保护地兼用的丝瓜杂交一代新品种"江蔬一号"，在江苏省占丝瓜生产总面积的95%以上，累计增产可达28 000万kg，累计增加产值近30亿元。

（5）果树作物。筛选出的晚熟、高糖低酸、早结丰产、优质的杂柑新品种"沃柑"，通过了重庆市审定，在广西壮族自治区武鸣、云南省宾川等地示范种植成功，成为当地果农致富增收的"摇钱树"，仅在广西壮族自治区就发展面积达到10万亩以上，实现经济效益3亿元。山东省农业科学院果树研究所依托国家核桃、板栗种质圃优质种质，育成了核桃新品种"岱香""鲁果3号"等新品种，至今已推广2万亩，创社会效益1亿多元。

2. 支撑科技成果

支撑获得国家级重要科技成果有：山西省农业科学院果树研究所利用国家太谷枣圃优异种质资源，培育冷白玉等系列新品种，推广示范面积10多万亩，创经济效益7亿元，荣获2011年度国家科技进步二等奖。中国农业科学院郑州果树研究所利用桃圃优异种质培育优质、广适桃新品种19个。2012年桃新品种种植面积216.7万亩，占全国桃种植面积的20%，获得2013年度国家科技进步二等奖。中国农业科学院作物科学研究所率领全国小麦种质资源研究团队，筛选、创制优异种质17份，有关育种单位利用这些优异种质培育新品种38个，累计种植面积1.64亿亩，获2014年度国家科技进步二等奖。北京市农林科学院蔬菜中心利用国家西瓜甜瓜中期库提供的优异种质资源，开展西瓜优异抗病种质创制与京欣系列新品种选育及推广研究工作，相关成果获2014年国家科技进步二等奖。

3. 支撑重大项目（课题）和科学研究

（1）支撑重大项目（课题）。国家种质库（圃）保存的资源为国家"973"重大项目、国家"863"项目、国家科技支撑计划、国家自然科学基金、产业技术体系等项目立项和顺利实施提供了重要支撑作用。例如，支撑国家"973"等重大项目有："农作物核心种质构建、重要新基因发掘与有效利用研究"，"主要农作物骨干亲本遗传构成和利用效应的基础研究"。这两个项目拟解决的关键科学问题：构建核心种质并从中发掘重要新基因遗传学基础和解析骨干亲本的遗传基础，并从种质资源中筛选和创制候选骨干亲本。在产业技术体系方面，多数种质资源库圃都为各自作物的产业体系提供大量优异种质或亲本材料。

（2）支撑基础科学研究。作物种质资源在解决和探讨重大科学问题方面的作用日益显著。例如，中国水稻研究所国家水稻种质资源中期库，负责我国水稻种质资源的收集、鉴定评价、中期保存与供种分发。该库收集保存国内外水稻种质资源7.5万余份，对外分发4万余份次，利用单位育成品种37个，累计推广6 273万亩，社会及间接经济效益显著。该库系统对水稻种质资源进行单株有效穗数、每穗粒数、抽穗期、抗旱性和落粒性等10多项表型性状的鉴定，获得在多样性和代表性方面的研究样本。中国科学院韩斌研究员利用国家水稻种质资源中期库提供1 083份栽培稻和部分普通野生稻资源，研究认为水稻驯化从中国南方地区的普通野生稻开始，经过漫长的人工选择形成了粳稻；处于半驯化中的粳稻与东南亚、南亚的普通野生稻杂交而形成籼稻。该研究解开了困扰植物学界近百年的栽培稻起源之谜，证明了中国古代农业文明的辉煌，同时阐明了栽培稻的驯化过程对今天利用基因组技术改良作物有重要意义，该成果于2012年10月4日在《Nature》在线发表；韩斌研究员又以国家水稻种质资源中期库所提供的950份代表性国内外水稻材料，鉴定了一些可能影响水稻群体分化的基因组区段和候选基因，并系统研究了抽穗期和产量相关性状的遗传基础，建立了能够用于更精确地对大规模自然资源群体候选基因进行筛选和鉴定的研究体系。该成果发表于2012年44卷第1期的《Nature Genetics》。中国科学院遗传与发育研究所傅向东研究员通过对国家水稻种质资源中期库提供的Basmati等29份国外长粒型水稻品种的分析，发现该类型品种中GW8基因等位变异相同，说明该单倍型已在生产中被广泛利用，提升了水稻品质，相关研究成果发表于2012年44卷第8期的《Nature Genetics》。上述研究案例表明，丰富的种质资源和进行表型鉴定是深入开展科学研究，探讨科学问题的基本条件。

四、作物种质资源中长期发展规划制定与颁布等

《全国农作物种质资源保护与利用中长期发展规划（2015—2030年）》（以下简称《规划》），于2015年2月首次由农业部、国家发改委、科技部联合颁布。该《规划》的颁布是我国作物种质资源保护和利用发展史上的标志性事件。规划明确了今后一个时期我国农作物种质资源保护与利用的总体思路、基本原则、发展目标、主要任务、行动计划及保障措施等，是加快促进我国农作物种质资源支撑民族种业发展的战略规划和行动指南。《规划》提出的相关行动计划，如"第三次全国农作物种质资源普查与收集行动"项目已于2015年4月正式启动，由农业部牵头，中国农业科学院作物科学研究所组织实施。《规划》中提出的"作物种质资源精准鉴定与创新利用"行动计划，已列入科技部国家重点研发计划专项，该项目主要研究水稻、玉米、小麦、大豆、棉花、油菜、蔬菜等七大农作物初筛特异种质和应用核心种质的表型和基因型特点，重点开展产量、品质、抗病虫、抗逆、养分高效、适于机械化等性状的多年多点表型精准鉴定，以及全基因组水平基因型鉴定，建立表型和基因型数据库；建立种质资源高效创新技术体系，创制具有育种利用价值的新种质，并提供育种利用。该项目于2015年11月16日发布项目申报指南，将于2016年启动实施。为此，随着《规划》相关行动计划的实施，将使我国由种质资源大国发展成为基因资源强国，全面支撑我国新型育种体系和现代农作物种业发展。

2015年11月4日，第十二届全国人民代表大会常务委员会第十七次会议通过《中华人民共和国种子法》修订，种质资源部分的第十条增加了"占用种质资源库、种质资源保护区或者种质资源保护地的，须经原设立机关同意"的条款，从立法明确规定了种质资源保护设施是受国家法律保护的。第十一条部分条款修订为："向境外提供种质资源，或者与境外机构、个人开展合作研究利用种质资源的，应当向省、自治区、直辖市人民政府农业、林业主管部门提出申请，并提交国家共享惠益的方案。受理申请的农业、林业主管部门经审核，报国务院农业、林业主管部门批准"。因此，对于国家作物种质资源库和种质圃，如有关部分需动用或搬迁保护设施，须经农业部批准同意。在与国外机构进行种质资源合作交流方面，需预先提出申请，且需有国家共享惠益的实施方案，相关部分才能受理和批准。

五、"十三五"工作重点

项目立项实施15年来，我国作物种质资源保护与利用工作取得了显著成效，但仍面临着新的挑战。一是特有种质资源消失风险加剧。随着城镇化、现代化、工业化进程加速，气候变化、环境污染、外来物种入侵等因素影响，以及30年来未开展全国性农作物种质资源普查，致使我国种质资源本底不清、地方品种和野生种等特有种质资源丧失严重。二是优异资源和基因资源发掘利用严重滞后。现有48万余份种质资源已开展深度鉴定的仅占2%左右，种质资源表型精准鉴定、全基因组水平基因型鉴定以及新基因发掘不够，难以满足品种选育对优异新种质和新基因的需求，资源优势尚未转化为经济优势。三是种质资源保护与鉴定设施不完善。现有库（圃）保存容量不足、覆盖面不广，分区域、分作物表型精准鉴定基地和规模化基因发掘平台缺乏，野生资源原生境保护与监测设施亟待加强。四是种质资源有效交流与共享不够。由于法律法规不完善，机制不健全，种质资源国际交流受限，部分种质资源流失，保存资源未能得到有效共享。因此"十三五"期间，将重点开展如下3方面工作。

1. 加强作物种质资源的收集与保护

（1）加快推进第三次全国农作物种质资源普查与收集行动。我国分别于1956—1957年和1979—1983年对农作物种质资源进行了两次大规模普查。三十多年来，气候、自然环境、种植业结构和土地经营形式发生了很大变化。此外，我国作物种质资源也存在本底不清、收集不全、多样性不高、与发达国家差距明显等问题，因此，很有必要开展第三次全国农作物种质资源普查与收集行动，系统收集种质资源10余万份。

（2）加强国外优异种质资源引进。我国保存资源中，外引资源仅占18%左右。而美国保存资源中，外引资源占了80%。因此，急需开展国外种质资源引进，拓展和丰富我国保存种质资源的多样性，实现保存数量和质量的同步提高。建议加强与东南亚、西亚、拉丁美洲等玉米、小麦、马铃薯等作物起源地及多样性富集国家的交流与合作，开展种质资源的联合考察、技术交流，建立联合实验室，共享研究成果和利益，加大优异资源引进和交换力度，实现我国资源数量和多样性的同步提升。考察引进国外各类作物种质资源3万份。

（3）持续开展新收集种质资源编目和繁殖入库（圃）保存工作。对抢救性收集和引进的新资源，按照各作物的全国统一编目要求和相关规定，对其基本农艺性状进行初步鉴定，对农艺性状鉴定清楚的资源进行全国统一编目和繁种，编目入库（圃）保存7万份。按照国家作物种质资源信息库建设的相关标准，对入库（圃）的资源进行数据和信息的规范化处理，建立作物种质资源信息库。

（4）加强安全保存技术研究。加强超低温、圃位、原位等安全保存技术的研发，实现更多物种资源的妥善长期保存。我国43个种质圃已收集保存了5.2万余份无性繁殖与多年生资源。这些资源绝大多数以单一形式在单一地点保存，受自然危害频繁，亟须研发超低温、试管苗和DNA等复份保存新技术，实现对重要无性繁殖作物种质资源离体保存和脱毒保存。同时，定期监测库（圃）和原生境保护点保存资源的活力与遗传完整性，及时对库（圃）活力弱、衰老或数量少的种质进行繁殖更新复壮，以确保长期保存种质的活力和遗传完整性。加强原生境保护，保持珍稀、濒危野生近缘植物与自然生境的协同进化。通过拓展库（圃）保存方式和功能，提升种质资源保存水平；通过构建多样化保护体系，实现农作物种质资源的长期安全保存。

2. 加强种质资源的深度发掘与创新应用

（1）构建高效完善的鉴定评价、基因发掘与种质创新技术体系，以初选优异种质资源为研究对象，在多个适宜生态区进行多年的表型精准鉴定和综合评价，筛选具有高产、优质、抗病虫、抗逆、资源高效利用、适应机械化等特性的育种材料，并开展全基因组水平的基因型鉴定，发掘优异性状所在基因组区段、关键基因及其有利等位基因，开发特异分子标记，规模化精准鉴定评价和发掘优异基因。

（2）以地方品种、野生种为供体，通过远缘杂交、理化诱变、基因工程等技术手段，向主栽品种导入新的优异基因，研究该优异基因的遗传与育种效应，剔除遗传累赘，规模化创制遗传稳定、目标性状突出、综合性状优良的新种质。

（3）研究建立对创新种质进行优异基因快速检测、转移、聚合和追踪的技术体系，向育种家提供新材料、新技术等配套服务，促进创新种质的高效利用。

3. 加强种质资源保护与研究条件能力建设

（1）建立以国家长期库为核心，以中期库、种质圃和原生境保护区（点）为依托的国家农作物种质资源保护体系。①在北京新建1座集低温种子库、超低温库、试管苗库和DNA库为一体的现代化种质保存库，承担种质资源长期战略保存。②完善水稻中期库等现有10座国家作物中期库，新建1座热带作物种质中期库。③改造完善苹果、柑橘等现有43个种质圃，在西藏自治区等地新建12个综合性种质圃，以承担相应的多年生、无性繁殖和珍稀濒危作物种质资源的保存。

（2）建立以农作物种质资源鉴定评价综合中心为龙头，区域中心为骨干，分中心为支撑的国家农作物种质资源精准鉴定评价体系，包括在北京新建综合中心1个，承担共性技术研发、技术培训、特有资源的精准鉴定等；在全国一级生态区，新建区域中心9个，承担该区域共性技术研发、引进资源的繁殖更新、适宜该区域种质资源的精准鉴定；在不同作物的主产区，新建设分中心19个，承担该作物种质资源的精准鉴定、展示共享等。

（3）建立完善国家农作物种质资源共享利用体系。建立以中国农作物种质资源信息系统为核心，建设覆盖种质库、种质圃、原生境保护区（点）、鉴定评价中心为网点的国家农作物种质资源共享利用体系。在此基础上建立大数据中心，实时汇集、处理、挖掘种质资源的收集保存、鉴定评价、分发利用等信息，定期发布优异种质资源目录，完善种质资源分发查询和获取服务功能。各网点负责原始数据采集和提交，以及优异种质资源的展示和分发。从而实现互联互通和信息共享。

表1　2011—2015年各作物收集引进种质资源情况

作物名称	种质份数（份）		物种数（个）（含亚种）	
	总计	其中国外引进	总计	其中国外引进
水稻	4 463	2 430	5	2
小麦	5 042	3 316	0	0
玉米	7 163	5 726	1	1
大豆	6 762	1 711	2	1
食用豆	7 809	5 317	35	30
大麦	5 748	3 674	5	0
谷子	1 458	30	2	0
高粱	1 154	0	1	0
黍稷	9 459	107	1	107
燕麦、荞麦	1 140	554	21	15
油菜	790	405	20	12
花生	841	173	5	5
芝麻	330	89	4	3
蓖麻	94	94	1	1
向日葵	11	11	1	1
红花	190	190	1	1
棉花	1 296	628	11	11
麻类	1 211	305	14	12
甜菜	118	18	1	1
西瓜	20	20	1	1
甜瓜	125	125	1	1
烟草	335	97	3	1
蔬菜	2 016	1 164	121	64
牧草	4 484	9	141	9
野生稻（南宁）	2 600	0	2	0

（续表）

作物名称	种质份数（份）		物种数（个）（含亚种）	
	总计	其中国外引进	总计	其中国外引进
北京桃	85	17	5	3
南京桃	56	10	0	0
郑州桃	127	36	5	0
北京草莓	85	38	3	1
南京草莓	56	12	2	0
枣	162	0	2	0
郑州葡萄	50	16	4	0
山西葡萄	149	50	4	4
梨	122	39	0	0
苹果	177	6	1	1
山楂	108	13	12	5
李、杏	164	33	2	2
寒地果树	192	58	22	12
山葡萄	27	0	1	0
马铃薯	235	84	1	1
甘薯（广州）	55	7	3	1
甘薯（徐州）	149	28	2	2
桑树	248	26	0	0
果梅、杨梅	52	10	2	1
茶树	203	0	3	0
龙眼、枇杷	93	21	3	2
红萍	12	1	3	1
核桃、板栗	106	15	6	3
水生蔬菜	90	10	16	8
猕猴桃	125	4	13	1
砂梨	168	4	4	1
荔枝、香蕉	95	20	0	0
柑橘	218	31	15	1
云南特砧	239	0	34	0
甘蔗	536	36	8	1
大叶茶	134	3	5	0
柿	100	0	1	0
新疆特砧	115	63	4	4
野生苹果	120	0	1	0
橡胶树	86	6	0	0
木薯	56	13	2	1
热带牧草圃	47	47	18	18
棕榈	60	4	0	0

（续表）

作物名称	种质份数（份）		物种数（个）（含亚种）	
	总计	其中国外引进	总计	其中国外引进
香料饮料	233	92	27	18
热带果树	214	60	4	0
绿肥	680	556	59	5
食用菌	355	64	9	9
合计	71 043	27 726	706	385

表2　2011—2015年各作物入国家作物种质库长期保存情况（截至2015年12月）

作物名称	入库保存份数		物种数	作物名称	入库保存份数		物种数
	2011—2015	总计			2011—2015	总计	
水稻	9 358	76 025	3	扁豆	3	40	1
野生稻	612	6 497	20	黎豆	0	44	1
小麦	4 659	46 730	134	四棱豆	0	37	1
小麦特遗	342	2 351		羽扇豆	0	5	1
玉米	5 385	26 458	1	山黧豆	22	45	1
大豆	2 184	27 204	4	棉花	1 459	8 757	19
野生大豆	1 375	8 019		亚麻	1 597	4 856	1
大麦	1 801	20 656	5	青麻	0	103	1
燕麦	1 075	4 483	6	大麻	90	319	1
高粱	1 719	20 530	1	红麻	609	1 434	2
谷子	1 060	27 706	9	黄麻	366	1 205	2
黍稷	610	9 404	1	花生	829	7 472	16
稗子	6	732	1	油菜	1 156	7 456	13
荞麦	119	2 729	2	芝麻	929	6 048	1
豇豆	122	3 103	1	苏子	0	471	1
豌豆	362	5 168	1	红花	587	3 065	1
绿豆	671	6 121	1	向日葵	0	2 739	2
红小豆	147	4 757	1	蓖麻	492	2 648	1
饭豆	9	1 609	1	烟草	260	3 667	35
小扁豆	142	1 046	1	甜菜	214	1 662	1
木豆	50	138	1	绿肥	0	663	71
普通菜豆	679	5 409	1	牧草	796	4 508	387
多花菜豆	16	209	1	籽粒苋	0	1 459	7
蚕豆	542	5 399	1	西瓜	64	1 182	7
鹰嘴豆	601	956	1	甜瓜	100	1 097	15
刀豆	0	13	1	蔬菜	741	30 223	118
利马豆	1	33	1	合计	43 961	404 690	785

表3 国家作物种质圃保存资源状况（截至2015年12月）

序号	种质圃名称	保存作物	种质份数（个）		物种数（个）（含亚种）	
			总计	其中国外引进	总计	其中国外引进
1	国家果树种质桃草莓圃（北京）	桃	485	155	6	0
		草莓	385	250	7	0
2	国家果树种质枣葡萄圃（太谷）	枣	728	6	2	1
		葡萄	569	335	14	1
3	国家果树种质梨苹果圃（兴城）	梨	1 093	275	14	2
		苹果	1 097	487	24	9
4	国家果树种质梨山楂圃（沈阳）	山楂、榛	503	15	21	5
5	国家果树种质李杏圃（熊岳）	杏	821	89	10	2
		李	699	170	10	2
6	国家果树种质寒地果树圃（公主岭）	寒地果树	1 280	231	88	20
7	国家种质资源山葡萄圃（吉林）	山葡萄	392	2	1	1
8	国家马铃薯种质试管苗库（克山）	马铃薯	2 141	1 537	13	13
9	国家甘薯种质试管苗库（徐州）	甘薯	1 329	300	16	15
10	国家桑树种质圃（镇江）	桑树	2 218	151	16	9
11	国家果树种质桃草莓圃（南京）	桃	645	210	6	0
		草莓	356	228	15	5
12	国家果梅杨梅种质资源圃（南京）	果梅	40	10	1	1
		杨梅	30	0	1	0
13	国家茶树种质圃（杭州）	茶树	2 150	103	7	103
14	国家果树种质龙眼枇杷圃（福州）	龙眼	338	24	2	1
		枇杷	608	42	15	1
15	国家红萍种质资源圃（福州）	红萍	505	351	7	7
16	国家果树种质核桃板栗圃（泰安）	核桃	400	35	10	5
		板栗	356	37	8	3
17	国家果树种质桃葡萄圃（郑州）	葡萄	1 241	787	28	14
		桃	800	273	7	0
18	国家水生蔬菜种质圃（武汉）		1 844	70	34	13
19	国家猕猴桃种质资源圃（武汉）	猕猴桃	1 188	6	51	2
		水冬哥	1	1	1	0
		三叶木通	45	0	2	0
		泡泡果	10	10	1	0
20	国家野生花生种质圃（武昌）	野生花生	295	295	35	35
21	国家果树种质砂梨圃（武昌）	梨	939	107	7	1
22	国家苎麻种质圃（长沙）	苎麻	2 053	21	20	2

（续表）

序号	种质圃名称	保存作物	种质份数（个）		物种数（个）（含亚种）	
			总计	其中国外引进	总计	其中国外引进
23	国家野生稻种质圃（广州）	野生稻	5 078	237	20	19
24	国家果树种质荔枝香蕉圃（广州）	香蕉	302	69	6	5
		荔枝	300	3	1	0
25	国家甘薯种质圃（广州）	甘薯	1 329	201	3	1
26	国家野生稻种质圃（南宁）	野生稻	5 810	0	21	0
27	国家果树种质柑橘圃（重庆）	柑橘	1 430	508	80	27
28	国家果树种质云南特有果树及砧木圃（昆明）	云南特砧	1 091	50	163	10
29	国家甘蔗种质资源圃（开远）	甘蔗	2 724	665	16	5
30	国家种质勐海大叶茶树资源圃（西双版纳）	茶树	1 575	18	28	0
31	国家果树种质柿圃（杨凌）	柿	764	67	8	1
32	国家果树种质新疆特有果树及砧木圃（轮台）	新疆特砧	784	91	32	5
33	国家伊犁野生苹果种质资源圃（伊犁）	野生苹果	120	0	1	0
34	国家野生棉种质圃（三亚）	野生棉	778	638	41	38
35	国家橡胶种质圃（儋州）	橡胶树	6 155	0	6	6
36	国家木薯种质资源圃（儋州）	木薯	606	156	2	1
37	国家热带牧草种质资源圃（儋州）	热带牧草	225	90	31	23
38	国家热带棕榈种质资源圃（文昌）	油棕	89	55	1	0
		椰子	185	91	1	0
		槟榔	61	6	1	0
39	国家热带香料饮料种质资源圃（万宁）	咖啡	94	48	3	3
		胡椒	169	31	56	16
		香草兰	34	22	6	4
		可可	92	56	3	3
40	国家热带果树种质资源圃（湛江）	热带果树	935	335	4	0
41	国家小麦野生近缘植物圃	小麦野生近缘植物	2 195	683	190	131
42	国家多年生蔬菜种质圃	无性繁殖蔬菜	969	56	102	2
43	国家多年生牧草圃	牧草	573	271	100	35
44	国家绿肥种质资源中心（北京）	绿肥作物	2 550	1 422	123	16
45	国家食用菌标准菌株库（北京）	食用菌	1 336	249	118	89
合计			65 937	12 731	1 667	713

表4　国家作物种质中期库保存资源状况（截至2015年12月）

序号	中期库名称	保存作物	种质份数（个）		物种数（个）（含亚种）	
			总计	其中国外引进	总计	其中国外引进
1	国家粮食作物种质中期库	水稻（北方）	39 169	7 718	4	2
		小麦	49 004	18 333	19	16
		玉米	25 462	8 168	1	1
		大豆	41 183	4 052	2	1
		食用豆	37 859	7 539	38	33
		大麦	22 551	7 992	5	5
		谷子	28 395	30	2	0
		高粱	20 738	0	1	0
		黍稷	9 459	107	1	107
		燕麦	4 750	1 785	21	15
		荞麦	3 317	0	11	0
2	国家水稻种质资源中期库	水稻（南方）	78 168	23 772	13	12
3	国家棉花种质资源中期库	棉花	10 088	3 092	36	32
4	国家油料种质资源中期库	油菜	8 437	1 819	20	12
		花生	8 440	2 981	2	2
		芝麻	6 149	632	4	3
		蓖麻	2 719	34	1	1
		向日葵	3 026	432	1	1
		红花	2 917	1 770	1	1
		苏子	529		1	
5	国家麻类种质资源中期库	红麻	2 004	850	15	14
		黄麻	2 149	689	12	11
		亚麻(含胡麻)	6 008	2 122	10	6
		大麻	450	47	2	1
		青麻	280	2	1	1
		秋葵	79	1	1	1
6	国家蔬菜种质资源中期库	有性繁殖蔬菜	32 743	3 730	120	88
7	国家甜菜种质中期库	甜菜	1 560	532	1	1
8	国家烟草种质资源中期库	烟草	5 377	796	38	38
9	国家牧草种质资源中期库	牧草	15 462	2 397	737	56
10	国家西瓜甜瓜中期库	西瓜	1 644	566	7	5
		甜瓜	1 314	541	15	12
	合计		471 430	102 529	1 143	478

表5 2011—2015年各作物资源编目、繁殖更新及鉴定情况

作物	编目（份）	繁殖更新（复壮）（份次）	鉴定评价（份次）
水稻（北方）	8 446	8 206	13 730
水稻（南方）	3709	1 300	0
小麦	5 042	2 125	2 820
玉米	3 579	2 437	2 314
大豆	3 299	9 509	6 198
食用豆	4 070	2 889	1 258
小宗作物	6 678	11 474	11 296
油料	4 583	4 092	1 830
棉花	1 922	850	1 710
麻类	2 804	3 541	3 825
甜菜	118	216	105
西瓜、甜瓜	184	219	342
烟草	335	1 100	350
蔬菜	3 201	5 465	3 201
牧草	4 484	1 972	1 839
野生稻（广州）	5 760	250	6 000
野生稻（南宁）	5 760	250	6 000
桃、草莓（北京）	0	170	215
桃、草莓（南京）	122	227	135
桃、葡萄（郑州）	1 873	361	361
枣、葡萄（太谷）	289	467	291
梨、苹果	260	368	1 931
山楂	100	160	298
李、杏	176	570	324
寒地果树	330	270	380
山葡萄	116	60	269
马铃薯	235	1 650	235
甘薯（广州）	1 329	4 916	1 107
甘薯（徐州）	110	1 300	322
桑树	2 466	2 526	248
果梅、杨梅	70	150	91
茶树（杭州）	213	272	201
大叶茶树（西双版纳）	84	176	279
龙眼、枇杷	93	267	250
红萍	505	505	70
核桃、板栗	106	0	106
水生蔬菜	84	1 730	1 400
猕猴桃	30	1 248	429

（续表）

作物	编目（份）	繁殖更新（复壮）（份次）	鉴定评价（份次）
砂梨	182	225	1 060
荔枝、香蕉	95	369	95
柑橘	200	352	256
云南特砧	162	125	166
甘蔗	347	2 724	1 823
柿	118	890	191
新疆特砧	362	0	106
野生苹果	60	120	60
橡胶	80	180	80
木薯	606	1 152	1 231
热带牧草	210	210	210
棕榈	0	0	13
香料饮料	439	165	306
热带果树	40	5 486	187
野生棉	15	609	472
野生花生	132	270	180
苎麻	7	0	136
多年生蔬菜	420	2 171	400
绿肥	0	470	325
食用菌	110	15 247	64
合计	76 150	104 053	79 121

表6　2011—2015年各作物种质资源分发利用情况

作物	份数（次）	用种单位数	用种人数
水稻（北方）	19 341	248	395
水稻（南方）	9 036	75	156
小麦	8 608	169	258
玉米	5 622	286	520
大豆	61 309	448	625
食用豆	14 071	52	347
小宗作物	25 765	76	125
油料	8 084	91	152
棉花	11 191	123	494
麻类	2 952	42	59
甜菜	627	13	51
西瓜、甜瓜	1 815	41	42
烟草	5 275	40	102
蔬菜	6 770	87	127

（续表）

作物	份数（次）	用种单位数	用种人数
牧草	1 421	60	69
野生稻（广州）	2 000	21	85
野生稻（南宁）	2 000	21	108
桃、草莓（北京）	4 800	80	157
桃、草莓（南京）	1 001	5	26
桃、葡萄（郑州）	4 899	147	317
枣、葡萄（太谷）	2 380	118	1 360
梨、苹果	4 446	140	278
山楂	623	9	13
李、杏	1 166	17	100
寒地果树	353	40	57
山葡萄	346	26	41
马铃薯	1 244	58	170
甘薯（广州）	1 070	25	90
甘薯（徐州）	1 468	22	26
桑树	1 182	53	112
果梅、杨梅	260	12	22
茶树（杭州）	1 131	37	62
大叶茶树（西双版纳）	2 218	20	37
龙眼、枇杷	2 170	68	83
红萍	306	13	85
核桃、板栗	773	77	138
水生蔬菜	1 675	168	491
猕猴桃	411	52	82
砂梨	4 142	85	228
荔枝、香蕉	608	77	87
柑橘	1 390	58	235
云南特砧	733	44	155
甘蔗	1 408	12	22
柿	1 151	16	92
新疆特砧	2 789	16	96
野生苹果	30	2	23
橡胶	992	8	13
木薯	1 567	39	54
热带牧草	562	29	108
棕榈	175	29	175
香料饮料	238	12	12/23
热带果树	5	5	27

（续表）

作物	份数（次）	用种单位数	用种人数
野生棉	1 661	36	58
野生花生	272	13	40
苎麻	367	38	63
多年生蔬菜	116	87	127
绿肥	3 734	22	200
食用菌	440	48	245
合计	242 189	3 756	9 510

水稻种质资源（北方）

韩龙植　杨庆文　乔卫华　马小定　曹桂兰

（中国农业科学院作物科学研究所，北京，100081）

一、主要进展

1. 收集与入库（圃）

"十二五"期间开展了野生稻种、地方稻种、选育稻种等水稻种质资源的国内调查收集和国外考察引进。共收集水稻种质资源2 718份，其中，野生稻资源585份、栽培稻资源2 133份。野生稻资源主要来自国内的广东省、广西壮族自治区和海南省等省区以及国外的老挝、柬埔寨、马来西亚、斯里兰卡等国家；地方稻种主要来自云南省和贵州省；选育品种主要来自黑龙江省、吉林省、辽宁省、山东省、北京市等北方稻区；国外引进栽培稻品种主要来自韩国、美国、巴西等国家。这些种质资源在今后水稻育种及其相关科学研究领域具有较大的潜在利用价值（图1）。

图1　水稻种质资源现场调查收集（左：海南野生稻调查；右：贵州禾类资源调查）

"十二五"期间整理编目的水稻种质资源共8 446份，其中，野生稻613份、栽培稻7 833份（国外引进稻种5 607份、选育稻种1 538份、地方稻种450份、杂草稻资源181份、杂交稻资源57份），使我国水稻种质资源编目数量增至90 832份。经鉴定评价和繁种，入国家长期库5 362份，其中，野生稻613份、栽培稻4 752份（国外引进稻种3 011份、选育稻种1 055份、地方稻种448份、杂草稻资源181份、杂交稻资源57份），使我国国家长期库保存的水稻种质资源数量增至82 370份。经繁种更新和部分农艺性状的补充调查，入国家中期库6 731份，其中，野生稻500份、栽培稻6 231份（国外引进稻种4 012份、地方稻种1 277份、选育稻种881份、杂交稻资源61份），使国家粮食作物种质资源中期库保存的水稻种质资源数量增至35 902份。

2. 鉴定评价

"十二五"期间开展了水稻主要农艺性状、耐冷性、耐盐性和抗旱性等性状的鉴定评价（图2和图3）。完成了主要农艺性状8 935份、耐冷性2 234份、耐盐性1 368份、抗旱性693份的资源鉴定评价，从中筛选出表现大穗、多粒、耐冷、耐盐、抗旱等优异特性的水稻优异种质资源约500份，其中，2011VB196、2011VB204、2012VB1等大穗、多粒等优异种质200份；金安稻、爱国京都旭、Sipulut M、80A90YR72.大白芒、冷水稻、黑壳粘等耐冷种质160份；扬稻3号、PSB RC E22、赣晚籼5号、华粳2号、中组4号、华粳1号、OSMANCIK-97、IR78936-B-6-B-B-B、R78936-B-9-B-B-B、R 0325、冷水糯、大糯等耐盐种质95份；香糯、旱糯、黑谷、小白谷等抗旱种质45份。这些种质在高产、抗旱、耐冷、耐盐等水稻育种方面具有较大的利用价值。

图2　鉴定评价（左：北京主要农艺性状鉴定；右：公主岭冷水灌溉耐冷性鉴定）

图3　鉴定评价（左：宁夏银川抗旱性鉴定；右：河北唐海滨海盐碱地耐盐性鉴定）

3. 分发供种

将水稻优异种质资源向育种及其相关科学研究提供利用是种质资源工作的重要任务之一。以前了解种质资源的途径主要限于网络、出版物、会议、个人联系等形式，而种质资源田间展示为育种者开辟了一个新的途径。田间展示可使育种等相关研究人员在现场了解水稻种质资源的特征特性，并根据各自的研究目标，索取所需要的种质资源，是研究人员了解种质资源比较直接、生动、高效的一种途径。

"十二五"期间，结合水稻种质资源的繁种更新和现场展示，向全国从事育种及其相关科学研究的248个科研院所、高等院校和企业等单位分发供种19341份次（野生稻1 877份次、栽培稻17 464份次），平均每年3 868份次；种质信息服务2 651份次，平均每年530份次。

2015年，由中国农业科学院作物科学研究所和中国水稻研究所联合主办、由辽宁省水稻研究所承办，在沈阳市举办了"全国粳稻优异种质资源现场展示与学术交流会"（图4）。现场展示了优异粳稻种质资源800余份，来自全国21个省（市、自治区）60余个科研院校和企业的从事水稻种质资源、育种和种业的150余名科研人员参加了资源展示会。与会代表认真观摩展示资源，并根据各自育种等研究目标，向"国家农作物种质资源平台·水稻"子平台申请了所需要的水稻种质，索取的资源数量达5 000余份次。另外，针对湖北省育种的需求，2014年与湖北省农业科学院粮食作物研究所合作，在武汉召开了"湖北省水稻种质资源展示暨学术交流会"，来自湖北省的科研院所、高等院校、企业等共22个单位52人参加现场展示会。

图4　水稻优异种质田间展示（沈阳）　水稻优异种质现场观摩

水稻优异种质资源现场展示会的举办得到了与会代表们的高度肯定和赞赏，一致认为优异种质现场展示会为从事水稻种质资源与育种研究的相关人员提供了沟通与了解的良好平台，促进了我国水稻种质资源与育种和种业的合作交流，提高了水稻种质资源的利用效率。此平台的良好运作将会为我国水稻育种和生产的可持续发展以及粮食安全做出积极的贡献。

二、主要成效

1. 支撑获奖成果

江西水稻优异种质资源发掘、创制研究与应用，2012年获得江西省科学技术进步奖二等奖。本项目为获奖成果提供1 000余份水稻种质资源，从中挖掘了二秋矮1号等耐贮藏种质、柳西红、红米麻壳等富含维生素B_1和维生素B_2的种质、晒谷白等耐盐碱种质、余江红等抗白背飞虱种质、赣早籼49号等耐高温种质等一批优异种质资源。提供水稻种质资源利用于我国籼稻和粳稻地方品种、水稻和旱稻地方品种、世界不同地理来源水稻种质的遗传多样性分析以及耐低氮能力鉴定评价研究。

2. 支撑项目

为全国科研院所、高等院校等从事水稻育种及其相关科学研究的单位积极提供利用水稻种质资源，所支撑的相关项目如下。

（1）国家产业技术体系：国家水稻产业技术体系-育种与繁育功能室等2项。

（2）973项目：水稻产量及营养高效相关基因的分离及单元型分析（2010CB125904）、作物特殊营养品质的评价和形成机理与分子改良（2013CB127003）等4项。

（3）863项目：水稻产量性状的功能基因组研究（2012AA10A302-6）、绿色超级稻设计育种的理论和技术体系（2014AA10A601）等3项。

（4）国家自然科学基金：水稻稻瘟病新抗性基因*Piym*的克隆与功能分析（30871606）、水稻低温敏感新基因*lts*图位克隆与功能分析（30971747）等10项。

（5）国家科技支撑计划：水稻种质资源发掘与创新利用（2013BAD01B02）、长江中下游地区两系杂交稻可持续发展关键技术研究与应用（2012BAD07B00）等5项。

（6）转基因重大专项课题：抗逆转基因小麦新品种培育（2013ZX08002002）、水稻规模化转基因技术体系构建（2011ZX08010-004）等5项。

（7）农业部行业科技专项：粮食作物基因对基因病害的抗病品种布局技术与示范（20120314）等2项。

（8）其他项目：中国科学院战略性先导科技专项（A）"分子模块设计育种创新体系"（XDA08010202）、粮食作物基因对基因病害的抗病品种布局技术研究示范（201203014）；黑龙江省省长基金课题"利用分子标记技术提高寒地粳稻的抗瘟性研究"；河南省重大公益性科研项目"河南主要粮食作物遗传改良及优异种质创新基础研究"（111100910100）等28项。

3. 支撑著作和论文

（1）支撑著作

李自超. 2013. 中国稻种资源及其核心种质研究与利用[M]. 北京：中国农业大学出版社.

（2）本项目为应用基础研究提供水稻种质资源，支撑了30余篇论文的研究，代表性论文如下。

Dong W, Cheng Z, Wang X et al. 2011. Determination of folate content in rice germplasm (*Oryza sativa* L.) using tri-enzyme extraction and microbiological assays[J]. Int J Food Sci Nutr. 62(5):537-43.

Li X Y, Qiang S, Song X L et al. 2014. Allele types of the Rc gene of weedy rice in Jiangsu province[J]. Rice Science, 21(5):252-261 .

Ma J, Lei C L, Xu X T et al. 2015. Pi64, encoding a novel CC-NBS-LRR protein, confers resistance to leaf and neck blast in rice[J]. MPMI, 28(5):558-568.

Wu W, Zheng X M, Lu G et al. 2013. Association of functional nucleotide polymorphisms at DTH2 with the northward expansion of rice cultivation in Asia[J]. Proc Natl Acad Sci U S A, 110(8):2775-80.

Zhang L J, Dai W M, Wu C et al. 2012. Genetic diversity and origin of Japonica and Indica like rice biotypes of weedy ricie in the Guangdong and Liaoning provinces of China[J]. Genetic Resources and Crop Evolution, 59(3):399-410.

4. 种质资源提供利用（典型例子）

（1）例一：中国农业科学院作物科学研究所向黑龙江省农业科学院作物育种研究所提供的空育131（统一编号:WD-16784）作为亲本在育种中得到利用，培育了水稻品种"育龙1号"（原代号为育龙06-130），其杂交组合为"空育131/龙稻2号"。经产量、抗稻瘟病性和耐冷性鉴定和品质分析表明，该品种表现为丰产、优质、抗稻瘟病性强、耐寒性强。2009—2010年区域试验平均产量9175.5kg/hm²，较对照品种三江1号增产7.2%；2011年生产试验平均产量10176.0kg/hm²，较对照品种三江1号增产8.7%；2012年1月审定（图5）。

（2）例二：中国农业科学院作物科学研究所向贵州省农业科学院水稻研究所提供的桂朝2号（统一编号：ZD-01006）作为育种亲本之一，培育出恢复系R2190，2014年获得新品种权。该品种表现为株叶型好，茎态集中，叶窄且厚，剑叶张开角度小，穗大粒密；适应性广（图6）。

图5　育龙1号（原代号育龙06-130）的田间成熟期长势

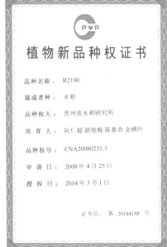

图6　R2190植株照片及职务新品种权证书

三、展望

1.组织全国优势科研力量，提高项目完成质量

组织全国在水稻种质资源基础性工作领域具有竞争优势的科研单位，共同开展水稻种质资源的国内调查收集和国外资源考察引进等工作，并根据水稻种质资源的来源及其生育特性，选择其原产地或适合其种植的生态区，与当地省级农业科学院有关专业研究所合作开展水稻种质资源鉴定评价、繁种更新、编目与入库等基础性工作，这是凝聚全国水稻种质资源基础性工作科研力量，提高任务完成度和质量的有效措施。

2.加强国外水稻种质资源的引进

近几年国外水稻种质资源的引进与入库工作取得了比较显著的成绩，在"十二五"期间编目入库的5 362份水稻资源中国外引进稻种就占了56.15%。然而，目前在我国长期库保存的水稻种质资源中国内收集的种质资源仍然占很大比例（80.74%），国外引进的资源所占比例较小（19.26%）。因此，今后应加大国外种质资源的引进与编目入库工作力度。

3. 积极采取相应措施，保证水稻种质资源的繁种更新质量

在繁种更新过程中，经常发生一些材料发芽率低而出苗不全，高秆地方品种易倒伏，低温冷害导致结实率低等现象，从而影响任务完成进度。今后应采取扩大种植面积、多年重复繁种、及时扶起倒伏植株等相应措施，有效地保证繁种更新种子的数量和质量。

4. 加强种质资源利用效果信息的追踪

从2001年开展水稻种质资源的繁种更新工作以来，向全国科研院所、高等院校和企业等科研单位提供的水稻种质资源数量逐年趋于增加，特别是最近5年每年平均提供水稻种质资源达到3 000余份次，为2001年的5～6倍。但是，所提供的种质资源利用效果的信息反馈不及时，信息量较少，从而难以正确评价种质资源的利用效果。今后应进一步完善种质资源提供与信息反馈机制，积极追踪资源利用效果信息反馈。

附录：获奖成果、专利、著作及代表作品

获奖成果

1. 江西水稻优异种质资源发掘、创制研究与应用，2012年获得江西省科学技术进步奖二等奖，第二完成单位，韩龙植第3完成人。

2. 广西野生稻全面调查收集与保存技术研究及应用，2014年获得广西壮族自治区科技进步二等奖，第二完成单位，杨庆文第2、乔卫华第10完成人。

3. 海南野生稻遗传多样性保护及种质创新研究，获得海南省科技进步二等奖，第二完成单位，杨庆文第2完成人。

主要代表作品

崔迪，杨春刚，汤翠凤，等. 2012. 自然低温和冷水胁迫下粳稻选育品种耐冷性状的鉴定评价[J]. 植物遗传资源学报，13（5）：739-747.

李金梅，崔迪，汤翠凤，等. 2015. 不同时期收集农家保护云南水稻地方品种的表型多样性比较[J]. 植物遗传资源学报，16（2）：238-244.

黎毛毛，廖家槐，张晓宁，等. 2014. 江西省早稻品种抽穗杨花期耐热性鉴定评价研究. 植物遗传资源学报，15（5）：919-925.

黎毛毛，万建林，黄永兰，等. 2011. 水稻微核心种质氮素利用率相关性状的鉴定评价及其相关分析[J]. 植物遗传资源学报，12(3):352-361.

付华，张启星，曹桂兰，等. 2013. 盐胁迫下不同来源粳稻选育品种主要农艺性状的鉴定分析[J]. 植物遗传资源学报，14（1）：42-51.

孙建昌，余滕琼，汤翠凤，等. 2013. 基于SSR 标记的云南地方稻种群体内遗传多样性分析[J]. 中国水稻科学，27(1)：41-48.

徐长营，杨春刚，郭桂珍，等. 2011. 粳稻种质资源的苗期耐碱性鉴定评价[J]. 植物遗传资源学报，12（1）：131-137.

张立娜，曹桂兰，韩龙植. 2012. 利用SSR标记揭示中国粳稻地方品种遗传多样性[J]. 中国农业科学，45（3）：405-413.

张媛媛，束爱萍，张立娜，等. 2011. 中国不同省份籼稻地方品种的遗传结构研究[J]. 作物学报，37(12)：2173-2178.

Cui D, Xu C Y, Tang C F, et al. 2013. Genetic structure and association mapping of cold tolerance in improved japonica rice germplasm at the booting stage[J]. Euphytica, 193(3):369-382.

Cui D, Xu C Y, Yang C G, et al. 2015. Association mapping of salinity and alkalinity tolerance in improved japonica rice (*Oryza sativa* L. spp. *japonica*) germplasm[J]. Genetic Resources and Crop Evolution. 62(4):539-550.

Liang J L, Qu Y P, Yang C Q, et al. 2015. Identif ication of QTLs associated with salt or alkaline tolerance at the seedling stage in rice under salt or alkaline stress[J]. Euphytica, 201(3):441-452.

Ma Xiaoding, Ma Jian, Zhai Honghong, et al. 2015. CHR729 Is a CHD3 Protein That Controls Seedling Development in Rice[C]. PLOS ONE. 10(9): e0138934. doi:10.1371/journal.pone.0138934.

Sun J C, Cao G L, Ma J, et al. 2012. Comparative genetic structure within single-origin pairs of rice (*Oryza sativa* L.) landrace from in situ and ex situ conservation programs in Yunnan of China using microsatellite markers[J]. Genet Resour Crop Evol, 59:1611-1623.

Zhang L N, Cao G L, Han L Z. 2013. Genetic Diversity of Rice Landraces from Lowland and Upland Accessions of China[J]. Rice Science, 20(4): 259-266.

Wei X, Qiao W H, Chen Y T, et al. 2012. Domestication and geographic origin of Oryza sativa in China: insights from multilocus analysis of nucleotide variation of *O. sativa* and *O. rufipogon*. Molecular Ecology, 21: 5073-5087.

附表1　2011—2015年期间新收集入中期库或种质圃保存情况

填写单位：中国农业科学院作物科学研究所
联系人：韩龙植、乔卫华

作物名称	目前保存总份数和总物种数（截至2015年12月30日）				2011—2015年期间新增收集保存份数和物种数			
	份数		物种数		份数		物种数	
	总计	其中国外引进	总计	其中国外引进	总计	其中国外引进	总计	其中国外引进
野生稻（库）	3 811	0	2	0	500	200	3	
野生稻（圃）	5 810	250	21					
栽培稻（库）	35 358	7 718	2	2	1 805	1 319	2	2
合计	44 979	7 968	25	2	2 305	1 519	5	2

附表2 2011—2015年期间项目实施情况统计

一、收集与编目、保存			
共收集作物（个）	2	共收集种质（份）	2 718
共收集国内种质（份）	1 220	共收集国外种质（份）	1 498
共收集种子种质（份）	2 718	共收集无性繁殖种质（份）	585
入中期库保存作物（个）	2	入中期库保存种质（份）	6 731
入长期库保存作物（个）	2	入长期库保存种质（份）	5 362
入圃保存作物（个）	2	入圃保存种质（份）	
种子作物编目（个）	2	种子种质编目数（份）	8 446
种质圃保存作物编目（个）		种质圃保存作物编目种质（份）	
长期库种子监测（份）			
二、鉴定评价			
共鉴定作物（个）	2	共鉴定种质（份）	13 730
共抗病、抗逆精细鉴定作物（个）		共抗病、抗逆精细鉴定种质（个）	4 295
筛选优异种质（份）	500		
三、优异种质展示			
展示作物数（个）	1	展示点（个）	3
共展示种质（份）	800	现场参观人数（人次）	320
现场预订材料（份次）	6 500		
四、种质资源繁殖与分发利用			
共繁殖作物数（个）	2	共繁殖份数（份）	8 206
种子繁殖作物数（个）	2	种子繁殖份数（份）	7 706
无性繁殖作物数（个）	1	无性繁殖份数（份）	500
分发作物数（个）	2	分发种质（份次）	19 341
被利用育成品种数（个）	3	用种单位数/人数（个）	248
五、项目及产业等支撑情况			
支持项目（课题）数（个）	58	支撑国家（省）产业技术体系	2
支撑国家奖（个）		支撑省部级奖（个）	3
支撑重要论文发表（篇）	32	支撑重要著作出版（部）	1

水稻种质资源（南方）

魏兴华

（中国水稻研究所，杭州，310006）

一、主要进展

1. 收集与入库

2011—2015年，中期库新增水稻各类资源2 158份，其中，国外新引进种质911份，国外新种质的引进主要通过国际水稻研究所的"国际稻遗传评价网"（INGER）途径，种质来源主要为印度、泰国、菲律宾等30个左右的全球主要水稻生产国和国际水稻研究所、国际热带农业研究中心、非洲水稻研究中心等5个国际机构。新引进种质经繁殖与农艺形态性状的初步鉴定，入中期库保存。经整理和核查，新编目3 709份水稻资源并入国家长期库保存，其中，新编目种质中国内资源441份，国外资源3 268份（图1）。"十二五"期间，新增及新编目种质均为亚洲栽培稻种。

图1 新引进种质的田间繁殖与初步观察

2. 鉴定评价

2011—2015年，我们对中期库新增的2 158份和长期库入库3 709份资源进行籼粳等12个农艺性状的鉴定，完善资源数据库。另外，对综合农艺性状较优良的516份资源进行了芽期耐冷、耐淹以及白叶枯病、稻瘟病和褐稻虱的抗性鉴定，筛选其中，58份抗白叶枯病、35份抗稻瘟病和15份抗褐稻虱资源进行了2012年的全国稻种资源田间展示与共享（图2）。2014年，中期库对1 000份优良资源（包括1类资源500份，育种中间材料168份，国外优良资源332份）进行5 461个SNP标记（基本覆盖水稻全基因组，约100K检测1个SNP）的检测，完成基因型鉴定，同时完成2个季节的株高、分蘖、生育期以及穗部性状的观察，采用全基因组关联分析的方法，鉴定出30个稻瘟病抗性、23个中胚轴和芽长等一些优良性状的关联位点。

图2 田间白叶枯病接种鉴定

3. 分发供种

2011—2015年，中期库为全国75家单位及个人分发各类水稻资源9 036份次，其中，亚洲栽培稻8 962份次（籼稻5 370份次，粳稻3 592份次），野生稻资源74份次。2012年9月，与中国农业科学院作物科学研究所联合在中国水稻研究所富阳试验基地田间展示319份优异种质（抗性种质为主），主要面向国内种子企业以及科研院所的育种家，取得较好的社会影响。分发种质为国家"973"、"863"、支撑计划、国家水稻产业体系、国家自然科学基金等国家、省部项目提供基础材料，为种子企业创新能力的提升提供支撑作用。据不完全统计，2011—2015年水稻中期库分发种质在我国科学家关于生态式物种形成、水稻基因发掘新方法、杂种优势、粒形、抽穗期等研究中发挥了重要的支撑作用，在《Nature Genetics》《PNAS》《Nature Communication》《Molecular Biology and Evolution》等国际著名期刊发表论文6篇。

4. 安全保存

2011—2015年，中期库繁殖更新1 300份，在一定程度上改善了中期库保存种质的质量和数量。通常，繁殖更新会损失1%的基因，因此在繁殖更新过程中，既保证效率，又弥补多样性的损失，是我们一直关注的问题。为此我们确立中期库繁殖更新的2个基本原则，即，一是确保一定的繁殖群体（75～100株），二是异质群体品种的分型。

二、主要成效

1. 服务于种子企业的创新能力建设

为了促进资源的育种利用，2012年9月6—7日，我们与中国农业科学院作物科学研究所联合在中国水稻研究所富阳试验基地主办了"2012年全国水稻优异种质资源现场展示与学术交流会"，观摩会展示近年来项目所筛选的319份各类资源（图3），包括优质圃（3份）、产量圃（48份）、陆稻圃（15份）、抗白叶枯病圃（58份）、抗稻瘟病圃（35份）、抗褐稻虱圃（15份）、耐铁毒圃（4份）、耐热圃（4份）、穗期耐冷圃（4份）、三系杂交稻保持系圃（25份）、三系杂交稻恢复系圃（104份）等11个圃，国家水稻产业技术体系、部水稻生物学与遗传育种重点实验室各相关研究室、综合试验站，以及全国水稻科研、种子企业等75家单位170余人参加了该次会议，现场考察，通过预订形式

图3　水稻资源展示与交流田间观摩

获取各类资源10000余份次，赢得了代表们的广泛赞誉。

2. 支撑了栽培稻起源研究的新成果

水稻起源、驯化过程的研究一直是学术界的研究热点。根据已有的大量证据，目前普遍认为亚洲栽培稻是在1万多年前由亚洲的野生稻人工驯化而来，广泛分布于中国、东南亚及南亚的普通野生稻是亚洲栽培稻的野生祖先种。但是，亚洲栽培稻最早起源于哪里（中国、东南亚、南亚或是其他地区）？人类最先开始驯化的是同一类野生稻然后逐渐演化出粳稻和籼稻两个亚种呢，还是野生稻中本来就存在着两类水稻然后被分别驯化成粳稻和籼稻呢？基因组上有哪些位点受到了选择从而改变了野生稻的特性形成了适应人类生产作业的栽培稻？这些难题一直困扰着植物界。中国科学院韩斌研究员利用我们提供1083份栽培稻和部分普通野生稻资源，以全基因组SNP变异精细图为基础，认为水稻驯化从中国南方地区的普通野生稻开始，经过漫长的人工选择形成了粳稻；对驯化位点的进一步分析发现，表明广西壮族自治区（珠江流域）更可能是最初的驯化地点；处于半驯化中的粳稻与东南亚、南亚的普通野生稻杂交而形成籼稻。该研究解开了困扰植物学界近百年的栽培

稻起源之谜，证明了中国古代农业文明的辉煌，同时阐明了栽培稻的驯化过程对今天利用基因组技术改良作物有重要意义，相关成果于2012年10月4日在《Nature》在线发表（A map of rice genome variation reveals the origin of cultivated rice. Nature, 2012, 490: 497-501.）。

3. 提升我国水稻基因组学研究国际影响力

中国科学院国家基因研究中心韩斌研究员利用第二代高通量基因组测序技术与关联分析方法，分析我们所提供的950份代表性国内外水稻材料，鉴定了一些可能影响水稻群体分化的基因组区段和候选基因，并系统研究了抽穗期和产量相关性状的遗传基础，建立了能够用于更精确地对大规模自然资源群体候选基因进行筛选和鉴定的研究体系。研究成果发表于2012年44卷第1期的《Nature Genetics》上。中国科学院遗传与发育研究所傅向东研究员通过对我们提供的Basmati等29份国外长粒型水稻品种的分析，发现该类型品种中GW8基因等位变异相同，说明该单倍型已在生产中被广泛利用，提升了水稻品质，相关研究成果发表于2012年44卷第8期的《Nature Genetics》上。据不完全统计，2011—2015年水稻中期库分发种质在我国科学家关于生态式物种形成、水稻基因发掘新方法、杂种优势、粒形、抽穗期等研究中发挥了重要的支撑作用，在《Nature Genetics》《PNAS》《Nature Communication》《Molecular Biology and Evolution》等国际著名期刊发表论文6篇。

三、展望

1. 继续开展现有稻种资源的繁殖更新和保护工作

种质资源繁殖更新是资源保护的基础，也是种质共享的基本条件，是一个连续性的工作。由于种质资源服务对象的全国性，决定了该项工作经费资助的国家性。目前，国家水稻种质中期库保存有各类稻种资源7.8万余份，其中，3.5万余份为1990年以前保存的种质，2001—2015年度已完成繁殖更新2.7万余份，但仍然有0.8万份急需更新；同时，1990年以来近4万份新收集种质中也有部分材料需安排繁殖更新。

2. 加大稻种资源有利基因的开发和利用工作

种质资源保护的目的是开发利用。在做好现有种质繁殖更新的同时，积极开展对种质的充分、精准鉴定、有利基因发掘与利用以及创新等各项开发利用工作，如结合基于全基因组关联分析和遗传图谱的基因发掘、基因型鉴定、等位基因发掘、分子标记辅助选择进行种质创新等，搭建基因鉴定平台，规模化发掘生产急需有利基因，丰富基因多样性。

3. 积极收集和引进国内外优异新资源

据估计，全球有各类稻种资源12万～14万份，其中，我国稻种资源约6万余份。目前，我国现有编目水稻种质中，国内稻种资源6.5万余份，国外资源1万余份。因此，对国外资源收集的潜力巨大，近期尤其应注意引进与产业结构调整相关的基因资源、特色资源与野生近缘种资源。

4.法规化管理稻种资源的共享利用

由于目前种质资源管理体制、经费渠道等方面的问题，仍影响着种质共享能否高效运行。法制化、规范化建立全国性的种质共享体系，创新共享机制，协调各相关部门，明确分工和责权利，仍然是种质资源共享的一个重要课题。

附录：获奖成果、专利、著作及代表作品

获奖成果

水稻种质资源评价与利用, 获2013年度浙江省科学技术奖一等奖。

专利

魏兴华，王彩红，徐群，等. 一种鉴定稻属B、C基因组的SSR标记BM1，专利号：ZL201410018694.1（批准时间：2015年12月2日）。

著作

魏兴华，汤圣祥. 2011. 中国常规稻品种图志[M]. 杭州：浙江科学技术出版社.

主要代表作品

Lu Q, Zhang M C, Niu X J, et al. 2015. Genetic variation and association mapping for 12 agronomic traits in indica rice[J]. BMC Genomics, 16:1 067.

Wang C H, Yang Y L, Yuan X P, et al. 2014. Genome-wide association study of blast resistance in indica rice[J]. BMC Plant Biology, 14:311.

Wang C H, Zheng X M, Xu Q, et al. 2014. Genetic diversity and classif ication of Oryza sativa with emphasis on Chinese rice germplasm[J]. Heredity, 112: 489-496.

Wang C H, Liu X J, Peng S T, et al. 2014. Development of novel microsatellite markers for the BBCC *Oryza genome* (Poaceae) using high-throughput sequencing technology[J]. PLoS One, 9 (3): e91826.

Yu P, Wang C H, Xu Q, et al. 2013. Genome-wide copy number variations in *Oryza sativa* L[J]. BMC Genomics, 14: 649.

Yu P, Wang C H, Xu Q, et al. 2011. Detection of copy number variations in rice using array-based comparative genomic hybridization[J]. BMC Genomics, 12:372.

Xu Q, Chen H, Wang C H, et al. 2012. Genetic diversity and structure of new inbred rice cultivars in China[J]. Journal of Integrative Agriculture, 11(10): 1 567-1 573.

Xu Q, Yuan X P, Yu H Y, et al. 2011. Mapping quantitative trait loci for sheath blight resistance in rice using double haploid population[J]. Plant Breeding, 130:404-406.

附表1 2011—2015年期间新收集入中期库保存情况

填写单位：中国水稻研究所

联系人：魏兴华

作物名称	目前保存总份数和总物种数（截至2015年12月30日）				2011—2015年期间新增收集保存份数和物种数			
	份数		物种数		份数		物种数	
	总计	其中国外引进	总计	其中国外引进	总计	其中国外引进	总计	其中国外引进
水稻	78 168	23 772	13	12	2 158	911	0	0
合计	78 168	23 772	13	12	2 158	911	0	0

附表2 2011—2015年期间项目实施情况统计

一、收集与编目、保存

共收集作物（个）	1	共收集种质（份）	2 158
共收集国内种质（份）	1 247	共收集国外种质（份）	911
共收集种子种质（份）	2 158	共收集无性繁殖种质（份）	0
入中期库保存作物（个）	1	入中期库保存种质（份）	2 158
入长期库保存作物（个）	1	入长期库保存种质（份）	3 709
入圃保存作物（个）	0	入圃保存种质（份）	0
种子作物编目（个）	1	种子种质编目数(份)	3 709
种质圃保存作物编目(个)	0	种质圃保存作物编目种质(份)	0
长期库种子监测（份）	0		

二、鉴定评价

共鉴定作物（个）	0	共鉴定种质（份）	0
共抗病、抗逆精细鉴定作物（个）	0	共抗病、抗逆精细鉴定种质（个）	0
筛选优异种质（份）	0		

三、优异种质展示

展示作物数（个）	1	展示点（个）	2
共展示种质（份）	369	现场参观人数（人次）	170
现场预订材料（份次）	11 660		

四、种质资源繁殖与分发利用

共繁殖作物数（个）	1	共繁殖份数（份）	1 300
种子繁殖作物数（个）	1	种子繁殖份数（份）	1 300
无性繁殖作物数（个）	0	无性繁殖份数（份）	0
分发作物数（个）	1	分发种质（份次）	9 036
被利用育成品种数（个）	0	用种单位数/人数（个）	75

五、项目及产业等支撑情况

支持项目（课题）数（个）	46	支撑国家（省）产业技术体系	1
支撑国家奖（个）	0	支撑省部级奖（个）	1
支撑重要论文发表（篇）	6	支撑重要著作出版（部）	1

小麦种质资源

杨欣明　李秀全　刘伟华　张锦鹏　鲁玉清　李立会

（中国农业科学院作物科学研究所，北京，100081）

小麦种质资源保护与利用专项，由中国农业科学院作物科学研究所小麦种质资源课题组牵头承担，组织全国15家单位共计50余名科研人员协作完成（表1）。通过本项目的实施，使我国小麦种质资源在收集保存、繁殖更新、评价鉴定和分发利用等方面均取得重要进展。

表1　项目参加单位及主要完成人

课题承担单位	主要完成人				
西北农林科技大学	吉万全	王亚娟	王长有		
四川省农业科学院作物研究所	杨武云	胡晓蓉	李　俊		
四川农业大学小麦研究所	陈国跃	刘亚西	蒲至恩	李　伟	
中国科学院遗传所农业资源研究中心	安调过	徐红星	徐云峰		
山东农业大学农学院	李斯深	赵　岩	郭　营	张国华	
江苏省农业科学院粮作所	蔡士宾	吴纪中	张巧凤	蒋彦婕	
青海省农林科学院	马晓岗	李高原	陈丽华	王燕春	
河北省农林科学院粮油作物研究所	李杏普	兰素缺	张业伦		
河南农业科学院小麦研究中心	胡　琳	董海斌	王会伟	李正玲	高　崇
黑龙江省农业科学院粮作所	宋凤英	张宏纪	郭怡璠	孙　岩	刘东军
山东省农业科学院高新技术研究中心	张　斌	彭振英	徐平丽	秦　岭	
中国科学院成都生物研究所	余懋群	邓光兵	龙　海	潘志芬	
河北农业大学农学院（西校区）	王睿辉	刘桂茹	梁　红	温树敏	
河北科技师范学院生命科技学院	车永和	林小虎	杨燕萍	沈江洁	
中国农业科学院作物科学研究所	李立会	杨欣明	李秀全	刘伟华	张锦鹏

一、主要进展

1. 种质资源保存

截至2015年12月，我国收集保存小麦种质资源共计49 004份，涉及小麦族（Triticeae）13属、239种；其中，小麦属（*Triticum* L.）19种47 785份。

2. 种质资源的收集与引进

"十二五"期间新收集资源共计5 042份（表2），其中，国外引进3 316份，占65%，分别来自阿根廷、墨西哥、俄罗斯、蒙古、乌克兰和叙利亚等国家或国际组织，以普通小麦为主，收集来的资源及时进行鉴定、编目入库，繁殖种子后发放利用。收集国内育成品种或优良品系1404份，育种家创造的优异资源500余份，包括小麦与中间偃麦草的远缘杂交中间材料和黑粒小麦等特异资源445份。合同考核指标4750份，超额完成任务。

表2　十二五期间新收集保存小麦种质资源类型及份数

资源类型	入长期库保存份数
国内普通小麦	1404
国外普通小麦	2999
小麦特殊遗传材料	322
小麦稀有种	297
小麦野生近缘植物	20
合计	5042

3. 种质资源更新与鉴定评价

2011—2015年，对2 025份繁殖更新种质和795份新收集种质进行了种子扩繁，全生育期调查记载表型性状：芒性、壳色、粒色、冬春性、株高、穗长、小穗数、小穗粒数、千粒重、叶片茸毛、旗叶角度、分蘖数、穗型、植株整齐度、成熟期、粒质、饱满度、籽粒整齐度、倒伏性、抗寒性等主要农艺性状；对当年田间发病较重病害，进行了抗（耐）病性状的调查记载。发现了一些田间表现抗条锈病、抗白粉病的资源。在此基础上，对表现抗病的材料进行接种诱发鉴定，以发现新的抗病资源。将田间综合农艺性状表现优异的种质材料进行展示和发放。中期库繁殖更新任务指标2 000份，超额完成。

（1）重要农艺性状的筛选。筛选千粒重50g以上的优异资源有11个，60g以上的有3个；多小穗粒数资源6个（5~6粒/小穗）；多小穗资源17个（25个小穗/穗）；对条锈病高抗或免疫资源21个。穗长资源有4个（穗长>16cm）。

（2）抗病、抗逆资源材料的筛选。

①筛选抗赤霉病优异种质：宁麦资66（图1）、宁麦资67（图2）、ZC223 和宁08-30、原冬865、Z124、苏夫和湘M友等10份。

②筛选抗纹枯病优异种质：浩麦1号、06CT481、Baxter、AUS 09089 、EGA wylie、Scout和Lang等10份。

③筛选抗白粉病种质：济公小麦、镇麦9号、川08B4、Premio、PonTicus、WW4385、06CT481. Aus 12775、Scout、Tyalt和ZC134等30余份。

筛选耐湿小麦种质：品冬904110-3、桥梁BW-1、山红麦、白蒲穗、河波小麦、红索条、三月和尚麦等30多份。

图1　"宁麦资66"　抗赤霉病、中抗纹枯病、高抗　　　图2　"宁麦资67"抗赤霉病、高抗白粉病
　　　　黄花叶病

（3）优异资源。

①郑麦1354（抗白粉病、叶锈病、条锈病）。河南省农业科学院小麦研究所选育。半冬性，苗势壮，抗寒性好。分蘖成穗率高，株叶型松散，落黄较好，抗倒伏性好，丰产性突出。籽粒半角质，根系活力强，成熟落黄好。2012年和2013年连续2年经甘肃省天水市农科所鉴定，对白粉病、条锈病、叶锈病均达免疫水平。经分子标记检测含有:白粉病抗性基因$PmHNK$,条锈病抗性基因$YrZH$84和叶锈病抗性基因$LrZH$84。

②人工合成小麦SE5785（抗白粉病新基因）。SE5785是中国农业科学院作物科学研究所从CIMMYT中心引进的人工合成小麦，SE5785通过与当地推广感病品种小偃22杂交进行抗病、大粒种质的筛选，经过连续8年的定向选择，现已得到基本稳定的抗病、大粒种质N07228-1和N07228-2（图3）。千粒重为53～55g。田间高抗陕西关中白粉病优势小种，反应型在0～1级。经过抗白粉病遗传分析，该抗白粉病基因是一个隐形的位于2D染色体上。该实验结果2015年发表在《Euphytica》上。

③人工合成小麦SE5756（抗条锈病新基因）。SE5756是中国农业科学院作物科学研究所从CIMMYT中心引进的人工合成小麦，系谱是68.111/RGB-U//WARDResel/3/Stil/4/*Ae.squarrosa* 783，利用SE5756与西农979杂交及回交，通过7—8年连续抗病性选择，现已获得形态学稳定的田间抗条锈病混合小种的材料N07178-1和N07178-2（千粒重51.1～52.3g），N08256-1和N08256-2（千粒重54.5～56.1g）（图4）。经过抗条锈病遗传分析，该抗条锈病基因是一个显性的位于1BS染色体上。该实验结果2015年发表在《Pak. J.Bot.》上。

小偃22　　　　SE5785　　　　N07228-1　　　　　　　N07228-2

图3　SE5785、小偃22及创新育种材料N07228-1和N07228-2的植株

西农979　SE5756　　N07178-1　　　　N07178-2　　　　N08256-1　　　　N08256-2

图4　人工合成小麦SE5756，西农979及创新育种材料植株

④郑麦07H508（矮秆基因资源）。半冬性早熟，矮秆，冬季耐寒性好。株高45cm左右，分蘖成穗率高，抗倒伏能力强（图6）。籽粒角质，根系活力强，成熟落黄较好。其作父本或母本，均具有较强的致矮力，杂种F_1均比高秆亲本株高明显降低30%以上。进一步研究表明，矮秆基因$Rht-B3$位于4BL上。并构建了$Rht-B3$基因的遗传图谱（图5），两侧距离最近的标记为$Xwmc238$和$Xwmc89$，图距分别为1.5cM和1.1cM。

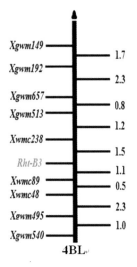

图5 基因*Rht-B3*的遗传图谱 图6 郑麦07H508植株

⑤普冰2011（抗白粉病、叶锈病、条锈病，适应性广）。通过远缘杂交获得的小麦-冰草创新种质，综合农艺性状优良，具有分蘖力强、多小穗，抗逆性强、落黄好，抗白粉病、抗条锈病和叶锈病等优异性状（图7）。自2011年提供利用，作为杂交亲本，已在育种单位广泛应用，例如，石家庄市农业科学院、河南省农业科学院小麦研究所、中国科学院遗传与发育生物学研究所、江苏省农业科学院粮食作物研究所、江苏省里下河地区农业科学研究所、西北农林科技大学和山东省农业科学院作物研究所。

图7 普冰2011植株

⑥优质小麦资源JZF6-148。亲本组合为石00-7221/藁麦5号，通过系谱法选育而成。该品系属半冬性中熟品种，幼苗半匍匐，分蘖力强，成穗率高，亩穗数高，长方穗型，整齐度好，长芒，白壳，白粒，硬质，籽粒光泽度好。亩穗数为45.6，穗粒数33个左右，千粒重43.0克。株高75cm左右，抗倒伏能力较强，落黄好。抗寒、抗旱性好（图8）。河北省

农林科学院旱作所鉴定高产、抗旱节水，抗旱指数为1.389。

该资源2010—2014年，连续3年的产量比较试验，该品系均比对照石4185增产，增产幅度为3.9%~5.5%。

该资源已经向山西省农业科学院、石家庄市农业科学院和石家庄市农业学校、河南省周口市农业科学院，河北省农林科学院旱作研究所，沧州市农业科学院，邯郸市农业

图8　优质小麦资源JZF6-148田间表型

科学院，曲周县农场，邢台市农业科学院9个单位提供利用，目前已经培育出综合农艺性状较好、高产的新品系，有望培育出新品种应用于小麦生产。

4. 种质资源分发供种

通过资源展示极大促进了创新优异种质在育种中的广泛应用，特别是多花多粒，抗逆性、抗病和资源高效利用等优异种质，正是现代小麦育种要取得突破所急需的关键基因资源。"十二五"期间，共向全国169家科研单位及大专院校供种8 608份次，其中，国内普通小麦6 947份，占分发供种总数的80%以上，详见表3所示。分发种质部分被直接应用于引种单位承担的国家重点科研项目，如国家"863""973"计划等，部分材料用于优异基因的分子标记和克隆、评价鉴定等研究。合同任务指标6 000份，超额完成。

表3　2011—2015年分发供种情况及种质类型

种质类型 \ 年度	2011年	2012年	2013年	2014年	2015年	合计
国内资源	1 360	1 396	1 723	1 339	1 129	6 947
国外资源	103	330	80	127	133	773
小麦稀有种	23	219	27	7	43	319
小麦近缘植物	124	189	43	122	91	569
合计	1 610	2 134	1 873	1 595	1 396	8 608
引种单位数	19	44	37	29	40	169

二、主要成效

1. 从鉴定评价的优异种质中发掘新基因和主效QTL 67个，并开发出紧密连锁的分子标记，为传统育种向分子育种的转变提供了新的基因源和技术支撑

为拓宽遗传基础，提高种质资源分发的针对性和利用效率，对鉴定、创制的优异种

质中的目标基因进行了分析和定位，在国内外核心刊物上公开发表新基因或主效*QTL* 67个，并建立了紧密连锁的分子标记。包括：1个半显性矮秆基因，1个茎秆厚壁基因（抗倒伏），1个高穗粒重*QTL*，2个紫(黑)色籽粒基因，8个高分子量麦谷蛋白(*HMW-GS*)亚基，4个籽粒高铁、锌含量*QTL*，11个抗条锈病基因，12个抗白粉病基因，2个抗纹枯病*QTL*，2个抗禾谷孢囊线虫基因，1个抗褐斑病基因，1个显性抗麦长管蚜新基因，7个白皮抗穗发芽*QTL*，8个耐盐*QTL*，1个水分高效利用*QTL*，2个氮素高效利用*QTL*，3个抗铝害*QTL*。其中，从圆锥小麦中发掘出抗麦长管蚜新基因*RA-1*，填补了我国缺乏抗麦蚜基因的空白；抗白粉病新基因*Pm46*（ZL201110241521.2）和*Pm07J126*（ZL201210037308.4）获发明专利。

新基因与紧密连锁分子标记的建立，并对创制种质和携带新基因种质在7个环境下进行了综合评价，这为不同新种质、新基因在不同生态区的有效利用指明了方向，为基因布局育种、控制生物和非生物灾害、获取知识产权提供了理论依据、技术支撑和物质基础。

2. 利用引进并通过综合评价获得的优异种质，培育新品种14个，在推动长江中下游麦区育种中发挥了重要作用

针对育种重大需求，本项目从日本引进"西风小麦"，并通过综合评价，发现具有弱筋、多抗（携抗纹枯病QTL*shes.1-2B*和QTL*shes.2-2B*、抗赤霉病QTL*FHB. 3BS*和QTL*FHB. 5AS*、抗梭条花叶病QTL*WSSMV. 2D*）、耐湿等多个突出目标性状，利用该种质育成"宁麦13"等新品种10个；利用本项目引自美国的"Yuma/*8 Chancellor"（携抗白粉病*Pm4a*）为亲本，育成新品种3个，其中，抗白粉病小麦新品种"扬麦11"，已成为长江下游地区主栽品种，累计推广面积达2 315万亩。

3. 利用本项目品种间杂交新种质，培育新品种19个，在推动黄淮、北部麦区育种以及专用小麦育种中发挥了重要作用

利用本项目创制种质"冀84-5418"为亲本，育成"济麦21"、"泛麦5号"等新品种9个；利用本项目创制的"宁麦资25"（携抗白粉病*Pm2+Mld*）为亲本，育成的"扬麦13"，成为全国推广面积最大的弱筋小麦品种；利用创制种质"冀935-352"（携5+10亚基）为亲本，培育出强筋小麦新品种"石优17"和"石优20"；利用新种质"泰农2413"培育的高产优质抗倒新品种"泰农18"，已成为山东省第二大品种，在该省农业厅组织的单产实打验收中，2009—2011年3点亩产分别为738.38 kg、787.71 kg和781.9kg，推广应用前景广阔。

4. 利用本项目物种间杂交新种质，培育新品种5个，在解决我国小麦生产重大需求方面发挥了重要作用

利用小麦-易变山羊草创新种质 "E-10"（携带抗禾谷孢囊线虫新基因 $CreZ$），培育出我国第一个抗禾谷孢囊线虫的新品种"科成麦2号"；利用普通小麦-硬粒小麦创新种质"冀紫439"，选育出国内第一个经医疗机构检测的功能小麦新品种"冀资黑小麦1号"（CAN20050919.5），并已为石家庄康美庄园等4家公司开发出获得QS标识的富铬面粉、面包等降糖功能产品，投放市场。此外，利用普通小麦-野生二粒小麦创新种质"N9134"（携抗条锈病新基因 $YrSM139$-1B和 $YrSM139$-2D，抗白粉病新基因 $PmAs846$），培育出"陕麦139"（获植物新品种权CAN20060032.X）；利用创新种质"95175"（携抗条锈病新基因 $Yr29$），育成"远丰175"（CAN20050352.9），对控制陕西等西北麦区条锈病流行发挥了重要作用。

三、展望

1. 加强对外交流与合作

进一步加强国内新资源的考察收集，通过国际合作项目等多种途径从国外收集、引进小麦种质，扩充丰富国家种质库资源保存数量。

2. 拓展宣传与建立联系渠道

继续开展优异种质资源的田间展示与宣传活动，建立与育种家、种业企业联系的畅通渠道，加快优异种质资源的利用步伐。

附录：获奖成果、专利、著作及代表作品

获奖成果

小麦种质资源中重要育种目标性状的评价与创新利用，获2014年度国家科学技术进步二等奖。

主要代表作品

杜丽媛，刘伟华，杨欣明，等. 2016. 小麦-冰草"新种质"普冰2011姊妹系的育种效应分析[J]. 植物遗传资源学报, (3): 395-403.

附表1　2011—2015年期间新收集入中期库或种质圃保存情况

填写单位：中国农业科学院作物科学研究所
联系人：杨欣明

作物名称	目前保存总份数和总物种数（截至2015年12月30日）				2011—2015年期间新增收集保存份数和物种数			
	份数		物种数		份数		物种数	
	总计	其中国外引进	总计	其中国外引进	总计	其中国外引进	总计	其中国外引进
小麦	49 004	18 333	19	16	5 042	3 316	0	0
合计	49 004	18 333	19	16	5 042	3 316	0	0

附表2　2011—2015年期间项目实施情况统计

一、收集与编目、保存			
共收集作物（个）	1	共收集种质（份）	
共收集国内种质（份）	1 726	共收集国外种质（份）	3 316
共收集种子种质（份）	5 042	共收集无性繁殖种质（份）	
入中期库保存作物（个）	1	入中期库保存种质（份）	2 025
入长期库保存作物（个）	1	入长期库保存种质（份）	5 042
入圃保存作物（个）		入圃保存种质（份）	
种子作物编目(个)	1	种子种质编目数(份)	5 042
种质圃保存作物编目(个)		种质圃保存作物编目种质(份)	
长期库种子监测（份）			
二、鉴定评价			
共鉴定作物（个）	1	共鉴定种质（份）	2 820
共抗病、抗逆精细鉴定作物（个）		共抗病、抗逆精细鉴定种质（个）	
筛选优异种质（份）	142		
三、优异种质展示			
展示作物数（个）	1	展示点（个）	5
共展示种质（份）	1 200	现场参观人数（人次）	350
现场预订材料（份次）	980		
四、种质资源繁殖与分发利用			
共繁殖作物数（个）	2	共繁殖份数（份）	2 125
种子繁殖作物数（个）	1	种子繁殖份数（份）	2 025
无性繁殖作物数（个）	1	无性繁殖份数（份）	100
分发作物数（个）	1	分发种质（份次）	8 608
被利用育成品种数（个）	20	用种单位数/人数（个）	169/258
五、项目及产业等支撑情况			
支持项目（课题）数（个）	5	支撑国家（省）产业技术体系	
支撑国家奖（个）	1	支撑省部级奖（个）	
支撑重要论文发表（篇）		支撑重要著作出版（部）	

玉米种质资源

石云素

（中国农业科学院作物科学研究所，北京，100081）

一、主要进展

1.收集引进

种质资源考察收集工作具有长期性、持续性和公益性等特点。"十二五"期间，我们在国内各地继续不懈努力地进行收集，除了注重收集一些新育成的、利用潜力较大的新自交系的同时，特别注重收集保护一些位于偏远山区、气候条件特殊的、仍在生产上利用的地方品种资源，先后对黔西北地区仍在利用的玉米地方品种、浙皖交界的淳安等区域的玉米地方品种进行了收集；与此同时，着力加强国外玉米种质资源的收集引进工作，近5年共从美国、俄罗斯、墨西哥、赤道几内亚等地引进各类国外玉米种质资源达到5726份，超过过去引进国外资源的总和。这些资源已经在中期库安全保存，并根据项目的要求、循序渐进编目入国家长期库保存，并开始提供利用、服务于全国玉米遗传育种研究，较好地完成了预期任务。

2. 鉴定评价

针对玉米生产发展需求，课题组2011—2015年共在拓建的、具备良好耐旱鉴定条件的新疆乌鲁木齐开展了1414份玉米种质资源抗旱鉴定，鉴定出高耐旱玉米种质资源178份；在黑龙江省农业科学院玉米研究所、四川省南充市农业科学院对近年来筛选、引进的980份玉米遗传资源，进行了部分农艺性状的深度评价筛选鉴定工作。根据目前生产要求，基于我国玉米重要杂种优势利用模式"改良瑞德×黄改"（郑58×昌7-2），分别筛选出与郑58和昌7-2具有高配合力的优异种质25份和18份。另外，还筛选出高配合力、脱水速率快的优异种质27份，该批材料的测交组合收获时籽粒水分含量不超过20%，显著低于对照品种郑单958。在陕西省西北农林科技大学农学院玉米研究所、新疆农业科学院粮食作物研究所进行了耐低氮试验，试验设施氮肥（40kg/亩）与不施氮肥（对照）2个处理，3次重复。以不施氮肥处理与施氮肥处理性状值的比值为参数，根据比值大小衡量参试材料的耐低氮能力，初步选出耐低氮玉米资源23份。

3. 分发供种

2011—2015年间，共分发种质资源利用服务5 622份次。除采用常规传统分发服务外，我们在东北、华北、黄淮海等玉米主产区的多个试验基点进行了不同玉米资源现场展示与交流活动，变被动服务为主动服务，特别是特邀一些种子企业参加交流，共种植展示材料2 759份，参加展示交流人员达400余人。

4. 安全保存

为了使收集、引进获得的宝贵玉米种质资源得到安全、有效的保护和利用，在制定完善玉米种质资源鉴定、编目、入库等规程的基础上，组织全国不同生态区协作单位在"十二五"期间新鉴定、编目、繁殖入长期库保存种质资源3 579份，繁种更新入中期库保存种质资源2 437份。

二、主要成效

1. 收集引进到一些宝贵地方种质和野生资源材料

黔西北海拔在1 800m以上的乌蒙山区，目前还没有适宜当地气候环境种植的玉米杂交品种，而玉米又是山区人民的主要粮食来源，地方老品种（图1）在生产上仍然发挥着重要作用；在浙皖交界的淳安县王阜乡文家村收集了当地黄色、白色和紫色地方品种各1份，分别命名为淳安黄玉米、淳安白玉米和淳安紫玉米（图2）。这些品种在当地已有很久的种植历史，在长期的自然选择下都具有早熟抗旱、耐瘠薄、品质优的特点，在气候环境恶劣、生产条件差、投入少的情况下，也有较好的收成，能满足山区人民的食用要求。另外在西北地区还收集到一个特长穗资源"30268"，穗长达到35cm（图3）。这些宝贵的地方资源在现代育种中是不可多得的抗逆、耐瘠、广适等基因来源。国外通过与华中农业大学严建兵教授的合作，引进130份CIMMYT的玉米近缘野生种资源，经在海南进行初步鉴定和扩繁（图4），将改变我国基因库现无玉米近缘野生资源保存的状况，为玉米种质资源保护提供新的内涵。

2. 资源展示与分发利用服务收效显著

随着全球生态环境的变化，频发的灾害性气候对我国农业玉米生产产生了严重为害。如狂风骤雨、雹灾、持续性干旱、连续性高温等对我国玉米生产为害重大，而春季低温、秋季早冻，加之玉米熟期偏晚、籽粒脱水慢、玉米植株后期抗倒伏能力差等不仅影响玉米的品质，也制约着玉米的机械化收获。通过鉴定近几年引进的国外资源，发现其中，含有一些我国原有资源中不具备的特异性状，且是当前育种中急需的，比如籽粒脱水快、后期茎秆持续坚韧等适合机械化收获的特征特性。尽早提供这些资源进行利用对促进我国玉米新品种选育、丰富我国可利用玉米资源的多样性意义重大。

图1　新收集贵州抗旱、耐瘠、优质地方品种代表穗粒图片

 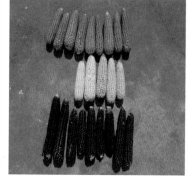 

图2　淳安玉米　　　　　　　　　　　图3　长穗资源"30268"

图4　海南基地对新引进的玉米近缘野生资源进行套袋辅助授粉情况

为了将新引进的玉米资源消化吸收，尽快与本地资源结合利用，近几年我们加强了科

企合作，对鉴定筛选出的、新引进的资源进行联合鉴定和展示，如2012年9月3—9日，在北京开展了"引进种质资源材料田间现场展示交流"活动，根据预约情况先后对126位参展人员进行了分期分批的安排。与会者一半来自企业，一半来自科研教学单位（图5）。又如2013年8月13日，在黑龙江省农垦科学院农作物开发研究所召开了引进与创新早熟玉米种质资源鉴评现场交流会（图6）。通过田间展示向全国的同行展示与介绍各份参展材料的特点，供企业和有需求单位进行选择，从中筛选本单位需要的优异资源。这种由资源需求者亲自到田间现场参与的鉴定交流方式，实施几年来各方反映很好，社会效果显著。

图5　引进GEM种质资源材料在中国进行田间展示交流活动

图6　引进与创新早熟玉米种质资源鉴评现场交流活动

通过收集用户反馈信息获知，利用近几年我们提供的玉米种质资源，在如下3个方面产生了较好的效果。

（1）在推动不同生态区育种单位新品种选育中发挥了重要的作用。利用我们提供的优异资源和创新群体，育种单位对其单位拥有的自交系进行有针对性的改良，经过几年的鉴定与筛选，获得了一些改良品系和苗头品种。例如，吉林省农业科学院玉米研究所利用我们提供的创新群体选育出了耐密植、抗性好的自交系吉资395，2011年冬海南组配的6份杂交种在2011年春播的产量比较试验中均比对照增产，幅度在2.4%～6.9%，下一步将继续进行产量比较试验。山西省农业科学院品种资源研究所利用我们提供的创新资源对当地自交系进行改良，目前已选出2个自交系，今年开始测配组合，另外利用提供的资源作为父本和自选自交系进行大量的测交，测交组合125份，其中，筛选出2份优良组合，其籽粒产量分别比郑单958增产9.36%和6.2%，比郑单335增产6.3%和4.6%。2011年冬季，在海南省又进行了组合复制，2012年进一步决选出优良组合准备2013年参加山西省玉米区域试验。普兰店市农机监理所姜铭富，利用库存老自交系"双741"的适应性好、耐密性好、柔韧性好和抗大小斑病等优点，通过常规育种手段，重点解决国外引进的育种材料的适应性问题，尤其2015—2016年南繁，气候反常，低温加之阴雨连绵，各种常见斑病，包括玉米大小斑病和果树蔬菜上的各种病害以及锈病，都在玉米植株上混合发生。但经"双741"改造的B1M系收获时，青枝绿叶，未见一点病害，有望选育出理想新系。一些单位，如石家庄农业科学院利用我们提供的材料"ZKZS289"育成通过河北省审定的玉米新品种"石玉10号"、河北巡天种业利用提供的材料"H111426"通过进一步选育组配出通过国家审定的玉米新品种"巡1102"。玉米种质资源为科研教学单位及种子企业育种工作正在发挥越来越大的作用。

（2）有力地促进了我国玉米基础研究，协助申请和完成了多类、多项科技项目。近年来我所为很多科研、教学单位完成一些国家重要科技项目如"973"、"863"、科技支撑、自然基金、转基因重大专项等科研任务提供了基础玉米资源材料，特别是一些育成或引进于20世纪50～60年代并在我国玉米生产上发挥了重要作用的老系，如果没有国家种质资源库的妥善保存，现在已经很难找到。根据掌握的利用反馈信息，利用我们提供的玉米种质资源至少有18项科研项目得到了我们的材料支撑。包含类别有国际合作项目（2010081004）、国家自然科学基金项目（30900878、31371633）、中国博士后基金（20090450716）、973项目（2006CB101706、2011CB100106）、上海市科委博后基金（09R21421100）、上海市科委国际合作项目（10410703700）、上海市白玉兰科技人才基金（2010B111）、上海市科委重点科技攻关项目（113919004）、农业部科企合作项目、省部产学研项目及甘肃省、云南省、四川省科研项目等等。

（3）为发表论文和培养人才提供了材料支撑，产生了较为重大和深远的社会影响。从获得的反馈信息中得知，利用我们提供的玉米种质资源进行深入研究后发表论文16篇，如中国农业大学赖锦盛教授等发表于《Nature genetics》的"Genome-wide genetic changes during modern breeding of maize"，广西大学李有志教授等发表于《Plant Cell Environ》的"An insight into the sensitivity of maize to photoperiod changes under controlled conditions"

等（图7），浙江省农业科学院作物科学研究所姚坚强等发表于《Mol Breeding》的"Identification of glutinous maize landraces and inbred lines with altered transcription of waxy gene"等；利用提供资源支撑广西大学李有志教授的"转录组水平上的玉米抗缺水胁迫、盐胁迫、铝毒胁迫的分子机制"获2014年广西自然科学奖三等奖1项；利用提供资源支撑培养博士后、博士生和硕士生约20余名。

图7　利用提供资源发表有重要影响论文

三、展望

1. 劳务费上涨速度快，用工荒时有发生

因为玉米鉴定繁种需要人工套袋授粉，用工多，且届时玉米地内正值气温最高时，又往往开花散粉时间比较集中、任务量大，在中国劳动力资源优势严重下滑的大背景下，雇工难越来越成为限制因素之一。为了雇到合适人员，就需增加雇佣工资。以海南为例，近年来玉米授粉日工费用均是以每年20%的速度上涨着，劳务费所占经费的比例越来越大。增加总经费中劳务费比重是解决这一难题的唯一出路。

2. 全面完成任务往往需要跨年度

玉米在北方往往是春播秋收，10月收获后需要经历自然风干、考种、脱粒、精选及数据录入、统计分析和整理等阶段，耗时较长，正常年份各协作单位寄来种子的时间一般在来年1—2月，如若遇到灾害等当季未能完成任务，或需到海南进行南繁补救，则要到第二年4—5月才能收到种子和数据，所以年底12月提交总结做不到很全面，基本是采取每年顺延。

3. 毁灭性的自然灾害发生愈发频繁

随着全球生态环境变化，干旱、台风、暴雨、低温、热流等时有发生，特别是发生在玉米生长的关键时期，造成的危害就很大，有些损失甚至都无法弥补。例如，2014年广东省农业科学院承担了100份资源鉴定、编目、繁种、入库的任务，可是在玉米苗期就遭遇暴雨，被水淹后存活的玉米苗所剩无几，重新种植后，可偏偏在花期又遇暴雨侵袭，水淹、倒伏了绝大部分（图8）。在这种情况下，为了完成合同任务只好进行多年或多季多量鉴定繁殖。

图8　2014年广东省玉米繁种田遭灾图片

附录：获奖成果、专利、著作及代表作品

主要代表作品

刘志斋, 吴迅, 刘海利, 等. 2012. 基于40个核心SSR标记揭示的820份中国玉米重要自交系的遗传多样性与群体结构[J]. 中国农业科学, 45 (11): 2 107-2 138.

李永祥, 石云素, 宋燕春, 等. 2013. 中国玉米品种改良及其种质基础分析[J]. 中国农业科技导报, 15 (3): 30-35.

焦付超, 李永祥, 陈林, 等. 2014. 特异玉米种质四路糯的穗行数遗传解析[J]. 中国农业科学, 47 (7): 1256-1264.

孟剑, 裴二芹, 宋燕春, 等. 2015. 引进美国GEM材料的抗玉米青枯病和丝黑穗病种质资源筛选鉴定[J]. 植物遗传资源学报, 47 (7): 1 100-1 104.

附表1　2011—2015年期间新收集入中期库或种质圃保存情况

填写单位：中国农业科学院作物科学研究所

联系人：石云素

作物名称	目前保存总份数和总物种数（截至2015年12月30日）				2011—2015年期间新增收集保存份数和物种数			
	份数		物种数		份数		物种数	
	总计	其中国外引进	总计	其中国外引进	总计	其中国外引进	总计	其中国外引进
玉米	25 462	8 168	1	1	7 163	5 726	1	1
合计	25 462	8 168	1	1	7 163	5 726	1	1

附表2　2011—2015年期间项目实施情况统计

一、收集与编目、保存			
共收集作物（个）	1	共收集种质（份）	7 163
共收集国内种质（份）	1 437	共收集国外种质（份）	5 726
共收集种子种质（份）	7 163	共收集无性繁殖种质（份）	
入中期库保存作物（个）	1	入中期库保存种质（份）	2 437
入长期库保存作物（个）	1	入长期库保存种质（份）	3 579
入圃保存作物（个）		入圃保存种质（份）	
种子作物编目(个)	1	种子种质编目数(份)	3 579
种质圃保存作物编目(个)		种质圃保存作物编目种质(份)	
长期库种子监测（份）			
二、鉴定评价			
共鉴定作物（个）	1	共鉴定种质（份）	2 314
共抗病、抗逆精细鉴定作物（个）	1	共抗病、抗逆精细鉴定种质（个）	2 314
筛选优异种质（份）	271		
三、优异种质展示			
展示作物数（个）	1	展示点（个）	5
共展示种质（份）	2 759	现场参观人数（人次）	438
现场预订材料（份次）	4 362		
四、种质资源繁殖与分发利用			
共繁殖作物数（个）	1	共繁殖份数（份）	2 437
种子繁殖作物数（个）	1	种子繁殖份数（份）	2 437
无性繁殖作物数（个）		无性繁殖份数（份）	
分发作物数（个）	1	分发种质（份次）	5 622
被利用育成品种数（个）	2	用种单位数/人数（个）	286/520
五、项目及产业等支撑情况			
支持项目（课题）数（个）	19	支撑国家（省）产业技术体系	1
支撑国家奖（个）		支撑省部级奖（个）	1
支撑重要论文发表（篇）	16	支撑重要著作出版（部）	

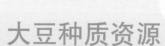

大豆种质资源

邱丽娟

（中国农业科学院作物科学研究所，北京，100081）

一、主要进展

1. 收集引进一批大豆新种质

"十二五"期间，共收集栽培大豆种质6 509份，其中，国内种质4 798份，引进国外种质1 711份。国外引进种质中，以美国种质最多999份、其次为俄罗斯394份和瑞典148份、超过50份的还有加拿大（63份）和东欧诸国58份，数量较少的有日本13份、尼泊尔5份、韩国2份和波兰2份等。在引进国外种质中，尼泊尔种质是首次引进，这使我国种质外引国家增加至26个。

在国内种质中，包括地方品种432份，主要来自云南省、重庆市、四川省、湖南省及江西省；2005—2012年新育成品种639份；近年来国内科研育种单位创造的突变体等遗传材料3 727份。其中，以中品661 经EMS诱变处理后创制的突变体，包括粒大小变异、波纹叶、皱缩叶、矮秆、半不育、黄化、有限结荚、灰色茸毛及茸毛稀少等变异种质等。这些种质是进行基因定位与克隆等功能基因组研究的优异材料，部分突变体如波纹叶、皱缩叶、矮秆、半不育、黄化等已用于性状的基因定位研究（图1）。

"十二五"期间，入中期库种质4 416份，占库存种质的14.44%，其中，引进国外种质1 074份，国内种质3 342份。入长期库种质2 038份，占库存种质的6.67%，其中，引进国外种质928份，国内种质1 100份。目前，中期库栽培大豆每份种质保存量为300g，长期库为350g，种子发芽率均在85%以上，种质活力大大提高。5年的种质更新，不仅为我国大豆种质资源分发利用奠定了物质基础，也为扩繁更新积累了实践和理论经验。

图1 中品661EMS诱变农艺性状及形态性状变异

A：多小叶；B：不育；C：无茸毛；D：皱叶；E：黄化叶；F：细茎；G：茎弯曲；
H：节间短；I：生长习性

2. 鉴定评价出优异种质

2011—2015年共对1 354份种质在甘肃敦煌进行抗旱鉴定，筛选出高抗种质157份，包括：科丰1号、文丰9号、耐荫黑豆、大白眉-3. 晋大早黄2号，中黄71. 丰收25、晋遗31. 晋豆34等。其他特性鉴定，共筛选出耐盐大豆1级种质72份；耐盐1级多年生种25份；抗锈病多年生种25份；高蛋白种质11份；高脂肪含量种质68份；28K过敏蛋白缺失种质36份；β亚基含量低种质68份。

3. 分发供种

5年共向中国科学院植物研究所、中国科学院东北地理与生态研究所、南京农业大学大豆研究所等289家单位提供栽培大豆种质56 853份（见表）。提供种质所支持的科技项目有转基因重大专项、"973"课题（核心种质的提供利用）、科技支撑计划等。

表　2011—2015年大豆种质资源提供利用情况

类别	2011年	2012年	2013年	2014年	2015年	总计
单位数	69	58	56	58	48	289
种质数	24 529	13 781	1 0781	5 467	2 295	5 6853

二、主要成效

1. 新品种选育

据不完全统计，提供种质选育新品种9个。提供的大豆种质中品661（统一编号ZDD23893），表现为高产、抗倒性强，高抗大豆花叶病毒病，脂肪含量21.9%，为高油高产种质。2011—2015年，以中品661为亲本育成品种5个，其中，国审品种1个（图2），分别为中黄59（2011年北京审定）、中黄61（2012年国家审定）、中黄66（2012年北京审定）、中黄67（2012年北京审定）和德大豆1号（2011年云南审定）。黑龙江省农业科学院绥化分院利用提供种质红丰11作亲本，于2015年选育新品种1个绥中作40，其中，抗灰斑病，脂肪含量21.88%，为高油品种，审定编号为黑审豆2015007。

利用提供种质培育的品种获植物新品种保护2项。国审高油品种中黄56（国审豆2010011），脂肪含量21.65%，获植物新品种保护权（CNA20110046.9）。国审抗病品种中黄57，高抗大豆胞囊线虫SCN1、4号生理小种，获得植物新品种保护权（CNA20110047.8）。

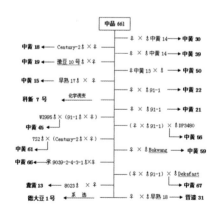

图2　中品661及其衍生品种系谱

2. 获奖成果

为拓宽大豆育种资源遗传基础狭窄问题，东北农业大学及黑龙江省农垦科研育种中心从国家农作物种质资源库引进野生大豆资源ZYD00006和国外大豆品种Clark、Williams、Williams 82等20多份，以黑龙江省主栽品种为受体，以引进种质为供体，构建大豆全基因组导入系一套。从已有导入系中筛选高蛋白株系44份、高油株系16份、双高株系7份、耐低温株系46份、耐旱株系35份；利用导入系定位荚粒性状37个、大豆芽期耐低温QTL 14个、耐旱QTL 26个；芽期和苗期耐低温遗传重叠位点10个，耐低温和耐旱遗传重叠位点22个。所创造的高蛋白、耐低温、耐旱等优异株系可作为亲本用于优质耐逆品种的选育，所获得的 QTL 将对大豆高产、稳产新品种的选育具有重要意义。该研究成果"大豆导入系构建及有利隐蔽基因挖掘"于2015年获黑龙江省自然科学二等奖。

3. 发表论文及著作

据不完全统计，2011—2015年，利用提供种质发表论文15篇。种皮透性对大豆种质的驯化研究及种子营养品质的改良有重大意义，Sun等在大豆第二染色体定位了一个控制种皮透性的位点*GmHs1-1*，其编码calcineurin-like met allophosphoesterase跨膜蛋白，并利用本课题组构建的微核心种质对*GmHs1-1*的不同等位变异分布进行研究，在195个地方品种中，186个品种含等位变异*Gmhs1-1*，9个品种含等位变异*GmHs1-1*，此研究结果于2015年发表于《Nature genetics》。中国科学院武汉植物研究所Guo等利用所提供的1年生野生大豆进行群体结构研究，发现来自东北及南方野生大豆的群体结构模式相同，而黄淮海区域野生大豆与以上两区域有差别，研究结果在2012年发表于《Annals of Botany》。

根据入库种质资料编写《中国大豆品种资源目录续编Ⅲ》，共收编栽培大豆种质3 996份，其中，国内种质2 724份，引进国外种质1 272份（图3）。参加撰写黄淮海大豆改良种质》第7章"京津地区大豆改良种质"（图3）。

图3　大豆种质资源目录及黄淮海大豆改良种质

4. 申请专利1项

安徽农业大学农学院利用本课题组提供的微核心种质，发明公开了一种用于辅助检测大豆百粒重的引物及其检测方法，以大豆基因组DNA为模板扩增的PCR产物中，如含238bp和181bp两条带，则为大籽粒，如无两条带型，则为小籽粒（图4）。所用引物和方法可极大提高育种过程中百粒重的选择效率，对于高产大豆品种的培育效果显著。其研究已获发明专利（ZL 2013 1 0079036.9）。

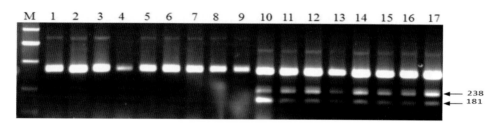

图4　大豆百粒重PCR检测扩增图谱

三、展望

1. 资源收集途径发生变化

我国栽培大豆种质资源收集已经从地方品种转向选育品种。由于自然界存在遗传变异材料的收集潜力越来越小，创制新的变异材料以适应现代生物技术对种质资源的需求已成为当务之急。同时，国内资源的收集数量越来越有限。收集的重点正在从国内资源转向国外资源。因此，加强国外种质的交换与引进将成为今后收集的重点。

2. 资源的鉴定从表型转向基因型

随着资源数量的增加，如何对已收集的种质资源进行系统的精准鉴定、发掘优异种质资源并提供利用就成为资源工作的重点。现代分子生物学的发展，加速了优异种质中基因的发掘，为开发功能基因标记、鉴定种质资源创造了条件。因此，未来对资源的精准鉴定应该与高通量基因型鉴定进行有机结合，实现优异等位基因的快速发掘与利用。

附录：获奖成果、专利、著作及代表作品

专利

王晓波，邱丽娟，李英慧，等. 用于辅助检测大豆百粒重的引物和检测方法，专利号：ZL 2013 1 0079036.9 (批准时间：2014年8月20日)。

著作

邱丽娟，刘章雄，常汝镇. 2013. 中国大豆品种资源目录续编Ⅲ[M]. 北京: 中国农业大学出版社.

刘章雄. 2014. 黄淮海大豆改良种质[M]. 北京：中国农业出版社.

主要代表作品

赫卫, 刘林, 关荣霞, 等. 2014. 大豆耐盐相关基因 *GmNcl1* 的序列单倍型及表达分析[J]. 中国农业科学, (47): 411-421.

刘章雄, 李卫东, 孙石, 等. 2013. 1983—2010年北京大豆育成品种的亲本地理来源及其遗传贡献[J]. 大豆科学, (32)1-7.

刘章雄, 周蓉, 常汝镇, 等. 2013. 大豆品种中黄55不同复叶的小叶组成及其分布特点[J]. 植物遗传资源学报, (13)299-303.

刘章雄, 孙石, 李卫东, 等. 2013. 1983—2010年北京市大豆育成品种的亲缘关系分析[J]. 作物学报, (14): 744-748.

刘章雄, 杨春燕, 徐冉, 等. 2011. 大豆微核心种质在黄淮地区的区域适应性分析[J]. 作物学报, (37)443-451.

祁旭升, 刘章雄, 关荣霞, 等. 2012. 大豆成株期抗旱性鉴定评价方法研究[J]. 作物学报, (38): 665-674.

秦君, 张孟臣, 陈维元, 等. 2013. 基于分子和表型性状的大豆骨干品种遗传多样性分析[J]. 华北农学报, (28): 19-26.

屈晓坤, 陈海涛, 邱丽娟, 等. 2012. 基于综合评价法的大豆抗倒伏性研究[J]. 大豆科学, (6): 899-906.

Guo Juan, Liu Yifei, Wang Yunsheng, et al. 2012. Population structure of the wild soybean (*Glycine soja*) in China: implications from microsatellite analyses[J]. Annals of Botany, (110): 777–785.

Guo Yong, Li Yinghui, Hong Huilong, et al. 2014. Establishment of the integrated applied core collection and its comparison with mini core collection in soybean (*Glycine max*)[J]. The Crop Journal, (2): 38-45.

Liu Guifeng, Zhao Lin, Aveitt Benjaming J, et al. 2015. Geographical distribution of *GmTfl1* alleles in Chinese soybean varieties[J]. The Crop Journal, (5): 371-378.

Li Yinghui, Smulders Marinus J M, Chang Ruzhen, et al. 2011. Genetic diversity and association mapping in a collection of selected Chinese soybean accessions based on SSR marker analysis[J]. Conservation Genetics, 12: 1 145-1 157.

附表1　2011—2015年期间新收集入中期库或种质圃保存情况

填写单位：中国农业科学院作物科学研究所
联系人：邱丽娟

作物名称	目前保存总份数和总物种数（截至2015年12月30日）				2011—2015年期间新增收集保存份数和物种数			
	份数		物种数		份数		物种数	
	总计	其中国外引进	总计	其中国外引进	总计	其中国外引进	总计	其中国外引进
栽培大豆	33 164	4 052	1	1	6 509	1 711	1	1
合计	33 164	4 052	1	1	6 509	1 711	1	1

附表2 2011—2015年期间项目实施情况统计

一、收集与编目、保存			
共收集作物（个）	1	共收集种质（份）	6 509
共收集国内种质（份）	4 798	共收集国外种质（份）	1 711
共收集种子种质（份）	6 509	共收集无性繁殖种质（份）	
入中期库保存作物（个）	1	入中期库保存种质（份）	4 416
入长期库保存作物（个）	1	入长期库保存种质（份）	2 038
入圃保存作物（个）		入圃保存种质（份）	
种子作物编目（个）	1	种子种质编目数（份）	1 924
种质圃保存作物编目(个)		种质圃保存作物编目种质(份)	
长期库种子监测（份）			
二、鉴定评价			
共鉴定作物（个）	1	共鉴定种质（份）	1 379
共抗病、抗逆精细鉴定作物（个）	1	共抗病、抗逆精细鉴定种质（个）	1 379
筛选优异种质（份）	462		
三、优异种质展示			
展示作物数（个）		展示点（个）	
共展示种质（份）		现场参观人数（人次）	
现场预订材料（份次）			
四、种质资源繁殖与分发利用			
共繁殖作物数（个）	1	共繁殖份数（份）	6 509
种子繁殖作物数（个）	1	种子繁殖份数（份）	6 509
无性繁殖作物数（个）		无性繁殖份数（份）	
分发作物数（个）	1	分发种质（份次）	56 853
被利用育成品种数（个）	9	用种单位数/人数（个）	435
五、项目及产业等支撑情况			
支持项目（课题）数（个）	21	支撑国家（省）产业技术体系	1
支撑国家奖（个）		支撑省部级奖（个）	1
支撑重要论文发表（篇）	15	支撑重要著作出版（部）	2

野生大豆种质资源

王克晶　李向华

（中国农业科学院作物科学研究所，北京，100081）

一、主要进展

1. 搜集与考察

在11个省（区）142县（区）143个乡镇新搜集资源253居群（份）（表1）。新增县数32县，新搜集省（区）资源数量平均增长10.10%。其中，增加较多的省（区）有宁夏回族自治区，新搜集47份，比基因库已保存的17份材料增长了176.47%；甘肃省新搜集82份，比基因库已保存的90份材料增长了91.1%；内蒙古自治区新搜集26份，比基因库已保存的98份材料增长了26.53%。

表1　资源搜集情况

省（区）	新搜集			过去国家库入库		增加		总增长（%）
	县数	乡数	份数	县数	份数	新增县数	新搜集数	
甘肃	13	34	82	25	90	1	82	47.67
陕西	22	40	41	56	401	10	41	9.28
宁夏	10	19	47	10	17	0	47	73.44
山西	2	2	2	60	563	0	2	0.35
河南	15	25	28	66	313	8	28	8.21
河北	2	3	5	34	370	2	5	1.33
山东	7	10	11	70	127	4	11	7.97
安徽	2	2	2	28	129	2	2	1.53
湖南	3	6	7	20	56	1	7	11.11
湖北	1	1	2	42	142	0	2	1.39
内蒙古	5	15	26	10	98	4	26	20.97
合计	82	143	253	421	2251	32	253	10.10

2. 搜集资源新类型

（1）匍匐类型。野生大豆通常是主茎缠绕或蔓生。本期搜集到匍匐新类型（图1），主茎与分枝不明显，分枝多。

图1 匍匐类型野生大豆

（2）耐旱生态型。在西北部的甘肃省和宁夏回族自治区搜集到耐旱生态型，生长在干旱沙地或盐碱地，野外株高50cm以下。在北京鉴定了耐旱居群的材料（图2），鉴定出20份高耐旱材料。

在大棚条件下盆栽，鉴定67份宁夏回族自治区、甘肃省材料，2次重复，设置正常浇水对照。充分浇水后播种，以后每月浇水1 000ml。

份数	结种子数（单株）			耐旱
	最低	最高	平均	
67	1	34	10.2	结种子15个以上的有15份，20个以上5份

图2 耐旱野生大豆

3. 资源编目入库

入库编目17省份1 375份资源（表2）。长期库新增添天津和上海市地区，资源数175份。北京市资源数由3份增加到138份（增长97.83%）；山东省由127份增加到587份，增长78.36%；湖北省、安徽省、河北省、内蒙古自治区四地区资源数分别增加45份、52份、181份和54份，增长24.06%、28.73%、32.85%和35.53%。"十二五"期间长期库17省份资源数增长20%。

表2 资源入库编目情况

省（区）	入库资源数	过去入库数	资源总数	增加%
黑龙江	160	739	899	17.80

（续表）

省（区）	入库资源数	过去入库数	资源总数	增加%
辽宁	3	1268	1271	0.23
吉林	142	1090	1231	11.54
内蒙古	54	98	152	35.53
北京	135	3	138	97.83
河北	181	370	551	32.85
宁夏	35	17	52	67.31
山西	22	563	585	3.76
山东	460	127	587	78.36
安徽	52	129	181	28.73
上海	106	0	106	100.00
重庆	5	33	38	13.16
湖北	45	142	187	24.06
广东	4	16	20	20.00
天津	69	0	69	100.00
河南	1	313	314	
江苏	1	260	261	
合计	1 375	5 293	6 670	20.06

4. 优良资源鉴定

（1）鉴定3 731份资源的皂角苷成分。鉴定出8份无乙酰基皂角苷优异资源，能使大豆苦涩味降低，改善豆制品的口感，为大豆口感育种提供基因资源（图3）。

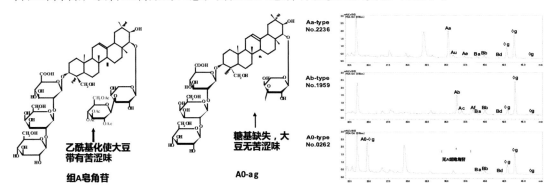

HPLC测定材料No. 0262无组A皂角苷Aa或Ab成分，出现一个缺失第二糖基的A0-α g成分（图所示），无法乙酰化，使之无或低苦涩味。

图3 低苦涩味野生大豆资源鉴定

（2）鉴定了重庆地区96个野生大豆株系样本和102份地方品种的脂肪及异黄酮含量。筛选出高异黄酮含量资源3份，野生200627-11-8（总异黄酮含量5.26 mg/g）、地方品种09-703（黄酮总含量为5.10 mg/g）、地方品种09-37（总异黄酮含量5.07 mg/g）。同时，地方品种09-37脂肪含量高达23.47%。

（3）在总含盐量3%的海滨盐碱土盆栽条件下，全生育期鉴定渤海湾津唐地区海岸900个野生大豆株系。鉴定出20个高耐性植株。这些植株体内存在两种毒离子含量水平：一种是茎、叶Na^+和Cl^-积累高含量（如株系H300、H384、H332）；另一种是Na^+和Cl^-积累量很低（如株系T754、T37、T49）。

5. 资源分发利用

向全国13家科研和大专院校提供野生资源累计4456份（次），有力地支持了育种和科研工作（受益单位：中国农业科学院作物科学研究所、辽宁省铁岭大豆研究所、重庆市农业科学院特色作物研究所、湖北长江大学、河北农业大学、山东潍坊学院、山东省农业科学院生物技术研究中心、湖南省衡阳农业科学研究所、四川省农业科学院作物研究所、大连海关、沈阳农业大学、浙江大学和南昌大学）。

二、主要成效

1. 扩大了作物资源

国家基因库新增搜集资源253居群（份）（表1），尤其是补充了宁夏回族自治区和甘肃省资源的搜集数量，宁夏回族自治区由原来的长期库保存的17份新增加了47份；甘肃省由原来长期库保存的90份增加了82份。国家基因库增加匍匐型和西部耐干旱新类型资源。

2. 补充了长期库缺少的作物资源数据

长期库新增资源1375份（居群），填补了长期库缺少上海市和天津地区资源的空白，分别入库106份和69份。北京市由长期库保存3份增加了135份；山东省由127份增加了460份。湖北省、安徽省、河北省、内蒙古自治区四地区资源数分别增加45份、52份、181份和54份，增长24.06%、28.73%、32.85%和35.53%（表2）。

3. 进一步明确了我国野生大豆的现状

通过野外考察明确了我国野生大豆资源的分布状况、生存状况、主要形态、遗传变异和遗传结构情况。基于野外调查数据分析从理论上完善了野生大豆资源搜集的基本策略与方法。

4. 利用搜集的和长期库保存的资源研究与分析阐明了野生大豆物种内的遗传关系

（1）野外实地调查与形态学和基因组遗传标记分析确定了目前保存在我国基因库中的半野生型野生大豆资源是起源于野生和栽培大豆天然杂交，即栽培大豆通过花粉的基因组逃逸。分子标记显示，野生大豆的大粒型、白花、灰绒毛、大叶、粗茎、无泥膜、有色种子、绿子叶等稀有性状来自野生和栽培大豆天然杂交后代分离的栽培基因渗透。

（2）SSR分子标记亲缘关系及遗传结构分析表明：野生大豆与栽培大豆遗传多样性存在显著差异，与半野生大豆没有达到显著差异；野生、半野生和栽培大豆有显著遗传分化，并且野生大豆种内和半野生大豆类型内也存在遗传分化；野生大豆种内存在4种遗传差异类型:典型野生(2.0g以下)、中等种子类型(2.01～2.5g)、大粒(2.51～3.0g)、半野生型(3.01g以上)；中等种子和大粒型遗传上与半野生大豆密切，小粒半野生大豆(3.5g以下)遗传差异不显著，与大粒野生大豆(3.51g以上)有显著遗传分化；野生大豆和半野生大豆的遗传边界在百粒重2.51～3.0g范围；特大粒半野生大豆（8.51g以上）也与小粒栽培大豆有遗传分化，仍然不属于栽培种。因此，半野生大豆是属于野生种内的变异类型，而不属于栽培大豆内的变异类型。即使是最大百粒重的半野生大豆遗传上也不属于栽培种，尽管其种子大小远远大于4～5g进化程度最低的栽培种。种子大小在进化程度上比种皮色更能反映进化程度；黄色和绿色种皮类型遗传上密切，黄色和绿色种皮类型与较大种子类型遗传上密切。

三、展望

1. 加强野生资源鉴定与利用的基础研究，加快发挥其效益

目前国家基因库保存多种作物的野生近缘遗传资源。野生大豆资源已达到8 000份，还在逐年增加。近年来除了少数育种单位索要少量种质用于育种外，绝大部分是科研单位和大专院校做研究使用，发挥了解决理论问题的作用。20世纪80—90年代的科研单位使用野生大豆育种积极性比较高，而现在更注重一些理论上的研究，追求能够发表SCI文章和大专院校的学生毕业论文使用。目前，野生大豆资源鉴定效果没有大的突破，对优良性状遗传规律的研究还不够深入，满足不了育种上性状多样性的要求。这些现实因素和野生资源育种周期长，不良性状克服难等客观因素都限制了野生大豆资源发挥育种作用。为了加快育种野生资源利用，发挥其效益和增加国家基因库的大豆遗传种质资源保存数量，未来需要加大野生资源优异性状鉴定和其遗传规律分析的基础研究力度。

2. 开展大规模的杂交创新计划，增加大豆种质资源数量

栽培大豆资源经过新中国成立以后几次普查和考察，绝大部分的地方品种已经搜集，尽管一些偏远地区当地的地方品种还在种植，随着品种更新和耕作制度变化数量也在逐渐丢失。所以，大豆遗传资源的再继续搜集潜力有限。新培育推广的品种也是潜在的遗传资源，数量也有限。挖掘国内大豆遗传资源的有效途径，一是增加野生资源的搜集，二是培育遗传基础广泛的育种"中间"种质，变沉睡的保存资源为育种即时可利用的亲本资源。

通过栽培大豆和野生大豆的杂交，经过后代分离和选择，可以创造出大量新种质。创造新种质的同时可以挖掘优异品系用作品种，发挥野生大豆资源的效益。国家基因库目前拥有野生大豆资源已达到8 000份，加之各种作物近缘野生种，如果与栽培种杂交创造优良种质，增加基因库种质数量具有不可估量的潜力。

附录

主要代表作品

王克晶，李向华. 2012.中国野生大豆遗传资源搜集基本策略与方法[J]. 植物遗传资源学报, 13(3): 325-334.

王克晶，李向华. 2012.中国野生大豆(*Glycine soja*) 遗传资源主要形态、遗传变异和结构[J]. 植物遗传资源学报, 13(6): 917-928.

肖鑫辉，李向华，刘 洋，等. 2011.高盐碱胁迫下野生大豆 (*Glycine soja*) 体内离子积累的差异[J]. 作物学报, 37(7): 1 289-1 300.

Wang K J, Li X H. 2011. Genetic differentiation and diversity of phenotypic characters in Chinese wild soybean (*Glycine soja* Sieb. et Zucc.) revealed by nuclear SSR markers and the implication for intraspecies phylogenic relationship of characters[J]. Genet Resour Crop Evol, 58:209–223.

Wang K J, Li X H. 2014. Synchronous evidence from both phenotypic and molecular signatures for the natural occurrence of sympatric hybridization between cultivated soybean (*Glycine max*) and its wild progenitor (*G. soja*)[J]. Genet Resour Crop Evol, 61:235–246.

Wang K J, Li X H. 2014. The possible origin of thick stem in Chinese wild soybean (*Glycine soja*)[J]. Plant Syst Evol, 300:1079–1087.

Wang K J, Li X H. 2014. Genetic differentiation in relation to seed weights in wild soybean species (*Glycine soja* Sieb. & Zucc.)[J]. Plant Syst Evol, 300:1 729–1 739.

Wang K J, Li X H, Yan M F. 2014. Microsatellite markers reveal genetic diversity of wild soybean in different habitats and implications for conservation strategies (*Glycine soja*) in China[J]. Conserv Genet, 15:605–618.

Wang K J, Li X H. 2013. Pollen dispersal of cultivated soybean into wild soybean under natural conditions[J]. Crop Sci,. 53:2 497–2 505.

Wang K J, Li X H. 2013. Genetic diversity and gene flow dynamics revealed in the rare mixed populations of wild soybean (*Glycine soja*) and semi-wild type (*Glycine gracilis*) in China[J]. Genet Resour Crop Evol, 60: 2 303–2 318.

Wang K J, Li X H. 2012. Fine-Scale Phylogenetic Structure and Major Events in the History of the Current Wild Soybean (*Glycine soja*) and Taxonomic Assignment of Semi-Wild Type (*Glycine gracilis* Skvortz.) within the Chinese Subgenus Soja[J]. J Hered, 103:13–27.

Wang K J, Li X H. 2012. Genetic characterization and gene flow in different geographical-distance neighbouring natural populations of wild soybean (*Glycine soja* Sieb. & Zucc.) and implications for protection from GM soybeans[J]. Euphytica, 186:817–830.

Wang K J, Li X H. 2012. Genetic diversity and geographical peculiarity of Tibetan wild soybean (*Glycine soja*)[J]. Genet Resour Crop Evol, 59:479–490.

Wang K J, Li X H. 2012. Phylogenetic relationships, interspecific hybridization and origin of some rare characters of wild soybean in the subgenus *Glycine soja* in China[J]. Genet Resour Crop Evol, 59:1673–1685.

Wang K J, Li X H. 2011. Interspecific gene flow and the origin of semi-wild soybean revealed by capturing the natural occurrence of introgression between wild and cultivated soybean populations[J]. Plant Breeding, 130:117–127.

附表1   2011—2015年期间新收集入中期库或种质圃保存情况

填写单位：中国农业科学院作物科学研究所
联系人：王克晶

作物名称	目前保存总份数和总物种数（截至2015年12月30日）				2011—2015年期间新增收集保存份数和物种数			
	份数		物种数		份数		物种数	
	总计	其中国外引进	总计	其中国外引进	总计	其中国外引进	总计	其中国外引进
野生大豆	8 019		1		253		1	
合计	8 019		1		253		1	

附表2   2011—2015年期间项目实施情况统计

野生大豆

一、收集与编目、保存			
共收集作物（个）	1	共收集种质（份）	253
共收集国内种质（份）	253	共收集国外种质（份）	
共收集种子种质（份）	253	共收集无性繁殖种质（份）	
入中期库保存作物（个）		入中期库保存种质（份）	253
入长期库保存作物（个）	1	入长期库保存种质（份）	1 375
入圃保存作物（个）		入圃保存种质（份）	
种子作物编目(个)	1	种子种质编目数(份)	1 375
种质圃保存作物编目(个)		种质圃保存作物编目种质(份)	
长期库种子监测（份）			
二、鉴定评价			
共鉴定作物（个）	2	共鉴定种质（份）	4 819
共抗病、抗逆精细鉴定作物（个）	1	共抗病、抗逆精细鉴定种质（个）	957
筛选优异种质（份）	47		
三、优异种质展示			
展示作物数（个）		展示点（个）	
共展示种质（份）		现场参观人数（人次）	
现场预订材料（份次）			

（续表）

四、种质资源繁殖与分发利用			
共繁殖作物数（个）	1	共繁殖份数（份）	3 000
种子繁殖作物数（个）		种子繁殖份数（份）	
无性繁殖作物数（个）		无性繁殖份数（份）	
分发作物数（个）	1	分发种质（份次）	4 456
被利用育成品种数（个）		用种单位数/人数（个）	13单位
五、项目及产业等支撑情况			
支持项目（课题）数（个）	8	支撑国家（省）产业技术体系	
支撑国家奖（个）		支撑省部级奖（个）	
支撑重要论文发表（篇）	15	支撑重要著作出版（部）	

食用豆种质资源

宗绪晓　王述民　程须珍

（中国农业科学院作物科学研究所，北京，100081）

一、主要进展

1. 收集引进

"十二五"期间国内外新收集引进17个食用豆栽培种、18个野生种资源9 302份(表1)，其中，暖季豆类1 858份、冷季豆类5 240份、热季豆类2 204份，平均每年为我国新增加食用豆类资源储备1 860份。上述新增加的食用豆类资源储备中，"十二五"期间共有7 809份资源存入了国家种质资源中期库(附表1)，其中，国外资源5 317份，占五年入中期库总数的68.09%，国内资源2 492份，占5年存入中期库总数的31.91%。与以往比较，食用豆类国内种质资源收集所占比重显著下降，国外引进资源所占比重大幅上升，反映出国外种质资源引进已成为食用豆类资源基础性工作的重点和优势领域，今后应大力加强国外考察收集和引进力度，尚有巨大潜力可挖。同时，应加强国内食用豆类资源的考察收集工作，避免偏远地区栽培和野生食用豆类种质资源的灭失。

表1　"十二五"期间食用豆新收集并初步鉴定评价份数统计

年度	暖季豆类(普通菜豆、多花菜豆等)	冷季豆类(蚕豆、豌豆等)	热季豆类(绿豆、小豆等)	合计
2011	64	1 125	130	1 319
2012	1 200	1 286	200	2 686
2013	227	1 159	601	1 987
2014	157	888	1 027	2 072
2015	210	782	246	1 238
合计	1 858	5 240	2 204	9 302

在 "十二五" 期间已存入国家种质资源中期库的7809份食用豆类种质新资源中，有4070份已完成了田间鉴定编目、足量繁种、检验合格并送交国家种质资源长期库保存(表2)，其中，暖季豆类696份、冷季豆类1712份、热季豆类1662份，每年平均共完成食用豆类国家种质长期库入库814份。

表2 "十二五" 期间食用豆入长期库份数统计

年度	暖季豆类(普通菜豆、多花菜豆等)	冷季豆类(蚕豆、豌豆等)	热季豆类(绿豆、小豆等)	合计
2011	80	164	165	409
2012	150	438	350	938
2013	156	385	435	976
2014	157	363	355	875
2015	153	362	357	872
合计	696	1 712	1 662	4 070

（1）山黧豆核心种质引进。"十二五" 期间从俄罗斯瓦维洛夫研究所引进新增山黧豆野生种11个：*Lathyrus cicera* L.，*Lathyrus tingitanus* L.，*Lathyrus aphaca* L.，*Lathyrus clymemum* L.，*Lathyrus hirsutus* L.，*Lathyrus nissolia* L.，*Lathyrus ochrus* (L.)DC，*Lathyrus tuberosus* L.，*Lathyrus pratensis* L.，*Lathyrus sylvestris* L.，*Lathyrus latifolius* L.。其中，*Lathyrus cicera* L.被称为 "红豌豆"，被认为是栽培山黧豆*Lathyrus sativus* L.的直系野生种，两者之间容易杂交成功，可通过人工杂交有目的挖掘该野生种中可能存在的特殊抗病、抗虫、抗逆基因，用于抗性等资源创新，转移到栽培种中为育种服务。

从国际热带作物研究所(CIAT)引进新增普通菜豆直系野生种1个：*Phaseolus aborigineus*。该野生种与栽培种较易杂交成功，可用于栽培种普通菜豆抗病、抗逆性状的资源创新，为育种服务。

（2）国外蚕豆微核心种质纯系引进。2014年年底，经多次努力从国际干旱地区农业研究中心（ICARDA）引进了133份蚕豆栽培种世界微核心种质。该批微核心种质是ICARDA项目团队多年筛选确定的，来自于世界31个国家（图1），遗传多样性程度高（图2），并且经过4年的单粒传（SSD）纯化。

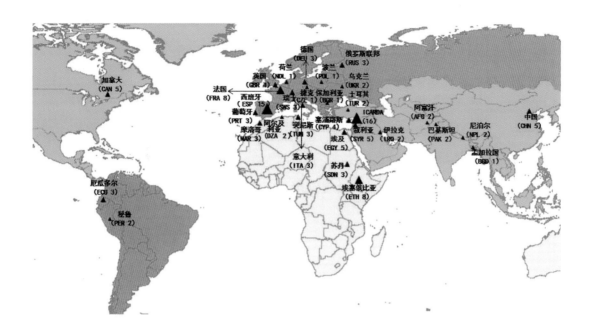

图1 国外蚕豆微核心种质来源分布图

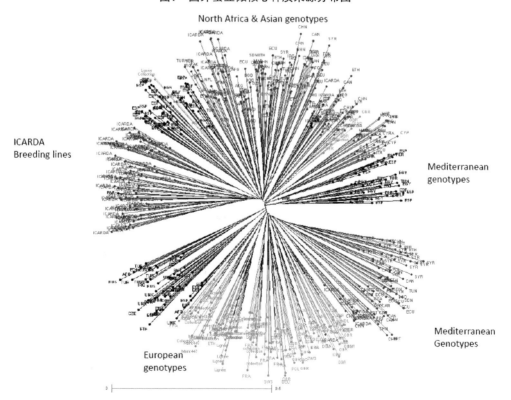

图2 基于SSR标记的蚕豆国外微核心种质遗传多样性

2. 鉴定评价

"十二五"期间共提供给抗病虫鉴定课题组606份豌豆资源用于抗白粉病资源鉴定筛选，经过专业鉴定，该课题组从中鉴定出21份对白粉病免疫的豌豆资源，以及37份对白粉病达到"抗"级别的豌豆资源（表3）。上述鉴定出的抗白粉病资源，在豌豆生产、育种或科学研究方面具有非常大的实际利用价值，可借此彻底解决我国干豌豆和鲜食豌豆主栽品种不抗白粉病的大问题，能极大地减少抗菌剂等高污染农药的使用量并减少面源污染、有效减少劳力投入、提高豌豆产品安全和品质。

3. 分发供种

应食用豆类种质资源用户要求，"十二五"期间共向食用豆产业技术体系、科技支撑、中国农业科学院科技创新工程、省（市）农业科研和推广部门、教学，企业、生产等单位提供了14 071份次食用豆种质资源（表3），主要用于引种试验、品种选育、种质创新、表型精准鉴定、DNA指纹图谱分类技术的研究、功能性成分研究、学生论文等科研工作。其中，提供暖季豆类资源2 610份次、冷季豆类资源4 963份次、热季豆类资源6 498份次。

表3 "十二五"期间食用豆分发利用份次统计

年度	暖季豆类(普通菜豆、多花菜豆等)	冷季豆类(蚕豆、豌豆等)	热季豆类(绿豆、小豆等)	合计
2011	366	1 111	500	1 977
2012	315	1 098	1 500	2 913
2013	900	508	1 103	2 511
2014	582	1 317	2 885	4 784
2015	447	929	510	1 886
合计	2 610	4 963	6 498	14 071

4. 安全保存

"十二五"期间共为种质资源交换库扩繁资源2 889份（表4），其中，暖季豆类501份、冷季豆类1 418份、热季豆类970份，平均每年为种质资源交换库提供食用豆类扩繁资源578份。为保证食用豆类种质库的正常运营，储备了用于种质资源交换、分发利用等所需的足够种子量。

表4 "十二五"期间食用豆中期库更新份数统计

年度	暖季豆类(普通菜豆、多花菜豆等)	冷季豆类(蚕豆、豌豆等)	热季豆类(绿豆、小豆等)	合计
2011	127	282	165	574
2012	190	241	200	631

（续表）

年度	暖季豆类(普通菜豆、多花菜豆等)	冷季豆类(蚕豆、豌豆等)	热季豆类(绿豆、小豆等)	合计
2013	0	207	200	407
2014	184	363	205	752
2015	0	325	200	525
合计	501	1 418	970	2 889

二、主要成效

1. 利用效果

通过分发提供食用豆类种质资源，重启了浙江省蚕豆育种项目，示范种植的菜豆、绿豆、小豆在北京郊区新农村建设中发挥了作用，新上马了吉林白城农业科学院鹰嘴豆课题，开启了云南鹰嘴豆大面积推广生产的新局面。利用提供的食用豆种质资源作为研究材料，培养毕业了2名博士研究生、硕士研究生8名，因研究成果突出2人获得国家奖学金、1人获得研究生院优秀毕业论文奖、1人获得北京市优秀硕士毕业生称号、3名硕士获得全奖赴美国、加拿大、澳大利亚攻读博士学位。"绿豆优异基因资源挖掘与创新利用"等两项成果，获北京市科技进步三等奖和2014—2015年度中华农业科技奖科研类成果一等奖。

期间，在《BMC Genomics》《BMC Plant Biology》《Theor Appl Genet》《Plos One》《Molecular Breeding》《Plant Breeding》等SCI学报上发表第一作者和通讯作者代表性论文二十余篇，出版了《山鼍豆种质资源描述规范和数据标准》《小扁豆种质资源描述规范和数据标准》《鹰嘴豆种质资源描述规范和数据标准》《羽扇豆种质资源描述规范和数据标准》《黑吉豆种质资源描述规范和数据标准》共5册种质资源鉴定评价考种标准。

2. 利用成效

2012—2015年，为云南省文山壮族苗族自治州政府和企业提供了鹰嘴豆资源347份，以及信息、人才、培训。取得了如下的资源服务效果。

（1）云南省"宗绪晓专家工作站"(鹰嘴豆专项)获批，工作经费90万元，用于支撑云南文山州鹰嘴豆产业发展；云南金穗种业有限公司获批配套经费——对外科技合作计划项目"鹰嘴豆良种选育、无公害栽培技术研究及产业化示范"，资助金额140万元。揭牌、开题、项目培训会于2015年9月29日在文山州丘北县举行(见文山农业信息网www.wsny.gov.cn)。

（2）文山州的8个县已经落实了2015—2016年冬季2000亩鹰嘴豆的示范推广任务，其中，丘北县种植任务为1000亩。近日完成了播种任务(见文山农业信息网www.wsny.gov.

cn)。

3.支撑作用

（1）浙江省农业科学院蚕豆研究和育种研究课题重启。浙江省是我国主要的冬播蚕豆主产区。但是，由于浙江省农业科学院老一代著名蚕豆育种也研究专家郎丽娟、应汉清研究员于2000年退休后，该院蚕豆研究因科研经费来源不足，暂停至今已有14年了，导致该院蚕豆品种资源和很多高世代育种分离后代材料保存不善而全部损失。根据浙江省省委要大抓农业生产的号召，要保护耕地，提倡"生态养地"，而蚕豆是生态养地的最佳豆科作物。因郎丽娟研究员是浙江省农业科学院老科协理事，院领导建议她写一个报告，建议省里恢复浙江农业科学院的蚕豆研究项目。于是，郎丽娟于2013年起草了一份题为"关于恢复冬季蚕豆生产，促生态养地和实现农业可持续发展的建议"的报告，由该院老科协作为"进言献策"建议上报浙江省科技厅，该报告已批复下来，同意浙江省农业科学院恢复蚕豆研究，该项目落实在该院作核所(该院作物所和原子能所于前几年合并而成)，并有专人负责(宋度林副研究员)。2013年冬季已开始投入试验，但手里的蚕豆材料极少。为此，郎丽娟研究员恳请食用豆资源子平台提供帮助，从国家种质库中提供浙江省原产的蚕豆种质资源，以重启浙江省农业科学院蚕豆研究与育种项目。2014年春节后，食用豆资源创新小组集中力量，从国家交换库中，找回了该省农业科学院已经全部灭失的363份蚕豆种质资源，并于2014年2月19日寄往郎丽娟研究院提供的浙江省农业科学院邮寄地址。提供浙江原产蚕豆资源，重启了该省已经停止了14年之久的蚕豆研究和育种项目。

（2）吉林省白城市农业科学院鹰嘴豆育种推广项目启动。吉林省白城市及其周边地区，地处内蒙古自治区、吉林省、黑龙江省的交界地区，土壤盐碱化程度高、多丘陵山地、绝大部分为旱作农业区，理论上分析很适合于发展鹰嘴豆产业，但是当地至今并不存在鹰嘴豆育种、生产、加工产业。鉴于大粒类型鹰嘴豆的市场潜力好，国际及国内市场售价都要高于小粒鹰嘴豆，而且我国居民普遍喜欢货架品质高的大粒鹰嘴豆。因此，食用豆种质资源创新小组主动与吉林省白城市农业科学院食用豆类研究所尹凤祥研究员、梁杰研究员联系，2014年9月在国家交换库中筛选到156份国外来源的大粒鹰嘴豆资源，寄往吉林省白城市农业科学院豆类研究所，双方合作启动了白城市农业科学院鹰嘴豆育种、推广项目，创建了吉林省大粒鹰嘴豆产业，填补了该省鹰嘴豆产业空白，并可有力带动周边地区共同发展。2015年度始终结果，显示鹰嘴豆在吉林省白城地区及类似气候条件下，具有很大的发展潜力。

（3）支撑获得"北京市科学技术奖励三等奖"和"中华农业科技奖科研类成果一等奖"。

种质资源引进、鉴定评价和筛选工作，有力地支撑了"绿豆优异基因资源挖掘与创新利用"于2015年获得了"北京市科学技术奖励三等奖"和"中华农业科技奖科研类成果一等奖"。

三、展望

食用豆类种质资源保护是一项非常重要而繁琐的工作，在实施过程中一定要认真负责，确保每个技术环节准确无误。在材料上把关，从资源的收集引进、材料播种准备、田间记载及收获入库，每一步都认真把关，将错误降低到最低，保证了各项研究的顺利开展，也为研究提供了保障。在繁种过程中，要因地制宜设置试点，考虑品种生态适应性及野生及近缘野生植物的光温反应等。在项目执行工作中，发现如下问题需要在今后的工作中加以解决。

1. 进一步拓展国外资源的引进

从附表1看，在目前国家种质库中保存的总共37 859份食用豆类资源中，仅有7 539份来自国外，来自国外资源的比重仅有19.91%。"十二五"期间新增收集保存的食用豆类份数达到7 809份，其中，国外引进资源占到5 317份，说明国外资源引进大有潜力可挖。因此，今后食用豆类资源基础性工作仍然应国外资源引进和国内资源收集都不放松，并尽最大可能引进国外食用豆类资源。

2. 增加食用豆专题繁种经费

绿豆、小豆等豇豆属，以及木豆属等食用豆类原产中国。豌豆、山黧豆、羽扇豆等引进了大量野生资源，类型丰富。但由于缺乏适宜的栽培条件，种子需要在适当的光温条件下繁殖，否则难以扩繁，希望增加食用豆专题野生种繁种经费，在具有光温控制条件的温室中完成鉴定、繁种、入国家种质资源长期库的工作。

3. 降低入库种子发芽率并增加其经费

普通菜豆属于暖季豆类，成熟和收获日期正处于夏秋雨水较多的季节。收获的籽粒难免受到影响，因此建议种子入库稍微降低发芽率。普通菜豆受光照影响较大、引自南美的材料很多需要通过海南南繁才能开花结荚；菜豆大多是蔓生，需要搭架而且菜豆的产量很低，繁种需要的土地相对较多，为此建议增加普通菜豆的经费。

4. 增加专门设施建立和维护经费

蚕豆、多花菜豆、木豆均为常异花授粉作物，但长期没有专门的隔离繁种网棚的建立和维护经费，严重影响了这些豆种的隔离扩繁、鉴定、编目和繁种入库的进度，需要考虑增加这方面的设施投入预算。

附录：获奖成果、专利、著作及代表作品

获奖成果

绿豆优异基因资源挖掘与创新利用，获2014—2015年度中华农业科技奖科研类成果一等奖，第一完成单位、第一完成人。

著作

程须珍，王素华，王丽侠，等. 2012. 黑吉豆种质资源描述规范和数据标准[M]. 北京：中国农业科学技术出版社.

宗绪晓，关建平，畅建武，等. 2012. 山黧豆种质资源描述规范和数据标准[M]. 北京：中国农业科学技术出版社.

宗绪晓，关建平，王晓鸣，等. 2012. 小扁豆种质资源描述规范和数据标准[M]. 北京：中国农业科学技术出版社.

宗绪晓，关建平，李玲，等. 2012. 鹰嘴豆种质资源描述规范和数据标准[M]. 北京：中国农业科学技术出版社.

宗绪晓，关建平，王晓鸣，等. 2012. 羽扇豆种质资源描述规范和数据标准[M]. 北京：中国农业科学技术出版社.

主要代表作品

Chen H, Liu L, Wang L, et al. 2015. Development and Validation of EST-SSR Markers from the Transcriptome of Adzuki Bean (*Vigna angularis*)[J]. PLoS ONE, 10(7): e0131939.

Chen H, Wang L, Wang S, et al. 2015. Transcriptome Sequencing of Mung Bean (*Vigna radiata* L.) Genes and the Identification of EST-SSR[J]. PLoS ONE, 10(4): e0120273.

Fang Wang, Tao Yang, Marina Burlyaeva, et al. 2015. Genetic Diversity of Grasspea and Its Relative Species Revealed by SSR Markers[M]. PLoS ONE, 10(3): e0118542.

Hai-fei Wang, Xu-xiao Zong, Jian-ping Guan, et al. 2012. Genetic diversity and relationship of global faba bean (*Vicia faba* L.) germplasm revealed by ISSR markers[J]. Theor Appl Genet, 124(5): 789-797.

Tao Yang, Shi-ying Bao, Rebecca Ford, et al. 2012. High-throughput novel microsatellite marker of faba bean via next generation sequencing[J]. BMC Genomics, 13: 602-613.

Tao Yang, Junye Jiang, Marina Burlyaeva, et al. 2014. Large-scale microsatellite development in grasspea (*Lathyrus sativus* L.), an orphan legume of the arid areas[J]. BMC Plant Biology, 14: 65.

Tao Yang, Li Fang, Xiaoyan Zhang, et al. 2015. High-Throughput Development of SSR Markers from Pea (*Pisum sativum* L.) Based on Next Generation Sequencing of a Purified Chinese Commercial Variety[J]. PLoS ONE, 10(10): e0139775.

Wu J, Wang L F, Li L, et al. 2014. De Novo assembly of common bean transcriptome using short reads for the discovery of drought-responsive genes[J]. PLoS ONE, 9(10): e109262.

Xue R, Wu J, Zhu Z, et al. 2015. Differentially Expressed Genes in Resistant and Susceptible Common Bean (*Phaseolus vulgaris* L.) Genotypes in Response to *Fusarium oxysporum* f. sp. *Phaseoli*[J]. PLoS ONE, 10(6): e0127698.

附表1　2011—2015年期间新收集入中期库或种质圃保存情况

填写单位：中国农业科学院作物科学研究所
联系人：宗绪晓

作物名称	目前保存总份数和总物种数（截至2015年12月30日）				2011—2015年期间新增收集保存份数和物种数			
	份数		物种数		份数		物种数	
	总计	其中国外引进	总计	其中国外引进	总计	其中国外引进	总计	其中国外引进
小扁豆	1 420	593	1	0	244	221	1	1
小豆	4 869	50	2	1	259	15	2	1
绿豆	5 817	455	2	2	367	349	2	2
饭豆	1 555	0	1	1	0	0	0	0
多花菜豆	201	0	1	0	9	0	1	0
普通菜豆	6 085	384	3	2	1 363	205	3	2
豌豆	6 560	1 690	2	2	1 523	1 158	2	2
蚕豆	6 724	1 691	1	1	1 767	1 133	1	1
普通豇豆	1 732	50	1	0	0	0	0	0
利马豆	33	0	1	0	1	0	1	0
四棱豆	37	0	0	0	0	0	0	0
鹰嘴豆	1 785	1 752	1	1	1 443	1 431	1	1
木豆	323	276	1	1	235	212	1	1
藕豆	41	2	1	0	6	2	1	0
藜豆	44	0	1	0	0	0	0	0
刀豆	13	0	0	1	0	0	0	0
山黧豆	568	544	12	12	545	544	12	12
羽扇豆	24	24	2	2	19	19	2	2
黑吉豆	1	1	1	1	1	1	1	1
乌头叶菜豆	12	12	1	1	12	12	1	1
豇豆属近缘种	15	15	3	3	15	15	3	3
合计	37 859	7 539	38	33	7 809	5 317	35	30

附表2　2011—2015年期间项目实施情况统计

一、收集与编目、保存

共收集作物（个）	16	共收集种质（份）	7 809
共收集国内种质（份）	2 492	共收集国外种质（份）	5 317
共收集种子种质（份）	7 809	共收集无性繁殖种质（份）	0
入中期库保存作物（个）	16	入中期库保存种质（份）	7 809
入长期库保存作物（个）	16	入长期库保存种质（份）	
入圃保存作物（个）	0	入圃保存种质（份）	0
种子作物编目(个)	16	种子种质编目数(份)	
种质圃保存作物编目(个)	0	种质圃保存作物编目种质(份)	0
长期库种子监测（份）			

（续表）

二、鉴定评价	
共鉴定作物（个）	共鉴定种质（份）
共抗病、抗逆精细鉴定作物（个）	共抗病、抗逆精细鉴定种质（个）
筛选优异种质（份）	
三、优异种质展示	
展示作物数（个）	展示点（个）
共展示种质（份）	现场参观人数（人次）
现场预订材料（份次）	
四、种质资源繁殖与分发利用	
共繁殖作物数（个）	共繁殖份数（份）
种子繁殖作物数（个）	种子繁殖份数（份）
无性繁殖作物数（个）	无性繁殖份数（份）
分发作物数（个）	分发种质（份次）
被利用育成品种数（个）	用种单位数/人数（个）
五、项目及产业等支撑情况	
支持项目（课题）数（个）	支撑国家（省）产业技术体系
支撑国家奖（个）	支撑省部级奖（个）
支撑重要论文发表（篇）	支撑重要著作出版（部）

黍稷种质资源

王　纶　王星玉　乔治军　温琪汾　王海岗

陈　凌　王君杰　曹晓宁　刘思晨

（山西省农业科学院农作物品种资源研究所，太原，030031）

一、主要进展

1. 收集引进

"十二五"期间黍稷种质资源收集和引进的重点放在优异种质、特殊性状种质、新育成品种、野生种和国外资源上。

课题组深入山西省、陕西省、内蒙古自治区、河北省等地的边远山区开展收集活动，收集到濒临灭绝的黍稷种质384份；从10省（区）16个单位收集到新育成种34份、品系121份，特殊性状种质（双粒种）5份，从海南省搜集到43份黍稷野生近缘种（包括黍稷亚族的1个种质和黍稷属的7个种），从俄罗斯等国引进资源25份，共计612份。2013年，在河北省张家口市坝上地区崇礼县长城岭附近原始森林边缘，还发现生长有成片的野生黍稷群落。

收集到的种质要重新繁殖，完成各项农艺性状调查和多项农艺性状鉴定；晾晒到含水率12%以下并进行人工粒选后。由主持单位进行编目，编目过程中对同种异名、同名同种的种质资源进行核实和归并，最后统加总编号和保存单位编号后一并送交国家种质库和数据库。2011—2015年共编目入国家长期库种质559份。

项目的执行抢救了一批濒临灭绝的黍稷种质资源，丰富了我国黍稷种质资源基因库（图1），使国家长期库累计保存黍稷种质资源数量达9459份，国家中期库黍稷种质的保有量达到7617份。

图1　2013年在河北省坝上发现野生黍稷群落

2. 鉴定评价

"十二五"期间，通过农艺性状鉴定和特性鉴定评价，鉴定筛选出丰产优异种质49份、高蛋白种质48份、高脂肪种质44份、高赖氨酸种质55份、优质种质32份、高耐盐和耐盐种质26份、高抗和抗黑穗病种质16份，共计270份；同期对山西省的1 192份黍稷种质资源进行了抗倒性鉴定，筛选出71份0级高抗倒种质，对20份黍稷种质资源进行了全生育期抗旱性综合评价鉴定,结果表明农家种"黄糜子"抗旱性最强(D=0.87)；通过相关研究论文以及国家自然资源平台系统发布信息和每年进行的黍稷优异种质资源展示活动，使这些种质在黍稷育种、生产和加工中得到广泛利用。2015年课题组和中国科学院植物遗传研究所达成合作意向，拟在黍稷野生资源的细胞、分子生物学鉴定研究方面进一步开展工作。

3. 分发供种

2011—2015年，向全国25个科研院所、企业和种植单位共提供利用5 490份种质。分发的黍稷种质为国家谷子、糜子产业技术体系、国家科技支撑计划、国家自然基金等科研项目提供了支撑材料。

在山西省农业科学院东阳试验基地对筛选出的丰产种质107份、高蛋白种质107份、高脂肪种质44份、高赖氨酸种质11份、优质种质11份、抗黑穗病种质3份，耐盐种质58份，共计341份优异种质资源进行了集中展示，同时在山西省岢岚试验基地、山西省河曲试验基地、山西省阳高试验基地安排了综合性状优异的种质进行展示，通过开现场会的形式，接待了来自全国的国家谷子糜子产业技术体系岗位专家、试验站站长以及黍稷研究育种单位、种质资源研究同行、食品加工企业以及主产区农户等共计300余人进行了田间观摩（图2、图3和图4）。现场达成供种意向500余份（次）。

图2　向体系岗位专家集中展示黍稷优异资源　　　图3　向体系试验站站长展示黍稷优异资源

图4　盖钧镒院士和美国客人参观黍稷优异种质资源

4. 安全保存

"十二五"期间，对752份黍稷种质进行了繁殖更新并入国家中期库保存。在繁种更新过程中，农艺性状鉴定数据由原目录的16项增加到50项。同时进一步核实了原目录中的一些数据，特别是质量性状，比如粒色、穗型、粳糯性及株高等，同时建立由植株、穗子、籽粒组成的图像数据库。为黍稷种质资源的发放和利用，提供了充足的物质基础和保障。

二、主要成效

在研究利用上，以科研院所和大专院校为主。如农业部黄土高原作物基因资源与种质创制重点实验室利用项目提供的黍稷种质资源及数据，进行遗传多样性和细胞、基因学的研究。发表相关研究论文12篇，培养博士、硕士5名。中国科学院植物遗传研究所利用提供的野生资源正在开展细胞核型分析以及多基因系统进化分析等相关研究。

筛选出的优异种质资源向全国黍稷育种单位提供利用后，培育出综合性状优异的黍稷新品种16个，在生产上得到广泛利用。对改变我国黍稷育种和生产的落后状况，起到了重要作用；鉴定筛选出的26个高耐盐和耐盐种质，为生物治理盐碱地发挥了重要作用，如红糜子、紫盖头、大青黍等在2011年山西省启动的百万亩盐碱地开发治理项目中，被列为生物治理盐碱地的主栽品种；鉴定筛选出的特早熟种质，如小青糜、小红黍等，在2013年我国北方部分地区春旱救灾补种中以及二季作中也发挥了重要作用；鉴定筛选出的抗旱种质黄糜子等在甘肃省敦煌市、山西省忻州市等年降水量不足300mm的干旱地区推广利用后，仍获得较好的产量；鉴定筛选出抗病种质，如紫穗糜、韩府红燃等，在河北省张家口市、山西省大同市等黑穗病高发区推广利用后，全生育期不用农药，生产有机、绿色农产品，保证了食品安全；鉴定筛选出的优异种质，如高蛋白、高脂肪、高赖氨酸和优质种质，作为优良的加工原料，在食品加工上得到广泛利用。如全国著名的食品企业双合成的"娘家粽"利用提供的优质资源"晋黍7号、达旗黄秆大白黍、雁黍8号"等，建立了1000亩的原料制种生产基地，用特定的专用黍稷品种，品质上好，产品远销全国各地。从2006年起到2015年止，每年一次，在浙江省杭州市、湖南省汨罗市、浙江省潮州市、江苏省无锡市、北京市王府井、澳门特别行政区、广东省东莞市、湖北省武汉市等地举行的粽子文化节上，蝉联十届金奖。通过黍稷种质资源研究与黍稷育种、生产、加工、市场紧密结合，延伸了产业链，提高了附加值，提升了黍稷的经济效益、社会效益和生态效益。

2014年3月2日，由山西省科技厅组织，刘旭院士任主任委员的鉴定委员会对山西省农业科学院农作物品种资源研究所主持完成的"中国黍稷种质资源收集、保护、创新与共享利用"项目进行了科技成果鉴定（图5）。鉴定委员会一致认为：该成果丰富了黍稷种质资源并得到有效保存，提升了研究与共享服务水平，广泛应用于生产实际，在同类研究中总体达到国际先进水平。

图5　2014年"中国黍稷种质资源收集、保护、创新与共享利用"项目通过成果鉴定

三、展望

黍稷是小作物，研究水平相对较低，还有许多工作有待于我们今后持续坚持和深入发展下去，例如黍稷野生近缘种属的研究；黍稷细胞、分子生物学水平的深入研究；黍稷耐盐碱、耐旱等抗逆资源的开发利用；原生境野生黍稷群落的发现，保护和深入研究；黍稷深加工利用如何深度发展等众多研究课题。从而更加广泛的地挖掘黍稷种质资源潜在的经济、社会效益和生态价值，实现黍稷种质资源充分共享和高效利用的目的。

附录：获奖成果、专利、著作及代表作品

专利（品种）

1. 王纶，王星玉，温琪汾，乔治军，等.品黍1号，审定编号：晋审（认）2011001(批准时间：2011年5月)。

2. 王纶，王星玉，温琪汾，乔治军，等.品黍2号，审定编号：晋审（认）2011002(批准时间：2011年5月)。

3. 乔治军，王海岗，王纶，等.品糜3号，审定编号：晋审（认）2014001(批准时间：2014年5月)。

著作

王纶.2011.作物遗传改良（黍稷部分）[M].北京：中国农业科学技术出版社.

王纶.2013.农作物种质资源繁殖更新技术规程（黍稷部分）[M].北京：中国农业科学技术出版社.

主要代表作品

董俊丽，王海岗，陈凌，等.2015.糜子骨干种质遗传多样性和遗传结构分析[J].中国农业科学，48(16):
3 121-3 131.

王纶，王星玉，温琪汾，等.2016.山西省黍稷种质资源抗倒性鉴定及相关形态特征研究[J].植物遗传资源
学报，17(1)：27-31.

王纶，王星玉，杨红军，等.2015.GPIT生物制剂对不同种植密度黍稷的影响[J].山西农业科学，43
（11）：1 442-1 446.

王纶，王星玉，杨红军，等.2015.GPIT生物制剂对黍稷光合生理的影响及其效应[J].山西农业科学，43
（7）：802-806.

王纶，王星玉，乔治军，等.2015.中国黍稷种质资源收集、保护、创新与共享利用[J].植物遗传资源学
报，16(2):422-427.

王纶，王星玉，温琪汾，等.2014.GPIT生物制剂在中度盐碱地黍稷上的应用试验[J].山西农业科学，42
（3）：247-250.

王纶，王星玉，乔治军，等.2013.黍稷种质资源粒色分类及其特性表现[J].山西农业科学，41（11）：
1 162-1 166.

王纶，王星玉，乔治军，等.2013.黍稷种质穗型与主要农艺性状的关系[J].山西农业科学,41（8）:789-792.

王纶，王星玉，温琪汾.等.2013.黍稷新品种品黍2号及种子繁育技术[J].中国种业，（7）：90.

王纶，王星玉，温琪汾.2012.黍稷种质资源繁殖更新技术[J].山西农业科学,40（3）：227-232.

王纶，王星玉，温琪汾.2012.优质丰产糯性黍稷新品种品黍1号[J].中国种业，（1）：70.

王海岗，陈凌，王君杰，等.2014.20份山西糜子种质资源抗旱性综合评价[J].中国农学通报，30(36):
115-119.

Wang H K, Chen L, Wang J J. et al. 2015. Comprehensive Assessment of Drought Resistance of Proso Millet
Germplasm Resources in Shanxi[J]. Agricultural Science & Technology, 16(9): 1916-1920.

附表1　2011—2015年期间新收集入中期库或种质圃保存情况

填写单位：山西省农业科学院农作物品种资源研究所

联系人：王纶

作物名称	目前保存总份数和总物种数（截至2015年12月30日）				2011—2015年期间新增收集保存份数和物种数			
	份数		物种数		份数		物种数	
	总计	其中国外引进	总计	其中国外引进	总计	其中国外引进	总计	其中国外引进
黍稷	9 459	107	1	107	559	25	1	25
合计	9 459	107	1	107	559	25	1	25

附表2　2011—2015年期间项目实施情况统计

一、收集与编目、保存

共收集作物（个）	1	共收集种质（份）	612
共收集国内种质（份）	587	共收集国外种质（份）	25
共收集种子种质（份）	612	共收集无性繁殖种质（份）	
入中期库保存作物（个）	1	入中期库保存种质（份）	752
入长期库保存作物（个）	1	入长期库保存种质（份）	559
入圃保存作物（个）		入圃保存种质（份）	
种子作物编目（个）	1	种子种质编目数(份)	559
种质圃保存作物编目(个)		种质圃保存作物编目种质(份)	
长期库种子监测（份）			

二、鉴定评价

共鉴定作物（个）	1	共鉴定种质（份）	2 805
共抗病、抗逆精细鉴定作物（个）	1	共抗病、抗逆精细鉴定种质（个）	
筛选优异种质（份）	270		

三、优异种质展示

展示作物数（个）	1	展示点（个）	4
共展示种质（份）	341	现场参观人数（人次）	300
现场预订材料（份次）	500		

四、种质资源繁殖与分发利用

共繁殖作物数（个）	1	共繁殖份数（份）	2 805
种子繁殖作物数（个）	1	种子繁殖份数（份）	2 805
无性繁殖作物数（个）		无性繁殖份数（份）	
分发作物数（个）	1	分发种质（份次）	5 490
被利用育成品种数（个）	16	用种单位数/人数（个）	25/50

五、项目及产业等支撑情况

支持项目（课题）数（个）	23	支撑国家（省）产业技术体系	2
支撑国家奖（个）	1	支撑省部级奖（个）	1
支撑重要论文发表（篇）	34	支撑重要著作出版（部）	1

小宗作物种质资源

张宗文　张　京　陆　平　袁兴森　吴　斌　郭刚刚　刘敏轩　高　佳

（中国农业科学院作物科学研究所，北京，100081）

一、主要进展

（一）小宗作物种质资源收集与引进

1. 国内收集

在过去五年，本课题组与国内有关单位合作，对小宗作物育成品种、品系、创新材料进行了广泛征集。通过访问黑龙江省农业科学院作物研究所、河北省张家口市农业科学院、山西省农业科学院、云南省农业科学院生物技术与种质资源所等10多个单位，了解有关小宗作物育种、种质创新等研究活动，征集在这些活动中所产生了新品种、新品系和新材料。通过上述活动，使很多有价值的新品种、新品系和创新材料得到及时收集和保护。与此同时，派出科研人员开展重点地区的专项考察，包括①川南荞麦野生近缘种考察；②甘肃定西荞麦燕麦资源考察收集；③重庆酒用高粱考察收集；④桂西北爆裂高粱考察收集。通过这些重点地区考察，进一步了解小宗作物的分布和生产情况，收集了当地的小宗作物地方品种和野生种资源。同时还派相关人员参加了贵州及周边作物种质资源调查、全国农作物种质资源重点地区重庆作物种质资源调查等大型考察活动，收集相关的小宗作物种质资源。通过上述征集和考察收集活动，从四川省、云南省、山西省、甘肃省、宁夏回族自治区、青海省、辽宁省、黑龙江省等省区收集各类小宗作物资源5 242份，包括大麦2 074份、荞麦136份、燕麦450份、谷子1 428份、高粱1 154份。在资源收集过程中，重点关注和收集具有高产、优质、抗病、抗逆等各种优良特性的材料，并加强了野生近缘种的收集，如与四川西昌学院合作，在凉山地区主要收集荞麦属野生材料，包括*Fagopyrum caudatum* (Sam.) A.J. Li, comb. Nov (尾叶野荞麦)，*F.crispatifolium* J. L. Liu (皱叶野荞麦) ，*F. cymosum* (Trev.) Meisn. (金荞麦)、*F. densovillosum* J. L. Liu (密毛野荞麦)，这些荞麦种都是以前没有收集保护的新物种。

2. 国外引进

在过去5年，本课题组加强国外小宗作物种质资源的引进工作。通过发展双边合作、开展实地考察等方式，从美国、加拿大、蒙古、ICARDA等国家和国际组织引进了各类小宗作物资源4 258份，其中，大麦3 674份，燕麦554份，谷子30份。这些引进种质中包括了一些小宗作物资源新类型和新物种，有效增加了我国保存国外小宗作物物种的数量，丰富了物种多样性，如从加拿大引进的燕麦材料中，包括80多份野生材料，如*A. abyssinica*，*A. Agadiriana*，*A. Atlantica*，*A. Barbata*，*A. canariensis*，这些种也是我国基因库没有的；在引进材料也包括有古老地方品种，如从蒙古引进的大麦和燕麦资源多为20世纪收集的地方品种，遗传多样性非常丰富；从ICARDA引进大量大麦野生类型，极大地丰富了我国大麦基因源。

（二）小宗作物种质资源鉴定评价

1. 基本农艺性状鉴定

根据新的性状描述标准，对新收集和引进的小宗作物种质进行了农艺性状鉴定，包括植株、花、穗和子粒性状20多项。与山西省农业科学院、张家口市农业科学院、内蒙古农业科学院、甘肃省农业科学院、黑龙江省农业科学院、驻马店市农业科学研究所等单位合作，5年完成农艺性状鉴定共8 491份，其中，6 119份已经编目。在鉴定过程中，还采集了3 000多份小宗作物种质的图像数据，包括每份材料的植株、花、穗和子粒照片共1万多张。种质资源农艺性状鉴定一般进行两年，然后对数据进行整理，用于新收集小宗作物资源编目。

2. 精准鉴定

采用多年、多点、多重复的方式，开展了小宗作物种质资源精准鉴定，以确定种质在不同环境、不同年份的反应，为种质有效利用提供依据。与河北省、山西省、内蒙古自治区、甘肃省、宁夏回族自治区、新疆维吾尔自治区、西藏自治区等地有关单位合作，完成种质资源精准鉴定350份，其中，谷子100份、燕麦100份、荞麦50份，大麦100份。如燕麦精准鉴定在河北省等7个点进行，鉴定资源100份，其中，7个点获得了完整数据，在分析各个点的资源的主要性状表现的基础上，对这些资源的适应性和稳定性进行评价，筛选出了一些农艺性状优良、且适应性和稳定性较好的材料。

3. 抗逆性鉴定

在北京等地对小宗作物种质进行抗寒鉴定，从1 553份种质中发现了55份抗寒材料，包括50份大麦，5份燕麦。这些抗寒材料对培育冬性大麦和燕麦品种有重要意义。

在甘肃省、北京市等地对小宗作物种质进行了抗旱鉴定，从568份小宗作物种质中筛选出24份抗旱材料，包括12份谷子，7份糜子，5份燕麦。其中，谷子和糜子抗旱是在甘肃省敦煌地区的大田开展的，筛选出的抗旱材料有直接利用价值。燕麦抗旱是在室内控制条件下进行的，更能有效反映燕麦材料在不同干旱条件下的表现，有利于探索燕麦种质的抗旱机理。

在培养箱、网棚等控制条件下，对小宗作物种质进行了耐盐鉴定，从538份种质中筛选出耐盐种质25份，包括17份燕麦，8份糜子。将对筛选出来的耐盐材料做进一步的大田鉴定和耐盐机理研究。

4. 抗病性鉴定

对部分小宗作物资源进行了抗病性鉴定，从305份谷子黍稷育成品种获得了65份对谷瘟病、白发病、黑穗病、锈病高抗的材料。从458份燕麦材料中获得了抗黑穗病材料25份。将对这些抗病材料做进一步的田间鉴定，挖掘相关基因资源，为这些材料在育种中利用奠定基础。

5. 品质鉴定

对部分小宗作物资源进行了品质和营养成分分析，从1600多份大麦种质中获得多酚氧化酶活性缺失体和低活性种质48份，高 α -淀粉酶活性种质ZDM3784等15份。从200份谷子和黍稷种质中，筛选出粗蛋白超过17%的优异资源11份、粗脂肪超过4.4%的优异资源47份、粗淀粉超过84.5%的优异资源17份、硒含量超过115μg/kg的优异种质31份，其中，营养品质与硒含量两者均高的优异资源有12份。对50份荞麦种质的黄酮含量进行了分析，筛选出黄酮含量高于3%的种质3份。对215份燕麦高代品系进行 β -葡聚糖含量测定，筛选出6份含量超过5.5%的材料。

（三）小宗作物种质资源分发利用

1. 优异种质资源展示

为促进优异种质利用，在多个地点展示了小宗作物资源1752份，如在敦煌市开展了谷子品种展示会，展示谷子优异资源200份，有70多人参会；在北京市延庆区展示燕麦品种239个国内外参观人数220多人；在黑龙江省、河南省等省开展优异大麦资源展示，吸引了众多大麦企业相关人员前来参观。通过展示，让更多利用者了解了小宗作物资源并直接获取到这些资源，有效促进了优异资源的利用。

2. 分发供种服务

过去5年，向近100个科研和教学单位提供小宗作物种质20 941份次，主要用于优异资源发掘、育种亲本材料和遗传多样性研究。在分发过程中，一方面主动分发，如每年主动向10多个燕麦育种和生产单位分发资源50～100份，由这些单位自行鉴定筛选和利用；另一方面应需求向利用者分发和提供资源，这种方式的针对性更强，对一些基础研究项目、重大课题起到了较强的支撑作用。

（四）小宗作物种质资源安全保存

1. 制定繁殖更新技术规程

根据繁殖更新需要，研制了大麦、燕麦、荞麦、高粱、谷子5个作物的繁殖更新技术规程，以规范这些作物种质资源的繁殖更新工作，保持繁殖种质的遗传完整性和种子质量。这些技术规程包括了如下主要内容。

（1）适用范围和标准。适用于各种作物的地方品种、选育品种、品系、遗传材料和野生燕麦种质资源的繁殖更新。

（2）繁殖更新操作程序。包括繁种地点选择、种子准备、播种、田间管理、去杂、核对性状、收获、脱粒、包装等环节，这些环节是种质繁殖更新必不可少的程序，任何一个环节出问题都可能导致繁种的失败。

（3）繁殖更新技术方法。针对上述操作程序中的各个环节，制定了具体操作技术和方法，有效保证繁殖地点选择、种子准备、播种、田间管理、去杂、核对性状、收获、脱粒、包装等各环节操作的准确性，以保持种质的遗传完整性和种子质量。

2. 繁殖入库保存

为增加分发供种能力，继续开展小宗作物种质中期库更新工作。经过5年努力，共繁殖并入国家中期库保存5 808份，使小宗作物可分发种质数量大幅增加，保障了种质的分发利用工作。对新收集和编目的小宗作物资源材料进行了繁殖，5年共入国家长期库保存6 253份，其中，大麦资源5 200份，谷子1 450份，高粱1 154份，燕麦1 004份、荞麦130份。这些资源的入库保存，使我国的小宗作物资源保存数增加约10%。在新入库的材料中，包括了收集和引进的新类型和新物种，特别是燕麦，保存的新物种数达15个，极大丰富了我国保存的燕麦物种多样性。

二、主要成效

1. 全面支撑小宗作物产业技术体系发展

在过去五年，小宗作物种质资源工作对国家有关作物产业技术体系起到了极大的支撑作用。通过本课题组的大麦首席专家张京，为大麦产业体系的种质资源评价、育种提供了资源保障，有效促进了大麦产业的发展。通过本课题组的谷子糜子岗位专家陆平和燕麦荞麦岗位专家吴斌，为谷子糜子产业体系、燕麦荞麦产业体系提供了大量种质资源，并直接开展相关种质资源评价研究，对这两个产业体系的发展起到了重要的支撑作用。

2. 有效促进小宗作物种质创新和育种

通过开展小宗作物创新和种质改良，与全国多个研究单位合作，培育了一大批小宗作物新品种，这些品种的应用不但提高了产量，而且帮助农民增加了收入。如云南省农业科学院、河南省驻马店农科所合作培育近20个大麦新品种；与张家口市农业科学院合作培育2个燕麦新品种；与辽宁省农业科学院合作，培育了1个谷子新品种。

3. 为相关企业提供技术支撑

针对啤酒企业和麦芽企业提出的产业关键需求，建立基于品质分析和SNP标记分型联合的麦芽纯度和品种真实性检测鉴定体系，满足产业链中原料筛查和监测需要。同时逐步建立和完善了国内外主要啤酒大麦品种的指纹图谱数据库，不仅填补了相关领域的空白，也为企业节本增效提供了重要技术支撑。

三、展望

针对小宗作物资源多样性丰富而收集保护较为滞后的问题，今后应加强如下几个方面的工作。

（一）资源收集

"十三五"期间，结合国家农作物种质资源普查和重点调查工作，加强西南、西北地区的考察工作，收集小宗作物的地方品种、野生资源。同时加强从国外引进各类小宗作物种质资源，特别是有利用价值的野生近缘种资源。

（二）资源编目和入库

"十三五"期间，计划对收集和引进的小宗作物资源开展农艺性状鉴定、编目和繁殖入库工作，使我国的小宗作物资源保存量增加10%以上。

（三）分发利用

"十三五"期间，计划把鉴定出的优异材料更加广泛地分发，加强小宗作物资源的利用工作，包括种质创新工作。

与此同时，应发挥小宗作物种质资源多样化和地方特色方面的优势，在收集保护的同时，应加强资源鉴定和评价研究，包括采用表型与基因型相结合的方法，挖掘具有各种用途的优异材料，通过展示和示范的活动，使鉴定出来的优异资源在育种研究和生产上发挥作用。

附录：获奖成果、专利、著作及代表作品

获奖成果

1. 突破性食饲兼用大麦鄂大麦507的选育与应用，获2014年度北京市科技进步三等奖。

2. 优质、高产啤酒大麦新品种选育与生产技术集成、推广，获内蒙古自治区科学技术一等奖。

3. 高产优质多抗大麦新品种驻大麦3号，获河南省科技进步二等奖。

主要代表作

陈新，张宗文，吴斌.2014.裸燕麦萌发期耐盐性综合评价与耐盐种质筛选[J]. 中国农业科学，47（10）：2 038-2 046

姜晓东, 郭刚刚, 张京. *Amy*6-4 基因遗传多样性及其与α-淀粉酶活性的关联分析[J]. 作物学报,40(2):205-213.

姜晓东, 张京. 2013. 大麦(*Hordeum vulgare* Linn.)α-淀粉酶基因Amy6-4表达模式的半定量RT-PCR分析[J]. 山西农业大学学报(自然科学版), (3):185-190.

姜晓东, 郭刚刚, 张京. 2013. 中国大麦地方品种的遗传多样性及α-淀粉酶活性的全基因组关联分析[J]. 中国农业科学, (4):668-677.

姜晓东, 张京, 郭刚刚. 2013. 中国大麦地方品种的α-淀粉酶酶活性研究[J].植物遗传资源学报, (2):322-328.

姜晓东, 张京, 郭刚刚. 2012. 大麦*Amy*32b的遗传多样性及其对α-淀粉酶活性的影响[J].中国农业科学, (5):823-831.

刘敏轩, 陆平. 2013. 中国谷子育成品种维生素E含量分布规律及其与主要农艺性状和类胡萝卜素的相关性分析[J]. 作物学报，39（3）：398-408.

刘伟, 张宗文, 吴斌. 2013. 加拿大引进的二倍体燕麦种质的核型鉴定[J]. 植物遗传资源学报, 14 (1):141-145.

刘敏轩, 张宗文, 吴斌, 等. 2012. 黍稷种质资源芽、苗期耐中性混合盐胁迫评价与耐盐生理机制研究[J]. 中国农业科学, 45（18）：3 733-3 743.

史建强, 李艳琴, 张宗文, 等.2015.荞麦及其野生种遗传多样性分析[J].植物遗传资源学报,16（3）:443-450.

王玉亭, 张宗文, 李高原, 等. 2012. 新收集燕麦种质的遗传多样性和冗余性鉴定[J]. 植物遗传资源学报. 13(1): 16-21.

杨树明, 普晓英, 张京, 等. 2011. 不同地区啤酒大麦品种农艺性状鉴定与分类研究[J].植物遗传资源学报, (1):37-41.

Wu B, Lu P, Zhang Z W. 2012. Recombinant microsatellite amplification: a rapid method for developing simple sequence repeat markers[J]. Mol Breeding, 29:53–59.

Wu B, Zhang Z W, Chen L Y, et al. 2012. Isolation and characterization of novel microsatellite markers for Avena sativa (Poaceae) (oat)[J]. American Journal of Botany, 99:e69-e71.

Wang C F, Jia G Q, Zhi H, et al. 2012. Genetic diversity and population structure of Chinese foxtail millet [*Setaria italica* (L.) Beauv.][J]. landraces, G3(Genes, Genomes, Genetics), 2: 769-777.

Guo G G, Dondup D W, Yuan X M, et al. 2014. Rare allele of HvLox-1 associated with lipoxygenase activity in barley (*Hordeum vulgare* L.)[J]. Theoretical and Applied Genetics, 127：2 095–2 103.

Jia G Q, Zhi H, Chai Y, et al. 2013. A haplotype map of genomic variations and genome-wide association studies of agronomic traits in foxtail millet (*Setaria italica*)[J]. Nature Genetics, 45(8):957-961.

Liu M X, Qiao Z J, Zhang S, et al. 2015. Response of broomcorn millet (*Panicum miliaceum* L.) genotypes from semiarid regions of China to salt stress[J]. The Crop Journal, 3:57-66.

Liu M X, Wang Y W, Han J G, et al. 2011. Phenolic Compounds from Chinese Sudangrass, Sorghum, Sorghumc Sudangrass Hybrid,and Their Antioxidant Properties[J]. Crop Science, 51: 247-258.

Zeng Y W, Pu X Y, Zhang J, et al. 2012. Genetic Variation of Functional Components in Grains of Improved Barley Lines from Four Continents [J].Agricultural Science & Technology, 7:1 431-1 436.

附表1　2011—2015年期间新收集入中期库或种质圃保存情况

填写单位：中国农业科学院作物科学研究所

联系人：张宗文

作物名称	目前保存总份数和总物种数（截至2015年12月30日）				2011—2015年期间新增收集保存份数和物种数			
	份数		物种数		份数		物种数	
	总计	其中国外引进	总计	其中国外引进	总计	其中国外引进	总计	其中国外引进
大麦	22 551	7 992	5	5	5 748	3 674	5	0
荞麦	3 317	0	11	0	136	0	6	0
燕麦	4 750	1 785	21	15	1 004	554	15	15
谷子	28 395	30	2	0	1 458	30	2	0
高粱	20 738	0	1	0	1 154	0	1	0
合计	79 751	9 807	40	20	9 500	4 258	29	15

附表2　2011—2015年期间项目实施情况统计

一、收集与编目、保存			
共收集作物（个）	5	共收集种质（份）	5 748
共收集国内种质（份）	2 074	共收集国外种质（份）	3 674
共收集种子种质（份）	5 748	共收集无性繁殖种质（份）	
入中期库保存作物（个）	5	入中期库保存种质（份）	5 808
入长期库保存作物（个）	5	入长期库保存种质（份）	6 253
入圃保存作物（个）		入圃保存种质（份）	
种子作物编目(个)	5	种子种质编目数(份)	6 119
种质圃保存作物编目(个)		种质圃保存作物编目种质(份)	
长期库种子监测（份）			
二、鉴定评价			
共鉴定作物（个）	5	共鉴定种质（份）	8 491
共抗病、抗逆精细鉴定作物（个）	5	共抗病、抗逆精细鉴定种质（个）	2 960
筛选优异种质（份）	319		
三、优异种质展示			
展示作物数（个）	5	展示点（个）	6
共展示种质（份）	1 752	现场参观人数（人次）	1 050
现场预订材料（份次）	495		

（续表）

四、种质资源繁殖与分发利用			
共繁殖作物数（个）	5	共繁殖份数（份）	8 669
种子繁殖作物数（个）	5	种子繁殖份数（份）	8 669
无性繁殖作物数（个）		无性繁殖份数（份）	
分发作物数（个）	5	分发种质（份次）	20 275
被利用育成品种数（个）	12	用种单位数/人数（个）	51/75
五、项目及产业等支撑情况			
支持项目（课题）数（个）	18	支撑国家（省）产业技术体系	4
支撑国家奖（个）		支撑省部级奖（个）	1
支撑重要论文发表（篇）		支撑重要著作出版（部）	3

棉花种质资源

孙君灵[1]　贾银华[1]　王立如[1]　师维军[2]　肖松华[3]　张寒霜[4]　孙振纲[5]

朱荷琴[1]　潘兆娥[1]　何守朴[1]　龚文芳[1]　庞保印[1]　杜雄明[1]

（1.中国农业科学院棉花研究所，安阳，455000；2.新疆维吾尔自治区农业科学院经济作物研究所；3.江苏省农业科学院经济作物研究所；4.河北省农林科学院棉花研究所；5.山西省农业科学院棉花研究所）

一、主要进展

1.收集与入库

2011—2015年，共收集国内外三大栽培种的种质1 220份，其中，陆地棉986份、亚洲棉58份、海岛棉176份，所收集种质均已入国家中期库保存（图1）。随着国际交流的增加，近五年通过学者访问、种质交换等方式收集到来自塔吉克斯坦、俄罗斯、吉尔吉斯斯坦、美国、乌兹别克斯坦、巴西、埃及、澳大利亚、巴基斯坦等国家的棉花种质552份，占总收集的45.2%。2011—2015年，棉

图1　2012年在云南省景洪市勐腊县关累镇盘龙上寨收集海岛棉地方种

花种质入国家长期库1 460份，其中，国内种质782份、国外引进种质678份、选育品种189份、地方品种37份、遗传材料48份。

2.鉴定评价

"十二五"期间共鉴定评价了2 095份新种质，其中，国内种质1 311份、国外引进种质784份。鉴定评价工作由中国农业科学院棉花研究所、新疆农业科学院经济作物研究所、江苏省农业科学院经济作物研究所、河北省农林科学院棉花研究所、山西省农业科学院棉花研究所等单位共同完成，所有单位统一按《棉花种质资源描述规范和数据标准》以及行业标准《农作物种质资源评价技术规范　棉花》进行生育期、叶形、衣分、铃重、上

半部平均长度、断裂比强度等39个农艺经济性状鉴定与评价，同时对900份种质进行了抗枯黄萎病鉴定。

通过在不同棉区（黄河流域、长江流域和新疆棉区）的田间鉴定，筛选出低酚材料5份（种子利用）、抗旱及耐盐碱材料23份（有利于棉花种植区向盐碱地转移）、耐高温材料5份（减少高温天气对产量和品质的影响）、抗黄萎病材料12份（减轻棉花主要病害对产量和品质的影响）、高衣分材料26份（有利于产量的提高）、纤维品质优异材料47份（提高棉花品质），这些优异种质的筛选有利于目前棉花主产区的北上西移（新疆维吾尔自治区、内蒙古自治区等），服务耐盐碱、抗黄萎病、耐高温、纤维品质优异、抗旱等特性新品种的选育与创新或理论研究。

3. 分发供种

2011—2015年期间，国家棉花种质资源中期库向全国123个科研、企业、大学等单位494人次发放种质11 191份次，其中，企业单位23个、高校45个、科研单位68个，发放种质中海岛棉880份次、亚洲棉283份次、草棉38份次、陆地棉遗传材料492份次。发放种质对国家自然科学基金、"973""863"计划、国家产业技术体系、支撑计划、转基因重大专项、各省部级项目等127个项目进行了支撑。

为了架起种质保存者与利用者之间的桥梁，为了棉花种植区域新布局形式下的棉花种质资源研究与利用，加快收集或创新种质更快、更好地应用于育种和基础研究，2012年、2014年和2015年在河南省安阳市白壁镇进行了三次田间现场展示（图2），累计展示了具有纤维品质优异、早熟、丰产、高衣分、大铃、抗黄萎病、抗旱、耐盐碱、耐高温等性状的国内外种质1 150多份，来自新疆维吾尔自治区、河南省、河北省、湖南省、湖北省、安徽省、江苏省、辽宁省、山东省等

图2　2012年9月在河南省安阳市白壁镇的棉花优异种质田间展示现场

14个省市72家单位的189名棉花科研、高校、生产、推广等领域的专家参加了展示会，累计发放展示新种质3 962份次。

4. 安全保存

2011—2015年期间，对棉花中期库中存放多年的老种质（测试发芽率不高），以及发放量大且库保存量比较少的850份种质进行了繁殖更新，对照原始数据库进行苗期标记性状去杂、成株期去杂及自交保存和提纯复壮，并田间核对或室内测定进行原种质的主要农艺经济性状比对，确保种质原有的遗传特性，保证库正常安全保存和发放利用。

二、主要成效

典型案例一：利用引进种质进行理论基础研究获得重大进展

1996—2011年期间，现河南大学蔡应繁教授从棉花中期库引进宿棉9108、显无N6、471541无腺体等共38份种质（表1），利用引进种质进行了棉花腺体、抗黄萎病等性状的相关基础研究，以此获得了3项国家自然科学基金和1项重庆市自然科学基金项目的支助（表2），并发表相关论文8篇（表3）。

表1 蔡应繁教授引种情况

引种时间	引种人	引种单位	引进种质
1996年	蔡应繁	四川省农业科学院经作所	宿棉9108、浙农3056、毅行2号、N98-335、Siokr317、SiokrL22、Acala1517-77 等 11份
2001年	蔡应繁	四川省农业科学院经作所	显无N3、显无N6、中棉所17、中6331、新陆中3号、中棉所13、红海、9122-И、海1
2004年	蔡应繁	重庆邮电大学	中6331、中117、晋棉7号、中棉所12、海1
2007年	蔡应繁	重庆邮电大学	珂字棉312、显无N1、显无N5、显无N7、471541有腺体、471541无腺体、471549有腺体、471549无腺体
2008年	蔡应繁 林娟	复旦大学	珂字棉312、珂字棉201、冀棉14（冀合3016）、冀棉7号（冀合321）
2011年	蔡应繁	重庆邮电大学	海7124

表2 蔡应繁教授利用引种进行相关研究获得项目支助情况

项目名称	起止年份	项目来源	项目编号	主持人
棉属植物腺体形成相关基因的分离克隆与功能鉴定	2005.1—2005.12	国家自然科学基金	30440032	蔡应繁
利用基因芯片技术筛选和研究植物腺体形成相关基因	2007—2009	重庆市自然科学基金	cstc2007BB1328	蔡应繁
棉属植物腺体形成相关基因的筛选与功能研究	2008—2010	国家自然科学基金	30771311	蔡应繁
陆地棉抗源抗落叶型黄萎病及相关抗病性应答的分子机理	2011—2013	国家自然科学基金	31071461	蔡应繁

表3 蔡应繁教授利用引种进行相关研究发表论文情况

论文题目	作者	期刊名称	发表时间	期刊号和页码
Molecular Cloning and Expression of cDNA Encoding the Cysteine Proteinase Inhibitor from Upland Cotton.	Ming-feng Jiang, Sheng-wei Li, Min Chen, Ying-fan Cai*, Yong-fang Xie, Biao Li, Quan Sun, Yu-zheng Shi.	Journal of Plant Biology	2009	52(5): 426-432
Profiling Gene Expression During Gland Morphogenesis of a Glanded and a Glandless Upland Cotton	Ying-fan Cai*, Min Chen, Quan Sun, Yong-fang Xie, Sheng-wei Li, Ming-feng Jiang, Yun-ling Gao.	Journal of Plant Biology	2009	52(6): 609-615
Molecular research and genetic engineering of resistance to Verticillium wilt in cotton: A review.	Yingfan Cai*, Xiaohong He, Jianchuan Mo, Quan Sun, Jianping Yang, Jinggao Liu*	African Journal of Biotechnology	2009	8(25): 7363-7372
Gene Expression Profiling During Gland Morphorgenesis in a Mutant and a Glandless Upland Cotton	Quan Sun, Yingfan Cai*, Yongfang Xie, Jianchuan Mo, Youlu Yuan, Yuzhen Shi, Xiaohong He.	Molecular biology reports	2010	37(7): 3319-3325
Glandless seed and glanded plant research in cotton	Yingfan Cai*, Yongfang Xie, Jinggao Liu.	Agronomy for Sustainable Development	2010	30(1): 181-190
MicroRNA expression profiling during upland cotton gland forming age by microarray and quantitative reverse-transcription polymerase chain reaction (qRT-PCR)	Xiaohong He, Yingfan Cai*, Quan Sun, Youlu Yuan,Yuzheng Shi.	African Journal of Biotechnology.	2011	10(44): 8695-8702
Molecular cloning, structural analysis and expression of a Zinc binding protein in cotton.	Ying-fan Cai, Xian-ke Yue, Yi Liu*,Quan Sun, Huaizhong Jiang	African Journal of Biotechnology	2012	11(27): 6991-6999
Molecular cloning and expression analysis of a new WD40 repeat protein gene in upland cotton.	Quan Sun,Yingfan Cai*,Xiaoyan Zhu,Xiaohong He,Huaizhong Jiang,Guanghua He.	Biologia	2012	67(6): 1112-1118

中国农业科学院棉花研究所利用中期库保存的亚洲棉石系亚1号、陆地棉标准系TM-1进行了全基因组测序，2014年在Nature Genetics（Genome sequence of the cultivated cotton Gossypium arboreum）、2015年在Nature Biotechnology（Genome sequence of cultivated Upland cotton (Gossypium hirsutum TM-1) provides insights into genome evolution）上发表相

关研究结果，这些棉花基因组序列和草图的公布，将为棉花种质资源的群体结构分析、基因型鉴定、新基因挖掘等提供了基因序列数据保障。

原北京大学朱玉贤、庞朝友等利用棉花中期库提供的纤维突变体材料徐州142无絮及其野生型，进行纤维蛋白质组学研究，2011年发表论文1篇，在前几年的研究基础上申请专利3项，2011年获得授权专利1项（专利号：ZL 2008 1 0246725.3）（图3）。并以纤维突变体材料徐州142无絮及其野生型近几年的研究结果为基础，2011年"棉纤维细胞伸长机制研究"获得国家自然科学二等奖。

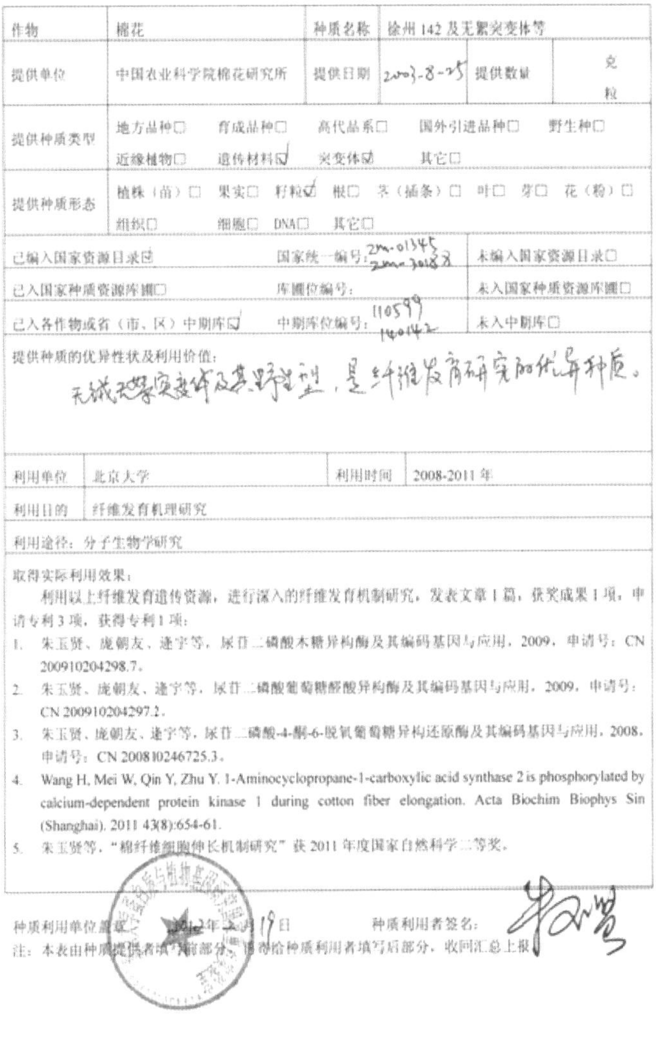

图3　作物种质资源利用情况登记表

典型案例二：利用引进种质培育新品种获得重大进展

1990年，中国农业科学院棉花研究所严根土研究员从棉花中期库引进抗逆、早熟种质Tamcot SP37和早熟、优质性状种质锦444（纤维长度33.5mm，强度36.4cN/tex，马克隆值4.0）选育出中51504，再与中棉所35杂交，历经10余年选育成适合我国西北内陆棉区种植的新品种中棉所49，该品种于2004年3月通过新疆维吾尔自治区审定，同年7月通过国家审定。至2015年中棉所49累计推广面积7 118.5万亩，2005年推广面积占新疆南疆总面积16.5%，近两年平均上升到65%以上；在全国棉花总面积的比重由2.1%增加到15.5%，对全国棉花产业的稳定做出了卓有成效的贡献。"棉花品种中棉所49的选育及配套技术应用"获得2014—2015年度中华农业科技奖一等奖（图4）。

图4　中华农业科技奖证书

三、展望

棉花是常异花授粉作物，且植株较大，每份中期库种质繁殖更新的所占用面积和工作量都较大；现中期库已保存量达到了10 000多份，为保证其种质的发芽率，每年更新繁殖需要达到800份左右（在河南省繁殖面积需要15亩左右、在新疆维吾尔自治区繁殖面积需要30亩左右），且人工自交（70d左右）、单收、单轧、种子精选等工作量巨大。建议"保种"项目增大繁殖更新任务，减少入长期库任务，同时增加项目经费。

近些年，由于国际合作与交流项目的频繁，大量引进了俄罗斯、乌兹别克斯坦、巴基斯坦等中亚国家棉花种质资源，如何进一步鉴定和保存这些多样性的资源也将是项目的重点工作。

将来是基因世界，开展作物新基因发掘，建立和完善作物基因发掘技术平台，对完成了全基因组测序的作物，需要建立核心种质的基因库。在此基础上大批量地进行重要基因的发掘，特别是优质、高产、抗病、抗逆等重要性状的新基因发掘。

附录：获奖成果、专利、著作及代表作品

专利

1. 杜雄明，潘兆娥，孙君灵，等. 一种SSR分子指纹鉴定方法，专利号：ZL200710177141.0 (批准时间：2011年12月)。

2. 何守朴，彭振，杜雄明，等. 一种棉花种质耐盐的高效鉴定方法，专利号：ZL201310330851.8 (批准时间：2015年8月)。

主要代表作品

杜雄明，孙君灵，周忠丽，等. 2012. 棉花资源收集、保存、评价与利用现状及未来[J]. 植物遗传资源学报，13(2)：163-168.

焦光婧，孙君灵，何守朴，等. 2014. 1978—2007年三大棉区陆地棉品种特性比较分析[J]. 农学学报，(4)：1-6.

焦光婧，孙君灵，何守朴，等. 2014. 1978—2007年中国陆地棉品种主要特性变化趋势[J]. 中国农学通报，30(15)：112-119.

计怀春，孙君灵，周忠丽，等. 2014. 陆地棉繁殖群体大小对遗传完整性的影响[J]. 棉花学报，26(2)：145-152.

刘少卿，何守朴，米拉吉古丽，等. 2013. 不同棉花种质资源耐热性鉴定[J]. 植物遗传资源学报，14(2)：214-221.

彭振，何守朴，孙君灵，等. 2014. 陆地棉苗期耐盐性的高效鉴定方法[J]. 作物学报，40(3)：476-486.

许鸿越，孙君灵，潘兆娥，等. 2015. 3个栽培种中天然彩色棉的遗传多样性及关联分析[J]. 棉花学报，27(4)：291-299.

周忠丽，杜雄明，潘兆娥，等. 2013. 亚洲棉种质资源的SSR 遗传多样性分析[J]. 棉花学报，25(3)：217-226.

周忠丽，吴仕勇，孙君灵，等. 2011. 我国现存亚洲棉的表型遗传多样性分析[J]. 植物遗传资源学报，12(6)：881-889.

附表1 2011—2015年期间新收集入中期库或种质圃保存情况

填写单位：中国农业科学院棉花研究所
联系人：孙君灵

作物名称	目前保存总份数和总物种数（截至2015年12月30日）				2011—2015年期间新增收集保存份数和物种数			
	份数		物种数		份数		物种数	
	总计	其中国外引进	总计	其中国外引进	总计	其中国外引进	总计	其中国外引进
棉花	10 088	3 092	36	32	1 220	552	3	3
合计	10 088	3 092	36	32	1 220	550	3	3

附表2 2011—2015年期间项目实施情况统计

一、收集与编目、保存			
共收集作物（个）	1	共收集种质（份）	1 220
共收集国内种质（份）	654	共收集国外种质（份）	566
共收集种子种质（份）	1 220	共收集无性繁殖种质（份）	
入中期库保存作物（个）	1	入中期库保存种质（份）	1 922
入长期库保存作物（个）	1	入长期库保存种质（份）	1 417
入圃保存作物（个）		入圃保存种质（份）	
种子作物编目（个）	1	种子种质编目数（份）	1 922
种质圃保存作物编目(个)		种质圃保存作物编目种质(份)	
长期库种子监测（份）	1 460		
二、鉴定评价			
共鉴定作物（个）	1	共鉴定种质（份）	1 710
共抗病、抗逆精细鉴定作物（个）	1	共抗病、抗逆精细鉴定种质（个）	950
筛选优异种质（份）	37		
三、优异种质展示			
展示作物数（个）	1	展示点（个）	3
共展示种质（份）	754	现场参观人数（人次）	192
现场预订材料（份次）	2 689		
四、种质资源繁殖与分发利用			
共繁殖作物数（个）	1	共繁殖份数（份）	850
种子繁殖作物数（个）	1	种子繁殖份数（份）	850
无性繁殖作物数（个）		无性繁殖份数（份）	
分发作物数（个）	1	分发种质（份次）	11 191
被利用育成品种数（个）	2	用种单位数/人数（个）	123/494
五、项目及产业等支撑情况			
支持项目（课题）数（个）	130	支撑国家（省）产业技术体系	3
支撑国家奖（个）		支撑省部级奖（个）	
支撑重要论文发表（篇）	27	支撑重要著作出版（部）	2

麻类种质资源

粟建光[1] 戴志刚[1] 陈基权[1] 路 颖[2] 祁旭升[3] 宋宪友[2] 龚友才[1]
祁建民[4] 洪建基[5] 金关荣[6] 潘滋亮[7] 杨 龙[8] 徐建堂[4] 陶爱芬[4]

1.中国农业科学院麻类研究所，长沙，410205；2.黑龙江省农业科学院经济作物研究所；
3.甘肃省农业科学院作物研究所；4.福建农林大学；5.福建省农业科学院亚热带农业研究
所；6.浙江省萧山棉麻研究所；7.河南省信阳市农业科学院；8.安徽省六安市农业科学院

一、主要进展

1. 收集与入库

（1）收集引进。通过国内考察收集和国外引种，新征集麻类种质资源12个物种1204份。通过组建资源考察队对海南省、福建省、广西壮族自治区、贵州省、湖南省、湖北省、安徽省、河南省、江苏省、浙江省、北京市、吉林省、黑龙江省、甘肃省、青海省、西藏自治区等省、市、区的考察收集，征集育成品种、地方品种、野生资源及遗传材料899份（红麻122份、黄麻155份、亚麻232份、胡麻138份、大麻111份、青麻107份、黄秋葵34份）。某些种质或具有特异的遗传性状，或对抗病虫和抗逆、适于机械化收获育种，以及拓宽新用途等具有潜在的重要价值。如高产优质、抗倒伏红麻种质FHH992，黄麻菜用种质福农5号，黄秋葵地方品种鄱阳秋葵，保健型大麻地方品种巴马火麻，北京朝阳野生青麻等；通过多种途径和方法，从国外引进麻类种质305份。其中，亚麻187份（俄罗斯102份、加拿大38份、波兰37份、法国5份、土耳其2份、美国1份、阿根廷1份、匈牙利1份），红麻63份（孟加拉国44份、马来西亚19份），黄麻48份（孟加拉国45份、马来西亚3份），大麻5份（俄罗斯3份、波兰2份），青麻2份（美国）。主要通过访问学者或参加国际学术交流活动带回和请进专家带入，这些资源包括当地主栽品种、野生资源，及优质、特异遗传材料等。新引进物种1个，即*Camelina sativa* (Linn.) Crantz。

上述种质的收集与引进，进一步丰富了国家麻类作物种质中期库的物种数量和类型，为我国麻类基础研究奠定了物质基础，也为解决目前育成品种遗传基础狭窄问题及种质创新和满足麻类多用途应用提供了材料保障。

（2）繁种入库。对新收集资源和尚未入国家库种质一并繁种入库，以促进资源的长期安全保存。根据不同麻的繁育特性，分别在海南省三亚、湖南省沅江、福建省福州和漳州进行红麻、黄麻，在云南省昆明、黑龙江省哈尔滨进行亚麻、大麻，在甘肃省兰州进行胡麻的繁种工作。种子经过清选和生活力检测等整理后，入国家长期库保存2 759份（红麻767份、黄麻415份、亚麻812份、胡麻675份、大麻90份）；入麻类中期库2 708份（红麻651份、黄麻555份、亚麻749份、胡麻668份、大麻60份、青麻25份）。

2. 鉴定评价

（1）农艺性状鉴定。在海南省三亚、湖南省沅江、福建省福州、甘肃省兰州、黑龙江省哈尔滨开展农艺性状鉴定评价。对2 804份（红麻901份、黄麻472份、亚麻800份、胡麻511份、大麻80份、青麻40份）种质资源的生育期、形态特征和经济性状进行调查和记载。采集鉴定数据约10万个，鉴定数据经整理后补充完善了麻类种质资源性状鉴定数据库，并提交国家作物种质信息中心。

（2）红麻抗根结线虫种质鉴定与筛选。为了寻找高抗根结线虫基因，2013—2015年，与海南省农业科学院植物保护研究所合作，采取大田初选和盆栽接种鉴定相结合的方法，对220份红麻种质进行了抗根结线虫鉴定与筛选。大田鉴定选取常年根结线虫发病严重的沙质壤土地块进行试验，每份材料设2个重复，每个小区定苗50株。播种后75d调查发病级别并记载（表1）。根据大田鉴定结果，对40份抗性级别为高抗（HR）和中抗（MR）的材料进一步进行盆栽定量接种精准鉴定，筛选出11份高抗红麻根结线虫种质（病情指数均在25.0以下，感病对照的病情指数为73.46）、3份中抗种质资源；5份对根结线虫表现免疫的种质，编号分别为6、16、26、118和122。

表1 红麻抗根结线虫优异种质资源

种质编号	田间病情指数	盆栽病情指数	抗性分级	种质编号	田间病情指数	盆栽病情指数	抗性分级
5	0	3.57	高抗	101	0	5.71	高抗
6	0	0	免疫	102	1.71	46.15	中抗
16	0	0	免疫	110	0.92	11.43	高抗
19	0	1.19	高抗	117	0.17	2.72	高抗
21	2.04	1.30	高抗	118	0.18	0	免疫
26	0	0	免疫	122	0	0	免疫
65	0	0.79	高抗	195	0.78	16.07	高抗
72	0.93	15.38	高抗	209	4.46	28.57	中抗
83	0.15	18.29	高抗	212	0.65	23.81	高抗
85	0.71	37.36	中抗	感病对照（红引135）	—	73.46	感病

注：少数种质田间和盆栽病情指数有差异，抗性分级暂以盆栽病情指数为依据

（3）胡麻种质耐旱鉴定。2012—2015年，在年降水量不足40mm的甘肃省敦煌，采用抗旱指数法开展胡麻种质的耐旱性鉴定（图1）。筛选出强抗旱种质35份，如定西17号、定西18号、Cottln、亚麻1号、陇亚10号、200610-8、200607-1、伊亚4号、宁亚19、陇亚11、晋亚10、尚义小桃高等；构建了胡麻萌发期、苗期、成株期抗旱性鉴定评价的方法、指标以及抗旱性分级标准，促进了胡麻种质资源不同生育时期的抗旱性鉴定评价技术的精准化和规范化，并制订了《胡麻抗旱鉴定评价技术规范》国家标准。

图1　胡麻耐旱性鉴定，甘肃省敦煌

（4）黄麻种质耐盐碱和耐旱鉴定。在福建省福州采用盆栽试验，完成146份黄麻资源的耐旱性鉴定，初选出耐旱性较强种质15份，如Y\134Co、Y\105Co、甜麻、红黄麻、印度205、IJO20、SM\070\CO、179（9）、179（1）、Y\143. D154、闽革4号、龙溪长果、黏黏菜、闽麻5号）；2012—2014年，在江苏省大丰沿海滩涂地开展了黄麻耐盐碱鉴定，在耐盐浓度0.3%～0.5%的土壤条件下，综合评价出强耐盐碱种质6份（图2），即摩维1号、Y05-02、O-1、C2005-43、C-1、中黄麻1号，以摩维1号表现最为优秀，株高达3.3m，高于参试品种平均值15%，生物产量35 370kg/hm²。同时，构建了黄麻种质耐盐碱和耐旱鉴定技术指标体系。

图2　黄麻耐盐碱鉴定，江苏省大丰

3. 分发供种

（1）资源分发。秉着"开放供种、高效利用"的原则，不断加强与提高资源提供利用的服务意识和质量。面向全国，积极主动与种质利用者沟通交流，及时发布各类资源信息。"十二五"期间，向全国42家单位分发种质2952份次，年均约590份次，种质利用效率有了明显提高。促进了我国麻类基础研究、育种、教学及生产的提高，推动了麻类行业的原始创新力和竞争力。

（2）田间展示。麻类优异种质田间展示为育种家了解优异种质特性提供了一个便捷、直观的新窗口。育种家根据各自的育种目标，结合优异种质的大田表现，可现场索取所需要的种质资源，为种质资源与育种搭建了相互沟通和交流的平台，大大地提高了资源利用效率。2012—2015年，每年红麻和黄麻在海南省三亚、湖南省长沙和沅江、福建省漳州和福州、浙江省杭州、安徽省六安、河南省信阳，亚麻在黑龙江省哈尔滨和兰西，胡麻在甘肃省兰州和敦煌12个展示点，结合多点综合鉴定评价，向种质利用者展示了高产、优异、强耐盐碱、耐旱、功能型新材料等特性的麻类种质资源120份（300份次），现场累计参观人数达1 003人次，现场预订种质材料263份次，取得了良好的效果（图3）。

黑龙江省兰西，亚麻

甘肃省兰州，胡麻

湖南省沅江，黄麻

福建省漳州，红麻

图3　代表性优异种质展示点

4. 安全保存

（1）繁殖更新与保存。国家麻类种质资源中期库属国家公益性、服务性基础研究平台，以确保我国麻类种质资源中长期安全保存为根本任务。为了保证种质资源的安全保存，每年定期对库存资源的生活力进行动态检测，当库存资源达到更新临界值时（发芽率低于70%或种子数量少于入库数量一半），就必须及时繁殖更新，以确保种质的遗传完整性。5年对麻类中期库活力较低、库存量较少和供种频率高的种质进行繁殖更新2 540份次，确保了种质安全保存和分发供种。截至2015年12月，国家麻类作物种质中期库共保存了来自世界67个国家（地区）的麻类种质4科5属40种（亚种）10 968份（国外引进3 711份，占33.8%），是当今世界上保存数量最大的麻类基因资源库，且种类齐、类型多，遗传多样性丰富。其中，红麻2 038份（含秋葵79份）、黄麻2 149份、亚麻5 951份、大麻450份、青麻380份。红麻和黄麻种质资源数量分别位居世界第一位和第三位，亚麻资源数量位居世界前列。

（2）运行管理。2012年国家麻类种质资源中期库土建工程竣工，2013年交付使用。库房面积1 300m²，低温库房2间，面积150m²，库容10万份，机组自动控温控湿（−5～−15℃±1℃、相对湿度45%±5%），种子寿命15年以上。2015年完善了办公、学术交流和实验条件，分功能建设新实验室4间；搭建了种质资源筛选平台、功能基因组平台、分子育种平台、转基因平台和生物信息学平台。购置了发芽箱、超低温冰箱、干燥箱、除湿机、清选机、低温离心机、光照培养箱、人工气候箱、超净工作台、生物信息学服务器等设备；建成了可控温温室、植物组织培养室、种子整理室、活力检测室、种子接纳室和种子晒场等硬件基础设施。确保了库存资源的安全保存，提高了种质资源共享服务水平，完善了种质资源科研创新平台。

二、主要成效

2011—2015年，国家麻类种质资源中期库为基础研究、育种、环境保护、生产和教学等利用者提供原始创新材料或优异种质材料近3 000份次。支撑了"国家麻类产业技术体系"（nycytx-19）和"国家胡麻产业技术体系"（nycytx-22）2个；科技创新工程、国家科技支撑计划、国家自然基金项目、农业行业专项、省（部）级科技计划项目，以及地方市级科技项目49项；育成麻类新品种25个，支撑成果奖励5项，培养博士研究生2名、硕士研究生14名，发表重要论文18篇（SCI4篇），产生了良好的社会、经济和生态效益。

案例一：黄/红麻种质创新与光钝感强优势杂交红麻选育及多用途研究和应用，获

2014年度福建省科技进步二等奖（图4）。

2002年以来，国家麻类种质资源中期库向福建省农林大学提供红麻、黄麻种质资源近1 000份次。经过10多年的创新与选育，突破光钝感杂交红麻三系配套难关，率先育出光钝感和基本营养型强优势杂交红麻新品种。创制和鉴定出系列高产优质抗逆、光钝感与基本营养型黄/红麻优异种质163 份，构建全长cDNA 文库2 个，克隆光周期开花、纤维素合成酶、抗炭疽病和根结线虫病等基因7 个。首次构建4 张黄/红麻全长和密度最高的遗传连锁图谱，绘制216 份黄/红麻DNA 指纹图谱。育成专用和菜用黄麻、红麻新品种21 个，率先在国际上育成红麻光钝感福红航1A、基本营养型不育系福红航2A 和福紫992A、991A、952A、523A 等6 个不育系，并实现杂交红麻三系配套；育成超高产光钝感杂交红麻新品种福航优1 号、福航优2 号、福红优2 号及杂红992. 杂红952 等杂交红麻品种6 个，其中，4 项成果达国际领先水平；育成菜用黄麻新品种福农1 号、3 号、4 号及5 号等5 个。发表相关论文168 篇，其中，近5 年发表学术论文63 篇（SCI 9 篇），获专利21 项，培养博、硕士研究生36名。成果累计推广应用增创经济效益5.25亿元。

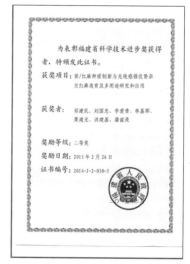

图4 福建省科技进步二等奖证书

案例二：亚麻育种成效显著。

甘肃省农业科学院作物研究所利用定亚17、Red wood65、陇亚7号等抗旱资源，先后育成了陇亚10号和陇亚11号等系列抗旱高产胡麻新品种。如陇亚10号、11号在国家区试中平均亩产139.70kg和138.74kg，分别较CK增产10.86%和1.40%，均居第一位；陇亚10号、11号苗期干旱复水存活率78.57%和67.24%，较对照提高23%以上；成株期平均抗旱指数0.7420和0.8154，显著高于对照。丰产性、稳产性好，抗旱性强是其主要特点。陇亚10

号、11号等系列抗旱高产胡麻新品种在甘肃省、内蒙古自治区、陕西省等累计推广500万亩，新增产值1.0亿元。2015年9月，抗旱高产胡麻新品种选育及推广应用，获得中华农业科技三等奖。

黑龙江省农业科学院经济作物研究所，以优质、高纤、抗性强亚麻品系96056（黑亚4号×俄罗斯优异种质KPOM）为母本，以高纤、抗倒、早熟的品系96118（法国优异种质Argos×黑亚4号）为父本进行杂交，通过系谱法和抗病鉴定选择育成黑亚20号。该品种苗期生长健壮，抗倒伏能力强，较抗盐碱，适应性广，在黑龙江省、吉林省、辽宁省等省份生产示范以来，深受亚麻原料厂和广大麻农的喜爱，2010—2013年累计工农业增加效益8 379.8万元，获得了较好的经济效益和社会效益。该品种的选育及推广，获2014年度黑龙江省农业科学技术二等奖。

案例三：企业创新、农民增收效益凸显。

2011—2015年，长沙锦农麻类科技有限公司和索尼凯美高电子（苏州）有限公司合作研发重金属吸附材料，并签订长果黄麻全秆原料采购协议（合同金额159.4万元）。利用国家麻类种质资源中期库提供的优异种质甜黄麻、摩维1号等，委托湖南省沅江市黄茅洲、草尾等乡镇的30多户麻农种植长蒴黄麻近300亩，生产原料350t。种植黄麻纯收入高达每亩4 000元，麻农增收120多万元；每吨黄麻全秆增收6 000元，为企业创收210万元。

三、展望

麻类种质资源是育种、科研和生产的物质基础，是我国麻类产业发展的物质保障。当前，在麻类作物种植区域逐渐向盐碱地、山坡旱地、贫瘠地等边际地域转移的新形势下，并随着麻类在复合材料、建筑材料、饲用、菜用、土壤修复、水土保持、可降解麻地膜、麻育秧膜等新用途的不断研发，对育种和资源工作提出了崭新的要求。相比之下，麻类种质资源研究存在遗传背景狭窄、遗传机理不清晰、精准鉴定和发掘深度不够，以及多用途可用新种质（基因）少等问题。因此，在以后的研究中要加强以下几点工作。

1. 加强资源考察收集

我国麻类作物种类多、分布广、地域性强，遗传多样性十分丰富，且许多为我国起源。加大种质资源调查、收集力度，特别是地方品种、特色和野生近缘资源的搜集。这样才能进一步拓宽我国麻类基因库的遗传基础。

2. 加强资源的精准鉴定

麻类资源的精准鉴定有待进一步加强，特别是特性鉴定与评价，如抗逆性、抗病性、品质性状等，以满足当前育种和生产利用。麻类种质资源的特性鉴定工作相对滞后，希望上级领导加大经费投入力度，加强特性鉴定与评价，以保证麻类资源工作的系统性和完整性。

3. 特色功能基因资源的挖掘

麻类特色功能基因资源有高亚油酸、光钝感、无刺的红麻资源，高钙高硒菜用、高重金属吸附力的黄麻资源，雌雄同株、无毒或低毒的大麻资源，高亚麻酸和高亚油酸的胡麻资源、高木酚素的亚麻资源，苎麻高蛋白饲用资源等。这些资源的发掘，为麻类多用途开发和麻类产业的健康发展提供基础的物质保障。

附录：获奖成果、专利、著作及代表作品

获奖成果

1. 黄/红麻种质创新与光钝感强优势杂交红麻选育及多用途研究和应用，获2014年度福建省科学技术进步二等奖。

2. 俄罗斯亚麻抗病资源引进、创新及利用，获2013年度哈尔滨市科学技术三等奖、获2014年度黑龙江省农业科学技术二等奖。

专利

粟建光,温岚,龚友才,戴志刚,陈基权,等. 一种清洗植物种子表面残留的有毒物质的冲洗装置,专利号：2014 1 0317333.7。

标准

陈基权,粟建光,戴志刚,等.植物新品种特异性、一致性和稳定性测试指南 青麻（NY/T2481-2013）,农业行业标准,2013年12月发布。

著作

粟建光, 戴志刚, 陈基权, 等. 2012. 中国农作物种质资源保护与利用10年进展. 麻类种质资源[M].北京：中国农业出版社.

主要代表作品

戴志刚, 粟建光, 陈基权, 等. 2012. 我国麻类作物种质资源保护与利用研究进展[J]. 植物遗传资源学报, 13（5）:714-719.

戴志刚,陈基权, 等. 2012. 人工老化对红麻种子活力及基因组DNA的影响[J]. 热带作物学报, 33（6）:981-987.

刘倩, 戴志刚, 陈基权, 等. 2013.应用SRAP分子标记构建红麻种质资源分子身份证[J]. 中国农业科学,46（10）:1974-1983.

Niu X P, Qi J M, Zhang G Y, et al. 2015. Selection of reliable reference genes for quantitative real-time PCR gene expression analysis in Jute(*Corchorus capsularis* L.) under stress treatments[C]. Frontiers in Plant Science, doi: 10.3389/fpls. 00848 (IF=3.948).

Niu X P, Qi J M, Chen M X, et al. 2015. Reference genes selection for transcript normalization in kenaf (*Hibiscus cannabinus* L.) under salinity and drought stress[C]. Peer J, doi: 10.7717/peerj. 1347 (IF=2.112).

附表1　2011—2015年期间新收集入中期库或种质圃保存情况

填写单位：中国农业科学院麻类研究所
联系人：粟建光

| 作物名称 | 目前保存总份数和总物种数（截至2015年12月30日） | | | | 2011—2015年期间新增收集保存份数和物种数 | | | |
| | 份数 | | 物种数 | | 份数 | | 物种数 | |
	总计	其中国外引进	总计	其中国外引进	总计	其中国外引进	总计	其中国外引进
红麻	2 004	850	15	14	185	63	4	4
黄麻	2 149	689	12	11	203	48	3	3
亚麻(含胡麻)	6 008	2 122	10	6	556	186	2	2
大麻	450	47	2	1	116	5	1	1
青麻	280	2	1	1	109	2	2	1
秋葵	79	1	1	1	35	1	1	1
合计	10 970	3 711	41	34	1 204	305	13	12

附表2　2011—2015年期间项目实施情况统计

一、收集与编目、保存

共收集作物（个）	6	共收集种质（份）	1 204
共收集国内种质（份）	899	共收集国外种质（份）	305
共收集种子种质（份）	1 204	共收集无性繁殖种质（份）	—
入中期库保存作物（个）	6	入中期库保存种质（份）	2 708
入长期库保存作物（个）	5	入长期库保存种质（份）	2 759
入圃保存作物（个）	—	入圃保存种质（份）	—
种子作物编目(个)	5	种子种质编目数(份)	2 804
种质圃保存作物编目(个)	—	种质圃保存作物编目种质(份)	—
长期库种子监测（份）	—		

二、鉴定评价

共鉴定作物（个）	5	共鉴定种质（份）	3 825
共抗病、抗逆精细鉴定作物（个）	3	共抗病、抗逆精细鉴定种质（个）	886
筛选优异种质（份）	75		

三、优异种质展示

展示作物数（个）	3	展示点（个）	12
共展示种质（份）	120	现场参观人数（人次）	1 003
现场预订材料（份次）	263		

四、种质资源繁殖与分发利用

共繁殖作物数（个）	6	共繁殖份数（份）	3 541
种子繁殖作物数（个）	6	种子繁殖份数（份）	3 541
无性繁殖作物数（个）	—	无性繁殖份数（份）	—
分发作物数（个）	6	分发种质（份次）	2 952
被利用育成品种数（个）	25	用种单位数/人数（个）	42/59

五、项目及产业等支撑情况

支持项目（课题）数（个）	49	支持国家（省）产业技术体系	2
支撑国家奖（个）	—	支撑省部级奖（个）	5
支撑重要论文发表（篇）	18	支撑重要著作出版（部）	2

油料作物种质资源

伍晓明

（中国农业科学院油料作物研究所，武汉，430062）

一、主要进展

1. 收集引进

截至2015年12月31日，国家油料作物种质中期库收集入中期库7种油料作物种质资源共计32 217份，其中，国外引进资源7 668份，包括物种（含亚种）共30个，其中，国外引进20个。2011—2015年期间新增收集保存2 232份种质，分属29个物种；其中，国外引进938份，分属20个物种。2011—2015年期间新增由国外引进的油菜野生近缘物种7个，分别是野生甘蓝 *Brassica villos*、*Brassica incana*、*Brassica cretica*、*Brassica robertian*、*Brassica maurorum*、*Brassica macrocarpa*、*Sinapis arvensis* L.；新增由国外引进的芝麻物种数2个（*Sesamum rediatum*、*Sesamum mulayanum*）。

2. 鉴定评价

2011—2015年期间，实际完成油料作物种质资源抗病虫、抗逆和品质特性鉴定1830份，其中，油菜540份、花生1 100份、芝麻50份、向日葵95份、蓖麻30份、红花15份。

（1）油菜。对540份油菜种质资源进行耐旱、耐贫瘠、抗根肿病和品质特性鉴定，筛选出高类胡萝卜素优异种质2份（Parter、豫油2号），早熟高含油量优异种质1份（6024-1），发掘出耐旱种质3份（H51. 8920、Regent），耐贫瘠种质3份（Savaria、Wesreo、广德741），获得了2份抗根肿病的抗性资源（Hanna、P6036-2）。

（2）花生。对1100份花生种质资源进行抗黄曲霉、抗青枯病和品质特性鉴定，发掘出高含油量（≥58%）的材料2份（Zh.h3617、Zh.h4664）、高油酸含量（≥64%）的材料2份（Zh.h2288、Zh.h2645）、抗黄曲霉侵染的材料6份（豫花4号、天府7、美引选41033. 豫花5号、特21、泰花）、抗黄曲霉产毒的材料有12份（贺油12号、天府7、豫花4号、山花9号、徐州402、花31、冀油2号、中花9号、开农白2号、天府18号、桂花166、如东碗儿青）、高抗青枯病的材料3份（闽花8号、仲恺花2号、梧油1号），另外还发掘出农艺性状优异、抗病性（青枯病和黄曲霉侵染）强、品质优良（油量和油酸）的材料6份（开农

60、开农H03-3. 开农8号、鄂花2号、睢宁二窝、徐州402）。

（3）芝麻。对50份芝麻种质进行抗茎点枯病和品质特性鉴定，鉴定出高抗茎点枯病芝麻种质资源1份（ZZM1402），高含油量且抗茎点枯病芝麻种质资源2份（ZZM2644、ZZM3642）。

（4）向日葵。对95份向日葵种质进行耐盐碱和品质特性鉴定，鉴定出耐盐碱的种质1份（ZXRK0215）、高含油率种质2份（ZXRK0230、ZXRK1713）。

（5）蓖麻。对30份蓖麻种质进行抗灰霉病、抗倒伏性鉴定，鉴定出高抗灰霉病的种质1份（ZGBM1112），高抗倒伏性的种质1份（ZGBM1099）。

（6）红花。对15份红花种质进行抗锈病鉴定，鉴定出抗锈病的种质1份（ZGHH0200）。

3. 分发供种

通过油料种质资源与信息分发平台，结合优异油料作物田间展示，2011—2015年期间向全国91个科研或教学单位、地方政府等提供油菜、花生、芝麻、红花、向日葵、蓖麻和苏子共7种油料作物种质资源8 084份（次）。

田间展示典型案例。

针对育种的新需求，精选了来源于我国和世界28个国家的488份油菜遗传多样性优异基因资源，于2012年1月6日，在中国农业科学院油料作物研究所阳逻基地创建了首个油菜基因资源超市，使油菜种质资源分发利用效率突破性地提高（图1和图2）。当日，来自全国30多个省市的100多位专家争相进入试验地，挑选了自己心仪的基因资源，来源广泛，遗传多样性丰富，性状突出的优异资源让专家们兴奋不已，早熟、大粒、高油、抗倒伏，氮磷高效、抗病虫等种质受到广大专家的特别青睐，初步统计显示，他们预订了超过1 500份（次）的基因资源，这批优异基因资源可望在今后育种中发挥关键作用。

图1 百名油菜专家精选心仪的油菜基因资源

图2　傅廷栋院士、中纪委驻农业部纪检组组长朱保成考察油菜基因资源超市

《光明日报》《科技日报》《中国科学报》《农民日报》《长江日报》《湖北日报》、湖北电视台、农业部网等对油菜基因超市进行大量报道。

4. 安全保存

2011—2015年计划完成2 700份油料作物种质资源繁殖更新，实际完成4 092份油料作物种质资源的繁殖更新，其中，油菜1 458份，花生1 435份，芝麻451份，向日葵616份，苏子70份，红花62份。提高了中期库种子发芽率，实现了中期库种子的安全保存，恢复了中期库功能。油料作物中期库有专人负责，强化了中期库的日常运行管理。

二、主要成效

典型案例一

多彩油菜的创制与利用。

多彩高产观光油菜种质的成功创制对打造升级版农村观花经济意义重大，本项目加强了特异资源的直接利用，服务"三农"，目前特异资源多彩高产观光油菜种质美农801（乳白）和美农802（杏黄）受到全国各地欢迎，已在江西省婺源、湖北省黄陂木兰、广东省珠海和海南省文昌十余地区试验示范，已经产生了一定的社会和经济效益（图3）。特别是在湖北省黄陂木兰德兴村种的多彩油菜相继被《楚天都市报》《湖北日报》《农民日报》《长江商报》好农资招商网报道，相关信息被湖北省人民政府网、央视网、华夏经纬网、国际在线网等网站转载。

图3　在黄陂木兰试验示范中的多彩高产观光油菜

典型案例二

提供花生种质（粤油13）给泉州农业科学研究所培育出泉花551，通过福建省和国家南方片和长江流域片审定（图4）。

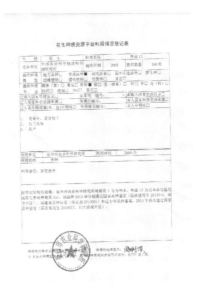

图4　农作物品种鉴定证书及登记表

典型案例三

黄曲霉抗性资源鉴定和遗传分析作为"花生抗黄曲霉优质高产品种的培育与应用"创新点获得2015年湖北省科技进步一等奖。

通过提供抗黄曲霉、抗青枯病种质育成中花6花生品种，抗黄曲霉产毒，在接种条件下平均产毒比普通品种减少80%以上。系统鉴定并摸清了栽培种花生黄曲霉产毒抗性的遗传分化，发掘出抗产毒种质8份；首次探明了花生产毒抗性受2对主基因+多基因控制，并与其他重要性状独立遗传，具有协同改良潜力等作为创新点申报湖北省科技进步奖。

附：2015年度湖北省科技奖励获奖项目名单

科技进步奖（共235项）
一等奖（33项）

059 花生抗黄曲霉幼稚高产品种的培育与应用。
主要完成人：廖伯寿、雷永、姜慧芳、王圣玉、李栋、毛金雄、任小平、晏立英、马皓、漆燕、肖达人、黄家权、刘登望、黄拔程、唐善新。
主要完成单位：中国农业科学院油料作物研究所。
推荐单位：湖北省科技厅。

060 基于生物农药创制的十字花科蔬菜主要病虫害生物防控关键技术与应用。
主要完成人：龙同、张光阳、曹春霞、程贤亮、朱凤娟、万中义、刘晓艳、王开梅、徐德宝、焦忠久、黄大野、张亚妮、廖先清、江爱兵、柯少勇。
主要完成单位：湖北省生物农药工程研究中心（国家生物农药工程技术研究中心）、湖北省农业科学院经济作物研究所、湖北康欣农用药业有限公司、武汉生绿科技有限公司。
推荐单位：湖北省农业科学院。

4. **典型案例四**

利用705份芝麻资源，重测序构建了芝麻首张单倍型图谱，通过全基因组关联分析，揭示了芝麻种质驯化规律，研究结果发表于国际知名期刊《Nature Commumications》（图5）。

图5　在国际知名期刊发表论文

三、展望

1. 加大经费投入

随着农村劳动力的减少与土地环境污染问题的出现，急需开展油料作物种质资源新型性状的鉴定与研究，如急需开展种质资源适宜于机械化收割的性状、耐重金属污染性状等的鉴定与研究，国家应加大对这方面的投入。

2. 通过中介机构引进

油料作物种质资源通过跨国方式引进种子难度越来越大，官方渠道手续复杂，过程漫长。可以通过中介机构进行资源引进。

3. 材料设备的支持

油料作物许多重要性状如耐寒性、耐旱性、抗病性等受条件、环境因素特别是气候的影响，进行深入系统鉴定难度较大。国家在这方面应当稳定地给予支持，才能保证鉴定结果的准确性。

附录：获奖成果、专利、著作及代表作品

获奖成果

1. 花生抗黄曲霉优质高产品种的培育与应用，获得2015年湖北省科技进步一等奖。

专利

1. 伍晓明，等.一种超声辅助农杆菌介导的植物 in planta 遗传转化方法。ZL 2010 1 0298516.0 .授权日期:2012年10月3日。

2. 张秀荣，等.一种鉴定芝麻发芽期耐湿性的方法（专利号201010507286.4）。

3. 张秀荣，等.一种鉴定芝麻茎点枯病和枯萎病病原菌致病性的方法（专利号201010565405.1）。

4. 张秀荣，等."芝麻耐湿性状主效基因位点紧密连锁的分子标记及其应用"，专利号ZL201310450487.9，授权时间2015年8月19日。

5. 张秀荣，等."基于芝麻全基因组序列开发的SSR核心引物组及应用"，专利号ZL 201310656329.9，授权时间2015年5月20日。

著作

伍晓明. 2012. 中国农作物种质资源保护与利用10年进展［M］. 北京：中国农业出版社.

Prakash Shyam，Wu Xiaoming, Bhat S R.2011.History，Evolution and Domestication of Brassica Crops［C］. Plant Breeding Reviews 35, DOI: 10.1002/9781118100509.ch2.

主要代表作品

曹兰芹, 伍晓明, 杨睿, 等. 2012. 不同氮吸收效率品种油菜氮素营养特性的差异［J］. 作物学报, 38(5)：887-895

蔡梦鲜, 闫贵欣, 伍晓明, 等. 2013. 油菜叶绿体基因组研究进展［J］. 中国油料作物学报. (10): 9-15.

陈碧云, 曾长立, 卢新雄, 等.2011.国家作物种质库油菜种子发芽和出苗监测研究［J］.中国农业科学, 44(7): 1315-1322.

陈碧云, 许鲲, 高桂珍, 等. 2012. 中国白菜型油菜种质表型多样性分析［J］. 中国油料作物学报, 34(1): 25-32.

陈四龙, 黄家权, 雷永, 等. 2012. 花生溶血磷脂酸酰基转移酶基因的克隆与表达分析［J］. 作物学报, 38(2): 245-255.

丁霞, 王林海, 张艳欣, 等. 2012. 我国芝麻主栽品种耐湿性鉴定分析［J］. 华北农学报，27(4)：89-93.

丁霞, 王林海, 张艳欣, 等. 2013. 芝麻核心种质株高构成相关性状的遗传变异及关联定位［J］. 中国油料作物学报, 35(3)：262-270.

高桂珍, 应菲, 陈碧云, 等. 2011. 热胁迫过程中白菜型油菜种子DNA的甲基化［J］. 作物学报, 37(9): 1597-1604.

高桂珍, 陈碧云, 许鲲, 等. 2012. 不同贮藏方式对油菜种质资源生活力和农艺形状的影响［J］. 中国油料作物学报, 34(4): 366-371.

黄莉, 赵新燕, 张文华, 等. 2011. 利用RIL 群体和自然群体检测与花生含油量相关的SSR 标记［J］. 作物学报，37(11): 1967-1974.

黄 莉, 任小平, 张晓杰, 等. ICRISAT 花生微核心种质农艺性状和黄曲霉抗性关联分析［J］. 作物学报, 2012, 38(6): 935-946.

江诗博, 黎冬华, 张艳欣, 等. 2015. 水涝胁迫下芝麻内源激素及表型响应［J］. 中国油料作物学报, 37（5）：676-682.

江磊, 李刚, 岳帅, 等. 2013. 11个红花品种遗传多样性与亲缘关系的SRAP分析［J］. 中国油料作物学报, 35(5)：546-550.

姜慧芳, 任小平, 陈玉宁, 等.2011.中国花生地方品种与育成品种的遗传多样性［J］.西北植物学报，31(8):1551-1559.

姜慧芳, 任小平, 张晓杰, 等.2010.中国花生小核心种质SSR 遗传多样性［J］.中国油料作物学报, 32(4)：472-478.

李丹, 刘凤兰, 伍晓明, 等. 2011. 2001-2009年国家冬油菜区域试验参试材料分析［J］. 中国油料作物学报, 33(1)：033-038.

李俊,伍晓明. 2012. 被子植物的早期胚胎形态建成[J]. 西北植物学报, 32（7）：1488–1499.

李敏,王先萍,王力军,等. 不同处理方式对苏子种子萌发的影响[J]. 2013. 园艺与种苗,(6): 53-55, 66.

李前波,杨春燕,黄莉,等. 2015. 花生遗传图谱构建及黄曲霉抗性相关QTL[J]. 中国油料作物学报, 37（5）：596-604.

李振动,李新平,黄莉,等. 2015. 栽培种花生荚果大小相关性状QTL定位[J]. 作物学报, 41(9): 1313-1323

黎冬华,刘文萍,张艳欣,等. 2013. 芝麻耐旱性的鉴定方法及关联分析[J]. 作物学报, 39(8): 1425-1433.

黎冬华,王林海,张艳欣,等. 2012. 中国芝麻主产区枯萎病病原菌生物学特性分析[J]. 中国农学通报, 28（3）：245-252.

黎冬华,张艳欣,王林海,等. 2012. 芝麻成株期茎点枯病原菌致病性研究[J]. 中国农学通报, 28（30）：226-230.

吕培军,薛蕾,伍晓明,等. 2011. HPLC法分析油菜种子油中维生素E的组成与含量[J]. 植物遗传资源学报, 12(4)：634-639.

吕建伟,姜慧芳,黄家权,等. 青枯菌诱导的花生基因表达谱SSH分析[J]. 西北植物学报, 2011, 31(8): 1517-1523.

彭文舫,吕建伟,任小平,等. 2011. 花生抗青枯病相关基因的差异表达[J]. 遗传, 33(4): 389-396.

任小平,廖伯寿,张晓杰,等. 2011. 中国花生核心种质中高油酸材料的分布和遗传多样性[J]. 植物遗传资源学报, 12(4)：513-518.

宋伟林,许鲲,李锋,等. 2013. 中国西藏芥菜型油菜遗传多样性研究[J]. 中国油料作物学报, 35（2）153-161.

谭美莲,等. 2011. 向日葵种质的SSR分析[J]. 西北植物学报, 31（12）：2412-2419.

谭美莲,等. 2012. 国内外紫苏研究进展概述[J]. 中国油料作物学报, 34(2): 225-231.

谭美莲,等. 2012. 360Co伽马射线辐照对苏子生长及生理特性的影响[J]. 中国油料作物学报, 4(4): 396-401.

王力军,等. 2012. 新疆红花随体染色体及25SrDNA位点分析[J]. 中国油料作物学报, 34（3）：245-248.

王蕾,黎冬华,齐小琼,等. 2014. 芝麻核心种质芝麻素和芝麻酚林的关联分析[J]. 中国油料作物学报, 36(1): 32-37.

汪磊,等. 2012. 蓖麻花序特征及花芽分化的初步研究[J]. 中国油料作物学报, 34(5): 544-550.

危文亮,张艳欣,吕海霞,等. 2012. 芝麻资源群体结构及含油量关联分析[J]. 中国农业科学. 45（10）：1895-1903.

许鲲,陆光远,伍晓明,等. 2011. 欧洲野生甘蓝的核质遗传多样性和群体遗传结构分析[J]. 中国油料作物学报, 33(2)：111-117.

许鲲,李锋,吴金锋,等. 2014. SSR荧光标记毛细管电泳法与国家冬油菜区试指纹鉴定平台的构建[J]. 中国油料作物学报, 36（2）：150-159.

许鲲,谷铁城,刘凤兰,等. 2012. 甘蓝型油菜2009—2010年候选品种遗传多样性及群体结构[J]. 中国油料作物学报, 34(2): 142-151.

薛蕾,闫贵欣,高桂珍,等. 2011. 白菜型油菜八氢番茄红素合酶基因BrPSY的克隆与序列分析[J]. 中国油料作物学报, 33(3)：210-215.

薛蕾,闫贵欣,高桂珍,等. 2011. 白菜型油菜八氢番茄红素脱氢酶基因BrPDS3的克隆与序列分析[J]. 中国油料作物学报, 33(6).

杨睿,伍晓明,安蓉,等. 2013. 不同基因型油菜氮素利用效率的差异及其与农艺性状和氮营养性状的关系[J]. 植物营养与肥料学报, 19(3)：586−596.

闫贵欣,陈碧云,许鲲,等. 2012. 不同施氮水平下甘蓝型油菜发育种子中基因表达谱差异分析[J]. 作物学报, 38(11): 1-9.

闫贵欣, 陈碧云, 许鲲, 等. 2012. 甘蓝型油菜ACCase, DGAT2和PEPC基因对氮素用量的应答[J]. 植物营养与肥料作物学报, 18 (6): 1370-1378.

张艳欣, 王林海, 吕海霞, 等. 2011. 基于EST-SSR研究芝麻地方种质不同大小繁殖群体间多态性[J]. 中国农学通报, 27 (18): 90-93.

张艳欣, 王林海, 黎冬华, 等. 2012. 芝麻茎点枯病抗性关联分析及抗病载体材料挖掘[J]. 中国农业科学. 45(13): 2580-2591.

张玉莹, 安蓉, 曹兰芹, 等. 2014. 不同氮素利用效率基因型油菜氮素营养性状的差异[J]. 西北农林科技大学学报, 42: 102-110.

张艳欣, 王林海, 黎冬华, 等. 2014. 芝麻耐湿性QTL定位及优异耐湿基因资源挖掘[J]. 中国农业科学, 47(3): 422-430.

周梦妍, 吴金锋, 许鲲, 等. 2015. 甘蓝型油菜核心种质和新品种(系)的SSR等位变异分析[J]. 分子植物育种, 13 (6): 1248-1258.

朱晓凤, 黎冬华, 王林海, 等. 2015. 矮秆与高秆芝麻株高建成中内源激素含量变化比较分析[J]. 中国油料作物学报, 37 (1): 83-89.

成良强, 唐梅, 任小平, 等. 2015. 栽培种花生遗传图谱的构建及主茎高和总分枝数QTL分析[J]. 作物学报, 41(6): 979-987.

Chen S L, Huang J Q, Liao B S et al. 2012. Identification and characterization of a gene encoding a putative lysophosphatidyl acyltransferase from Arachis hypogaea[J]. Journal of Bioscience, 37: 1-11.

Chen B Y, Xu K, Li J, et al. 2014. Evaluation of yield and agronomic traits and their genetic variations in global collections of *Brassica napus* L[J]. Genetic Resources and Crop Evolution. 61: 979-999.

Gao G Z, Li J, Li H, et al. 2014. Comparison of the heat stress induced variations in DNA methylation between heat-tolerant and heat-sensitive rapeseed seedlings[J]. Breeding Science, 64: 125-133.

Li J, Wu X M. 2012. Genome-wide Identification, Classification and Expression Analysis of Genes Encoding Putative Fasciclin-like Arabinogalactan Proteins in Chinese cabbage (*Brassica rapa* L.)[J]. Molecular Biology Reports. 39: 10 541–10 555.

Li J, Gao G Z, Zhang T Y, et al. 2012. The Putative Phytocyanin Genes in Chinese cabbage (*Brassica rapa* L.): Genome-wide Identification, Classification and Expression Analysis[J]. Molecular Genetics and Genomics. DOI: 10. 1007/s00438-012-0726-4.

Li D H, Wang L H, Zhang Y X, et al. 2012. Pathogenic variation and molecular characterization of Fusarium species isolated from wilted sesame in China[J]. African Journal of Microbiology Research. 6(1), 149-154.

Li F, Chen B Y, Xu K, et al. 2014. Genome-wide association study dissects the genetic architecture of seed weight and seed quality in rapeseed (*Brassica napus* L.)[J]. DNA Research, 21: 355-367.

Li F, Chen B Y, Xu K, et al. 2015. A genome-wide association study of plant height and primary branchnumber in rapeseed (*Brassica napus*) [J]. Plant Science. doi: 10. 1016/j. plantsci. 05. 012.

Fang L H, Hou Y L, Wang L J,et al. 2014. Myb14, a direct activator of STS, is associated with resveratrol content variation in berry skin in two grape cultivars[J]. Plant Cell Rep33: 1 629–1 640.

Jiang H, Huang L, Ren X, et al. 2014. Diversity characterization and association analysis of agronomic traits in a Chinese peanutmini-core collection. J. of Integrative[J]. Plant Biology, 56(2): 159-169.

Ren X, Jiang H, Yan Z, et al. 2014. Genetic Diversity and Population Structure of the Major Peanut Cultivars Grown in China by SSR Markers[J]. PLoS ONE, 9(2): e88091.

Mao S F, Han Y H, Wu X M, et al. 2012. Comparative Genomic In situ Hybridization (cGISH) Analysis of the Genomic Relationships Among Sinapis arvensis, Brassica rapa and Brassica nigra[J]. Hereditas, 149: 86–90.

Qiao J, Cai M, Yan G, et al. 2015. High-throughput multiplex cpDNA resequencing clarifies the genetic diversity and genetic relationships among Brassica napus, Brassica rapa and Brassica oleracea. Plant Biotechnol[J]. J. Jun 1. doi: 10. 1111/pbi. 12395.

Huang L, He H, Chen W, et al. 2015. Quantitative trait locus analysis of agronomic and quality related traits in cultivated peanut (*Arachis hypogaea* L.)[J]. Theor Appl Genet, 128: 1 103–1 115.

Wang L H, Zhang Y X, Qi X Q, et al. 2012. Global gene expression responses to waterlogging in roots of sesame (*Sesamum indicum* L.). Acta Physiol Plant[J]. DOI 10. 1007/s11738-012-1024-9.

Wang L H, Zhang Y X, Qi X Q, et al. 2012. Development and characterization of 59 polymorphic cDNA-SSR markers for the edible oil crop Sesamum indicum (*Pedaliaceae*)[J]. American Journal of Botany, e394-e398.

Wang L H, Zhang Y X, Li P W, et al. 2012. HPLC Analysis of Seed Sesamin and Sesamolin Variation in a Sesame Germplasm Collection in China. J Am Oil Chem Soc[J]. DOI 10. 1007/s11746-011-2005-7.

Li J, Gao G Z, Xu K, et al. 2013. Genome-Wide Survey and Expression Analysis of the Putative Non-specific Lipid Transfer Proteins in *Brassica rapa* L[J]. Plos One DOI 10. 1371/journal. pone. 0084556.

Jiang H F, Li H, Ren X P, et al. 2013. Diversity characterization and association analysis of agronomic traits in a Chinese peanut (*Arachis hypogaea* L.)[J] mini-core collection. doi: 10. 1111/jipb. 12132.

Wang N, Li F, Chen B Y, et al. 2014. Genome-wide investigation of genetic changes during modern breeding of Brassica napus[J]. Theor Appl Genet, 127: 1 817-1 829.

Wei X, Annaliese S. Masonc, Yong Xiao, et al. 2014. Analysis of multiple transcriptomes of the African oil palm (*Elaeis guineensis*) to identify reference genes for RT-qPCR[J]. Journal of Biotechnology, 184: 63–73.

Wang L, Yu J, Li D, et al. 2015. Sinbase: an integrated database to study genomics, genetics and comparative genomics in *Sesamum indicum*[J]. Plant Cell Physiol, 56(1): e2.

Wei X, Wang L, Yu J, et al. 2015. Genome-wide identification and analysis of the MADS-box gene family in sesame[J]. Gene, 569: 66-76.

Wei X, Liu K, Zhang Y, et al. 2015. Genetic discovery for oil production and quality in sesame[J]. Nature Communications, 6: 8 609.

Wei W, Zhang Y, Wang L, et al. 2016. Genetic Diversity, Population Structure, and Association Mapping of 10 Agronomic Traits in Sesame[J]. Crop Science, 56: 1-13.

Wen Q G, Lei Y, Liao B S et al. 2012. Molecular cloning and characterization of an acyl-ACP thioesterase gene(AhFatB1)from allotertraploid peanut (*Arachis hypogaea* L.).[J] African Journal of Biotechnology, 11(77): 14 123-14 131.

Wei W L, Zhang Y X, Lv H X, et al. 2013. Association analysis for quality traits in a diverse panel of Chinese sesame(*Sesamum indicum* L.)[J]. Journal of Integrative Plant Biology. DOI: 10. 1111/ jipb. 12049. 55(8): 745–758.

Wei W L, Li D H, Wang L H, et al. 2013. Morpho-anatomical and physiological responses to waterlogging of sesame (*Sesamum indicum* L.)[J]. Plant Science, 102-111.

Wang L H, Yu S, Tong C B, et al. 2014. Genome sequencing of the high oil crop sesame provides insight into oil biosynthesis[J]. Genome Biol. Feb 27; 15(2): R39.

Wang L H, Yu J Y, Li D H, et al. 2014. Sinbase: An Integrated Database to Study Genomics, Genetics, and Comparative Genomics in Sesamum indicum. Plant Cell Physiol[J]. Dec 4. pii: pcu175.

Wang L H, Han X L, Zhang Y X, et al. 2014. Deep resequencing reveals allelic variation in Sesamum indicum[J]. BMC Plant Biol. Aug 20; 14: 225.

Wei X, Wang L H, Zhang Y X, et al. 2014. Development of simple sequence repeat (SSR) markers of sesame (*Sesamum indicum* L.) from a genome survey[J]. Molecules. Apr 22; 19(4): 5 150-6 200.

Wang H, Lei Y, Yan L, et al. 2015. Deep sequencing analysis of transcriptomes in *Aspergillus flavus* in response to resveratrol[J]. BMC Microbiology, 15: 182.

Xu Y H, Xu H, Wu X M, et al. 2012. Genetic Changes Following Hybridization and Genome Doubling in Synthetic Brassica napus[J]. Biochem Genet. 50: 616-624.

Yan G Y, Wu X M, Li D, et al. 2012. Assessing High-resolution Melt Curve Analysis for Accurate Detection of DNA Polymorphisms in the Chloroplast Gene accD of Crucifer Species[J]. Biochemical Systematics and Ecolog, 44: 352-360 .

Yan G X, Lv X D, Lv P J, et al. 2012. Application of High-resolution Melting for Variant Scanning in Chloroplast Gene atpB and atpB-rbcL Intergenic Spacer Region of Crucifer Species[J]. African Journal of Biotechnology, 11: 7 016-7 027.

Wu J F, Li F, Xu K, et al. 2014. Assessing and broadening genetic diversity of a rapeseed germplasm collection[J]. Breeding Science, 64: 1-10.

Yan G, Li D, Cai M, et al. 2015. Characterization of FAE1 in the zero erucic acid germplasm of *Brassica rapa* L[J]. Breed Sci. 65(3): 257-64.

Zeng C L, Wang G Y, Wang J B, et al. 2012. High-Throughput Discovery of Chloroplast and Mitochondrial DNA Polymorphisms in Brassicaceae Species by ORG-Eco Tilling[J]. Plos One, 7: e47284.

Zhang Y X, Sun J, Zhang X R, et al. 2011. Analysis on genetic diversity and genetic basis of the main sesame cultivars released in China[J]. Agricultural Sciences in China. 10(4): 509-518.

Zhang Y X, Zhang X R, Che Z, et al. 2012. Genetic diversity assessment of sesame core collection in China by phenotype and molecular markers and extraction of a mini-core collection[J]. BMC Genetics. 13: 102.

Zhang Y X, Wang L H, Xin H G, et al. 2013. Construction of a high-density genetic map for sesame based on large scale marker development by specific length amplified fragment (SLAF) sequencing[J]. BMC Plant Biology. 13: 141.

Zhang Y, Peng L F, Wu Y, et al. Analysis of global gene expression profiles to identify differentially expressed genes critical for embryo development in Brassica rapa[J]. Plant Mol Biol , 2014, 86: 425-442.

Zhou X, Xia Y, Ren X, et al. 2014. Construction of a SNP-based genetic linkage map in cultivated peanut based on large scale marker development using next-generation double-digest restriction-site-associated DNA sequencing (ddRADseq)［J］. BMC Genomics, 15: 351.

Zeng C L, Liu L, Wang B R, et al. 2011. Physiological effects of exogenous nitric oxide on B*rassica juncea* seedlings under NaCl stress［J］. Biologia plantarim, 55 (2): 345-348.

Wang L H, Zhang Y X, Li P W, et al. 2013. Variation of sesamin and sesamolin contents in sesame cultivars from China［J］. Pak. J. Bot. , 45: 177-182.

附表1　2011—2015年期间新收集入中期库或种质圃保存情况

填写单位：中国农业科学院油料作物研究所
联系人：伍晓明

作物名称	目前保存总份数和总物种数（截至2015年12月30日）				2011—2015年期间新增收集保存份数和物种数			
	份数		物种数		份数		物种数	
	总计	其中国外引进	总计	其中国外引进	总计	其中国外引进	总计	其中国外引进
油菜	8 437	1 819	20	12	790	405	20	12
花生	8 440	2 981	2	2	817	149	2	2
芝麻	6 149	632	4	3	330	89	4	3
蓖麻	2 719	34	1	1	94	94	1	1
向日葵	3 026	432	1	1	11	11	1	1
红花	2 917	1 770	1	1	190	190	1	1
苏子	529		1					
合计	32 217	7 668	30	20	2 232	938	29	20

附表2 2011—2015年期间项目实施情况统计

一、收集与编目、保存			
共收集作物（个）	6	共收集种质（份）	2 232
共收集国内种质（份）	1 294	共收集国外种质（份）	938
共收集种子种质（份）	2 232	共收集无性繁殖种质（份）	0
入中期库保存作物（个）	6	入中期库保存种质（份）	2 232
入长期库保存作物（个）	6	入长期库保存种质（份）	4 583
入圃保存作物（个）		入圃保存种质（份）	
种子作物编目(个)	6	种子种质编目数(份)	4 583
种质圃保存作物编目(个)		种质圃保存作物编目种质(份)	
长期库种子监测（份）			
二、鉴定评价			
共鉴定作物（个）	5	共鉴定种质（份）	1 830
共抗病、抗逆精细鉴定作物（个）	5	共抗病、抗逆精细鉴定种质（个）	1 830
筛选优异种质（份）	42		

（续表）

三、优异种质展示			
展示作物数（个）	3	展示点（个）	17
共展示种质（份）	1 740	现场参观人数（人次）	920
现场预订材料（份次）	1 228		
四、种质资源繁殖与分发利用			
共繁殖作物数（个）	6	共繁殖份数（份）	4 092
种子繁殖作物数（个）	6	种子繁殖份数（份）	4 092
无性繁殖作物数（个）		无性繁殖份数（份）	
分发作物数（个）	7	分发种质（份次）	8 084
被利用育成品种数（个）	19	用种单位数/人数（个）	91/152
五、项目及产业等支撑情况			
支持项目（课题）数（个）	32	支撑国家（省）产业技术体系	3
支撑国家奖（个）		支撑省部级奖（个）	1
支撑重要论文发表（篇）	96	支撑重要著作出版（部）	2

蔬菜种质资源

李锡香¹　沈　镝¹　宋江萍¹　詹　云²　张益模³　汪宝根⁴　徐丽鸣⁵
薛　龙⁶　王福全⁷　陈禅友⁸　邱　杨¹　刘发万⁹　张晓辉¹　王海平¹
马海峰¹⁰李汉霞¹¹　程鹏飞¹²　肖　靖¹³　强巴卓嘎¹⁴

（1.中国农业科学院蔬菜花卉研究所，北京，100081；2.黑龙江省农业科学院园艺分院；3.重庆市农业科学院；4.浙江省农业科学院蔬菜研究所；5.吉林省蔬菜花卉科学研究院；6.张掖市农业科学研究院；7.天水市农业科学研究所；8.江汉大学；9.云南省农业科学院园艺作物研究所；10.深圳市农业科技促进中心；11.华中农业大学；12.武汉市东西湖区农业科学研究所；13.吉林省农业科学院；14.西藏自治区农牧科学院蔬菜研究所）

一、主要进展

（一）蔬菜种质资源收集引进与繁种入库保存

1.收集引进和入中期库

5年收集引进和入国家蔬菜种质资源中期库保存的有性繁殖蔬菜107种作物1843份资源，其中，国外资源1093份。包括来自美国、加拿大、英国、意大利、俄罗斯、德国、缅甸、秘鲁、斐济、印度、乌干达、老挝等十多个国家和国内西藏自治区、云南省、贵州省、内蒙古自治区等地。其中，明确分类的资源中新增物种12个，它们是：葫芦科甜瓜属*Cucumis anguria*，*Cucumis dipsaceus*；茄科辣椒属 *Capsicum baccatum*，*Capsicum chinense*，*Capsicum frutescens*，Capsicum pubescens；茄属龙葵*Solanum nigrum* L.，唇形科荆芥属藿香草*Agastache rugos*，菊科蒲公英属蒲公英（*Taraxacum mongolicum* Hand.-Mazz）、豆科决明属决明子（*Catsia tora* Linn）、伞形科莳萝属莳萝（*Anethum graveolens* Linn.）、十字花科萝卜属野生萝卜（*Raphanus raphanistrum* Linnaeus）（图1）。

辣椒近缘种：*Capsicum baccatum* - ZYZ1044

辣椒近缘种：*Capsicum pubescens* - ZYZ1057

南瓜近缘种：*Cucurbita argyrosperma* var. *palmeri* -ZYZ1318

甜瓜近缘种：*Cucumis anguria* L. subsp. *anguria* -ZYZ-3685

甜瓜近缘种*Cucumis dipsaceus* Ehrh. ex Spach- ZYZ-3684

图1　收集的部分新增物种

2. 繁种入长期库（种质圃）保存

"十二五"期间，共种植50种蔬菜新收集引进的种质资源5 465份，鉴定编目蔬菜种质资源44种3 201份；繁殖符合入国家长期库种子质量和数量要求的有性繁殖蔬菜种质资源44种3 201份，其中，国外蔬菜种质资源2 110份。繁种入国际库的新物种包括黑芥（*Brassica nigra*）、离子芥（*Chorispora tenella*）、白芥（*Sinapis alba* subsp. *Alba*）、大蒜芥属（*Sisymbrium erysimoides*）、芸芥（*Eruca sativa*）、东方贡林菜（*Conringia orientalis*）、莳萝（*Anethum graveolens* Linn.）7个物种（表1和图2）。

表1　五年繁种入国家库的蔬菜种质资源

物种	繁种入库份数	其中国外资源份数	物种	繁种入库份数	其中国外资源份数
萝卜	121	44	辣椒	397	191
芜菁	33	5	菜豆	243	127
结球白菜	74	2	豌豆	178	0
不结球白菜	18	5	蚕豆	40	0
菜薹	8	1	菠菜	9	1
叶用芥菜	72	2	苋菜	19	16
花椰菜	8	8	叶用莴苣	307	307
青花菜	1	1	茴香	5	1
芥兰	6	5	芫荽	45	28
野生十字花科	5	2	茼蒿	5	3
野油菜	1	0	黑芥	2	2
黄瓜	104	88	离子芥	1	1

（续表）

物种	繁种入库份数	其中国外资源份数	物种	繁种入库份数	其中国外资源份数
南瓜	115	52	白芥	12	12
西葫芦	18	13	大蒜芥属	1	1
甜瓜	7	3	芸芥	1	1
西瓜	20	18	独行菜	1	1
丝瓜	15	2	芝麻菜	2	2
冬瓜	9	0	东方贡林菜	1	1
瓠瓜	7	2	蒔萝	9	9
苦瓜	6	1	水芹	2	2
蛇瓜	1	1	其他	2	2
番茄	1198	1100	合计	1919	1402
茄子	72	47			

白芥 ZYZ-1544

黑芥 ZYZ-1541

离子芥 ZYZ-1543

芸芥 ZYZ-1536

大蒜芥属 ZYZ-1559　　　　　　东方贡林菜 ZYZ-1637

图2　繁种入长期库的新物种

（二）鉴定评价

通过繁种更新过程中的田间农艺性状观察鉴定和计划外对部分种质资源育种重要性状的单项评价，共获得各种蔬菜优异特异种质资源149份。

基本农艺性状鉴定评价与优异种质筛选

在蔬菜种质资源繁种和更新过程中，通过田间观察和农艺性状鉴定，筛选获得86份优异和特异种质。

（1）豆类优异资源

①特异荚果菜豆资源。嫩荚紫色（II7A2613、7A2619、7A2866、7A2757、7A2775、7A 2303）菜豆资源，嫩荚紫色条纹、宽荚、结荚较多、中早熟、高产（21-767），荚果颜色紫色、结荚多、较早熟的矮生的菜豆（21-876）。嫩荚绿色有光泽、早熟、高产矮生油豆角（21-877）（图3）。

21-767　　　　　　21-876　　　　　　21-877　　　　　　II7A 2303

图3　特异荚果菜豆资源

②植株长势好，抗病性强，荚果品质好、产量高的菜豆优异种质。Ⅱ7A2143、Ⅱ7A 2217、Ⅱ7A 2278、Ⅱ7A 2292、Ⅱ7A 2324、Ⅱ7A 2361、Ⅱ7A2792、Ⅱ7A 2801、Ⅱ7A 2788、Ⅱ7A 2838）（图4）。

Ⅱ7A2143　　　　　Ⅱ7A 2217　　　　　Ⅱ7A 2278　　　　　Ⅱ7A 2405

Ⅱ7A 2292　　　　　　Ⅱ7A 2324矮生　　　　　　Ⅱ7A 2361

图4　抗病、优质、高产菜豆优异种质

③特异荚果长豇豆资源。7E0403、Ⅱ7E0409、Ⅱ7E0466、Ⅱ7E0649、 Ⅱ7E 1169、Ⅱ7E 1146荚形异形，荚色紫斑或紫色（图5）。

 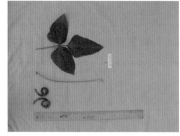 

Ⅱ7E0403　　　　　　Ⅱ7E0409　　　　　　Ⅱ7E0466

Ⅱ7E0928 豆荚特长

Ⅱ7E0189：嫩荚紫斑纹

Ⅱ7E0649嫩荚深紫色

Ⅱ7E0881

Ⅱ7E 1169

Ⅱ7E 1146

图5　特异荚果豇豆资源

④早熟、半蔓生长豇豆种质。Ⅱ7E0423、Ⅱ7E0625、Ⅱ7E0626、Ⅱ7E0675、Ⅱ7E0678和Ⅱ7E0690等种质早熟、结荚性好、嫩荚长、条形漂亮（图6）。

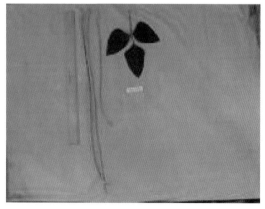

Ⅱ7E0423

Ⅱ7E0625

图6　早熟、矮生豇豆优异资源

⑤ 高荚果长、产、抗病、抗衰老长豇豆资源。Ⅱ 7E0796、7E0809、7E0840、7E0141、7E0094、7E0663（图7）。

Ⅱ 7E0796　　　　　　　Ⅱ 7E0809　　　　　　　Ⅱ 7E0840

Ⅱ 7E0141：嫩荚长66.0cm　　　Ⅱ 7E0094：煤霉病抗性强　　　Ⅱ 7E0663：抗衰老

图7　荚果长、高产、抗病、抗衰老长豇豆资源

（2）茄果类优异种质资源

①特异番茄种质资源。异形特殊果色番茄资源17-446（枣形）、17-499（紫色底绿条纹）、17-506（紫果色）、Ⅱ 6A0475（梨形黄果）、Ⅱ 06A253（桃形）、Ⅱ 06A256（成熟果色绿色）、zyz-2819（果形四棱形，熟后橘红色，果肉厚，可供观赏性）、YSC00206（株型极矮，果小而集中，熟性早）、YSC00263（株矮果小、叶片直立）以及果小数量极多的zyz-2995、zyz-2887、zyz-4672（图8）。

17-446　　　　　17-499　　　　　YSC00206

17-506　　　　　Ⅱ6A0475　　　　　Ⅱ06A253

ysc00263　　　　　Ⅱ06A256　　　　　zyz-2819

zyz-2995　　　　　zyz-4672　　　　　zyz-2887

图8　特异番茄资源

②座果多、丰产性、抗病性强、耐裂果的优异资源。Ⅱ6A0493（早熟，有限生长类型，粉果）、Ⅱ6A0525（无限生长类型，中型红果）、Ⅱ6A0611（黄色圆果）、Ⅱ06A 270、Ⅱ06A283、Ⅱ06A 389（图9）。

Ⅱ6A0611　　　　　　　　Ⅱ6A0493　　　　　　　　Ⅱ6A0525

Ⅱ06A 270　　　　　　　　Ⅱ06A283　　　　　　　　Ⅱ06A 389

图9　丰产、抗病、耐裂果番茄资源

③抗逆性强的野生番茄资源。YSC00205（花序极多，平均单花序花数可达205朵）、YSC00257（极晚熟，耐寒性极强）（图10）。

YSC00205　　　YSC00257

图10　抗逆野生番茄资源

④果色果形特异的辣椒种质资源。YSC03080、YSC03113、YSC03109、YSC03133、YSC03198（图11）。

图11　特异辣椒资源

⑤植株高大，果小而多的晚熟辣椒种质。YSC00602、YSC00610、YSC00623（图12）。

图12　高产辣椒资源

⑥单果重在200克以上的大果型，抗病，综合性状好的辣椒和甜椒种质。YSC00385、YSC00392、YSC00411、YSC00412、YSC00577（图3）。

图13　高产、优质甜椒资源

（3）瓜类优异种质资源

①南瓜特异优异种质资源。早熟、生长势强、雌花多、果肉金黄色、高产、品质好（ZYZ-4774）的中国南瓜种质。果形梨形、皮色黄的观赏类特异美洲南瓜资源（zyz-4737）等；嫩瓜皮色黄，有光泽，商品性状好的美洲南瓜种质（ZYZ3736）。商品嫩瓜和老瓜墨绿色，肉色黄，单瓜3 440g，中早熟，肉质致密，口感脆嫩，风味甜，清香味浓（ZYZ5334）。生长势强，瓜密，墨绿色，瓜面光滑，单瓜6 940g，中熟，口感粉，风味微甜，适食嫩瓜（ZYZ5365）。生长势强，商品嫩瓜黄褐色，瓜面光滑，老瓜肉色黄，老瓜单瓜4 130g，中熟，肉质致密，口感脆嫩，风味甜，清香味浓（ZYZ5352）。生长势强，嫩瓜墨绿色，瓜面多沟，老瓜肉色金黄，单瓜5 900g，中晚熟，肉质致密，口感脆嫩，风味甜，清香味浓（ZYZ0192）（图14）。

ZYZ-4774   ZYZ-4737   ZYZ-3736

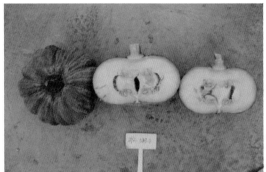

ZYZ5334

ZYZ5365

ZYZ5352

ZYZ0192

图14 优异南瓜资源

②优异苦瓜资源。高产、抗病资源II5E0002，00034，00039，00063（图15）。

图15 优异苦瓜资源

③优异黄瓜种质。ZYZ3697、ZYZ3699（强雌性系，果形短圆筒，抗病）（图16）。

ZYZ3697   ZYZ3699

图16 优异黄瓜资源

④优异萝卜种质。ZYZ923 和ZYZ1216肉质根在低温下膨大速度快，早熟（图17）。

ZYZ923   ZYZ1216

图17 优异萝卜资源

另外，在项目任务之外，对部分蔬菜育种急需的目标性状资源进行了鉴定，获得了性状突出的优异种质63份。如，对来自10个国家，42个种，218份十字花科栽培蔬菜及野生近缘种资源进行的小菜蛾抗性鉴定获得抗虫资源19份，其中，高抗资源4份（图18）。

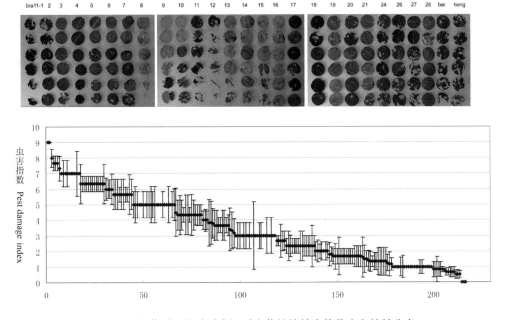

图18 十字花科植物种质资源对小菜蛾抗性离体鉴定和抗性分布

对34份欧洲山芥种质资源的物候期、形态学性状、对小菜蛾抗性进行鉴定表明，现蕾期相差达47 d；从始花期到末花期的天数在17~46 d；发现4份角果抱茎的种质；极差和变异系数最大的性状是株高、角果长和花序长。筛选田间抗虫材料25份（图19）。

图19 欧洲山芥抗虫性差异

建立了萝卜耐抽薹鉴定和筛选的方法，确定了耐抽薹鉴定的考察指标，抽薹早晚：显蕾期和开花期；抽薹快慢：花期薹高、薹高差和抽薹天数。对77份种质的种子春化处理21d后，在日光温室进行耐抽薹性鉴定，田间生长136d 9份种质未显蕾，表现为极耐抽薹（表2）。

表2 鉴定获得的耐抽薹萝卜种质资源

材料编号	材料名称	来源地	肉质根地上部皮色	肉质根地下部皮色	肉质根肉色	肉质根根形	叶型
1	（s-3）- X3	日本	白	白	白	长圆锥形	花叶
22	YR-10	韩国	白	白	白	长圆锥形	花叶
23	YR-5	韩国	白	白	白	长圆柱形	花叶
28	白光春萝卜	韩国	白	白	白	长圆锥形	花叶
50	白光春萝卜	韩国	浅绿	白	白	长圆锥形	花叶
31	白玉春萝卜	韩国	白	白	白	圆柱形	花叶
52	新白玉	韩国	浅绿	白	白	圆柱形	花叶
74	（S-3）- X4	日本	黑	黑	白	近圆形	花叶
79	8俄-X6	俄罗斯	紫红	紫红	浅紫	近圆形	板叶

对萝卜莱菔子素含量分析：HPLC分析显示93份萝卜种质的莱菔子素含量分布在34.445~1446.9 mg/kg。DW之间，其中，红皮白肉萝卜L11Q-658和绿皮绿肉萝卜LX11Q-35的莱菔子素含量最高（图20）。

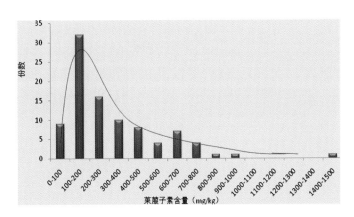

图20　萝卜种质资源肉质根莱菔子素含量分布

从300份黄瓜种质资源中鉴定出芽期13～15℃条件下耐冷材料5份。6℃条件下苗期耐冷材料3份。

上述通过基本农艺性状鉴定和单项性状鉴定获得的107份优异和特异种质资源，不仅为我国蔬菜抗病、抗逆、优质遗传育种提供了基础材料，也为基础生物学研究、蔬菜消费和人们膳食结构的多样化提供了物质基础。

（三）分发供种

5年来共向87个科研单位、大专院校及企业127人次分发48种作物共6 886份次，支撑项目76个，支撑国家产业体系9个，支撑省部级奖1个，支撑重要论文23篇。促进了我国蔬菜科学研究、育种和产业的发展。

（四）安全保存

对中期库部分蔬菜种质活力进行了监测，为种质资源的更新工作的针对性提供了依据。检测发现，入库27年的韭菜资源，50%几乎完全丧失活力；入库19年的，60%仍保持较高活力。入库27年的芹菜资源60%丧失活力；入库18年的，80%活力仍较高（图21）。

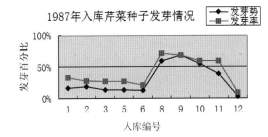

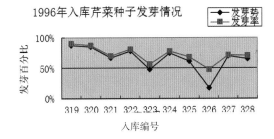

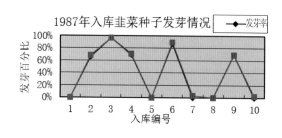
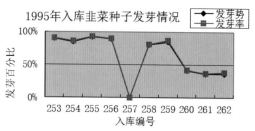

图21　中期库保存的韭菜和芹菜种质资源活力检测

现在已建立起了蔬菜种质资源安全保存技术体系和繁殖更新技术体系，5年间对中期库保存的地活力种质资源进行了繁殖更新，入国家蔬菜种质资源中期库安全保存10种有性繁殖蔬菜种质资源种子2 171份（表3）。

表3　五年繁殖更新的蔬菜种质资源

物种	份数	物种	份数
菜豆	754	叶用莴苣	10
豇豆	641	菠菜	25
番茄	627	芫荽	15
茄子	40	茼蒿	3
苦瓜	18	合计	2118
茎用莴苣	38		

对国家蔬菜种质资源中期库内保存的约3万份蔬菜种质资源进行了良好的运维管理，及时对库内的温湿度进行监测，对中期库的运转定期作出记录，保证了种质库的正常运行和实物资源的安全保存。

二、主要成效

通过常规分发，支撑国家和省部级科研项目76个，支撑国家产业体系9个。通过开展重点服务，获得了良好的应用效果，促进了我国蔬菜科学研究、育种和产业的发展。

1. 芥菜优异种质利用

中国农业科学院蔬菜花卉研究所白菜育种课题组从国家蔬菜种质资源中期库引进叶用芥菜"红叶青菜"（II3A0138 收集于湖南省黔阳县），通过实施国家支撑项目和产业体系项目，利用远缘杂交开展大白菜育种材料创新，获得创新材料1份，专利1项。专利名称："一种紫红色大白菜的选育方法"（图22）。获得专利日期：2011年4月27日。

"红叶青菜"（Ⅱ3A0138）　　创新大白菜种质

图22　分发的芥菜种质及其由其创新的种质

2. 辣椒优异种质利用

江西省农业科学院蔬菜花卉研究所先后四次从国家种质资源中期库引进辣椒资源274份，用于国家自然基金项目"辣椒核心种质的构建与优异种质发掘"（31260479）方面的研究。开展了274份材料大田农艺性状鉴定和疫病抗性评价，筛选出5份高抗疫病种质；同时对100余份种质材料开展胞质雄性不育（CMS）基因型的鉴定与评价，筛选出保持系和恢复系。已初步探明我国海南、云南灌木辣椒遗传多样性分布规律；现正在利用辣椒疫病高感和高抗材料构建的永久群体开展疫病抗性基因精细定位。在此基础上发表文章10篇，"辣椒优异种质资源发掘、创新及新品种选育"并于2015年6月5日荣获江西省人民政府颁发的2014年度江西省科技进步二等奖（图23）。育成的"赣丰辣玉""赣丰辣线101"和"赣丰15号"3个新品种在江西省、四川省和广西壮族自治区等地辣椒主产区推广应用，累计推广应用面积10.48万亩，新增产值10480.0万元，农民新增纯收入6288.0万元，社会经济效益和生态效益显著。

图23　获奖证书

3. 瓠瓜优异种质利用

浙江省农业科学院蔬菜研究所从国家蔬菜种质北京中期库引种1份瓠瓜资源"三江口葫子",统一编号为V05I0138,该种质表现早熟,结瓜部位低,瓜皮油绿色,瓜长约30cm,下端略粗,肉质致密等特征特性。经多代自交、分离、纯化,获得一份高代纯合自交系(图24)。利用该自交系作为亲本配制杂交组合,选育出1份瓠瓜新品种——"浙蒲2号",并在生产中推广应用。目前,该新品种已成为长江流域设施瓠瓜的主栽品种之一。据粗略统计,利用这一新品种已累计增产1 000万kg。

图24　分发的瓠瓜种质"三江口葫子"及其选育品种"浙蒲2号"

4. 丝瓜种质利用

江苏省农业科学院蔬菜研究所从国家蔬菜种质北京中期库引种1份丝瓜资源"香丝瓜",该种质田间表现早熟,生长势中等,果实棒形、皮色淡绿,瓜形顺直,平均纵径28cm,横径5.0cm,田间抗病毒病。在保护地和露地均表现为雌花多、结果性强,果实膨大速度快等优良性状。经对该份种质多代选择并自交纯化,获得优良自交系,并配制杂交组合,育成露地和保护地兼用的丝瓜杂交一代新品种"江蔬一号"(图25)。该品种已在生产中大面积推广,在江苏省占丝瓜生产总面积的95%以上,累计增产可达28 000万kg,累计增加产值近30亿元。

5. 黄瓜资源的利用

中国农业科学院蔬菜花研究所生物技术研究室在973项目的支持下从中期库引种1500黄瓜进行核心种质的构建,基于引进资源的研究,在PLoS One(2012.10,7(10):1-9)发表论文"Genetic Diversity and Population Structure of Cucumber(*Cucumis sativus* L.)。经过对部分核心种质资源重测序,基于研究结果在Nature Genetics(2013,DOI:

10.1038/ng.2801）上发表论文 "A genomic variation map provides insights into the genetic basis of cucumber domestication and diversity"。

图25 分发的丝瓜种质 "香丝瓜" 和育成杂交品种 "江蔬一号"

三、展望

种质资源的安全保护和有效鉴定评价是种质资源有效利用的前提。虽然在过去的历程中，我们在蔬菜资源的收集保存和基本农艺性状鉴定中取得了较大进展，但是对种类繁多、特性迥异的蔬菜资源的基础繁殖和保存生物学知之甚少，受相关技术研发和利用的限制资源保存的安全性问题并没有完全解决，资源评价的深度和广度非常有限制约了我们对资源特征特性及其遗传基础的全面认识，阻碍了资源的有效利用。抓住我国社会经济发展和全球科学技术飞速发展的契机，针对育种当前和未来发展的迫切需求，加强蔬菜资源的收集保存及繁殖保存技术的研究、全面开展资源的表型和基因型精准评价应该成为今后我国蔬菜资源保护和挖掘利用的重点。

1. 进一步加强国内外栽培蔬菜野生近缘种资源和特色地方品种资源的收集

主栽蔬菜品种和育种材料的遗传多样性狭窄成为蔬菜作物遗传改良的瓶颈问题。全国各地、尤其是异域的野生近缘植物资源和地方特色栽培资源往往具有主栽蔬菜品种所没有的抗病虫、抗逆和优质基因。尽管近年来，我们开始关注野生近缘种资源的收集，但是在保存资源中的比重仍然非常低。所以，针对我国蔬菜种质资源的收集保存现状，迫切需要广泛开展栽培蔬菜特色资源和野生近缘植物资源的收集引进，拓展我国蔬菜资源库多样性。

2. 重视蔬菜种质资源的繁殖和保存生物学研究

由于蔬菜作物种类繁多，不同蔬菜作物的开花和授粉受精习性不同，如菠菜是风媒花，白菜是虫媒花，瓠瓜凌晨开花，甘蓝需要绿体春化。不同作物甚至同种作物不同基因型的生长发育对环境条件的要求不同，如部分四季豆和版纳黄瓜种质需要短日照才能开花结实。在一般环境条件下不容易抽薹的野生萝卜、甘蓝。这些都对蔬菜种质资源的繁种和更新技术选择提出了挑战。对此，我们充分考虑了不同种类蔬菜的异地适应性问题，对稀特蔬菜资源的繁种更新技术以及繁殖条件进行研究。了解不同种质的对环境条件的需求，以最大限度地满足不同基因型的环境需求。

不同蔬菜种子的组分不同，寿命不同，安全保存的年限不同。不同的繁殖器官的遗传和生理基础不同，对低温或超低温保存的响应不同。部分苦瓜等瓜类蔬菜资源、莴苣等绿叶蔬菜资源在低温保存下的活力快速下降现象值得关注和研究。绝大多数无性繁殖蔬菜的超低温保存技术体系尚未建立，需要加强保存技术研究。

3. 全面推进蔬菜种质资源的精准化和规模化表现型到基因型鉴定

在获取国家和地方政府的研究投入上，蔬菜作物相对于主要粮食作物和经济作物而言，依然是小作物。受制于认识和技术投入，蔬菜种质资源的鉴定依然以基本农艺性状鉴定为主。但是这样的鉴定满足不了育种对特异和优异种质资源的需求。必须在基本农艺性状鉴定的基础上加强蔬菜作物主要病虫害的分类鉴定，主要生境下的生长发育、产品器官形成和品质特点的基础研究，以便于研究建立各种抗病性、抗虫性、抗逆性和代谢组分的标准化鉴定评价技术规程。随着卫星遥感、信息网络等先进技术向生物学科的渗透和应用，种质资源表型数据的采集和处理将会逐渐标准化、自动化和规模化。我们应该积极引入相关的新设备和新技术。随着分子基因组学和分子生物学技术的快速发展，种质资源基因型鉴定已成为国际关注的重点和热点。特别是随着越来越多的蔬菜基因组测序的完成，基于全基因组的SSR、InDel、KASP-SNP、基因芯片等高通量分子标记技术的开发，更为精准高效的基因型分析技术和优异基因挖掘技术将会应运而生，从基于单一材料的单个性状的标记和定位，到基于大规模种质基因分型和关联分析的批量等位基因鉴定，蔬菜种质资源优异基因的大规模鉴定和挖掘将成为必然。

附录：获奖成果、专利、著作及代表作品

获奖成果

1. 江苏省农业科学院"优异丝瓜种质的发掘及杂交化品种的创制和应用"获2011年江苏省科技技术三

等奖。

2. 北京市农学院"生菜高产安全生产技术示范与推广"获2013年北京市农业技术推广奖一等奖。

3. 北京市农学院"生菜周年安全生产关键技术研究与应用"获2013年北京市科学技术奖二等奖。

4. 中国农业科学院"葱姜蒜新品种选育与安全高效生产新技术应用"2015年获山东省科技技术一等奖。

专利

中国农业科学院蔬菜花卉研究所"一种紫红色大白菜的选育方法"（ZL200810239409.3）2011.4.27批准。

著作

王述民，卢新雄，李立会.2014.作物种质资源繁种更新技术规程[M].北京：中国农业科学技术出版社.

主要代表作品

陈学军，雷钢，周坤华，等.2015.蔬菜核心种质研究进展[J].江西农业大学学报，37（1）：60-66.

程嘉琪，沈镝，李锡香，等.2011.黄瓜核心种质对白粉病的田间抗性评价[J].黄瓜核心种质对白粉病的田间抗性评价[J].中国蔬菜，（20）：1-6.

程嘉琪，沈镝，李锡香，等.2012.黄瓜核心种质低温耐受性的田间评价[J].植物遗传资源学报，13（4）：660-665.

段韫丹，邱杨，汪精磊，等.2015.萝卜不同抗源对黑腐病抗性的遗传分析[J].植物遗传资源学报，16（1）：1-6.

华贝贝，邱杨，段韫丹，等.2013.萝卜种质莱菔子素含量分析与评价[J].植物遗传资源学报，14（6）：1038-1044.

刘同金，张晓辉，李锡香，等.2015.优异抗源欧洲山芥的研究与利用进展[J].园艺学报，42（9）：1719-1731.

刘同金，张晓辉，沈镝，等.2013.欧洲山芥种质资源的表型遗传多样性分析[J].植物遗传资源学报，16（3）：528-534.

邱杨，李锡香，李清霞，等.2015.利用SSR标记构建萝卜种质资源分子身份证[J].15（3）：648-654.

宋江萍，汪精磊，李杨，等.2013.老化萝卜种子活力恢复研究[J].园艺学报，41（S）：2664.

王海平，沈镝，宋江萍，等.2015.更新群体大小及授粉方式对黄瓜种瓜形态及种子产量和质量的影响[J].园艺学报，42（s1）：2733.

吴娅妮，康俊根，王文科、等.2013.菠菜种质遗传多样性和亲缘关系的AFLP分析[J].园艺学报，40（5）：913-923.

张素君，邱杨，宋江萍，等.2014.萝卜种质资源耐抽薹性鉴定评价[J].植物遗传资源学报，15（2）：262-269.

张晓辉、邱杨，王海平，等.2014.十字花科栽培蔬菜及野生近缘种资源对小菜蛾的抗性分析[J].植物遗传资源学报，15（2）：229-235.

周坤华，雷刚，方荣，等.2015.利用辣椒种间F_2和$F_{2:3}$两个群体进行其主要农艺性状QTL分析[J].园艺学报，42（5）：879-889.

Shen D. 2013. A genomic variation map provides insights into the genetic basis of cucumber domestication and diversity[J]. Nature Genetics. DOI：10.1038/ng. 2801.

Shen D. 2012. Genetic Diversity and Population Structure of Cucumber（*Cucumis sativus* L.）[J]. PLoS One. 10，7（10）：1-9.

附表1 2011—2015年期间新收集入中期库或种质圃保存情况

填写单位：中国农业科学院蔬菜花卉研究所

联系人：宋江萍

作物名称	目前保存总份数和总物种数（截至2015年12月30日）				2011—2015年期间新增收集保存份数和物种数			
	份数		物种数		份数		物种数	
	总计	其中国外引进	总计	其中国外引进	总计	其中国外引进	总计	其中国外引进
有性繁殖蔬菜	32 743	3 730	120	88	18 43	1093	107	62
2011—2015年收集入中期库分类统计								
萝卜					49	15		
胡萝卜					10	9		
芜菁					7	3		
根用甜菜					3	3		
芥末					5	5		
结球白菜					21	2		
不结球白菜					10	3		
菜薹					6	3		
叶用芥菜					34	2		
甘蓝					36	35		
野甘蓝					4	4		
羽衣甘蓝					2	2		
花椰菜					37	34		
青花菜					3	3		
芥兰					2	1		
黄瓜					28	8		
美洲南瓜					29	28		
中国南瓜					48	23		
冬瓜					7	1		
节瓜					1	1		
苦瓜					13	5		
丝瓜					17	0		
瓠瓜					14	2		
菜瓜					1	0		
西瓜					9	8		
甜瓜					2	0		

（续表）

| 作物名称 | 目前保存总份数和总物种数（截至2015年12月30日） | | | | 2011—2015年期间新增收集保存份数和物种数 | | | |
| | 份数 | | 物种数 | | 份数 | | 物种数 | |
	总计	其中国外引进	总计	其中国外引进	总计	其中国外引进	总计	其中国外引进
蛇瓜					1	1		
黑籽南瓜					1	1		
番茄					240	226		
茄子					20	9		
辣椒					119	66		
甜椒					3	2		
酸浆					1	0		
菜豆					235	189		
刀豆					1	0		
豇豆					19	4		
毛豆					1	0		
豌豆					188	1		
蚕豆					76	0		
扁豆					9	1		
蛇豆					1	0		
黑豆					2	1		
绿豆					1	0		
饭豆					2	0		
豆类其他					12	3		
韭菜					4	0		
葱					6	2		
分葱					2	0		
小香葱					1	0		
洋葱					25	25		
菠菜					9	3		
芹菜					12	8		
苋菜					13	0		
蕹菜					2	1		
叶用莴苣					301	293		
茎用莴苣					4	0		
茴香					11	1		
小茴香					1	1		
芫荽					20	8		
茼蒿					5	0		

（续表）

作物名称	目前保存总份数和总物种数（截至2015年12月30日）				2011—2015年期间新增收集保存份数和物种数			
	份数		物种数		份数		物种数	
	总计	其中国外引进	总计	其中国外引进	总计	其中国外引进	总计	其中国外引进
叶用甜菜					9	7		
罗勒					12	9		
石刁柏					1	0		
独行菜					3	3		
黄秋葵					3	1		
芝麻菜					4	4		
菊苣					1	1		
Molokhia					2	2		
香椿					1	0		
尾穗苋					1	0		
霍香草					1	0		
荠菜					1	0		
薄荷					1	0		
补肾果					1	0		
桔梗					2	0		
决明子					1	0		
秋葵					6	4		
莳萝					1	0		
酸模					2	2		
蒲公英					1	0		
彩椒					1	0		
野冬寒菜					1	1		
野苦瓜					2	1		
野萝卜					3	3		
野生大豆					1	0		
野生胡萝卜					1	1		
野生甜瓜					1	0		
野豌豆					2	2		
野油菜					2	2		
甜玉米					4	2		
龙葵					1	0		
苦苣					2	0		
零陵香					1	1		
穿心莲					1	0		

（续表）

作物名称	目前保存总份数和总物种数（截至2015年12月30日）				2011—2015年期间新增收集保存份数和物种数			
	份数		物种数		份数		物种数	
	总计	其中国外引进	总计	其中国外引进	总计	其中国外引进	总计	其中国外引进
烟					1	0		
未知					5	1		
伞形野生					1	0		
葫芦野生					1	0		
茄科野生					2	0		
野苦子					1	0		
辣木					1	0		
花椒					2	0		
刺芫荽					1	0		
滑菜					1	0		
苦麻菜					1	0		
辣椒瓜					1	0		
其他					2	0		
合计	32 743	3 730	120	88	1 843	1 093	107	62

附表2　2011—2015年期间项目实施情况统计

一、收集与编目、保存			
共收集作物（个）	107	共收集种质（份）	1 843
共收集国内种质（份）	750	共收集国外种质（份）	1 093
共收集种子种质（份）	1 843	共收集无性繁殖种质（份）	
入中期库保存作物（个）	107	入中期库保存种质（份）	1 843
入长期库保存作物（个）	44	入长期库保存种质（份）	3 201
入圃保存作物（个）			
种子作物编目（个）	44	种子种质编目数（份）	3 201
种质圃保存作物编目（个）	1	种质圃保存作物编目种质（份）	420
长期库种子监测（份）			
二、鉴定评价			
共鉴定作物（个）	44	共鉴定种质（份）	3 201
共抗病、抗逆精细鉴定作物（个）		共抗病、抗逆精细鉴定种质（个）	
筛选优异种质（份）	149		
三、优异种质展示			
展示作物数（个）		展示点（个）	
共展示种质（份）		现场参观人数（人次）	
现场预订材料（份次）			
四、种质资源繁殖与分发利用			
共繁殖作物数（个）	50	共繁殖份数（份）	种植5 465份，合格3 201（入库3 201份，更新2 171份）
种子繁殖作物数（个）	50	种子繁殖份数（份）	种植5 465份，合格3 201（入库3 201份，更新2 171份）
无性繁殖作物数（个）		无性繁殖份数（份）	
分发作物数（个）	45（有性）	分发种质（份次）	6 770（有性）
被利用育成品种数（个）	3	用种单位数/人数（个）	87/127
五、项目及产业等支撑情况			
支持项目（课题）数（个）	76	支撑国家（省）产业技术体系	9
支撑国家奖（个）		支撑省部级奖（个）	1
支撑重要论文发表（篇）	23	支撑重要著作出版（部）	

多年生蔬菜种质资源

王海平[1]　李锡香[1]　宋江萍[1]　刘振伟[2]　邱杨[1]　孙逊[3]　沈镝[1]　张充刚[4]

张晓辉[1]　徐加龙[5]

（1.中国农业科学院蔬菜花卉研究所，北京，100081；2.山东省莱芜市农业科学院；3.唐山市业科学院；4.中国农业科学院徐州甘薯研究所；5.山东省昌邑市徐逢大姜协会）

一、主要进展

1.收集引进

收集引进方面，"十二五"期间重点加强国外资源及国内野生资源和地方品种资源的收集力度，共收集各类无性及多年生蔬菜种质资源5类作物173份，其中，国外引进71份。丰富和填补了国家蔬菜中期库和国家蔬菜无性繁殖及多年生蔬菜资源圃的资源的不足和空白。

国内外资源的考察与收集，从缅甸收集到一份多芽蒜，鳞芽数多达16个（图1）。通过与美国农业部西部试验站进行学术交流和合作，引进大蒜资源100多份。

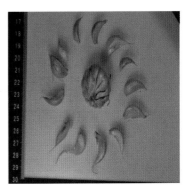

图1　国际合作与大蒜资源引进

国内资源考察及收集 通过与国内兄弟单位的合作及对贵州省、山东省和厦门市等的实地考察与收集，获得大蒜资源30多份。对贵州省毕节市赫章县野生韭菜资源的进行了专项考察。发现多星韭种分布在赫章县4个乡镇，估测面积3万亩左右。叶宽1.3~5cm，叶长50~70cm。卵叶韭种采自海拔2811m，齿被韭种采自海拔2716m。在雉街乡海拔1890m左右，河边树荫下（图2）。发现野韭菜与多星韭叶片相似，但其他方面差别很大，花为白花，花序近圆球形，花薹为圆形，植株风味似葱味。叶长20~50cm，叶宽0.3~1.0cm，薹1~2个，花球直径2~4cm，每花球小花数11~50个。珠市乡海拔2800m左右山坡上发现类卵叶韭（宽叶韭组）：老化鳞茎外皮呈纤维网状。叶片卵圆、对生，叶色绿色有浅色条纹。可能是介于短管韭和茖葱（*Allium victorialis*）之间的一个新种。

图2　贵州野韭菜资源调查

2. 鉴定评价

对700份更新蔬菜种质农艺性状的补充观察和数据采集，获得数据5万多个。对临时保存的300多份大蒜资源进行了更新入圃和数据的多年采集，获得数据5000多个。对新收集大蒜、葱类、生姜、芋头、其他野生蔬菜共50份资源在观察圃中进行了初步观察和繁殖。

无性繁殖蔬菜在世界人民膳食结构和经济生活中占有重要的地位，又是生物多样性的重要组成部分。随机人们生活水平的提高，无性繁殖蔬菜品质及其产品货架期已经成为其重要的评价指标。"十二五"期间，资源圃除了在常规的主要性状质进行鉴定评价外，以大蒜为主要对象，开展了重要营养成分评价和资源耐储藏性评价。获得了获得高大蒜辣含量资源2份和2份耐贮藏较强资源。

测定了104份大蒜种质的大蒜素含量，含量0.75%~2.05%。将104份供试大蒜种质分为4个含量级别（类群）（图3）。获得2份高于2%的资源。分别为8N499（nchelium Red来自埃及）和8N239（雪里青来自中国）。

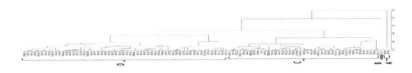

图3 基于大蒜辣素含量的104份大蒜种质资源聚类图

对30份资源进行了耐贮藏性鉴定评价，获得2份耐贮藏较强的大蒜资源；初步构建了大蒜种质资源耐贮藏性评价方法（图4）。

3. 分发供种

资源圃建圃以来，继续努力为国家科研计划和社会发展服务。为全国科研院所及生产部门提供研究和开发利用资源433份次，提供技术研发服务3项目，成果推广服务2项。培训人员30多人次。

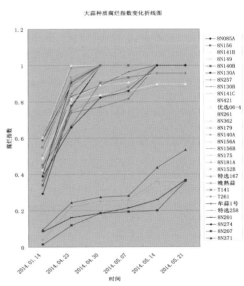

图4 不同时间调查的腐烂指数变化趋势

向山东省昌邑市徐逢大姜协会提供昌邑大姜脱毒苗约600株和脱毒种姜50块。所用种姜在试种期间长势优良，较未脱毒姜在产量和抗性方面表现突出，所用脱毒苗生长势良好，无病、虫害。向四川省农业科学院园艺研究所提供的脱毒姜苗包括"昌邑大姜""莱芜大姜""鲁中大姜""SJ-134""SJ-141""SJ-156""SJ-157""SJ-162""SJ-194""SJ-195""SJ-196""SJ-55""SJ-83""XJ"共15个品种。脱毒姜苗较未脱毒姜生长势强，无病、虫害。向国家长期库提供菊芋6个：YJ10、YJ11、YJ14、YJ 46、YJ 47、YJ 48和山药12个：S3、S11、S18、S21、S25、S27、S28、S64、S65、N28、N281、N286现在均已培育成试管苗。

4. 安全保存

国家蔬菜种质资源中期库已收集保存有性繁殖蔬菜种质近3.2万余份，居全球保存机构第四位。已建立起了蔬菜种质资源安全保存技术体系、繁殖更新技术体系和鉴定评价技术。对国家蔬菜种质资源中期库内保存的约3万份蔬菜种质资源进行维护，保证种质库的正常运行和实物资源的安全保存，及时对库内的温湿度进行监测，对中期库的运转定期作出记录。

截至2011年年底，在2005年年初建的无性繁殖蔬菜种质资源临时圃的基础上，完成了国家无性繁殖蔬菜种质资源圃的新建。该圃占地面积近30亩。包括控温温室、日光温室、大棚、田间保存槽和露地、组织培养室和离体低温库。国家无性繁殖蔬菜种质资源圃是蔬菜种质资源保护体系的重要成员，无性繁殖及多年生蔬菜种质资源收集、保存是蔬菜种质资源保护工作的重要组成部分。目前资源圃收集保存各种无性繁殖蔬菜种质资源近千份，建立了大蒜、百合（生姜）的组织快繁和低温（常低温）离体保存技术体系，复份保存了一部分重要种质。研究并成功地应用超低温保存技术保存了一批百合和大蒜种质。通过多年观测鉴定获得了保存种质的4万多个基本农艺性状数据，建立了农艺性状数据库，并已纳入国家自然科技资源共享平台。

资源圃中保存的大蒜资源已经逐步进行了编目，但其他收集的种质资源尚未正式编目入圃长期保存。资源圃每年需要种植收获1年生无性繁殖资源、维护多年生资源的田间正常生长发育，并进行资源农艺性状的观察鉴定。同时，为了资源的安全保存，还需对部分资源进行离体保存。建立了大蒜、百合（生姜）的组织快繁和低温（常低温）离体保存技术体系，复份保存了一部分重要种质。研究并成功地应用超低温保存技术保存了一批百合和大蒜种质。

二、主要成效

在我国无性繁殖及多年生蔬菜育种、生产中发挥了重要作用。为了提高种质资源的利用效率和成效，资源圃积极调研，寻找科研与生产中的主要问题，主动开展专题服务。

1. 生姜优种质资源创新利用

生姜是人们日常生活中的重要调味蔬菜。中国是生姜的主要栽培国。生姜是昌邑市的主要经济作物，"昌邑大姜"种植历史已达500余年，面积10万余亩。然而，由于昌邑大姜在田间多年的无性繁殖，受多种病虫害危害，病菌和病毒不断积累，种性退化，产量下降，品质降低，抗逆性下降。当地缺乏优质的资源作为后续品种的支撑，当地政府和农民对本地大姜提纯复壮需求强烈。因此，为了发挥昌邑市徐逢大姜基地圃保存的生姜资源和相关技术，2012—2015年，资源圃与山东省昌邑市徐逢大姜协会（山东省科普示范社区）进行协作，通过资源的筛选、试种、脱毒、扩繁，对当地生姜地方品种"昌邑大姜"进行了脱毒和提纯复壮的同时，获得了优异的种质（图5），为当地的生姜生产提供了重要支撑。

2.资源利用过程

2012—2014年1—4月，对种姜进行室内组织快繁，生产微型姜苗200～300株。

2013—2014年4—6月，对微型姜苗进行驯化移栽，繁殖原原种，优异种质筛选。

2014—2015年、2014年8—12月，收获储藏原原种种姜200～300块。

2015年1—10月，原种种姜的繁育、示范与评价，在徐逢大姜协会示范基地进行原种繁殖示范推广面积已经达到约100亩（图6）。

图5 组培苗驯化移栽

图6 向徐逢大姜协会提供种姜

3. 利用成效

（1）对当地生姜地方品种"昌邑大姜"进行了脱毒和提纯复壮。由中国农业科学院蔬菜花卉研究所与山东省昌邑市徐逄大姜协会合作，对原有地方品种"昌邑大姜"通过自主研发的组培和微型姜诱导技术进行脱毒和快繁。脱毒昌邑大姜植株长势健壮，无病、虫害，产量较未脱毒姜提高20%以上，综合抗性表现突出。脱毒昌邑大姜姜球肥大，品质优良，主要表现在姜块结构紧密，组织充实，纤维少；表皮光滑，皮色黄嫩。经过在山东昌邑徐逄大姜协会示范基地进行3年原种种姜的繁育、示范与评价，示范推广面积已经达到约100亩（图7）。

（2）通过对组织培养中发现的变异株进行选育培养出高产与抗病虫"中姜T-1"（亦称徐蓬神姜2号）生姜新品种，经过扩繁和示范，达到了良好示范效果。中国农业科学院蔬菜花卉研究所与山东省昌邑市徐逄大姜协会合作，在种植观察组培苗的过程中，鉴定出少量变异株，经过进一步比较育成新品系，经过3年示范推广，在当地表现良好，在当地推广面积约100亩。其主要特点：姜苗长势旺盛，叶面平整肥厚，姜块大而肥胖，色泽鲜艳，品质好，抗病、虫害强，较当地品种高产20%。

图7 种姜示范效果

三、展望

1. 加强繁殖基地条件建设

无性繁殖蔬菜包括一年生和多年生作物，种类繁多，更新保存的难度尤其大。一年生无性蔬菜种质收获后还需要专门的贮藏设施。需要加强繁殖基地的条件建设。

2. 加强无性繁殖蔬菜资源的分类研究

无性繁殖蔬菜种类繁多，尽管其经济价值较大，但在科研投入上仍属被忽视的"小作物"，研究基础十分薄弱。尤其是其植物学科属种和种质遗传多样性鉴定分类的研究落后。目前对无性繁殖蔬菜资源鉴定分类主要采用园艺学和形态学的分类方法。应加强细胞学和分子水平研究方法在无性繁殖蔬菜品种资源鉴定方面的应用，以准确鉴定一些同名异物或者同物异名的材料。

3.加强种质资源的离体保存技术研究

离体保存技术在植物育种和生物多样性保护上的巨大潜力离体保存技术必将在无性繁殖蔬菜，尤其是珍稀和濒危种质资源的保存中发挥更大的作用，并有望在不久的将来得到广泛的应用。

4.加强稀特蔬菜种质资源的繁殖更新技术研究

由于蔬菜作物种类繁多，不同作物甚至同种作物不同基因型的生长发育对环境条件的要求不同，更新过程中，群体大小、隔离措施和方法等均会影响种质更新后的质量和遗传完整性，建议加强大蒜、生姜等重要作物繁种更新技术的深入研究。

5.加强种质资源的评价技术体系建设

加强资源长期鉴定评价和相关数据数据的保存和共享。

6.加强无性及多年生蔬菜原生境资源的调查、保护

附录：获奖成果、专利、著作及代表作品

著作

王海平，沈镝.2014.山药种质资源描述规范和数据标准[M].北京：中国农业出版社.

王述民，卢新雄，李立会.2014.作物种质资源繁种更新技术规程[M].北京：中国农业科学技术出版社.

主要代表作品

刘秀慧，李锡香，王海平，等.2015.不同发育期大蒜鳞茎膨大相关农艺性状的观测[J].园艺学报，42（s1）：2660.

王海平，李锡香，沈镝，等.2011.大蒜资源鳞茎产量构成性状评价与种质分类研究[J].华北农学报，（S1）：153-162.

王海平，李锡香，刘新艳，等.2012.大蒜辣素UPLC检测体系优化及其在大蒜资源评价中的应用[J].植物遗传资源学报（6）：936-945.

王海平，Philipp Simon，李锡香，等.2012.中国大蒜种质资源遗传多样性和群体遗传结构分析[J].中国农业科学，（16）：3318-3329.

王海平，李锡香，沈镝，等.2013.基于表型性状的中国大蒜资源遗传多样性分析[J].植物遗传资源学报，（1）：24-31.

Hassan H A Mostafa，Wang H P，Shen D，et al. 2015. Sprout differentiation and mutation induction of garlic（*Allium sativum* L.）callus exposed to gamma radiation[J]. Plant Growth Regulation，75（2）：465-471.

Wang H P，Li X X，Liu X Y，et al. 2015. Influence of pH，concentration and light on stability of allicin in garlic（*Allium sativum* L.）aqueous extract as measured by UPLC[J]. J Sci Food Agric，（95）：1838-

1844.

Wang H P，Li X X，Shen D，et al. 2014. Diversity evaluation of morphological traits and allicin content in garlic（*Allium sativum* L.）from China[J]. Euphytica，198（2）：243-254.

附表1　2011—2015年期间新收集入中期库或种质圃保存情况

填写单位：中国农业科学院蔬菜花卉研究所

联系人：王海平

作物名称	目前保存总份数和总物种数（截至2015年12月30日）				2011—2015年期间新增收集保存份数和物种数			
	份数		物种数		份数		物种数	
	总计	其中国外引进	总计	其中国外引进	总计	其中国外引进	总计	其中国外引进
无性繁殖蔬菜	969	56	102	2	173	71	14	2
无性繁殖蔬菜收集入圃统计								
大蒜					146	71	8	1
葱类					3	0	1	0
芋头					5	0	1	0
生姜					2	0	1	1
其他蔬菜					17	0	3	0
合计	969	56	102	2	346	142	28	4

附表2　2011—2015年期间项目实施情况统计

一、收集与编目、保存			
共收集作物（个）		共收集种质（份）	173
共收集国内种质（份）		共收集国外种质（份）	71
共收集种子种质（份）		共收集无性繁殖种质（份）	173
入中期库保存作物（个）		入中期库保存种质（份）	
入长期库保存作物（个）		入长期库保存种质（份）	
入圃保存作物（个）	5	入圃保存种质（份）	173
种子作物编目（个）	44	种子种质编目数（份）	3 201
种质圃保存作物编目（个）	1	种质圃保存作物编目种质（份）	420
长期库种子监测（份）			
二、鉴定评价			
共鉴定作物（个）	1	共鉴定种质（份）	400
共抗病、抗逆精细鉴定作物（个）		共抗病、抗逆精细鉴定种质（个）	
筛选优异种质（份）			
三、优异种质展示			
展示作物数（个）		展示点（个）	
共展示种质（份）		现场参观人数（人次）	
现场预订材料（份次）			

（续表）

四、种质资源繁殖与分发利用			
共繁殖作物数（个）		共繁殖份数（份）	种植5465份，合格3201（入库3201份，更新2171份）
种子繁殖作物数（个）		种子繁殖份数（份）	种植5465份，合格3201（入库3201份，更新2171份）
无性繁殖作物数（个）	6	无性繁殖份数（份）	433
分发作物数（个）	45（有性）+3（无性）	分发种质（份次）	6770（有性）+116（无性）
被利用育成品种数（个）	3	用种单位数/人数（个）	87/127
五、项目及产业等支撑情况			
支持项目（课题）数（个）	7	支撑国家（省）产业技术体系	1
支撑国家奖（个）		支撑省部级奖（个）	1
支撑重要论文发表（篇）	9	支撑重要著作出版（部）	3

西瓜甜瓜种质资源

尚建立

（中国农业科学院郑州果树研究所，郑州，450009）

一、主要进展

1. 收集引进

"十二五"期间西瓜甜瓜中期库收集任务总计是120份，实际完成收集145份，包括西瓜资源20份，甜瓜资源125份，均从国外收集。目前中期库保存西瓜资源为1 664份，甜瓜资源为1 314份。

"十二五"期间，收集资源是中期库的重要工作任务之一。尤其是把收集国外原产地的野生、抗性等种质作为重点，通过公益性引种方式，主要从美国国家种质资源引种站引进。其中，收集引进的107份野生甜瓜（图1），是甜瓜的起源地和重要演化中心—印度的野生甜瓜亚种（spp.agrestis），包含了目前已知的全部野生甜瓜类型。它们的引进丰富了甜瓜遗传多样性和起源研究的基础材料，改变了我国野生甜瓜资源保存数量少、保存类型单一的现状（在"十二五"前，中期库仅保存2份原产我国的马泡类型野生甜瓜），填补了我国保存国外起源地野生甜瓜材料的空白。

图1　引进的部分野生甜瓜

2. 鉴定评价及编目入库

"十二五"期间西瓜甜瓜中期库鉴定评价和编目入库任务总计是140份，实际完成鉴定评价342份，编目入库184份，到2015年，甜瓜编目总数为1132份，西瓜编目总数为1264份。

鉴定评价筛选出西瓜抗性种质36份：包括对西瓜病毒病（ZYMV）免疫的粘籽西瓜4份，高抗西瓜枯萎病材料32份；高抗甜瓜白粉病种质16份；优异种质48份；特异种质6份，其中，2份特异种质的农艺性状在国内外首次发现。共计106份。

在鉴定评价方面，主要鉴定了西瓜病毒病（*ZYMV*）、西瓜枯萎病和甜瓜白粉病。这3种病害均是危害我国西瓜甜瓜生产的主要病害。其中，西瓜病毒病（*ZYMV*）主要靠蚜虫等昆虫传播，防治困难，植株发病后无药可救，会造成整个地块绝收。西瓜枯萎病是一种土传病害，从苗期到西瓜采收期均可发病，发病后整株萎蔫，在重茬地或多年种植的保护地极易造成绝产。甜瓜白粉病在陆地及保护地均可发病，尤其是保护地高温高湿的环境下发病严重。目前这3类病害抗原材料极少，仅有的几份抗原材料性状劣质，无法直接利用。2011年开始，中期库开展了抗性鉴定评价工作，采用摩擦子叶法鉴定筛选出4份免疫西瓜病毒病（ZYMV）的粘籽材料，其中，粘籽西瓜材料"ZXG0175"果实白色，糖含量3%，无直接利用价值，经过后代改良后果肉变成红肉、糖含量在8%左右，具有了直接利用的价值（图2），对西瓜抗病毒育种意义重大；鉴定出的32份高抗西瓜枯萎病的材料，其中，一份"抚州瓜"是目前发现的第一份具有高抗西瓜枯萎病的国内古老地方西瓜品种（图3），从跟本上改变了我国西瓜地品种没有抗枯萎病材料的认识，育种利用价值极高；16份高抗甜瓜白粉病种质，其中，3份对多个白粉病生理小种都有抗性（图4）。另外鉴定评价出48份高糖、早熟等优异种质，这些优异的西瓜甜瓜资源大部分与目前的育成品种性状差异不大，个别性状甚至超过了育成品种，稍加改良就能够直接利用，在今后的分发利用方面有了更多的选择材料。

图2　粘籽西瓜及改良后代　　　　　图3　抚州瓜（ZXG0386）

ZTG0530　　　ZTG0566　　　ZTG0808

图4　甜瓜抗白粉病种质

3. 分发利用

"十二五"期间西瓜甜瓜中期库分发任务总计是700份，实际完成1 815份。

"十二五""期间，中期库加大了宣传和分发力度，连续4年在国内专业期刊《中国瓜菜》上刊登了优异西瓜甜瓜种质介绍，通过发表文章、专业网站等方式广泛宣传库内优异种质。同时进一步开展主动分发服务，分别到新疆维吾尔自治区、北京市、黑龙江省和广西壮族自治区等引种单位，实地考察和交流了所引种质的表现，与引种单位个人进行多方沟通，了解需求，积极开展合作研究。除了提供实物分发硬件服务外，还提供种质信息和材料鉴定等软件服务。这些工作方法实施后，在"十二五"期间种质分发取中得了良好效果：共向国内42个单位或个人分发利用西瓜甜瓜种质1815份，平均每年达到363份次，比"十二五"前平均每年分发量高30%左右；为我国西瓜甜瓜产业体系中23个岗位专家中的10个专家或单位提供了优异种质和资源数据；国内5家单位利用中期库分发资源育成西瓜甜瓜新品种5个，其中，"国豫2号"和"彩虹"等新品种已在市场上大面积推广；长期合作引种单位北京市农林科学院蔬菜研究中心2014年获国家科技进步二等奖1项，其中，部分工作获得了中期库的大力支持。

4. 安全保存

"十二五"期间中期库种质保存的硬件和软件条件都得到了极大改善。在硬件方面，2013年西瓜甜瓜中期库改造项目竣工并完成验收，专业化保存种子的冷库面积增加到60 m^2，建有种子调查室、组培室、分子遗传研究室等配套设施，同时中期库种子繁殖更新实验地建有约700 m^{2}的玻璃温室，这些硬件有力的支持了中期库种子的安全保存（图5）。在软件方面，制定了《西瓜甜瓜中期库安全运行守则》《作物种质资源繁殖更新技术规程》（西瓜和甜瓜部分）。在西瓜甜瓜种质出库、入库、繁殖更新等方面实现了标准化、规范化。

图5　新建西瓜甜瓜中期库

"十二五"期间按照繁殖更新技术规程，在每年对库内种质芽率及数量检测的基础上制定种质繁殖更新计划，按照每品种种植20～30株、嫁接育苗、栽培定植、单株自交人工授粉、果实性状调查、果实图片采集、核对去杂和种子采收等标准化的繁殖技术流程进行；初步建立了电子化的出入库管理流程，取种先登记，核对种子数量后才能取种，有效的避免了库内种子过多取种的情况。在采取以上标准化繁殖更新和出入库管理措施后，中期库每年繁殖更新数量提高20%以上，种质保存安全性有了很大保障。

二、主要成效

1. 新品种选育利用成效

北京市农林科学院蔬菜研究中心多年来持续从西瓜甜瓜中期库引进优异种质，在2001—2014年共引进西瓜甜瓜优、特异种质172份。有力的支持了该中心西瓜甜瓜DUS测试技术标准的制定、分子标记和基因组重测序等研究工作。该中心与中期库开展合作时间长，在优异种质挖掘、抗性鉴定等多方面交流深入，2014年该中心的国家西瓜甜瓜产业体系首席专家许勇主任等到中期库试验地交流，了解西瓜抗病毒材料（图6）。在这种合作的基础上，该中心在西瓜抗性育种及新品种选育方面取得了优异成绩，其中，'西瓜优异抗病种质创制与京欣系列新品种选育及推广'工作获得2014年国家科技进步二等奖（图7）。

图6　西甜瓜产业体系首席专家　　　　　　图7　引种成效证明
　　　许勇来中期库交流

2. 科技支撑

2011年提供给河南农业大学园艺学院300余份甜瓜材料，支持该学院申请国家自然科学基金项目'甜瓜核心种质构建与评价'，并提供了1 200份甜瓜种质资源表型性状数据用于构建甜瓜核心种质，通过比较候选样本的遗传多样性指数、表型保留比例、表型频率方差、变异系数等4个检验指标，最终确定甜瓜核心种质189份，此核心种质各性状的特征值和表型频率分布与原始种质基本一致，其研究成果在国内处于领先地位（图8）。发表论文如下：

胡建斌，马双武，李建吾，等. 2013. 国外甜瓜种质资源形态性状遗传多样性分析[J]. 植物学报，（1）：42-51.

胡建斌，马双武，王吉明，等. 2013. 基于表型性状的甜瓜核心种质构建[J]. 果树学报，（3）：404-411.

胡建斌，马双武，简在海，等. 2013. 中国甜瓜种质资源形态性状遗传多样性分析[J]. 植物遗传资源学报，（4）：612-619.

图8　引种成效证明　图9　西甜瓜产业体系专家栾非时等来中期库交流　图10　引种成效证明

3. 产业技术体系支撑

东北农业大学园艺学院承担了国家现代农业产业技术体系建设专项—分子育种岗位项目（CARS-26-02）。"十二五"期间中期库为其分发甜瓜种质300余份，供其用于中国甜瓜核酸指纹库的构建和种质创新研究（图9和图10）。中期库及时提供的资源是该项目完成的基础条件，有力保障了该项目的完成进度。

三、展望

1. 种质资源岗位问题

种质资源工作是一项长期的公益性基础工作，西瓜甜瓜中期库目前尚未纳入国家公益性研究岗位。为稳定资源队伍，有利于资源保存工作长期、系统、稳定进行，今后应结合国家政策将种质资源工作岗位纳入纯事业编制，解决在编人员工资发放问题，并下拨库固定运转经费，为国家种质资源基础工作的长治久安提供基本保障。

2. 种质资源的深度鉴定问题

随着种质资源收集范围及数量的扩大，开展优异种质资源系统深度鉴定，挖掘抗病、抗逆、优异基因，并及时提供分发利用的工作变得越发重要。目前中期库保存的种质资源多是基于表型性状进行分类鉴定，对于某些特殊种质（如野生近缘种质、优异种质等）仅靠植物学性状难以精准鉴定和挖掘利用，通过细胞水平（如花粉、染色体等）和分子水平

（如蛋白质和DNA）进行亲缘关系分析和优异性状遗传研究可为种质的分类鉴定和更好的分发利用提供更多有价值信息。

附录：获奖成果、专利、著作及代表作

著作

王述民，卢新雄，李立会，等.2014.作物种质资源繁殖更新技术规程[M].中国农业科学技术出版社.

国家标准《农作物优异种质资源评价规范 西瓜》（NY/T 2387—2013）.

国家标准《农作物优异种质资源评价规范 甜瓜》（NY/T 2388—2013）.

主要代表作品

包文风，王吉明，尚建立，等.2011.基于公共数据库的西瓜 EST -SSR信息分析与标记开发[J].华北农学报，26（2）：85-89.

马双武.2011.苗期标记性状在我国作物育种及种子纯度鉴定上的研究应用进展[J].植物遗传资源学报，12（2）：297-300.

马双武，尚建立，王吉明.2012.西瓜嫁接砧木资源的初步筛选研究[J].中国瓜菜，25（4）：39-42.

尚建立，王吉明，郭琳琳，等.2011.西瓜种质资源若干数量性状的评价指标探讨[J].果树学报，28（3）：479-484.

尚建立，王吉明，郭琳琳，等.2012.西瓜种质资源主要植物学性状的遗传多样性及相关性分析[J].植物遗传资源学报，13（1）：11-15，21.

尚建立，王吉明，马双武.2012.甜瓜种质资源表型性状遗传多样及相关性研究[J].园艺学报，39（增刊）：2733.

尚建立，王吉明，马双武.2013.西瓜种子表型性状遗传多样性分析[J].中国瓜菜，26（3）：10-12.

尚建立，王吉明，郭琳琳，等.2013.甜瓜种质资源果实若干数量性状评价指标探讨[J].果树学报，30（2）：222-229.

尚建立，王吉明，马双武.2014.西瓜抗小西葫芦黄花叶病毒种质资源鉴定[J].中国瓜菜，27（4）：14-15，18.

附表1 2011—2015年期间新收集入中期库或种质圃保存情况

填写单位：中国农业科学院郑州果树研究所

联系人：尚建立

| 作物名称 | 目前保存总份数和总物种数（截至2015年12月30日） | | | | 2011—2015年期间新增收集保存份数和物种数 | | | |
| | 份数 | | 物种数 | | 份数 | | 物种数 | |
	总计	其中国外引进	总计	其中国外引进	总计	其中国外引进	总计	其中国外引进
西瓜	1 644	566	7	5	20	20	1	1
甜瓜	1 314	541	15	12	125	125	1	1
合计	2 958	1 107	22	17	145	145	2	2

附表2　2011—2015年期间项目实施情况统计

一、收集与编目、保存			
共收集作物（个）	2	共收集种质（份）	145
共收集国内种质（份）		共收集国外种质（份）	145
共收集种子种质（份）	145	共收集无性繁殖种质（份）	
入中期库保存作物（个）	2	入中期库保存种质（份）	219
入长期库保存作物（个）	2	入长期库保存种质（份）	184
入圃保存作物（个）		入圃保存种质（份）	
种子作物编目（个）	2	种子种质编目数（份）	184
种质圃保存作物编目（个）		种质圃保存作物编目种质（份）	
长期库种子监测（份）			
二、鉴定评价			
共鉴定作物（个）	2	共鉴定种质（份）	342
共抗病、抗逆精细鉴定作物（个）	2	共抗病、抗逆精细鉴定种质（个）	20
筛选优异种质（份）	48		
三、优异种质展示			
展示作物数（个）		展示点（个）	
共展示种质（份）		现场参观人数（人次）	
现场预订材料（份次）			
四、种质资源繁殖与分发利用			
共繁殖作物数（个）	2	共繁殖份数（份）	219
种子繁殖作物数（个）	2	种子繁殖份数（份）	219
无性繁殖作物数（个）		无性繁殖份数（份）	
分发作物数（个）	2	分发种质（份次）	1 815
被利用育成品种数（个）	5	用种单位数/人数（个）	41/42
五、项目及产业等支撑情况			
支持项目（课题）数（个）	5	支撑国家（省）产业技术体系	10
支撑国家奖（个）	1	支撑省部级奖（个）	2
支撑重要论文发表（篇）	15	支撑重要著作出版（部）	3

甜菜种质资源

崔 平 兴 旺 潘 荣

（中国农业科学院甜菜研究所，哈尔滨，150501）

一、主要进展

1. 收集引进

甜菜种质资源是我国甜菜科研和育种的重要物质基础。我国目前种植较多又适用于制糖工业的是糖用甜菜品种群（Sugar Beet）主要分布于我国北纬40°以北的东北、华北及西北3个甜菜主产区，其中，东北生态区种植最多，约占全国甜菜总面积的60%以上。2011—2015年甜菜研究所在东北甜菜生态区收集到四倍体甜菜种质及单粒型种质资源92份（图1至图4），其中，一部分正在繁殖研究过程中，一部分通过进行繁殖更新已放入甜菜中期库和国家长期库中保存。极大地丰富了我国甜菜种质资源的遗传多样性。

图1　甜菜四倍体种质采种植株　　图2　甜菜四倍体种质种球

 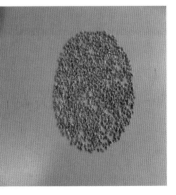

图3　甜菜单粒型种质采种植株　　图4　甜菜单粒型种质种球

2. 鉴定评价

通过对甜菜优异种质农艺性状鉴定和抗病性鉴定分析，完成甜菜优异种质主要农艺性状鉴定和抗根腐病鉴定共计105份。鉴定筛选出丰产型优异种质有92017/2-6、94003-1-1、94004-1-1、94004-2、7504/45-1、94003-1、N98167、N98196、N98183、N98102、N98113、94004-1-1、94002-2、92011/1-6、96001/1-1、H104、96001、94002-1、92017-2、94006-1、92005-3、S212、T437、94002-2、S209、96001-2/1-2、92011-2等27份；高糖型优异种质有94006-2-1、94003-1-1、94004-2-1、92017/1-6、92017/2-1、94004-1-1、94004-2、92008、7917/120、92017/2-6、T2104、94006-2、T2103、94006-1、99H-1、8012（17）、H104、96F-16、92017/2-9、93-44/1、79815、92017-2 等22份。抗病种质有94003-1-1、92017-2、94004-1-1、94004-2、N98183、7917/120、92005-3、N98124、T2104、94002-2、N98196、92017/2-6、94003-1-1等13份（表）。上述优异种质的丰产性及抗病性表现都很好，现已入国家甜菜种质中期库保存，可随时为我国甜菜科研和育种提供利用。

表　特性鉴定筛选出的部分优异种质

特 性	统一编号	品种名称	具体指标
丰产	ZT001452	92017/2-6	根产量比CK增产22.4%
	ZT001661	94003-1-1	根产量比CK增产21.8%
	ZT001516	94004-1-1	根产量比CK增产22.4%
	ZT001517	94004-2	根产量比CK增产21.2%
	ZT001614	N98167	根产量比CK增产29.9%
	ZT001616	N98196	根产量比CK增产22.8%
	ZT001615	N98183	根产量比CK增产21.8%
	ZT001609	N98102	根产量比CK增产20.5%
	ZT001610	N98113	根产量比CK增产20.2%
	ZT001513	94002-2	根产量比CK增产20.1%
	ZT001493	92017-2	根产量比CK增产21.2%
	ZT001518	94006-1	根产量比CK增产20.4%
	ZT001440	92005-3	根产量比CK增产22.8%
	ZT001777	S212	根产量比CK增产20.2%
	ZT001774	T437	根产量比CK增产20.4%

（续表）

特性	统一编号	品种名称	具体指标
高糖	ZT001519	94006-2-1	含糖率比CK提高1.7度
	ZT001661	94003-1-1	含糖率比CK提高1.1度
	ZT001517	94004-2-1	含糖率比CK提高1.0度
	ZT001450	92017/1-6	含糖率比CK提高1.1度
	ZT001511	92017/2-1	含糖率比CK提高1.1度
	ZT001516	94004-1-1	含糖率比CK提高1.1度
	ZT001517	94004-2	含糖率比CK提高1.1度
	ZT001353	92008	含糖率比CK提高1.0度
	ZT001673	7917/120	含糖率比CK提高2.1度
	ZT001724	T2104	含糖率比CK提高1.1度
	ZT001723	T2103	含糖率比CK提高1.0度
	ZT001662	94006-1-1	含糖率比CK提高1.0度
	ZT001607	99H-1	含糖率比CK提高1.0度
	ZT001481	8012（17）	含糖率比CK提高1.0度
抗褐斑病	ZT001661	94003-1-1	相对病情指数3.67
	ZT001493	92017-2	相对病情指数3.67
	ZT001516	94004-1-1	相对病情指数5.67
	ZT001517	94004-2	相对病情指数5.67
	ZT001615	N98183	相对病情指数5.67
	ZT001673	7917/120	相对病情指数5.07
	ZT001440	92005-3	相对病情指数5.67
	ZT001612	N98124	相对病情指数5.67
	ZT001724	T2104	相对病情指数2.67
	ZT001513	94002-2	相对病情指数5.67
	ZT001516	N98196	相对病情指数2.67

3. 分发供种

经过多年的努力，甜菜种质资源保存的数量、活力、纯度都有了保证，我们的服务意识、服务质量也在不断加强与提高。2011—2015年为全国甜菜育种科研及农业高等院校提供丰产及高糖等甜菜种质资源627份次。提供用种单位有新疆石河子甜菜研究所、吉林省农业科学院农村能源与生态研究所、黑龙江省动植物检疫局、农业部甜菜品质检测质检中心、东北农业大学、黑龙江大学农作物研究院生物技术课题组、土肥课题组、耐盐碱能源甜菜选育课题组、甜菜新品种选育课题组、甜菜种质资源特意性状鉴定筛选课题组和国家自然基金项目"不同基因型甜菜根际土壤有机氮矿化特征及影响机理"、国家甜菜产业化项目"甜菜DNA指纹图谱"及农业部项目"糖料产品质量安全风险评估"等13个单位（课题组）及40多个农民甜菜种植用户。用种人数达51人（次）。其中，黑龙江大学等高校利用甜菜种质资源材料进行实验及编写教材，为完成其教学和科研任务发挥了重要作用。

4. 安全保存

国家甜菜中期库于2001年年底建成，在2002年开始使用，在实施本项目前，甜菜种质都在自然环境条件下的仓库中保存，每年夏天气温高达33~35℃，到冬天气温又下降到－35~33℃，温差变化高达70℃左右，保存的甜菜种子老化特别快，平均3~4年就需要更新繁殖1代，既浪费人工和财力，又不利于保存甜菜种质的遗传完整性。现在国家甜菜中期库的库存种质可以保存10年以上，截至2015年12月底，现已累计保存来自世界24个国家甜菜种质1 560份，其中，国外引进甜菜资源532份。经过田间精心提纯复壮，保证了甜菜种质原有的遗传特性和纯度。通过精心维护，保证了国家甜菜中期库的安全运行和正常管理，为我国甜菜种质资源的广泛交换、发放和利用奠定了物质基础。

二、主要成效

中国农业科学院甜菜研究所甜菜新品种选育课题组利用国家甜菜种质中期库已经鉴定编目入库保存编号为2-2-4-6的资源，统一编号为ZT000176号的丰产兼高糖型优异甜菜种质"A-31405"为父本进行杂交（图5），选育出中甜205已审定命名，在黑龙江省的哈尔滨市、佳木斯市和山西省大同市及新疆维吾尔自治区石河子市等甜菜产区大面积推广。直接给育种单位产生间接经济效益10余万元。

图5　甜菜优异种质A-31405根体图片　　　图6　甜菜优异种质'7412/82'利用案例图片

　　新疆维吾尔自治区石河子市甜菜研究所利用中国农业科学院甜菜研究所甜菜品种资源课题组提供国家甜菜种质中期库已经鉴定编目入库保存编号为1-1-2-1的资源，统一编号为ZT000171号的丰产兼、抗病型优异种质"7412/82"做为选育甜菜新品种的亲本材料，配制成的优良杂交组合，试验结果表现非常突出，有希望选育出适应于西北生态区的甜菜新品种（图6）。

　　中国农业科学院甜菜研究所利用已经鉴定编目入库的ZT001693号种质T401为父本选育出甜单301，审定命名后在黑龙江省的友谊、讷河、海伦和依安等甜菜产区大面积推广；利用ZT000066号种质甜408为父本选育出甜单302，审定命名后开始生产推广；利用ZT000194号种质1403等品系为亲本选育出甜研206，审定命名后在黑龙江省的哈尔滨市郊、讷河、依安、拜泉和宁安等甜菜产区大面积推广；利用ZT001695号种质T403为父本选育出甜单303，审定命名后在黑龙江省的齐齐哈尔市、佳木斯市、牡丹江市和绥化市等甜菜产区大面积推广；利用ZT000956号种质L62为母本与ZT000001号种质GW49、ZT000176号种质A-31405为父本进行杂交，选育出中甜205已审定命名，该甜菜品种主要适宜于在黑龙江省哈尔滨市、佳木斯市和山西省大同市及新疆维吾尔自治区石河子市等甜菜产区种植；利用ZT000535号种质P.931为母本与ZT001702号种质T211为父本进行杂交，选育出中饲甜201已审定命名，该品种主要适宜种植在东北三省及内蒙古自治区东部等畜牧养殖区；利用ZT000167号种质K.Bus-CLR的血统为父本选育出甜单304已审定命名，该甜菜品种主要适宜于在黑龙江省的牡丹江市、齐齐哈尔市、佳木斯市、哈尔滨市及新疆维吾尔自治区等甜菜产区种植；利用ZT000897号种质甜426为父本选育出甜单305已审定命名，该甜菜品种主要适宜于在黑龙江省的齐齐哈尔市、牡丹江市和哈尔滨市等甜菜产区种植；利用ZT000194号种质1403等品系为基础材料作亲本选育出中研207已审定命名，该甜菜品种主要适宜于在黑龙江省的哈尔滨市、吉林省的长春市、内蒙古自治区的兴安盟、甘肃省的黄羊镇、新疆维吾尔自治区的塔城等甜菜产区种植；利用ZT000895号种质甜423和ZT000897号种质甜426两个四倍体品系为母本与两个二倍体品系为父本，进行杂交选育出甜研312，审定命名后开始在黑龙江省甜菜产区大面积推广；利用ZT000191号种质F8561等优良品系为基础材料作亲本选育出甜研208已审定命名，该甜菜品种主要适宜于在黑龙江省的牡丹江市、齐齐哈尔市、哈尔滨市及佳木斯市等甜菜产区大面积种植。内蒙古包头华资实业股份有限公司甜菜研究所利用ZT000203号种质公五-16为母本选育出包育201、利用ZT000167号种质K.Bus-CLR为母本选育出包育302，审定命名后开始生产推广。东北农业大学农学院和黑龙江大学农业资源与环境学院及内蒙古自治区农业大学等高校利用国家甜菜中期库的种质资源材料进行实验和编写教材，为完成其教学和科研任务发挥了重要作用。

三、展望

1. 开展甜菜种质资源分子遗传研究

开展甜菜种质资源分子生物技术研究，从分子水平上对甜菜种质资源进行鉴定，利用分子标记等生物技术手段对甜菜的种质资源进行多样性分析，在充分弄清现有种质资源的潜在利用价值的同时开发优异的种质基因资源是甜菜种质资源研究急需开展的工作之一。

2. 建立甜菜隔离采种房

甜菜是典型的二年生异花授粉作物，为了防止混杂目前甜菜资源繁种需要去农村各家各户房前屋后的菜园地进行繁种，特别费工费力，再加上近年来交通运输费及人工费快速上涨，导致甜菜种质资源繁种费用逐年提高，如若在加大研究经费力度的情况下建立甜菜隔离采种房可以大大提高甜菜资源繁种效率。

3. 加强种质资源的利用及加大引进力度

在对现有甜菜种质资源进行正常的性状鉴定繁种更新外，加强对现有资源的开发和利用。通过交换、引进等手段加大收集和引进国外甜菜种质资源材料力度，改变我国甜菜遗传基础狭窄等现状，为培育出更多的优良甜菜新品种奠定良好的物质基础。

附录：获奖成果、专利、著作及代表作品

专利

1. 崔平，兴旺，潘荣.一种杀菌产氧型甜菜隔离装置，专利号：ZL201520351364.4（批准时间：2015.09.09）。
2. 兴旺，崔平，潘荣.一种多功能的甜菜隔离装置，专利号：ZL201520351363.X（批准时间：2015.09.09）。

主要代表作品

崔平，潘荣，张福顺.2011.利用ICP-MS测定食用红甜菜中多种元素的初探[J].中国糖料.（1）：23-24.

崔平.2012.甜菜种质资源遗传多样性研究与利用[J].植物遗传资源学报.（4）688-691.

韩英，崔平，潘荣，等.2015.杀铃脲防治甜菜甘蓝夜蛾的效果[J].中国糖料.（2）：32-33.

兴旺、潘荣、崔平.2015.甜菜种质资源叶部性状多样性及聚类分析[J].中国农学通报.31（30）155-161.

於丽华，耿贵，崔平，等.2013.甜菜种质资源耐盐性的初步筛选[J].中国糖料.（4）：39-41.

於丽华，韩晓日，耿贵，等.2014.NaCl胁迫下甜菜三种内源激素含量的动态变化[J].东北农业大学学报.45（12）：58-64.

附表1　2011—2015年期间新收集入中期库或种质圃保存情况

填写单位：中国农业科学院甜菜研究所

联系人：崔平

作物名称	目前保存总份数和总物种数（截至2015年12月30日）				2011—2015年期间新增收集保存份数和物种数			
	份数		物种数		份数		物种数	
	总计	其中国外引进	总计	其中国外引进	总计	其中国外引进	总计	其中国外引进
甜菜	1 560	532	1	1	118	18	1	1
合计	1 560	532	1	1	118	18	1	1

附表2　2011—2015年期间项目实施情况统计

一、收集与编目、保存

共收集作物（个）	1	共收集种质（份）	118
共收集国内种质（份）	100	共收集国外种质（份）	18
共收集种子种质（份）	118	共收集无性繁殖种质（份）	
入中期库保存作物（个）	1	入中期库保存种质（份）	118
入长期库保存作物（个）	1	入长期库保存种质（份）	118
入圃保存作物（个）		入圃保存种质（份）	
种子作物编目（个）	1	种子种质编目数（份）	118
种质圃保存作物编目（个）		种质圃保存作物编目种质（份）	
长期库种子监测（份）			

二、鉴定评价

共鉴定作物（个）	1	共鉴定种质（份）	105
共抗病、抗逆精细鉴定作物（个）		共抗病、抗逆精细鉴定种质（个）	
筛选优异种质（份）	62		

三、优异种质展示

展示作物数（个）		展示点（个）	
共展示种质（份）		现场参观人数（人次）	
现场预订材料（份次）			

四、种质资源繁殖与分发利用

共繁殖作物数（个）	1	共繁殖份数（份）	216
种子繁殖作物数（个）	1	种子繁殖份数（份）	216
无性繁殖作物数（个）		无性繁殖份数（份）	
分发作物数（个）	1	分发种质（份次）	627
被利用育成品种数（个）	11	用种单位数/人数（个）	13/51

五、项目及产业等支撑情况

支持项目（课题）数（个）	13	支撑国家（省）产业技术体系	1
支撑国家奖（个）		支撑省部级奖（个）	
支撑重要论文发表（篇）	6	支撑重要著作出版（部）	

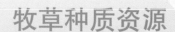

牧草种质资源

李鸿雁　李志勇　师文贵　黄　帆　李　俊

刘　磊　解永凤　常树宏　解继红

（中国农业科学院草原研究所，呼和浩特，010010）

一、取得的主要进展

1. 牧草种质资源的收集与引进

国家多年生牧草资源圃通过对吉林省、辽宁省、陕西省、内蒙古自治区、黑龙江省、山西省等地区进行了考察与收集，收集的多年生牧草种质资源鉴定、评价、繁殖、编目入长期库833份，新入国家种质多年生牧草圃保存资源41份，包含30个物种，其中，国外引进9份，9个物种，截至2015年年底国家多年生牧草资源圃保存573份，物种数为100个。国家牧草种质中期库通过对内蒙古东西部各盟市、黑龙江省、甘肃省、宁夏回族自治区、四川省等地考察和收集，并对收集的牧草种质资源进行了繁殖、鉴定、评价、编目入库4443份，包含111个物种，截至2015年年底国家牧草种质中期库保存15462份，物种数为737个。库（圃）收集的种质资源材料大多是多年生优良牧草的野生种及野生近缘种。库（圃）保存的种质已经覆盖了我国华北地区、西北地区、东北地区、黄土高原区及青藏高原等地，使各类牧草种质得到了有效保护，植株正常生长发育并繁衍后代，以保存和扩大种群数量和遗传多样性。

2. 鉴定评价

2011—2015年繁殖更新牧草资源1972份，使保存的种子量有所增加，经过田间精心提纯复壮，充分保证了种质原有的遗传特性，为种质的分发利用奠定了基础。主要是北方温带牧草种质资源，繁殖地点选择在内蒙古呼和浩特市国家多年生牧草圃进行，采用育苗移栽和露地直播的方式。收获方式采用混合法，降低了保存过程中基因突变累积作用产生的负影响。由于牧草的种类繁多，不同牧草种质的授粉方式不同，其中，自花授粉牧草采用加大繁殖更新群体避免异交，对于异花授粉牧草，在繁殖时确保各份材料之间适当的空间隔离或网罩隔离，阻止花粉交换。多年生牧草在经过不断的世代繁殖后分蘖减少，无性繁殖能力降低，需尽量减少繁殖世代对种质的影响。

新种质进行田间农艺性状的观察评价和优异牧草的抗性鉴定1839份。鉴定筛选出10份可提供育种或基础研究利用的优良种质。

严格按照《牧草种质资源描述规范和数据标准》和《作物种质资源繁殖更新技术规程（牧草）》指标进行测定，指标包括禾本科牧草需鉴定的性状有：分蘖类型，茎生长习性，茎杆节数，叶舌长度，叶片长度，叶片宽度，花序类型，小穗数，小穗长，小花数，颖长度，颖果形态，颖果长度，植株高度，生育天数，千粒重，发芽率，繁殖有效株数。豆科牧草需鉴定的性状有：生长习性，茎形状，小叶片长度，小叶片宽度，花序类型，花序花朵数，花冠颜色，荚果形状，单荚粒数，种子形状，种子长度，种子宽度，植株高度，生育天数，硬实率，千粒重，发芽率，繁殖有效株数。

课题组在鉴定评价的同时，选育优异种质材料育成5个牧草和青贮玉米的品种。其中，科尔沁沙地扁蓿豆［*Medicago ruthenica*（L.）Trautv.cv.Keerqinshadi]是由中国农业科学院草原研究所和内蒙古农业大学以采自科尔沁沙地的野生扁蓿豆为原始材料，经过10多年的栽培驯化而成。该品种抗旱、抗寒、耐盐碱、抗沙埋、适宜性强、植株分枝数多、叶量丰富、营养价值高、家畜适口性好、适宜在内蒙古中西部及周边地区种植。金岭青贮418玉米（*Zea mays* L.cv. Jinling No. 418），是由中国农业科学院草原研究所、内蒙古金岭青贮玉米种业有限公司和赤峰市草原工作站，以J5859为母本，J3840为父本于2009年在海南选育而成，母本以以郑58×丹599再回交郑58的二环系为选育材料，父本以瓦138×丹340的二环系为选育材料，基础材料于2005年从辽宁省瓦房店市玉米原种场引进（图1和图2）。该品种叶色深绿，叶鞘深紫色，长势强劲，拱土能力强，抗倒伏能力强，高抗大、小斑病，丝黑穗病，不感青枯病、茎腐病，适合于在内蒙古≥10℃活动积温2 700℃以上的地区种植。

图1　科尔沁沙地扁蓿豆　　　　　　　　　　图2　金岭青贮玉米418

同时也筛选出尖叶胡枝子、黄花扁蓿豆、百脉根、红三叶、青贮玉米等优异新品系6个，相关的育种工作正在进一步进行（图3、图4、图5、图6、图7和图8）。

图3　尖叶胡枝子

图4　黄花扁蓿豆

图5　百脉根

图6　红三叶

图7　青贮玉米

图8　青贮玉米

3. 分发供种

　　与牧草种质资源的繁殖更新和资源展示相结合，积极为从事牧草育种和基础研究等的相关科研院所提供种质利用，向西北农林科技大学动物科技学院、贵州大学、中国科学院植物研究所、内蒙古农业大学生态环境学院、中国农业科学院北京畜牧兽医研究所、内蒙古大学生命科学学院、内蒙古师范大学生命科学与技术学院、兰州大学草地农业科技学院、中国科学院西北高原生物研究所等60个单位提供牧草种质资源1 421份，年均284份次。用于国家级科研项目、国际合作项目和国家自然基金项目的研究，多数用于博士、硕士论文的试验材料。提供的牧草种质材料，有的材料作为亲本材料利用于杂交育种，有的材料作为遗传材料利用于相关的基础理论研究，特别是有些野生牧草的抗逆性较强，可以作为抗逆基因转到优异种质中，作为育种材料，取得了良好的效果。

　　例一：中国科学院西北高原生物研究所高原适应与进化重点实验室的王海庆老师利用提供的扁蓿豆材料进行低温胁迫转录组测序信息，从扁蓿豆幼苗中克隆了编码晚期胚胎发生丰富蛋白 *LEA-2* 家族成员的 *Mr LEA2* 基因，半定量RT-PCR分析发现，*Mr LEA2* 在扁蓿豆幼苗中的表达水平不受非生物胁迫和脱落酸诱导。利用原核表达系统对其在非生物胁迫下细胞的保护效果分析表明，*Mr LEA2* 能够增强大肠杆菌对盐和温度胁迫的耐受性。根据上述结果推测 *Mr LEA2* 基因在植物中除了逆境胁迫保护作用之外，还可能发挥其他功能。

例二：内蒙古大学生命科学学院杨劼教授利用提供的无芒雀麦，通过ISSR分子标记技术研究了雀麦属材料的遗传多样性，结果表明无芒雀麦的遗传分化主要发生在种群内。

例三：河北北方学院动物科技学院的郭郁频副教授利用提供的早熟禾材料进行了不同早熟禾品种对干旱胁迫的生理响应及抗旱性评价的研究，鉴定出该草地早熟禾的抗旱性为中等；同时进行了草地早熟禾幼苗对矿井再生水灌溉的生理响应的研究，研究结果表明，草地早熟禾各材料在矿井中水和2∶1混合灌溉条件下基质盐分显著高于清水对照（P<0.05），POD和CTA活性增幅较大，MDA和Pro含量显著增高。1∶1混合灌溉基质盐分与清水对照无显著性差异，各项生理指标增幅相对较小，并保持相对稳定状态。表明草地早熟禾在基质盐分的累积和生理指标变化表现出较强的优势。

例四：贵州大学赵丽丽副教授利用提供的百脉根和高羊茅进行了百脉根对干旱胁迫的生长、生理生态响应及其抗旱性评价、干旱胁迫对百脉根叶绿素荧光特性的影响、高温胁迫下百脉根生理生化响应及耐热性评价、干旱对高羊茅生理特性的影响及抗旱性评价等方面的研究。

例五：华中农业大学与中国科学院植物研究所的张会和景海春利用提供的甜高粱进行了优质能源甜高粱突变体的筛选与鉴定的研究。

4. 安全保存

国家牧草种质中期库入库保存的种子在温度4℃不控制湿度的环境下发芽率不低于85%，种子含水量10%以下，保存容器密封。随着种质保存的时间长短，需对保存材料进行定期检测，禾本科牧草检测年限为3～5年，若发芽率降至60%以下、入库种质的种子量达不到保存量或者分发利用种质减少时须有计划进行更新繁殖或扩繁后方能入库保存。按照不同牧草的繁殖特性，通过田间种植或室内组织培养等手段，增加现有的种子或营养繁殖体的数量，保持后代遗传完整性。对于异花授粉和常异花授粉植物来说，要防止生物学混杂，保证繁殖种子的纯度应采取包括人工隔离、空间隔离和时间隔离等不同隔离繁殖技术。聘请多位专家对国家种质多年生牧草圃内的牧草资源进行进一步完善资源圃资源信息与圃内实地保存牧草种质资源的核对工作。对已经退化的部分小区的牧草按照《农作物种质资源整理技术规程》的繁殖更新技术规程及时进行更新复壮，另外制作牧草资源信息插地牌并对其基本信息进行展示。

二、主要成效

登记牧草品种5个，发表相关论文20篇（其中，SCI论文1篇），专著2部。培养博士后

1人，博士生1名，硕士研究生9人。

三、展望

种质资源保护工作是一项长期而又艰苦的基础性工作，需要得到政府长期、稳定的支助。随着牧草种质资源收集工作的进一步深入，田间种植、管理、农艺性状鉴定、分类鉴定及繁种的难度和工作量越来越大，入库（圃）保存的数量越来越多，而相应的各种费用需逐年增加。重点收集有着极高的保护和利用价值的野生种或野生近缘种，如冰草、羊草、披碱草、无芒雀麦、黄花苜蓿、扁蓿豆、红三叶、锦鸡儿等，为深入研究和利用提供了丰富的材料；初步掌握了一些核心种质的分布规律及其与生境的相关关系，如披碱草属、冰草属、雀麦属、苜蓿属、胡枝子属、山野豌豆属、葱属等。多年生种质牧草圃应根据牧草自身的特点进行研究，可深入挖掘野生优异、牧草的抗逆、抗虫基因，应用于生产实践中。近年来开展了优异牧草种质的抗性鉴定（抗旱性、耐盐性），筛选评价抗逆性强的种质材料，为下一步 抗逆基因的挖掘和创新提供可靠的理论依据。本项目的性状鉴定工作已在单一的田间农艺性状的测定和分析的基础上，进一步采用分子标记技术等检测技术，全面分析牧草种质资源的遗传多样性及遗传完整性。进行优异种质材料的筛选和评价，获得了蒙古韭、百脉根、山野豌豆、扁蓿豆、红三叶等材料，可为下一步育种工作的开展奠定了基础。

附录：获奖成果、专利、著作及代表作品

品种

1. 李鸿雁，石凤翎，蔡丽艳，李志勇，黄帆.科尔沁沙地扁蓿豆，内蒙古草品种委员会登记品种，No42（批准时间：2015年2月）。

2. 李志勇，金维波，赵淑芬，李鸿雁，张翘楚.金岭青贮418玉米，内蒙古草品种委员会登记品种，No48（批准时间：2015年2月）。

3. 金维波，赵淑芬，李志勇，李鸿雁，杨晓东.金岭青贮410玉米，内蒙古草品种委员会登记品种，No49（批准时间：2015年2月）。

4. 赵淑芬，李志勇，李鸿雁，张翘楚，金维波.金岭青贮27号玉米，内蒙古草品种委员会登记品种，No28（批准时间：2014年2月）。

5. 金维波，李志勇，杨晓东，何为平，赵淑芬.金岭青贮17号玉米，内蒙古草品种委员会登记品种，No27（批准时间：2014年2月）。

著作

李志勇，李鸿雁，师文贵，等.2012.中国作物种质资源保护与利用10年进展"牧草种质资源"[M].中国

农业出版社.

李鸿雁，李志勇，师文贵，等.2014. 作物种质资源繁殖更新技术规程（牧草）[M].北京：中国农业科学技术出版社.

主要代表作品

蔡丽艳，李志勇，孙启忠，等.2012. 扁蓿豆萌发对干旱胁迫的响应及抗旱性评价[J]. 草业科学，29（17）：1553-1559.

付艺峰，李鸿雁，黄帆，等.2014. 人工老化对老芒麦种子活力和生理生化变化的影响[J]. 植物遗传资源学报，15（6）：1366-1370.

黄帆，李志勇，李鸿雁，等.2015. 老芒麦种质资源形态多样性分析[J].中国草地学报，37（3）：111-115.

李鸿雁，李志勇，王小丽，等.2011. 内蒙古扁蓿豆遗传多样性的ISSR分析[J]. 西北植物学报，31（1）：52-56.

李鸿雁，李志勇，米福贵，等.2011. 中国扁蓿豆遗传多样性的表型和SSR标记分析[J]. 西北农林科技大学学报，39（9）：65-72.

李志勇，李鸿雁，石凤翎，等.2012. 中国扁蓿豆遗传多样性的ISSR分析[J]. 植物遗传资源学报，13（1）：48-51，56.

李鸿雁，李志勇，赵成贵，等.2012. 扁蓿豆叶片解剖结构特征与生态因子相关性分析[J].草地学报，20（2）：236-243.

李鸿雁，李志勇，师文贵，等.2012. 野生扁蓿豆单株种子产量与主要农艺性状的通径分析[J]. 草地学报，20（3）：479-483.

李鸿雁，李志勇，师文贵，等.2012. 内蒙古扁蓿豆叶片解剖性状与抗旱性的研究[J]. 草业学报，21（3）：138-146.

李鸿雁，李志勇，师文贵，等.2012. 3种生态型野生扁蓿豆种质资源ISSR与SSR遗传多样性分析[J]. 草业学报，21（5）：107-113.

李鸿雁，李志勇，李红，等.2012. 用灰色关联度法对扁蓿豆生产性能的综合评价[J]. 草业科学，29（11）：1736-1742.

李志勇，李鸿雁，蔡丽艳，等.2014. 中国扁蓿豆种质资源遗传多样性的ISSR标记与生态因子相关性分析[J]. 华北农学报，36（6）：1-6.

李鸿雁，李志勇，黄帆，等.2015. 内蒙古扁蓿豆种质资源花性状的变异分析[J]. 植物遗传资源学报，16（6）：1223-1228.

周国栋，李志勇，李鸿雁，等.2015. 基于ISSR标记的老芒麦老化种子基因组DNA损伤的研究[J]. 中国草地学报，37（2）：63-67.

Li H Y, Li Z Y, Cai L Y, et al. 2013. Analysis of genetic diversity of Ruthenia Medic［（*Medicago ruthenica*（L.）Trautv.）]in Inner Mongolia using ISSR and SSR markers[J].Genet Resour Crop Evol，60：1687–1694.

附表1　2011—2015年期间新收集入中期库或种质圃保存情况

填写单位：中国农业科学院草原研究所
联系人：李鸿雁

牧草	目前国家牧草种质中期库保存总份数和总物种数（截至2015年12月30日）				2011—2015年期间新增收集保存份数和物种数			
	份数		物种数		份数		物种数	
	总计	其中国外引进	总计	其中国外引进	总计	其中国外引进	总计	其中国外引进
合计	15 462	2 397	737	56	4 443		111	

牧草	目前国家多年生牧草圃保存总份数和总物种数（截至2015年12月30日）				2011—2015年期间新增收集保存份数和物种数			
	份数		物种数		份数		物种数	
	总计	其中国外引进	总计	其中国外引进	总计	其中国外引进	总计	其中国外引进
合计	573	271	100	35	41	9	30	9

附表2　2011—2015年期间项目实施情况统计

一、收集与编目、保存

共收集作物（个）	1	共收集种质（份）	2 231
共收集国内种质（份）	2 188	共收集国外种质（份）	43
共收集种子种质（份）	2 231	共收集无性繁殖种质（份）	
入中期库保存作物（个）	1	入中期库保存种质（份）	4 443
入长期库保存作物（个）	1	入长期库保存种质（份）	833
入圃保存作物（个）	1	入圃保存种质（份）	41
种子作物编目（个）	1	种子种质编目数（份）	4 443
种质圃保存作物编目（个）	1	种质圃保存作物编目种质（份）	41
长期库种子监测（份）			

二、鉴定评价

共鉴定作物（个）	1	共鉴定种质（份）	1 839
共抗病、抗逆精细鉴定作物（个）		共抗病、抗逆精细鉴定种质（个）	
筛选优异种质（份）	10		

三、优异种质展示

展示作物数（个）	1	展示点（个）	1
共展示种质（份）	573	现场参观人数（人次）	1 000
现场预订材料（份次）			

四、种质资源繁殖与分发利用

共繁殖作物数（个）	1	共繁殖份数（份）	1 972
种子繁殖作物数（个）	1	种子繁殖份数（份）	1 972
无性繁殖作物数（个）		无性繁殖份数（份）	
分发作物数（个）	1	分发种质（份次）	1 421
被利用育成品种数（个）	5	用种单位数/人数（个）	60/69

五、项目及产业等支撑情况

支持项目（课题）数（个）		支撑国家（省）产业技术体系	
支撑国家奖（个）		支撑省部级奖（个）	
支撑重要论文发表（篇）	20	支撑重要著作出版（部）	2

烟草种质资源

张兴伟　王志德　冯全福　杨爱国　任　民　刘艳华　佟　英　刘国祥

（中国农业科学院烟草研究所，青岛，266101）

一、主要进展

1. 种质资源收集入中期库保存情况

截至2015年12月，国家烟草中期库共保存来自世界各地的烟草种质资源5 377份，其中，国外引进种质796份，包括烤烟、晒烟、白肋烟、香料烟、雪茄烟、黄花烟以及部分野生种，总保存数量居世界第1位。其中，新增加的一份野生种是*N.benthamiana*，此种质抗根黑腐病、白粉病及TMV（图1）。

图1　*N.benthamiana*　　　　　　　　　　图2　省部级奖

2. 种质资源繁种入长期库情况

"十二五"计划入长期库250份，实际完成270份，并完成了270份种质株型、叶形、花序的拍摄以及主要农艺性状的调查，没有新增物种。

3. 种质资源繁殖更新与鉴定评价情况

"十二五"计划完成繁殖更新325份，实际完成1100份烟草种质资源的更新。

对375份编目种质进行了黑胫病、青枯病和病毒病（TMV、CMV和PVY）的抗性鉴定，结果表明，黑胫病抗性种质有15份，青枯病抗性种质有10份，TMV抗性种质较多，其中，免疫种质有24份，抗性种质有54份，CMV抗性种质只有10份，PVY抗性种质只有5份（附表2）。

4. 分发供种情况

"十二五"期间为行业内外累计提供种质资源5 275份次，支撑项目（课题）数100个，支撑省部级奖2个（图2），支撑发表重要论文100篇，支撑发表著作3部。

5. 安全保存情况

积极采取多种途径确保国家烟草中期库良好运行，种质安全保存。

二、主要成效

新收集编目资源1 257份，使我国烟草种质资源数量达到了5 299份，居世界第一位；鉴定筛选出优质、抗病虫等优异种质2 013份次，为烟草优质、低害、多抗品种的培育奠定了种质材料基础；建立了烟草种质资源信息与实物网络共享系统（www.ycsjk.com.cn），实现了资源实物与信息全面共享，并创制了烟草种质资源二维码（图3），极大便捷了信息查询。期间为行业内外累计提供种质资源5 275份次，利用提供种质培育通过审定的烟草品种29个，出版专著3部（图4），烟草行业标准1项，授权国家发明专利3项（图5），软件著作权1项（图6），极大促进了烟草育种研究和科技重大专项的实施，挽救了行业的战略资源，产生了明显的社会经济效益。

三、展望

1. 收集、引进种质少

一是缺乏烟草资源专项收（征）集考察计划，20世纪80年代中期以来，未开展烟草种质资源专项考察，一些濒、珍、古、稀资源得不到及时收集。二是没有建立国际种质资源合作制度，不能有效引进国外优异种质资源。针对这些问题，首先要制定烟草资源专项收集考察计划，结合第三次全国农作物种质资源考察与收集行动进行一些濒、珍、古、稀资源的收集工作。其次要建立烟草种质资源互换机制，进行种质资源和核心亲本的互换，积极参与种质资源的引种工作，扩大烟草野生种、国外优异种质资源的引进，拓宽烟草种质的遗传基础。

2. 鉴定不深入

一是性状鉴定缺乏系统性，导致低水平重复研究，造成资源浪费；二是遗传研究主要基于表型鉴定和分析，缺乏分子水平上的鉴定和深入研究；三是种质创新和野生烟优异基因发掘力度不够。针对这些问题，首先是对筛选的优异种质重要性状（如品质、优异性状、主要抗病抗逆性状等）进行精准鉴定，研究重要农艺性状、品质特征、抗病、抗逆性等重要性状的遗传规律，开展分子标记、基因定位研究，挖掘其优异基因，以实现优异种质的高效利用。

3. 新收集资源的编目问题

目前，主要是通过种质名称模糊查询、来源地考察、系谱调查及农艺性状的对比等进行查重，致使查重工作开展不够深入。今后可对现有烟草种质在分子水平上进行深入研究，建立其指纹图谱，尽最大可能排除重复收集、编目。

图3　烟草种质资源二维码

图4　中国烟草核心种质图谱

附录：获奖成果、专利、标准、著作及代表作品

获奖成果

烤烟烘烤特性遗传分析及QTL定位研究，获2014年度中国烟草总公司科学技术进步三等奖。

专利

1. 刘艳华，王志德，张兴伟，等. 普通烟草花叶病毒环介导等温扩增检测方法，专利号：ZL 2009 1 0229910.6（批准时间：2013年2月）。

2. 刘艳华，王志德，张兴伟，等.一种用于快速检测马铃薯Y病毒的试剂盒及检测方法，专利号：ZL 2011 1 0047406.1（批准时间：2013年7月）。

3. 任民，王志德，张兴伟，等. 生物基因组简单重复序列的挖掘方法及设备，专利号：ZL 2011 1 0414015.9（批准时间：2015年5月）。

标准

刘艳华，王志德，张兴伟，等.烟草种质资源繁殖更新技术规程，标准号：YC/T 525—2015（实施时间：2015年2月）。

著作

王志德，张兴伟，刘艳华，等.2014.中国烟草核心种质图谱[M].北京：科学技术文献出版社.

主要代表作品

丛鑫，刘艳华，戴培刚，等.2014.抗PVY烟草种质的遗传多样性分析[J].植物遗传资源学报，15（3）：679-684.

潘应花，刘艳华，任民，等.2013.烟草种质不同群体量遗传完整性的SSR研究[J].植物遗传资源学报，14（5）：979-984.

姚志敏，刘艳华，戴培刚，等.2015.野生烟草花粉活力与柱头可授性及繁育特性研究[J].西北植物学报，35（3）：614-621.

张兴伟，邢丽敏，齐义良，等.2015.新型烟草制品未来发展探讨[J].中国烟草科学，36（4）：110-116.

张兴伟，王志德，刘艳华，等.2013.植物数量性状"主基因+多基因"混合遗传模型及其在烟草上的应用[J].中国烟草学报，19（3）：41-44.

Lu Y.，Liu Y.，Sun Y.，et al. 2013. Molecular cloning and analysis of a *CONSTANS* homolog from *NICOTIANA TABACUM*. J. Anim[J]. Plant Sci. 23（2）：20-23.

张兴伟.2013.中国烟草种质资源平台建设[J].中国烟草科学，34（4）：112-113.

张兴伟，王志德，孙玉合，等.2012.烤烟叶数、叶面积的遗传分析[J].植物遗传资源学报，13（3）：467-472.

张兴伟，王志德，牟建民，等.2011.烤烟叶绿素含量遗传分析[J].中国烟草学报，17（3）：48-52.

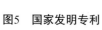

图5　国家发明专利

图6　软件著作权

附表1　2011—2015年期间新收集入中期库保存情况

填写单位：中国农业科学院烟草研究所
联系人：张兴伟

作物名称	目前保存总份数和总物种数（截至2015年12月30日）				2011—2015年期间新增收集保存份数和物种数			
	份数		物种数		份数		物种数	
	总计	其中国外引进	总计	其中国外引进	总计	其中国外引进	总计	其中国外引进
烟草	5 377	796	38	38	335	97	3	1
合计	5 377	796	38	38	335	97	3	1

附表2　2011—2015年期间项目实施情况统计

一、收集与编目、保存			
共收集作物（个）	1	共收集种质（份）	335
共收集国内种质（份）	238	共收集国外种质（份）	97
共收集种子种质（份）	335	共收集无性繁殖种质（份）	0
入中期库保存作物（个）	1	入中期库保存种质（份）	335
入长期库保存作物（个）	1	入长期库保存种质（份）	270
入圃保存作物（个）	0	入圃保存种质（份）	0
种子作物编目（个）	1	种子种质编目数（份）	335
种质圃保存作物编目（个）	0	种质圃保存作物编目种质（份）	0
长期库种子监测（份）	0		
二、鉴定评价			
共鉴定作物（个）	1	共鉴定种质（份）	350
共抗病、抗逆精细鉴定作物（个）	0	共抗病、抗逆精细鉴定种质（个）	0
筛选优异种质（份）	30		
三、优异种质展示			
展示作物数（个）	1	展示点（个）	2
共展示种质（份）	100	现场参观人数（人次）	100
现场预订材料（份次）	40		
四、种质资源繁殖与分发利用			
共繁殖作物数（个）	1	共繁殖份数（份）	1100
种子繁殖作物数（个）	1	种子繁殖份数（份）	1100
无性繁殖作物数（个）	0	无性繁殖份数（份）	0
分发作物数（个）	1	分发种质（份次）	5275
被利用育成品种数（个）	29	用种单位数/人数（个）	40
五、项目及产业等支撑情况			
支持项目（课题）数（个）	100	支撑国家（省）产业技术体系	0
支撑国家奖（个）	0	支撑省部级奖（个）	2
支撑重要论文发表（篇）	100	支撑重要著作出版（部）	3

抗病虫、抗逆及品质鉴定

王晓鸣　朱振东

（中国农业科学院作物科学研究所，北京，100081）

一、特性鉴定工作主要进展

（一）"十二五"期间鉴定总体情况

在2011—2015年期间，共对水稻、小麦、玉米、大豆、食用豆7439份（计划任务为6500份）种质资源进行了针对60种性状的鉴定，完成了69010份次种质的鉴定，获得鉴定结果67411份。各作物鉴定的具体项目和数据如下。

水稻共对1703份种质进行了9种性状的鉴定，包括白叶枯病抗性（3小种）、稻瘟病抗性（3小种）、纹枯病抗性、二化螟抗性、褐飞虱抗性、耐盐性、耐冷性（2点）、粗蛋白含量、直链淀粉含量。共计鉴定水稻种质14743份次，获得结果14122份。

小麦共对1728份种质进行了13种性状的鉴定，包括条锈病抗性、白粉病抗性（2个小种）、赤霉病抗性、长管蚜抗性、耐旱性、耐湿性、谷蛋白亚基（Glu-A1、Glu-B1、Glu-D1）、粗蛋白含量、湿面筋含量、沉降值、稳定时间。共计鉴定小麦种质19755份次，获得结果19342份。

玉米共对1414份种质进行了13种性状的鉴定，包括大斑病抗性（1~3小种）、粗缩病抗性、腐霉茎腐病抗性、丝黑穗病抗性、瘤黑粉病抗性、禾谷镰孢穗腐病抗性、灰斑病抗性、纹枯病抗性、耐旱性、粗蛋白含量、粗脂肪含量、总淀粉含量、赖氨酸含量。共计鉴定玉米种质16273份次，获得结果15959份。

大豆共对1336份种质进行了16种性状的鉴定，包括疫霉根腐病抗性（1~5小种）、灰斑病抗性、锈病抗性、胞囊线虫病抗性、菌核病抗性、镰孢根腐病抗性、耐盐性、耐旱性、耐酸铝性、28K过敏蛋白缺失、7S蛋白亚基缺失、11S/7S蛋白亚基比值、水溶性蛋白含量、粗蛋白含量、粗脂肪含量、低聚糖含量。共计鉴定大豆种质15457份次，获得结果15206份。

食用豆共对豌豆、菜豆、蚕豆进行了1258份种质9种性状的鉴定，包括豌豆白粉病、菜豆普通细菌疫病抗性、菜豆菌核病抗性、绿豆枯萎病抗性、蚕豆粗脂肪和粗淀粉含量、豌豆粗蛋白、粗淀粉和粗脂肪含量。共计鉴定7435份次种质，获得鉴定结果7435份次。

（二）鉴定获得的优异种质

根据生产与育种发展的需求，在2012—2013年进行了鉴定内容的调整，例如水稻增加了孕穗期耐冷性鉴定，分为南北生产区开展抗稻瘟病鉴定；小麦增加了耐湿（渍）性鉴定；玉米增加了抗粗缩病鉴定；大豆增加了菌核病和镰孢根腐病抗性鉴定。

通过对多性状的初步鉴定，获得了一批特性突出的优异种质，其中，单一性状表现优异的共计3521份次。

1. 水稻优异种质

对病虫害和逆境表现抗性优异的种质753份次。

（1）对重要病虫害抗性突出种质

①抗纹枯病种质18份。1份高抗种质IR3380-13（兼抗北方稻瘟病），17份抗病种质：IR 78525-140-1-1-3，IR74286-55-2-3-2-3，IR 79200-65-2-2-1，IR 79534-122-2-5-5-1，IR 79597-56-1-2-1，IR 80402-88-3-1-3，IR 82823-B-SDO 5，IR 10A115，日引A9，日引A17，日引A19，日引稻，Sawasalaji，北陆135，Khau Ngua，CT 8837-1-17-6-3，CT 9162-12-10-4-2。

②抗二化螟种质18份。2份高抗种质IR 80420-B-22-2和藤系180，16份抗螟种质：南粳16号，IR 09N533，IR 57514-PMI5-B-1-2，IR 78186-106-2-2-2-1，IR 78806-B-B-16-1-2-2-AJY1，里的歌，神锦，秋田39，北旺/道北52，日引A14，日引A16，藤系162，雪丸，Kerlmol，Malixiu，Souchaji。

③抗褐飞虱种质29份。高抗种质3份IR 32720-138-2-1-1-2，IR74286-55-2-3-2-3和IR77479-8-3-2-1，抗性种质26份：包括引自国际水稻所的IR 17494-32-1-1-3-2等20份，引自韩国等国家的BPI76*9/daen等6份。

（2）对逆境抗性突出种质

孕穗期耐冷性强种质11份。1份（珍富15）和10份（日引A16，MALIXIU，BNA128，BNA290，BNA312，BNA313，BNA711，BNA774，BNA872，BNA877）在公主岭冷水浇灌条件下仍表现为极强耐冷和耐冷的种质，后者中有6份在云南嵩明表现对低温具有强耐冷水平。

（3）品质优异种质

6份为蛋白质含量高（＞11%）、直链淀粉含量低（＜5%）的双优种质13份：New bonnet，BNA66，BNA85，BNA108，BNA109，BNA145，BNA240，BNA250，BNA613，BNA626，BNA642，BNA829，BNA904。

2. 小麦优异种质

对病虫害和逆境表现抗性优异的种质401份次。

（1）对重要病虫害抗性突出种质

①抗长管蚜种质17份。如丰强4号，苏邳麦1号，冀87-4263，资87-3024-8，资87-3078-12，鲁资0896231等。

②抗赤霉病种质17份。宁8164，川80-1283，Yrinde bragilia，43011，无芒长四红，苏鉴14，Fr84-1，宜都小麦，叶子黄40，黄麦，中作50012，中作60042，中作60064，中作60135，晋麦21，宁8514，矮苏麦3号。

（2）对逆境抗性突出种质

①耐旱性极强种质163份。中作83-50003，品冬904017-9，石84-7085，泰山7号，烟中1934，石82-6270，资88-4232，农大402（白），石84-7111，鲁资0896018，邯分86-13，晋农65，Bindawarra等。

②耐湿性极强种质31份。烟C228，冀资辐85-2712，品冬4615-5，廊8505，品冬904024-6，品冬904043-6，品冬904089-90，品冬904110-3，品冬904125-6，济宁5号，冀麦11，泰安814527，莒7831，山红麦，白蒲穗，河波小麦等。

（3）品质优异种质

①加工品质优异种质。NapHal -Atlas66 Sel.16（蛋白质含量17.0%，面筋含量40.8%，沉淀值69 ml，稳定时间18 min）。

②优异蛋白亚基组合（7+8，5+10）种质86份。晋麦67号，淮麦18，徐6142，中江971，川80-1283，豫8826（春），保丰09-2，烟农0761等。

3. 玉米优异种质

对病害和逆境表现抗性优异的种质1 262份次。

（1）对重要病害抗性突出种质

①抗纹枯病种质36份。其中，31份为农家种，如黄包谷（00232012），紫红玉米（00724007），黑花粒玉米（00201246），马牙包谷（00232310），玉溪玉米（00232326），李山头黄包谷（00232315）等。

②抗粗缩病种质29份。08F241，CI15，04GEM00770（1），辽68，赤L378，赤L382，辽5088，金银红包谷，荣劳玉米，金皇后等。

③抗拟轮枝镰孢穗腐病种质37份。沈11-11，丹599，吉Z49，吉Z50，冀资8123，赤74595，赤74531，丹79-1，苏湾5号，OPA·HUA，黄包谷，九子玉米等。

（2）对逆境抗性突出种质

耐旱性极强的玉米种质308份。其中，耐旱指数高于1.9的为30份，如CN788，赤L376，旱215，C9，赤H7，赤019，04GEM80028，04GEM80040，3N463，咬龙棚，红玉米，糯蝶，扁头玉米，西山黄包谷，米毫及子包谷等。

4. 大豆优异种质

对病害和逆境表现抗性优异的种质977份次。

（1）对重要病害抗性突出种质

①高抗锈病种质1份。野生大豆ZYD05173。

②抗菌核病种质31份。包括10份野生大豆，以及抗线虫5号，垦丰10，中黄60，中黄62，中黄64，中黄71，沙心豆，通化平顶香，大黄豆，邛崃黄毛子等。

（2）对逆境抗性突出种质

①耐旱性极强种质170份。大白眉，茶豆，养和堡黄豆，大粒黄，跃进2号，文丰3号，灌云六十日，宿迁小青豆，涟水小黑豆，科黄8号，耐阴黑豆，鲁豆四号，文丰九号，予豆二号，合丰17，九农6号，中黄61，中黄71等。

②耐酸铝性种质18份。锦豆34，铁丰23，铁丰24，铁丰25，丹豆四号，杂豆-6，科丰34-2，西四台乡黑豆，冀豆19，中品03-6025等。

③极强耐盐性种质220份。其中，耐盐系数高于2.0的有28份，如石豆2号，汾豆60，潍豆7号，濮豆206，商豆6号，周豆18，驻豆5号，徐豆14，吉育505，长农25，邯豆7号，晋大78等。

5. 食用豆优异种质

对病害和逆境表现抗性优异的种质128份次。

（1）对重要病害抗性突出种质

①对豌豆白粉病免疫种质16份。G3824（豌豆），G3831（大豌豆），G3895（T15），G3907（LP-19），G4906（豌豆），G5834（豌豆）等。

②抗菜豆菌核病种质30份。如F1775，F1865，F2583，F3588，F5176等。

（2）品质性状突出种质

高蛋白豌豆种质。G4315（Jugeva Kirju）为30.25%，G4308（PERFECTION）为30.22%，G4560（白豌豆）为30.11%。

（三）在育种或科研方面有利用价值的优异种质

1. 水稻种质

一些多性状表现优异的种质值得进一步深入研究和改造利用。

"黑壳粘"在云南耐冷1级（高抗），在吉林为3级（抗），耐盐性极强（1级，幼苗存活率达94.4%），蛋白质含量达到14.0%。

贵州水稻种质印度尼西亚种质"Sipulut M"在云南耐冷3级（抗），在吉林为1级（高抗），耐盐性极强（1级，幼苗存活率达86.4%）蛋白质含量达到14.2%，同时兼抗北方的3个稻瘟病菌小种。

云南种质"冷水掉"、日本种质"京都旭"、在云南和吉林都表现抗孕穗期低温，耐盐性极强（1级，幼苗存活率达91.7%）。

科特迪瓦种质"IRAT 656"不仅蛋白质高（15.0%），并且对北方的3个稻瘟病菌小种均为高抗。

引自菲律宾的IR3380-13（low amylose）高抗纹枯病、高抗稻瘟病。

2. 小麦种质

中安7904-13-2-14-2、Bindawarra、淮核0862是3份对干旱和渍涝均表现为高抗的种质，其对水分的双向抗性，非常值得进行深入研究与利用是1份值得研究的材料。

小麦中一些抗源稀少的种质，如抗赤霉病、长管蚜种质，值得深入鉴定，是开展种质创新利用的重要材料。

3. 玉米种质

作为雨养作物，玉米面对巨大的干旱胁迫，因此，300余份强耐旱玉米种质值得进一步研究与利用。

面对机械化籽粒直收发展的生产需求，玉米必须克服抗倒性（包括茎腐病引发的倒伏）和果穗霉变问题。因此，鉴定中发掘出的23份兼抗腐霉茎腐病和拟轮枝镰孢穗腐病的种质应该得到进一步研究与利用，如粤C14-1，黄包谷（抗纹枯病），苏湾5号（抗纹枯病），28-Mar，NEG，粤40-2，粤51，粤52-1，09YH44，D系2，Y06-33，长71，丹599（抗丝黑穗病），丹79-1，赤O11，赤74595，赤O15，12084（耐旱性强），W21，冀资8123，沈11-11，吉Z49，吉Z50等。

4. 大豆种质

在野生大豆中发现31份对菌核病表现很好的抗病性，其中，11份兼抗疫病，深入研究抗菌核病种质，有希望找到一些未来对解决大豆菌核病起作用的抗病基因源。

在大豆锈病方面，几十年来未发现高抗类型的种质，而野生大豆ZYD05173对锈病具有极强的抗病性，如果能够挖掘出该基因，将是未来利用该基因解决在部分国家影响巨大的锈病问题的重要基础。

种质114-4不但耐酸铝性强，同时对盐和旱都表现为高耐，还对疫病表现突出的抗性，是1份综合抗逆能力突出、值得研究和利用的大豆种质。

二、展望

特性鉴定需要根据作物生产中对品种性状的需求、育种中亲本性状选择的需求、种质资源基因型鉴定发展的需求而进行阶段性的调整。穗轴生产方式、生产结构等的变化，各种作物面临着新的问题需要解决，因此建议特性鉴定课题针对鉴定内容进行新一轮的调整，例如水稻稻曲病、黑条矮缩病的抗性鉴定（图1）；小麦耐高温的鉴定（图2）；玉米多种茎腐病和穗腐病抗性的鉴定、抗倒性的鉴定（图3）；大豆对重要土传病害的鉴定（图4）；对食用豆白粉病、菌核病的鉴定（图5）等。

参加鉴定的单位需要在鉴定精准性上得到提高，因此需要改善鉴定设施，减少环境变异对鉴定结果的影响。

特性鉴定工作难度大，经费多年未改变，而鉴定总量增加，导致一些鉴定内容不得不进行调减。因此建议加大经费支持，以提高鉴定质量。

水稻抗稻瘟病鉴定—鉴定圃（吉林省植物保护研究所）

水稻抗纹枯病鉴定—调查（中国水稻研究所）

水稻抗白叶枯病鉴定—接种（中国水稻研究所）

水稻抗褐飞虱鉴定—接种（中国水稻研究所）

水稻耐冷性鉴定—云南嵩明（中国农业科学院作物科学研究所）

水稻耐冷性鉴定—吉林公主岭（中国农业科学院作物科学研究所）

图1　水稻鉴定工作图片

小麦抗赤霉病鉴定—接种（江苏省农业科学院）

小麦抗赤霉病鉴定—发病（江苏省农业科学院）

小麦抗白粉病鉴定—发病（中国农业科学院作物
科学研究所）

小麦抗长管蚜鉴定（中国农业科学院作物科学
研究所）

小麦耐湿性鉴定—鉴定圃（江苏省农业科学院）

小麦抗旱性鉴定—调查（中国农业科学院作物科学
研究所）

图2　小麦鉴定工作图片

玉米抗丝黑穗病病鉴定—播种与接种（甘肃省农业
科学院）

玉米抗腐霉茎腐病—接种（中国农业科学院作物
科学研究所）

玉米抗粗缩病鉴定—河南省开封市（中国农业科学院作物科学研究所）

玉米抗灰斑病鉴定—抗与感（辽宁省农业科学院）

玉米抗旱性鉴定—新疆维吾尔自治区乌鲁木齐市（中国农业科学院作物科学研究所）

图3　玉米鉴定工作图片

大豆抗疫霉根腐病鉴定（中国农业科学院作物科学研究所）

大豆抗胞囊线虫病鉴定—调查（山西省农业科学院）

感病对照　　　　ZYD05173

大豆抗锈病鉴定—发病（中国农业科学院油料作物
研究所）

大豆抗灰斑病鉴定—调查（黑龙江大学）

大豆耐盐性鉴定圃（中国农业科学院作物科学
研究所）

大豆抗旱性鉴定圃（中国农业科学院作物科学
研究所）

图4　大豆鉴定工作图片

豌豆抗白粉病鉴定—发病（中国农业科学院作物科
学研究所）

菜豆抗菌核病鉴定—发病（中国农业科学院作物科
学研究所）

图5　食用豆鉴定工作图片

附录：获奖成果、专利、著作及代表作

2011—2015年发表标有本课题编号论文25篇，代表性文章如下。

崔迪，杨春刚，汤翠凤，等. 2012. 自然低温和冷水胁迫下粳稻选育品种耐冷性状的鉴定评价[J]. 植物遗传资源学报，13（5）：739-747.

段灿星，朱振东，武小菲，等. 2012. 玉米种质资源对六种重要病虫害的抗性鉴定与评价[J]. 植物遗传资源学报，13（2）：169-174.

段灿星，王晓鸣，武小菲，等. 2015. 玉米种质和新品种对腐霉茎腐病和镰孢穗腐病的抗性分析[J]. 植物遗传资源学报，16（5）：947-954.

付海宁，孙素丽，朱振东，等. 2014. 加拿大豌豆品种（系）抗白粉病表型和基因型鉴定[J]. 植物遗传资源学报，15（5）：1028-1033.

马淑梅. 2011. 大豆种质资源对灰斑病抗性鉴定评价[J]. 植物遗传资源学报，12（5）：820-824.

马淑梅，韩新华，邵红涛. 2014. 大豆主要病害多抗性资源筛选鉴定[J]. 中国农学通报，30（27）：58-65.

王仲怡，包世英，段灿星，等. 2013. 豌豆抗白粉病资源筛选及分子鉴定[J]. 作物学报，39（6）：1030-1038.

王仲怡，付海宁，孙素丽，等. 2015. 豌豆品系X9002抗白粉病基因鉴定[J]. 作物学报，41（4）：515-523.

夏长剑，张吉清，王晓鸣，等. 2011. 引自美国的大豆资源抗疫霉根腐病基因分析[J]. 作物学报，37（7）：1167-1174.

张海平，王志，李原萍. 2012. 灰皮支黑豆抗大豆胞囊线虫4号生理小种的生化机制研究[J]. 大豆科学，2012，31（5）：796-800.

张巧凤，吴纪中，颜伟，等. 2015. 江苏省沿海地区小麦品种更替与演变分析[J]. 植物遗传资源学报，16（6）：1179-1187.

Xiao M G，Song F J，Jiao J F，et al. 2013. Identification of the gene *Pm47* on chromosome 7BS conferring resistance to powdery mildew in the Chinese wheat landrace Hongyanglazi[J]. Theor. Appl. Genet. 126：1397-1403.

Sun S L，Wang Z Y，Fu H N，et al. 2015. Resistance to powdery mildew in the pea cultivar Xucai 1 is conferred by the gene *er1*[J]. The Crop Journal. 3（6）：489-499.

Zhang J Q，Xia C J，Duan C X，et al. 2013. Identification and candidate gene analysis of a novel Phytophthora resistance gene *Rps10* in a Chinese soybean cultivar[J]. PLoS ONE. 8（7）：e69799. doi：10.1371.

Zhang J Q，Sun S L，Wang G Q，et al. 2014. Characterization of Phytophthora resistance in soybean cultivars/lines bred in Henan Province[J]. Euphytica. 196：375-384.

附表　2011—2015年期间项目实施情况统计

一、收集与编目、保存			
共收集作物（个）		共收集种质（份）	
共收集国内种质（份）		共收集国外种质（份）	
共收集种子种质（份）		共收集无性繁殖种质（份）	
入中期库保存作物（个）		入中期库保存种质（份）	
入长期库保存作物（个）		入长期库保存种质（份）	
入圃保存作物（个）		入圃保存种质（份）	
种子作物编目（个）		种子种质编目数（份）	
种质圃保存作物编目（个）		种质圃保存作物编目种质（份）	
长期库种子监测（份）			
二、鉴定评价			
共鉴定作物（个）	8	共鉴定种质（份）	7 439
共抗病、抗逆精细鉴定作物（个）		共抗病、抗逆精细鉴定种质（个）	
筛选优异种质（份）	3 521份次		
三、优异种质展示			
展示作物数（个）		展示点（个）	
共展示种质（份）		现场参观人数（人次）	
现场预订材料（份次）			
四、种质资源繁殖与分发利用			
共繁殖作物数（个）		共繁殖份数（份）	
种子繁殖作物数（个）		种子繁殖份数（份）	
无性繁殖作物数（个）		无性繁殖份数（份）	
分发作物数（个）		分发种质（份次）	
被利用育成品种数（个）		用种单位数/人数（个）	
五、项目及产业等支撑情况			
支持项目（课题）数（个）		支撑国家（省）产业技术体系	
支撑国家奖（个）		支撑省部级奖（个）	
支撑重要论文发表（篇）		支撑重要著作出版（部）	

作物种质资源的长期保存与离体保存

卢新雄　陈晓玲　辛　霞　张金梅　何娟娟　尹广鹍　王鸿凤　李　培

王利英　刘长明　李　鑫　王利国　陈四胜　任双喜　周国庆　严　凯

（中国农业科学院作物科学研究所，北京，100081）

一、主要进展

在农业部种质资源保护和利用专项任务中，国家作物种质库（以下简称国家库）主要承担全国作物种质资源入长期库和复份库保存的组织实施与协调工作，无性系作物入国家作物种质库试管苗库和超低温库保存工作，定期对库存种质生活力和保存量进行监测，向中期库提供繁殖更新种质，及时安排了保存种质的繁殖更新并重新入库，同时发展与制定种质库技术规范与管理标准，促进种质保存质量及管理水平的提高。"十二五"期间通过本项目的实施，作物种质长期保存、供种、生活力监测及其技术规范研究制定等方面都取得重要进展。

1. 长期保存

（1）种子入长期库保存。种子长期保存量稳居世界第二位。

截至2015年年底，入长期库保存种质总数达到404 690份（表1），首次突破40万份，保存总量稳居世界第二位。2011—2015年均增加8 792份，总增加43 961份，较2010年总量增长12.2%。比较自1995年来每5年增长率，"十二五"期间增长率显著提高（图1）。库存总量排名前10位作物是：水稻、小麦、谷子、大豆、玉米、大麦、高粱、黍稷、棉花和野生大豆。增长率排名前10位作物则是：鹰嘴豆、山黧豆、红麻、木豆、亚麻、黄麻、大麻、燕麦、玉米和红花，其中，鹰嘴豆增长率高达169%。

所有入库种子须经过接收登记、清选、初始生活力检测、干燥含水量测定、包装称重并入-18℃冷库贮存。同时对所有入库保存种质均包装一复份种质运往青海复份库，确保种质的安全复份保存（表1）。

表1 2011—2015年入长期库保存种质份数

作物	入长期库份数		物种数	作物	入长期库份数		物种数
	2011—2015	总计			2011—2015	总计	
水稻	9358	75900	21	棉花	1459	8757	19
野生水稻	612	6497		麻类	2662	7917	7
小麦	4659	46730	134	油菜	1156	7456	14
小麦近缘植物	342	2351		花生	829	7472	16
大麦	1801	20656	1	芝麻	929	6048	1
玉米	5385	26458	1	向日葵	0	2739	2
谷子	1060	27706	9	特种油料	1079	6184	4
大豆	2184	27204	4	西、甜瓜	164	2279	2
野生大豆	1375	8019		蔬菜	741	30223	118
食用豆	3367	34132	17	牧草	796	4508	387
烟草	260	3667	35	燕麦	1075	4483	5
甜菜	214	1662	1	荞麦	119	2729	3
黍稷	610	9404	1	绿肥	0	663	71
合计					43961	404690	785

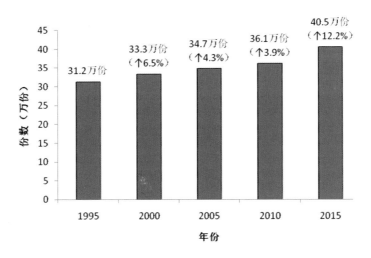

图1 1995—2015年期间入长期库种质份数

（2）无性繁殖作物入试管苗库和超低温库保存。由于缺乏完善的试管苗库、超低温库保存技术体系，我国许多非常珍贵的无性繁殖植物种质资源无法通过设施进行备份保存，未能实现国家集中保存管理。"十二五"期间，国家作物种质库在无性繁殖作物试管苗保存和超低温保存等方面取得重要进展，实现了从无到有的重大突破。截至2015年12月，已实现42种无性繁殖作物近500份种质的试管苗和超低温保存。

试管苗保存种质种类和数量实现了飞跃式增长。自2011年开始，本项目开展实施研发和优化各类重要无性繁殖作物入试管苗库保存的组织培养技术体系（图2），并完成国内收集和国外引进无性系种质353份（23科，34属，50种）入国家种质库试管苗库保存，相比于"十一五"期间，实现了"零"的突破。试管苗保存数量从0份增加至353份；保存物种从0增加至50个物种（图2）。

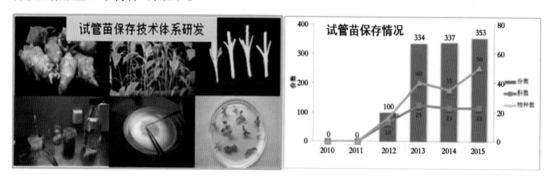

图2 菊芋新种质试管苗培养技术体系研发（左）、国家种质库试管苗库保存种质（右）

超低温保存种质种类、数量、保存载体类型多样性实现了实质性突破。超低温保存在种质资源保存和抢救等方面发挥极其重要作用，是进行无性繁殖作物种质资源长期保存的理想途径。2010年及以前，我国农作物种质资源保存体系中尚未建立超低温保存设施。

"十二五"期间，开展了大量的超低温保存技术研究，研发和优化了以3种保存载体（茎尖、休眠芽段和花粉）的超低温保存技术体系，拓宽了保存载体类型，完善了我国农作物种质资源保存技术体系。截至2015年12月，已超低温保存15种作物种质资源140份（10科，15属，15种）。相比于"十一五"期间，实现了"零"的突破。超低温保存数量从0份增加至140份；保存物种从0增加至15个物种（图3）。实现了无性繁殖作物种质圃位保存的重要备份，为新国家作物种质库超低温库的建设和使用做了充足的技术储备。

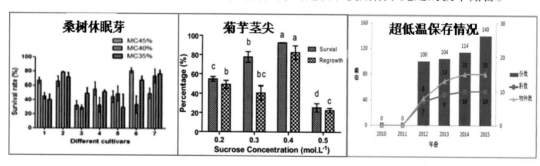

图3 国家种质库超低温保存技术体系研发及保存种质情况

2. 分发供种

依照《农作物种质资源管理办法》，国家库保存资源是作为国家战略资源进行长期保存，通常不对外供种。只有在中期库贮存种子已绝种时，国家库才提供原种进行繁殖补充。"十二五"期间，长期库共对外提供种质4 482份。通过繁殖更新工作，各作物中期库基本上将长期库种质资源拷贝繁殖一份存放在中期库，为各中期库分发工作奠定坚实的种源基础。

3. 安全保存

（1）长期库保存种子生活力监测。主要对国家种质库长期保存种子的生活力和保存数量进行监测。监测方法采用国际种子生活力检验规程发芽方法，根据库存种子数量，适当减少每次检测种子用量（每重复减少至25～100粒）。

2011—2015年间共监测89种作物40 754份种质发芽率，年均监测8 151份。被监测种质的平均入库发芽率为95.0%，保存20—28年后平均监测发芽率为88.0%，下降7.0%。监测发芽率高于85%的种质占总监测种质的89.5%，表明大多数种质在长期库可安全保存近30年。但是也有1 485份（占3.6%）种质的监测发芽率低于70%，不同种类的作物发芽率变化程度存在差异，粮食、油料、棉麻等作物发芽率下降值在5%以内，而经济类作物平均发芽率下降7.3%，蔬菜作物则平均下降10.3%（图4）。

总体而言，国家种质库保存的作物种子中，多数作物可安全保存20年以上，尤其是水稻等禾谷类作物种子，但对于蔬菜、烟草和牧草等平均监测发芽率出现显著下降的作物种子需要增加监测频率、及时繁殖更新，以确保种子的长期安全保存。

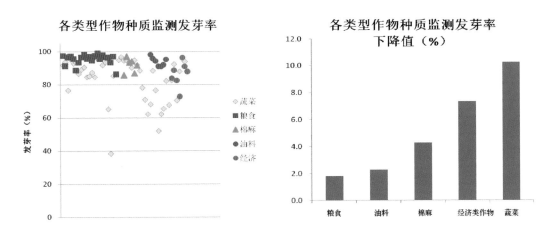

图4　2011—2015年间长期库保存种质活力监测情况

（2）试管苗库保存种质监测与更新。对于试管苗库库存种质，需要对每份种质进行定期继代，以保持试管苗库库存种质的活力。每份种质保存约20株试管苗，每年培养继代1700余份次，近4万余份样品。随着入试管苗库种质数量和种类的增加，继代工作量逐年增加。2011—2015年间，对部分种质开展了试管苗缓慢保存关键技术研究，利用低温保存、营养限制等技术，显著降低组织培养继代频率，为试管苗种质安全保存提供技术保障。

二、主要成效

1. 国家库长期保存种质总量首次超40万份，为作物育种提供雄厚的物质基础

"十二五"期间，国家库新增入库保存的种子资源43 961份，比"十一五"增长了12.2%。长期保存种质总量首次超过40万份，稳居世界第二位。同时，通过加强对库存种质生活力的监测，及时预测和识别需要繁殖更新的种质，确保库存的安全保存。

2. 构建试管苗保存技术体系，确保无性系资源的妥善保存

我国除马铃薯、甘薯有专门的试管苗保存库之外，其他作物均缺乏试管苗保存设施和技术。"十二五"期间，通过艰辛摸索和实践、不断优化实验组合，克服了物种（品种）差异大、研发周期长等技术难点，高效研发和优化了菊芋、山药、木薯、百合、香蕉等作物的试管苗组织培养技术体系10项，并将研发技术应用于新收集、引进无性系资源的备份保存，避免了新收集、引进资源的"得而复失"，另外也为新国家种质库试管苗库的建设进行了技术储备。

3. 构建了以茎尖、休眠芽段和花粉为保存载体的超低温保存关键技术体系

美国等发达国家，将超低温保存作为无性系资源的最重要的长期保存手段，在超低温保存技术研发和设施建设中均投入大量的力量。然而，我国在2010年及以前，农作物种质资源保存体系中尚未建立超低温保存设施。"十二五"期间，通过大量研究工作，拓展了茎尖、休眠芽、花粉等3种超低温保存载体，明确了各保存技术关键和技术难点，成功研发了超低温保存技术体系7项。针对超低温保存技术普适性差的问题，利用构建的马铃薯茎尖超低温保存技术体系，开展了24份种质超低温库规模化保存实践（图5）。2011—2015年，利用研发的超低温保存技术体系，已超低温保存2种作物15份种质的休眠芽、10种作物78份种质的茎尖和4种作物47份种质的花粉，为新国家库超低温库的建设进行了重要的技术和物质储备。获得国家发明专利4项，发表相关论文6篇（其中，SCI 5篇），为新种质超低温保存提供重要的理论和技术支撑。

图5　马铃薯试管苗茎尖小规模超低温保存

三、展望

1. 亟待加强种质资源多样化的保存技术研究，加强离体保存设施建设，为保存资源数量和物种多样性的快速增长奠定坚实基础

发达国家如美国，或发展中国家如印度、巴西等，都在尽一切能力，花大力气从全球收集资源，近十多年来收集保存数量增长十分迅猛，例如美国资源总量已达57.8万份（至2016年5月），持续稳居世界第一位；而印度39.6万份（截至2016年3月），增长速度惊人。除种子类资源外，近年来各国也加大了对种苗、试管苗、植物器官、花粉、DNA等类型的作物种质资源收集保存。从美国等国家种质资源保存现状来看，至少已有10%圃位保存的种质资源已实现试管苗和超低温离体保存。其多样化的保存途径、载体，为保存资源数量和物种多样性的快速增长奠定了坚实基础。而我国离体保存所占比例还相差很大，而且多样性远远不及。在我国，除马铃薯和甘薯具有相对成熟的离体试管苗保存技术外，其他无性繁殖作物的离体试管苗和超低温保存技术研究还相对薄弱。据统计，美国国家库保存的物种数已超过8 000个，而我国国家种质库保存物种数尚不足1 000个。另一方面，我国有5万余份，近年来收集资源仍散落在全国各地基层单位中，这些基层单位保存条件相对较差，迫切需要繁种入长期库保存，否则有得而复失的危险。此外，目前每年国内野外考察收集、新育成的品种以及从国外引进种质材料，每年约有5 000份左右，因此需要加快长期库繁种入库保存工作，每年入库量应安排在1万份左右。因此，在加强种质资源的考察、收集和引进的同时，应加强对保存技术研究和离体保存设施的投入，确保新增资源的长期安全保存和备份保存。

2. 需加强库存种质生活力监测与繁殖更新研究工作，确保库存资源的长期安全保存

"十二五"期间对库存种子生活力监测结果发现，与"十一五"期间年监测结果相比，发芽率高于85%的种质比例减少了3.4%，发芽率低于70%的种质比例则增加了2.5%。因此低温库贮藏只能延缓而不能阻止种子衰老，且物种或品种间的种子生活力下降存在着非常大的差异。我国国家种质库现存的40万份资源中，超过20万份是在1986—1990年集中入库的，保存时间已近30年，该部分种质面临着生活力快速丧失的巨大风险，亟须对其生活力进行监测、评估。此外按FAO和IPGRI观点，种子发芽率更新标准为降至入库初始生活力的85%，即若初始发芽率为95%，则至81%就需更新。然而，对于多数作物，该标准显然过高。因此，需要进一步加强各种作物发芽率更新标准、监测预警，尤其是无损的生活力监测技术研究，确保库存资源的长期安全保存。

3. 库圃固定的运行经费有待解决

作物种质资源保护和利用是一项长期的国家公益性和农业基础性工作。2个国家长期库，10个中期库，43个国家级资源圃是作物种质资源保护与利用的基石，但目前库、圃尚没有正常的运转经费（水电、液氮、设施维护、设备维修等）。另外，尤其是随着种质库运行时间的延长，有关设施和设备将会老化，因此有关设施维护（如制冷机组、自控系统、保温结构）、安全检测（消防、活力监测）等方面须引起重视。否则，种质库安全性将存在隐患。此外，种质资源服务体系还有待完善，种质分发的登记制度（包括材料利用效果、信息反馈等）、可分发种质的网络公布机制、考核机制、供种制度等。

附录：获奖成果、专利、著作及代表作品

专利

1. 张金梅, 陈晓玲, 韩丽, 卢新雄, 辛霞, 尹广鹏, 何娟娟. 一种克服菊芋茎尖超低温保存后再生苗玻璃化的方法. 专利号: ZL201410449109.3 (授权公告日: 2015年11月4日).

2. 陈晓玲, 张金梅, 辛霞, 卢新雄. 山葵试管苗离体茎尖包埋干燥超低温保存及再生培养方法. 专利号: ZL201210211725.6 (授权公告日: 2014年4月2日).

3. 张金梅, 陈晓玲, 卢新雄, 辛霞. 一种白术的保存方法以及再培养方法. 专利号: ZL201210232684.9 (授权公告日: 2013年9月18日).

4. 陈晓玲, 黄斌, 张金梅, 卢新雄, 辛霞. 矮牵牛离体茎尖的超低温保存方法. 专利号: ZL201210229180.1 (授权公告日: 2013年7月17日).

著作

王述民, 卢新雄, 李立会. 2014. 物种质资源繁殖更新技术规程[M]. 北京: 中国农业科学技术出版社.

主要代表作品

陈晓玲, 张金梅, 辛霞, 等. 2013. 植物种质资源超低温保存现状及其研究进展. 植物遗传资源学报, 14(3): 414-427.

韩丽, 张金梅, 卢新雄, 等. 2014. 菊芋耐性胁迫及种质保存研究进展[J]. 植物遗传资源学报, 15(5): 999-1005.

胡群文, 辛霞, 陈晓玲, 等. 2012. 水稻种子室温贮藏的适宜含水量及其生理基础[J]. 作物学报, 38(9): 1665-1671.

刘敏, 辛霞, 张志娥, 等. 2012. 繁殖群体量及隔离对蚕豆种质遗传完整性的影响[J]. 植物遗传资源学报, 13(2): 175-181.

宋超, 辛霞, 陈晓玲, 等. 2014. 三种保存条件下水稻和小麦种质资源安全保存期的分析[J]. 植物遗传资源学报, 15(4):685-691.

辛霞, 陈晓玲, 张金梅, 等. 2013. 小麦种子在不同保存条件下的生活力丧失特性研究[J]. 植物遗传资源学报, 14(4): 588-593.

辛霞, 陈晓玲, 张金梅, 等. 2011. 国家库贮藏20年以上种子生活力与田间出苗率监测[J]. 植物遗传资源学报, 12(6): 934-940.

许玉凤, 朱远英, 张志娥, 等. 2012. 高粱微卫星分析中遗传完整性样本量的确定[J]. 华北农学报, 27(3): 108-114.

张海晶, 张金梅, 辛霞, 等. 2015. 马铃薯茎尖超低温保存流程TTC活力响应[J]. 植物遗传资源学报, 16(3): 555-560.

周静, 辛霞, 尹广鹍, 等. 2014. 大豆种子在不同气候区室温贮藏的适宜含水量与寿命关系研究[J]. 大豆科学, 33(5): 687-690.

Bai J M, Chen X L, Lu X X, et al. 2011. Effects of different conservation methods on the genetic stability of potato germplasm[J]. Russian Journal of Plant Physiology, 58(4):728-736.

Chen X L, Li J H, Xin X, et al. 2011. Cryopreservation of in vitro-grown apical meristems of Lilium by droplet-vitrification[J]. South African Journal of Botany, 77 (2): 297-403.

Zhang J M, Huang B, Lu X X, et al. 2015. Cryopreservation of in vitro-grown shoot tips of Chinese medicinal plant Atractylodes macrocephala Koidz. Using aderoplet-vitrification method[J]. CryoLetters, 36(3):195-204.

Zhang J M, Huang B, Zhang X N, et al. 2015. Identification of a highly successful cryopreservation method (droplet-vitrification) for petunia[J]. In Vitro Cellular and Developmental Biology, 51(4):445-451.

Zhang J M, Zhang X N, Lu X X, et al. 2014. Optimization of droplet-vitrification protocol for carnation genotypes and ultra-structural studies on shoot tips during cryopreservation[J]. Acta Physiologiae Plantarum, 36: 3189-3198.

附表　2011—2015年期间项目实施情况统计

一、收集与编目、保存			
共收集作物（个）		共收集种质（份）	
共收集国内种质（份）		共收集国外种质（份）	
共收集种子种质（份）		共收集无性繁殖种质（份）	
入中期库保存作物（个）		入中期库保存种质（份）	
入长期库保存作物（个）	785	入长期库保存种质（份）	404 690
入试管苗库保存作物（个）	35	入试管苗库保存种质（份）	353
入超低温库保存作物（个）	15	入超低温保存种质（份）	140
种子作物编目（个）		种子种质编目数(份)	
种质圃保存作物编目(个)		种质圃保存作物编目种质(份)	
长期库种子监测（份）	40 754		
二、鉴定评价			
共鉴定作物（个）		共鉴定种质（份）	
共抗病、抗逆精细鉴定作物（个）		共抗病、抗逆精细鉴定种质（个）	
筛选优异种质（份）			
三、优异种质展示			
展示作物数（个）		展示点（个）	
共展示种质（份）		现场参观人数（人次）	
现场预订材料（份次）			
四、种质资源繁殖与分发利用			
共繁殖作物数（个）		共繁殖份数（份）	
种子繁殖作物数（个）		种子繁殖份数（份）	
无性繁殖作物数（个）		无性繁殖份数（份）	
供种作物数（个）	16	供种种质（份次）	4 482
被利用育成品种数（个）		用种的中期库数（个）	10
五、项目及产业等支撑情况			
支持项目（课题）数（个）	8	支撑国家（省）产业技术体系	
支撑国家奖（个）		支撑省部级奖（个）	
支撑重要论文发表（篇）	16	支撑重要著作出版（部）	1

作物种质复份保存

马晓岗　李高原　蒋礼玲　陈丽华

（国家作物种质复份库，西宁，810016）

一、取得的重要进展

1. 完成了复份库双回路专用电源线路系统的运行测试和调试

实现了新旧供电系统的平稳过渡和运行；对复份库外围及内部功能等设施进行了维护和完善。保证每年对机组部分进行春季、秋季维护保养，包括机组的维修更换、除湿系统的更新改造、报警安保系统的安装、库板接缝粘结剂的升级处理、应急临电的配备调试安装、库区环境及氛围的装饰营造等。使复份库的基础设施建设更加完善，保证了种质库各功能系统的的安全稳定运行，温、湿度控制与北京国家种质资源长期库相一致，库内温度保持在≤-17℃±2℃的恒定温度（图1和图2）。

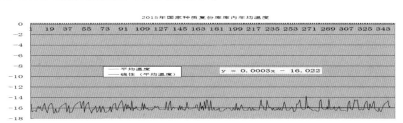

图1　库温变化情况

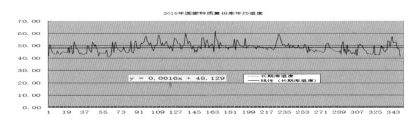

图2　库内湿度变化情况

2. 建立了完善的仪器设备及鉴定实验室

依托保种项目以及其他项目，建立起了仪器设备完善、功能齐全的种质资源评价鉴定和创新利用实验室，保证和满足了开展种质鉴定及相关研究的试验条件。

3. 种质资源收集入中期库或种质圃保存情况

（1）长期库入库保存。"十二五"期间从长期库共转来复份种质材料四批，共计

3.33多万份入复份库保存。迄今，复份库存放粮食、油料、纤维、糖料、蔬菜、牧草、绿肥、烟草和近缘野生物种材料共161种作物的39.974 2万份种质资源（表1）。

表1 "十二五"期间福分资源的储存情况 （单位：万份）

年份	当年存入量	库存量变化
2010		35.687 8
2011	0.954 4	36.642 2
2012	0.804 5	37.446 7
2013	0.760 9	38.207 6
2014	0.954 5	39.162 1
2015	0.812 1	39.974 2
合计	4.286 4	39.974 2

注：与国家种质长期库存量数据有偏差

（2）完成了对地方库（中期库）的升级改造，增设了12付种子货架，扩充了种质材料的储藏库容。存储资源进行了检测、整理、归位和初级建档工作，恢复和完善了地方库的储藏和服务功能，存储条件达到-4℃±2℃、相对湿度≤50%。目前存储地方各类资源近25 660余份，其中，小麦11 629份、大麦（包括青稞）7 508份、蚕豌豆3 455份、小黑麦239份、硬粒小麦341份、马铃薯94份、其他2 400份（野生种、近缘种、油菜、亚麻、荞麦、穈谷类等），同时为省内及周边省份农业科研单位提供中、长期储藏服务（陕西农林科技大学、青海省种子管理站等）。

（3）完成了与复份库及资源工作相关的"西北地区农作物种质资源繁殖更新基地建设"和"农业部作物基因资源与种质创制青海科学观测实验站建设"项目的建设内容。

二、主要成效

以复份库为研究平台，结合学科群重点实验室、综合实验观测站、更新繁殖基地的建设，建立了仪器设备完善的资源鉴定实验室，在分子水平上开展了对种质材料的鉴定评价、创新利用及有效保护等方面的研究工作。为各级部门的育种家及农业产业部门提供相关的利用资源，并培养了种质资源研究方向的硕士研究生4名（表2）。

对照课题任务指标，圆满的完成了任务，并且充分地利用了复份库的硬件资源，完善了为地方科研、教学、生产提供共享服务的条件。

表2 "十二五"期间资源保护各项工作情况

年份	资源收集（份）	繁殖更新（份）	分发利用（份）	种质鉴定（份）	人才培养（个）	发表论文（篇）
2011	30	1 930	785	849	1	1
2012	20	1 200	449	135	1	1

年份	资源收集 （份）	繁殖更新 （份）	分发利用 （份）	种质鉴定 （份）	人才培养 （个）	发表论文 （篇）
2013	25	800		145		1
2014	30	1 200		115	1	2
2015	30	500	2 130	78	1	2
合计	135	5 630	3 364	1 322	4	7

三、展望

1. 加强管理，完善规章制度，确保种质材料安全

保证国家种质复份库的平稳运转和39.974 2万份种质材料的安全储藏，加强库管理人员的安全责任意识，加强资源管理的业务学习，进一步完善管理制度，保证库存资源安全是复份库高于一切和重中之重的核心工作。

2. 继续做好与复份库管理和种质资源研究的相关项目

对库房温湿控记录系统进行互联网数据采集系统的改造；对机房降温控制系统进行改造；对制冷机冷冻机油进行更换，完成项目所要求的年度合同任务。

3. 整合资源，提高管理水平，强化科研能力，提供信息咨询服务

在"十二五"的工作基础上，对中期库的种质材料进行进一步的整理和完善，进一步整合本院及省内种质资源，将省内各有关部门分散的种质资源进行抢救性的收集和整理，入本省种质库进行妥善保存，力争达到5万份的储备量；提高资源的收集和保护意识；研制青海省作物种质资源平台数据信息共享管理系统，为各相关部门提供信息咨询服务。

4. 继续申报相关项目，注重研究团队培养，开展资源鉴定和创新利用的研究

接受资源学科群下达任务，承担相关研究课题，参与中国农业科学院牵头的种质资源研究项目。

5. 创建以资源中心（种质库、资源研究室）为龙头的骨干队伍

以各专业性作物研究室和实验室为骨干、基层观测实验站为延伸的层次清楚、分工明确、布局合理的学科研究队伍，开展优异种质的鉴定、筛选、创新和利用等方面的研究工作，变资源储藏优势为研究创新优势。

6. 存在问题及建议

复份库的主要工作是库日常的维护与保养，专用设备和耗材的填补和购置，水电暖、通信邮寄、资源交流以及长期临工的雇佣等，其次是开展资源的收集和鉴定等相关的研究工作，经费使用的随机性较强，经费的预算完全与其他库、圃的统一项目合同执行有一定困难。建议把复份库的年度保种经费是否可列为日常运行维持经费下达。

葡萄、桃种质资源（郑州）

方伟超　樊秀彩

（中国农业科学院郑州果树研究所，郑州，450009）

一、主要进展

1. 收集与入圃

截至2015年12月郑州葡萄、桃圃共计保存桃种质资源7个种800份，其中，自国外引进种质资源273份；保存葡萄种质资源28个种（含亚种）1241份，其中，自国外引进种质资源784份。

2011—2015年共收集葡萄种质资源207份，入圃保存50份。收集野生葡萄157份，栽培及砧木品种50份；收集桃种质资源279份，入圃保存127份。

积极开展资源考察。分别对陕西省西安市长安区翠华山，山东省枣庄市峄城区和山亭区莲青山，河南省济源九里沟山区、焦作博爱县青天河和信阳浉河区南湾湖山区，利川县毛坝乡星斗山国家级自然保护区，广西壮族自治区桂林市猫儿山地区，石门县壶瓶山，三清山地质公园和南昌市湾里区梅岭山脉，万宁六连岭，甘肃省宁县，四川省阿坝，陕西省榆林，内蒙古自治区阿拉善，山东省青州，甘肃省敦煌，新疆维吾尔自治区南疆，山西省中条山等地的野生葡萄、桃种质资源和地方品种进行了较为深入细致的考查和收集工作，新增葡萄4个种，包括鸡足葡萄（*Vitis anceolatifoliosa* C. L. Li）、小叶葡萄（*Vitis sinocinerea* W. T. Wang）、东南葡萄（*Vitis chunganensis* Hu）和河口葡萄（*Vitis hekouensis* C. L. Li），进一步丰富了资源圃保存的野生资源和地方品种种类和数量（图1）。

鸡足葡萄——耐湿热，抗黑痘病　小叶葡萄——抗黑痘病　东南葡萄——耐湿热，抗黑痘病　河口葡萄——耐热，耐干旱

图1　新增葡萄品种

通过直接或间接渠道从美国、日本、以色列、南非等国家引进葡萄种质27份，桃种质54份。引进的鲜食葡萄品种大多具有优质、抗病、无核等优良性状，在我国葡萄生产和育种中起到了重要作用。引进的桃品种已经在育种中加以利用。

2. 鉴定评价

截至2015年12月，已完成圃内保存的1070份葡萄和720份桃种质资源的特性性状的鉴定评价，同时采集了相应的叶、花、植株、果实等图像。并将上述数据按照鉴定技术规程进行了标准化整理后录入相应的数据库中。

在进行一般农艺性状鉴定评价的同时，也对80份葡萄种质进行了抗白腐病鉴定，对116份葡萄种质的花色苷种类和含量进行了测定，对196份葡萄种质进行了耐热性鉴定。通过鉴定评价共筛选出了29份优异种质资源，其中，通过白腐病抗性鉴定，筛选出都安毛葡萄、塘尾葡萄实生、刺葡萄♀、刺葡萄♂、舞钢庙街桑叶、蒌蒦武汉A1、灵宝变叶、燕山葡萄0947等10份抗白腐病种质，为葡萄的抗白腐病育种提供依据；通过耐热性鉴定，筛选出腺枝葡萄双溪03、刺葡萄梅岭山1301、菱叶葡萄0945等11份耐热葡萄种质，对利用抗性亲本选育耐热葡萄新品种提供参考依据；通过花色苷含量的测定，筛选出申秀、京优、早黑宝等8份花色苷含量极高的种质，其中，申秀的花色苷含量达到了4759mg/kgFW，为选育高花色苷含量品种提供依据（图2）。

高花色苷含量种质——黑布袋　　高花色苷含量种质——万州酸桃

图2　经过鉴定的黑布袋和万州酸桃

开展了桃抗旱种质鉴定，筛选出抗旱种质哈露红和红根甘肃桃。通过桃耐盐碱鉴定，筛选出耐盐碱种质蓓蕾和喀什4号。对424份桃种质的糖、酸种类和含量进行了测定，筛选出高糖种质花玉露、迪克松、青丝、斯密、温州水蜜、青州红皮蜜桃和高酸种质大果黑桃、乌黑鸡肉桃、临黄9号、哈太雷。对211份桃种质花色苷种类和含量进行了测定，筛选出高花色苷含量种质万州酸桃、黑布袋、武汉2号、齐嘴红肉、微尖红肉、早春桃。对185份桃种质开展抗蚜性鉴定，筛选出高抗种质16份。

3. 分发供种

2011—2015年共向65个教学、科研和生产单位提供葡萄种质利用4 209份次，年均842份次。提供的种质主要有枝条、苗木、花粉和叶片等，分别用于引种试验、建立种质圃、杂交育种、抗逆性试验、花粉活力试验、功能性成分测定（单宁、白藜芦醇、花色苷）、抗根瘤蚜实验、组织培养、葡萄霜霉病接种试验、分离葡萄相关酵母菌、果实发育中的ACC表达分析、提取DNA鉴定后代杂交真实性、无核基因分子标记及功能研究、耐盐基因挖掘与利用、葡萄指纹图谱等方面。

2011—2015年共向82个教学、科研和生产单位提供桃种质利用690份次，年均138份次。提供的种质主要有枝条、苗木、花粉和叶片等，分别用于引种试验、砧木比较、杂交育种、抗性试验、分子生物学研究、研究生论文、指纹图谱等方面。

4. 安全保存

（1）灾害预防应急措施，以防为主。资源圃内设有频谱杀虫灯、性引诱剂，用于虫情预报和兼治作用。备有全套的药械，发现病虫害时及时防治。资源圃配有良好的灌排水系统。在保证种质资源保存安全的前提下，遵循尽量减轻环境污染，以防为主的病虫害防治原则，减少化学合成药剂的使用。

葡萄资源保存中的主要自然灾害是冻害，引发冻害的原因是周期性的极端最低温度。郑州是葡萄生产的不埋土防寒区，但历年的气象资料表明，10年左右有会出现一次极端最低温度。预防冻害的最好做法是做好病虫害的防治工作，提高树体的充实度和越冬能力。

（2）搭建防鸟设施设备。鸟害是目前资源圃的重要防治工作之一，每年需要花费大量的人力物力，而且有逐年加重的趋势，因此圃内架设了防鸟网设施用于减轻鸟类对葡萄枝芽和果实的危害。

①开展核心种质研究。开展了核心种质研究，对重要的种质资源进行复份保存。

②及时进行更新复壮。对圃内保存的种质资源及时进行更新复壮，保证种质资源不丢失。同时也能够保证鉴定评价的正常开展和共享利用的需求。

③加强引种检疫和隔离。随着资源引进力度的加强，自国外引进种质资源逐年增多。在引进资源时严格进行检疫和隔离观察，防止检疫性病虫害随引进材料进入我国，对我国的生产造成危害。

二、主要成效

2011—2015年共向147个教学、科研和生产单位提供葡萄、桃种质利用4 899份次。

1. 分发利用

（1）科研利用。分发的葡萄、桃种质广泛应用于我国科研研究的各个领域。主要体现在种质资源鉴别、指纹图谱的构建、优异基因挖掘和表达分析、组织培养、基因工程、病毒病、栽培生理等方面。为国家自然基金、现代农业产业技术体系、国家科技支撑计划、国家"863"计划、国际合作等四十多项国家和地方科技计划提供基础材料3 000余份次。

（2）育种利用。中国农业科学院郑州果树研究所利用圃内保存的抗病种质"巨峰"，通过实生选种，选育出了早熟、大粒、抗病新品种"贵园"；利用早熟种质"京秀"育成了大粒、无核新品种"郑艳无核"和早熟、大粒、抗病新品种"庆丰"；利用果形奇特的美人指育成了早熟、大粒的新品种"郑美"；利用穗大、玫瑰香味浓郁的"红亚历山大"，育成了质优、耐贮运的"红美"；利用耐贮运的极晚熟品种"红地球"，育成了穗大、粒大、耐贮运的中熟品种"郑葡1号"和"郑葡2号"。这些品种分别于2013年、2014年和2015年通过了河南省林木品种审定委员会审定。

中国农业科学院郑州果树研究所利用圃内保存的种质资源通过人工杂交，选育出了花果兼用观赏桃品种"满天红"，洒红柱形观赏桃"洒红龙柱桃"，白色重瓣观赏桃品种"银春"，矮化观赏桃品种"入画寿星"，丰产、优质、早熟油桃品种"中农金辉"，大果油桃品种"中农金硕"，早熟、丰产、优质、全红型桃品种"中桃红玉""中桃紫玉"，中熟、优质、大果、高甜蟠桃品种"中蟠桃10号""中蟠桃11号"。这些品种分别于2011年、2013年、2014年和2015年通过了河南省林木品种审定委员会审定。利用引自美国的短低温桃种质为亲本，培育出了一批优良短低温、中低温桃品种，为我国桃设施栽培提供品种支持，推动了我国设施桃迅猛发展。

（3）生产直接利用。通过鉴定评价，筛选出的"Gold Finger""Takao Selection""Shine-Muscat"等优异鲜食葡萄品种在生产上直接推广面积5 000多亩。

从几百份桃资源中比较筛选出鲜食用普通桃、油桃、蟠桃、观赏桃以及制罐黄桃品种，直接向生产推广，累计提供苗木100余万株，接穗20余万支，有力地促进桃树产业的发展。引进美国种质139份，绝大多数为黄肉桃，这些品种果大、肉硬、酸度偏大，适于制罐、制汁。通过筛选，以"弗雷德里克""金童5号""金童6号""金童7号"为代表的制罐专用品种迅速在我国推广，成为我国生产糖水黄桃罐头的王牌品种，目前仍被国际市场认可。许多日本品种在引进观察后能在生产中直接推广利用。最典型的例子是"白凤""大久保"，品质好、丰产性强、适应性广。

依托资源优势制定了农业行业标准"农作物优异种质资评价规范 桃"和农业行业标

准"农作物优异种质资源评价规范 葡萄"。

2. 获奖成果

（1）"桃优异种质发掘、优质广适新品种培育与利用"获得2013年度国家科技进步二等奖。

（2）"桃产业技术标准的研制与应用"获得2012年度中国农业科学院科技进步二等奖。

（3）"多抗葡萄砧木新品种'抗砧3号''抗砧5号'的选育与推广应用"获得2014年度河南省科技进步三等奖。

（4）"桃种质资源与遗传育种创新团队"2015年获得中华农业科技奖优秀创新团队奖。

利用典型案例

（1）第十一届世界葡萄遗传育种大会。2014年在北京市延庆区召开了被誉为"葡萄界的奥运会"的"第十一届世界葡萄遗传育种大会"，为了有效展示我国葡萄产业发展的成就和葡萄科研水平，延庆区政府建立了"世界葡萄博览园"，定植葡萄品种1000余份，设置有多种葡萄架式和树形（图3）。国家果树种质郑州葡萄圃，作为我国保存葡萄种质份数最多的国家级葡萄基因库，在此次葡萄大会筹备期间，作为延庆区政府的技术协作单位，在提供技术支持的前提下，先后向北京市延庆区果品服务中心提供葡萄新优品种600余份，有效支持了"第十一届世界葡萄遗传育种大会"的召开。

图3 第十一届世界葡萄遗传育种大会场址图

（2）观赏桃花走向大市场。郑州桃圃对圃内保存的50余份优异观赏桃种质资源的36个观赏性状进行了鉴定评价，筛选出一批种质供生产利用。利用筛选出的观赏桃为亲本，培育出"满天红""探春""元春""报春""红菊花""洒红龙柱"等观赏桃新品种向河南省漯河天翼生物工程有限公司提供利用，并派技术人员进行技术培训和跟踪服务。漯河天翼生物工程有限公司在漯河建立起300多亩的以观赏桃花为主的观光果园生态园区，每品种观赏桃花的种植均在百株以上，观赏桃花共计万株，同时建立了3000余亩的观赏桃花培育基地，采用大苗在漯河越冬休眠，到广州升温催花的办法抢占广州春节花市，年效益100万元，十分可观（图4）。并且在上海市建立了以观赏桃花为主要种类的700多亩观光果园生态园区。在该公司的推动下，漯河市已经把桃花确定为市花。

漯河3 000亩观赏桃育苗圃　　　　　　　　漯河观光园区

上海观光园区培育的观赏桃苗木　　　　　　温室催花春节上市

图4　观赏桃育苗圃和观光生态园

三、展望

1. 存在问题

（1）信息反馈难，信息反馈仅可得到被利用种质的名单，实际利用效果及相关研究结论的信息却难于知晓。建议国家出台相关的法规，规范种质利用者的责任。

（2）由于受到土地面积限制，单份资源定植株数偏少，在进行资源鉴定时，数量性状的鉴定结果受到一定影响，只有增加鉴定的重复次数，致使工作量很大。

2. 建议

（1）果树资源大多采用圃地保存，受自然环境条件影响很大，近些年，随着气候变暖，一些恶劣的灾害性天气频发，对资源安全威胁巨大。建议国家设立专门的资金支持离体保存技术的研究。

（2）我国野生葡萄资源丰富，但一般在山区分布较多，个别边远山区交通条件差，而且考察人员与当地人交流存在一定的难度，山路崎岖，考察收集工作难以开展。建议与地方的科研、教学单位合作，将收集到的野生种备份到国家种质资源圃，为葡萄抗性育种提供亲本材料。

附录：获奖成果、专利、著作及代表作品

获奖成果

1. "桃优异种质发掘、优质广适新品种培育与利用"获得2013年度国家科技进步二等奖。
2. "桃产业技术标准的研制与应用"获得2012年度中国农业科学院科技进步二等奖。
3. "多抗葡萄砧木新品种'抗砧3号'、'抗砧5号'的选育与推广应用"获得2014年度河南省科技进步三等奖。
4. "桃种质资源与遗传育种创新团队"2015年获得中华农业科技奖优秀创新团队奖。

专利

1. 刘崇怀，姜建福，樊秀彩，等. 一种葡萄果粒粒径测量装置，专利号：ZL201420344941.2（批准时间：2014年12月）。
2. 姜建福，刘崇怀，樊秀彩，等. 一种测量葡萄果穗大小的工具，专利号：ZL201420361887.2（批准时间：2014年12月）。

著作

刘崇怀，马小河，武岗，等.2014.中国葡萄品种[M]. 北京：中国农业出版社.

王力荣，朱更瑞，方伟超，等.2012.中国桃遗传资源[M].北京：中国农业出版社.

主要代表作品

陈昌文，曹珂，王力荣，等.2011.中国桃主要品种资源及其野生近缘种的分子身份证构建[J].中国农业科学，44（10）：2081-2093.

曹珂，王力荣，朱更瑞，等. 2011.桃单果重与6个物候期性状的遗传关联分析[J].中国农业科学，45（2）：311-319.

姜建福，樊秀彩，张颖，等. 2014.中国三种濒危葡萄属（*Vitis* L.）[J]. 植物的地理分布模拟. 生态学杂志，33（6）：1615-1622.

李海炎，王力荣，曹珂，等. 2015.桃根系与南方根结线虫早期互作的组织病理学研究[J].园艺学报，42（6）：1040-1048.

张颖，孙海生，樊秀彩，等. 2013.中国野生葡萄资源抗白腐病鉴定及抗性种质筛选[J].果树学报，30（2）：191-196.

Cao Ke，Wang Lirong，Zhu Gengrui，et al. 2011.Construction of a Linkage Map and Identification of Resistance Gene Analog Markers for Root-knot Nematodes in Wild Peach，Prunus kansuensis[J].Journal of the American Society for Horticultural Science，136（3）：190-197.

Cao Ke, Wang Lirong, Zhu Gengrui, et al. 2011.Isolation，characterization and phylogenetic analysis of resistance gene in wild species of peach（*Prunus kansuensis*）[J]. Canada Journal of Plant Science，91（6）：961-970.

Cao Ke, Wang Lirong, Zhao Pei, et al. 2014.Identification of a candidate gene for resistance to root-knot nematode in a wild peach and screening of its polymorphisms[J]. Plant Breeding，133，530-535.

Cao Ke, Zheng Zhijun, Wang Lirong, et al.2014.Comparative population genomics reveals the domestication history of the peach，Prunus persica，and human influences on perennial fruit crops[J].Genome Biology，15：415.

Fan X C, Chu J Q, Liu C H., et al.2014.Identification of grapevine rootstock cultivars using expressed sequence tag-simple sequence repeats[J]. Genetics and Molecular Research，13（3）：7649-7657.

Fan Xiucai, Jiang Jianfu, Zhang Ying, et al. 2014.Genetic diversity assessment of *Vitis ficifolia* Bge. populations from Henan province of China by SRAP markers[J]. Biotechnology & Biotechnological Equipment，DOI：10.1080/13102818.2014.984414.

Hao Fengge, Wang Lirong, Cao Ke, et al.2015.Systemic Acquired Resistance Induced by Agrobacterium tumefaciens in Peach and Differential Expression of PR1 Genes[J].Hortscience，50（5）：666–672.

Jiang Jianfu, Kell Shelagh, Fan Xiucai, et al. 2015.The wild relatives of grape in China：diversity，conservation gaps and impact of climate change[J]. Agriculture，Ecosystems and Environment，210：50-58.

Jiao Jian, Fu Xiaowei, Liu Chonghuai, et al. 2014.Study of the relationship between the cultivars of Vitis vinifera and the white-fruited and hermaphrodite Chinese wild grapes[J]. Molecular Breeding，34：1401-1411.

Liu C H, Fan X C, Jiang Jianfu, et al.2012.Genetic Diversity of Chinese Wild Grape Grape Species by SSR and SRAP Marhers[J]. Biotechnol. & Biotechnol. Eq.，26（2）：96-101.

附表1　2011—2015年期间新收集入中期库或种质圃保存情况

填写单位：中国农业科学院郑州果树研究所

联系人：方伟超，樊秀彩

作物名称	目前保存总份数和总物种数（截至2015年12月30日）				2011—2015年期间新增收集保存份数和物种数			
	份数		物种数		份数		物种数	
	总计	其中国外引进	总计	其中国外引进	总计	其中国外引进	总计	其中国外引进
葡萄	1 241	787	28	14	50	16	4	0
桃	800	273	7	0	127	36	5	0
合计	2 041	1 060	35	14	177	52	9	0

附表2　　2011—2015年期间项目实施情况统计

一、收集与编目、保存			
共收集作物（个）	2	共收集种质（份）	486
共收集国内种质（份）	405	共收集国外种质（份）	81
共收集种子种质（份）		共收集无性繁殖种质（份）	486
入中期库保存作物（个）		入中期库保存种质（份）	
入长期库保存作物（个）		入长期库保存种质（份）	
入圃保存作物（个）	2	入圃保存种质（份）	177
种子作物编目（个）		种子种质编目数（份）	
种质圃保存作物编目（个）	2	种质圃保存作物编目种质（份）	1 873
长期库种子监测（份）			
二、鉴定评价			
共鉴定作物（个）	2	共鉴定种质（份）	361
共抗病、抗逆精细鉴定作物（个）		共抗病、抗逆精细鉴定种质（个）	461
筛选优异种质（份）	65		
三、优异种质展示			
展示作物数（个）		展示点（个）	
共展示种质（份）		现场参观人数（人次）	
现场预订材料（份次）			
四、种质资源繁殖与分发利用			
共繁殖作物数（个）	2	共繁殖份数（份）	361
种子繁殖作物数（个）		种子繁殖份数（份）	
无性繁殖作物数（个）	2	无性繁殖份数（份）	361
分发作物数（个）	2	分发种质（份次）	4 899
被利用育成品种数（个）	17	用种单位数/人数（个）	147/317
五、项目及产业等支撑情况			
支持项目（课题）数（个）	24	支撑国家（省）产业技术体系	2
支撑国家奖（个）	1	支撑省部级奖（个）	3
支撑重要论文发表（篇）	27	支撑重要著作出版（部）	2

梨、苹果种质资源（兴城）

曹玉芬　王　昆　董星光　王大江　田路明　高　源　龚　欣
刘立军　谭兴伟　张　莹　齐　丹　赵继荣　霍宏亮

（中国农业科学院果树研究所，兴城，125100）

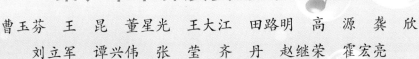

一、主要进展

1. 梨、苹果资源收集引进

"十二五"期间，"国家果树种质兴城梨、苹果圃"通过资源征集及实地考察的方式有针对性地对濒危、特异资源类型进行搜集，共搜集梨资源205份，苹果资源192份。重点开展了新疆维吾尔自治区、甘肃省、青海省、四川省、江西省、安徽省、西藏自治区、河北省、贵州省等省区的野外资源考察，通过实地考察共收集到各类资源223份，GPS定位资源400份，采集图像资料3 000余张，新增入圃资源299份。

（1）新疆维吾尔自治区、甘肃省、青海省地区系统资源考察，进一步摸清该区域资源家底。西北地区是我国苹果、梨资源的多样性中心，新疆维吾尔自治区也是苹果属植物起源演化中心，重点对甘肃梨地方品种、野生木梨、陇东海棠及新疆野苹果资源进行了考察与收集（图1）。

栽培苹果的祖先种—新疆野苹果

新疆特异资源—红肉苹果

甘肃野生资源—酸梨　　　　　　　　　　甘肃梨地方品种—黑梨

图1　开展全国性果品资源收集

（2）开展了华北地区如河北省、山西省及内蒙古自治区等苹果资源野外考察。收集到河北省优异地方品种资源中国彩苹、香果及槟子等；山西省的优良苹果砧木资源武乡海棠不同类型；内蒙古自治区的抗寒、抗涝山定子资源不同类型，同时首次发现在内蒙古自治区天然松林中有山定子小群落分布（图2）。

河北古老地方品种—中国彩苹　　　　　　河北特异资源—伏羲果

图2　开展华北地区果品资源收集

（3）开展了西南地区贵州省、云南省及西藏自治区等苹果、梨资源野外考察与收集工作。系统调查了我国濒危资源丽江山荆子和苹果属古老资源变叶海棠的分布和生存状态，对丽江山荆子和变叶海棠特异类型进行了抢救性收集；在川、藏、滇交界地区收集到珍贵的藏梨资源；在云南省德钦收集到特异的苹果资源木瓜苹果（图3）。

苹果古老种—西藏八宿变叶海棠

苹果特异资源—木瓜苹果

川、藏、滇地区梨资源考察

梨珍惜资源—藏梨

图3 开展西南地区贵州、云南及西藏自治区等果品收集

（4）开展了美国、俄罗斯、捷克、保加利亚等国家苹果、梨资源的考察工作，并对国外种质资源进行了收集，进一步丰富了我国苹果、梨资源的多样性，同时也促进了国内外苹果、梨种质资源学术交流与资源交换的步伐（图4）。

美国俄勒冈无性系圃梨种质田间保存

国外引进资源—俄罗斯红肉苹果

图4 开展美国、俄罗斯等国家果品收集

2. 梨、苹果资源的鉴定评价

"十二五"期间主要开展了苹果、梨资源表型鉴定、生理生化鉴定及分子鉴定三方面内容，主要性状包括资源物候期、果实性状、抗逆、抗病、果实功能性成分等农艺性状及果实品质性状的多年重复鉴定评价，积累了科学稳定的基础数据，并对260份资源进行编目，数据及时提交国家信息数据库。

（1）开展梨、苹果资源花、叶、枝条等植物学性状的鉴定及信息采集，并对物候期进行了多年重复调查，共鉴定品种719份，获得基础数据7 909项，筛选出优异梨多倍体资源P16、P4，优异观赏海棠资源BH-8、BH-9等共6份（图5）。

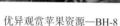优异观赏苹果资源—BH-8　　　　　　　　　优异多倍体梨资源—P16

图5　开展梨、苹果资源花、叶、枝条等信息采集

（2）开展了野生苹果、梨资源连续多年抗病性鉴定评价。对194份野生苹果资源斑点落叶病、55份野生山梨资源的黑星病及黑斑病进行了3年重复田间调查。筛选苹果早期落叶病高抗资源11份（病情指数<5）；筛选梨黑星病和黑斑病综合抗性极强的野生山梨资源4份（病情指数<0.2），这些特异资源可作为苹果、梨抗病种质创新及抗病机理研究的基础材料（图6）。

高抗斑点落叶病资源—南岔沙果　　　　　　　高抗梨黑星病资源—孙吴山梨4

图6　开展野生苹果、梨资源连续多年抗病性鉴定评价

（3）开展梨、苹果资源果实功能成分鉴定评价研究。分别对186份梨资源、94份苹果资源果实多酚物质，198份梨成熟叶片多酚物质的组成及含量进行了检测。筛选出果实多酚含量极高的苹果资源2份，分别为三间房山荆子（11238.14mg/kg）和窄叶海棠（7640.68mg/kg）；筛选出黄县长把、饼子梨、小花等梨果实多酚含量高的资源10份（图7）。

高多酚苹果资源—三间房山荆子　　　　　　　　高多酚梨资源—饼子梨

图7　开展梨、苹果资源果实功能成分鉴定评价

3. 梨、苹果资源分发利用

"十二五"期间，"国家果树种质兴城梨、苹果圃"向国内140家单位及个人提供梨、苹果种质资源接穗、叶片、花粉及果实等材料共计4 446份次，其中，梨资源1 198份次，苹果资源3 248份次。通过发放材料、开展培训班及参观资源圃等形式对梨、苹果种质资源进行展示和宣传，5年间累计参观、培训人数超过1 000人次，展示优异资源500余份次，印发宣传单2 000多张（图8和图9）。

优异资源宣传单　　　　　　　　　　优异资源实地展示

图8　举办培训班，发放技术资料

图9 组织人员学习参观国家果树种质兴城梨、苹果圃参观

4.梨、苹果资源安全保存

"十二五"期间，继续完善各种资源规范管理的相关制度，为梨、苹果资源的安全保存提供制度保障。及时繁殖更新梨资源162份，苹果资源206份，做到资源安全保存，无流失。截至2015年年底，资源圃保存苹果资源1 097份，梨资源1 073份，分别比"十一五"期间增加了19.24%和12.51%（图10）。

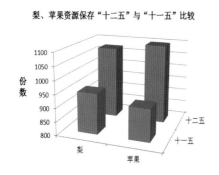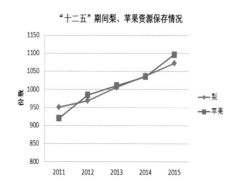

图10 "十二五"期间梨、苹果资源保存情况

二、主要成效

1.利用成效及典型案例

（1）梨产业体系支撑案例。为10余家"国家梨产业技术体系"项目承担单位提供梨资源838份次，用于优势产区梨品种更新、新品种示范以及果皮着色、营养成分代谢等基础研究，为我国梨产业发展和前沿性基础研究提供了保障。南京农业大学利用提供库尔勒香梨材料，确定了脱萼过程中动态变化的候选基因，对花萼脱落机制的探索及最终利用分子手段诱导脱萼具有重要价值。浙江大学园艺系利用提供的白梨、砂梨材料，开展了梨属

转座子遗传多样性研究，证明了转座子在亚洲梨发展过程中经历了多次复制，对于进一步理解梨属植物多样性和栽培梨起源具有重要的意义（图11）。

图11　提供利用证明及发表文章

（2）示范典型案例。2009年在葫芦岛韩家沟果树农场建立苹果优良资源矮化中间砧示范园，系统为农场提供全年的技术指导。通过多年观察，筛选出适宜葫芦岛市发展的苹果砧穗组合2个。此示范园提升了该农场苹果生产技术水平，大幅度提高了果农的收入，也为在辽西地区苹果优良资源的推广应用产生了较好的示范带动作用（图12）。

韩家沟示范园　　　　　　　　　　　　　示范园生产指导

图12　种质资源示范园

2. 人才队伍及其人才培养情况，以及成果及论文著作情况

"十二五"期间新增专职研究人员5人，现有专职研究人员14人，其中，研究员3人，副研究员2人，助理研究员5人，研究实习员2人，科研辅助人员1人。具有博士2人，硕士7人，中国农业科学院三级杰出人才2人。培养硕士研究生2人。

出版著作2部，参编2部，审定农业行业标准2项，申请发明专利1项，发表相关学术论文25篇（图13）。

著作\专利\标准

图13 出版专著、获得发明专利证书以及审定农业行业标准

三、展望

1. 保存方式较单一，需开展多种方式保存

主要为田间保存，应对自然灾害能力弱、土地资源紧缺；建议开展离体保存和超低温保存技术方面研究，提高我国果树种质资源保存的安全性。

2. 保存资源数量和质量有待提升

地方品种和国外资源保存较少，不能满足资源多样性的要求；建议加强国外资源的收集，同时增强对我国原有地方品种资源的收集保存，丰富保存资源遗传多样性。

3. 精准鉴定评价平台需要继续完善

鉴定评价的精准度及深度水平较低，导致资源利用效率低；建议借助先进仪器及技术，加强种质资源的精准鉴定，建立苹果、梨资源表型和分子的大数据库，提高我国果树资源的利用效率。

4.急需引进高层次人才及稳定科研队伍

经过近几年的建设，从事资源工作的人员相对稳定，但也存不稳定因素，加之高层次人才欠缺。建议继续稳定科研队伍，加强本单位科研人员的培养，同时加大高层次人才引进，积极与国内外先进单位进行交流与合作。

附录：获奖成果、专利、著作及代表作品

专利

高源，王昆，龚欣，等.一种苹果种质资源条形码标识的制备方法，专利号：ZL 201210094690.2（批准时间：2014年4月）。

著作

曹玉芬，施泽彬，胡红菊，等.2014.中国梨品种.北京：中国农业出版社.

王昆，王大江，高源，等.2013.苹果良种引种指导.北京：金盾出版社.

主要代表作品

董星光，曹玉芬，田路明，等.2015.中国野生山梨叶片形态及光合特性[J].应用生态学报，26（5）：1327-1334.

董星光，田路明，曹玉芬，等.2014.我国南方砂梨主产区主栽品种果实品质因子分析及综合评价[J].31（5）：815-822.

高源，刘凤之，王昆，等.2015.苹果部分种质资源分子身份证的构建[J].中国农业科学，48（19）：3 887-3 898.

高源，王昆，刘凤之，等.2014.适宜加工用苹果品种TP-M13-SSR指纹图谱构建及遗传关系分析[J].园艺学报，41（5）：946-956.

高源，刘凤之，王昆，等.2015.基于TP-M13 -SS R 指纹图谱的中国原产苹果属植物分子身份证的建立[J].植物遗传资源学报，16（6）：1290-1297.

田路明，董星光，曹玉芬，等.2011.梨品种资源果实轮纹病抗性的评价[J].植物遗传资源学报，12（5）：796-800.

田路明，曹玉芬，高 源，等.2011.梨品种果肉石细胞团大小对果肉质地的影响[J].园艺学报，38（7）：1225-1 234.

王昆，龚欣，刘立军，等.2015.苹果地方品种资源苹果斑点落叶病抗性调查与评价[J].中国果树，5：81-84.

王昆，刘凤之，高源，等.2013.中国苹果野生种自然地理分布、多型性及利用价值[J].植物遗传资源学报，14（6）：1013-1019.

Cao Y，Tian L，Gao Y，et al. 2012. Genetic diversity of cultivated and wild Ussurian Pear（*Pyrus ussuriensis* Maxim.）in China evaluated with M13-tailed SSR markers[J]. Genet Resour Crop Evol，59：9-17.

Cao Y，Tian L，Gao Y，et al. 2011. Evaluation of genetic identity and variation in cultivars of Pyrus pyrifolia（Burm.f.）Nakai from China using microsatellite markers[J]. J Hortic Sci Biotech，86（4）：331-336.

Gao Yuan，Liu Fengzhi，Wang Kun，et al. 2015. Genetic diversity of Malus cultivars and wild relatives in the Chinese National Repository of Apple Germplasm Resources[J]. Tree Genetics & Genomes，11： 106.

附表1 2011—2015年期间新收集入中期库或种质圃保存情况

填写单位：中国农业科学院果树研究所
联系人：曹玉芬

| 作物名称 | 目前保存总份数和总物种数（截至2015年12月30日） | | | | 2011—2015年期间新增收集保存份数和物种数 | | | |
| | 份数 | | 物种数 | | 份数 | | 物种数 | |
	总计	其中国外引进	总计	其中国外引进	总计	其中国外引进	总计	其中国外引进
梨	1 073	275	14	2	122	39		
苹果	1 097	487	24	9	177	6	1	1
合计	2 170	762	38	11	299	45	1	1

附表2 2011—2015年期间项目实施情况统计

一、收集与编目、保存			
共收集作物（个）	2	共收集种质（份）	393
共收集国内种质（份）	348	共收集国外种质（份）	45
共收集种子种质（份）		共收集无性繁殖种质（份）	393
入中期库保存作物（个）		入中期库保存种质（份）	
入长期库保存作物（个）		入长期库保存种质（份）	
入圃保存作物（个）	2	入圃保存种质（份）	299
种子作物编目（个）		种子种质编目数（份）	
种质圃保存作物编目（个）	2	种质圃保存作物编目种质（份）	260
长期库种子监测（份）			
二、鉴定评价			
共鉴定作物（个）	2	共鉴定种质（份）	1 931
共抗病、抗逆精细鉴定作物（个）		共抗病、抗逆精细鉴定种质（个）	
筛选优异种质（份）	67		
三、优异种质展示			
展示作物数（个）	2	展示点（个）	2
共展示种质（份）	500	现场参观人数（人次）	1 000
现场预订材料（份次）			
四、种质资源繁殖与分发利用			
共繁殖作物数（个）	2	共繁殖份数（份）	368
种子繁殖作物数（个）		种子繁殖份数（份）	
无性繁殖作物数（个）	2	无性繁殖份数（份）	368
分发作物数（个）	2	分发种质（份次）	4 446
被利用育成品种数（个）		用种单位数/人数（个）	140
五、项目及产业等支撑情况			
支持项目（课题）数（个）	16	支撑国家（省）产业技术体系	2
支撑国家奖（个）		支撑省部级奖（个）	
支撑重要论文发表（篇）	25	支撑重要著作出版（部）	1

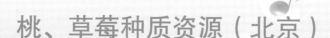

桃、草莓种质资源（北京）

姜　全　张运涛　赵剑波　王桂霞　任　飞　郭继英　常琳琳

董　静　钟传飞　王　真　张　瑜　郑志琴　王尚德

（北京市农林科学院林业果树研究所，北京，100093）

一、主要进展

1. 种质资源收集保存情况

国家果树种质桃、草莓圃（北京）通过种质交换、合作交流、出国访问学习以及野外考察等各种途径，共收集桃种质资源485份、草莓种质资源385份，其中，2011—2015年共引进桃、草莓资源各85份。目前种质资源圃内保存的桃种质资源包括20余份野生桃资源（地方品种）：青研1号、威海蟠桃、山泉1号、喀什油桃、凉山冕宁毛桃1号、凉山冕宁毛桃2号、栾平毛桃、红茎甘肃桃、大叶甘肃桃等。6份国外育成品种：早熟有明、美国红蟠、Flordacrest、Vallegrande、照手白（帚形碧桃）、Tropic Sweet（图1）。

已入圃保存草莓种质资源包括1个栽培种凤梨草莓*Fragaria ananassa* Duch.和11个野生种，即弗吉尼亚草莓*F.virginiana* Duch.、西藏草莓*F.nubicola* Lindl.、黄毛草莓*F.nilgerrensis* Schlect.、森林草莓*F.vesca* L.、麝香草莓*F. moschata* Duch、西南草莓*F.moupinensis*、东北草莓*F.mandschurica* Staudt.、绿色草莓*F.viridis* Duch.、五叶草莓*F.pentaphylla* Lozinsk.、纤细草莓*F.gracilis* Lozinsk.、东方草莓*F.orientalis* Lozinsk以及UC系病毒指示植物和俄罗斯野生1份。新增森林草莓1份、五叶草莓红果和白果类型各1份、UC系病毒指示植物4份。这些特殊类型资源的收集，极大地丰富了桃草莓资源的遗传多样性，为桃草莓基础理论研究和种质创新积累了试材。

Vallegrande　　　　　　　喀什油桃　　　　　　　山泉1号

三倍体"南8-19"花大不结果　　　　　　单倍体"顺新4-57"极小花蕾

本妮西娅　　　　　　　　　　　　　　　蒙特瑞

粉佳人　　　　　　　　　　永丽　　　　　　　　　越丽

图1　收集保存国内外优质种质资源

2. 种质资源繁殖更新与鉴定评价情况

通过芽接的方法，更新繁殖桃种质资源100余份，均已在2011—2015年定植于资源圃内。每年对资源圃内保存的400余份桃种质资源进行品种性状鉴定，在鉴定评价过程中，筛选出了一些品质突出、或抗性突出、或特异性状的优异种质应用于生产或育种中。美国油桃品种Legrand：果实椭圆形，平均单果重190 g，大果重210 g，果肉黄色，硬溶质，风味甜酸，离核，可溶性固形物含量13%，北京市农林科学院林业果树研究所2013年国审品种"瑞光28号"以此资源为母本。晚蜜：果实近圆形，果型大，平均单果重230 g，大果重350 g，完熟后多汁，风味浓甜，有淡香味，可溶性固形物含量12%～16%，较耐贮运。和尚帽：果实近圆形，平均单果重181 g，大果重213 g，硬肉桃，可溶性固形物含量14%（图2）。

| Legrand | 晚蜜 | 和尚帽 |

图2　优质桃种质资源

对入资源圃保存的400余份桃资源进行了抗寒性评价，冻害级别达到3级以上的53份种质资源，建议育种者在选用做亲本时，考虑到其抗寒性差的因素，谨慎使用；其中，的Flordaprince、BR3、Sunon、Flordaking、Sunraycer、Earligrand、Tropicsnow、Flordagrande、Vallegrande、Pampeano、Sunwright、台湾脆桃6号、Sunsplash、Desert Red、Flordaguard、安康毛桃、Mafim、昆旺毛桃、南山贡桃、南山甜桃1号、南山甜桃6号共21个品种为短需冷量品种，可作为选育南方低纬度地区专用品种和北方温室专用品种的亲本进行利用；金世纪、晚世纪、霞晖7号、早魁蜜、早硕蜜和中华寿桃6个品种为近年来新育成品种，不建议北方地区生产上推广。

草莓种质资源农艺性状鉴定评价115份，品质性状鉴定100份，抗寒性鉴定103份。根据快速叶绿素荧光动力学，将103份资源划分为4类：全绿1类属抗寒性较强品种（Fv/Fm≥0.75），共19个；全绿2类属抗寒性中等品种（0.75＞Fv/Fm≥0.70），共36个；全绿3类（0.70＞Fv/Fm≥0.65）属抗寒性较差品种，共28个；全绿4类属抗寒性差品种（Fv/Fm＜0.65），共20个。在鉴定评价过程中，筛选出了一些品质突出、或抗性突出、或特异性状的优异种质应用于生产或育种中。筛选出具有桃香味草莓种质2份、果面粉红种质1份、具有品质好四季草莓种质1份。京桃香：植株生长势较强，株态半开张，株高10.8 cm，叶椭圆形，绿色。果实圆锥形或楔形，红色，酸甜适中，具有桃香味。可溶性固形物含量为9.5%。桃薰：植株生长势强，果实圆球形，白色，具有桃香味。粉红公主：植株生长势较强，株态半开张。叶圆形，绿色。果实圆锥形或楔形，粉红色，有光泽，甜多酸少，有香味。可溶性固形物含量为10.4%（图3）。

| 京桃香 | 桃薰 | 粉红公主 |

图3 优质草莓种质资源

3. 资源分发与利用情况

2011—2015年，为40多个单位提供各类桃种质资源512份、1 000余份次，分别进行研究、示范推广等，新品种的示范推广，将优化桃品种结构，提高桃产区果农的经济效益30%～40%。

2011—2015年，共向40家单位或乡镇提供306份，3 700份次草莓种质，年均740份次。

二、主要成效

为国家桃产业技术体系提供了桃种质资源方面的支撑，姜全研究员既是国家果树种质资源桃、草莓圃负责人，又是国家桃产业技术体系首席科学家兼种质资源评价岗位科学家，国家果树种质资源桃、草莓圃成为国家桃产业技术体系进行研究、示范推广等工作的后盾。在2011—2015年与中国农业科学院郑州果树研究所、中国农业大学、河北农业大学培养博士研究生各1名，与中国科学院武汉植物所培养硕士研究生1名。

中国科学院植物研究所和北京市农林科学院林业果树研究所利用国家果树种质桃、草莓资源圃提供的桃种质资源作为研究对象，建立了不同葡萄糖/果糖比例类型的桃品种的糖积累模型，发表SCI论文一篇：Application of a SUGAR model to analyse sugar accumulation in peach cultivars that differ in glucose–fructose ratio[J]. Wu B H，Zhao J B，et al. 2012. Journal of Agricultural Science，（150）：53-63.

北京市延庆区康庄东官坊村是典型的少数民族村，2009年该村村委会牵头第一年种植草莓。根据东官坊村的具体情况，果树种质桃、草莓资源圃提供的6个草莓品种作为该村试栽品种，为其提供了《延庆康庄东官坊村草莓种植科技支撑方案》，方案包括了定植栽培和病虫害防治技术、肥水管理和温湿度控制等常规技术，并定期到村里实地指导。在2010年第五届中国草莓文化节上，中国优质草莓评选中，该村选送的草莓"天香"和"燕香"双双获奖。2012年，在世界草莓大会的草莓评比擂台赛上，延庆区康庄东官坊村种植的草莓"天香"荣获金奖。2012年6月，为了对北京市农林科学院林果所的专家们表示感谢，村书记送来一面锦旗：草莓结硕果，致富依科技。目前，草莓新品种"天香"已经成为北京市延庆地区的主栽品种之一（图4）。

图4　参加评选优质草莓获奖

以资源圃种质达赛莱克特、卡姆罗莎、红颜、女峰、鬼怒甘为亲本选育的草莓品种燕香、书香、红袖添香、京怡香、京醇香、京泉香、京藏香在邯郸金农庄园进行示范，采用日光温室高垄、膜下滴灌栽培模式。果实采摘从11月起到翌年5月，亩收入可达10多万元。

三、展望

1.建立健全资源提出信息反馈制度

每年提供桃资源的份数较多，但由于桃生长周期长，往往资源分发利用后获得成果时期也较长，因此，获得资源利用成果反馈信息很困难。建议健全资源提供利用信息反馈的管理办法，以利于明确我国桃资源的需求及利用效果。

2.加强品种繁殖更新管理

由于草莓重茬会导致生长势衰弱、种性退化，因此每年需进行繁殖更新，保证顺利更新的前提是有足够健康新鲜植株，这就加大了资源在栽培池混杂的风险。另外，圃地保存，受自然环境影响很大，近些年，一些恶劣的灾害性天气频发，对资源安全威胁较大。建议进行资源复份保存。

附录：获奖成果、专利、著作及代表作品

主要代表作品

董静，张运涛，王桂霞，等. 2015. 日光温室条件下4份森林草莓（*Fragaria vesca*）种质资源主要植株、果实性状比较[R]. 草莓研究进展（四），228-233.

王桂霞，张运涛，董静，等. 2015. 4个草莓品种在北京引种表现[R]. 草莓研究进展（四），272-275.

王富荣，何华平，赵剑波，等. 2011. 适于AFLP分析用的桃韧皮部DNA提取方法[J]. 安徽农业科学，39（16）：9503-9504，9521.

王桂霞，董静，钟传飞，等. 2011. 不同草莓品种原种苗和一代苗的畸形果率比较试验[J]. 北方园艺，（22）：29-30.

王桂霞，张运涛，董静，等. 2012. 草莓日光温室栽培新品种书香的选育[J]. 中国果树，（2）：15-17.

于广水，郭继英，姜全，等. 2012. 极晚熟蟠桃新品种瑞蟠21号在北京市平谷区的栽培表现[J]. 北京农业，（3）：46-47.

于广水，郭继英，姜全，等. 2012. 晚熟油桃新品种"瑞光39号"的主要性状及栽培技术要点[J]. 落叶果树，44（5）：31-32.

张运涛，王桂霞，董静，等. 2015. 15个日本草莓品种果实挥发性物质的分析[J]. 草莓研究进展（四），105-110.

Dong Jing, Zhang Yuntao, Tang Xiaowei, et al. 2013. Differences in volatile ester composition between *Fragaria × ananassa* and *F. vesca* and implications for strawberry aroma patterns[R]. Scientia Horticulturae, 150（4）：47-53.

Chang L, Zhang Z, Zhang Y, et al. 2012. Isolation of DNA-methyltransferase genes and their promoter sequences from strawberry（*Fragaria × ananassa* Duch.）[J]. Acta Horticulturae（ISHS），926：85-90.

Chang L, Zhang YT, Wang GX, et al. 2013. The effects of exogenous methyl jasmonate on *FaNES1* gene expression and the biosynthesis of volatile terpenes in strawberry（*Fragaria × ananassa* Duch.）fruit[J]. Journal of Horticultural Science & Biotechnology, 88（4）：393-398.

Wang G, Zhang Y, Dong J, et al. 2012. Study of volatile compound contents in a progeny issued from cross between 'Camarosa' and 'Benihoppe'[J]. Acta Horticulturae（ISHS），926：65-71.

Wang GX, Chang LL, Zhang LX, et al. 2014. Preliminary study on the inheritance of volatile organic compounds in 40 F_1 hybrid strawberry（*Fragaria × ananassa* Duch.）progeny from a 'Camarosa'（♀）× 'Benihoppe'（♂）cross[J]. Journal of Horticultural Science & Biotechnology, 89（3）：307-311.

Wu BH, Quilot B, Génard M, et al. 2012. Application of a SUGAR model to analyse sugar accumulation in peach cultivars that differ in glucose–fructose ratio[J]. Journal of Agricultural Science, 150：53-63.

Wu Benhong, Zhao Jianbo et al, 2012. Application of a SUGAR model to analyse sugar accumulation in peach cultivars that differ in glucose–fructose ratio[J]. Journal of Agricultural Science, 2012, （150）：53-63.

Zhang Y, Wang G, Dong J, et al. 2012. Comparison of aroma compounds of 3 newly-released strawberry cultivars and their parents[J]. Acta Horticulturae（ISHS），926：73-77.

附表1　2011—2015年期间新收集入中期库或种质圃保存情况

填写单位：北京市农林科学院林业果树研究所
联系人：姜全

作物名称	目前保存总份数和总物种数（截至2015年12月30日）				2011—2015年期间新增收集保存份数和物种数			
	份数		物种数		份数		物种数	
	总计	其中国外引进	总计	其中国外引进	总计	其中国外引进	总计	其中国外引进
桃	485	155	6	0	85	17	5	3
草莓	385	250	7	0	85	38	3	1
合计	870	405	13	0	170	55	8	4

附表2　2011—2015年期间项目实施情况统计

一、收集与编目、保存			
共收集作物（个）	2	共收集种质（份）	170
共收集国内种质（份）	115	共收集国外种质（份）	55
共收集种子种质（份）		共收集无性繁殖种质（份）	170
入中期库保存作物（个）		入中期库保存种质（份）	
入长期库保存作物（个）		入长期库保存种质（份）	
入圃保存作物（个）	2	入圃保存种质（份）	170
种子作物编目（个）		种子种质编目数（份）	
种质圃保存作物编目（个）		种质圃保存作物编目种质（份）	
长期库种子监测（份）			
二、鉴定评价			
共鉴定作物（个）	2	共鉴定种质（份）	215
共抗病、抗逆精细鉴定作物（个）		共抗病、抗逆精细鉴定种质（个）	
筛选优异种质（份）			
三、优异种质展示			
展示作物数（个）	2	展示点（个）	
共展示种质（份）		现场参观人数（人次）	
现场预订材料（份次）			
四、种质资源繁殖与分发利用			
共繁殖作物数（个）	2	共繁殖份数（份）	170
种子繁殖作物数（个）		种子繁殖份数（份）	
无性繁殖作物数（个）	2	无性繁殖份数（份）	170
分发作物数（个）	2	分发种质（份次）	4 800
被利用育成品种数（个）		用种单位数/人数（个）	
五、项目及产业等支撑情况			
支持项目（课题）数（个）		支撑国家（省）产业技术体系	1
支撑国家奖（个）		支撑省部级奖（个）	
支撑重要论文发表（篇）		支撑重要著作出版（部）	

桃、草莓种质资源（南京）

俞明亮　沈志军　赵密珍　马瑞娟　袁华招　蔡志翔

王　静　严　娟　蔡伟健　许建兰　于红梅

（江苏省农业科学院园艺研究所，南京，210014）

"十二五"期间，在农业部"农作物种质资源保护与利用"专项的稳定资助下，国家果树种质南京桃、草莓圃的各项工作（收集保存、鉴定评价、创新利用）有序开展，种质资源得到安全保存（图1和图2）。截至到2015年12月，南京资源圃共收集保存桃种质资源645份，草莓种质资源356份，资源保存数量突破1000份。

图1　桃资源圃现状

图2　草莓资源圃现状

一、主要进展

1. 收集引进

"十二五"期间，国家果树种质南京桃、草莓圃共收集桃种质资源56份，草莓种质资源56份，合计112份；与2010年相比，桃、草莓种质资源保存数量提高了13%。

桃、草莓种质资源收集的重点是野生资源和地方品种资源。收集的56份桃种质资源中，含野生资源15份（27%）、地方品种25份（45%）、育成品种16份（23%）；其中国内资源46份（82%），国外资源10份（18%）。收集的56份草莓种质资源中，含野生资源40份（71%）、地方品种2份（4%）、育成品种14份（25%）；其中国内资源44份（79%），国外资源12份（21%）。

收集引进的桃种质资源中，比较有特色的有：$DBF\_$基因型红肉桃资源4份（来自湖北省和云南省），$bfbf$基因型红肉桃资源6份（来自浙江省和江苏省），短低温毛桃资源4份

（来自福建省和广东省深圳市），极抗寒的珲春桃资源3份（来自吉林省）。这些特异种质资源的收集引进增加了桃种质资源的遗传多样性（图3）。

收集引进的草莓种质资源中，比较有特色的有：西藏自治区林芝色季拉山上采集的18份野生草莓，这些资源分属黄毛草莓（*Fragaria nilgerrensis*）、高原草莓（*F. tibetica*）和西南草莓（*F. moupinensis*）三个种；美国引进的2份野生草莓（'Hawaii 4 S7-1'、'Hawaii4-4'），属于森林草莓（*F. vesca*）。内蒙古自治区、四川省采集的野生资源7份，其中有五叶草莓（*F. pentaphylla*）和东北草莓（*F. mandschurica*）（图4）。"十二五"期间，资源圃首次收集并保存了高原草莓和西南草莓2个种质，草莓资源保存的种质由13个增加为15个。

图3　浙江省、福建省桃种质资源收集　　　　图4　西南地区草莓种质资源的收集

2. 鉴定评价

按照《桃种质资源描述规范与数据标准》，对60份桃种质资源进行了果实经济性状、植物学特征和生物学特性的系统鉴定评价；并重点围绕物候期、自交结实率、自然结实率、果实经济性状等性状，开展了补充鉴定评价。筛选出桃优异种质资源6份（图5），分别为：窄叶桃亲本资源"BYDOP7029"，全红着色的亲本资源"TX4D170"，短低温优良品种"春蜜"，果实综合性状优良的品种"岭凤"和"UFO4"，*bfbf*基因型的红肉桃种质"丽水桃15号"。在鉴定评价的基础上，共完成64份桃种质资源的编目与入圃保存。

按照《草莓种质资源描述规范与数据标准》，对75份草莓种质资源进行了系统的物候期、植物学性状及果实性状的鉴定评价，并对草莓种质资源的耐逆性（耐低温、耐高温、耐弱光）、抗病虫性（抗灰霉病、抗白粉病、抗红蜘蛛）等性状进行了补充鉴定评价。筛选出草莓优异种质资源12份（图6），分别为：果实综合性状良好的"大春香"、"富丽""红香""高良5号""丽红""熊本""石莓7号"；果肉颜色深红的"中国四季""Kabarla""波兰6号"；极早熟设施栽培品种"黔莓2号"；大果型亲本资源"玛拉奇156"。在鉴定评价的基础上，共完成58份草莓种质资源的整理与编目。

图5　桃优异种质资源

图6　草莓优异种质资源

3. 分发供种

"十二五"期间，向科研院所、生产单位提供种质资源实物共享1 001份次，其中桃639份次，草莓362份次。实物共享利用中，用于科研试材或育种亲本的资源约占50%，用作生产推广利用的资源约占50%。

为促进桃草莓种质资源的共享利用，连续5年，在桃、草莓种质资源成熟季节，开展优异种质资源集中展示，共展示桃、草莓种质资源120份（累计400余份次），邀请专业技术人员500余人次前来参加，并针对各年度的产业现状，开展优异种质资源介绍和配套栽培技术相关的专题讲座（图7）。优异种质资源的展示得到诸多媒体的关注，获得报道40

余次，提升了资源圃的影响力。

图7 桃、草莓优异种质资源展示活动

4. 安全保存

为确保桃、草莓种质资源的安全保存，主要从3个方面开展工作。

（1）及时更新。在跟踪调查植株生长状态的基础上，采用春季直接和夏季芽接的方法，繁殖更新桃种质资源127份；采用茎尖培养和组培复壮的方法，更新复壮草莓种质资源110份（图8）。

（2）改善资源保存条件。桃树的保存使用宽行起垄种植的方法，配合使用行间生草，并在秋季大量施用有机肥，改善园区土壤条件。草莓种质资源的箱体保存，每年更换一次基质，确保植株的健壮生长。

（3）建立草莓野生资源和优异资源的离体保存库。针对部分野生草莓资源和特异资源难以越冬和越夏的问题，建立120份草莓种质资源试管苗保存库，并按期进行继代培养。

图8 桃、草莓种质资源的繁殖更新

二、主要成效

"十二五"期间，桃、草莓种质资源保护与利用主要取得如下成效。

1. 支撑科研项目

桃、草莓种质资源的分发利用支撑了20余个科研项目的实施。向浙江大学提供的水蜜桃资源和杂交组合群体，支撑了国家"863"子课题1项、国家自然科学基金2项、其他桃相关课题3项，发表SCI论文4篇。向青岛市农业科学院提供的桃砧木资源，为国家桃产业技术体系桃砧木育种研究提供了基础，并筛选出GF677等抗重茬的砧木资源。为国家桃产业技术体系鲜食桃品种选育、桃花果管理、各地区综合试验站的相关研究提供了亲本资源和试验品种。桃、草莓种质资源还为本资源圃的3项国家自然科学基金提供了研究试材。此外，资源圃还为江苏省、浙江省、安徽省等省的桃、草莓农业技术推广和新品种引种项目提供了品种支撑。

2. 支撑品种选育

利用资源圃保存的桃、草莓种质资源作为亲本，培育出"紫金红3号""金陵黄露""霞晖6号""霞晖8号""霞脆""金陵锦桃"6个桃品种，培育出"宁露""紫金四季""紫金香玉""宁红""紫金久红"5个草莓品种。

3. 支撑科技成果

在桃、草莓种质资源研究与利用的基础上，《设施草莓新品种与新技术的示范推广》获得江苏省农业技术推广奖二等奖（2011年），《桃优异资源发掘与创新利用》获得江苏省科学技术奖二等奖（2013年）。

4. 支撑产业发展

向苏南桃产区提供"金霞油蟠"、"紫金红3号"等优良品种资源10个用于避雨设施栽培，并提供相应技术支撑，取得良好的经济效益，亩产值达3万元（图9）。向苏北桃产区提供"霞脆""霞晖6号""霞晖8号"等优良品种，为地方桃品牌建设提供了支撑，成功打造了"南有阳山、北有新沂"的江苏省桃产业格局。耐贮运桃"霞脆"在全国范围内的生产利用，取得良好效果，现已经在全国8个省逐步推广利用，并在云南省和山东通过地方认定或鉴定。草莓资源圃向种植户提供优良种质，在江苏省多个市县、国内的浙江省、安徽省、山东省、福建省等省份草莓生产中得到进一步应用，取得了良好的社会经济效益，如连云港东海引进"全明星"草莓，通过扩繁种苗，每母株繁殖子苗120株以上，每亩收入1.5万元；无锡宜兴引进"宁玉"、"红颊"等品种，结合早熟与品质优势，既能提早20d出售高价草莓（35元/500g），又能以高品质草莓占领后期市场，平均亩收入3

万元。浙江省杭州富阳栽植"宁丰"，表现为早熟、果实大、果色好、风味甜、单价高，亩产可达2500kg，"宁丰"的应用可为莓农增加可观的收入，效益显著（图10）。

图9　苏南桃避雨设施栽培

图10　草莓品种"宁丰"在南方产区的育苗与生产应用

三、展望

农作物种质资源的保护与利用是一项基础性的公益研究工作，需要稳定的经费支撑、坚实的硬件保障、稳定的团队成员。国家果树种质南京桃、草莓圃，一直将种质资源工作作为其他研究开展的核心基础，农业部"保种专项"给予了稳定的经费支持，江苏省农业科学院也从资源圃的用地、资源研究团队的培养等方面给予充分保障。然而，"保种工作"的成本也在逐年增加，尤其以用工成本增幅最快，按照正常的田间管理，占地100亩的资源圃每年用工数超过3600个，且需要整形修剪、嫁接繁殖、组织复壮等方面的专业技术人员。因此，"十三五"期间将需更多"保种"经费支持。

　　"十二五"期间，国家果树种质南京桃、草莓资源圃将野生资源和地方品种的收集作为重点，共收集野生和地方品种资源82份，有效增加了种质资源的遗传多样性。"第三次全国农作物种质资源普查与收集行动"是南京桃、草莓资源圃资源收集的机遇，资源圃将积极组织人员，参加普查与收集。然而，不同物种资源的普查与收集的最佳时期存在差异，资源圃在积极参加和加强衔接的过程中，需要得到各省牵头部门的支持。

附录：获奖成果、专利、著作及代表作品

获奖成果

1. 设施草莓新品种与新技术的示范推广，获2011年江苏省农业技术推广奖二等奖。
2. 桃优异资源发掘与创新利用，获2013年江苏省科学技术奖二等奖。

主要代表作品

陈霏，马瑞娟，沈志军，等.2011.基于SSR标记的观赏桃亲缘关系分析[J].果树学报，28（4）：580-585.

蔡志翔，许建兰，张斌斌，等. 2013. 桃不同砧木类型对持续干旱的响应及其抗旱性评价[J].江苏农业学报，29（4）：851-856.

董清华，王西成，赵密珍，等.2011.草莓EST-SSR标记开发及在品种遗传多样性分析中的应用[J].中国农业科学，44（17）：3603-3612.

马瑞娟，张斌斌，蔡志翔，等.2013.不同桃砧木品种对淹水的光合响应及其耐涝性评价[J].园艺学报，40（3）：409-416.

沈志军，马瑞娟，俞明亮，等.2012.桃三种肉色类型果实抗氧化因子的比较分析[J].中国农业科学，45（11）：2232-2241.

沈志军，马瑞娟，俞明亮，等.2013.国家果树种质南京桃资源圃初级核心种质构建[J].园艺学报，40（1）：125-134.

严娟，蔡志翔，沈志军，等.2014.桃3种颜色果肉中10种酚类物质的测定及比较[J].园艺学报，41（2）：319-328.

严娟，蔡志翔，沈志军，等.2015.黄肉桃果实中类胡萝卜素提取和测定方法研究[J].果树学报，32（6）：1267-1274.

颜少宾，蔡志翔，俞明亮，等.2013.桃果实发育阶段肉色形成与类胡萝卜素的变化分析[J].西北植物学报，33（3）：613-619.

张斌斌，马瑞娟，蔡志翔，等.2013.3个桃砧木品种对淹水的光合生理响应特征[J].西北植物学报，33（1）：146-153.

张斌斌，马瑞娟，沈志军，等.2011.窄叶桃叶片秋季光合特性研究[J].果树学报，28（5）：763-769.

Shen Z J，Ma R J，Cai Z X，et al. 2015. Diversity，population structure，and evolution of local peach cultivars in China identified by simple sequence repeats[J]. Genetics and Molecular Research，14（1）：101-117.

附表1　2011—2015年期间新收集入中期库或种质圃保存情况

填写单位：江苏省农业科学院园艺研究所

联系人：俞明亮

作物名称	目前保存总份数和总物种数（截至2015年12月30日）				2011—2015年期间新增收集保存份数和物种数			
	份数		物种数		份数		物种数	
	总计	其中国外引进	总计	其中国外引进	总计	其中国外引进	总计	其中国外引进
桃	645	210	6	0	56	10	0	0
草莓	356	228	15	5	56	12	2	0
合计	1 001	438	21	5	112	22	2	0

附表2　2011—2015年期间项目实施情况统计

一、收集与编目、保存

共收集作物（个）	2	共收集种质（份）	112
共收集国内种质（份）	90	共收集国外种质（份）	22
共收集种子种质（份）	1	共收集无性繁殖种质（份）	111
入中期库保存作物（个）	0	入中期库保存种质（份）	0
入长期库保存作物（个）	0	入长期库保存种质（份）	0
入圃保存作物（个）	2	入圃保存种质（份）	122
种子作物编目（个）	0	种子种质编目数（份）	122
种质圃保存作物编目（个）	2	种质圃保存作物编目种质（份）	122
长期库种子监测（份）			

二、鉴定评价

共鉴定作物（个）	2	共鉴定种质（份）	135
共抗病、抗逆精细鉴定作物（个）	0	共抗病、抗逆精细鉴定种质（个）	0
筛选优异种质（份）	18		

三、优异种质展示

展示作物数（个）	2	展示点（个）	2
共展示种质（份）	120	现场参观人数（人次）	560
现场预订材料（份次）	80		

四、种质资源繁殖与分发利用

共繁殖作物数（个）	2	共繁殖份数（份）	227
种子繁殖作物数（个）	0	种子繁殖份数（份）	0
无性繁殖作物数（个）	2	无性繁殖份数（份）	227
分发作物数（个）	2	分发种质（份次）	1 001
被利用育成品种数（个）	11	用种单位数/人数（个）	5

五、项目及产业等支撑情况

支持项目（课题）数（个）	22	支撑国家（省）产业技术体系	1
支撑国家奖（个）	0	支撑省部级奖（个）	2
支撑重要论文发表（篇）	16	支撑重要著作出版（部）	0

枣、葡萄种质资源（太谷）

李登科　马小河　王永康　赵旗峰　隋串玲　任　瑞　赵爱玲　董志刚

（山西省农业科学院果树研究所，太谷，030815）

一、主要进展

1. 收集引进与入圃保存

2011—2015年间收集枣种质资源2个种2个变种共162份、葡萄3个种共149份。通过定植或高接观察，整理枣种质148份和葡萄143份入保存圃长期保存。截至2015年年底，山西省农业科学院果树研究所种质资源圃共保存国内外枣和葡萄2个属16个种的种质资源1 297份。集中开展了华北山区枣资源的系统调查收集，包括太行山、吕梁山、燕山和中条山4大山脉，为枣的原产中心和演化中心，许多地方地方品种内部存在大量的自然变异类型。如在吕梁山区木枣产区收集到了23份木枣的变异株系，在太行山区收集到了11份赞皇大枣的变异株系，另外收集了果形特异的种质有驴奶奶枣、榆次奶头枣（图1）、花花枣（萼片宿存）、清徐蘑菇枣（图2）等，无核枣变种有临县软核枣等。收集复叶葡萄等野生资源16份；收集国内外优异鲜食葡萄资源59份，酿酒葡萄资源20份，葡萄砧木资源32份。鲜食葡萄品种资源中，以早熟、大粒、无核、带玫瑰香味等经济学性状突出的品种居多，对于我国鲜食葡萄品种更新换代，葡萄市场供应期的延长具有重要意义；酿酒葡萄、砧木资源收集可为区域酿酒葡萄育种工作提供材料，为葡萄品种抗逆性状改良、砧穗互作等研究工作的开展奠定基础。

图1　榆次奶头枣

图2　清徐蘑菇枣

2. 鉴定评价

2011—2015年间共对保存圃内291份资源（枣155份，葡萄136份）的树势、萌芽期、花期、结实率等植物学性状和生物学特性34个数据项进行了系统调查和鉴定评价，共采集整理数据5万多个，更新数据库数据约1万个。

制订了农业部行业标准《枣种质资源描述规范和标据标准》和《农作物种质资源鉴定评价技术规范 枣》。连续多年调查枣种质资源抗裂果能力、抗病虫性以及抗寒性等抗性性状，室内抗裂果鉴定资源24份，筛选抗裂品种7份。筛选出了优异枣种质27份，如枣庄贡枣（图3）极早熟、丰产、鲜食品质极佳，在山西省、山东省等省份发展迅速，已成为当地发展鲜食枣的更新换代型主栽品种；北京酸枣（图4）为含酸量极高（≥2%）的特异资源，是研究枣果酸品质的特异种质。筛选特异葡萄种质20份，如夏黑无核（图5）早熟、无核、品质较好、丰产、抗病，商品性好，在生产中已大面积种植；里扎马特（图6）果皮薄、色泽艳丽、果肉松脆、味甜酸适口，品质佳，适宜设施栽培，是大粒、品质育种材料。碧香无核抗寒、抗病力较强，适宜于寒冷地区栽培。

图3　枣庄贡枣　　　　　　　　　　图4　北京酸枣

图5　夏黑无核　　　　　图6　里扎马特　　　　　图7　碧香无核

3. 分发供种

"十二五"期间为西北农林科技大学、北京林业大学、山西恒丰枣业公司、新疆阿拉尔巴山公司等66个单位提供枣资源材料596份、1 200份次，主要用于育种、遗传多样性研究、引种和生产直接利用，为新疆地区大规模提供优良枣品种接穗，繁育良种苗木，社会经济效益显著；为山西农业大学、陕西师范大学、戎子酒庄等52个单位提供各类葡萄种质资源168份、1 180份次。

积极参加农博会、园艺博览会、农展会等会议，设立枣葡萄优异资源图片和果实展位，或组织果农参观资源圃，田间展示枣葡萄优异种质资源，共展示优异资源76份，现场参观人数3 400人次，现场预订材料1 260份次，取得了良好社会效益和宣传效果。

4. 安全保存

（1）田间常规管理与更新复壮。按照《太谷枣葡萄种质资源圃管理细则》，对树势衰弱进行更新复壮复壮外，做好肥水管理、架面管理、病虫害防治等田间管理方面，保证了圃内资源安全、健康生长发育。5年间通过落头开心、整形修剪、土肥水管理以及病虫害防控等进行对吕梁木枣、赞皇大枣、交城甜酸枣等238份枣种质，梅鹿辄R3、索味浓、胡桑等199份葡萄资源树进行了更新复壮修或葡萄剪压条繁殖更新，加强了土肥水管理，使树体营养状况得到了改善，增强了树势。资源更新圃建设和管理，加强更新圃管理，对缺株进行补植补接，幼树采取拉枝和树形培养等整形修剪措施和常规管理。

（2）物联网技术在枣种质资源监管的应用。2011年物联网发展专项资金"山西省农业科学院果树研究所中国枣种质资源监管系统的应用与推广"项目首次将物联网技术应用于枣种质资源保护利用，构建枣种质资源监管物联网总体架构，建设了国内枣种质研究和生产的监管平台，部署田间监测设备形成枣种质生产监测物联网，实现对枣树田间管理过程的监控，形成了枣树种质资源监管的规范体系，建立了枣树生产信息化应用示范验证系统。

（3）无病毒葡萄种质资源保存与繁殖圃网室的建设。2014年开始承担国家种子工程"国家种质太谷枣、葡萄圃改扩建项目"，完成768m²葡萄无病毒种质保存繁殖网室的建设，无病毒葡萄苗木的应用已成为今后葡萄生产的主要方向之一，建立无病毒葡萄种质资源保存与繁殖圃网室，保存和繁育无病毒葡萄资源原种，有助于扩大资源的共享利用规模，提高服务质量水平。

二、主要成效

1. 资源利用情况

（1）支撑科研项目。为河北农业大学、北京林业大学、山西农业大学、山西省林业科学院以及山西省农业科学院所属研究所等单位承担的科研项目提供试验材料和试验观察基地，承担国家和省部级科研项目25项，主要包括国家科技支撑计划、种子工程、科技基础性工作专项、林业科技行业专项、科技成果转化、省自然基金、省青年基金、省科技攻关、省科技创新重点团队和重点实验室等。河北农业大学承担国家科技支撑计划项目开展枣倍性育种工作，在枣资源内利用200份种质，通过田间化学诱变处理，建立了枣诱变育种方法，筛选出了一批多倍体育种材料。北京林业大学利用枣资源圃500余份材料通过DNA分子标记开展枣遗传多样性和核心种质构建研究，建立了枣种质资源指纹图谱数据库，对品种准确鉴定打下了坚实基础。

（2）支撑产业体系。枣资源圃支撑山西省干果产业技术体系，李登科研究员为产业体系首席专家，带领团队开展系统调研，及时提供产业发展最新信息，推荐制定山西省干果产业主导品种和主推技术，并具体指导实施，应急处理生产中面临的各种重大自然灾害。

葡萄资源圃承担国家葡萄产业体系葡萄产业技术体系栽培研究室酿酒葡萄栽培岗位专家和太谷综合试验站，开展基础研究、前瞻性研究和应急性任务，并为其他研究室和试验站提供优良品种资源，促进了山西省和全国葡萄产业健康发展。

利用枣资源圃优异资源，为枣产业合作社和公司企业提供品种和技术支持，在新疆阿拉尔、甘肃八一农场、甘肃孙家滩国家农业科技园区和山西省临猗县、临县等地建立了优质高效生产基地，取得显著经济社会效益。5年间，先后为118个科研、高等院校、企业公司以及政府机构提供枣和葡萄种质资源467份/2 380份次。

2. 取得的主要成果

支撑项目成果获奖2项，其中国家科技进步二等奖1项（图8），省科技进步一等奖1项（图9）。审定枣和葡萄新品种6个，其中国审2个。出版国家级著作2部。制定农业部行业标准2个。发表学术论文11篇，其中ISTP收录3篇，国家核心期刊以上9篇。

枣种质资源圃工作作为主体成果之一的"枣育种技术创新及系列新品种选育与应用"项目获2011年度国家科技进步二等奖。枣资源圃参与审定和分发利用的优异资源金昌1号现已成为我国枣主产区的主推品种，获2014年山西省科技进步一等奖。

图8　国家科技进步二等奖　　　　图9　山西省科技进步一等奖

山西省农业科学院果树研究所葡萄育种课题组利用优良葡萄种质资源瑰宝、秋红、无核白鸡心等，进行杂交育种，培育出晚熟葡萄新品种无核翠宝（图10）、晚黑宝（图11）、中晚熟葡萄新品种晶红宝（图12），于2011年和2013年分别通过山西省农作物品种审定委员会审定。

图10　无核翠宝　　　　图11　晚黑宝（四倍体）　　　　图12　晶红宝

3.典型事例

（1）孙家滩国家农业科技园区枣优良品种示范基地建设。在宁夏回族自治区吴忠市孙家滩国家农业科技园区建立壶瓶枣、北京鸡蛋枣、山东梨枣、蜂蜜罐、临汾蜜枣、太谷鸡心蜜、冷白玉、金谷大枣、晋赞大枣、六月鲜等30多个枣优良品种示范基地（图13），并常年提供技术指导，为国家枣种质资源圃优良品种推广示范起到了重要作用，促进了当地枣产业健康和可持续发展。

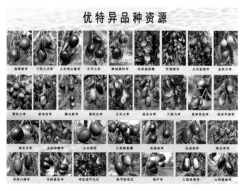

图13　宁夏回族自治区吴忠市孙家滩国家农业科技园区枣优良品种示范基地

（2）尧京酒庄基地建设。2013—2015年，山西省光大集团利用国家种植太谷葡萄圃赤霞珠、梅鹿辄、马赛兰、霞多丽等优良酿酒葡萄品种资源，建立灌溉完全采用滴灌、副梢管理、冬季修剪、冬季埋土防寒、病虫害防控等完全机械化的标准化酿酒葡萄基地2000余亩，2015年已正式投产。

三、展望

1. 开展枣和葡萄原产中心和演化中心种质资源系统调查

该区域种质类型丰富，依然存在大量资源尚未收集，且大多位于边远山区，交通不便，收集困难较大，需要有步骤、分阶段对重点区域进行调查，及时收集珍稀优异资源，防治资源灭绝丢失。

2. 进一步加强枣和葡萄鉴定评价工作

种质资源利用的关键性状如育种特性、抗逆特性、抗病性状、功能性营养成分、果实物性等性状的精确鉴定力度不够，进一步采用新技术、新方法，提高鉴定评价技术水平，筛选具有特异性状和较高利用价值的特异资源，为育种和生产提供试验材料和优良品种。

3. 提高资源共享利用质量水平

加强缺项数据补充采集，提高数据库数据质量，完善数据库和网络信息平台的日常维护工作，提高信息共享水平。加大资源圃和优异资源宣传展示力度，搭建资源提供者和利用者之间的桥梁，提升种质资源利用成效。

附录：获奖成果、专利、著作及代表作品

获奖成果

1. 枣育种技术创新及系列新品种选育与应用，获2011年度国家科技进步二等奖。

2. 国审金昌1号枣树新品种选育及示范推广，获2014年度山西省科技进步一等奖。

审定品种

1. 金谷大枣. 2013. 编号：国S-SV-ZJ-014-2013.

2. 金昌1号（枣）. 2013. 编号：国S-SV-ZJ-015-2013.

3. 临黄1号（枣）. 2014. 编号：晋S-SC-ZJ-020-2014.

4. 无核翠宝（葡萄）. 2011. 编号：晋审果（认）2011001.

5. 晚黑宝（葡萄）. 2013. 编号：晋审果（认）2013005.

6. 晶红宝（葡萄）. 2013. 编号：晋审果（认）2013006.

制订标准

1. 李登科，王永康，江用文，等. 2013. 农作物种质资源鉴定评价技术规范 枣. 中华人民共和国农业部。

2. 李登科，王永康，熊兴平，等. 2015. 枣种质资源描述符. 中华人民共和国农业部。

著作

李登科，田建保，牛西午. 2013. 中国枣品种资源图鉴[M]. 北京：中国农业出版社.

刘崇怀，马小河，武岗. 2014. 中国葡萄品种[M]. 北京：中国农业出版社.

主要论文

马小河，赵旗峰，董志刚，等. 2013. 鲜食葡萄品种资源果实数量性状变异及概率分级[J]. 植物遗传资源
学报，14（6）：1185-1189.

王永康，吴国良，赵爱玲，等. 2014. 枣种质资源的表型遗传多样性[J]. 林业科学，50（10）：33-41.

Zhao A L，et al. 2013. Study on the Content of Polysaccharides in Different Cultivars，Different Growing
Periods and Different Organs in Jujube[J]. Acta Horticulturae，993，19-224.

附表1　2011—2015年期间新收集入中期库或种质圃保存情况

填写单位：山西省农业科学院果树研究所
联系人：王永康（枣），黄丽萍（葡萄）

作物名称	目前保存总份数和总物种数（截至2015年12月30日）				2011—2015年期间新增收集保存份数和物种数			
	份数		物种数		份数		物种数	
	总计	其中国外引进	总计	其中国外引进	总计	其中国外引进	总计	其中国外引进
枣	728	6	2	1	162	0	2	0
葡萄	569	335	14	1	149	50	4	4
合计	1 297	341	16	2	311	50	6	4

附表2　2011—2015年期间项目实施情况统计

一、收集与编目、保存			
共收集作物（个）	2	共收集种质（份）	196
共收集国内种质（份）	146	共收集国外种质（份）	50
共收集种子种质（份）	0	共收集无性繁殖种质（份）	196
入中期库保存作物（个）	0	入中期库保存种质（份）	0
入长期库保存作物（个）	0	入长期库保存种质（份）	0
入圃保存作物（个）	2	入圃保存种质（份）	196
种子作物编目（个）	0	种子种质编目数（份）	0
种质圃保存作物编目（个）	2	种质圃保存作物编目种质（份）	289
长期库种子监测（份）	0		
二、鉴定评价			
共鉴定作物（个）	2	共鉴定种质（份）	291
共抗病、抗逆精细鉴定作物（个）	2	共抗病、抗逆精细鉴定种质（份）	24
筛选优异种质（份）	47		
三、优异种质展示			
展示作物数（个）	2	展示点（个）	2
共展示种质（份）	76	现场参观人数（人次）	3 400
现场预订材料（份次）	1 260		
四、种质资源繁殖与分发利用			
共繁殖作物数（个）	2	共繁殖份数（份）	467
种子繁殖作物数（个）	0	种子繁殖份数（份）	0
无性繁殖作物数（个）	2	无性繁殖份数（份）	467
分发作物数（个）	2	分发种质（份次）	2 380
被利用育成品种数（个）	6	用种单位数/人数（个）	118/1360
五、项目及产业等支撑情况			
支持项目（课题）数（个）	25	支撑国家（省）产业技术体系	2
支撑国家奖（个）	1	支撑省部级奖（个）	1
支撑重要论文发表（篇）	11	支撑重要著作出版（部）	2

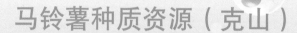

马铃薯种质资源（克山）

宋继玲　刘喜才　孙邦生　刘春生　马　爽

刘卫平　毛彦芝　李凤云　娄树宝

（黑龙江省农业科学院克山分院，克山，161606）

一、主要进展

1.种质资源收集引进

2011—2015年共收集引进马铃薯种质资源3个种（亚种）175份，其中引进国外种质资源82份。经整理全部编入中国马铃薯种质资源目录，并入马铃薯试管苗库保存。

针对国内需要，通过直接或间接渠道共引进国外种质资源82份，其中马铃薯野生种2个种，选育品种（品系）80份。在特性上包括高产、优质、抗病综合性状优良的品种资源，各种抗原材料（病、虫、逆境）以及高淀粉、高蛋白、高维生素C、低还原糖等具优良加工性状的特异种质。经初步鉴定筛选出具有重要利用价值且国内少见的特异种质，如从野生种无茎薯（*S.stoloniferum*）群体中分离出耐-6℃低温的单株系（图1），从小拱薯（*S.mitrodontum*）中分离出对PVX、PVY免疫的株系（图2），从CIP引进的F395046.80等为不含R基因而只含r基因的晚疫病水平抗性的材料等。国内共收集新选育品种33个，地方品种36个，选育品种（品系）24个（图3）。这些种质资源的收集引进，进一步丰富我国马铃薯种质资源多样性，为拓宽育种遗传基础提供了重要的基因来源。

图1　无茎薯（*S.stoloniferum*）四倍体野生种可耐-6℃低温株系

图2　小拱薯（*S.mitrodontum*）二倍体野生种对PVX、PVY免疫的株系

图3　克97-10-6：中晚熟，田间抗晚疫病、抗PVY、PVX病毒

2. 种质资源鉴定评价

5年共完成对235份新收集引进马铃薯种质资源包括形态特征、主要农艺、品质、抗病性共49个性状进行鉴定，编写资源目录，建立数据库。通过鉴定评价筛选出优异种质22份。其中，F395046.50、CIP391058.175、CIP391065.69等不含R基因而只含r基因田间高抗晚疫病的材料10份；LBr-25、AttatiLX41等淀粉含量大于23%的种质4份；炸片品质优异的种质NDD277-2、La01-387等5份，炸条品质优异的种质T962-25、F-7等3份（图4）。这些优异种质是国内极为少见的，在育种和科学研究等方面均具有重要利用价值。

图4　炸片优异种质资源：La01-387（CK：大西洋）

3. 种质资源分发利用

项目期间累积向吉林省农业科学院蔬菜花卉研究所、山东省农业科学院蔬菜花卉研究所、东北农业大学、北大荒马铃薯集团有限公司等58个国内主要育种、科研单位、企业，以及国家马铃薯产业技术体系重点实验室、综合试验站等提供优良马铃薯种质资源200余份共1244份次，满足了国内需求。

据不完全统计，利用该圃提供的优异种质作亲本，国内育种单位共选育推广新品种13个。其中，黑龙江省农业科学院克山分院利用Aula、克97-10-6等作亲本选育推广高产、抗病、优质马铃薯新品种克新23号、24号、25号、26号；湖北恩施中国南方马铃薯研究中心利用Dorita5186作父本选育推广高产、抗病鲜食型马铃薯新品种鄂马铃薯10号；凉山州西昌农业科学研究所高山作物研究站分别利用390344-8、Serrena、Apat作亲本选育推广高产、优质、抗病新品种川凉薯7号、川凉薯8号、川凉薯9号；黑龙江八一农垦大学брянскийнадежный为父本育成淀粉加工型新品种垦薯1号等。初步统计上述品种累计推广面积1000余万亩，创造了巨大的经济和社会效益。

此外，共向马铃薯种薯企业、马铃薯加工企业和个人提供鲜食、淀粉加工、食品加工等20余个优良品种的脱毒试管苗，优化了企业的品种结构。

在马铃薯主产区黑龙江省克山县、讷河市的省级农业示范园区集中展示优异马铃薯资源55份，收到了良好展示和示范效果，共接待大专院校实习生、中小学生科普教育约800人次（图5），接待国内同行、马铃薯专业合作社（公司）及种植大户的参观考察约600人次（图6）。

图5　克山省级示范园区优异种质资源展示

图6　冬作区（厦门）优异种质展示区

4. 种质资源安全保存

截至2015年12月，国家种质克山马铃薯试管苗库正式入库保存马铃薯种质资源共13个种（含亚种）2 141份，其中国外引进1537份，占71.8%。

严格按照《国家种质克山马铃薯试管苗库管理细则》和《农作物种质资源保存技术规范》要求，加强对国家种质克山马铃薯试管苗库离体试管苗和种质圃保存的种质资源的规范化管理（图7和图8）。通过采用热处理结合茎尖组织培养相结合的方法完成对1650份马铃薯种质资源更新复壮，保证种质资源的健康长势。

图7　更新复壮（茎尖脱毒）　　图8　更新复壮（病毒检测）

二、主要成效

2011—2015年累积向国内主要大专院校、育种、科研单位、相关企业，以及国家马铃薯产业技术体系重点实验室、综合试验站等58个单位提供优良马铃薯种质资源200余份共1244份次，满足了国内需要，资源利用成效显著。

据不完全统计，利用该圃提供的优异种质作亲本，国内育种单位共选育推广新品种13个，累计推广面积1000余万亩，产生了巨大的经济、社会效益。通过为马铃薯种薯生产企业、马铃薯淀粉、食品加工企业提供优质高产品种，及大地提高了企业的效益。同时在龙头企业的带动下，促进了地方种植业结构调整和农民收入的增加。

1.案例一

优异种质名称：AMYLEX。

优异性状：田间抗晚疫病，抗PVY、PVX病毒，淀粉含量高（21.5%）。

种质图像（图9）。

图9　优异种质AMYLEX

提供单位：黑龙江省农业科学院克山分院。

利用单位：黑龙江省农业科学院克山分院马铃薯育种课题组。

利用效果：黑龙江省农业科学院克山分院以AMYLEX为母本，以8y-220/1为父本，经有性杂交选育而成早熟、高产、抗病，适于淀粉加工马铃薯新品种克新22号，于2011年经黑龙江省农作物品种委员会审定推广。2015年该品种仅在黑龙江省累计推广面积达30万亩，创社会效益达1.7亿元。

2. 案例二

优异种质名称：LT-5。

优异性状：田间抗晚疫病、高产、高淀粉。

种质图像（图10）。

图10　优异种质LT-5

提供单位：黑龙江省农业科学院克山分院。

利用单位：北大荒马铃薯集团有限公司。

利用效果：北大荒马铃薯集团有限公司以本圃提供的优异种质LT-5作为全粉和淀粉加工原料薯，由于品种高产优质，显著提高企业的经济效益。据北大荒马铃薯集团有限公司提供信息，该公司所属的马铃薯全粉、淀粉加工厂，2015年度净效益1.5亿元，是上两年度的1.5倍（图11）。

图11　北大荒马铃薯集团有限公司淀粉加工品种LT-5专家测产现场

三、展望

1. 马铃薯繁殖中存在问题

马铃薯是无性繁殖作物，一旦感染了病毒，就会在植株体内增殖，并通过输导组织运转、积累到新生营养器官（块茎、试管苗）中，就会一代代（无性世代）传播下去，并逐年加重危害，甚至失去利用价值。马铃薯病毒病的种类较多（已知的30多种，常见的9种），多年来一直是种质资源保存与利用的最大障碍。虽然通过茎尖组织培养的方法可以脱除病毒，但脱毒苗并非无毒苗，试管苗经一段时间的继代培养病毒又会增值，有的种质病毒增值较快（1~2年），这样就需要频繁的进行脱毒→病毒检测→性状鉴定→重新入库复杂的更新复壮程序，马铃薯种质更新复壮任务十分繁重。建议在每年经费预算中根据实际工作量调整该项任务的经费比例。另外，保存技术方面应加强抑制病毒增值技术的研究。

2. 信息反馈难

多数利用者仅反馈被利用种质的名单，实际利用的效果及相关研究结论难于知晓。建议利用者如实反馈种质利用效果和存在的问题等，经过对大量利用信息的汇总、处理与积累，将促进资源的研究和有效利用。

附录：获奖成果、专利、著作及代表作品

获奖成果

无性繁殖作物种质资源收集、标准化整理、共享利用，获2011年度浙江省科技进步二等奖。

主要代表作品

李凤云，蔡兴奎等. 2014.二倍体马铃薯试管苗的培养及对叶肉原生质体融合的影响[J]. 中国马铃薯，（5）：257-263.

刘卫平. 2014.马铃薯脱毒苗的主要病毒检测[J]. 中国西部科技，（5）：70-71.

娄树宝，李庆全等. 2012.马铃薯种质资源晚疫病抗性鉴定与评价[J]. 黑龙江农业科学，12：11-14.

毛彦芝.2013.番茄和马铃薯扩展蛋白研究进展[J].黑龙江八一农垦大学学报，（5）：5-8+47.

附表1　2011—2015年期间新收集入中期库或种质圃保存情况

填写单位：黑龙江省农业科学院克山分院

联系人：宋继玲

作物名称	目前保存总份数和总物种数（截至2015年12月30日）				2011—2015年期间新增收集保存份数和物种数			
	份数		物种数		份数		物种数	
	总计	其中国外引进	总计	其中国外引进	总计	其中国外引进	总计	其中国外引进
马铃薯	2 141	1 537	13	13	235	84	1	1
合计	2 141	1 537	13	13	235	84	1	1

附表2　2011—2015年期间项目实施情况统计

一、收集与编目、保存			
共收集作物（个）	1	共收集种质（份）	175
共收集国内种质（份）	93	共收集国外种质（份）	82
共收集种子种质（份）	0	共收集无性繁殖种质（份）	175
入中期库保存作物（个）	0	入中期库保存种质（份）	0
入长期库保存作物（个）	0	入长期库保存种质（份）	0
入圃保存作物（个）	1	入圃保存种质（份）	235
种子作物编目（个）	0	种子种质编目数（份）	0
种质圃保存作物编目（个）	1	种质圃保存作物编目种质（份）	235
长期库种子监测（份）	0		
二、鉴定评价			
共鉴定作物（个）	1	共鉴定种质（份）	235
共抗病、抗逆精细鉴定作物（个）	0	共抗病、抗逆精细鉴定种质（个）	0
筛选优异种质（份）	22		
三、优异种质展示			
展示作物数（个）	1	展示点（个）	2
共展示种质（份）	55	现场参观人数（人次）	1 500
现场预订材料（份次）	912		
四、种质资源繁殖与分发利用			
共繁殖作物数（个）	1	共繁殖份数（份）	1 650
种子繁殖作物数（个）	0	种子繁殖份数（份）	0
无性繁殖作物数（个）	1	无性繁殖份数（份）	1 650
分发作物数（个）	1	分发种质（份次）	1 244
被利用育成品种数（个）	13	用种单位数/人数（个）	58/170
五、项目及产业等支撑情况			
支持项目（课题）数（个）	2	支撑国家（省）产业技术体系	7
支撑国家奖（个）	0	支撑省部级奖（个）	1
支撑重要论文发表（篇）	0	支撑重要著作出版（部）	0

甘薯种质资源（徐州）

唐　君　周志林　曹清河　赵冬兰　张　安　孙书军　项彩云

（江苏徐淮地区徐州农业科学研究所，徐州，221121）

一、主要进展

1. 收集与入库（圃）

2011—2015年共计收集引进甘薯地方种、生产主推育成品种、特异资源材料及甘薯近缘野生种等共计149分，其中国外引进资源28份，近缘野生种7份（来自于2个种）。搜集引进的资源主要来自广西壮族自治区、贵州省、广东省、中国台湾地区以及美国和国际马铃薯中心。鉴定、编目、入库保存资源110份。截至2015年12月入库保存资源1 209份，其中国外资源300份。现保存甘薯资源有16个种，其中国外引进15个种。"十二五"期间新增甘薯近缘野生种2个：*Ipomoea nil*和*Ipomoea lacunose*，这两个近缘野生种具有较强的抗逆性。

2. 鉴定评价

（1）品质鉴定评价。通过对129个"六五"以来已审（鉴）定的品种进行薯块干物率测定，以徐薯22为对照，鉴定结果：高于对照的品种51个，其中干物率高于30%的品种有11个；综合评价，表现较好的材料有10份：桂薯8号、万薯6号、桂紫薯1号、桂紫薯2号、郑红22、商薯103、川薯73、湘薯19等，其中桂薯8号干物率为38.5%、万薯6号干率为37.0%，达到优异资源的标准，可以作为高干亲本进行育种利用（图1、图2、图3、图4、图5、图6、图7和图8）。

对近年外引的红心甘薯资源，进行薯块产量、干率和萝卜素含量测定。筛选出胡萝卜素含量≥10mg/100g鲜样 的7份，其中Y08-65、Y08-77（TIS9101）胡萝卜素含量分别为14.13 mg/100g鲜样和13.645mg/100g鲜样，可作为高胡萝卜素新品种选育的亲本或中间材料；筛选出烘干率30%以上的材料2份：其中Y08-31烘干率最高，达34.75%，胡萝卜素含量为10.7mg/100g鲜样；产量高于对照徐薯18的材料2份：其中Y08-28烘干率为29.75%，且产量显著高于徐薯18，胡萝卜素含量为10.66mg/100g鲜样，通过适应性试验可以直接进行推广应用，也可作为育种亲本加以利用。同时，也丰富了高胡萝卜素育种亲本材料。

（2）抗病鉴定评价。通过对171份资源连续两年的黑斑病抗性鉴定，筛选出高抗黑斑病材料1份：南紫薯008；抗黑斑病材料16份：桂粉2号、老宅红皮薯、紫罗兰、黑骨薯、绵薯7号、苏薯8号、漂薯8号、九州107、漂薯10号、Y5、黑骨薯、渝薯3、2013523307（贵州地方种）、姑娘薯、紫罗兰；这些材料抗性突出，在生产应用的同时，可以作为育种亲本材料，进行品种抗黑斑病遗传改良。

通过对168份材料连续两年的根腐病抗性鉴定，筛选出高抗根腐病材料4份：金瓜薯、芭蕉薯、宁菜薯f18-1、桂薯2号；抗根腐病材料6份：浙紫薯1号、H6-1、5145、2013522533、2013523307（贵州地方种）等；这些材料抗性高并且稳定，针对北方薯区根腐病发生严重，可利用这些材料作为亲本或亲本材料应用于北方薯区甘薯抗根腐病遗传改良。

通过对164份资源材料进行茎线虫病连续鉴定，筛选出高抗甘薯茎线虫病材料10份：H11-2、Y08-76、洋青1、徐闻红茎、桂薯2号、Z11-1、5145、红贵阳薯、2013522533、福菜薯22；抗茎线虫材料33份：黑节白、广菜薯6、桂粉2号、Z5-1、Z7-1等；筛选出的抗茎线虫材料丰富。尤其是含有野生血缘的种间创新材料H11-2，具有高抗甘薯茎线虫病的特性。其抗性突出、稳定，可直接应用于甘薯抗茎线虫遗传改良。

（3）耐盐、耐旱鉴定评价。通过室内耐盐筛选与滨海滩涂地耐盐鉴定（盐碱度0.4%～0.6%），筛选到耐盐性较好材料11份（成活率≥70%，亩产≥1000kg）：石灰贡、红皮早、澄薯68-9、马六甲、狗尾蓬、鲁薯1号、芋薯、商薯19、徐薯28、济薯26等。

在新疆耐旱鉴定基地，通过自然干旱与旱胁迫处理。对产量、抗旱指数综合评价，筛选出耐旱性表现较好的材料13份：商薯6、商薯9号、徐106704、川164、济宁304、广薯87、徐22、徐薯28、川薯101、徐076008、徐0836127、济薯26号、韩国紫薯，尤其是淀粉型甘薯品种徐薯22、商薯9、徐薯28可直接在当地示范、推广应用；韩国紫薯、万紫56已作为特色食用品种在当地推广应用。综合抗旱性、产量及食味评价，筛选出产量和食味较好的材料有4份：Z15-1、苏薯14、Y08-78、川薯6-11-17；其中苏薯14和Z15-1由于产量表现突出，可以进一步扩大推广应用。

图1 万薯6号优异高干资源（干物率37.0%）

图2 桂薯8号优异高干资源（干物率38.5%）

图3 徐薯22（耐旱）

图4 Y08-77（胡萝卜素13.645mg/100g鲜样）

图5 H11-2（含野生血缘的高抗茎线虫种间材料）

图6 浙紫薯1号（抗根腐）

图7 徐薯28（耐盐）

图8 芋薯（耐盐）

3. 分发供种

2011—2015年，累计向中国农业大学、湖北省农业科学院粮食作物研究所、新疆农业科学院粮食作物研究所、浙江农林大学薯类作物研究所、合肥工业大学生物与食品工程学、江苏省农业科学院粮食作物研究所、江苏省农业科学院资源环境研究所、青岛市农业科学院作物研究所、商丘市农林科学院、吉林省农业科学院经研所、龙岩农业科学研究所、安徽省阜阳市农业科学院、贵州省生物技术研究所、广东海洋大学、浙江省农业科学院作核所、安徽省泗县润农山芋专业合作社、海南大学园艺学院、山西省农业科学院棉花研究所、湖南农业大学农学院等20余家科研和教学单位，提供利用甘薯资源计1460份次。并且向甘薯产业技术体系海南甘薯集团杂交制种基地，分别提供淀粉组（大红花、粗精芋、Korea-4）、食用组（Y08-77、昆明甘心红薯、粗精芋）和紫薯组（昆明甘心红薯、韩国紫薯）6个亲本材料计8份次，用于专用新品种选育。

结合新疆耐旱鉴定，对近年筛选的优异甘薯种质资源（食用型、淀粉型、紫薯型）心香、金玉、福紫3号、韩国紫薯、石灰贡、生毛龙、Copperskin等在新疆维吾尔自治区进行展示，获得甘薯育种专家广泛认可，并达成提供利用意向，有效促进了优异资源的育种利用，提高了资源的分发利用效率。

4. 安全保存

严格按照《甘薯种质资源圃管理细则》做好试管苗库及田间复份圃的日常运转工作，保证库、圃内资源正常健康地生长。对种质库（圃）有专门技术人员牵头负责，解决各环节关键技术，同时还有专门科辅人员对资源进行长势调查和病虫害防治，物理和生物防治为主，化学防治为辅，有效保证了资源的健康生长。

针对离体保存污染的濒危资源，采用了外植体再次消毒处理结合培养基添加抑菌剂相结合的方法，使得濒危资源得以有效抢救；针对之前试管苗库保存条件较差，较易受夏季高温高湿影响，导致离体保存资源大量污染情况，采取了低温控湿结合封口技术的改进，有效的控制了外界环境因子对培养材料的影响，连续多年未出现由于温湿度变化导致保存材料污染的情况，并且有效的延长了材料保存的时间；针对一些弱再生基因型材料，普通茎尖培养不易成苗以致珍惜、病弱资源无法保存或繁殖更新的情况，通过积极探索，技术集成，建立了一套适宜弱再生基因型材料茎尖培养方法，获得国家发明专利授权，该方法使弱再生基因型材料的再生率提高了30%以上，大大缩短了再生时间，为弱再生基因资源等材料的培养及快繁奠定了基础；针对不同蔓长特性资源的离体繁殖，筛选出了不同的培养配方及方法，有效地提高了繁殖效率；构建了一套成熟的甘薯试管苗培养、更新与离体保存技术体系，为国家种质徐州甘薯试管苗库提供了安全有效的技术支撑。

二、主要成效

1. 在保种项目支持下，培育出众多优良品种

在新疆维吾尔族自治区率先建立甘薯种质资源耐旱鉴定基地，充分利用当地自然干

旱，对鉴定筛选的优良资源在新疆进行耐旱鉴定和品种筛选试验，通过对参试材料产量、耐旱系数评价，筛选出抗旱性、产量和口感等综合评价表现好的品种：徐薯28、徐薯18、广薯87、万紫56、商薯9号等。在耐旱鉴定的基础上，新疆农业科学院粮食作物研究所对筛选的耐旱材料进一步进行多点试验，其中徐薯18、广薯87、徐紫20-1、万紫56这4个品种于2011年通过新疆维吾尔自治区种子站组织的专家鉴定，成为新疆首批登记甘薯新品种，而后在新疆维吾尔自治区乌苏市九间楼乡建立了新疆首个甘薯新品种示范基地（50亩）。2012年，新品种示范推广面积已超过5万亩；在吐鲁番市、乌鲁木齐县天山村和安宁渠镇建立了3个甘薯育苗繁育基地；协调示范区建立了3个甘薯贮藏库和甘薯合作社；筛选与示范的甘薯品种，在新疆维吾尔自治区的推广应用已初见成效（图9、图10、图11和图12）。被新疆维吾尔自治区人力资源和社会保障厅授予"自治区引进国外智力成果示范推广基地－甘薯优良品种栽培及种薯繁育"。

通过近年来同新疆农业科学院粮食作物研究所的合作，开展的甘薯种质资源抗旱鉴定，筛选出一批优良材料在当地进行了登记和推广应用，取得较好的经济和社会效益。2015年，"甘薯种质资源创新及抗旱鉴定与评价"同新疆农业科学院粮食作物研究所联合申报了乌鲁木齐市科技进步奖，已通过答辩与专家评审。

图9　耐旱鉴定基地

图10　甘薯种质资源耐旱鉴定及优异资源展示

图11　耐旱优异资源展示

图12　甘薯耐旱品种示范推广基地授牌

2. 江苏徐州甘薯研究中心育种研究室，选育出性状优良、产量丰产、抗病强的甘薯

利用本科室鉴定的高抗茎线虫、高抗根腐病资源材料苏薯7号和高产、高干品种资源豫薯7号分别作为父母本，选育出高淀粉型甘薯品种徐薯22，由于其萌芽性特好、干率高、产量高、适应性较好，在全国各个薯区大面积推广种植，增效显著，累计推广1 000万亩，取得显著的经济和社会效益，获2012—2013中华农业科技奖一等奖"高淀粉多抗广适甘薯新品种徐薯22的选育和利用"（图13）。

图13 利用优异资源豫薯7号育成品种徐薯22获奖证书

3. 本资源圃为甘薯产业技术体系提供资源材料支撑

共计支撑课题21项，论文33篇。有效的支撑了国家甘薯产业技术体系"甘薯主要品种基本信息及DNA指纹图谱数据库"和"甘薯种质资源基本信息数据库"的建立，共计58 000余个数据项。以及国家"863"项目子课题"甘薯生物育种技术创新与专用新品种选育"，利用本资源圃鉴定的近缘野生材料和优异资源材料苏薯8号（高产稳产，一般配合力高）、徐薯18（综合性状好，一般配合力高，高抗根腐病）等为亲本选育的徐薯33、绵紫薯12等正在参加国家区域和生产试验；部分种间材料表现为高产高干，可直接作为后备材料申请品种鉴定及育种的优良亲本。

三、展望

1. 野生、濒危、珍稀及有重要价值资源的搜集比较困难

需加大甘薯起源地种质资源的收集引进力度。尤其需要加强跨体系、跨作物合作，丰富种质资源搜集、引进的渠道，加强合作，合作共赢。

2. 举办技术培训班加强学术交流

多数无性繁殖作物的鉴定评价水平较低，而低水平的鉴定评价可能导致优异资源的漏选；建议牵头单位不定期举办一些比较适用的鉴定评价技术培训和交流活动。

3. 加强和完善培育和繁殖生产技术体系建设

针对当前甘薯病毒病危害较重的现况，需继续加强和完善甘薯脱毒薯（苗）培育和繁殖生产技术体系建设，同时应建立甘薯病毒病有效的防控技术体系，从而保证甘薯种质资源保存的安全性。

附录：获奖成果、专利、著作及代表作品

获奖成果

高淀粉多抗广适甘薯新品种徐薯22的选育和利用，获2012—2013年度中华农业科技奖一等奖。

专利

1. 周志林，唐君，曹清河，等.一种适宜弱再生基因型甘薯茎尖培养植株再生的方法，专利号：ZL201210032809.3（授权时间：2013年5月）。

2. 周志林，金平，唐君，等.室内辅助鉴定甘薯耐旱性的方法，申请号：201410439300.X。

著作

唐君，曹清河，周志林，等. 2012. 中国作物种质资源保护与利用10年进展（甘薯种质资源 徐州）[M].北京：中国农业出版社.

唐君，周志林，赵冬兰，等.2014.作物种质资源繁殖更新技术规程（甘薯 试管苗）[M].北京：中国农业科学技术出版社.

主要代表作品

唐君，周志林，赵冬兰，等. 2012. 76份特用甘薯种质资源的鉴定评价[J]. 植物遗传资源学报，13(2)：195-200.

赵冬兰，郑立涛，唐君，等.2011.甘薯种质资源资源遗传稳定性及遗传多样性SSR分析[J]. 植物遗传资源学报，12(3)：389-395 .

赵冬兰，唐君，曹清河，等.2015.中国甘薯地方种质资源遗传多样性[J]. 植物遗传资源学报，16（5）：994-1003.

周志林，唐君，曹清河，等.2011.抗病高干甘薯地方资源的鉴定评价与育种利用[J]. 植物遗传资源学报，12(5)：727-731 .

周志林，唐君，曹清河，等.2011.若干甘薯优良品种脱毒培养研究初报[J]. 江西农业学报，23(10)：34-35.

周志林，唐君，曹清河. 2013. 菜用甘薯新品种"徐菜薯1号"的提纯复壮和茎尖产量分析[J]. 西南农业学报，26(5)：1 779-1 782.

周志林，金平，唐君，等.2015.甘薯抗旱初步鉴定及渗透胁迫对抗氧化生理指标的影响[J]. 植物遗传资源学报，16(5)：1 128-1 134.

Jun Tang. 2014. Hydrogen Sulfide Acts as a Fungicide to Alleviate Senescence and Decay in Fresh-cut Sweetpotato. Hort Science，49(7)：938-943.

附表1 2011—2015年期间新收集入中期库或种质圃保存情况

填写单位：江苏徐淮地区徐州农业科学研究所
联系人：唐君 周志林

作物名称	目前保存总份数和总物种数（截至2015年12月30日）				2011—2015年期间新增收集保存份数和物种数			
	份数		物种数		份数		物种数	
	总计	其中国外引进	总计	其中国外引进	总计	其中国外引进	总计	其中国外引进
甘薯	1 329	300	16	15	149	28	2	2
合计	1 329	300	16	15	149	28	2	2

附表2 2011—2015年期间项目实施情况统计

一、收集与编目、保存			
共收集作物（个）	1	共收集种质（份）	149
共收集国内种质（份）	121	共收集国外种质（份）	28
共收集种子种质（份）	2	共收集无性繁殖种质（份）	147
入中期库保存作物（个）		入中期库保存种质（份）	
入长期库保存作物（个）		入长期库保存种质（份）	
入圃保存作物（个）	1	入圃保存种质（份）	149
种子作物编目（个）		种子种质编目数（份）	
种质圃保存作物编目（个）	3	种质圃保存作物编目种质（份）	110
长期库种子监测（份）			
二、鉴定评价			
共鉴定作物（个）	1	共鉴定种质（份）	322
共抗病、抗逆精细鉴定作物（个）		共抗病、抗逆精细鉴定种质（个）	
筛选优异种质（份）			
三、优异种质展示			
展示作物数（个）	1	展示点（个）	1
共展示种质（份）	12	现场参观人数（人次）	25
现场预订材料（份次）	10		
四、种质资源繁殖与分发利用			
共繁殖作物数（个）	1	共繁殖份数（份）	1 300
种子繁殖作物数（个）		种子繁殖份数（份）	
无性繁殖作物数（个）	1	无性繁殖份数（份）	1 300
分发作物数（个）	1	分发种质（份次）	1 468
被利用育成品种数（个）	8	用种单位数/人数（个）	22/26
五、项目及产业等支撑情况			
支持项目（课题）数（个）	21	支撑国家（省）产业技术体系	1
支撑国家奖（个）	0	支撑省部级奖（个）	1
支撑重要论文发表（篇）	33	支撑重要著作出版（部）	2

甘薯种质资源（广州）

房伯平

（广东省农业科学院作物研究所，广州，510640）

一、主要进展

1. 收集引进

"十二五"期间新收集资源55份，平均每年增长11份，均完成当年项目指标任务，截至2015年12月，资源圃保存国内外甘薯资源总份数由2010年的1 274份升到1 329份。其中国外种质201份，物种数3个。

2. 鉴定评价

结合生产、育种或科学研究方面的要求，本资源圃每年对部分种质进行鉴定评价，主要进行以下工作：对未入圃资源进行地上部和地下部的特征性状的鉴定，平均每年鉴定69份，共42个特征项目，并加入数据库，以待编目入圃；对已入圃资源进行特性性状鉴定，包括花青素、胡萝卜素、淀粉、干率、抗病性、总糖和还原糖等特性性状（图1、图2、图3、图4和图5）。

通过对未入圃资源的特征性状鉴定，跟已入圃资源进行比对，避免了资源重复编目，对未入圃资源的特征性状进行系统鉴定，对以后编目入圃、丰富数据库信息具有重要的意义。

图1 甲西种2：极高产，其录入的薯块和茎叶特征

图2　斗文头薯：高产、富含胡萝卜素

图3　深圳紫薯：薯肉紫色，高产

图4　CIP引：叶形特异甘薯资源

图5　台湾紫秧：顶叶、顶芽、茎蔓均为紫色

通过对已编目资源的特性性状的鉴定，结合当前产业的需求，在"十二五"期间通过鉴定评价获得一序列具有代表性的特异资源，包括高花青素资源16份、高胡萝卜素资源14份、高淀粉资源30份、高干率资源25份、高抗病性的资源62份。

部分优异资源见图6、图7、图8、图9、图10、图11、图12和图13所示。

图6　高干率资源粉甘薯，薯块干率达37.1%

图7　极高淀粉资源豫83-538，薯块淀粉达29.3%

图8　南城种：高花青素91.6 mg/100g　　图9　维多丽，高胡萝卜素26.5 mg/100g

图10　高产、高干率、高胡萝卜素　　　图11　高淀粉资源广薯75-17

图12　高花青素资源A441　　　　　　图13　高花青素资源A552

3. 分发供种

从2011—2015年提供实物共享资源1 072份次，年均214份次，利用的单位包括科研院所、高等院校、事业单位、专业合作社等单位或个人，主要作为研究、示范、推广、开发、育种及研究生实验材料等方面的应用；每年技术研发服务项目保持2～3项；技术与成果推广服务达到5～6次；加强了培训服务，年均培训65人次，培训人数以每年5%的比例递增；此外，每年资源展示观摩3～4次，每年接待参观、学习或实习的科研开发、教育、推广、生产相关人员和学生50人次。

利用本圃保存的资源育成的广薯系列新品种，包括"广薯87""广紫薯1号""广薯79""广紫薯2号""广薯98""广薯111""广薯128"等品种在南方薯区包括海南省、广西壮族自治区、江西省及福建省等地示范推广（图14），年均种植面积近20多万hm²

（300多万亩），其中占广东省甘薯种植面积点55%以上，社会经济和生态效益显著。"广薯87" 在广东省、福建省、江西省举行的丰产示范和现场观摩与测产会屡创佳绩，高产优质的示范效果使其近年来在南方薯区大面积推广。 据不完全统计，截至2015年12月，"广薯87" 在广东省、福建省、江西省、广西壮族自治区、海南省等南方薯区的种植面积超过150万亩。此外，"广薯87" 的种植已经向北方和长江流域薯区各省辐射，截至2015年12月，已向北方薯区山东省、安徽省、山西省、陕西省，以及长江流域薯区湖北省、四川省、重庆市、湖南省提供大量 "广薯87" 种薯种苗，截至目前，已向以上薯区提供生产种苗1000多万株，种薯50多万kg，其中河南省的种植面积已超过5万亩。

图14　高产示范区测产现场

4. 安全保存

资源圃中资源的保存严格按照按照《国家种质广州圃管理细则》和《国家种质广州甘薯圃资源保存管理操作规程》规范管理。目前，共保存各类甘薯种质资源1329份，在室内种薯架贮藏种薯、温室内盆栽冬种保存及在室外薯块育繁苗，所有种质资源保存安全且生长正常，为了甘薯资源的安全保存，本圃增加了温室盆栽保措施，确保了资源在出现特殊的严寒天气时也能存活，即在原 "双轨法" 保存的基础上增加温室冬种资源的保存方法，换茬时由2～3名研究人员分别与田间种植的资源多次校对，以避免出现资源混杂的情况。

甘薯资源主要靠种植种苗保存资源，而生长的植株易受不良环境影响造成伤害或死苗，此外，不同品种间的生长竞争会导致优势品种遮盖弱势品种，造成弱势品种生长不正常。为尽量减少死苗失种，必须对资源生长状况进行实时观察，及时发现和处理问题。本圃研究人员每周对资源进行一次全面观察，对缺苗资源进行补苗，弱小或死苗资源再种一份备份资源，定期以脱毒试管苗进行品种更新。

脱毒试管苗更新　　　　　原苗更新　　　　　原苗更新　　　　　脱毒试管苗更新

图15　脱毒试管苗更新效果

二、主要成效

2011—2015年，利用本资源圃资源为材料发表的论文发表科研论文36篇；支撑国家产业技术体系两个：国家现代农业甘薯产业技术体系南方育种岗位专家、国家现代农业甘薯产业技术体系广州综合试验站；支撑育成桂薯8号、揭薯18号、广紫薯2号、广菜薯3号等品种30个；支撑项目课题数22个。

典型案例：

为了服务"三农"及促进甘薯产业发展，广州甘薯圃向广东省、福建省、江西省等省提供了"广薯87"的示范用种，并组织高产示范的现场观摩与测产、"广薯87"高产栽培技术交流会。

2012年，在陆丰召开了"广薯87"现场观摩及高产栽培技术培训与交流会。广东省农业厅科教处伍洪波处长、广东省农业科学院副院长肖更生研究员、广东省农业科学院科技合作处处长邱俊荣研究员、陆丰市陈赛珍副市长等领导及有关人员共计约100人参加会议。经专家组测定"广薯87"亩产为3 248kg，比对照亩增产528.5kg，增产率达19.43%。在随后的高产示范经验交流研讨会中，各方代表就广东省甘薯的生产现状、产业发展问题与需求情况、"广薯87"的品种特性、以及"广薯87"在阳江市、惠东县和陆丰市示范过程与经验作了详细交流（图16）。相关领导还对"广薯87"在扶贫工作中的重要作用和农业创新、服务"三农"、促进甘薯产业发展及如何为农业产业发展提供技术支撑等方面做了发言。

"广薯87"高产优质的示范效果使其近年来在南方薯区大面积推广，在广东省、福建省、江西省举行的丰产示范和现场观摩与测产会屡创佳绩：2012年，福建省石狮市种子管理站继续积极推广"广薯87"，筹资繁育了大量的"广薯87"种苗免费发放给农民种植，给该市广大甘薯种植户带来明显的经济收益。经过农业专家的现场高产验收，"广薯87"的亩产在4 000kg左右，高的达到5 000kg以上，而一般甘薯亩产是2 000～3 000kg。由于品质优，"广薯87"的价格也比一般商品薯高50%左右。

"广薯87"的推广对促进农民增效、农民增收、农产品市场竞争力增强具有明显实效，包括中央电视台在内的多家媒体对"广薯87"在石狮的推广进行了专题报道；2013年，江西省示范点提供的"广薯87"单株样本获得"舌农源杯"全国甘薯擂台赛的优质食用组季军（图17）。

2014—2015年，本圃继续推进"广薯87"在南方薯区的丰产示范，截至2015年12月"广薯87"在广东省、福建省、江西省、广西壮族自治区、海南省等南方薯区的种植面积超过150万亩。中央电视台对"广薯87"在石狮的推广进行专题报道（图18）。

图16　陆丰现场观摩及研讨会　　　　　图17　　江西测产会现场

图18　当地新闻媒体对"广薯87"的报道

三、展望

针对本作物种质资源（中期库或种质圃）存在问题，提出相关建议与展望。问题要具体，建议和展望要有针对性。

由于当地气候环境等原因，近年华南地区甘薯资源和生产中病毒病危害严重发生，甘薯生产中近年新鉴定病害甘薯茎腐病和白绢病的危害也很严重，对甘薯生产发展不利的影响仍未解决。今年继续对保存的种质资源继续进行茎腐病鉴定，共鉴定100份，以期鉴定出抗病种质资源，进行杂交育种利用，并直接在生产中推广，及时应对与解决生产中出现的新问题，维持薯农的利益与生产积极性。对于丛枝病、病毒病和白绢病导致甘薯严重畸形与产量低下，甚至导致资源的死亡，因此要研究病源与发病机理，或需要室内脱毒培养、网室育苗和脱毒种薯推广等一系列工作。为了更好地解决资源安全保存和生产问题，项目可能需要适当调整研究内容和研究重点进行研究创新，这又需要增加专业人才的引进和更多资金的支持。

近年来，国家种质广州甘薯圃在试验示范基地、观测仪器设备等硬件条件建设方面取得了一定进展，保障了相关工作的开展。但是仍有一些设施问题没有解决，如资源试验楼楼顶出现裂缝和漏雨，严重时将影响种薯的存放。实验地肥力改良和农机具简易库房、病害鉴定网室、灌溉管网及机耕路段等建设问题还没有进行，有待条件成熟时加以解决。

附录：获奖成果、专利、著作及代表作品

获奖成果

"无性繁殖作物种质资源收集、标准化整理、共享与利用"，2011年获浙江省科学技术二等奖（参加单位）。

专利

1. 黄立飞，房伯平，陈景益，等.一种快速鉴定甘薯茎腐病抗性的方法，申请号 201310446213.2。

2. 王章英，房伯平，陈新亮，陈景益，张雄坚，黄立飞，罗忠霞，一种ADP-葡萄糖焦磷酸化酶及其筛选方法与应用，201510494114。

3. 王章英，房伯平，姚祝芳，陈景益，张雄坚，黄立飞，罗忠霞，一种可移动的原位观测植物根系的装置，201520633115.4。

著作

房伯平，唐君，张雄坚，等.2012.农作物优异种质资源评价规范 甘薯[M].北京：中国农业出版社.

钟旭华，胡建广，年海，等.2012.粮食作物种植实用技能[M].广州：中山大学出版社.

主要代表作品

黄立飞，房伯平，陈景益，等.2014.甘薯茎腐病研究进展[J].植物保护学报.（1）：10-14.

黄立飞，房伯平，陈景益，等.2013.甘薯白绢病的分离与鉴定[J].植物保护学报.（6）：25.

李育军，龚明权，陈新亮，等.2012.甘薯品种资源室内耐盐性快速筛选试验初报[J].广东农业科学.（9）：14-16.

李俊，王章英，罗忠霞，等.2011.分子生物学技术在甘薯育种中的应用[J].广东农业科学.（15）：108-113.

罗忠霞，房伯平，李茹，等.2014.基于EST-SSR标记的甘薯种质资源DNA指纹图谱构建[J].植物遗传资源学报.2014，15（4）：10.

Wang Zhangying，Li Jun，Luo Zhongxia，et al. 2011. Characterization and development of EST-derived SSR markers in cultivated sweetpotato（*Ipomoea batatas*）[J]. BMC Plant Biology. 11：139.

Wang Zhangying，Fang Boping，Chen Xinliang，et al. 2015. Temporal patterns of gene expression associated with tuberous root formation and development in sweetpotato （*Ipomoea batatas*）[J]. BMC Plant Biology. 15：180.

附表1　2011—2015年期间新收集入中期库或种质圃保存情况

填写单位：广东省农业科学院作物研究所

联系人：房伯平

作物名称	目前保存总份数和总物种数（截至2015年12月30日）				2011—2015年期间新增收集保存份数和物种数			
	份数		物种数		份数		物种数	
	总计	其中国外引进	总计	其中国外引进	总计	其中国外引进	总计	其中国外引进
甘薯	1 329	201	3	1	55	7	3	1
合计	1 329	201	3	1	55	7	3	1

附表2　2011—2015年期间项目实施情况统计

一、收集与编目、保存			
共收集作物（个）	1	共收集种质（份）	55
共收集国内种质（份）	48	共收集国外种质（份）	7
共收集种子种质（份）	0	共收集无性繁殖种质（份）	55
入中期库保存作物（个）	0	入中期库保存种质（份）	0
入长期库保存作物（个）	0	入长期库保存种质（份）	0
入圃保存作物（个）	1	入圃保存种质（份）	1 329
种子作物编目（个）	0	种子种质编目数（份）	0
种质圃保存作物编目（个）	1 329	种质圃保存作物编目种质（份）	1 329
长期库种子监测（份）	0		
二、鉴定评价			
共鉴定作物（个）	1	共鉴定种质（份）	1 107
共抗病、抗逆精细鉴定作物（个）	763	共抗病、抗逆精细鉴定种质（个）	1
筛选优异种质（份）	147		
三、优异种质展示			
展示作物数（个）	1	展示点（个）	1
共展示种质（份）	1 329	现场参观人数（人次）	286
现场预订材料（份次）	390		
四、种质资源繁殖与分发利用			
共繁殖作物数（个）	1	共繁殖份数（份）	4 916
种子繁殖作物数（个）	0	种子繁殖份数（份）	0
无性繁殖作物数（个）	1	无性繁殖份数（份）	4 916
分发作物数（个）	1	分发种质（份次）	1070
被利用育成品种数（个）	30	用种单位数/人数（个）	90
五、项目及产业等支撑情况			
支持项目（课题）数（个）	22	支撑国家（省）产业技术体系	2
支撑国家奖（个）	0	支撑省部级奖（个）	1
支撑重要论文发表（篇）	86	支撑重要著作出版（部）	2

龙眼、枇杷种质资源（福州）

郑少泉　陈秀萍　黄爱萍　邓朝军　姜　帆　胡文舜　蒋际谋　许奇志

（福建省农业科学院果树研究所，福州，350013）

一、主要进展

1.龙眼枇杷种质资源收集与引进

2011—2015年共收集引进龙眼枇杷种质资源217份，其中国外引进种质23份，并有部分资源入福州龙眼枇杷圃保存。新收集龙眼种质158份，来源于中国广西壮族自治区、广东省、云南省、海南省、福建省、四川省、重庆市、贵州省及越南、泰国、美国；新收集枇杷种质资源59份，来源于中国广西壮族自治区、云南省、四川省、重庆市、江苏省、湖南省、江西省、广东省、福建省和美国、日本、越南、西班牙。期间，重点对广西壮族自治区、云南省、海南省等省偏远地区的龙眼种质资源进行了考察收集，了解龙眼种质资源分布情况和生存状态。

2011—2015年共有3个种93份（龙眼48份、枇杷45份）资源编目入圃保存，其中，国外引进资源21份、地方品种48份、选育品种16份、品系2份、野生资源6份。截至2015年12月底，国家果树种质福州龙眼枇杷圃已保存龙眼枇杷种质资源946份，其中龙眼2个种338份、枇杷15个种（变种）608份，国外引进资源2个种66份（龙眼24份、枇杷42份）。

在新收集保存资源中，台湾枇杷恒春变种嵌合体[*Eriobotrya deflexa*（Hemsl.）Nakai var. *koshunensis* Nakai]为枇杷近缘种植物（图1），新增了越南、以色列的枇杷资源和美国的龙眼资源；国外和境外引进龙眼资源增多（19份），占新入圃保存龙眼资源的39.6%；新收集到一批特异类型的龙眼资源，如骨龙眼A、骨龙眼B为果皮红色、一年多次开花结果，中安1号、标桂龙眼、庆海1号为一年两次开花结果，Daw、HDIU20等有香气、优质，香枝龙眼丰产性好，这些资源的收集，丰富了保存资源的类型，为龙眼熟期育种、品质育种等奠定了坚实的基础。

图1　台湾枇杷恒春变种嵌合体［*Eriobotrya deflexa*（Hemsl.）Nakai var. *koshunensis* Nakai］

2. 龙眼枇杷种质资源鉴定评价

2011—2015年完成龙眼枇杷种质资源鉴定评价250份（龙眼93份、枇杷157份），筛选出优异资源48份（龙眼16份、枇杷32份）。

16份龙眼优异资源包括特早熟、特晚熟、丰产、优质、香味浓、果实挂树保鲜期长、可溶性固形物含量高、早结果、一年多熟等类型的种质，如特早熟的"六月早""84-1"，果实挂树保鲜期长的"京龙眼""下河血丝龙眼"，高可溶性固形物含量的"白花木""反季节龙眼"，优质的"渔溪红核仔""南山1号"，丰产的"香枝龙眼"，优质、早结果的"Daw"，香味浓的"晚香"，一年多熟的"中安1号""桂标龙眼"、"庆海1号"，早熟、丰产、优质的"红核优"，特晚熟、果实特硬的"河西龙眼"等，这些资源为龙眼品种选育提供了丰富的基因资源，特别是有香味、优质的龙眼种质，对改良现有栽培龙眼品种的品质非常重要，目前"Daw""晚香""香枝龙眼"等已在龙眼杂交育种中作为亲本利用，有望选育有香味、优质的龙眼新品种。

32份枇杷优异资源包括高糖、高酸、抗性好、丰产、大果、高可食率、种子少、特早熟、特晚熟等类型的种质，如可溶性固形物含量高的"太平4号""冰糖种""红柑本""甜种""美国2号"，抗性好的"矮生大红袍""旧园甜""丰都枇杷"，丰产的"津甜""芷村1号"，果大、可食率高、种子少的"阿柯1号"，高酸的"沙锅酸""麻栗坡枇杷1号"，早熟、优质的"早红4号"，可食率高、种子少的"南峰少核"，大果的"西班牙2号""西班牙3号""多12号"等，高可食率的"纳溪早红""西班牙7号""旧-11"等，种子少的"香钟1号""马店1号""野生154"等，特晚熟、优质的"新安所2号""新安所4号""无齿枇杷""期路白1号""期路白2号"，特晚熟、大果、优质的白肉枇杷"香妃""可山晚白"等。这些优异资源，特别是抗逆性强、种子少等性状资源是枇杷育种与生产急需的。目前，已有"旧-11""南峰少核""早红4

号""旧园甜""香妃"等5份资源已作为亲本材料用于枇杷杂交育种（图2、图3、图4、图5和图6）。

在进行基本农艺性状鉴定评价的同时，还对一些特殊用途的性状进行鉴定评价。

（1）对235份枇杷种质资源的果实裂果病抗性进行鉴定，筛选出抗性好的枇杷种质3份（旧园甜、白囊枇杷、红种），裂果率均低于5%。

（2）对140份枇杷种质资源品质性状进行鉴定，提出了枇杷果实可溶性糖含量、可滴定酸含量、可溶性固形物含量、固酸比、糖酸比等5个主要品质评价指标的分级标准。

（3）对246份枇杷种质资源抽穗特性、幼树期进行鉴定，提出幼树期5级评价指标。

（4）对影响龙眼、枇杷果实品质的物质如香气成分、可溶性糖组分含量进行鉴定，为龙眼枇杷种质资源利用提供依据。

（5）应用数量分类学中的Q型聚类分析方法对199份枇杷种质资源进行分类。

图2　香钟1号（种子少）

图3　丰都枇杷（丰产、抗性好）

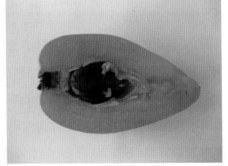

图4　阿柯1号（种子少、可食率高）

图5　太平4号（可溶性固形物含量高）　　图6　下河血丝龙眼（丰产、挂树期长）

3.龙眼枇杷种质资源分发供种

截至2015年12月底，国家果树种质福州龙眼枇杷圃已保存龙眼枇杷种质资源946份，为分发利用提供了坚实基础。2011—2015年共向福建省、广东省、广西壮族自治区、海南省、四川省、重庆市、云南省、陕西省、安徽省、浙江省、江苏省、上海市、江西省、北京市等省、市、区的68家单位135人次提供龙眼枇杷种质资源利用2170份次（龙眼1008份次、枇杷1162份次），年均434份次，比前10年的平均水平提高了63.1%。

在龙眼、枇杷果实成熟期，先后多次开展龙眼、枇杷优异资源展示活动，邀请龙眼枇杷育种家、生产者等到现场观摩、品尝，举办评优活动，扩大人们对优异资源的认识，促进龙眼枇杷种质资源分发利用。2012年5月4日举办"福建省科普教育基地揭牌暨枇杷种质鉴评会"，福建省科协组织科技界委员专家一行50人与会交流探讨种质资源保护与科技创新工作，107份枇杷种质资源鲜果在会上展示，中国科学院谢联辉院士、福建省科协叶顺煌书记和福建省科协赖爱光副主席为"福建省科普教育基地"揭牌（图7）。2012年9月8日举办"龙眼种质资源展示会"（图8），接待了国家荔枝龙眼产业技术体系2012年度第二次工作会议的领导、专家近100人次，176份龙眼资源鲜果在会上展示，展示现场预订龙眼资源3份，分别为二造龙眼、白核龙眼、冰糖味。2013年9月24日，举办"龙眼优异种质资源与杂交龙眼新株系果实鉴评会"（图9），中国科学院华南植物园、浙江大学、上海交通大学、华南农业大学、四川省泸州市农业局、福建省宁德市农业局等单位相关专家及果农35人参加，对23份杂交龙眼新株系和部分龙眼种质资源，进行现场考察和室内鉴评，投票选出优良龙眼新株系9个，其中"09-1-37""05-3-4""05-5-9"被选为最受欢迎的3个龙眼新株系。2015年4月28日，举办"早熟优质杂交枇杷新品系现场评鉴及展示会"（图10），接待浙江省农业科学院园艺研究所、浙江省丽水市农业局、广西农业科学院园艺研究所、福建省莆田市农业局、福建省云霄县农业局、福建省霞浦县农业局、浙江省兰溪市、虹霓市枇杷专业合作社、浙江省兰溪市伟露家庭农场等单位专家及果农示范户36人，现场展示枇杷杂交新品系和优异资源鲜果23份，通过现场鉴评，选出"白旱钟3号""白旱钟8号""白旱钟13号""白旱钟7号"等优良品系，为下一步利用提供依据。

图7　2012年5月4日"福建省科普教育基地揭牌暨枇杷种质鉴评会"现场

图8　2012年9月8日"龙眼种质资源展示会"现场

图9　2013年9月24日"龙眼优异种质资源与杂交龙眼新株系果实鉴评会"现场

图10　2015年4月28日"早熟优质杂交枇杷新品系现场评鉴及展示会"现场

4. 安全保存

按照《龙眼、枇杷种质资源圃管理细则》，对国家果树种质资源福州龙眼枇杷圃内保存的龙眼、枇杷种质资源进行规范化管理，包括施肥、喷药、除草、修剪等。枇杷资源圃年施肥4次，以复合肥为主、配施1次有机肥。对枇杷主要病虫害如黄毛虫、棉古毒蛾、双线盗毒蛾、枇杷燕飞蝶、注心虫（天牛）、茶材小蠹、枝干腐烂病等进行监测，适时喷药防治，如每年5—6月在枇杷枝干涂抹或喷涂1∶1∶10波尔多浆防治枝干腐烂病。龙眼资源圃年施肥3～4次，以复合肥为主、配施1次有机肥。加强对病虫害监测，及时喷灭扫利1000倍液、谢蚧800倍液、氯氰菊酯1500倍液等进行防治，确保资源正常生长。

对龙眼枇杷种质资源植株生长进行监测，及时对植株生长衰弱、株数少的种质资源进行繁殖更新。2011—2015年，共完成龙眼枇杷繁殖更新267份，其中龙眼108份、枇杷159份；在果实采收后和开花期，通过修剪和疏花疏果方式，对植株进行更新复壮。同时做好清沟排水、浇水抗旱，以及资源圃围墙、田埂、道路、大棚等的日常维护工作。在长期工作基础上，研究制定了《龙眼种质资源繁殖更新技术规程》和《枇杷种质资源繁殖更新技术规程》，为龙眼枇杷种质资源安全保存提供了技术支撑。

通过努力，使圃存资源得到安全保存，为龙眼枇杷种质资源分发利用奠定了坚实的物质基础。

二、主要成效

通过加大龙眼枇杷资源收集引进力度、鉴定评价、繁殖更新，为种质资源分发利用奠定了基础。同时采取优异资源展示、优良品种推介等多种措施，促进了种质资源分发利用，分发的种质资源数量和质量均大幅度提高，资源利用成效明显。据不完成统计，2011—2015年龙眼枇杷资源分发利用，支撑国家荔枝龙眼产业技术体系、农业部公益类农业行业专项"枇杷品种选育和产业化关键技术研究与示范"国家自然科学基金项目"基于虚拟植物的枇杷冠层光环境模拟与分析""枇杷低温响应基因脱水素（DHN）的功能研究"、福建省种业工程项目"浓香型丰产稳产龙眼种业创新与产业化示范"等项目81项，论文48篇（其中SCI收录8篇），专著1部，品种2个，标准8项，专利4项，省部级奖3项，取得显著的社会经济生态效益。

1. 福建农林大学陈发兴研究员取得重大科技成果

利用国家龙眼枇杷圃提供的"早钟6号""解放钟""白梨""小毛枇杷""夹脚""卓南1号""富阳""森尾早生""华宝2号""香钟10号""白花""土肥""多宝2号""乌躬白""洛阳表""茂木""塘头4号""长红3号"等18份枇杷种质，开展枇杷果实有机酸代谢调控等研究，科研成果"枇杷果实有机酸代谢调控及降酸关键技术研究与应用"荣获福建省2012年度科学技术奖二等奖（图11）。

2. 在福建省科技厅对口支援三峡库区工作中发挥重要作用

重庆万州在三峡库区具有特殊的地位和作用。万州地处四川盆地的边缘地带，存在自然条件差、产业发展滞后、生态涵养任务重，是全国

图11　福建省科技二等奖"枇杷果实有机酸代谢调控及降酸关键技术研究与应用"证书

重点扶贫区县。课题组从1997年起就承担起福建省科技厅对口支援三峡库区工作，筛选适宜万州区栽培的龙眼枇杷优良品种，为万州辖区内的熊家镇、分水镇、武陵镇、溪口乡等龙眼枇杷种植户、企业提供龙眼枇杷优良品种冬宝9号、四季龙眼、香脆、松风本、石硖、立冬本、7811等12份，枇杷良种贵妃、香钟25号、新白1号、新白8号、78-1、城津8号、早钟6号、解放钟、香妃等9份（图12）；指定3名科技特派员，每年多次赴万州开展龙眼枇杷栽培技术培训和现场指导服务；通过三峡支援项目实施，建立龙眼枇杷优良品种、优质栽培技术示范基地，以点带面，推动万州地区龙眼枇杷产业发展。解决了长期困扰万州区龙眼枇杷产业发展的缺乏优良品种和优质栽培技术的问题，使万州区龙眼枇杷产业由原有的零星粗放栽培转为良种化、标准化和集约化生产，现有栽培面积达5 000多亩，年产量50多吨，年产值110余万元，为重庆市三峡库区的农民增收、农村发展、农业增效做出了

重要贡献，社会经济和生态效益显著。

图12　枇杷优良品种在万州种植

3. 福建省农业科学院果树研究所培育杂交新品种

利用龙眼圃提供的龙眼资源，培育出世界第一个杂交龙眼品种"冬宝9号"，科研成果"龙眼种质资源搜集鉴定评价与创新利用"荣获2014年度福建省科学技术进步奖二等奖（图13）；利用枇杷圃提供的资源，培育出的"贵妃"枇杷2014年通过全国热带作物品种审定委员会审定，"新白1号"枇杷2011年通过福建省品种审定委员会认定，"艳红""香钟25号""香妃"3个枇杷新品种2011年通过专家现场验收或鉴评，这些品种的育成对延长枇杷鲜果供应期和枇杷品种结构调整具有重要意义。

图13　福建省科技二等奖"龙眼种质资源搜集鉴定评价与创新利用"证书

4. 为国家荔枝龙眼产业技术体系提供支撑

国家荔枝龙眼产业技术体系龙眼育种岗位（依托单位：福建省农业科学院果树研究所）利用国家龙眼圃提供的"石硖""晚香""冬宝9号"等龙眼优异资源作为杂交育种亲本材料，培育出福晚1号、福晚3号、福晚8号、福晚9号、福晚12号、榕育4号、0719-3、0720-3、0710-6等浓香型晚熟优质杂交龙眼新品系，分别于2013年9月24—26日、2014年10月15日、2014年11月7日、2015年10月10日通过专家现场验收，专家认为：这些龙眼优系特色鲜明，果实品质优，香气明显，为我国龙眼品种结构调整提供了强有力的支撑。

5. 果实日灼病是重要的生理性病害，严重影响枇杷果实品质和产量

福建农业科学院果树研究所和福建农林大学蛋白质组学研究中心利用枇杷种质资源"五队鸭蛋本"青果期、转色期和黄熟期的果实，开展枇杷果实日灼病差异蛋白研究，研究结果"Proteomics approach reveals mechanism underlying susceptibility of loquat fruit to sunburn during color changing period"发表在《Food Chemistry》2015，176：388-395（图14）。

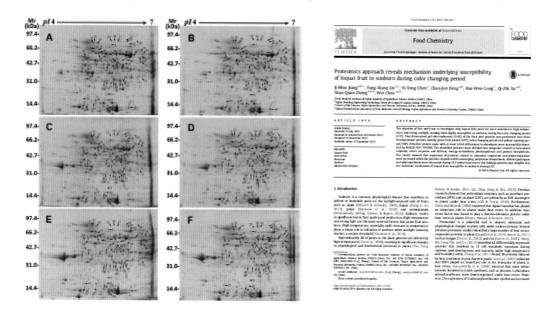

图14 利用枇杷资源的研究结果发表在《Food Chemistry》

三、展望

在农业部物种资源保护项目资助下，我国的龙眼枇杷种质资源保护与利用工作取得了显著成效，但仍须加强以下各方面的工作。龙眼枇杷种质资源鉴定评价主要是对表型性状的鉴定，应对育种、生产急需的性状进行深入鉴定，挖掘优异资源供龙眼枇杷育种和生产利用；在现有保存龙眼枇杷资源中，国外引进的种质数量较少、多样性水平不够，应多渠道、多途径加大国外龙眼枇杷种质资源的收集引进，同时继续对我国边远地区龙眼枇杷地方品种和野生资源的考察收集，增加资源保存数量和质量；龙眼枇杷种质资源保存方式单一、保存设施还比较简陋，应加强龙眼枇杷种质圃保存设施设施，完善保存设施；龙眼枇杷种质资源主要采用田间种植保存，易受自然灾害的威胁，应加大对保存资源的生长病虫害等进行长期监测，加强管理、及时繁殖更新，确保资源长期安全保存；种质资源收集保存、鉴定评价是一项长期性、基础性工作，需投入大量的人力、物力和财力，应给予长期稳定的经费支持。

附录：获奖成果、专利、著作及代表作品

获奖成果

龙眼种质资源搜集鉴定评价与创新利用，获2014年度福建省科学技术奖二等奖。

主要代表作品

陈秀萍，黄爱萍，蒋际谋，等.2011.枇杷种质资源数量分类研究[J].园艺学报，38（4）：644-656.

陈秀萍，邓朝军，胡文舜，等.2015.龙眼种质资源果实糖组分及含量特征分析[J].果树学报，32（3）：420-426.

陈秀萍，邓朝军，许奇志，等.2015.4个枇杷品种果实糖组分含量及其分布研究[J].福建农业学报，30（2）：141-145.

邓朝军，许奇志，蒋际谋，等.2012.高温胁迫对枇杷果皮热伤害的抗氧化特性影响[J].热带亚热带植物学报，20（5）：439-444.

邓朝军，蒋际谋，张小艳，等.2012.枇杷果皮热伤害发生影响因子研究[J].福建农业学报，27（10）：1168-1174.

胡文舜，黄爱萍，姜帆，等.2015.龙眼正反杂后代的SSR鉴定及遗传多样性分析[J].园艺学报，42（10）：1899-1908.

胡文舜，蒋际谋，黄爱萍，等.2014.两种枇杷属植物的trnH-psbA条形码序列变异及其近缘属系统发育初步研究[J].热带作物学报，35（1）：1-7.

蒋际谋，姜帆，陈秀萍，等2013.枇杷主要品质评价指标研究[J].园艺学报，40（12）：2382–2390.

蒋际谋，陈秀萍，姜帆，等.2013.枇杷种质资源抽穗特性与幼树期评价指标探讨[J].果树学报，30（6）：938-943.

蒋际谋，胡文舜，许奇志，等.2014.枇杷品种香甜和解放钟及两者杂交子代优系果实香气成分分析[J].植物遗传资源学报，15（4）：894-900.

蒋际谋，邓朝军，林永祥，等.2014.枇杷果皮响应高温强光胁迫的蛋白质组分析[J].热带亚热带植物学报，22（4）：383-390.

蒋际谋，陈秀萍，胡文舜，等.2015.枇杷种质资源果实糖组分及含量特征[J].园艺学报，42（9）：1781-1788.

张小艳，许奇志，李韬，等.2011.枇杷种质资源果实抗逆性初步调查评价[J].福建果树，（1）：11-22.

章希娟，蒋际谋，邓朝军，等.2013.31份枇杷种质资源的果实氨基酸含量及组分分析[J].热带作物学报，34（11）：1-7.

附表1　2011—2015年期间新收集入中期库或种质圃保存情况

填写单位：福建省农业科学院果树研究所

联系人：陈秀萍

作物名称	目前保存总份数和总物种数（截至2015年12月30日）				2011—2015年期间新增收集保存份数和物种数			
	份数		物种数		份数		物种数	
	总计	其中国外引进	总计	其中国外引进	总计	其中国外引进	总计	其中国外引进
龙眼	338	24	2	1	48	15	1	1
枇杷	608	42	15	1	45	6	2	1
合计	946	66	17	2	93	21	3	2

附表2　2011—2015年期间项目实施情况统计

一、收集与编目、保存			
共收集作物（个）	2	共收集种质（份）	217
共收集国内种质（份）	186	共收集国外种质（份）	23
共收集种子种质（份）		共收集无性繁殖种质（份）	217
入中期库保存作物（个）		入中期库保存种质（份）	
入长期库保存作物（个）		入长期库保存种质（份）	
入圃保存作物（个）	2	入圃保存种质（份）	93
种子作物编目（个）		种子种质编目数（份）	
种质圃保存作物编目（个）	2	种质圃保存作物编目种质（份）	93
长期库种子监测（份）			
二、鉴定评价			
共鉴定作物（个）	2	共鉴定种质（份）	250
共抗病、抗逆精细鉴定作物（个）	1	共抗病、抗逆精细鉴定种质（个）	235
筛选优异种质（份）	48		
三、优异种质展示			
展示作物数（个）	2	展示点（个）	4
共展示种质（份）	329	现场参观人数（人次）	171
现场预订材料（份次）	3		
四、种质资源繁殖与分发利用			
共繁殖作物数（个）	2	共繁殖份数（份）	267
种子繁殖作物数（个）		种子繁殖份数（份）	
无性繁殖作物数（个）	2	无性繁殖份数（份）	267
分发作物数（个）	2	分发种质（份次）	2 170
被利用育成品种数（个）	2	用种单位数/人数（个）	68/83
五、项目及产业等支撑情况			
支持项目（课题）数（个）	81	支撑国家（省）产业技术体系	1
支撑国家奖（个）		支撑省部级奖（个）	3
支撑重要论文发表（篇）	48	支撑重要著作出版（部）	1

砂梨种质资源（武汉）

胡红菊　范　净　陈启亮　杨晓平　张靖国　田　瑞

（湖北省农业科学院果树茶叶研究所，武汉，430209）

一、主要进展

1. 梨种质资源收集引进

"十二五"期间新收集引进梨种质资源270份，其中地方品种237份，国外引进品种4份，国内育成品种（系）29份。新增物种2个，其中新疆梨1份，秋子梨3份。新入圃资源168份，其中砂梨138份，白梨30份。截至2015年12月31日，国家砂梨圃资源保存总量达939份，其中砂梨（*Pyrus pyrifolia* Nakai）827份、白梨（*P. bretschneideri* Rehd.）61份、秋子梨（*Pyrus ussuriensis* Max.）3份、西洋梨（*P. communis* L.）30份、杜梨（*P. betuleafolia* Bge.）6份、豆梨（*P. calleryana* Decne）9份、麻梨（*P. serrulata* Rehd.）3份。

"十二五"期间在资源收集引进方面取得重大突破。新收集一批具有抗病抗虫、耐贮藏、果心极小、香味浓郁、红皮、高糖、品质极优等生产育种急需而材料极度短缺的珍贵砂梨资源，如湖南省永顺著名地方品种长把梨，抗病抗虫，在不进行病虫害防治的情况下，可以收到80%的果实，且耐贮性极强，下雪后果实仍可挂在树上；湖南保靖金梨（黄皮香）香味浓郁，是砂梨品种中极为少见的浓香型珍稀资源；日本引进的无籽梨，果心极小，是改良砂梨品种果心偏大的宝贵材料；贵州省铜仁市的红皮子梨，果皮着红色，色彩艳丽，是目前国内外学者研究所需的热门材料；高糖资源古田葫芦梨，可溶性固形物含量高达14.9%，是我国梨育种家在梨品质上取得重大突破难得的材料（图1和图2）。

图1　抗病抗虫耐贮资源-长把梨

图2　高糖资源-古田葫芦梨

2. 梨种质资源鉴定评价

"十二五"期间开展梨种质资源鉴定评价878份次，其中农艺性状和品质性状鉴定182份；编目182份；花粉质量鉴定461份；梨抗黑斑病鉴定130份；SSR分子鉴定105份。通过上述鉴定评价，筛选出一批抗病、早果、高糖、大果、品质极优、花粉质量极高等生产育种急需的优异资源。如高抗梨黑斑病种质98-6和金晶，将为梨育种家提供抗病新品种选育所需的关键材料，是梨育种家取得重大突破的物质基础，抗病新品种选育将从根本上解决中国南方高温高湿地区砂梨生产中梨黑斑病引起的减产、树体早衰、果实品质下降、果品不耐贮藏等重大瓶颈问题。早果优异资源圆黄、Minibae、秀玉、多摩、日光等，定植第二年可结果，可解决生产中幼龄梨树进入结果时间长，影响早期经济效益的问题。花粉质量极高资源金花11号，花粉量高达21 250粒/每个花药，萌发率为92.22%，能有效解决生产中因花粉质量低导致授粉授精不良而减产的重大问题，同时通过减少授粉树配置提高主栽品种数量达到提高优良品种产量增加梨农收入的目的。高糖资源筑波2号（可溶性固形物含量13.9%）、大果资源兴山11号（平均单果重450g）、品质极优资源早蜜梨（果肉疏松细腻汁液多）、极早熟资源早生新水（果实7月中旬成熟）、果实外观好的资源雪峰（果皮绿色、光滑）等，将为梨育种家提供丰富的遗传育种材料，育种家利用上述材料选育出极早熟品种可填补中国南方早熟梨市场空白，选育出外观品质好的优良品种，在栽培中无需套袋，减少劳动力，降低劳动成本，将成为省力化栽培的主栽品种。综合性状优良的资源90-1-11，平均单果重245g，果实纺锤形，果皮绿色，光滑，外观美，果肉脆，酸甜适度，可溶性固形物10.2%，品质上，8月中旬成熟，生长势强，抗逆性强，丰产，可直接用于生产栽培，可缓解生产中梨品种更新换代缺少优良新品种的矛盾（图3和图4）。

图3　高抗梨黑斑病资源-金晶　　　　　　　　图4　外观极美资源-雪峰

3. 梨种质资源分发供种

"十二五"期间向科研、教学和生产单位常规传统分发供种786份4 142份次，分发供种数量占资源圃保存数量的83.7%。供种单位有华中农业大学、南京农业大学、北京市农林科学院林业果树研究所、中国农业科学院果树研究所、河北农业大学、中南林业科技大学、湖北省阳新县特产局、浙江省农业科学院园艺研究所、安徽农业大学、荆门市掇刀区农业局、湖北新源农业科技有限公司、宜昌龙花梨业有限公司等48家科研、教学、企业等单位。主要进行病毒检测、基因组测序、基因克隆、S基因型鉴定、红皮梨着色机理、杂交育种等研究和生产栽培。"十二五"期间开展田间展示5次，每年在梨种质资源果实成熟相对集中时期进行，邀请全国的梨育种、科研、教学、企业等单位的代表及个体种植大户参加。在现场展示会上向与会代表宣传资源圃的优异资源，介绍优异资源的优异性状（图5）。与会代在现场观摩时，通过亲眼看、亲口偿、亲自测、亲自比来选择自己想要的资源，针对性极强，分发利用效率高。5年累计展示资源103份次，参加代表500余人次，现场分发资源100余份次（图6）。

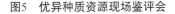

图5　优异种质资源现场鉴评会　　　图6　优异种质资源田间展示会

4. 梨种质资源安全保存

"十二五"期间常年固定聘请10～15人按照《国家果树种质武昌沙梨圃管理细则》，对圃内保存的资源进行规范化管理与维护。每年全园除草4次，避免杂草、病虫滋生；施肥4次，其中施基肥1次，施追肥3次；化学药剂病虫防治12～15次，并结合物理、生物防控措施如挂黄色粘虫板、安装频振式杀虫灯、挂糖醋液、性诱芯、挂光碟驱鸟害等有效控制病虫害；全园割草耕翻2次，以改良土壤，提高土壤有机质；整形修剪2次，其中夏季修剪1次，冬季修剪1次，确保树体营养平衡，结果正常，生长健壮。针对南方地区多发的梨黑斑病、梨瘿蚊等主要病虫害进行病虫监测，掌握梨黑斑病和梨瘿蚊各个时期发生规律，为梨黑斑病和梨瘿蚊的有效防治提供可靠的科学依据（图7）。5年内对国家砂梨圃内的225份种质资源进行了繁殖更新，每年按照《梨种质资源繁殖更新技术规程》对衰老资源进行清理，再将需要繁殖更新资源在9月嫁接于豆梨砧木上繁育，翼年1—2月定植于整理好的资源圃中。通过以上精细维护、病虫监控、及时繁殖更新，确保了圃内939份梨种质资源的健壮生长，无资源丢失现象。

根据多年砂梨种质资源保存和管理的经验，积累和创新了资源圃资源保存技术。针对资源圃资源数量日益增多与土地使用面积不足的矛盾及原地种植重茬的问题，将经过连续多年鉴定评价的种质资源在繁殖更新中进行种植密度的调整，由3×4（m）改为2×3.5（m），树形由自然疏散分层形改为圆柱形，同时采用错位整地种植，即将原行带调整为行间，将原行间调整为行带，有效解决了资源圃用地不足及重茬的问题。在砂梨种质资源入圃保存和繁殖更新过程中为了确保资源全部成活避免丢失，每份资源定植6株，即永久株3株和预备株3株，待永久株成活后再将预备株除掉，该措施有效避免了因天气、环境等自然灾害导致的资源丢失现象（图8）。随着分子生物技术的发展，越来越多的科研工作者要求提供种质资源的DNA材料，对此开展了超低温DNA保存技术研究，建立了砂梨种质资源超低温保存技术体系，对圃内413份重要核心资源进行了DNA超低温备份保存，满足了DNA材料的供种需求。

图7 病虫害监测-预测预报　　图8 资源圃田间日常管理情况

二、主要成效

1. 在育种、生产、科学研究、种业发展和农业原始创新上的利用效果

（1）育种、生产利用效果。"十二五"期间向北京市农林科学院林业果树研究、新疆库尔勒市团结南路市香梨研究中心、山东省烟台市农业科学院、河北农业大学、中国农业科学院郑州果树研究所、湖北省农业科学院果树茶叶研究所等6家科研和教学单位提供新世纪、早美酥、秋荣等育种亲本材料13份，做杂交组合30余个，获得杂交实生苗10 000

余株，这批材料正在结果观察中。以国家砂梨圃提供的亲本材料选育出梨新品种金晶、金蜜、玉香、玉绿、鄂梨2号等5个，示范推广到湖北省、江西省、四川省、重庆市、云南省、贵州省等6省、市，应用面积10万亩，创造经济效益6亿元。筛选出翠冠、园黄、黄金、华梨1号、黄冠、晚秀等综合性状优异的资源10份，直接应用于生产，示范推广到湖北省、湖南省、江西省、浙江省、上海市、四川省、重庆市、云南省、贵州省等9省、市，应用面积30余万亩，创造经济效益18亿元。

（2）科学研究利用效果。以圃内提供的优异特异资源为研究试材支撑国家农业行业专项"梨树腐烂病防控技术研究与示范"、国家"863"专项"梨分子育种与品种创新"、国家自然科学基金"梨果实糖酸性状形成的分子机制及重要功能基因的挖掘"、"基于亲缘关系的梨种质群系统构建及遗传结构分析"、"梨果皮色泽变异的分子解析及其相关基因的克隆"、科技部星火计划项目"砂梨省力栽培关键技术集成与示范"、湖北省农业科技创新专项"砂梨优异基因资源挖掘与种质创新"、浙江省自然科学基金"砂梨核心种质山梨醇含量评价及其代谢关键基因克隆与表达分析"等项目26项，发表SCI论文6篇，累计影响因子10.7。培养博士12名、硕士18名，产生显著社会效益。

（3）种业发展和农业原始创新利用效果。为武汉市金峰珍稀种业有限公司当技术顾问，推荐并提供优异资源品种接穗繁殖苗木，制定湖北省地方标准《砂梨苗木繁育技术规程》，推动梨优良品种苗木的健康发展。该种业公司累计向社会提供良种苗木1500万株，发展梨面积15万亩，带动1.5万劳动力就业。利用圃内优异资源开展农业原始创新，研发了"一种快速制作梨花粉的方法"、"一种促进梨幼树提早结果的方法"等8项国家发明专利。利用创新成果为汇源生态农业钟祥发展有限公司、宣恩县椒园镇黄坪村黄金梨专业合作社、枝江市百里州政府等228家企业、合作社、政府部门和种植大户提供技术服务369人次，技术培训18次，培训技术骨干及果农1229人次，共建优质梨生产示范基地2万亩，创造直接经济效益1亿元。

2. 支撑产业体系、获奖成果、一带一路、生态环保等方面的典型案例

（1）支撑梨产业技术体系获得一批重要成果（典型案例一）。以圃内资源为研究试材支撑梨产业技术体系专家开展科学研究，获得国家科技进步二等奖1项，湖北省科技进步一等奖1项。其中"南方砂梨种质创新及优质高效栽培关键技术"2011年获国家科技进步二等奖：该项目利用圃内资源为亲本培育出"华丰"和"华高"2个国家审定品种；利用分子生物学方法和生物技术手段，建立了梨品种S基因型的分子生物学鉴定技术体系，查清了砂梨自交不亲和的基因资源，突破了我国长期以来不能解决的梨自交不亲和性以及品种配置的重大技术瓶颈，这一成果在我国华东、华中、西南5省推广应用，累计新增产值43.06亿元，新增利润22.38亿元；"砂梨种质创新及特色新品种选育与应用" 2014年获湖北省科技进步一等奖（图9）。该项目利用圃内资源选育出4个特色砂梨新品种"金晶"、"金蜜"、"玉绿"、"玉香"，研发集成配套病虫害绿色防控技术及配套的轻简适用技术，创制了梨棚架栽培新树形及管理新模式；9项国家发明专利、2项实用新型专利获得授权，制订行业标准和地方标准11项；发表论文61篇，编写专著4部；与3家企业（合作社）签订技术服务合同，交易总额252万元；新品种在湖北省砂梨主产区及重庆市涪陵区规模化应用面积9.01万亩，新增产值14.27亿元，新增利润6.19亿元，节省成本0.38亿元，出口创汇81万美元。

图9　获奖证书

（2）支持地方企业产业经济的发展（典型案例二）。以圃内筛选出的优异资源黄金梨支持湖北省宣恩县椒园镇黄金梨专业合作社产业经济发展。黄金梨（新高×廿世纪）系韩国1994年育成的新品种，1997年引入国家砂梨圃，1998—2003年连续鉴定评价，表现为果大、圆形或扁圆形、品质好，常温下果实可贮藏30-40d，冷藏可保存3～4个月，具有很好的发展前景。2002年将该品种分发给湖北省宣恩县椒园镇黄金梨专业合作社产业化应用，产生显著经济效益。2002 年发展810 亩，截至2015年黄金梨总面积达到10 000亩，总产量3 160t，总产值过亿元。2008年4月，李克强总理亲临湖北省宣恩县指导黄金梨产业发展。2013年5月注册沃地娃商标，2014年获得国家有机产品认证。"沃地娃"宣恩黄金梨在武汉第十届、十一届农博会上荣获"金奖农产品"（图10）。2015年黄金梨产品已实现"互联网+黄金梨"，销售火爆。宣恩县椒园镇近1000人依靠种植黄金梨实现了脱贫致富。

图10 获得十一届农博会颁发的奖牌

三、展望

1. 建立健全资源分发利用体系

拓宽供种途径，实现网上索取并及时供种；建立健全资源共享机制，明确供种方与利用方的责权利，提高资源利用效率。

2. 增加种质资源保存项目经费

种质资源保存是长期基础性的工作，随着人工、农药、肥料等成本增加，目前经费运转越来越困难。建议适当增加项目经费以支撑保种项目良好持续的开展。

3. 建议设立专项开展梨种质资源抗病、抗虫、耐贮等性状的深入鉴定评价，满足育种家迫切需要

开展砂梨连作障碍因子机理的研究，探索砂梨克服连作障碍保存技术，维护砂梨资源安全保存与健壮生长，确保砂梨资源高效分发利用。

4. 建立国外资源引进应入圃保存的机制

目前一些大学和科研单位通过国家或省部级项目引进一些国外资源，分散保存，入国家圃保存的意识非常淡薄，容易造成资源的重复引进和名称混乱，浪费国家资金。建议省部级项目在针对品种引进的执行验收中应提供入国家库圃保存的证明。

附录：获奖成果、专利、著作及代表作品

获奖成果

1. 南方砂梨种质创新及优质高效栽培关键技术，获2011年度国家科学技术进步二等奖（谭晓风、周国英、滕元文、袁德义、胡红菊、舒群、刘君昂、乌云塔娜、张琳、曾艳玲）。

2. 砂梨种质创新及特色新品种选育与应用，获2014年度湖北省科学技术进步一等奖（秦仲麒、胡红菊、李先明、田瑞、陈启亮、杨晓平、杨夫臣、涂俊凡、伍涛、张靖国、朱红艳、范净、杨遂胜、黄德馨、王丹玉）。

专利

1. 胡红菊，杨晓平，田瑞，等.砂梨杂交催芽育种的方法，专利号：2009 1 0061395.5（批准时间：2011年7月）。

2. 胡红菊，杨晓平，陈启亮，等.一种促进梨幼树提早结果的方法，专利号：201110169199.7（批准时间：2013年6月）。

3. 胡红菊，杨晓平，陈启亮，等.一种梨种质抗黑斑病鉴定的方法，专利号：201210132181.4（批准时间：2014年3月）。

4. 张靖国，胡红菊，杨晓平，等.一种克服自交不亲和性的育苗方法，专利号：201310180730.X（批准时间：2014年5月）。

5. 胡红菊，杨晓平，陈启亮，等.一种快速制作梨花粉的方法，专利号：201310180729.7（批准时间：2014年5月）。

6. 胡红菊，陈启亮，杨晓平，等.一种提高砂梨杂交种子成苗率及苗木质量的方法，专利号：201310314625.0（批准时间：2014年11月）。

著作

曹玉芬，施泽彬，胡红菊，等.2014.中国梨品种[M].北京：中国农业出版社.

主要代表作品

陈启亮，胡红菊，田瑞，等.2015.早熟砂梨新品种"金蜜"[J].园艺学报，42（11）：2315-2316.

田瑞，胡红菊，陈启亮，等.2014.早熟砂梨抗病新品种"金晶"[J].园艺学报，41（10）：2147-2148.

田瑞，胡红菊，张靖国，等.2013.湖北省梨地方资源遗传变异和亲缘关系的SSR分析[J].湖北农业科学，52（22）：5496-5501.

张靖国，田瑞，陈启亮，等.2014.基于SSR标记的梨栽培品种分子身份证的构建[J].华中农业大学学报，33（1）：12-17.

张靖国，胡红菊，田瑞，等.2011.中国砂梨初级核心种质的构建[J].湖北农业科学，50（8）：1590-1610.

Yang X，Hu H，Yu D，et al. 2015. Candidate resistant genes of sand pear（*Pyrus pyrifolia* Nakai）to *Alternaria alternata* revealed by transcriptome sequencing[J]. PLoS ONE，10（8）：e0135046.

附表1　2011—2015年期间新收集入种质圃保存情况

填写单位：湖北省农业科学院果树茶叶研究所

联系人：胡红菊

作物名称	目前保存总份数和总物种数（截至2015年12月30日）				2011—2015年期间新增收集保存份数和物种数			
	份数		物种数		份数		物种数	
	总计	其中国外引进	总计	其中国外引进	总计	其中国外引进	总计	其中国外引进
梨	939	107	7	1	168	4	4	1
合计	939	107	7	1	168	4	4	1

附表2　2011—2015年期间项目实施情况统计

一、收集与编目、保存			
共收集作物（个）	1	共收集种质（份）	168
共收集国内种质（份）	164	共收集国外种质（份）	4
共收集种子种质（份）		共收集无性繁殖种质（份）	168
入中期库保存作物（个）		入中期库保存种质（份）	
入长期库保存作物（个）		入长期库保存种质（份）	
入圃保存作物（个）	1	入圃保存种质（份）	168
种子作物编目（个）		种子种质编目数（份）	
种质圃保存作物编目（个）	1	种质圃保存作物编目种质（份）	182
长期库种子监测（份）			
二、鉴定评价			
共鉴定作物（个）	1	共鉴定种质（份）	1 060
共抗病、抗逆精细鉴定作物（个）	1	共抗病、抗逆精细鉴定种质（个）	130
筛选优异种质（份）	7		
三、优异种质展示			
展示作物数（个）	1	展示点（个）	3
共展示种质（份）	100	现场参观人数（人次）	260
现场预订材料（份次）	18		
四、种质资源繁殖与分发利用			
共繁殖作物数（个）	1	共繁殖份数（份）	225
种子繁殖作物数（个）		种子繁殖份数（份）	
无性繁殖作物数（个）	1	无性繁殖份数（份）	225
分发作物数（个）	1	分发种质（份次）	786 / 4 142
被利用育成品种数（个）	5	用种单位数/人数（个）	228
五、项目及产业等支撑情况			
支持项目（课题）数（个）	26	支撑国家（省）产业技术体系	1
支撑国家奖（个）	1	支撑省部级奖（个）	2
支撑重要论文发表（篇）	65	支撑重要著作出版（部）	1

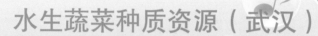

水生蔬菜种质资源（武汉）

柯卫东　　朱红莲

（武汉市农业科学技术研究院蔬菜科学研究所，武汉，430065）

一、主要进展

（一）收集与入圃

1.收集引进

"十二五"期间新收集水生蔬菜资源169份，其中国外资源6份，中国台湾地区资源1份。共收集作物12个，包括莲40份、茭白12份、芋42份、蕹菜6份、水芹19份、荸荠22份、菱9份、莼菜4份、豆瓣菜3份、慈姑7份、芡实4份、蒌蒿1份。新收集资源中，野生资源54份，占31.9%；地方品种100份，占59.2%；选育品种15份，占8.9%。

"十二五"期间水生蔬菜资源考察收集新特色。

（1）梁山古代莲。对山东梁山挖出的古莲子进行了实地考察收集，共得古莲子200粒，对于研究古莲子休眠、萌发、莲的起源与进化等具有重要意义（图1和图2）。

图1　山东梁山古代莲挖掘现场　　　　图2　山东梁山古代莲莲子

（2）莽山莼菜。在对湖南莽山莼菜原生境保护区考察时发现，莽山莼菜胶质很厚，叶背绿色，即使在张开叶片的叶柄和叶背也有较厚的胶质，为目前发现的品质最好的莼菜资源（图3和图4）。国家在该地虽已经建立原生境保护区，但除一垮塌的堤坝外，未见其他设施，由于堤坝已垮塌，保护区内大部分地区无水，莼菜死亡严重，仅500 m²左右的区域莼菜生长良好，建议加强该保护区的建设。

图3　莽山莼菜　　　　　　　　　　　　　图4　莽山莼菜原生境

（3）九曲江野藕。在海南省琼海国家级野生稻原生境保护区内发现有小面积野生莲藕生长（图5），为分布在我国最南边的野生莲资源，经过2012年和2014年两次收集，现在武汉水生蔬菜种质资源圃生长良好。

图5　分布在我国最南边的野生莲资源——九曲江野藕

（4）国外引进美洲黄莲资源。

① 尤福拉野生黄莲。引自美国亚拉巴马州。在武汉地区生长，植株较高大，开花结籽，根状茎膨大成藕。初步判断其为亚热带生态型莲。经过连续4年的鉴定评价，发现其莲子不落粒的特性，可作为不落粒子莲新品种选育的亲本。另外，以尤福拉野生黄莲为亲本的杂交组合"（santosa×建选17号）×尤福拉野生黄莲"后代中有叶柄、花梗无（少）刺的单株，可为培育无（少）叶柄刺、无（少）花梗刺品种提供亲本。

② 密苏里州黄莲。引自美国密苏里州。在武汉地区生长，植株矮小，不开花，根状茎膨大较早。初步判断其为温带生态型莲。

2. 编目入圃

"十二五"期间共编目入圃保存水生蔬菜资源90份，其中国外资源10份。入圃保存作物10个，其中莲27份、茭白2份、芋28份、水芹10份、荸荠10份、菱4份、莼菜2份、豆瓣菜1份、慈姑5份、芡实1份。入圃资源中，野生资源27份，占30.0%；地方品种56份，占62.2%；选育品种7份，占7.8%。

（二）鉴定评价

"十二五"期间每年都对我圃保存的水生蔬菜资源进行鉴定评价，其中农艺性状鉴定4179份次，获得原始数据近120 000个，品质测试223份次。通过5年较系统全面的鉴定评价，发掘创新特异种质资源4份，其中多分枝莲资源2份，分株紧凑、矮秆荸荠资源1份，二倍体多子芋资源1份。

1. 多分枝莲资源

一般的莲资源根状茎上能发生一级分枝（图6），在一级分枝上可发生二级分枝，在膨大根状茎（藕）上相应的部位则称为子藕和孙藕，但在同一个节部只有一个分枝，近年我们却发掘出多分枝的莲资源2份，其一是花莲资源

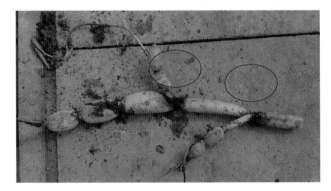

图6 一般莲资源

20140424，其二是贵溪浮藕自交的一份资源（图7）。多分枝莲资源的发现对于莲生理方面的研究以及现实的生产均具有重要意义。多分枝莲与藕莲杂交，可以使藕莲有更多的子藕、孙藕，提高莲藕产量；其与子莲杂交，可以使子莲有更多的莲蓬，增加莲子产量；其与花莲杂交，可以使花莲开出更多的花，增加莲花的数量（图8）。

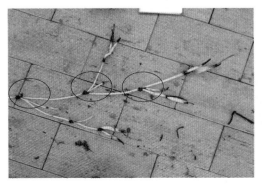

图7 20140424   图8 贵溪浮藕自交

2. 分株紧凑、矮秆荸荠资源

"凉山×东乡"荸荠为创新的一份荸荠种质，该种质分株紧凑、矮秆，且开花不结实（图9）。该种质可为今后开展荸荠密植、机械化采收等专用型品种选育提供亲本。

图9　分株紧凑、矮秆荸荠资源——"凉山×东乡"荸荠

3. 二倍体多子芋资源

"Kolkata Taro-2"是从印度加尔各答收集的多子芋资源（图10）。通过利用流式细胞术法对其染色体倍性进行鉴定，发现其为2倍体（$2n=2x=28$），而一般的多子芋为3倍体（$2n=3x=42$）。该研究修订和补充了以前学术界认为多子芋只存在3倍体的观点，为多子芋开展杂交育种提供了科学依据。

"Kolkata Taro-2"属绿柄白芽多子芋，叶形狭心形，较为独特，一般多子芋叶形为卵形（图11）。母芋芽色白色。

图10　二倍体多子芋——"Kolkata Taro-2"叶片　　图11　二倍体多子芋——"Kolkata Taro-2"球茎

（三）分发供种

"十二五"期间武汉市蔬菜科学研究所苗圃共分发利用水生蔬菜资源1675份次，其中

科研利用1200份次，主要向武汉大学、浙江大学、长江大学、江汉大学、湖北民族学院、华南农业大学、华中农业大学、武汉轻工大学、复旦大学、中国计量学院、中国农业科学院国家种质库、中国科学院武汉植物园、北京市植物园、山东省农业科学院水稻研究所、湖南省植物保护研究所、武汉市蔬菜科学研究所等单位提供莲、茭白、芋、荸荠、菱、水芹、慈姑、芡实等资源，主要用于遗传多样性、杂交育种、传粉生物学、光合作用测定、叶片功能成分测定、种群生态学、超低温离体保存、重测序和基因定位等的研究。另外，武汉市蔬菜科学研究所苗圃还将水生蔬菜已有品种及优异资源直接进行推广应用475家单位或个人，品种或资源包括鄂莲5-9号莲藕、赛珍珠莲藕、满天星子莲、太空莲、花莲系列、鄂茭1-3号、鄂芋1-3号、大叶豆瓣菜、梗用芡实等，推广的省、市、区主要包括四川省、安徽省、湖北省、湖南省、云南省、新疆维吾尔自治区、河南省、山东省、江苏省、广西壮族自治区、重庆市等地。目前，我国鄂莲系列莲藕新品种覆盖率已达85%以上。

（四）安全保存

由于城市的快速扩张，武汉市蔬菜科学研究所原有的科研用地已全部被征用，通过搬迁申请并征得有关部门的同意后，武汉市蔬菜科学研究所苗圃于2012年3月正式搬迁至郑店新圃。经过近几年的建设和完善工作，目前圃内基础设施建设基本完成，新圃占地500多亩，内有资源保存缸1461口，资源保存池1931个，引种隔离观察池150个，资源评估池331个，轻钢结构塑料大棚10亩。与此同时，武汉市蔬菜科学研究所苗圃于2015年底进行了改扩建，新建资源保存池400个，引种隔离观察池200个、玻璃温室200 m²及附属配套设施，另购置资源保存缸600口。这两年来，我们将加快办公楼、实验楼的建设进度，尽快完成整个水生蔬菜圃的建设。

国家种质武汉水生蔬菜资源圃目前保存有莲、茭白、芋、蕹菜、水芹、慈姑、荸荠、菱、豆瓣菜、芡实、莼菜、蒲菜等12大类水生蔬菜1844份。因水生蔬菜种质资源大都采用水体保存，且以无性繁殖为多，故每年几乎都对圃内所有资源进行繁殖更新。其中，莲、荸荠、蒲菜更新5株、芋7株、菱6株、茭白6株、慈姑10株、芡实6株、水芹15株、蕹菜30株、莼菜50株、豆瓣菜100株。

由于水生蔬菜种质资源有12大类，作物类型多，资源数目大，且以无性繁殖为多，故管理任务繁重。为加强管理，我们将12大类水生蔬菜种质资源分配给9名科研人员分作物进行管理，同时做到管理人员多年稳定，这样既便于管理人员熟悉该作物的特征特性，又确保了资源的安全保存。通过多年的研究观察，在保种技术上也进行了一些改进，取得了较好的效果。

1. 大棚备份保存。针对热带莲种质、槟榔芋类型及南方收集的芋种质在武汉难以安全越冬保存的问题，我们进行大棚备份种植，以确保其安全越冬。

2. 打花摘果。在水生蔬菜种质资源繁殖更新过程中，我们发现莲、荸荠、慈姑、水芹、蒲菜、莼菜等作物的种子在自然状态下保存多年仍有生活力，遇适宜环境仍能发芽生长。近年来，在这些通过无性繁殖方式保存的资源繁殖更新过程中，及时采取打花摘果措施，有效防止了种质的生物学混杂。

二、主要成效

水生蔬菜种质资源共享利用典型案例。

（一）资源被利用作为亲本材料选育水生蔬菜新品种

2011—2015年，武汉市蔬菜科学研究所利用我圃资源共选育水生蔬菜新品种8个，其中，藕莲3个、子莲1个、茭白2个、芋1个、荸荠1个，其中6个已通过湖北省农作物品种审定委员会审（认）定，另2个也已通过湖北省农作物品种审定委员会组织的专家现场考察（图12、图13、图14、图15、图16和图17）。

图12　鄂荸荠2号　　　　　　　　图13　鄂茭3号

图14　鄂莲8号　　　　　　　　图15　　鄂莲9号

图16　鄂芋2号　　　　　　　　　　图17　　鄂子莲1号

（二）莲藕已有品种鄂莲7号推广应用

鄂莲7号是利用我圃资源选育的莲藕品种，于2009年通过湖北省品种审定委员会的审（认）定（图18）。该品种主要特点是特早熟，鄂莲7号使鄂莲系列品种的适应范围进一步拓展，在辽宁大连能正常生长，在广西壮族自治区柳州以南可作为双季藕栽培，在长江中下游地区如湖北省、湖南省等地早藕在6月底或7月上旬收获后可种植晚稻、荸荠等经济作物，鄂莲7号也是我国目前莲藕设施栽培的最好品种，每亩效益近万元，近几年种植面积迅速扩大，累计种植面积已达60万亩以上（图19和图20）。

图18　鄂莲7号在辽宁大连表现　　　　　图19　鄂莲7号在广西柳州表现

图20 鄂莲7号设施栽培

（三）莲藕新品种巨无霸（鄂莲9号）推广应用

巨无霸（鄂莲9号）是利用武汉市蔬菜科学研究所苗圃资源选育的藕莲新品种，于2015年通过湖北省品种审定委员会的审（认）定。该品种主要特点是产量高，枯荷藕每667m²产量2 500～3 000kg，比常规种植品种增产250kg左右。"巨无霸"目前是我国单产最高的莲藕品种，藕粗大，品质好，凉拌、炒食、煨汤皆宜。"巨无霸"从2012年开始示范推广，目前已辐射到湖北省、河北省、云南省、山东省、安徽省、河南省、江苏省、福建省、广东省、广西壮族自治区、山西省、陕西省、江西省、四川省、重庆市、贵州省、湖南省、浙江省、北京市、天津市等20个省、市、区，辐射面积已达15万亩（图21、图22和图23）。

图21 "巨无霸"在河南省驻马店市推广种植　　图22 "巨无霸"在重庆市永川区推广种植

图23 "巨无霸"在江苏省徐州市推广种植

三、展望

1. 院所领导近年来比较注重出成果、出效益，对资源重视不够

导致部分科研人员心里浮躁，科研工作急功近利，难以静下心来持之以恒研究资源工作，而资源研究需要的恰恰就是默默无闻的奉献。基于此，建议科研人员尤其是年轻的科研人员：首先，要沉下心来，加强理论学习，尤其是资源知识的系统学习；其次，注重田间调查，逐步锻炼成长为一名真正的资源工作者，切实提高资源共享利用效率和服务水平。

2. 资源利用单位对信息的反馈不及时、不主动

致使资源保存单位在资源分发利用方面缺少相应的数据支撑，建议健全资源提供利用信息反馈的管理办法，切实提高资源的利用效果。

附录：获奖成果、专利、著作及代表作品

获奖成果

1. 武汉市蔬菜科学研究所水生蔬菜资源与育种创新团队，获2013年度华耐园艺科技奖
2. 莲藕微型种苗繁育技术与应用，获2015年度湖北省技术发明二等奖

著作

柯卫东，王振忠，董文，等. 2015. 水生蔬菜丰产新技术[M].北京：中国农业科学技术出版社.

主要代表作品

董红霞，柯卫东，黄新芳，等.2014.基于ISSR标记的中国芋种质资源遗传多样性分析[J].植物遗传资源学报，15（2）：286-291.

黄新芳，彭静，柯卫东，等.2014.206份芋种质资源品质性状分析[J].植物遗传资源学报，15（3）：519-525.

黄新芳，柯卫东，刘义满，等.2012.芋种质资源染色体倍性鉴定[J].（16）：42-46.

Wang，Yun；Fan，Guangyi；Liu，Yiman；et al. 2013. The sacred lotus genome provides insights into the evolution of flowering plants. The Plant Journal[J]，76（4）：557-567.

农业行业标准

1. 柯卫东，李峰，彭静，等.2012.NY/T 2182—2012农作物优异种质资源评价规范 莲藕.中华人民共和国农业部。

2. 刘义满，柯卫东，李峰，等.2012.NY/T 2183—2012农作物优异种质资源评价规范 茭白.中华人民共和国农业部。

3. 黄新芳，柯卫东，刘义满，等.2013.NY/T 2327—2013农作物种质资源鉴定评价技术规范 芋.中华人民共和国农业部。

附表1　2011—2015年期间新收集入中期库或种质圃保存情况

填写单位：武汉市农业科学技术研究院蔬菜科学研究所

联系人：朱红莲

作物名称	目前保存总份数和总物种数（截至2015年12月30日）				2011—2015年期间新增收集保存份数和物种数			
	份数		物种数		份数		物种数	
	总计	其中国外引进	总计	其中国外引进	总计	其中国外引进	总计	其中国外引进
莲	572	25	2	2	27		2	2
茭白	214	3	1	1	2	1	1	1
芋	374	28	6	4	28	4	2	2
蕹菜	68	2	1	1				
水芹	166	2	2	1	10		2	
荸荠	128	3			10			
菱	120	1	11	1	4	1	3	1
莼菜	7		1		2			
豆瓣菜	16	4	1	1	1		1	
慈姑	113	2	5	1	5	1	2	1
芡实	20		1		1			
蒲菜	46		2					
合计（12种水生蔬菜）	1 844	70	34	13	90	10	16	8

附表2 2011—2015年期间项目实施情况统计

一、收集与编目、保存			
共收集作物（个）	12	共收集种质（份）	169
共收集国内种质（份）	163	共收集国外种质（份）	6
共收集种子种质（份）	16	共收集无性繁殖种质（份）	153
入中期库保存作物（个）		入中期库保存种质（份）	
入长期库保存作物（个）		入长期库保存种质（份）	
入圃保存作物（个）	10	入圃保存种质（份）	90
种子作物编目（个）	3	种子种质编目数（份）	6
无性繁殖作物编目（个）	7	无性繁殖作物编目种质（份）	84
长期库种子监测（份）			
二、鉴定评价			
共鉴定作物（个）	8	共鉴定种质（份）	1400
共抗病、抗逆精细鉴定作物（个）		共抗病、抗逆精细鉴定种质（个）	
筛选优异种质（份）	4		
三、优异种质展示			
展示作物数（个）	12	展示点（个）	1
共展示种质（份）		现场参观人数（人次）	1500
现场预订材料（份次）			
四、种质资源繁殖与分发利用			
共繁殖作物数（个）	10	共繁殖份数（份）	1730
种子繁殖作物数（个）	3	种子繁殖份数（份）	154
无性繁殖作物数（个）	8	无性繁殖份数（份）	1576
分发作物数（个）	8	分发种质（份次）	1675
被利用育成品种数（个）	8	用种单位数/人数（个）	491
五、项目及产业等支撑情况			
支持项目（课题）数（个）	7	支撑国家（省）产业技术体系	
支撑国家奖（个）		支撑省部级奖（个）	2
支撑重要论文发表（篇）	4	支撑重要著作出版（部）	1

野生稻种质资源（南宁）

梁云涛　陈成斌

（广西壮族自治区农业科学院水稻研究所，南宁，530007）

一、主要进展

1. 收集引进

"十二五"期间，国家种质南宁野生稻圃新收集野生稻种质资源共2 600份入圃保存，超额完成计划任务，其中收集到大穗种质25份，米质优的种质269份。"十二五"期间共鉴定编目、繁种入库种质资源 250份，送交国家种质长期库保存，全面完成任务（图1、图2和图3）。目前，国家种质南宁野生稻圃共安全保存野生稻种质资源约1.0万份。

2. 鉴定评价

"十二五"期间国家种质南宁野生稻圃对包括新收集野生稻种质资源在内的未鉴定野生稻种质资源开展大规模的合作鉴定评价，与本院植保所、微生物所及基地县农业局合作，开展了抗水稻稻瘟病、白叶枯病、南方黑条矮缩病，以及耐冷性鉴定，从6 000份野生稻种质中鉴定筛选出高抗稻瘟病的种质47份；从3 000份野生稻种质中鉴定筛选出高抗白叶枯病种质37份；从1 000份野生稻中鉴定筛选出高抗南方黑条矮缩病种质2份；从2 000份野生稻种质中鉴定筛选出强耐冷种质25份。在这批优异种质资源中还同时兼有米质优、茎秆粗硬抗倒伏、分蘖力特强（分蘖数60个）、大穗粒多的种质。它们在解决生产、育种上没有高抗南方黑条矮缩病抗源、水稻（杂交稻）育种抗源遗传基础狭窄、转基因育种优异目的基因匮乏等重大学术问题具有巨大的潜在利用价值（图4、图5、图6和图7）。

3. 分发供种

"十二五"期间，国家种质南宁野生稻圃先后向国家杂交稻研究中心、中国农业大学、南京农业大学、福建农林大学、南昌大学、广西大学、玉林市农业科学院等科研教学育种单位分发野生稻优异种质共2 000多份/次；举行田间展示3次，接待科研育种者200人次，有效地促进野生稻种质资源的分发利用。

2012年，在中国农业科学院作物科学研究所、本院及广西壮族自治区政府的大力支持下，成功举行了第三届全国野生稻保护与可持续利用大会，野生稻圃接待了全国代表的参观，介绍保存和利用情况，提升野生稻圃的整体影响力。

4. 安全保存

"十二五"期间本课题组全体成员以对国家高度负责的精神，有效安全保存好圃内野生稻种质资源。圃内种质资源全面更新复壮一次，改进了过去水泥池或泥缸保存技术，采用大水泥池内套专用陶缸保存技术，高效、安全保存野生稻种质资源1.0万份。专用陶缸已经获国家专利。

另外，首创野生稻离体脱毒苗库保存技术，构建野生稻种质资源离体脱毒苗库，安全保存来自热带的野生稻种质资源。取得野生稻种质资源安全保存技术的重大突破。

二、主要成效

"十二五"期间，广西野生稻种质资源的考察、收集、保存和利用取得重大突破性进展，其主要成效体现在如下两个科技成果当中，具体如下。

1.《广西野生稻全面调查收集与保护技术研究及其应用》项目由广西壮族自治区农业科学院水稻研究所、中国农业科学院作物科学研究所、广西农业生态与资源保护总站共同完成

2014年获广西科技进步奖二等奖、广西农业科学院科技进步奖一等奖；2015年获广西农业科学院80周年重大成果奖（图8）。该项目全面查清广西壮族自治区野生稻种质资源遗传多样性，考察广西壮族自治区14个市61个县（区、市）245个乡镇1341个分布点，仅存325个分布点（含新发现29个点）；抢救性收集、保存大批野生稻种质；构建11个野生稻原生境保护小区，其中4个得到联合国开发计划署组织的第三方评估的充分肯定和高度赞赏，居国际领先地位，有效提升农业野生植物种质资源多样性保护和生态环境保护技术水平；首创野生稻离体脱毒种质库，解决热带野生稻在南宁安全越冬保存技术难题；从而完善野生稻圃、种质库、离体苗库互补的安全保存体系；制订了野生稻采样、异位保存、原生境保护、监测预警的6项技术规范，其中4项成为农业部部颁标准，有力规范国家野生稻保护技术行为，提升保护技术水平；同时，构建广西野生稻种质资源信息与实物共享平台，包含地理分布信息库、共性数据信息库、特性数据信息库、目录数据库、名录数据库、图像信息库等，录入野生稻信息94.34万条，图像信息6 000多张，全面实现野生稻信息实物网络共享。向全国有关科研教学育种企业提供野生稻利用4 013份次，并产生巨大的经济效益，其中广西大学利用我们课题提供的田东、田阳野生稻种质，育成测25、测253、测258、测781、测1 012等恢复系5个，配组优良组合（含国家、地方主导组合）博优253等17个。到2013年底止，在国内及东盟国家累计推广面积1 246.67万hm²，新增产值137.21亿元。广西壮族自治区科技厅组织成果鉴定，认为该成果居国际先进水平。既充分证明野生稻种质资源的潜在利用价值，又有效保障国家粮食生产安全，促进农村经济发展，农民增收。

2.《北海野生稻优异种质创新及应用》项目是由广西壮族自治区农业科学院水稻研究所牵头，联合另外3家单位共同完成

该项目从1992开始到2015年结束，历经23年，利用了南宁野生稻圃提供的北海野生稻优异种质材料育成两系不育系1个、恢复系3个（测679、测680、R682）、育成高产、广适型杂交稻新组合6个。截至2015年，累计推广面积2 838.51万亩，新增产值40.41亿元（图9）。该项目还利用北海野生稻优异种质资源创制水稻新种质159份，包括高抗稻瘟病37份、高抗白叶枯病35份、高抗南方黑条矮缩病8份、高抗褐飞虱1份、强耐冷30份，以及优质、特异种质等。另外，还挖掘基因/QTL位点28个，开发分子标记11个。经农业部科技发展中心组织专家评价，认定该项成果居国际先进水平。这些新种质及基因标记将有力地支撑水稻育种、生产产业体系发展，推动"一带一路"、中国-东盟的科技、经济的紧密合作。同时，实现了野生稻种质资源创新利用的重大突破，取得了显著的社会、经济和生态效益。

本科研团队还申报了国家专利9项，已经获授权1项、受理4项，全面提升国家种质南宁野生稻圃保存、创新利用技术水平，也是建圃以来的保存与利用技术重大突破，创历史新高。

三、展望

1. 加强野生稻保存工作

急需健全野生稻原生境保护体系，增加不同生态区野生稻保护小区建设；加强保护小区的基层保护与宣传工作；同时，加强野生稻圃、库更新保存工作。

2. 加强优异种质的鉴定评价工作

目前，圃内许多野生稻种质还来不及鉴定评价，急需开展大规模的合作评价，争取发现更多的优异种质，挖掘更多的新基因；及早深入开展基因组学、蛋白组学研究，把野生稻种质资源研究推上新的台阶。

3. 加强创新利用研究

野生稻原始种质利用难度极大，周期很长，许多育种者不愿意使用。为了变资源优势为粮食生产安全优势，必须强化野生稻优异种质的创新利用研究，创造出更多含有野生稻优异基因的新种质给育种利用，变种质资源优势为新品种优势、生产优势和科技竞争优势。

图1　国家种质南宁野生稻圃外景

图2　国家种质南宁野生稻圃工作室

图3　国家种质南宁野生稻圃温网室

图4　广西壮族自治区农业科学院院长白先进（左三）陪同区政府副主席张秀隆（左一）到野生稻圃视察
工作，野生稻专家陈成斌（左二）现场汇报

图5　国家种质南宁野生稻圃内种质资源保存

图6　国家种质南宁野生稻圃内种质资源保存

图7 国家种质南宁野生稻圃内种质资源保存

图8 《广西野生稻全面调查收集
与保护技术研究及其应用》成果奖状

图9 "北海野生稻优异种质创新及应用"成果评价会

附录：获奖成果、专利、著作及代表作品

获奖成果

1. 广西野生稻全面调查收集与保护技术研究及其应用，2014年获广西科技进步奖二等奖；广西壮族自治区农业科学院科技进步奖一等奖；2015年广西壮族自治区农业科学院80周年重大成果奖。

2. 北海野生稻优异种质创新与利用，2016年广西壮族自治区农业科学院推荐申报广西科技进步奖。

3. 上思香糯保质高产技术研究及示范，2015年获防城港市科技进步三等奖。

专利

1. 陈成斌，梁云涛，赖群珍，等.野生稻用保存陶缸，专利号：ZL 2015 20428759.X（批准时间：2016年2月）。

2. 陈成斌，赖群珍，梁云涛，等.一种野生稻花药培养一次成苗简易培养基，专利申请号：201510685915.5。

3. 赖群珍，陈成斌，梁云涛，等.一种疣粒野生稻离体幼胚培养基，专利申请号：201510685873.5。

4. 赖群珍，陈成斌，梁云涛，等.一种药用野生稻与栽培稻杂种幼胚挽救培养基，专利申请号：201510685941.8。

5. 梁云涛，陈成斌，赖群珍，等.一种热带普通野生稻幼穗诱导愈伤组织培养基，专利申请号：201510685971.9。

著作

陈成斌，梁云涛.2014.野生稻种质资源保存与创新利用技术体系[M].桂林：广西人民出版社.

陈成斌，杨庆文.2012.广西野生稻考察收集与保护[M].桂林：广西科学技术出版社.

梁世春，陈成斌，杨庆文.2013.广西野生稻原生境彩色图谱[M].桂林：广西科学技术出版社.

主要代表作品

陈成斌，张烨，曾华忠，等.2012.广西野生稻保护进展与思考[J].植物遗传资源学报，13（2）：293-298.

梁世春，陈成斌，梁云涛，等.2012.广西野生稻资源考察图像采集与图像信息库建设探讨[J].植物遗传资源学报，13（4）：692-694.

梁云涛，陈成斌，颜群，等.2014.野生稻抗稻瘟病渗入系的培育及抗性分子分析[J].西南农业学报，27（2）：613-620.

潘英华，梁云涛，陈成斌，等.2014.普通野生稻胚性愈伤组织诱导体系的建立[J].河南农业科学，43（6）：25-29.

附表1 2011—2015年期间新收集入国家种质南宁野生稻圃保存情况

填写单位：广西壮族自治区农业科学院水稻研究所
联系人：梁云涛

作物名称	目前保存总份数和总物种数（截至2015年12月30日）				2011—2015年期间新增收集保存份数和物种数			
	份数		物种数		份数		物种数	
	总计	其中国外引进	总计	其中国外引进	总计	其中国外引进	总计	其中国外引进
野生稻	10 000		21		2 600		2	
合计	10 000		21		2 600		2	

附表2　2011—2015年期间项目实施情况统计

一、收集与编目、保存			
共收集作物（个）	2	共收集种质（份）	2 600
共收集国内种质（份）	2 600	共收集国外种质（份）	
共收集种子种质（份）		共收集无性繁殖种质（份）	
入中期库保存作物（个）		入中期库保存种质（份）	
入长期库保存作物（个）	2	入长期库保存种质（份）	250
入圃保存作物（个）	2	入圃保存种质（份）	250
种子作物编目（个）		种子种质编目数（份）	
种质圃保存作物编目（个）	2	种质圃保存作物编目种质（份）	5 760
长期库种子监测（份）			
二、鉴定评价			
共鉴定作物（个）	2	共鉴定种质（份）	6 000
共抗病、抗逆精细鉴定作物（个）		共抗病、抗逆精细鉴定种质（个）	2
筛选优异种质（份）	111		
三、优异种质展示			
展示作物数（个）	2	展示点（个）	3
共展示种质（份）	2 000	现场参观人数（人次）	200
现场预订材料（份次）			
四、种质资源繁殖与分发利用			
共繁殖作物数（个）	2	共繁殖份数（份）	250
种子繁殖作物数（个）		种子繁殖份数（份）	
无性繁殖作物数（个）		无性繁殖份数（份）	
分发作物数（个）	2	分发种质（份次）	2 000
被利用育成品种数（个）		用种单位数/人数（个）	21
五、项目及产业等支撑情况			
支持项目（课题）数（个）	9	支撑国家（省）产业技术体系	
支撑国家奖（个）		支撑省部级奖（个）	1
支撑重要论文发表（篇）	4	支撑重要著作出版（部）	3

野生稻种质资源（广州）

潘大建　范芝兰　李　晨　陈　雨　孙炳蕊　陈建酉　陈文丰

（广东省农业科学院水稻研究所，广州，510640）

一、主要进展

1. 收集和入圃保存

"十二五"期间对广东省惠州、河源、清远、江门、阳江、肇庆及云浮等7个地级市共17个县（市）开展了野生稻资源考察和抢救性收集，这是继1979—1981年广东省在全省开展野生稻资源普查和搜集之后，再次对这些地区进行全面的调查。共调查了原记载的257个野生稻分布点（小生境），然而，现在还能找到野生稻的仅有34个分布点，其余223个分布点的野生稻已不复存在，野生稻生境丧失率达86.77%。因此，进行抢救性收集和保护非常迫切和重要。同时新发现了3个野生稻分布点，其中在河源市首次发现了1个药用野生稻分布点（图1），这是我国现存药用野生稻分布点中纬度最北、经度最东边的一个点，而且分布点的经度比原来最东边的点向东扩展了1°35′57″。我国原最北、最东边的药用野生稻分布点是在广东省清远市，但该市的药用野生稻现已全部丧失（图1）。广东省现存的药用野生稻分布点屈指可数，因此，这次发现新的分布点，对于该野生稻种的自然保护具有重要意义（图2）。在调查基础上，抢救性收集了37个分布点251份野生稻种茎样本进行异地入圃保存，其中普通野生稻21个点183份，药用野生稻16个点68份，不仅丰富了异地保存野生稻资源的遗传多样性，而且为野生稻资源持续安全保存、研究和利用提供了更多物质支撑（图3）。

图1　在河源市首次发现的药用野生稻分布点

图2　现存的普通野生稻分布点之一

图3　现存的药用野生稻分布点之一

2011—2015年对新收集的野生稻资源进行了种植观察，调查其主要形态生物学性状，对111份普通野生稻样本进行了编目并正式入圃保存。截至2015年12月，圃内保存野生稻资源5 078份，包含20个野生稻种。其中国内野生稻资源4 841份（原产粤、琼、湘、赣、闽五省），包含普通野生稻、药用野生稻和疣粒野生稻3个物种；国外野生稻资源237份（来源于20多个国家和地区），包含19个物种（无疣粒野生稻）。

2. 鉴定评价

"十二五"期间，按照《野生稻种质资源描述规范和数据标准》，对682份近年收集的野生稻样本进行了种植观察和性状鉴定，调查了生长习性、始穗期、穗部性状、品质等34项形态生物学性状，筛选出早熟、优质、不育等优异材料161份，其中见穗期早于9月21日的早熟材料126份，外观品质为优的材料19份，花粉不育度100%的材料16份，是早熟、优质水稻品种及杂交稻不育系选育及相关基础研究的宝贵资源（图4）。

对463份野生稻样本采用人工剪叶接种法分批进行了白叶枯病抗性鉴定，以金刚30为感病对照品种，筛选出抗病材料108份，其中高抗13份，抗95份，为水稻抗白叶枯病基因挖掘提供了丰富的抗源，对抗病新品种选育及开展基础研究具有重要意义。

图4　普通野生稻对白叶枯病抗性鉴定

对174份野生稻样本利用人工气候箱进行苗期耐冷性鉴定（图5至图7），对3叶期秧苗置于6℃低温下处理6d，以丽江新团黑谷和IR8分别作耐冷和不耐冷对照品种，筛选出耐冷材料81份，其中极强耐冷32份，强耐冷49份，对照品种丽江新团黑谷表现为强耐冷。在长江中下游及华南地区的水稻极易受"倒春寒"的危害而造成早稻烂种、烂秧。上述极强耐冷材料的筛选挖掘，对水稻耐冷性育种及耐冷基因的发掘研究具有非常重要的意义。

图5　将秧苗置于人工气候箱进行低温处理　　　图6　经低温处理后的秧苗成活情况

图7　耐冷对照品种及耐冷材料与不耐冷对照品种及不耐冷材料秧苗成活情况对比

对72份普通野生稻样本进行了芽期耐盐性鉴定，其中对19份样本用0.5%盐水进行处理，以清水作对照，以国际上公认的强耐盐品种"Pokkali"作对照品种，筛选出耐盐性强的材料1份（图8），盐性中的材料2份。对53份样本用0.7%盐水进行处理，筛选出耐盐性强的材料1

图8　0.5%盐水处理筛选出的芽期耐盐性强材料

份，盐性中的材料2份。结果仅有1份材料（编号：1431⑩，图9）的出芽率达到52%，1份达到26%，其余材料为0%～20%不等，耐盐对照材料"Pokkali"的出芽率也仅有24%。获得的耐盐材料其芽期耐盐性比对照品种"Pokkali"强，对于耐盐新基因的挖掘及耐盐水稻品种选育具有重要意义和研究价值。

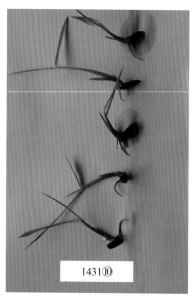

图9　0.7%盐水处理干种子10天后出芽情况

3. 分发供种

2011—2015年，共向全国20个单位28人次提供野生稻种质资源839份次（见下表），为他们开展水稻育种、种质创新及相关基础研究提供了重要物质材料支撑。

表 2011—2015年野生稻种质资源分发利用情况表

序号	供种日期	用种单位名称	用种人姓名	资源份数	用途
1	2011年1月25日	华中农大国家植物基因研究中心	杨江义	24	遗传多样性分析
2	2011年1月25日	浙江农林大学农业与食品科学学院	刘庆波	8	水稻驯化相关miRNA研究
3	2011年3月16日	南京农业大学资源与环境科学学院	陈赢男	3	水稻分蘖角度相关基因研究
4	2011年6月15日	复旦大学遗传研究所	罗小金	1	野生稻有利基因研究利用
5	2011年7月20日	武汉大学	谢红卫	38	遗传多样性分析
6	2011年9月2日	南昌大学生物学实验中心	李绍波	66	遗传多样性分析
7	2011年9月22日	华中农业大学作物遗传改良国家重点实验室	李广伟	32	籼粳不育遗传多样性分析
8	2011年12月31日	武汉大学生命科学学院	胡中立	3	育种研究
9	2012年4月27日	江苏省淮安市淮安区席桥农业技术推广中心	张永刚	5	育种研究
10	2012年9月24日	中国热带农业科学院南亚热带作物研究所	贾力强	10	抗旱等抗逆性生理研究
11	2012年11月21日	武汉大学生命科学学院	胡中立	5	水稻遗传学与育种学研究
12	2012年11月26日	华中农业大学作物遗传改良国家重点实验室	王石平	1	抗病基因研究
13	2012年12月10日	中国农业大学农学与生物技术学院	李自超	74	基础研究
14	2013年3月18日	四川省蒲江县寿安镇	勾永新	11	育种研究
15	2013年4月25日	中国科学院遗传与发育生物学研究所	林少扬	20	全基因组测序和QTL等相关性状分析
16	2013年4月28日	湖南省水稻研究所	李小湘	155	保存、鉴定利用
17	2014年4月17日	武汉大学生命科学学院	陈荣智	69	抗虫性鉴定研究
18	2014年4月24日	广东农业科学院水稻所新品种选育研究室	周德贵	1	基因组测序研究
19	2014年6月11日	武汉大学生命科学学院	陈荣智	14	抗虫性鉴定研究
20	2014年12月2日	中国农业科学院作物科学研究所	韩龙植	5	远缘杂交种质创新研究
21	2014年12月21日	中国农业科学院作物科学研究所	韩龙植	5	远缘杂交种质创新研究
22	2015年4月06日	广东农业科学院农业生物基因研究中心	张群洁	3	野生稻与栽培稻相关衰老基因研究
23	2015年4月28日	湖南省水稻研究所	李小湘	120	保存、鉴定与利用
24	2015年4月29日	福建省农业科学院水稻所	江川	120	保存、鉴定与利用

（续表）

序号	供种日期	用种单位名称	用种人姓名	资源份数	用途
25	2015年5月15日	浙江省宁波市农业科学院	唐志明	10	育种研究
26	2015年8月10日	武汉大学生命科学学院	张嘉娇	2	抗虫性鉴定
27	2015年8月12日	中国农业科学院作物科学研究所	郑晓明	20	野生稻多样性研究
28	2015年11月04日	中国农业科学院作物科学研究所	韩龙植	14	远缘杂交种质创新研究

4. 安全保存

按照野生稻圃管理细则和野生稻种质资源繁殖更新技术规程，精心做好野生稻资源种植保存日常田间管理工作，使圃内种质资源保持良好生长状态，确保野生稻资源持续安全保存。对盆栽保存的野生稻资源每两年进行一次种茎更新及更换盆泥，这是确保野生稻资源正常生长和安全保存的一项重要工作。由于盆栽数量多，更新工作量大，而且要严格保证种质材料在更新过程不出现差错和死亡的情况，因此，必须集中力量全力以赴细致周密地组织实施。更新工作一般安排在4—5月进行，首先对盆栽保存的每份种质资源取种茎分蘖苗4～5苗移栽到大田进行假植。移栽后要进行核对，移栽约1周后调查植株生长情况，如果出现种质样本错漏、失活等情况要尽快从盆栽保存材料中重新移植。确定假植的全部种质安全存活后，再进行盆泥更换和种茎更新，即把每个盆里的禾蔸提出来装上新的田泥，然后把大田假植的种质材料移回盆里种植。移栽后还要认真进行核对，以确保所有种质无一错漏。经过更新后，所有种质材料生长良好，有效保障了野生稻种质资源的持续安全保存。

为了进一步提高种质资源保存安全性和满足种质分发利用的需要，"十二五"期间对1895份盆栽保存的野生稻资源分批进行了种植繁种入中期库保存，每份资源采收种子至少100粒，多数在500粒以上，实现种茎盆栽保存为主与繁种入库保存为辅的双轨制保存，既为种质保存增加了一重安全保障，又保证了种质资源分发利用有种子可提供（图10、图11、图12和图13）。此外，对疣粒野生稻保存区进行了改土、排水沟改造，并对全部样本进行更新复壮及复份种植（每份样本种植3～4株），改善栽培管理技术，增加施用有机肥，使疣粒野生稻样本的生长状况有很大改观，保证了种质正常生长和安全保存。

图10　野生稻种茎更新种植和更换盆泥

图11　种茎更新后的普通野生稻保存区和药用野生稻保存区

图12　疣粒野生稻保存区改造前和改造后

图13　疣粒野生稻更新复壮后的生长表现

二、主要成效

种质资源收集保存的最终目的是为了利用，通过对野生稻种质资源的繁殖更新、安全保存、鉴定评价，以及充实种质信息数据、提高管理效率，促进了野生稻资源的分发利用，并取得了很好的成效。平均每年为国内有关科研机构、高校、育种单位等提供野生稻种质资源160多分次，满足了他们开展相关研究对野生稻材料的需求，产生了良好的社会效益。

根据部分单位反馈的信息，他们利用本圃提供的野生稻资源开展有关研究，取得了良好效果，发表了高水平研究论文，并培养了一批研究生。

1. 华南农业大学生命科学学院、亚热带农业生物资源保护与利用国家重点实验室—刘耀光

刘耀光课题组利用本圃2004年提供的51份野生稻资源作为研究材料之一，用于分子检测了解各种野生稻中细胞质雄性不育基因的存在状况，取得良好的研究结果，经过10年的不懈努力，成功克隆三系杂交稻广泛利用的野败型细胞质雄性不育基因并阐明了不育发生的分子机理。相关论文《水稻线粒体与细胞核有害互作产生细胞质雄性不育》于2013年3月17日在线发表于国际顶级遗传学杂志《Nature Genetics》（影响因子：35.532）。论文通讯作者是亚热带农业生物资源保护与利用国家重点实验室副主任刘耀光研究员，第一作者是他指导的博士研究生罗荡平（Luo Dangping，Xu Hong，Liu Zhenlan，et al. 2013. A detrimental mitochondrial-nuclear interaction causes cytoplasmic male sterility in rice. Nature Genetics 45：573–577）。

2. 中国农业科学院作物科学研究所—杨庆文

杨庆文课题组2009—2010年从本圃引用野生稻微核心种质资源358分次用于栽培稻起源研究，支撑国家自然基金项目（项目编号：30900889）和农业部财政专项各1项，取得很好研究结果，发表SCI论文4篇：

Qiao Wei-Hua et al. 2012. Nucleotide Diversity in *Waxy* Gene and Validationof Single Nucleotide Polymorphism in Relation to Amylose Content in Chinese Microcore Rice Germplasm[J]. Crop Science，52: 1 689-1 697.

Xin Wei et al. 2012. Domestication and geographic origin of *Oryza sativa* in China：insights from multilocus analysis of nucleotide variation of *O. sativa* and *O.rufipogon*. Molecular Ecology，21: 5 073-5 087.

Xin Wei et al. Origin of *Oryza sativa* in China inferred by nucleotide polymorphisms of organelle DNA[J]. Plos One，7（11）: e49546.

Xin Wei et al. 2014. Natural and artificial selection on Hd1 in rice revealed by association and evolution analysis[J]. Genetic Resourec and Evolution，61：121-142.

3. 中国水稻研究所—魏兴华

魏兴华课题组2010年从本圃引进10份野生稻资源用于栽培稻的演化研究，取得了突破性研究进展，已在《Nature》杂志发表研究论文1篇（Huehui Huang et al. 2012. A map of rice genome variation reveals the origin of cultivated rice[J]. Nature，490：497-501）。

4. 中国农业大学农学与生物技术学院—李自超

李自超团队，利用本圃提供的82份野生稻核心种质材料开展稻种资源的起源与演化研究，支撑国家973项目1项，取得很好的研究结果，并出版了李自超.2013.中国稻种资源及其核心种质研究与利用[M].北京：中国农业大学出版社.

三、展望

1. 种质安全保存是种质资源工作的前提和根本

近年来由褐飞虱传播的矮缩病等水稻病毒病时有发生，对盆栽野生稻资源的安全保存造成较大威胁，野生稻植株一旦感病，会出现分蘖多而细小、无法长大的现象，使植株长势变衰弱，严重的甚至死亡。因此，为了确保野生稻资源安全保存，必须定期对野生稻植株生长状态及病虫害发生情况进行监测，要加强对褐飞虱的预防，尽可能减少甚至避免其对病害的传播。此外，要继续对盆栽保存的野生稻种质进行种植繁种，对可繁殖种子的所有样本都繁殖种子入库保存，使种质安全保存多一重保障。

2. 野生稻种质资源鉴定评价及优异基因挖掘有待加强和深入

这是种质资源工作的重点和关键。必须在种质资源安全保存基础上，以高效利用为核心，突出系统性、前瞻性和创新性，围绕水稻科技原始创新和水稻育种发展的需求，对野生稻种质抗病虫性（稻瘟病、白叶枯病、褐稻虱等）、抗逆性（耐旱、耐冷、耐盐）及其他优异性状进行深入鉴评，从中筛选挖掘优异种质和基因，供水稻育种及基础研究利用，使野生稻资源的潜在价值尽快转化为生产力，更好地为现代农业发展服务。

由于野生稻种质样本普遍存在遗传异质性，因此，对于要用种子进行鉴定的抗性项目，最好先对供鉴种质样本经过多代自交繁殖使其纯合后，再进行鉴定，以便得到更能真实准确地反映种质本来面貌的鉴定结果。但这样做工作量大大增加，必须要有较大的人财物力的投入。

附录：获奖成果、专利、著作及代表作品

获奖成果

广东水稻种质资源收集保护及优异种质挖掘与利用，获2014年度广东省农业科学院科学技术奖一等奖和2015年度广东省科学技术进步三等奖。

著作

陈成斌，江用文，潘大建，等. 2012. 农作物优异种质资源评价规范 野生稻 NY/T 2175-2012[M]. 中华人民共和国农业部发布。北京：中国农业出版社.

陈成斌，潘大建，梁云涛，等. 2014. 作物种质资源繁殖更新技术规程–野生稻[M]. 北京：中国农业科学技术出版社.

代表作品

李杜娟，陈雨，潘大建，等. 2012. 粤东地区普通野生稻表型多样性分析[J]. 广东农业科学，（2）：13-17.

附表1　2011—2015年期间新收集入中期库或种质圃保存情况

填写单位：广东省农业科学院水稻研究所

联系人：潘大健

作物名称	目前保存总份数和总物种数（截至2015年12月30日）				2011—2015年期间新增收集保存份数和物种数			
	份数		物种数		份数		物种数	
	总计	其中国外引进	总计	其中国外引进	总计	其中国外引进	总计	其中国外引进
野生稻	5 078	237	20	19	251	0	2	0
合计	5 078	237	20	19	251	0	2	0

附表2　2011—2015年期间项目实施情况统计

一、收集与编目、保存			
共收集作物（个）	1	共收集种质（份）	2个种37个居群251份
共收集国内种质（份）	2个种37个居群251份	共收集国外种质（份）	
共收集种子种质（份）		共收集无性繁殖种质（份）	2个种37个居群251份
入中期库保存作物（个）	1	入中期库保存种质（份）	1 895
入长期库保存作物（个）		入长期库保存种质（份）	
入圃保存作物（个）	1	入圃保存种质（份）	111
种子作物编目（个）		种子种质编目数（份）	
种质圃保存作物编目（个）	1	种质圃保存作物编目种质（份）	111
长期库种子监测（份）			

（续表）

二、鉴定评价			
共鉴定作物（个）	1	共鉴定种质（份）	682
共抗病、抗逆精细鉴定作物（个）	1	共抗病、抗逆精细鉴定种质（个）	637
筛选优异种质（份）	189		
三、优异种质展示			
展示作物数（个）		展示点（个）	
共展示种质（份）		现场参观人数（人次）	
现场预订材料（份次）			
四、种质资源繁殖与分发利用			
共繁殖作物数（个）	1	共繁殖份数（份）	6 895
种子繁殖作物数（个）	1	种子繁殖份数（份）	1 895
无性繁殖作物数（个）	1	无性繁殖份数（份）	5 000
分发作物数（个）	1	分发种质（份次）	839
被利用育成品种数（个）		用种单位数/人数（个）	20/28
五、项目及产业等支撑情况			
支持项目（课题）数（个）	10	支撑国家（省）产业技术体系	
支撑国家奖（个）		支撑省部级奖（个）	1
支撑重要论文发表（篇）	15	支撑重要著作出版（部）	1

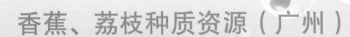

香蕉、荔枝种质资源（广州）

陈洁珍　黄秉智　欧良喜　许林兵　蔡长河　吴元立

吴洁芳　王丽敏　杨　护　付丹文　潘莉姗　张春阳

（广东省农业科学院果树研究所，广州，510640）

一、主要进展

1. 收集与入圃

"十二五"期间新收集香蕉85份，其中，国外资源6份、野生资源1份，收集到新的种1份：河口指天蕉（*Musa paracoccinea*），该份资源抗寒、花蕾美观；新收集荔枝114份；合计新收集资源199份，部分已鉴定入圃保存（图1和图2）。这些新资源的收集、保存大大扩充了香蕉、荔枝资源的遗传多样性，为香蕉和荔枝行业、产业的研究与生产提供了坚实的物质基础。通过鉴定、比对，新编目入圃香蕉资源40份，其中，国外资源18份；荔枝资源55份，其中，国外资源2份；合计新增入圃资源95份，至2015年12月保存种质资源共602份，其中，香蕉资源302份、荔枝资源300份。

图1　岭腰1号2011年10月21日在海南省定安岭腰挂果状蕾

图2　河口指天蕉（*Musa paracoccinea*），抗寒，花美观

5年来从广东省、海南省、云南省、广西壮族自治区、福建省、四川省等收集荔枝资源144份，其中，在海南定安收集到的特异资源"岭腰1号"是圃内继"惠东四季荔"后的又1份可非正季开花结果的荔枝资源。"岭腰1号"在海南定安12下旬成熟（当地荔枝的成熟期在4月底至6月上中旬），而在广州市也可3—4月开花、6月成熟，因此是1份可多季开

花结果的资源。"岭腰1号"荔枝资源的发现与保存，为研究荔枝的成花机理提供了新的特异资源，也为荔枝的育种尤其是熟期育种提供了新的选择基因源。

香蕉资源的收集尤其注重收集一些抗枯萎病的香蕉株系或单株资源，应对产业对资源利用的要求；同时尽量从国外引进资源，扩宽资源的遗传多样性。

2. 鉴定评价

对95份种质的主要植物学和农业生物学性状、品质性状进行观测和补充采集，其中，荔枝资源鉴定55份，香蕉资源鉴定40份（图3、图4、图5、图6、图7、图8和图9）。采集或补充采集了176份荔枝资源的叶、花、果、枝的特征图像，为进一步全面认识和正确评价圃内保存资源奠定了坚实的基础。通过鉴定、评价，筛选出可用于生产、育种或具有特殊性状的荔枝优异种质4份、香蕉优异资源3份。

图3 "厚叶"可结大核、焦核和无核三种果实的资源，这是圃内收集保存的继禾虾串、南岛无核荔后的第3份具有这一特性的荔枝资源，对研究荔枝结实机理及育种具有重要意义

图4 "红珍珠"平均单果重18.6g，焦核率80%以上，可溶性固形物5年的测定都在18%以上、平均18.7%，可溶性固形物不仅高，也比糯米糍稳定，且无裂果，皮色鲜红，肉质细嫩，是1份优质的资源，可直接推广生产，目前已推广到广西壮族自治区、四川省等地

图5 "花岗桂糯（穗红）" 平均单果重19g，焦核率50%以上，可食率75，可溶性固形，17.5%，肉质爽脆、蜜香味，皮色鲜红。可直接推广生产

图6 "脆香荔" 平均单果重29.6g，焦核率90%以上，皮薄、只占总果重的11.2%，可食率86%、比糯米糍的81%还高，肉质极爽脆，是圃内可食率最高的资源

图7 "lakatan" 原产菲律宾，果实耐贮性好，果肉较实，微香，货架期长，品质优，株产中等　图8 "senorita" 原产东南亚，果实品质特优，耐寒性较好，株产较低　图9 "博美蕉" 引自越南，生长周期较短，果实颜色金黄，果肉红色，株产中等

3. 分发供种

"十二五"期间向77个用种单位或个人、103人次供种608份次。提供分发利用的资源主要应用于抗病性研究、遗传分析等基础研究以及育种、生产直接利用等。

（1）基础研究利用。支撑国家产业体系重大研究项目——提供特异资源进行荔枝全基因组研究；支撑国家自然科学基金、省自然科学基金等项目，进行荔枝SNP标记、EST-SSR标记开发以及核心种质构建等。利用香蕉资源进行香蕉枯萎病机理、抗病品种筛选等研究。

（2）支撑标准制定。提供资源信息利用进行荔枝DUS、荔枝UPOV制订。

图10　优异荔枝资源在荔枝龙眼体系会议上展示　图11　蕉农观摩中山市民众镇第四茬"粉杂1号"粉蕉

（3）通过产业技术体系平台，主动向社会推介优异种质资源，促进荔枝、香蕉产业的可持续发展。利用国家荔枝龙眼产业技术体系平台，主动推介"凤山红灯笼"、"红绣

球"、"仙进奉"、"观音绿"、"岭丰糯"、"红珍珠"等优异荔枝品种供荔枝品种结构调整，为荔枝产业服务。利用香蕉产业技术体系、广东省现代农业产业技术体系推介抗香蕉枯萎病的优质"粉杂1号"粉蕉和"广粉1号"粉蕉，5年来已推广种植"广粉1号"90万亩、"粉杂1号"10多万亩，获得了很大的社会经济效益（图10和图11）。

4. 安全保存

完善繁殖更新技术，制订了《香蕉种质资源繁殖更新技术规程》《荔枝种质资源繁殖更新技术规程》。5年来繁殖更新香蕉341份次、组培快速繁殖优异香蕉资源115份次；荔枝复壮更新40份次。资源的繁殖更新为种质长期安全保存提供了重要保障，602份资源得到安全保护。

（1）改进种植模式。新入圃荔枝资源种植时把过去每植穴定植1株的方式改为每穴定植2~3株，这种种植方式改善了幼年树的微生态环境，促进幼树的生长，提高资源入圃的成效。

（2）埋秆回肥。"十二五"期间荔枝圃新增小型挖掘机1台，每年冬季清园时将修剪下的枝条及杂草、枯叶等挖坑回埋，既增加了土壤的肥力、改善土壤的疏松度，也避免了焚烧杂草、枯枝等而造成的环境污染。

（3）改进更新模式。香蕉2~3年就要更新1次，为减缓圃地的压力以及减少重茬因病菌对资源的危害，采用同畦异侧轮植的模式进行更新，即在同一畦地的一侧种植资源，另一侧不种植、保持空旷，待进入更新年份，在空旷侧种上相同的资源，资源更新成功后，挖除原资源，让土壤轮休，待下一次更新用。

（4）花粉收集保存。"十二五"期间新开展荔枝花粉的较长期（1年以上）保存技术研究，探索荔枝花粉收集保存过程中各环节的关键技术，研究出荔枝花粉的最适宜采收时期、干燥技术、保存技术，花粉在超低温保存2年后仍可获得原发芽率的70%，解决了荔枝杂交育种中花期不遇的难题，为荔枝育种家提供荔枝花粉，目前已向广西农业科学院园艺所提供荔枝花粉利用。

二、主要成效

支撑重要的基础科学研究

提供21份特异的荔枝资源给国家荔枝龙眼产业技术体系的荔枝基因组研究项目组，开展荔枝全基因组研究，研究已获得重大进展，研究结果的论文已在撰写中。2015年，支撑国家自然科学基金，开展荔枝SNP开发，研究成果"Identifying Litchi（*Litchi chinensis* Sonn.）Cultivars and Their Genetic Relationships Using Single Nucleotide Polymorphism

（SNP）Markers"发表《Plos one》上。

香蕉枯萎病是目前我国香蕉产业的主要威胁，通过建立抗病品种示范园，展示新品种资源的优良特性，促进良种的推广。以中山市为代表的珠三角，香蕉感枯萎病严重，传统香蕉品种难以再种植，因此只能种植抗枯萎病的品种。5年来在中山市等建立了多个抗枯萎病高产优质优良品种的示范园：中山市南区旭景农业科技园100亩、中山市民众镇粤彩香蕉专业合作社120亩、中山火炬区广东龙业农业合作社300亩、中山市坦洲镇城市小农农产品经营部80亩、中山市民众镇义仓村吴满华50亩、中山市港口镇梁冠祥65亩等示范基地，另外，还在惠东高潭镇建立"粉杂1号"150亩、"广粉1号"粉蕉100亩示范基地，广州市增城市石滩镇170亩"粉杂1号"粉蕉示范基地，开展"粉杂1号"和"广粉1号"粉蕉优异种质的生产利用。通过示范、辐射，"粉杂1号"、"广粉1号"逐渐成为珠江三角洲的香蕉主栽品种（图12和图13）。

图12　中山市民众镇"粉杂1号"粉蕉示范园　　图13　中山市坦洲镇"广粉1号"粉蕉示范园

三、展望

香蕉产业面临主要是枯萎病问题，香蕉种质的抗病性鉴定不能在圃地进行，要另找枯萎病园地来开展，会增加好多费用；我们正在寻找组培苗室内早期鉴定方法，以节省人力财力。现在香蕉种质比较难利用，多数种质不能用杂交育种的途径，拟开展诱变的方法进行种质的创新。未来香蕉种质资源拟用四轨保护：圃地种植，组培苗试管保存，盆栽种植保存，大棚防虫防寒种植保存。还有研究超低温（液氮）保存方法。多种方法结合，以保证香蕉资源的保存安全。

荔枝资源的保存数量已位居世界第一，未来5～10年，重点加强资源的精细鉴定、评价，通过利用新型设备、新测定的分析方法，细胞学、物理学、分析化学等多学科结合，进行产量相关性状、耐贮运、适宜深加工利用等的评价，挖掘可高效利用资源，并为育种家提出荔枝的杂交育种骨干亲本。

附录：获奖成果、专利、著作及代表作品

获奖成果

1. 荔枝高效生产关键技术创新与应用，获2014年度国家科技进步奖二等奖（第二参加单位）。

2. 香蕉细胞工程育种关键技术研究与应用，获2015年度广东省科学技术奖励二等奖。

专利

吴元立，易干军，彭新湘，等. 一种对香蕉镰刀菌枯萎病的抗病性进行快速鉴定的方法，专利号：ZL
200910192176.0（批准时间：2012年7月）。

制定标准

1. 黄秉智，许林兵，江用文，等.《农作物优异种质资源评价规范 香蕉》农业行业标准NY/T2025—2011。

2. 陈洁珍，欧良喜，江用文，等.《农作物种质资源鉴定评价技术规范 荔枝》农业行业标准NY/T2329—2013。

主要代表作品

陈洁珍，欧良喜，蔡长河，等. 2012. 荔枝特短童期的遗传分析[J]. 中国果树，155（3）：21-25.

陈洁珍，欧良喜，王丽敏，等. 2013. 荔枝酿酒优良单株"皇醉"和"妃醉"初选[J]. 南方农业学报，44
（1）：121-125.

欧良喜，陈洁珍，蔡长河，等. 2012. 优质荔枝新品种—凤山红灯笼的选育[J]. 果树学报，29（1）：314-315.

王丽敏，陈洁珍，欧良喜，等. 2014. 荔枝雌蕊柱头可授性研究[J]. 江苏农业学报，30（3）：619-622.

吴斌，陈汉清，王必尊，等. 2015. 19个华蕉类栽培品种的SCAR标记鉴别[J]. 分子植物育种，13（5）：
1 053-1 059.

许林兵，张锡炎，甘东泉，等. 2013. 海贡蕉品种引进试种研究[J]. 热带农业科学，33（8）：24-28.

杨静美，冯岩，林铭欢，等. 2014. 香蕉枯萎病抗性品种及绿色药剂的初步筛选[J]. 植物保护，40（5）：143-147.

Wang Limin，Wu Jiefang，Chen Jiezhen，et al. 2015. A simple pollen collection，dehydration，and long-term
storagemethod for litchi（*Litchi chinensis* Sonn.）[J]. Scientia Horticulturae，188：78-83.

Wu Yuanli，Yi Ganjun，Peng Xinxiang，et al. Systemic acquired resistance in Cavendish banana induced
by infection with anincompatible strain of *Fusarium oxysporum* f. sp. Cubense[J]. Journal of Plant
Physiology.5-20.

Zhang Chunyang，Wu Jiefang，Fu Danwen，et al. 2015. Soaking，Temperature，and Seed Placement Affect
Seed Germinationand Seedling Emergence of Litchi chinensis[J]. Hort Science 50（4）：628-632.

附表1 2011—2015年期间新收集入中期库或种质圃保存情况

填写单位：广东省农业科学院果树研究所
联系人：黄秉智（香蕉），陈洁珍（荔枝）

作物名称	目前保存总份数和总物种数（截至2015年12月30日）				2011—2015年期间新增收集保存份数和物种数			
	份数		物种数		份数		物种数	
	总计	其中国外引进	总计	其中国外引进	总计	其中国外引进	总计	其中国外引进
香蕉	302	69	6	5	40	18	0	0
荔枝	300	3	1	0	55	2	0	0
合计	602	71	7	5	95	20	0	0

附表2　2011—2015年期间项目实施情况统计

一、收集与编目、保存			
共收集作物（个）	2	共收集种质（份）	197
共收集国内种质（份）	189	共收集国外种质（份）	8
共收集种子种质（份）	/	共收集无性繁殖种质（份）	197
入中期库保存作物（个）	/	入中期库保存种质（份）	/
入长期库保存作物（个）	/	入长期库保存种质（份）	/
入圃保存作物（个）	2	入圃保存种质（份）	95
种子作物编目（个）	/	种子种质编目数（份）	/
种质圃保存作物编目（个）	2	种质圃保存作物编目种质（份）	95
长期库种子监测（份）	/		
二、鉴定评价			
共鉴定作物（个）	2	共鉴定种质（份）	95
共抗病、抗逆精细鉴定作物（个）	/	共抗病、抗逆精细鉴定种质（个）	/
筛选优异种质（份）	7		
三、优异种质展示			
展示作物数（个）		展示点（个）	
共展示种质（份）		现场参观人数（人次）	
现场预订材料（份次）			
四、种质资源繁殖与分发利用			
共繁殖作物数（个）	2	共繁殖份数（份）	369
种子繁殖作物数（个）	/	种子繁殖份数（份）	/
无性繁殖作物数（个）	2	无性繁殖份数（份）	369
分发作物数（个）	2	分发种质（份次）	608
被利用育成品种数（个）	0	用种单位数/人数（个）	77/87
五、项目及产业等支撑情况			
支持项目（课题）数（个）	10	支撑国家（省）产业技术体系	国家荔枝龙眼产业技术体系、国家香蕉产业技术体系、广东省现代农业产业体系
支撑国家奖（个）	1	支撑省部级奖（个）	1
支撑重要论文发表（篇）	11	支撑重要著作出版（部）	0

云南特有果树及砧木资源（昆明）

李坤明　陈　伟　陈　瑶　胡忠荣

（云南省农业科学院园艺作物研究所，昆明，620205）

一、主要进展

1.收集入库保存情况

"十二五"期间，国家果树种质云南特有果树及砧木圃对云南省的7个地区、27个县及贵州省、西藏自治区等省区进行了资源的补充调查、收集。共新收集野生及地方果树品种共332份，入圃保存229份。涉及5个科、10个属、64个种。其中，新保存浆果类资源52份；仁果类资源51份；核果类资源79份；其他类资源47份，如表1所示。

表1　"十二五"期间种质资源收集入圃保存情况

年份	作物名称	种质份数（份）		物种数（个）（含亚种）	
		总计	其中国外引进	总计	其中国外引进
2011	猕猴桃、梨、苹果、桃、枇杷、木瓜、李、葡萄、柑橘、蓝莓	35	0	10	0
2012	猕猴桃、苹果、李、桃、梨	33	0	15	0
2013	猕猴桃、苹果、李、桃、梨	52	0	21	0
2014	梨、李、桃、杏、山楂	56	0	9	0
2015	猕猴桃、苹果、梨、桃、李、杏、樱桃、山楂、柑橘	53	0	9	0
	合计	229	0	64	0

在资源的收集过程中，除了补充原有种类的类型及份数外，还新收集保存了4个新的物种（图1、图2、图3和图4），增加了资源圃中的资源种类，使云南特有果树及砧木圃种质资源保存的种类达到了15个科、32个属、166个种。其中，小果宜昌橙为宜昌橙的变种是云南省特有；大渡河枇杷则是近年来新发现和命名的新种。新增加的种类如表2所示。

表2　"十二五"期间新增加的种质资源种类

作物名称	科	属	种	变种	保存份数
枇杷	蔷薇科 Rosaceae	枇杷属 *Eriobotrya* Lindl.	大渡河枇杷 *E.malipoensis* Kuan		1

（续表）

作物名称	科	属	种	变种	保存份数
柑橘	芸香科 Rosaceae	柑橘属 *Citrus* .		小果宜昌橙 *C. ichangensis* Swingle var. *microcarpus* B. L. D. Z.	3
苹果	蔷薇科 Rosaceae	苹果属 *Malus* L.	变叶海棠 *Malus toringoides*（Rehd.）Hughes		12
越橘	杜鹃花科 Ericaceae	越橘属 *Vaccinium* L.	笃斯越橘 *Vaccinium uliginosum* L.		2
合计	3科	4属	3种	1变种	18份

2. "十二五"期间收集保存的部分特异资源

首先，通过多年的调查收集，云南省特有果树及砧木圃所保存的树种达到了32个，成为了我国国家级果树种质资源保存圃中保存种类最多的资源圃，基本形成了自己的特色，展示了云南及周边地区果树资源的多物种样性和遗传多样性（图5、图6、图7、图8、图9、图10）。其中，具有优势的物种资源有猕猴桃属、苹果属、枇杷属、悬钩子属等。比如猕猴桃资源，云南省是我国猕猴桃资源最集中的地区之一，据已完成的调查资料显示：云南省野生猕猴桃属资源共有56个种、变种及变型。其中，种为31个，占全国59个种中的52.54%;变种23个，占全国43个变种的53.5%;变型2个，占全国7个变型中的28.5%，种类之多，居全国之首。也成为了世界猕猴桃种质资源的优势种属之一。又如果梅资源，我国是果梅的原产中心，拥有丰富的果梅资源。现今世界各国种植的果梅都是直接或间接从我国引种的，我国的果梅为全世界的果梅产业做出了极大的贡献。在我国，长江以南的各省是我国果梅的主要分布区，而川、黔、滇、藏交界的横断山脉和云贵高原是野生梅的自然分布中心，也是梅的变异中心。云南省西部的大理州是果梅的原产地且变异类型丰富。根据陈俊愉先生对果梅分类的原则，将梅种下分为了7个变种和一个变型，云南省拥有其中，的7个，占果梅及其近缘资源类型的87.5%。

其次，种内的遗传特性十分丰富，同一物种具有不同的形态特征和适应范围。如川梨的果实有大果型、小果型；果色有黄色、褐色、红色；果形有扁圆形、圆球形等。美味猕猴桃从叶形上有近圆形、近长圆形、阔卵圆形等；果实有扁球形、近圆形、短椭圆形、长椭圆形、圆柱形等，果肉有绿色、黄色、红色等。

再次，特异基因资源丰富，如抗热、抗湿性强的太平梨、成熟期极晚的麦地湾梨、玉香梨、鲁南黄梨；果皮红色的红棠梨、火把梨；短低温型的毛桃、耐热、品质极优的开远蜜桃；具有矮化效果的山定子、川梨；抗苹果绵蚜的海棠等（图11、图12、图13、图14、图15、图16、图17、图18和图19）。

图1　小果宜昌橙

图2　变叶海棠　　　　　　　　　　　图3　笃斯越橘　　　图4　大渡河枇杷

图5　中甸山楂　　　　　　　图6　滇西山楂　　　　　　　图7　云南山楂

图8　杏梅　　　　　　　　图9　炒豆梅　　　　　　　图10.苦梅

图11　滇梨　　　　　　　图12　保山拽梨　　　　　图13　个旧鲁沙梨

图14　富民枳　　　　　　　图15　云南椆栳　　　　　　　图16　富宁林檎

图17　云南海棠　　　　　图18　南亚狭叶枇杷　　　　　图19　木瓜苹果

3. 鉴定评价

"十二五"期间，继续对圃内保存的219份资源进行了共性性状的鉴定评价；对219份资源进行了形态特征和生物所学特性的鉴定评价；对74份资源进行了品质性状的鉴定；对50份资源进行了抗逆性和抗病虫害方面的鉴定评价，如表3所示。

表3　"十二五"期间种质资源鉴定评价情况

年度	作物	共性评价	特性评价	品质评价	抗性评价
2011	苹果、枇杷、猕猴桃、梨	36	36	12	6
2012	猕猴桃、李、蓝莓、枇杷	33	33	11	10
2013	木瓜、苹果、梨、猕猴桃、葡萄	50	50	24	15
2014	樱桃、苹果、李、猕猴桃、梅	50	50	17	9
2015	枇杷、桃、李、苹果、梨、猕猴桃	50	50	10	10
	合计	219	219	74	50

通过鉴定评价，筛选出具有优良性状的种质资源17份，其中，品质优良的资源12份，极晚熟资源1份，短低温品种2份，高抗病资源1份，高维生素C资源1份。如高糖和高维生素C含量的猕猴桃种质资源，它就是毛花猕猴桃的长果类型，该资源的花期在6月初，果实成熟期10月初。果实椭圆形，果面被灰白色绒毛，平均单果重14～21g，果肉翠绿色。对其进行品质分析，每100g果肉中，其固形物含量为19.7g，总糖11.56g，总酸2.30g，维生素C含量高达1 184mg。其总糖含量是圆果毛花猕猴桃的4.2倍，维生素C含量也高出37.69%。与其他水果相比，长果毛花猕猴桃的含糖量要高出50%～100%，维生素C含量是

柑橘类的20倍，是桃的50多倍（图20）。因此，该种质资源是一个不可多得的优异资源，在直接利用和作为种质创新等方面有十分广泛的前景。又如优异资源中的"绥江半边红李"，为云南省昭通市绥江县的地方品种，鉴定评价证明，该品种具有较高的自花结实能力，栽培时不需要配置授粉树，平均单果重42g，可溶性固形物达到了11.33%，总糖含量8.62%，可滴定酸1.55%。其果实具有果肉脆、离核、皮薄、有香气、口感清爽、风味浓、耐贮运、货架期长的特点，目前已在当地大面积发展，成为品牌，并且推广到了四川省、贵州省等省份。2015年，绥江县及其周边的水富、永善、屏山、宜宾等地种植"绥江半边红"李子达到6.38万亩，投产面积3.15万亩，年产量2.84万t，优质果很受市场欢迎，产地批发价达到了20元/kg，实现经济收入1.54亿元（图21）。其中，年收入在10万元以上的农户有72户，9 672户农户41 922人依靠李子产业脱贫致富。种植发展"绥江半边红"李产业将成为当地农民和金沙江向家坝电站移民搬迁农户致富奔小康和本地区经济增长的支柱产业。

图20　高维生素C含量的毛花猕猴桃

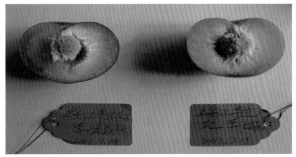

图21　云南地方李优良品种"绥江半边红"李

4. 分发利用

"十二五"期间，共向国内44家单位和 155人次提供10个种类的品种及砧木资源527份、733份次，如表4所示。

表4 "十二五"期间种质资源分发利用情况

年度	作物	份数（次）	用种单位数	用种人数
2011	苹果、梨、猕猴桃、枇杷、葡萄等	103/122	7	34
2012	李、猕猴桃、桃、樱桃、梨等	106/124	12	26
2013	李、梨、草莓、苹果、猕猴桃等	103/126	9	38
2014	猕猴桃、桃、梨、樱桃等	106/124	10	27
2015	樱桃、苹果、梨、李、蓝莓等	109/237	6	30
合计		527/733	44	155

由云南特有果树及砧木圃提供的种质资源材料主要为种子、枝条和苗木，另外有部分花粉。所提供的种质资源，在教学、科研和生产上都发挥了较好的效果，体现了资源利用的效率。如西北农林科技大学利用我们提供的苹果资源，开展了杂交育种研究，进行种质的创新；云南农业大学园艺园林学院利用我们提供的猕猴桃种质资源，开展猕猴桃种间生殖隔离现象的研究，利用我们提供的苹果资源，指导研究生开展花芽分化方面的研究；向中国科学院武汉植物园提供猕猴桃属资源，则用于系统进化、分类等方面的研究。向云南石林民望科技有限公司提供枇杷属资源，葡萄资源、向云南祥云泰鑫种植有限公司提供红梨资源，他们主要用于新品种的试验。向果树种植专业户提供的优质桃资源、蓝莓资源、李资源等，他们主要用于生产种植，提高产量和品质，增加经济效益。

5. 安全保存

（1）田间管理。为保证种质资源能健康、正常的生长，在资源的田间管理方面，我们按照《国家果树种质云南特有果树砧木圃管理细则》中的程序，安排了1名技术工人和3个长期临工全年对圃内保存的资源进行管理。按照资源的生长季节，冬季对资源进行修剪，清理圃内的枯枝、病虫枝等，深翻土壤；发芽前灌水1次，促进资源的萌发；在生长期及时中耕、除草、施追肥等。在秋冬季对资源集中施用有机肥。由于对资源的管理有了良好的投入，人员职责分明，管理措施到位，保证了资源不死亡，正常健康的生长（图22）。

图22　资源圃夏季锄草

（2）繁殖更新及编目。种质资源圃是种质资源异地保存的一种方式，随着种质资源在资源圃中保存年代的增加，一些资源自身生命周期的限制和环境因素的影响，其生长势开始衰弱，病虫害严重、逐渐丧失了活性。这部分资源如不及时进行繁殖更新，则会造成资源的死亡，使我们千辛万苦收集起来的珍贵资源得不到很好的保存，给国家造成损失。因此，我们每年都根据资源的生长情况，及时对这部分资源进行繁殖更新，保证了资源的安全、健康生长。"十二五"期间。我们共繁殖更新种质资源199份，如表5所示。

表5　"十二五"期间种质资源繁殖更新及编目情况

年度	作物	繁殖更新（份）	编目（份）
2011	苹果、李、桃、宜昌橙、佛手、香橼等	12	30
2012	李、梨、桃、猕猴桃等	13	30
2013	苹果、梨、枇杷、猕猴桃等	50	52
2014	苹果、梨、枇杷、樱桃、桃、猕猴桃等	50	50
2015	苹果、梨、李、猕猴桃、山楂、桃等	74	50
	合计	199	212

图23　资源的繁殖更新

繁殖更新的过程，也是对种质资源性状再认识的过程，通过繁殖更新，我们对苹果属、梨属、猕猴桃属、李属等资源中的16份资源的26个性状进行更正（图23），使之描述更加精准。

在资源数据标准化整理和数字化表达的基础上，"十二五"期间我圃按编目的技术规范要求，继续对入圃保存的种质资源进行了全国统一编目。截至2015年，共编目212份，其中，猕猴桃属编目63份、苹果属编目45份、梨属编目51份、桃属编目18份、樱桃属编目8份，李属编目20份，枇杷属编目3份，柑橘属编目4份。

二、主要成效

资源保存的最终目的是利用，由云南特有果树及砧木圃近几年对外提供的种质资源，在育种、科研、生产、支持产业体系、农民增收等方面均发挥了积极的作用。

在种质创新方面，云南特有果树及砧木圃向云南农业大学和新疆农业科学院提供了猕猴桃花粉和梨花粉，新疆农业科学院利用我圃提供的梨花粉开展杂交育种工作，目前已获得杂交种子，正对杂交实生苗进行鉴定评价；云南农业大学利用云南特有果树及砧木圃提供的猕猴桃花粉，在2015年进行了猕猴桃种间杂交试验，探讨猕猴桃种间杂交时生殖隔离的现象，目前该试验仍在进行之中。

在支持产业体系方面，云南特有果树及砧木圃所提供的李属种质资源，支持了农业部公益性行业专项《杏和李产业技术研究与试验示范》项目中的《南方李新品种选育及优质栽培技术研究与示范》课题。课题通过李种质资源的收集、品种选育，目前已初步筛选出适合云南地区栽培的绥江半边红李、雷波大李子和花红李等优良品种3个。

所提供的猕猴桃资源，支撑了2012年农业行业标准计划制定任务《枣、猕猴桃、核桃、板栗、山楂、荔枝、芋等7种无性繁殖作物种质资源鉴定评价技术规范》中的《农作物种质资源鉴定评价技术规范 猕猴桃》标准的制定工作。该标准已于2013年5月通过农业发布，于当年8月实施。

云南特有果树及砧木圃的猕猴桃资源支持了农业部《果树种质资源描述符》行业标准项目，并承担了《猕猴桃种质资源描述符》行业标准制定工作，描述符内容包括了猕猴桃的基本信息、植物学特征、生物学特性、产量性状、品质性状等方面的描述符103个，目前已完成报批稿的制定，上报农业部审定发布。

云南特有果树及砧木圃提供的砧木资源，支撑了国家科技基础性工作《贵州农业生物资源调查》项目中果树资源调查收集工作，利用资源圃中丰富的果树砧木种类，对调查收集来的果树品种进行嫁接保存。并在保存的基础上，进行初步的鉴定评价。目前，利用资源圃的砧木共保存从贵州省调查收集的苹果、李、梨、桃、猕猴桃等果树资源材料238

份。并对其进行了初步评价，筛选出34份进入深入评价。

云南特有果树及砧木圃所提供的种质资源，在生产中也获得了良好的经济效益和社会效益。较为明显的例子是由云南特有果树及砧木圃提供的章姬、红霞等草莓资源，由于具有适应昆明及周边地区的气候条件，果型漂亮、品质优良、市场的竞争力较强，加上抗病性好、适合大棚栽培、管理容易等优点，目前已成为昆明市及玉溪市农户主要发展的水果品种，种植面积达到了1.4万亩，平均亩产1 000~1 200kg，市场售价达到10~20元/kg，每亩的产值达1.0万~2.4万元。扣除管理成本平均每亩3 500元左右，近几年种植农户从草莓种植中获得的直接经济效益达到了9 100万~28 700万元，间接经济效益达到了1.67亿~3.8亿元（图24、图25和图26）。这对在调整当地农村产业结构，增加农户收入，促进新农村建设等方面均起到了一定的示范带头作用。

图24　提供给玉溪市种植的草莓　　图25　资源利用者返回的利用证书　　图26　优异草莓资源章姬

云南特有果树及砧木圃提供的蓝莓资源，由于具有适应玉溪及周边地区的气候条件，成熟早、坐果率高、品质优良、具有很强市场的竞争力，加上抗病性好、适合露地栽培、管理容易等优点，目前已成为玉溪市澄江县抚仙湖周边农户主要发展的水果品种，种植面积达到了0.4万亩，平均亩产300~600kg，市场售价达到80~120元/kg，每亩的产值达2.4万~7.2万元。扣除管理成本平均每亩6 500元左右，种植农户从蓝莓种植中获得的直接经济效益达到了7 000万~28 799万元，间接经济效益达到了1.35亿~3.82亿元。这对在调整当地农村产业结构，增加农户收入，促进新农村建设等方面均起到了一定的示范带头作用。

在人才队伍建设方面，目前种质资源圃拥有了一支稳定的资源研究团队，有专职资源研究技术人员4人，管理技术工人1人，资源圃长期临时工3名。技术人员中3人具有研究员职称，1人具有助理研究员职称。在研究力量的配置上，为今后能顺利开展深入鉴定评价，课题安排1名年轻的科技人员进行了核型、染色体和分子标记方面的培训，同时还计划引进在资源研究方面的高学历人才，充实我们的队伍，提高我们的研究水平。

三、展望

1. 种质资源的补充收集

在现有的基础上，继续突出特色和重点，加强猕猴桃、苹果、梨、桃、樱桃、枇杷等资源的收集保存工作，最终使云南特有及珍稀、濒危资源保存量达到200份以上，猕猴桃属资源达到220份以上，苹果属资源达到120份以上，梨属资源达到160份以上，桃属资源达到100份以上，枇杷资源达到100份以上，樱桃资源达到120份以上。

2. 继续加强种质资源的深入鉴定评价

在种质资源一般基本性状、形态特征和生物学特性、品质特性评价的基础上，加强其性状表现与控制性状的基因、基因的传递和变异规律，尤其是核心种质和功能基因等方面的研究。从而达到对资源的性状真正的了解，向种质资源利用者提供准确的资源信息。

3. 资源的更新复壮

对资源圃中入圃历史较长，生长衰弱的资源及时进行更新复壮，保证圃内的资源能全部纳入实物共享。

4. 加强资源的编目工作

与其他兄弟圃合作，尽快将近年来收集保存的种质资源进行编目，正式公布，方便资源保存和利用单位查询。力争到2020年时，圃内资源的正式编目数量达到85%以上。

附录：获奖成果、专利、著作及代表作品

获奖成果

1. 课题组胡忠荣作为主要完成人的"枇杷系列品种选育与区域化栽培关键技术研究应用"获2010年度国家科技进步二等奖。
2. 课题组胡忠荣作为主要完成人的"云南及周边地区农业生物资源调查及平台建设"获云南省2014年度科技进步二等奖。

农业行业标准

胡忠荣，陈瑶，江用文，李坤明，熊兴平，陈伟. 农作物种质资源鉴定评价技术规范——猕猴桃，NY/T 2324—2013（发布时间：2013年5月20日）。

著作（图27和图28）

胡忠荣，陈伟，李坤明，等. 2013. 果梅种质资源描述规范和数据标准[M]. 北京：中国农业科学技术出版社.

钟德卫，李坤明，林辉云，等. 2015. 绥江半边红李栽培管理[M]. 昆明：云南科技出版社.

主要代表作品

陈洪明，江东，胡忠荣，等. 2012. 云南元江首次发现原始宜昌橙群落[J]. 植物遗传资源学报，13（6）：929-935.

陈洪明，李坤明，江东，等. 2012. 云南威信县首次发现野生宜昌橙群落[J]. 中国南方果树，41（3）：80-82.

陈瑶，李坤明，陈伟，等. 2013.云南少数民族地区木瓜属植物的开发利用[J].云南农业科技，（6）：52-54.

胡忠荣. 2013. 怒族的农业生物资源及其传统文化知识[M].云南特有少数民族的农业生物资源及其传统文化知识/戴陆园，刘旭，黄兴奇主编.北京：科学出版社.

李坤明，柯继荣，胡忠荣，等. 2013. 云南李属种质资源及地方良种概述[J]. 中国南方果树，42（3）：103-107 .

李坤明，胡忠荣，陈伟，等. 2013. 云南野生猕猴桃种质资源收集、鉴定和保存现状[J].西南农业学报，26卷（增刊）：198-202.

李坤明. 2013. 独龙族的农业生物资源及其传统文化知识[M]. 云南特有少数民族的农业生物资源及其传统文化知识/戴陆园，刘旭，黄兴奇主编.北京：科学出版社.

汤翠凤，胡忠荣，伍少云，等. 2012. 云南怒族利用的农业生物资源及其传统知识[J]. 植物遗传资源学报，13（6）：1011-1017.

周国雁，伍少云，胡忠荣，等. 2011. 独龙族农业生物资源及其传统知识调查[J]. 植物遗传资源学报，12（6）：998-1 003 .

Liu Jing. Sun Ping. Zheng Xiaoyan. et al. 2013. Genetic structure and phylogeography of Pyrus pashia L.（Rosaceae）in Yunnan Province，China，revealed by chloroplast DNA analyses[J]. Tree Genetics & Genomes，9：433-441.

图27　"十二五"期间参编的的著作　　图28　"十二五"期间主编、副主编的著作

附表1　2011—2015年期间新收集入中期库或种质圃保存情况

填写单位：云南省农业科学院园艺作物研究所

联系人：李坤明

| 作物名称 | 目前保存总份数和总物种数（截至2015年12月30日） | | | | 2011—2015年期间新增收集保存份数和物种数 | | | |
| | 份数 | | 物种数 | | 份数 | | 物种数 | |
	总计	其中国外引进	总计	其中国外引进	总计	其中国外引进	总计	其中国外引进
猕猴桃	210	0	38	0	45	0	6	0
梨	145	6	7	2	26	0	3	0
苹果	134	8	14	1	53	0	6	0
梅	53	0	5	0	5	0	0	0
桃	66	4	6	1	18	0	3	0
枇杷	45	15	9	1	3	0	2	0
悬钩子	43	0	14	0	0	0	0	0
葡萄	42	8	8	1	2	0	1	0
草莓	39	2	6	1	0	0	0	0
移依	28	0	2	0	0	0	0	0
樱桃	32	4	5	1	0	0	0	0
李	82	1	2	1	36	0	1	0
杨梅	17	0	3	0	0	0	0	0
山楂	22	0	4	0	18	0	3	0
木瓜	14	0	3	0	2	0	1	0
柿	13	0	3	0	11	0	2	0
无花果	10	0	2	0	0	0	0	0
木通	10	0	3	0	0	0	0	0
芭蕉	10	0	3	0	0	0	0	0
柑橘	10	0	7	0	3	0	2	0
枸子	9	0	3	0	0	0	0	0
杏	10	0	2	0	4	0	1	0
牛荆条	8	0	1	0	0	0	0	0
榅桲	8	0	1	0	0	0	0	0
火棘	7	0	2	0	0	0	0	0
板栗	6	0	2	0	3	0	1	0
四照花	5	0	1	0	0	0	0	0
越橘	4	2	2	1	7	0	1	0
枳	4	0	1	0	3	0	1	0
买麻藤	2	0	2	0	0	0	0	0
枳椇	2	0	1	0	0	0	0	0
沙棘	1	0	1	0	0	0	0	0
合计	1 091	50	163	10	229	0	34	0

附表2　2011—2015年期间项目实施情况统计

一、收集与编目、保存			
共收集作物（个）	34	共收集种质（份）	332
共收集国内种质（份）	332	共收集国外种质（份）	0
共收集种子种质（份）	0	共收集无性繁殖种质（份）	332
入中期库保存作物（个）	0	入中期库保存种质（份）	0
入长期库保存作物（个）	0	入长期库保存种质（份）	0
入圃保存作物（个）	34	入圃保存种质（份）	229
种子作物编目（个）	0	种子种质编目数（份）	0
种质圃保存作物编目（个）	27	种质圃保存作物编目种质（份）	162
长期库种子监测（份）	0		
二、鉴定评价			
共鉴定作物（个）	21	共鉴定种质（份）	166
共抗病、抗逆精细鉴定作物（个）	9	共抗病、抗逆精细鉴定种质（个）	40
筛选优异种质（份）	17		
三、优异种质展示			
展示作物数（个）	0	展示点（个）	0
共展示种质（份）	0	现场参观人数（人次）	0
现场预订材料（份次）	0		
四、种质资源繁殖与分发利用			
共繁殖作物数（个）	11	共繁殖份数（份）	125
种子繁殖作物数（个）	0	种子繁殖份数（份）	0
无性繁殖作物数（个）	11	无性繁殖份数（份）	125
分发作物数（个）	10	分发种质（份次）	527/733
被利用育成品种数（个）	0	用种单位数/人数（个）	44/155
五、项目及产业等支撑情况			
支持项目（课题）数（个）	4	支撑国家（省）产业技术体系	3
支撑国家奖（个）		支撑省部级奖（个）	1
支撑重要论文发表（篇）	10	支撑重要著作出版（部）	6

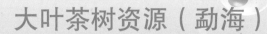

大叶茶树资源（勐海）

刘本英　李友勇　段志芬　汪云刚　蒋会兵　矣　兵　尚卫琼　孙雪梅

（云南省农业科学院茶叶研究所，勐海，666201）

一、主要进展

1. 收集与入圃

项目实施5年来，共从国内产茶区收集各类资源134份，其中，野生资源29份、地方品种52份、选育品种（系）29份、遗传材料及突变体等其他类型资源24份。通过资源收集和引进，新增入圃资源93份（表1），资源数量比项目实施前增加了6.28%。

通过项目实施，及时保护了一批珍稀濒危资源。如帮崴坝子绿梗黄叶茶、云南金平的甜茶和勐腊的红花茶等，确保了这些重要茶树基因资源得到及时保存。同时收集和引进一批具有特殊性状的资源和珍稀资源，如芽叶黄化或白化的资源、低咖啡碱资源、高花青素资源和高氨基酸资源等。这些资源的入圃保存，不仅丰富了我国大叶茶树种质的类型。而且还蕴含着特殊的基因源，可以作为基因供体运用于育种和生产实践。特别是麻黑紫梗红叶茶、困六山紫梗绿叶茶、帮崴坝子绿梗黄叶茶等优异资源，特别是帮崴坝子绿梗黄叶茶氨基酸达6.10%，这在云南省首次发现，同时也弥补了云南省不存在高氨基酸含量的资源材料。应用发掘的高氨基酸、高茶多酚茶树种质为材料，为茶树功能性新品种选育奠定坚实基础。

表1　5年间种质资源入圃保存情况

年度	种质份数（份）		物种数（个）（含亚种）	
	总计	其中国外引进	总计	其中国外引进
2011	0	0	0	0
2012	34	0	5	0
2013	30	0	1	0
2014	40	0	3	0
2015	30	0	2	0
合计	134	0	7	0

2. 鉴定评价

完成红河、临沧和德宏等地279份资源的鉴定评价（表2）。通过鉴定评价，发掘出高氨基酸（氨基酸≥5.00%）种质5份，分别为鄂加绿梗红叶黑茶（5.70%）、隔界紫梗绿叶茶7（5.80%）和帮崴坝子绿梗黄叶茶（6.10%）等；高茶多酚（茶多酚≥25.00%）资源14份，分别为右文岗红梗红叶茶3（26.80%）、右文岗红梗红叶茶2（27.50%）和香竹箐绿梗红叶野茶（27.20%）等；低咖啡碱（咖啡碱≤1.50%）种质2份，分别为困六山紫梗绿叶茶（3）1（0.92%）和困六山紫梗绿叶茶（3）2（1.50%）；高咖啡碱（咖啡碱≥5.00%）种质4份，分别为茂梧大叶茶（5.80%）、龙井山苦茶（6.00%）和东朗大叶绿芽茶（6.60%）等。这些优异种质为今后茶树新品种的选育和开发提供了重要的遗传材料（图1、图2和图3）。

通过鉴定279份各地资源物候期、形态学、品质、抗性等性状，系统了解和掌握了这些资源的特征特性，进一步充实了茶树种质资源数据库。发掘出了25份优异资源，为育种利用提供了重要的亲本，解决茶叶市场特异功能性新品种的源泉，促进茶产业的可持续发展。

表2　5年间种质资源编目、繁殖更新（复壮）及鉴定情况

年度	编目	繁殖更新（复壮）	鉴定评价
2011	0	0	0
2012	20	26	142
2013	20	30	30
2014	24	54	30
2015	20	66	77
合计	84	176	279

图1　帮崴坝子绿梗黄叶茶

茶多酚17.4%，咖啡碱3.80%，水浸出物46.80%，氨基酸6.10%，EGCG2.21%，总儿茶素6.92%，花青素0.08%。

图2　麻黑紫梗红叶茶

茶多酚25.30 %，咖啡碱4.40 %，水浸出物53.90 %，
氨基酸2.60 %，EGCG4.33 %，总儿茶素13.28 %，花青素0.02 %。

左图：紫娟茶　　　　　　　　　　　　　右图：右文岗红梗红叶茶

图3　芽叶特异种质茶

水浸出物48.70 %，茶多酚23.8%，咖啡碱3.50 %，氨基酸　　　水浸出物54.30 %，茶多酚27.50 %，咖啡碱4.90 %，氨基酸
2.40 %，EGCG5.61 %，总儿茶素10.22 %，花青素2.49 %　　　1.70 %，EGCG4.48 %，总儿茶素10.97 %，花青素1.09 %

3. 分发供种

项目实施以来，共向20家科研、教育、生产等单位37人次分发2 218份次的茶树种质，
为育种、基础研究、教学、新产品开发等提供了必要的材料基础，有效地保障了近30个国
家级、部（省）科研项目的实施；同时促进了茶树新品种选育、利用优异资源作亲本，通
过杂交、诱变等手段，筛选出优良株系82个，育成新品系29个，育成新品种9个，显现出了
一定的社会、经济效益。特别是近年来优异资源佛香3号和紫娟的分发利用取得了重要成效。

佛香3号茶树品种系云南省农业科学院茶叶研究所从福鼎大白茶与长叶白毫人工授粉
杂交F1中单株选育，无性繁殖而成。该品种抗寒、抗旱性强，抗病虫能力较强，扦插和移
栽成活率高，适应性广；4～7足龄4年平均品比亩产优质干茶158.08 kg，其制绿茶具有外
形肥硕较紧，满披银毫，香气高长，汤色黄绿明亮，滋味鲜醇，叶底黄绿明亮等特点。属
高香、优质、丰产、抗逆性强，适制名优绿茶，现已成为云南茶区的主要推广品种，其推

广面积超过8万亩。

特异资源紫娟的生产利用。国家种质大叶茶树资源圃（勐海）发掘的紫芽茶资源紫娟，紫芽、紫叶、紫茎，茶汤水色亦为紫色，香气郁香独特，花青素含量约为一般红芽茶的3倍，具有较明显的降血压效果，该种质于2005获国家植物新品种保护权，于2104年获云南省非主要农作物品种登记委员会登记。在云南省、广西壮族自治区和广东省等地推广，产值比一般品种提高50%以上。因经济效益显著，现已成为云南茶区的主要推广品种，其推广面积超过10万亩。

4. 安全保存

完成了84份资源的编目。通过对84份资源进行了初步鉴定、整理，重点整理同物异名、同名异物资源。然后对整理后的资源进行编号，录入编目数据库。

完成了176份资源的更新复壮。通过持续不断的更新复壮，资源圃10年以上树龄80%的资源都进行了更新；通过台刈或深修剪等栽培措施，使圃内树龄5年以上的资源全部得到了复壮（图4和图5）。通过更新复壮使衰弱或老化的茶树资源的生长势得到恢复，树种得到安全保存。

图4 扦插繁育   图5 茶树更新复壮

5. 人才队伍及其人才培养情况

通过本项目的实施，逐步形成了一支稳定的中青年人才团队。现有固定人员8名，其中，研究员2名、副研究员3名、助理研究员2名、研究实习员1名，人才梯队基本合理。项目实施过程中，通过在职培养，2人获得硕士学位；2人晋升研究员，3人晋升副研究员，2人晋升助理研究员。

二、主要成效

1. 资源分发与利用情况

（1）资源分发情况。项目向中国科学院昆明植物研究所、中国农业科学院茶叶研究所、湖南省茶叶研究所、南京农业大学园艺学院、云南农业大学龙润普洱茶学院、山东省青岛市农业局、云南省广南县茶技站、云南省普洱市茶树良种场、云南省大理州南涧县茶技站、云南省德宏州茶技站、西双版纳南糯山紫娟茶叶专业合作社和云南勐海七彩云南茶叶有限公司等20家科研、教育、生产等单位37人次分发2218份次茶树种质材料。

（2）支撑项目情况。分发的材料主要用于支撑国家自然科学基金"云南珍稀野生茶树资源的遗传多样性及特异资源发掘（31160175）""云南大叶茶资源核心种质构建及优异种质筛选（31440034）"和"环境因子对紫娟茶树叶片呈色与花青素积累效应影响的研究（31560220）"等7个项目的基因组学、分类学和特异资源的筛选等科研工作。分发的材料还用于支撑国家茶叶产业技术体系、国家茶树种质资源平台（勐海）和云南省科技厅重大专项（2013BB006）等20余项国家级和省级各类科研项目的研究工作。

（3）育成新品种。利用分发的茶树资源，已获国家植物新品种保护权2个（云茶普蕊、云茶香1号）；已育成紫娟、云茶春韵、云茶春毫、云茶红1号、云茶红2号、云茶红3号、云抗12号、云抗15号和云抗47号等9个省级茶树良种，特别是紫娟茶树新品种，由于其独特的品质风味及显著的经济效益，现已在在云南省、广西壮族自治区和广东省等地推广，其推广面积超过10万亩。

2. 特色种质资源或品种的成效

（1）成果展示。建成西双版纳南糯山紫娟茶叶专业合作社和勐海七彩云南庆沣祥茶业有限公司科技成果展示基地2个，展示良种28个（图6、图7和图8）。

图6　南糯山成果展示基地

图7 南糯山紫娟品种展示　　　　　　图8 南糯山佛香3号品种展示

（2）种质资源利用典型案例

植物名称：茶树。

种质名称：紫娟 佛香3号。

优异性状：紫娟品种具有紫芽、紫叶、紫茎，并所制烘青绿茶干茶和茶汤皆为紫色，香气醇正，滋味浓强。并于2005年11月被国家授予植物新品种权，品种权号为20050031，品种权期为20年。

佛香3号品种抗寒、抗旱性强，抗病虫能力较强，扦插和移栽成活率高，适应性广；产量高，4～7足龄4年平均亩产优质干茶158.08kg，属高香、优质、丰产、抗逆性强，适制名优绿茶的杂交新良种。

典型案例一

案例名称：西双版纳南糯山紫娟茶叶专业合作社生态良种茶园基地。

提供单位：云南省农业科学院茶叶研究所。

利用单位：西双版纳南糯山紫娟茶叶专业合作社。

利用过程：从2008年起，从云南农业科学院茶叶研究所引种种植。

利用效果：目前推广应用投产2 500亩（紫娟2 000亩，佛香3号500亩），三足龄茶园亩产干茶产量50kg。利用紫娟品种为原料加工紫娟普洱茶，每千克600元，亩产值3万元，年均直接产生经济效益6 000万元。利用佛香3号品种为原料加工高香绿茶，每千克400元，亩产值2万元，年均直接产生经济效益1 000万元。整个科技成果展示基地年经济产值达7 000万元，取得了良好的经济、社会效益。

典型案例二

案例名称：勐海七彩云南庆沣祥茶业有限公司勐海县布朗山班章万亩有机生态茶园基地。

提供单位：云南省农业科学院茶叶研究所。

利用单位：勐海七彩云南庆沣祥茶业有限公司。

利用过程：从2009年起，从云南农业科学院茶叶研究所引种种植。

利用效果：自2009年起，勐海七彩云南庆沣祥茶业有限公司依托云南省农业科学院茶叶研究所的技术力量，采用有机生态茶园技术，在云南省勐海县布朗山乡新班章村启动规划建设万亩有机生态茶园。茶叶所长期派出科技专家开展技术指导，从茶园规划、开垦、良种选择、茶苗移栽、茶园管理至茶叶产品加工进行全方位科技支持。至2014年，建成核心示范良种茶园6 000亩，投产当年经济效益达3 000万元。核心示范园的建成，辐射带动发展良种有机生态茶园10 000亩，培训茶叶生产实用技术5 000人次，社会经济效益显著。

3. 支撑产业体系、成果及论文著作情况

本项目根据国家茶叶产业发展需求，集聚优质资源，进行共性技术和关键技术研究、集成、试验和示范；收集、分析茶叶产品的产业及其技术发展动态与信息，系统开展产业技术发展规划和产业经济政策研究，为政府决策提供咨询，向社会提供信息服务；开展技术示范和技术服务。利用本项目的资源优势，有效地支撑国家茶叶产业技术体系西双版纳综合试验站、普洱综合试验站和临沧综合试验站等3站的产业技术体系工作，力促云南全省茶产业可持续发展。

"云南茶树种质资源收集鉴定评价及创新利用"获2014年度云南省科学技术进步三等奖、"大叶种无性系良种分子鉴别技术研究及指纹图谱构建"获2014年度西双版纳州科技进步一等奖、"云南茶树种质资源平台的创建于应用"获2015年度西双版纳州科技进步一等奖，撰写、出版《云南古茶树资源保护与利用研究》《云南茶树品种志》《云茶科技·2013》和《高原特色经济作物研究——云茶科技》专著4部。在国内外《Scientific Reports》《Pakistan Journal of Botany》《作物学报》和《茶叶科学》学术期刊发表相关论文30篇，其中，被SCI收录2篇。

三、展望

1. 存在问题

（1）我国野生茶树资源丰富，尤其是云南省、贵州省和四川省最为丰富，但随着社会发展，很多珍惜野生资源由于茶农砍伐采摘，人为破坏导致其消亡速度很快。

（2）由于经费有限，前期开展的系统鉴定评价出的很多优良种质或特异种质大多为种子苗种质，而不是扦插苗种质，影响了优异资源的发掘和利用，也很少涉及种质精准鉴定评价，初步鉴定出的种质难以直接利用或提供给育种家利用。

（3）茶树种质圃有义务共享所保存的种质，但向全国高校和科研院所提供的茶树种质后，利用单位利用效果的信息不反馈或反馈不及时，信息量少，难以正确评价种质资源的利用效果；种质共享后产生的核心成果都为利用方的独创成果，与资源保存供种方无关联，致使资源保存单位的工作业绩无法体现，影响工作的积极性，难以开展正常的共享工作。

（4）在当前物价水平、劳动力价格持续上涨的情况下，现有的经费水平已难以保障资源圃正常运行。经费不足将严重影响工作团队的稳定性，进而影响今后工作的深入和持续开展。

2. 建议

（1）持续开展茶树种质收集、保存和繁殖更新工作，特别是对于野生濒危茶树资源及茶树遗传多样性丰富地区增加考察次数，扩大考察范围，并增加在野生资源保护、收集和研究方面的投入，加快对野生资源的收集保护。

（2）继续深入开展资源的系统鉴定评价，发掘优异种质；以初选优异种质为研究对象，开展精准鉴定评价，在多个适宜生态区进行多年的表型精准鉴定和综合评价，筛选具有高产、优质、抗病虫、抗逆、资源高效利用、适应机械化等特性的育种材料；并在表型鉴定的基础上，开展全基因组水平的基因型鉴定，对特异资源开展全基因组测序与功能基因研究，发掘优异性状关键基因及其有利等位基因。

（3）进一步创新种质资源征集和共享资源的相应机制，强化资源收集保护和利用，完善资源共享平台，保障资源保存单位和利用单位双方的共同利益，特别是资源拥有者和使用者双方共同利益，充分调动资源保护者的工作积极性，为茶树育种和产业开发提供保障。

（4）建议作物种质资源保护与利用专项能继续稳定立项支持，确保资源圃各项工作能够得以正常开展。

附录：获奖成果、专利、著作及代表作品

获奖成果

1. 云南茶树种质资源收集鉴定评价及创新利用，获2014年度云南省科学技术进步三等奖。
2. 大叶种无性系良种分子鉴别技术研究及指纹图谱构建，获2014年度西双版纳州科技进步一等奖。
3. 云南茶树种质资源平台的创建与应用，获2015年度西双版纳州科技进步一等奖。

著作

梁名志，田易萍，刘本英，等. 2012. 云南茶树品种志[M]. 昆明：云南科技出版社.

汪云刚，梁名志，王家金，等.2012.云南古茶树资源保护与利用研究 [M].昆明：云南科技出版社.

主要代表作品

段志芬，刘本英，汪云刚，等. 2012. 云南野生茶树化学成分多样性研究[J]. 湖南农业科学，（19）：102-104，108.

黄玫，王家金，包云秀，等. 2013. 茶树新品种"云茶春韵"选育研究[J]. 西南农业学报，26（2）：436：440.

蒋会兵，宋维希，矣兵，等. 2013. 云南茶树种质资源的表型遗传多样性[J]. 作物学报，39（11）：2000-2008.

李友勇，方成刚，孙雪梅，等. 2014. 滇南古树晒青茶品质化学成分特征研究[J]. 西南农业学报，27（5）：1874-1883.

刘本英，宋维希，马玲，等. 2012. 云南茶树资源儿茶素和没食子酸的差异性分析[J]. 西南农业学报，25（3）：864-869.

刘本英，孙雪梅，李友勇，等. 2012. 基于EST-SSR标记的云南无性系茶树良种遗传多样性分析及指纹图谱构建[J]. 茶叶科学，32（3）：261-268.

宋维希，刘本英，矣兵，等. 2011. 云南茶树优异种质资源的鉴定评价与筛选[J]. 茶叶科学，31（1）：45-52.

汪云刚，矣兵，冉隆珣，等. 2011. 云南茶树种质资源的抗性鉴定和评价[J]. 中国农学通报，27（13）：86-91.

周萌，李友勇，孙雪梅，等. 2013. 基于EST-SSR标记的云南野生茶树遗传多样性分析[J]. 江苏农业科学，41（12）：22-27.

Liu B Y, Zhao C M, Sun X M, et al. 2015. Establishment of DNA Fingerprinting in Clonal Tea Improved Cultivars from Yunnan of China Using ISSR Markers[J]. Pak. J. Bot.，47（4）：1333-1340.

附表1　2011—2015年期间新收集入中期库或种质圃保存情况

填写单位：云南省农业科学院茶叶研究所

联系人：刘本英

作物名称	目前保存总份数和总物种数（截至2015年12月30日）				2011—2015年期间新增收集保存份数和物种数			
	份数		物种数		份数		物种数	
	总计	其中国外引进	总计	其中国外引进	总计	其中国外引进	总计	其中国外引进
茶树	1 575	18	28		134	3	5	
合计	1 575	18	28		134	3	5	

附表2 2011—2015年期间项目实施情况统计

一、收集与编目、保存			
共收集作物（个）	1	共收集种质（份）	134
共收集国内种质（份）	134	共收集国外种质（份）	3
共收集种子种质（份）	49	共收集无性繁殖种质（份）	85
入中期库保存作物（个）		入中期库保存种质（份）	
入长期库保存作物（个）		入长期库保存种质（份）	
入圃保存作物（个）	1	入圃保存种质（份）	93
种子作物编目（个）		种子种质编目数（份）	
种质圃保存作物编目（个）	1	种质圃保存作物编目种质（份）	84
长期库种子监测（份）			
二、鉴定评价			
共鉴定作物（个）	1	共鉴定种质（份）	279
共抗病、抗逆精细鉴定作物（个）		共抗病、抗逆精细鉴定种质（个）	
筛选优异种质（份）	25		
三、优异种质展示			
展示作物数（个）	1	展示点（个）	2
共展示种质（份）	28	现场参观人数（人次）	2 106
现场预订材料（份次）			
四、种质资源繁殖与分发利用			
共繁殖作物数（个）	1	共繁殖份数（份）	176
种子繁殖作物数（个）		种子繁殖份数（份）	
无性繁殖作物数（个）	1	无性繁殖份数（份）	176
分发作物数（个）	1	分发种质（份次）	2 218
被利用育成品种数（个）	9	用种单位数/人数（个）	20/37
五、项目及产业等支撑情况			
支持项目（课题）数（个）	30	支撑国家（省）产业技术体系	1
支撑国家奖（个）		支撑省部级奖（个）	1
支撑重要论文发表（篇）	30	支撑重要著作出版（部）	5

甘蔗种质资源（开远）

蔡 青 陆 鑫 徐超华 刘洪博 林秀琴
李旭娟 刘新龙 毛 均 字秋燕 李纯佳

（云南省农业科学院甘蔗研究所，开远，661600）

一、主要进展

1. 收集引进

甘蔗*Saccharum officinarum* L.，属禾本科Poaceae高粱族Trib. *Andropogoneae* Dumort.甘蔗亚族Subtrib. *Saccharinae* Griseb.甘蔗属*Saccharum* L.（陈守良，1984），是热带亚热带高大的禾本科植物。现代甘蔗品种来源于甘蔗属*Saccharum* L.内少数几个种之间的杂交后代。同时，甘蔗在天然条件下能与其近缘植物产生杂交，对拓宽甘蔗遗传基础、培育新品种具有潜在利用价值。因此，甘蔗界把甘蔗属及其近缘植物蔗茅属*Erianthus* Michx.、芒属*Miscanthus* Anderss.、河八王属*Narenga* Bor.和硬穗属*Sclerostachya* A.共5个属所构成的一个群体，称为"甘蔗属复合群"（*Saccharum* complex）（Mukherjee SK.，1957；Daniels J.，1987；Amalraj VA.等，2005），是甘蔗种质资源收集保存的主要对象，也是甘蔗育种的物质基础。因此，国家甘蔗种质资源圃自1995年建圃以来，以"甘蔗属复合群"为主要对象，通过野生资源考察采集、地方品种收集、国内品种征集和国外品种引进等多种方式，收集保存国内外丰富的甘蔗资源。"十二五"期间，主要取得了以下显著成绩。

一是保存数量跃居世界第三位。2011—2015年，新收集引进资源536份，其中，国外种136份、国内种78份、野生资源286份、原种36份。截至2015年12月，共保存资源2724份，是国内规模最大、属种最全、数量最多的甘蔗种质资源圃。与世界两大甘蔗种质资源保存中心——美国国家甘蔗种质资源圃（USDA-ARS National Germplasm Repository，Miami USA）、印度甘蔗研究所哥印巴托甘蔗圃（Sugarcane Breeding Institute，Coimbatore India）相比，美国保存量为1 740（GRIN编目数2863份，Tomas Ayala Silva 2014年在Sugar Journal报道存活量为1 740份）；印度保存量为4381份（2014年SBI目录）。由此可见，我国甘蔗资源的保存量（2 724份，2015）已跃居世界第二位，为我国甘蔗育种储备了丰富的基因资源。

二是抢救性收集到一批重要的热带沿海地区甘蔗及近缘属种资源。通过分析圃内资源的原产地、来源地等地理信息及全国甘蔗资源分布地带等情况，"十二五"期间开展了抢救性收集重要野生资源的工作。针对当前社会经济发展较快的福建省、广东省、海南省、湖南省、江西省、贵州省、四川省等6省区40多个县市、近藏区的甘孜等地区，进行了野外考察采集。其中，与中国热科院南亚热带作物研究所合作，对海南17个县市及时抢救性地采集到一批因房地产业快速发展、生态破坏而面临丢失的热带沿海地区甘蔗近缘属种资源，包括锤度较高的割手密、斑茅等特异材料；在湖南省、江西省、四川省、贵州省等省份采集到与圃内资源有较大差异、以前未采集或保存量较少的野生种质资源。

三是引进了我国唯一一直未收集到的肉质花穗种（*S.edule*）资源，使我国甘蔗种质资源保存的野生种类型终于齐全完整。通过依托相关国际合作项目，与澳大利亚、法国保持长期合作，开展了优良品种、材料的引进；通过与美国的学术交流与合作，引进了一批我国较为缺乏的热带种；依托项目承担单位与南亚、东南亚国家搭建的合作平台，从菲律宾、泰国、越南、缅甸、斯里兰卡、巴基斯坦、尼泊尔、孟加拉等云南周边国家，有针对性地引进了一些野生种质（图1）。其中，甘蔗属3个野生种中的肉质花穗种（*S.edule*），因在我国未发现，一直未得以收集保存（图2）。甘蔗野生种导入抗性、分蘖性基因、培育高产多抗新品种的最重要的资源。长期以来，我国收集到的野生种只有为大茎野生种和细茎野生种。该资源的引进，弥补了我国甘蔗种质资源的收集保存中野生种质的空白，使甘蔗野生种的类型终于完整和齐全，对开展甘蔗起源、进化等基础性研究和新基因的研究利用具有重要意义。

图1　甘蔗野生资源考察采集

图2　肉质花穗种（*S.edule*）

2. 鉴定评价

在农业部保种项目的长期稳定支持下，国家甘蔗种质资源圃建立了规范的甘蔗资源鉴定评价技术体系，出版了《农作物优异种质资源评价规范 甘蔗》、制定了《农作物种质资源鉴定技术规程 甘蔗》（NY/T 1488—2007）、《农作物优异种质资源评价规范　甘蔗》（NY/T 2180—2012）等行业标准，系统化开展了形态、农艺、品质、细胞、生理生化、分子等鉴定评价研究。"十二五"期间，针对生产上对抗病和抗旱品种的迫切需求，加强开展了抗黄叶病、抗锈病、抗宿根矮化病和抗旱性的深入鉴定，综合评价出高产种质222份（蔗茎产量高于17t/hm²），高糖种质183份（糖分15%以上），抗黄叶病种质72份，抗宿根矮化病种质52份，抗高粱花叶病种质14份，抗锈病种质9份等一批优异种质。在应用新技术开展鉴定评价、发掘新种质方面取得以下重要进展：

一是建立了不同以往的抗旱鉴定生理指标及鉴定方法，鉴定出具抗旱潜力的高TE、高水分利用效率种质。2012年以来，国家甘蔗圃研究团队作为主要力量，主持承担了云南省高端科技人才引进项目"甘蔗抗旱育种技术研究与种质改良"，引进澳大利亚抗旱性鉴定相关技术，建立了不同以往的抗旱鉴定生理选择指标及鉴定方法。通过应用澳方在生理指标测定及数据分析等方面的研究成果，开展了气孔导度、叶绿素荧光动力学参数、土壤水分、冠层截光度、光合速率、等测定分析，筛选出了TE（蒸腾效率）进行核心甘蔗种质资源筛选、气孔导度和冠层温度进行抗旱甘蔗品种筛选的方法（图3）。通过光合参数测定，鉴定评价出一批具有抗旱潜力的高TE、高水分利用效率种质，是下一步开展种质创新、培育抗旱品种的重要基础材料。

二是获得国家基金和省基金项目支持，应用最新分子生物学技术对优异新种质"双芽种"进行深入鉴定。甘蔗"双侧芽"是一种较为罕见的特殊性状，经过长期观察鉴定，发现了少量具有该性状的材料。"十二五"期间，通过种质创新和不断培育，发掘获得了甘蔗"双侧芽"新种质，其优异的双芽特性，为解决甘蔗生产高用种量问题带来了新的思路。如果能培育出双侧芽品种，将为降低种植成本、提高效益带来新的经济增长点。为此，本圃研究团队积极申请获得了国家基金和省基金项目的支持，开展"甘蔗双侧芽创新种质的遗传特征和相关基因的转录组测序分析"及"植物激素对甘蔗双芽突变体形成和发育的作用机理研究"等相关研究，对双侧芽的形成机理、遗传特征进行深入研究，以期为育种提供相应的理论支持和科学依据。

图3　抗旱性鉴定　　　　　　　图4　新发掘鉴定的特异材料"双芽种"

3.分发供种

国家甘蔗圃自建圃以来，为全国甘蔗研究单位、大学等各类研究项目、科技人员提供了大量资源利用服务，年均供种量约150~200份次。"十二五"期间，共向12家单位提供了甘蔗实物资源材料1408份次，为国家甘蔗产业技术体系、国家863项目、国家科技支撑计划、国家基金、云南省甘蔗产业技术体系、云南省高端人才引进计划、云南省重点基金等项目提供了丰富的研究材料，保障了项目的顺利实施。其中，通过种质创新优选出的含有云南野生种血缘的24份具有育种潜力的后代材料（图4），已推荐至海南甘蔗杂交育种场和瑞丽甘蔗杂交育种站，供全国甘蔗育种科研单位选配。

4.安全保存

在保种项目支持和项目主持单位中国农业科学院的统一部署下，建立了《国家甘蔗种质资源圃管理办法》等管理制度，严格按照国家农作物种质资源管理办法和国家圃管理的相关规定，加强圃地安全管理，保障圃的正常运转和资源材料健康生长。"十二五"期间，重点进行了圃围墙、大门、工作间的重新修缮，保障了圃地的安全；新建了秸秆处理发酵池，解决了往年野生资源秸秆焚烧造成环境污染、不符合当地环保规定要求的问题，并变废为保、蔗叶变肥还田；编写制定了《甘蔗种质资源繁殖更新技术规程》（中国农业出版社，2013），加强了圃存资源的田间管理和存活调查，对弱势材料及时更新复壮和复份保存，对感染宿根矮化病的种质采用温水脱毒技术进行处理，采取预防为主、物理和化控结合的方式对病虫害进行综合防治，保证圃存资源无死亡、无丢失（图5）；对国外引进种质，严格按照国际甘蔗检疫标准，进行2个生长周期的异地隔离检疫，对携带检疫对象的种质及时进行销毁，保证圃存资源的安全性保育（图6）。同时，结合获得的《国家种质资源开远甘蔗圃改扩建项目》（云农计〔2014〕53号），实施资源圃的改扩建工作，目前已新制作野生资源保存水泥框100余个、安装了资源圃监控设备、气象工作站等设施设备，为安全保存资源提供了保障。

图5　人工接种抗病性鉴定

图6　温水脱毒处理

二、主要成效

"十二五"期间主要成效的典型案例为：

1. 支撑重大科技项目获云南省科技进步一等奖

针对云南旱地蔗区的自然生态条件和抗旱品种缺乏等突出问题，"十二五"期间，国家甘蔗种质资源圃共向云南甘蔗所育种中心提供了123份国外引进甘蔗品种，用于开展抗旱品种的杂交和选育研究，经选育，从中筛选出CP85-1308（云引4号，省级审定）和Q170（云引2号，国家鉴定）等抗旱品种，经产业化繁育，为云南蔗区提供了大量抗旱甘蔗新品种种苗，累计实现新品种示范推广面积606万亩，促进云南蔗糖业在历经百年不遇的旱灾后在全国率先恢复发展，取得了显著的社会效益和经济效益。该成果获得2013年云南省科技进步一等奖"甘蔗抗旱新品种选育与应用"（成果登记号：1562013Y0009）（图7）。

图7　获奖证书

2. 为基础研究提供材料发表重要论文

针对近年来甘蔗花叶病大面积危害蔗区并呈逐年上升的严重问题，向国家甘蔗产业体系提供70份割手密和斑茅种质，通过鉴定从中筛选出海南92-81等14份免疫高粱花叶病种质，为抗病育种提供了新的抗源材料，研究论文在《Crop Protection》上发表。

三、展望

国家甘蔗种质资源圃于"八五"期间建立，经过20年发展，成为了我国甘蔗种质资源的重要收集保存和研究基地，能系统化开展野生考察收集、国内外引种征集、整理保存、繁殖更新、鉴定评价及提供利用等基础性工作，并通过争取各类项目，深入开展基础性研究，使研究水平和团队建设都得到一定提高。然而，随着工作的不断深入，资源圃也出现了一些问题：一是资源圃已建圃20年，野生资源保存年限较长，出现了生势减弱、混杂、病虫害等现象。同时，随着新收集的野生种质入圃，保存量逐年增加，保育框已出现严重老化破损。为保证种质安全保存，防止种质出现混杂，还需要增加大量资源保育框、更换资源栽种位置、逐渐复壮野生资源，工作量较大，需要投入大量劳力和费用；二是随着甘蔗圃所在地开远市经济和城市建设的发展，劳动力和土地资源稀缺，造成零工劳务费和土地租赁费大幅上涨，项目经费仅够维持圃的基本运转，建议适当增加项目经费，利于开展精准鉴定评价等研究工作；三是圃地因多年连作、宿根，土壤地力消耗较大、土壤团粒结构遭到破坏、土壤板结，资源保存质量不高。为保证种质保存的安全性和质量，需进行必要的土壤改良工作，增施有机质，改善土壤环境；四是缺乏国际合作交流费，一定程度上影响国外引种。建议项目经费能参照其他科技项目预算科目，增加国际合作交流费。

此外，随着国家科技体制改革的推进，对科研人员的科技创新、成果转化、科研开发等能力建设有了更高的要求，从事资源基础性工作的科研人员，一方面由于资源研究属公益性工作、不能或很难转化为效益，另一方面承担的工作量大、较难再承担能转化效益的其他工作，而科研考核制度对基础性工作缺乏相应的评价办法，承担资源基础性工作的人员收入较低，影响了研究队伍的稳定性和积极性，不利于资源工作的延续发展。建议项目在经费上参照其他科技项目，增加间接经费特别是绩效支出，一定程度上对资源研究人员给予鼓励。

此外，由于依托单位考核制度等原因，单一的年度的项目合同，不能较好地体现出本项目的经费支持力度。建议项目管理仍可按年度进行滚动式管理，上年度绩效作为下年度经费拨付的依据，但项目总合同按5年期进行签订，使项目总经费（如5年项目总经费为150万）对依托单位的贡献有显著的体现，也有利于资源研究人员的考核评价。

附录：获奖成果、专利、著作及代表作品

获奖成果

1. 甘蔗抗旱新品种选育与应用，获2013年度云南省科技进步一等奖。

2. 我国低纬高原甘蔗产业化关键技术应用，获2015年度中华农业科技二等奖。

专利

1. 毛钧，蔡青，陆鑫，等. 一种甘蔗远缘杂种胚离体培养育苗的方法，专利号：ZL 201210296261.X（批准时间：2013年7月）。

2. 蔡青，范源洪，江用文，应雄美，等. 农业部农业行业标准"NY/T 2180—2012农作物优异种质资源评价规范 甘蔗"（发布时间：2012年9月）。

著作

蔡青. 2013. 甘蔗近缘属斑茅、滇蔗茅遗传多样性与种质创新研究[D]. 昆明：云南大学。

主要代表作品

林秀琴，陆鑫，刘新龙，等. 2014. 甘蔗属热带种与滇蔗茅远缘杂交F₁代花粉母细胞减数分裂及花粉败育研究[J]. 热带作物学报，35（9）：1776-1783.

刘洪博，林秀琴，刘新龙，等. 2014. 基于表型和核型及分子证据的甘蔗德阳大叶子属种分析[J]. 西北植物学报，34（11）：2201-2209.

刘新龙，苏火生，应雄美，等. 2012. 中国十倍体割手密资源的表型相关性及遗传多样性[J]. 湖南农业大学学报（自然科学版），38（6）：574-579.

刘新龙，马丽，苏火生，等. 2014. 甘蔗杂交品种核心种质重要农艺性状评价及亲缘关系分析[J]. 植物遗传资源学报，15（1）：67-73.

刘新龙，刘洪博，马丽，等. 2014. 利用分子标记数据逐步聚类取样构建甘蔗杂交品种核心种质库[J]. 作物学报，40（11）：1885-1894.

陆鑫，刘新龙，毛钧，等. 2013. 甘蔗野生种滇蔗茅利用研究Ⅲ. 滇蔗茅杂种F₁群体的表型变异与遗传多样性分析[J]. 植物遗传资源学报，14（4）：749-753.

陆鑫，毛钧，刘洪博，等. 2012. 甘蔗野生种滇蔗茅种质创新利用研究Ⅰ. 甘蔗与滇蔗茅远缘杂交F₁群体构建与SSR分子标记鉴定[J]. 植物遗传资源学报，13（2）：321-324.

陆鑫，苏火生，林秀琴，等. 2012. 甘蔗野生种滇蔗茅种质创新利用研究Ⅱ. 滇蔗茅F₁群体重要农艺性状的遗传分析[J]. 湖南农业大学学报（自然科学版），38（2）：121-124.

徐超华，陆鑫，刘洪博，等. 2014. 甘蔗近缘种滇蔗茅（*Erianthus rockii*）表型性状遗传多样性研究[J]. 植物遗传资源学报，15（6）：1369-1373.

徐超华，陆鑫，马丽，等. 2014. 斑茅种质资源的表型性状及遗传多样性[J]. 湖南农业大学学报（自然科学版），40（2）：117-121.

徐超华，陆鑫，刘新龙，等. 2014. 甘蔗近缘种蔗茅*Erianthus fulvus*考察收集与表型性状初步研究[J]. 植物遗传资源学报，15（5）：962-966.

Cai Q, Aitken K S, Fan Y H, et al. 2012. Assessment of the genetic diversity in a collection of *Erianthus arundinaceus*[J]. Genetic Resources and Crop Evolution，59（7）：1483-1491.

附表1　2011—2015年期间新收集入中期库或种质圃保存情况

填写单位：云南省农业科学院甘蔗研究所
联系人：陆鑫 蔡青

作物名称	目前保存总份数和总物种数（截至2015年12月30日）				2011—2015年期间新增收集保存份数和物种数			
	份数		物种数		份数		物种数	
	总计	其中国外引进	总计	其中国外引进	总计	其中国外引进	总计	其中国外引进
甘蔗	2 724	665	16	5	536	36	8	1
总计	2 724	665	16	5	536	36	8	1

附表2　2011—2015年期间项目实施情况统计

一、收集与编目、保存			
共收集作物（个）	1	共收集种质（份）	536
共收集国内种质（份）	364	共收集国外种质（份）	172
共收集种子种质（份）		共收集无性繁殖种质（份）	536
入中期库保存作物（个）		入中期库保存种质（份）	
入长期库保存作物（个）		入长期库保存种质（份）	
入圃保存作物（个）	1	入圃保存种质（份）	347
种子作物编目（个）		种子种质编目数（份）	
种质圃保存作物编目（个）	1	种质圃保存作物编目种质（份）	347
长期库种子监测（份）			
二、鉴定评价			
共鉴定作物（个）	1	共鉴定种质（份）	1 823
共抗病、抗逆精细鉴定作物（个）		共抗病、抗逆精细鉴定种质（个）	
筛选优异种质（份）	335		
三、优异种质展示			
展示作物数（个）		展示点（个）	
共展示种质（份）		现场参观人数（人次）	
现场预订材料（份次）			
四、种质资源繁殖与分发利用			
共繁殖作物数（个）	1	共繁殖份数（份）	2 724
种子繁殖作物数（个）		种子繁殖份数（份）	
无性繁殖作物数（个）	1	无性繁殖份数（份）	2 724
分发作物数（个）	1	分发种质（份次）	
被利用育成品种数（个）		用种单位数/人数（个）	12/22
五、项目及产业等支撑情况			
支持项目（课题）数（个）	14	支撑国家（省）产业技术体系	国家甘蔗产业技术体系；云南省甘蔗产业技术体系
支撑国家奖（个）		支撑省部级奖（个）	1
支撑重要论文发表（篇）		支撑重要著作出版（部）	

新疆特有果树种质及砧木资源（轮台）

李文慧　唐章虎　章世奎　徐　乐　阿不来克　阿曼古丽　董胜利　杜润清

（新疆维吾尔自治区农业科学院轮台果树资源圃，轮台，841600）

一、主要进展

1. 收集引进

新疆维吾尔自治区农业科学院轮台果树资源圃"十二五"期间新收集资源115份，其中，新疆本地资源52份（扁桃3份、榅桲2份，梨4份，苹果13份，李8份，桃14份，杏4份），国外资源63份（梨14份，樱桃5份，苹果6份，杏13，西梅25份）。具有特色的资源：吉尔吉斯丰产的西梅和塔吉克的红肉苹果资源。新增的物种西梅。

2. 鉴定评价

对圃内保存的109份杏资源对其加工性状进行评价，筛选出适于制汁的品种4个——卡拉胡安娜、沙金红1号、吾侯其、晚熟佳娜丽；制干品种5个——木亚格、木格亚勒克、赛买提、大果胡安娜、卡拉胡安娜；鲜食品种4个——银香白、库买提、轮台小白杏、雀斑杏；仁用品种1个——小白杏。鉴定评价的杏品种为推动当地企业发展果汁加工提供可靠的资源平台。晚熟品种：苏联2号，苏联4号，晚熟佳娜丽、贾格达玛伊桑品种。新疆当地的杏子结果时间很集中，评价出的晚熟品种为延长杏果市场的供应提供资源。

鉴定评价核桃资源18份，鉴定出品质优良且抗寒品种：和上01，温新2，温新185，新巨丰、新光、温417、新丰、和上17。温新2、温新185、新丰具有早产丰产的特点，和田20、和田01结果晚丰产，这两类资源为今后开展核桃早实丰产做好资源分类，目前高校正在开展相关研究。

3. 分发供种

2011年，为轮台县、新疆和静县提供圃杏1号（贾格达玛依桑），圃杏2号（毛拉肖），圃杏3号，树上干，赛买提，木牙格，冬杏接穗1万条，示范推广中晚熟优良杏品种2万亩，2015年杏园都已结果，丰产园亩产达到1t，每千克售价15元，亩产收益达到1.5万元。

2012年，向南疆三地州分发樱桃砧木吉塞拉5号、吉塞拉6号，这两个砧木具有很好的抗冻性，布鲁克斯、红灯表现为很好的丰产性，给农民带来很好的收益，每千克市价买到160元。

4. 安全保存

"十二五"期间繁殖更新资源205份，其中，苹果31份，梨35份，桃20份，核桃20份，扁桃36份，葡萄42份，杏12份。葡萄和梨资源更新在新建的圃内，圃地土壤碱仍需改良。核果类的病害以流胶病较为严重，尤其李子资源急需要更新。

二、主要成效

"十二五"期间向全国各高校和科研院所，新疆三地州提供资源16家单位和个人提供杏、苹果、梨、扁桃、核桃、桃资源844份，2789份次。

5年来为新疆农业大学园艺系提供杏资源400份用于育种、果实生理方面的研究，认定品种1个，2014年联合申报新疆杏产业发展关键技术研究与示范推广成果，并获得新疆维吾尔自治区科技进步二等奖（图1）。

多年来新疆维吾尔自治区农业科学院轮台果树资源圃单位为石河子大学园艺系提供杏和核桃资源，为申请杏和核桃方面的自然基金项目提供资源上的帮助，文章发表于SCI和核心期刊。

2011年，为新疆轮台县、和静县提供圃杏1号（贾格达玛依桑），圃杏2号（毛拉肖），圃杏3号，树上干，赛买提，木牙格，冬杏接穗1万条，示范推广中晚熟优良杏品种2万亩，今年杏园都已结果，丰产园亩产达到1t，每千克售价15元，亩产收益达到1.5万元。

2012年，向南疆三地州分发樱桃砧木吉塞拉5号、吉塞拉6号，这两个砧木具有很好的抗冻性，布鲁克斯、红灯表现为很好的丰产性，给农民带来很好的收益，每千克市价买到160元。

图1　获得认定、审定及科学技术成果鉴定证书

三、展望

1. 存在的问题

在资源引入方面,对国外引入资源的采集地点、生境调查不详,也没有相应的照片。在新疆南疆地区采集资源,由于新疆特殊的大环境,不利于资源的收集工作。

2. 树种管理方面

由于树种较多,每个人员都有2~3个树种,每年需要抽调参与新疆的"访惠聚"工作组,树种在资源调查方面不及时。以后积极与驻村的工作组联系,在他们的引导下收集资源。

附录:获奖成果、专利、著作及代表作品

获奖成果

新疆杏产业发展关键技术研究与示范推广,获得2014年科技进步二等奖。

专利

何江红,徐麟,康成友,张大海,李文慧,等。利用杏皮渣酿制杏果醋的生产工艺专利号:
ZL200910113216.8(授权时间:2012.5)。

主要代表作品

白泽晨,冯建荣,李文慧,等. 2012. 新疆5个栽培杏品种雌蕊败育率调查[J]. 新疆农业科学,(10):
1805-1809,1823.

李硕,冯建荣,李文慧,等. 2011. 新疆杏品种花育性的调查分析[J]. 石河子大学学报(自然科学版),
(1):20-24.

刘海楠,冯建荣,李文慧,等.2015. '小白杏'自交不亲和SFB基因的克隆及其表达载体的构建[J].果树
学报,(6):1055-1061.

徐乐,章世奎,李文慧,等. 2012. 新疆16个地方杏品种特性比较[J]. 新疆农业科学,(12):2 196-
2 201.

徐麟,李文慧,章世奎,等. 2012. 苹果树腐烂病发生原因及防治措施[J].农村科技,(11):33-3.

章世奎,廖康,徐乐,等.2015. 14个新疆地方苹果品种特性比较[J].新疆农业科学,(8):1412-1417.

Feng J R, Xi W P, Li W H, et al. 2015, Volatiles characterization of 14 main apricots cultivated in Chinese
Xinjiang evaluated by HP-SPME with GC-MS[J]. J. Amer. Soc Hort. Sci. 140(5):466-471.

附表1 2011—2015年期间新收集入中期库或种质圃保存情况

填写单位：新疆维吾尔自治区农业科学院轮台果树资源圃
联系人：李文慧

作物名称		目前保存总份数和总物种数（截至2015年12月30日）				2011—2015年期间新增收集保存份数和物种数			
		份数		物种数		份数		物种数	
		总计	其中国外引进	总计	其中国外引进	总计	其中国外引进	总计	其中国外引进
1	扁桃	55	1	0	3	0	0	0	0
2	榲桲	3	1	0	2	0	0	0	0
3	无花果	4	1	0	4	0	0	0	0
4	石榴	20	1	0	0	0	0	0	0
5	樱桃	18	3	1	5	5	1	1	1
6	梨	140	5	1	18	14	1	1	1
7	苹果	166	5	1	19	6	1	1	1
8	桃	22	3	0	14	0	0	0	0
9	李	54	3	0	8	0	0	0	0
10	杏	184	3	1	17	13	1	1	1
11	山楂	5	1	0	0	0	0	0	0
12	核桃	43	2	0	0	0	0	0	0
13	葡萄	45	2	0	0	0	0	0	0
14	西梅	25	1	1	25	25	0	0	0
	共计	784	32	5	115	63	4	4	

附表2 2011—2015年期间项目实施情况统计

一、收集与编目、保存			
共收集作物（个）	10	共收集种质（份）	115
共收集国内种质（份）	52	共收集国外种质（份）	63
共收集种子种质（份）		共收集无性繁殖种质（份）	
入中期库保存作物（个）		入中期库保存种质（份）	
入长期库保存作物（个）		入长期库保存种质（份）	
入圃保存作物（个）		入圃保存种质（份）	759
种子作物编目（个）		种子种质编目数（份）	
种质圃保存作物编目（个）		种质圃保存作物编目种质（份）	362
长期库种子监测（份）			
二、鉴定评价			
共鉴定作物（个）		共鉴定种质（份）	106
共抗病、抗逆精细鉴定作物（个）		共抗病、抗逆精细鉴定种质（个）	
筛选优异种质（份）	21		
三、优异种质展示			
展示作物数（个）		展示点（个）	
共展示种质（份）	45	现场参观人数（人次）	200
现场预订材料（份次）			

（续表）

四、种质资源繁殖与分发利用			
共繁殖作物数（个）		共繁殖份数（份）	
种子繁殖作物数（个）		种子繁殖份数（份）	
无性繁殖作物数（个）		无性繁殖份数（份）	
分发作物数（个）		分发种质（份次）	2 789
被利用育成品种数（个）		用种单位数/人数（个）	16/96
五、项目及产业等支撑情况			
支持项目（课题）数（个）	13	支持国家（省）产业技术体系	3
支撑国家奖（个）		支撑省部级奖（个）	1
支撑重要论文发表（篇）	7	支撑重要著作出版（部）	

新疆伊犁野生苹果种质资源（伊犁）

张学超　唐式敏　常文静　巴黑提亚　许　正

（新疆维吾尔自治区伊犁哈萨克自治州农业科学研究所，伊宁，835000）

一、主要进展

1. 种质资源的收集引进

新疆伊犁苹果种质资源圃截至2015年年底共保存新疆野苹果种质资源120份，苹果地方品种8个，其中，新疆野苹果种质资源主要来自伊犁天山野果林野苹果主要分布区的新源县交吾托海，巩留的莫乎尔，霍城县的大西沟等地。通过对新疆野苹果主要分布区的种质资源考察收集、明确了新疆野苹果种质资源的起源、演化以及分布情况，收集保存一批新疆野苹果种质资源，在种质资源的收集引进方面注重3个方面工作。

（1）不同类型种质资源的收集保存。在前期考察分类的基础上尽可能地广泛收集不同类型的新疆野苹果种质资源，依据果实性状，花期性状，树势树体，抗性和品质等方面的不同，进行收集保存，尽可能地收集不同类型的新疆野苹果种质资源，其中，有不同果实颜色的新疆野苹果种质资源，如黄色果实类型XY-49和红色果实类型HDM-22见图1所示，不同果实大小和形状的新疆野苹果种质资源，如不同形状和大小的类型（GK-1、2、3、4）和（HDM-35、36、37、38）如图2所示。确保新疆野苹果种质资源的多样性和代表性。

黄色果实类型XY-49　　　　　　　　　　　红色果实类型HDM-22

图1　不同的果实颜色的新疆野苹果种质资源

果实形状和大小不同的类型（GK-1、2、3、4） 果实颜色和大小不同的类型（HDM-35、36、37、38）

图2 不同果实大小和形状的新疆野苹果种质资源

（2）特异性状种质资源的收集。对新疆野苹果种质资源中表现出抗旱、抗寒、矮化、抗病等性状的资源进行重点收集保存，收集到具有矮化、节间短的资源，如矮-5和矮-7；收集到具备抗旱特性的种质资源如HDM-19；收集到抗小吉丁虫的种质资源如XY-79、XY-89、XY-91等见图3所示。

抗旱类型HDM-19 抗小吉丁虫类型XY-79

图3 抗旱类型HDM-19和抗小吉丁虫类型XY-49

（3）地方老品种的收集，收集到的老品种8个，主要包括里蒙、蒙派斯、阿布拉太、红肉苹果、二秋子、塔格尔、土豆苹果、奶子苹果等。

2. 鉴定评价

根据《苹果种质资源描述规范和数据标准》，对收集到的新疆野苹果种质资源的农艺性状和果实品质性状进行鉴定评价，截至2015年12月完成100份种质形态特征、生物学特性、品质特性和抗性等性状的鉴定，在进行一般农艺性状鉴定的同时，对新疆野苹果种质资源的抗性和品质性状进行鉴定。

（1）新疆野苹果种质资源抗性性状的鉴定评价。重点是种质资源的抗旱性、抗寒性和抗病性进行鉴定，抗旱性主要根据种质资源在野外干旱的环境条件下，考察资源的生长情况，结合在资源圃内干旱胁迫条件下资源的生长情况，综合评判种质资源的抗旱性，筛选出具有抗旱性的种质资源HDM-19。抗寒性主要通过模拟低温环境条件对种质资源的生理指标进行综合检测和分析。抗病性主要根据发病条件下，种质资源的抗性表现进行鉴定。通过鉴定筛选出具有抗旱、抗寒或抗病的种质资源。如具有抗旱性的种质资源HDM-19，抗小吉丁虫的种质资源XY-49、XY-41、XY-90。抗黑星病类型XY-51等，如图4所示。

图4 XY-51的花期、果实期及果实性状表现

（2）新疆野苹果种质资源品质性状的鉴定，主要鉴定种质资源果实的可溶性固形物含量，可溶性糖、可滴定酸等，筛选出具有高酸特性的种质资源8份。筛选出酸甜适中，口感较好的品种资源5份，为苹果育种提供种质资源的支撑。

3.分发供种

2011—2015年，共向5个教学、科研和生产单位28人次提供新疆野苹果种质资源110份次，其中，向新疆农业大学和新疆农业科学院提供新疆野苹果种质资源80份，支持其开展新疆野苹果核心种质构建的研究，遗传多样性研究和抗病性、抗逆性的研究，为新疆野苹果种质资源的保护和利用提供支撑，合作开展种质资源分类，品质和抗性性状鉴定，主要包括抗寒、抗旱鉴定，抗小吉丁虫以及可滴定酸、可溶性糖、维生素C、单宁、果胶酸含量的测定，已经初步鉴定出具有矮化、抗旱、抗病、抗虫以及高酸等不同性状的种质资源。从收集保存的新疆野苹果种质资源中，筛选出具有抗寒、抗旱、生长势强，适应性强的资源作为砧木种源，为陕西及新疆苹果苗木繁育基地提供优良的砧木种子。

4. 安全保存

新疆伊犁苹果种质资源圃在种质资源的保存方面，主要采用芽接的方式进行嫁接保存，在新源交吾托海和资源圃分别建立砧木苗圃，从野外采集已定位资源的接穗进行嫁接，实现备份保存。资源圃重视圃地的田间管理工作，确保资源的健壮生长，资源圃采用滴灌技术为种质资源的生长提供充足水分和合理养分供给，坚持"预防为主，综合防治"的原则，开展病虫害防治，重点做好苹果蚜虫的防治，对由于资源自身长势较弱和受冻害等因素影响造成树势较弱的，通过砧木繁育，接穗采集和嫁接等流程进行繁殖更新。通过一系列严格规范的栽培管理措施，确保了资源的安全。

二、主要成效

资源圃自2011—2015年通过开展新疆野苹果种质资源收集保存和利用研究，以及发放新疆野苹果种质资源取得了如下主要成效。

（1）与新疆农业科学院和新疆农业大学建立了紧密的合作关系，共同开展新疆野苹果种质资源的研究，基本摸清了伊犁天山野果林新疆野苹果种质资源的分布和分类情况，挖掘出一批具有特异性状的种质资源，为进一步深入研究提供基础。

（2）通过资源收集保存和利用的研究，实现了野生资源的有效保护，也引起了当地政府对新疆野苹果种质资源以及其他野生资源保护工作的重视，目前，在新疆野苹果分布区的新源交吾托海沟，已经建立了新疆野苹果的保护区，霍城县也在新疆野苹果主要分布区的大西沟建立了自然保护区。巩留县政府也十分重视新疆野苹果的保护，出台一系列资源保护的政策措施，严禁砍伐和破坏新疆野苹果等野生资源。

（3）通过新疆野苹果种质资源保护和利用工作的开展，积极与西北地区苹果苗木繁育基地联系，销售优良的野苹果种子，作为砧木种子，有力地促进优良苹果种苗的生产以及产业的发展。

三、展望

1. 存在问题

（1）新疆野苹果种质资源圃对资源性状的鉴定评价技术和手段还比较落后，鉴定评价还只是农艺性状和简单抗性性状和品质性状方面，深度鉴定工作开展不足，对新疆野苹果种质资源难以实现深度和精准的鉴定，具有特异性状的种质资源难以实现有效的挖掘。

（2）新疆野苹果种质资源利用和开发工作还比较滞后。资源圃与当地苹果生产的结合还不够紧密，新疆野苹果种质资源目前能够开发的主要是利用种子进行砧木的繁育，很多具有特异性状的资源还没有得到开发和利用。

（3）新疆野苹果种质资源主要分布区的伊犁河谷天山野果林，受到生产开发的影响和病虫害的危害，果树种质资源生存环境日趋破坏，资源类型不断减少，加强对新疆野苹果及其他果树种质资源的收集、保存和利用的研究非常必要而又迫切。

2. 建议与展望

（1）要重视对种质资源的深度评价鉴定工作，重点要做好新疆野苹果种质资源抗寒性，抗病虫性状如抗小吉丁虫、抗黑星病等性状的鉴定，开展果实品质性状鉴定如维生素C含量、多酚含量等；加工性状如果肉褐变度、果汁浊度、透光率和香气的鉴定等。要加强同其他科研院所和高校和合作和交流，共同开展深度鉴定研究，不断增强研究能力，促进资源圃研究水平的提升，实现对新疆野苹果种质资源的更好保护和利用。

（2）资源圃今后要重视与产业发展的结合，要筛选出综合性状表现突出的新疆野苹果资源作为砧木资源，要引进国内外的优良苹果品种，开展试验、示范和推广工作，促进伊犁本地苹果产业的发展。

（3）要重视与国内科研单位联系和交流，为他们提供具有特异性状的种质资源，要开展新疆野苹果种质创新的工作，要联合开展试验研究工作，实现种质资源的利用和开发。

（4）新疆伊犁苹果种质资源圃要拓宽种质资源保护的种类，伊犁天山野果林种质资源十分丰富，有多种野生落叶果树种质资源，可以在新疆野苹果种质资源保护和利用的基础上，开展其他野生落叶果树的保护和利用的研究，如野生樱桃李、欧洲李、野杏等资源的收集、保存、鉴定评价等工作，使新疆伊犁苹果种质资源圃成为保护和利用天山野果林多种野生落叶果树种质资源的保存圃。

附表1 2011—2015年期间新收集入中期库或种质圃保存情况

填写单位：伊犁哈萨克自治州农业科学研究所
联系人：张学超

作物名称	目前保存总份数和总物种数（截至2015年12月30日）				2011—2015年期间新增收集保存份数和物种数			
	份数		物种数		份数		物种数	
	总计	其中国外引进	总计	其中国外引进	总计	其中国外引进	总计	其中国外引进
新疆野苹果	120	0	1	0	120	0	1	0
合计	120	0	1	0	120	0	1	0

附表2 2011—2015年期间项目实施情况统计

一、收集与编目、保存			
共收集作物（个）	1	共收集种质（份）	120
共收集国内种质（份）	120	共收集国外种质（份）	0
共收集种子种质（份）		共收集无性繁殖种质（份）	120
入中期库保存作物（个）		入中期库保存种质（份）	
入长期库保存作物（个）		入长期库保存种质（份）	
入圃保存作物（个）	1	入圃保存种质（份）	120
种子作物编目（个）		种子种质编目数（份）	
种质圃保存作物编目（个）	1	种质圃保存作物编目种质（份）	60
长期库种子监测（份）			
二、鉴定评价			
共鉴定作物（个）	1	共鉴定种质（份）	60
共抗病、抗逆精细鉴定作物（个）	1	共抗病、抗逆精细鉴定种质（个）	60
筛选优异种质（份）	15		
三、优异种质展示			
展示作物数（个）	1	展示点（个）	2
共展示种质（份）	15	现场参观人数（人次）	80
现场预订材料（份次）	10		
四、种质资源繁殖与分发利用			
共繁殖作物数（个）	1	共繁殖份数（份）	120
种子繁殖作物数（个）		种子繁殖份数（份）	
无性繁殖作物数（个）	1	无性繁殖份数（份）	120
分发作物数（个）	1	分发种质（份次）	30
被利用育成品种数（个）		用种单位数/人数（个）	2
五、项目及产业等支撑情况			
支持项目（课题）数（个）	1	支撑国家（省）产业技术体系	
支撑国家奖（个）		支撑省部级奖（个）	
支撑重要论文发表（篇）		支撑重要著作出版（部）	

柿种质资源（杨凌）

杨 勇

（西北农林科技大学，杨凌，712100）

一、主要进展

1. 柿种质资源的收集引进

"十二五"期间的五年之内国家柿种质资源圃共新收集资源100份。其中，2011年新收集柿资源14份，包括君迁子种4份、野生柿资源6份、地方品种4份。2011年新入圃的柿资源51份，其中，国外资源4份；2012年新收集柿资源21份，包括君迁子种1份、野生柿资源4份、地方品种16份；2013年新收集21份，包括君迁子种2份、野生柿资源3份、品系4份，地方品种12份；2014年新收集柿资源22份，包括君迁子种10份、品系1份，地方品种10份，野生资源1份；2015年新收集柿资源22份，包括君迁子种3份、地方品种19份，如表所示。

表　2011—2015年柿种质资源收集，入圃及鉴定评价资源汇总

年份	合计	收集份数				入圃保存	鉴定评价
2011	14	君迁子 4	野生柿 6	地方品种 4	品系	51	40
2012	21	君迁子 1	野生柿 4	地方品种 16	品系	20	30
2013	21	君迁子 2	野生柿 3	地方品种 12	品系 4	20	32
2014	22	君迁子 10	野生柿 1	地方品种 10	品系 1	20	41
2015	22	君迁子 3	野生柿	地方品种 19	品系	20	48
合计	100	20	14	61	5	131	191

2. 柿种质资源繁殖更新、编目及鉴定评价

2011—2015年5年内国家柿种质资源圃经过努力共进行资源圃柿资源繁殖更新890份次；编目118份；鉴定评价191份次。其中，2011年按照合同指标的要求，繁殖更新柿资源圃柿资源349份，按新的编目项目编目柿资源30份，鉴定评价柿资源40份。2012年按照合同指标的要求，繁殖更新柿资源圃柿资源178份，按新的编目项目编目柿资源22份，鉴定

评价柿资源30份。2013年按照合同指标的要求，繁殖更新柿资源圃柿资源163份，按新的编目项目编目柿资源26份，鉴定评价柿资源32份。2014年按照合同指标的要求，繁殖更新柿资源圃柿资源86份，按新的编目项目编目柿资源20份，鉴定评价柿资源41份。2015年按照合同指标的要求，繁殖更新柿资源圃柿资源114份，按新的编目项目编目柿资源20份，鉴定评价柿资源48份。

2011年5月5—7日课题组3人赴四川省德阳县旌阳区双东镇龙凤村考察开红花的特异柿资源。在向导家门口见到了正在开红花的一种柿，经观察为雄株，只开雄花，为1株实生野柿。又去后山上见到了1株开红色雌花的实生野柿，据说，此树约30年生，从根部萌出的植株直径有3cm，其上着雌花，花瓣红色。这是国内首次发现的雌花为红色的的柿资源。经过多年的鉴定发现，红花野毛柿果实的维生素C含量是所测柿资源中最高的，达到126mg/100g。缩合单宁含量也很高，达到2.3%，是一个特异资源。从细胞水平观察染色体为4倍体（$2n=4x=60$），大多柿种为6倍体（$2n=6x=90$），又经分子标记及花粉形态观察，最终确认该柿资源为一个新种，我们称其为德阳柿。

通过连续3年对抗炭疽病资源的田间调查及接种实验，确认了极抗的资源主要有楼疙瘩、白柿、三原鸡心黄、楼核、憨半斤、斤柿、临潼尖顶柿、安溪油柿、新昌牛心柿、潮阳元宵柿、平核无等。这些资源可用于主产区易感炭疽病品种换种的候选资源。

还发现筛选了3份表现特异的柿资源。如果实平均重量达到366g的"大包柿"，最大果466g。是目前柿资源中果实最大的。我们创新的品系"杂5-2"平均果重279.8g，最大果328.4g，表现为不完全甜柿特征；圃内发现的实生资源"三角甜"表现果形圆锥形，果实176g，同样表现为不完全甜柿特征。

国家柿种质资源圃是国家唯一设在陕西的单一树种的国家级资源圃，本项目由挂靠在西北农林科技大学园艺学院的国家柿种质资源圃的科研人员具体实施。目前已收集保存有国内外柿种质资源730余份，保存的柿资源居世界第一；经过国家农业部、科技部项目的支持，已对50%以上保存资源进行了主要性状的鉴定评价，筛选了一批优异种质资源提供直接生产利用，每年平均有50多份次的各类柿种质资源提供给教学科研单位用于试验研究及育种试材，柿资源圃的科研人员均从事资源工作20多年以上。针对项目中的具体任务进行了分工，资源圃地的日常管理，资源的安全维护及生长动态监测等由一名管理人员具体负责，并按照资源圃管理历在不同季节雇请季节性临时工完成各项管理任务，总体安排包括以下4个季度：

第1季度：柿种质资源圃柿资源的安全保存，柿资源圃地的维护及田间管理。

第2季度：树体正常管理，资源的更新嫁接。资源性状的观察记载。

第3季度：继续资源性状的观察记载，数据整理

第4季度：资源提供利用，资源调查及收集，果期性状调查记载，品质分析测试，数据整理编目，完善数据库及数据录入，总结每个关键的季节保证人员和各项措施的到位，严格按计划任务实施，保证项目顺利完成。提早筹划，与本校园艺学院代课老师联系，确定可以为本科生和研究生提供实习的时间或材料，做出计划及实施方案，使资源圃起到为教学和科研服务的目的。

据合同任务要求，按柿种质资源圃管理细则及田间管理规程对柿种质资源圃内园地地面及地上树体进行了正常管理。管理维护的内容包括资源圃内冬季修剪及清理枯枝落叶并喷7～8度石硫合剂清园，更新柿资源枝条的采集保存、冻病死株的挖掘、补栽及移栽，冬季灌溉施肥、春季的土地耕翻、春季的嫁接、抹芽、喷除草剂等分别在不同生长季节进行，其中，更新资源接穗的采集、新圃的修剪均由课题组人员亲自进行，其他作业由1个管理人员负责，在柿树生长的不同季节雇请临时工进行。

二、主要成效

2011年向科研、教学和生产单位提供柿种质资源78份114份次，并接待学生实习、参观来访咨询等254人次，超额完成了合同指标任务。 2012年向科研、教学和生产单位提供柿种质资源150份278份次，并接待学生实习、参观来访咨询等152人次，超额完成了合同指标任务。 2013年向科研、教学和生产单位提供柿种质资源133份174份次，并接待学生实习、参观来访咨询等152人次，超额完成了合同指标任务。 2014年向科研、教学和生产单位提供柿种质资源153份281份次，并接待学生实习、参观来访咨询等245人次，超额完成了合同指标任务。 2015年向科研、教学和生产单位提供柿种质资源230份304份次，并接待学生实习、参观来访咨询等249人次，超额完成了合同指标任务。

5年来为国家公益性行业（农业）科技专项"现代柿产业关键技术试验示范"项目的6个参与单位各课题提供柿各类资源材料144份次，为国家科技支撑计划项目的3个参与单位提供198份次柿资源。为自然科学基金项目提供44份次柿资源，及其他各类项目提供166份次柿资源。

5年累计引种100份，提供利用1 151份次；学生实习、参观来访1 052人次；繁殖更新890份次；编目118份；鉴定评价191份次。

1. 典型事例一

我们资源圃技术指导的眉县金渠镇年家庄村陈均均的17亩阳丰甜柿园总产量达到3.25t，经过分级装箱，销往深圳市场，225g以上8元/kg，200～224g，6元/kg；150～199g，4元/kg；总计销售收入17.5万元，平均每亩甜柿收入1万元以上。另外，2014年在眉县、华阴市、富平县等地举办以甜柿为主管理技术培训5次，培训人数200多人（图1、图2、图3、图4、图5和图6），为甜柿产业的快速持续发展做出了努力。

图1　眉县阳丰甜柿分级包装　　　　　　　　图2　眉县阳丰甜柿技术培训

图3　眉县阳丰甜柿田间技术指导　　　　　　图4　华阴阳丰甜柿技术培训

2015年在永寿县的云集生态农业科技公司直属指导并培训，参加人员包括公司董事长、各部门总经理、员工代表等共计12人。眉县高接技术指导7人次，彬县柿子示范园管理技术培训，参加人数192人次；为富平骐进农业科技开发公司策划筹建了中国柿博物馆，提供了大量数据资料，制作浸渍标本108个。

成立于2011年6月，公司位于永寿县甘井镇林场，主要经营：农业科技开发、农业科技培训、瓜果蔬菜、花卉苗木及农作物的销售、林下种植养殖产品的销售、观光旅游、景点开发等。

2. 典型事例二

2014年经多方考察咨询，该企业计划以柿子产品的开发为主导产业，主要基于所处地永寿及邻近的彬县有大面积的柿地方品种火柿及尖顶柿，这些品种均为涩柿，管理粗放，效益极低，没到柿子成熟季节，漫山遍野的柿子挂满枝头，景色秀丽，但由于价格很低，农户不愿意采果，大多数被鸟虫享受。企业未来造福当地百姓，打算增加柿子的附加值，但苦于没有信息和技术，找到我们国家柿种质资源圃，说明了他们的想法，我们认为只要企业有想法有资金，我们提供技术指导，合作为农民增收，企业增效服务，正是平台赋予我们的任务，所以与该企业签订了技术服务协议。

目前已经联系去该企业6次，调查规划了需要栽植不同类型柿子品种的地点，采集了土壤进行分析，进行了一次培训，制定了总体柿子产业的具体实施计划等（图7、图8和图9）。目前，公司根据我们的规划已经开始栽植柿子的砧木苗及优良品种苗。将为进一步开展服务打下了基础。

图5　在云集生态农业科技开发公司技术指导培训

图6　彬县柿园管理技术田间及室内技术培训　　　图7　甜柿阳丰分级包装

图8　为富平柿园肥害诊断把脉　　　图9　与富平县骐进企业老板座谈柿产业及柿博物馆建设

三、展望

针对本作物种质资源（中期库或种质圃）存在问题，提出相关建议与展望。问题要具体，建议和展望要有针对性。

本国家柿种质资源圃挂靠的西北农林科技大学园艺学院，在第一次种质资源圃改扩建时由眉县搬迁至杨凌北校区农场内，占地26亩，原址保留，由于学校规划，目前原址的地块枝保留了5亩，加上杨凌的26亩，总计面积31亩。从发展来看，土地面积的缩小已经影响到了资源圃资源数量的增加，需要扩建，但由于学校的土地面积有限，近期内还无法解决扩建所用的土地。但随着学校的发展，会有土地的增加和调整，届时将会努力为柿种质资源圃的扩建项目争取到土地，计划将国家柿种质资源圃的规模扩大到100亩，资源保有量将增加到2 000份。使国家柿种质资源圃的基础条件设施进一步改善，安全保存能力及监测能力进一步提高；资源圃2016年下半年将新增1名博士生加入团队，今后将会使柿种质资源的深入鉴定评价工作得到加强。

附录：获奖成果、专利、著作及代表作品

获奖成果

制订的标准

1. 杨勇，李硕碧，王仁梓，陈企村，阮小凤，等. NY/T 2522—2013 植物新品种特异性、一致性和稳定性测试指南 柿。
2. NY/T 2024—2011，《农作物优异种质资源评价规范 柿》。

著作

王述民，卢新雄，李立会. 2014. 作物种质资源繁殖更新技术规程[M]. 北京: 中国农业科学技术出版社.

龚榜初，杨勇,王仁梓. 2011. 柿优质丰产栽培实用技术[M]. 北京：中国林业出版社.

主要代表作品

夏宏义，杨勇，张永芳. 阳丰甜柿果实营养成分和氨基酸组分分析[J]. 黑龙江农业科学 2015（1）：116-120.

夏宏义，杨勇，杨婷婷，等. 2014. 柿果实单宁细胞特征与总酚和缩合单宁含量的关系[J]. 林业科学，50（10）：164-172.

夏乐晗，杨婷婷，杨勇，等. 2014. 柿SCoT-PCR体系优化及品种遗传多样性分析[J]. 西北植物学报，34（3）：473-480.

夏宏义，杨勇，夏乐晗，等. 2014. 柿果成熟过程中总酚和缩合单宁含量变化的研究[J]. 食品科学. 35（19）：66-71.

杨婷婷，夏乐晗，于泽群，等. 2014. 君迁子（*Diospyros lotus* L.）种质资源若干问题的探讨[J]. 北方园

艺.（10）：184-187.

杨婷婷，于泽群，夏乐晗，等. 2014. 君迁子（*Diospyros lotus* L.）种质资源形态学性状的聚类分析[J]. 果树学报，31（4）：566-573.

Jing Zhaobin，Ruan Xiaofeng，Wang Renzi，et al. Genetic diversity and relationships between and within persimmon（*Diospyros lotus* L.）wild species and cultivated varieties by SRAP markers[J]. Plant Systematics and Evolution. 299，（8）：1485-1492.

Tang D L，Hu Yan，Zhang Q L，et al. 2014. Discriminant analysis of "Jinzaoshi" from persimmon（*Diospyros kaki* Thunb.;Ebenaceae）：A comparative study conducted onmorphological as well as ITS and *mat*K sequence analyses[J]. Scientia Horticulturae，168：168-174.

Yang Y，Ruan X，Wang R. 2013. Indigenous persimmon germplasm resourcs in china[J]. Acta Hort. 996：89-96.

Yang Y，Jing Z B，Ruan X F. et al. 2015. Development of simple sequence repeat markers in persimmon（*Diospyros lotus* L.）and their potential use in related species[J]. Genetics and Molecular Research. 14（1）：609-618.

Yang Yong，Yang Tingting，Jing Zhaobin. 2015. Genetic diversity and taxonomic studies of date plum（*Diospyros lotus* L.）using morphological traits and SCoT markers[J]. Biochemical Systematics and Ecology.2015，（61）：253-259.

Wei Ping，Yang Yong，Wang Fei. et al. 2015. Effects of Drought Stress on the Antioxidant Systems in Three Species of *Diospyros totus* L[J]. Hortic. Environ. Biotechnol. 56（5）：597-605.

附表1　2011—2015年期间新收集入中期库或种质圃保存情况

填写单位：西北农林科技大学
联系人：杨勇

作物名称	目前保存总份数和总物种数（截至2015年12月30日）				2011—2015年期间新增收集保存份数和物种数			
	份数		物种数		份数		物种数	
	总计	其中国外引进	总计	其中国外引进	总计	其中国外引进	总计	其中国外引进
柿	764	67	8	1	100	0	1	0
合计	764	67	8	1	100	0	1	0

附表2   2011—2015年期间项目实施情况统计

一、收集与编目、保存			
共收集作物（个）	1	共收集种质（份）	100
共收集国内种质（份）	100	共收集国外种质（份）	0
共收集种子种质（份）		共收集无性繁殖种质（份）	100
入中期库保存作物（个）		入中期库保存种质（份）	
入长期库保存作物（个）		入长期库保存种质（份）	
入圃保存作物（个）	1	入圃保存种质（份）	131
种子作物编目（个）		种子种质编目数（份）	
种质圃保存作物编目（个）	1	种质圃保存作物编目种质（份）	118
长期库种子监测（份）			
二、鉴定评价			
共鉴定作物（个）	1	共鉴定种质（份）	191
共抗病、抗逆精细鉴定作物（个）		共抗病、抗逆精细鉴定种质（个）	11
筛选优异种质（份）	4		
三、优异种质展示			
展示作物数（个）	1	展示点（个）	3
共展示种质（份）	1	现场参观人数（人次）	200
现场预订材料（份次）			
四、种质资源繁殖与分发利用			
共繁殖作物数（个）	1	共繁殖份数（份）	890
种子繁殖作物数（个）		种子繁殖份数（份）	
无性繁殖作物数（个）	1	无性繁殖份数（份）	890
分发作物数（个）	1	分发种质（份次）	1 151
被利用育成品种数（个）		用种单位数/人数（个）	16
五、项目及产业等支撑情况			
支持项目（课题）数（个）	6	支撑国家（省）产业技术体系	
支撑国家奖（个）		支撑省部级奖（个）	
支撑重要论文发表（篇）	8	支撑重要著作出版（部）	2

柑橘种质资源（重庆）

江　东　赵晓春　朱世平　刘小丰

（中国农业科学院柑橘研究所，重庆，400712）

一、主要进展

1. 资源收集引进

"十二五"期间国家柑橘资源圃共收集入圃柑橘种质资源218份，其中，从国外引进柑橘种质31份，其中，来源于澳大利亚的柑橘种质8份，美国收集7份，日本收集12份，韩国、以色列和西班牙各1份，国内收集柑橘种质188份。在这些收集的资源中柑橘属种质共收集有203份，另有金柑属3份，澳指檬属3份，枳属9份。国内收集的柑橘资源中，主要来源于云贵川地区，从重庆市收集了66份，云南省31份，贵州省30份，四川省16份，浙江省14份，福建省11份，江西省10份，广西壮族自治区9份，湖南省9份，江苏省5份，陕西省4份，湖北省3份。在收集的柑橘种质中，宽皮柑橘89份，甜橙27份，柚45份，枸橼14份，枳11份，柠檬7份，黎檬6份，澳洲指梾檬4份，酸橙4份，香园2份，金弹2份，宜昌橙、大翼叶厚皮橙1份、金豆和葡萄柚各1份。其中，大量的枸橼和澳洲指梾檬资源被收集入圃，极大丰富了国家柑橘资源圃中资源材料的遗传多样性。在收集的柑橘种质资源中，还收集了一些特异的柑橘种质和优良柑橘品种及芽变材料，如矮佛手、早熟及晚熟的塔罗科血橙、黄肉蜜柚、超津、锦红冰糖橙等。一些优质柑橘品种的芽变系也被收集入圃，如易剥皮纽荷尔、早熟纽荷尔、贺脐1号、赣南早脐橙等纽荷尔脐橙的芽变系。这些变异材料对进一步深入研究柑橘芽变机理，揭示芽变产生的遗传机制提供了重要的研究材料，为知识创新提供了重要的物质基础。

2. 鉴定评价

"十二五"期间国家柑橘资源圃对收集引进的国内外柑橘资源和自主创新的柑橘种质进行了生物学性状、园艺性状、果实品质性状的鉴定评价，同时开展了柑橘脚腐病、褐斑病、炭疽病等病害的抗病性评价和砧木种质的耐盐性、耐碱性等抗逆性评价。为深入发掘柑橘种质资源中的功能性成分物质，对不同柑橘资源的果实香气、黄酮及类黄酮、柠檬苦素等进行了含量的检测分析。通过对果实品质的鉴定评价，筛选出优异柑橘种质25份，其中，包括高糖低酸晚熟杂柑品种（沃柑）、高糖特早熟温州蜜柑2份（谷本、大分1号）、优质低酸柚类资源1份（暹逻低酸柚）、早熟低酸砂糖橘杂种2份、早熟高糖西之香杂种1份、无核优质宽皮橘杂种1份（晴姬）、优质冰糖橙选系1份锦红冰糖橙（椭圆）等。这些筛选出的优异种质，不仅在生产中具有重要应用价值，同时也对柑橘育种和科学研究发挥了重要作用。比如通过杂交创制出的早熟低酸砂糖橘杂种不仅具有果形美观、高可溶性固形物、低酸等优点，同时其成熟早，有望成为弥补砂糖橘空档期的早熟品种，具有很大的市场发展潜力，同时该材料还具有单胚、少核等优点，是优异的柑橘育种亲本材料，使得培育低酸杂交柑的育种效率大幅提高。通过鉴定评价筛选出的优异柑橘种质，多数已经提供生产利用，部分已经发挥出极其显著的经济效益。

在"十二五"期间国家柑橘种质资源圃利用EST-SSR、SNP、LncRNA等分子标记结合植物学形态特征对我国原产的野生柑橘资源、地方品种等进行了遗传多样性研究，发现莽山野柑、广西壮族自治区贺州皱皮柑是一类原始独特的柑橘种质。起源于南岭山脉的野生宽皮柑橘，如道县野橘、莽山橘、江永野橘、崇义野橘等构成了一类独特于其他宽皮柑橘的原始野生类群，证实了起源于南岭山脉一带的野生宽皮柑橘在遗传背景上较为接近，其多样性也低于现代栽培宽皮柑橘，缺乏人为驯化和外源基因渗入，表明南岭山脉是我国宽皮柑橘的起源中心。对来自于云南省元江的野生宜昌橙进行了遗传多样性分析，证明其为新的宜昌橙资源类型，结合形态学特征和地理起源证据证实了红河大翼橙与元江宜昌橙有明显的亲缘关系，为阐明红河大翼橙的系统发生和进化提供了重要材料和证据。

"十二五"期间国家柑橘资源圃开展了柑橘种质的脚腐病抗性评价，对脚腐病的致病菌寄生疫霉进行了分离培养，通过纯化培养和ITS测序获得了致病性寄生疫霉。进一步利用寄生疫霉对100余份柑橘资源进行了抗病性鉴定，结果表明城固冰糖桔、皱皮柑、宜昌橙等抗病性强，而费米耐劳S1柠檬、亚利桑那861枸橼、木里香橼、资阳香橙等为高感种质。对胶胞炭疽病的抗性评价发现胡柚、伏令夏橙、火焰葡萄柚、冰糖橙等抗性较强，而爱媛28、砂糖橘、梨橙2号等为高感种质。

在对国家柑橘资源圃保存的柑橘资源开展了多甲氧基黄酮、柠檬苦素、香气、呋喃香豆素等功能活性物质的鉴定评价后，掌握了部分具有利用价值的柑橘种质。比如对果实中多甲氧基黄酮含量的测定，发现扁橘、古蔺金钱橘、武隆酸橘的果实中含有较多的川皮苷、橘黄酮等多甲氧基黄酮，为柑橘资源的深入利用和发掘提供了重要指导。

3. 分发供种

在"十二五"期间国家果树种质重庆柑橘圃共向国内教学、科研、生产单位提供各类柑橘种质资源共计1 206份，其中，向华中农业大学、湖南农业大学、华南农业大学、广西大学、四川农业大学、西南大学、广西柑橘研究所等科研教学单位和柑橘岗位技术体系提供了大量的柑橘种质，主要用于国家自然科学基金、国家科技支撑项目以及973、863等项目的研究材料。同时，还向芬美意香料（中国）公司、广安市农业局、邻水市农业局、重庆绿康果业有限公司等单位提供各类柑橘品种，用于生产示范果园建设和推广利用。2012年国家果树种质重庆柑橘圃选育出的"沃柑"通过了重庆市农作物品种审定委员会的审定（图1），并在广西壮族自治区、云南省、四川省、重庆市三峡库区等地作为重要晚熟柑橘品种大面积推广发展，至"十二五"期末，该品种已在国内发展面积达到20万亩以上，帮助种植户实现经济效益极其显著（图2）。除沃柑外，国家柑橘资源圃还将新近自主培育的大雅柑、无核沃柑等品种提供生产利用，推动了我国柑橘品种结构的换代升级。

图1　沃柑品种审定证书　　图2　国家柑橘种质资源圃提供的晚熟杂柑"沃柑"丰产结果状

4. 安全保存

"十二五"期间，国家果树种质重庆柑橘圃继续加强对柑橘种质资源的繁殖更新和圃内保存材料生长势的监测，每年对圃内树势衰弱的种质资源材料进行更新复壮，对一些染病植株进行脱毒后再进行重新嫁接繁殖。同时，每年将温室中临时保存的柑橘种质再经过检疫观测证明安全无毒后及时移入田间定植，加快了对资源的鉴定评价。在2013年对田间资源进行病虫害的监测中，发现柠檬、酸橙、温州蜜柑及部分杂柑的春梢嫩叶上有叶脉透明、叶片卷曲等症状，通过分子检测和测序，证实为柠檬黄脉明病毒引起的病症，从而提出了柠檬、酸橙等资源的安全保存措施，加快了对柠檬等感病种质的繁育，在柠檬种苗繁育过程中提出了更严格的隔离和检疫要求。"十二五"期间，为加快无病柑橘种质的繁殖更新和种质创新活动，创新发明了"柑橘种皮快速去除方法"和胚芽嫁接技术，并申报了发明专利，"柑橘种皮快速去除方法"在繁种中的应用，提高了资源繁殖更新的速度和效率，实现了无病毒种质和杂交创新材料的快速繁育，大大缩短了柑橘育种的时间和童期，使得宽皮柑橘种质创新从播种到结果只需要3年时间，大大推进了柑橘种质的鉴定评价进程。应用这两项技术，柑橘种质资源的保种能力和创新能力得到大幅提高，每年国家柑橘资源圃的繁种数量可达到5 000株以上。

二、主要成效

"十二五"期间，国家果树种质重庆柑橘圃通过向社会推广筛选出的优异柑橘种质和品种，为我国柑橘良种化水平的提高，促进了农户增收、农业增效发挥了重要作用。比如国家柑橘资源圃通过保种项目筛选出的晚熟、高糖低酸、早结丰产、优质的杂柑新品种"沃柑"，在2012年通过重庆市农作物品种审定委员会审定，即通过资源分发利用的形式，向广西壮族自治区、云南省、四川省、重庆市等地的生产单位提供利用，该品种在广西壮族自治区武鸣、云南省宾川等地示范种植成功，成为当地果农致富增收的"摇钱树"，在显著经济效益的示范带动下，广西壮族自治区、云南省等地大面积发展种植沃柑，至2015年，该品种仅在广西壮族自治区就发展面积达到10万亩以上，帮助种植户实现经济效益3亿元。沃柑的育苗也带动了重庆市柑橘种苗产业的发展，依托国家柑橘种质资源圃提供的柑橘新品种和育种技术，重庆市柑橘种业已走在全国前列，通过与重庆绿康果业有限公司等种业企业联合，加快了新品种的培育和推广，至2015年培育出的"大雅柑""金秋砂糖橘""无核沃柑"等众多优新柑橘品种引领了国内柑橘种业的发展（图3），同时也推动了我国柑橘品种结构的优化调整。

通过产学研结合的形式不仅加快了新品种的成果转化与应用，同时产生了明显的社会经济效益，沃柑的快速推广即是一个典型的案列。为进一步改良沃柑种子较多的不良特性，国家柑橘资源圃通过辐射育种和芽变选种开发出了具有自主知识产权的无核沃柑、少核沃柑等沃柑优系，打破了国外对无核沃柑知识产权的保护。在"十二五"期间，国家柑橘资源圃审定柑橘新品种3个，申报植物新品种权保护2个，同时还储备了大量的创新材料，这些创新材料将在"十三五"中发挥新品种的引领作用。

图3　利用国家柑橘资源圃的沃柑创制的无核沃柑　　　图4　大雅柑审定证书

　　2015年，国家柑橘资源圃审定和推广了"大雅柑"（图4），产生了明显的社会效益。大雅柑是国家柑橘资源圃利用清见与椪柑杂交育成的晚熟杂柑品种，由于早结丰产、优质、晚熟，最先在四川丹棱县种植成功，成为当地继不知火、春见之后的又一主栽晚熟杂柑品种，一经推出即受到社会广泛欢迎，目前已经在四川省、重庆市、广西壮族自治区、江西省等地大面积推广发展。2015年在国内柑橘价格普遍下滑的背景下，大雅柑的价格仍保持在5元/500g水平上，由于经济效益显著，大雅柑种植成为目前柑橘品种结构调整的重要品种。

　　通过新品种的不断释放和提供利用，"十二五"期间国家果树种质重庆柑橘圃选育的柑橘新品种有力支撑了地方经济的发展。在重庆市塔罗科血橙新系的种植面积已达20余万亩，W.默科特也达到10余万亩，而这些品种均出自于国家柑橘种质资源圃，由于这些品种具有突出的品质和较高产量，成为重庆市乃至国内发展晚熟柑橘的重要优选品种，在帮助当地果农致富增收发面发挥了重要作用，为此国家柑橘资源圃参与的"柑橘结构调整关键技术创新与应用"项目获得了2014年农业部丰收奖二等奖。

　　在提供资源的同时，国家柑橘资源圃还利用自身技术优势，提供相关技术服务，为客户提供柑橘黄龙病检测、品种真伪鉴定、品种提纯复壮、新品种选育等系列服务，获得了社会的广泛认可和好评，有力地支持了重庆市、四川省、广西壮族自治区、云南省等省市的柑橘育苗企业开展育繁推良种一体化工作。比如扶持了育繁推一体化柑橘种苗企业重庆绿康果业有限公司开展柑橘杂交育种，培育柑橘杂种5 000余株，使其成为国内最大的柑橘育种种苗企业。

三、展望

"十二五"期间国家加大了对柑橘种质资源圃基础设施和实验条件的建设，由于有稳定的项目经费支撑资源圃的日常维持和运作，国家柑橘资源圃在资源保存、鉴定评价和分发利用工作上进入良性发展阶段，为社会服务能力不断得以加强。但由于受到土地面积限制，加之近几年来国家柑橘资源圃收集资源份数的不断增加，国家柑橘资源圃开展种质创新活动培育的大量材料也需要土地栽植。因而资源保存和评价面临土地不足的问题，已成为制约资源数量增长、资源鉴定评价的主要瓶颈。在"十三五"期间，国家柑橘资源圃需要进一步加强土地利用效率，加大对田间资源圃的改扩建，尤其在农村劳动力短缺、劳动力成本大幅增加的形式下，有必要引入省力化栽培技术和设施，尽大可能节约劳动成本。同时为满足生产科研的需要，还应继续加强对种质资源的鉴定评价，加强对核心种质资源的保存，对一般性资源进行适时动态更新，使资源圃在遗传多样性上及优良柑橘品种的保存数量上有所突破。另一方面，近年来大量的科研教学和生产单位向国家柑橘种质资源圃索取资源材料，其中，一些材料的需求量很大，国家柑橘种质资源圃的繁育力度和设施已不能满足资源的分发需求，在这种情况下，国家柑橘资源圃应加强与育繁推一体化企业的合作，通过企业加大对优良种质的繁育力度，满足向社会的供种需要。

"十二五"期间国家柑橘资源圃虽然在柑橘资源鉴定评价上开展了一些工作，但大规模、高通量、深入的资源鉴定评价工作尚未起步，下阶段除在柑橘鉴定评价的仪器设备上需要引入和补充外，还需要在资源表型组学的大规模、高通量鉴定方法和技术研究上有所创新和突破。

附录：获奖成果、专利、著作及代表作品

获奖成果

吴正亮，曾卓华，江东，熊伟，李莉，夏仁斌，黄明，李均，张利，郭继萱，王孟平，雷霆，伍加勇，曾映月，何涛，刘科宏，周贤文，黄涛江，肖劲松，杨灿芳，陈洪明，吕建学，张湧，刘兴亮，王雪生.柑橘结构调整关键技术创新与应用.2013年获农业部农牧渔业丰收奖二等奖。

专利

1. 江东，高恒锦.柑橘种皮快速去除方法，专利申请号：201610141666.8.

2. 中国农业科学院柑橘研究所，重庆绿康果业有限公司.沃柑.审定编号：渝审柑橘2012002.

3. 中国农业科学院柑橘研究所，四川丹棱中友优新柑橘母本园，丹棱县科技局，丹棱县农业局.大雅柑.审定编号：川审果2015001.

4. 江东.植物小RNA发掘计算及显示软件【简称：Screen_miRNA_V1.0】.软件登记号：2013SR120312.

著作及代表作品

曹立，彭良志，彭爱红，等.2011.资阳香橙×枳杂种苗鉴定及耐碱性株系筛选[J].果树学报，28（1）：20-25.

陈沁媛，江东，焦必宁.2013.寄生疫霉*Phytophthora parasitica*侵染对岩溪晚芦果皮挥发性物质[J].中国南方果树，42（4）：5-11.

高恒锦，储春荣，王小柯，等.2016.宽皮柑橘野生和地方资源遗传多样性分析[J].中国南方果树，45（2）：1-9.

胡军华，刘荣萍，王雪莲，等.2015.不同柑橘属种质对柑橘褐斑病菌的抗性评价[J].园艺学报，（4）：672-680.

江东，曹立.2011.晚熟高糖杂柑品种"沃柑"在重庆的引种表现[J].中国南方果树，40（5）：33-34.

李俊丽，岳建苏，李晓娇，等.2012.不同柑橘种质资源对橘全爪螨抗性评价[J].果树学报，29（6）：1078-1082.

刘小丰，张军，朱世平，等.2013.不同金柑品种果皮精油含量与油胞密度及果实形态的关系[J].中国南方果树，42（4）：1-4.

雷天刚，何永睿*，彭爱红，等.2012.柑橘CAPS标记和AS-PCR引物的开发[J].园艺学报39（6）：1027-1034.

王雪莲，胡军华，姚廷山，等.2014.52份柑橘属种质对胶孢炭疽菌的抗性评价[J].中国南方果树，43（4）：1-4，23.

王志彬，申晚霞，朱世平，等.2015.柑橘CHS基因序列多态性及表达水平对类黄酮生物合成的影响[J].园艺学报，42（3）：435-444.

周娜，胡军华，姚廷山，等.2015.柑橘种质抗柑橘蒂腐病菌扩展能力的评价[J].园艺学报，（10）：1889-1898.

郑洁，江东，张耀海，等.2015.我国主要金柑品种果皮中挥发性成分比较.食品科学[J]，36（6）：145-150.

朱世平，陈娇，刘小丰，等.2014.15种柑橘砧木出苗期耐盐碱性评价[J].西南大学学报（自然科学版），36（6）：1-7.

Ding X B，Fan S J，Lu Yan，et al.2012. Citrus ichangensis Peel Extract Exhibits Anti-Metabolic Disorder Effects by the Inhibition of PPAR and LXR Signaling in High-Fat Diet-Induced C57BL/6 Mouse[J]. Evidence-Based Complementary and Alternative Medicine，（10）：10.

Zhu S P，Wang F H，Shen W X，et al. 2015. Genetic diversity of Poncirus and phylogenetic relationships with its relatives revealed by SSR and SNP/InDel markers[J]. Acta Physiologiae Plantarum，37（7）：141.

附表1 2011—2015年期间新收集入中期库或种质圃保存情况

填写单位：中国农业科学院柑橘研究所
联系人：江东

作物名称	目前保存总份数和总物种数（截至2015年12月30日）				2011—2015年期间新增收集保存份数和物种数			
	份数		物种数		份数		物种数	
	总计	其中国外引进	总计	其中国外引进	总计	其中国外引进	总计	其中国外引进
柑橘	1 430	508	80	27	218	31	15	1
合计	1 430	508	80	27	218	31	15	1

附表2 2011—2015年期间项目实施情况统计

一、收集与编目、保存

共收集作物（个）	1	共收集种质（份）	218
共收集国内种质（份）	188	共收集国外种质（份）	31
共收集种子种质（份）	0	共收集无性繁殖种质（份）	218
入中期库保存作物（个）	0	入中期库保存种质（份）	0
入长期库保存作物（个）	0	入长期库保存种质（份）	0
入圃保存作物（个）	1	入圃保存种质（份）	218
种子作物编目（个）	0	种子种质编目数（份）	0
种质圃保存作物编目（个）	1	种质圃保存作物编目种质（份）	200
长期库种子监测（份）	0		

二、鉴定评价

共鉴定作物（个）	1	共鉴定种质（份）	256
共抗病、抗逆精细鉴定作物（个）	1	共抗病、抗逆精细鉴定种质（个）	208
筛选优异种质（份）	25		

三、优异种质展示

展示作物数（个）	1	展示点（个）	2
共展示种质（份）	123	现场参观人数（人次）	245
现场预订材料（份次）			

四、种质资源繁殖与分发利用

共繁殖作物数（个）	1	共繁殖份数（份）	352
种子繁殖作物数（个）	1	种子繁殖份数（份）	45
无性繁殖作物数（个）	1	无性繁殖份数（份）	352
分发作物数（个）	1	分发种质（份次）	1 390
被利用育成品种数（个）	1	用种单位数/人数（个）	58/235

五、项目及产业等支撑情况

支持项目（课题）数（个）	45	支撑国家（省）产业技术体系	8
支撑国家奖（个）	0	支撑省部级奖（个）	1
支撑重要论文发表（篇）	19	支撑重要著作出版（部）	2

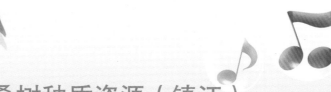

桑树种质资源（镇江）

刘　利　张　林　赵卫国　方荣俊　潘　刚

（中国农业科学院蚕业研究所，镇江，212018）

一、主要进展

1. 收集引进

"十二五"期间，通过组织小规模的考察队，对湖北省、云南省、黑龙江省、山西省、新疆维吾尔自治区、河北省、河南省、西藏自治区、山东省、贵州省等省区部分地区进行了桑树种质资源考察、收集，共收集各类资源189份。进一步充实了国家种质镇江桑树圃的种质数量与类型，丰富了遗传多样性，可为生产利用和育种利用提供更多的素材。

目前，国家种质镇江桑树圃共保存了收集于我国28个省区市及日本、泰国、印度、意大利、加拿大、德国等国家的野生资源、地方品种、选育品种、品系、遗传材料等各类桑树种质资源2 218份。保存的桑种质分属鲁桑、白桑、山桑、广东桑、瑞穗桑、鸡桑、长穗桑、长果桑、华桑、蒙桑、黑桑、暹罗桑、滇桑等13个桑种及鬼桑、垂枝桑、大叶桑等3个变种。保存种质类型及数量均居世界首位。

在近几年的资源收集工作中，重点加强了对古老地方品种及野生种的收集。在贵州省毕节市大方县考察到树高约30m、胸围8m的"贵州桑树王"（图1-A）。在河北省曲阳县考察到一份生长良好的巨型白桑（图1-B）。在河南省鲁山县发现了我国分布最北、纬度最高的华桑资源（图1-C）。在湖北省咸丰、神农架林区、南漳、大悟等地的考察中，收集4份树龄百年以上的资源，特别是神农架林区发现的一株支干胸围分别达到1.64m、2.2m、2.53m，树高约50m的高大华桑，是目前已发现存活的最大最古老的华桑植株（图1-D）。在黑龙江省杜尔伯特蒙古族自治县石人沟水产养殖场、齐齐哈尔市明月岛等地发现多处树龄百年以上古桑分布点。在山西省闻喜县石门乡考察到被称为"山西第一桑""华北第一桑""北方第一桑"的古桑资源（图1-E），该树身居群山环抱中，枝繁叶茂，但主干部已形成一个腐烂大空洞。在新疆发现了大批树龄在数百年以至千年以上的古桑资源（图1-F），广泛分布在昆仑山、天山山麓、山间盆地以及河谷地带，是我国桑树资源，特别是古桑资源分布最广，数量最多的地区。以林芝为中心，沿雅鲁藏布江流域，考察了朗县、米林、林芝、波密等县的桑树资源分布现状，考察发现，林芝地区的桑树资源丰富，有的零星分布，有的成片分布，有的成带分布。收集到各类桑树种质资源16份，其中，15份树干胸围都在3m以上。林芝镇帮纳乡的"世界古桑王"树干胸围达13.2米，树齿1600年以上，是目前国内已发现的最古老的桑树（图1-G）。

A.贵州大方县古桑，B.河北曲阳县古白桑，C.河南鲁山县古华桑，D.湖北神农架古华桑，E.山西闻喜县古桑，F.新疆鄯善县古白桑，G.西藏林芝千年古桑

图1 收集的古桑资源

2. 鉴定评价

开展了编目性状的鉴定评价，在对发条数、发条力、节距、叶形、叶长、叶幅、花性等编目性状鉴定评价的基础上，完成了248份桑树种质资源编目。除鉴定性状外，编目字段还包括种质名称、统一编号、圃编号、种名、种质类型等。目前，国家种质镇江桑树圃已完成2218份种质编目入圃。

3. 分发供种

近年来，随着我国城市化进程加快，城乡经济发生着很大的变化，农业产业结构调整不断深入，传统的栽桑养蚕业面临劳动力短缺，市场风险加大等问题。我国的蚕桑产业已进入多元化发展阶段，对桑种质的需求已从单一的叶用资源向果用资源、观赏用资源、生态用资源等多种用途转变。国家种质镇江桑树圃及时根据产业发展的需求，提供各类种质，满足不同用户的需要，为产业的转型与拓展提供了种质支撑。

随着蚕桑产业多元化战略的实施，果桑的利用与开发逐渐受到重视，国家种质镇江桑树圃针对产业发展的新需求，及时提供果桑种质资源在生产中利用，产生了较好的经济效益。为了进一步做好果桑种质资源的利用工作，2012年5月桑果成熟期，在扬中观测试验示范基地召开了一次果桑种质资源现场展示会，通过桑树种质资源圃图片展示、现场考察和桑果品鉴等向参会的蚕桑技术推广站、果蔬生产单位、桑苗培育户宣传各类果桑种质资源，促进优良果桑资源的生产应用，推动果桑产业的发展。现场展示的55份果用性状比较突出的种质资源，引进了参会代表的极大兴趣。来自江苏省、浙江省、陕西省、河北省等省50多位蚕桑技术推广站、蚕种公司、桑苗专业合作社、果蔬专业合作社的领导、专家和用户参加了现场展示会（图2）。

图2　果桑种质资源现场展示会

5年来，为53家各类用户提供86次种质提供服务，共提供各类种质481份1182份次。从提供利用种质的类型也可以看出蚕桑产业出现的变化（表）。果用资源大马牙、大10、大红袍、中椹1号、绿椹子等利用次数均在9次以上，特别是绿椹子和中椹1号达到18次，反映出果桑产业发展对各类果桑资源的需求呈现快速增长之势。而传统蚕桑产业则表现出对优质高产种质的需求,中国农业科学院蚕业研究所选育出的优良品种金10、育71-1、中桑9703得到高频次的利用。另外,生态观光产业发展对节曲、垂桑等特色种质的需求也呈现出增长态势。

表　利用频次较高的部分种质

种质名称	利用次数	种质名称	利用次数
大马牙	11	节曲	8
大10	11	金10	8
大白椹	9	绿椹子	18
大红袍	9	育71-1	11
红果2号	9	中椹1号	18
湖桑32号	10	中桑9703	18

4. 安全保存

严格按照《国家种质镇江桑树圃管理细则》实施资源圃的各项管理工作,定期开展资源生长情况以及病虫为害情况监测,并据此采取相应的技术措施,保障圃内资源健康生长,实现资源的妥善安全保存。繁殖更新是国家种质镇江桑树圃的一项重要日常工作,每年均对资源圃中树龄老化、病虫为害严重、长势弱、缺株多的资源进行繁殖。5年来,结合资源备份保存圃的建设,共完成了2526份种质繁育更新,已基本实现原资源圃内资源全部栽植入备份圃。

在种质树型养成过程中,结合不同种质特点及其耐剪代性能,分别采用低干、中高干树型和乔木型等多种形式(图3),实现各类种质的正常生长。

A.低干树型,B.中高干树型,C.乔木树型

图3　针对不同特性种质养成的各类树型

繁殖更新过程中，革新方法，建立了以室内嫁接垛式催芽为核心技术的高效育苗技术体系，大大提高了嫁接体的成苗率。该技术较原先的温床育苗法更简单，便于操作，同时适合大规模育苗（图4）。

图4　室内嫁接垛式催芽育苗法繁殖更新种质

二、主要成效

项目实施期间，国家种质镇江桑树圃积极为各类用户提供所需资源，提供的材料包括枝条、苗木、穗条、桑叶、种子、嫁接体等多种形式，满足了各类用户开展科研、进行教学、发展生产等不同需要。对于促进蚕桑产业的持续、稳定发展以及产业的转型升级发挥了应有的作用，经济效益和社会效益明显。

在支撑科研项目方面，为国家自然科学基金（81072985、81573529）、国家"十二五"科技支撑计划（2013BAD01B03）、农业部行业标准制定专项、江苏省重点研发计划、镇江市重点研发计划、企业研发项目等各类科研项目提供亲本种质、科研素材，保证了项目的顺利完成，取得显著成效。

在支撑国家产业技术体系方面，为国家蚕桑产业技术体系综合集成岗提供了25份种质资源，用于活性成分含量分析方法建立及金属组学研究；为中西部桑树栽培岗提供了2份种质资源，用于园区建设；为运城综合试验站柳林试验基地提供了40份不同类型的桑树种质资源，用于筛选适合当地黄土高原气候条件的品种，已初步选出几份比较适应当地条件、性状表现较好的资源；为红河综合试验站提供了24份不同类型的桑树种质资源，用于开展相关科学试验以及筛选适合当地气候条件的品种；为九江综合试验站提供了3份不同类型的桑树种质资源，用于开展相关科学试验以及园区建设；为苏北综合试验站、长沙综合试验站提供了18份不同类型的桑树种质资源，用于开展相关科学试验以及园区建设。

在服务产业转型升级方面，为多家公司提供果桑产业发展咨询、各类果桑种质、栽培技术培训等服务，产生了较好的经济效益。为浙江盛世田园蚕桑发展有限公司提供各类果用桑资源，在浙江省武义县建成了90亩的果桑示范园区，建成了400多亩高规格的果桑生产桑园（图5），培育了果用桑苗100余万株，产生直接经济效益200万元，并带动当地群众就业，社会效益显著。通过优异果桑资源示范园区的建设，对资源起到了很好的宣传推广作用。示范园区的建设在当地受到了业内人士的积极响应，还得到了媒体的连续报道，桑果成熟期，每天都有大量居民前来采摘。经过短短几年的发展，公司已成长为金华市农业产业化龙头企业，5—6月的桑果采摘已成为当地一道亮丽的风景。一方面为企业带来了效益，同时也宣传了果桑资源，也将会当地果桑产业的发展起到重要的推动作用。

图5　提供种质和服务，为浙江盛世田园蚕桑发展有限公司建成的园区

为重庆市盛田良品农业发展有限公司提供各类果用桑资源25份，先后8次派出科技人员赴公司，为公司提供产业发展咨询、基地建设规划咨询、栽培管理技术服务；为公司提供技术支撑，申请相关科技项目。在重庆市潼南县建成了90亩的果桑示范园区，建成了1 000多亩高规格的果桑生产桑园（图6），其中，300多亩已投产，产生直接经济效益200万元，并带动当地群众就业，社会效益显著。通过优异果桑资源示范园区的建设，对资源起到了很好的宣传推广作用。公司于2014年、2015年4—5月连续举办了两届桑葚节。桑葚节期间，自驾游客纷至沓来，景区景点人头攒动，桑园里到处洋溢着欢声笑语。不仅赚足了人气，其社会和经济效益也有"突出表现"。新华网、人民网、重庆市潼南区人民政府网、重庆蚕丝网等官方媒体均进行了报道。

图6　提供种质和服务，为重庆市盛田良品农业发展有限公司建成的园区及游客采摘情况

三、展望

本项目的实施，对于保证国家种质镇江桑树圃的正常运转，实现资源的安全保存，促进资源的有效利用，具有不可替代的作用，希望能长期稳定实施本项目。

随着现代蚕桑产业的转型升级和多元化发展，特别是随着桑树在饲料、食品、生态等领域的应用，桑树产业方兴未艾。从近几年的资源利用情况来看，也主要集中在以上领域。这就对桑树种质资源工作提出了更高的要求，需要拓展资源的收集渠道、增加种质的鉴定性状，对种质进行全面深入的鉴定评价。因此，鉴定所需仪器设备的添置、新性状鉴定技术的建立、评价指标体系的完善，将是今后一段时期的需要加强的重要工作。

附录：获奖成果、专利、著作及代表作品

专利

方荣俊，赵卫国，童伟，等. 桑树转基因毛状根的诱导及繁殖方法，专利号：ZL201210384738.3（批准时间：2014年4月）。

著作

刘利，张林，赵卫国，等. 2012. 农作物优异种质资源评价规范 桑树[M]. 北京：中国农业出版社.

主要代表作品

高丽丽，张林，刘利，等. 2011. 利用ISSR标记对93份广东桑桑树种质资源的遗传多样性分析[J]. 蚕业科学，37（6）：969-977.

黄满芬，王恒，方荣俊，等. 2014. 桑树肉桂酸-4-羟化酶基因（*MmC4H*）的克隆及在不同桑品种间的表达差异[J]. 蚕业科学，40（4）：592-600.

刘利，张林，李龙. 2011. 新疆维吾尔自治区桑树资源调查[J]. 丝绸，48（12）：61-65.

刘利，张林，程嘉翎，等. 2011. 西藏古桑资源考察[J]. 中国蚕业，32（2）：19-22.

潘宝华，潘刚，方荣俊，等. 2011. 桑树天冬酰胺合成酶基因的克隆与表达分析[J]. 蚕业科学，37（1）：1-8.

王琳，方荣俊，黄满芬，等. 2013. 利用组织培养技术繁育桑树无病毒苗的试验[J]. 蚕业科学，39（4）：643-649.

吴项丹萍，张林，潘一乐. 2011. 中国湖桑地方品种遗传多样性分析[J]. 安徽农业科学，39（2）：745-747，750.

张林，高丽丽，潘一乐，等. 2011. 基于ISSR标记的64份广东桑地方品种遗传关系分析[J]. 安徽农业科学，39（29）：17 769-17 772.

张林，陈俊百，黄勇，等. 2011. 基于ISSR标记初选格鲁桑类型桑树核心种质[J]. 蚕业科学，37（3）：380-388.

张林，陈俊百，黄勇，等. 2012. 山西省桑树地方品种遗传多样性的ISSR分析[J]. 江苏农业科学，40（2）：24-27.

周宏，潘宝华，王琳，等. 2012. 应用响应面法优化超声波辅助提取桑叶总黄酮的工艺条件[J]. 蚕业科学，38（4）：727-733.

Wang Heng, Liu Zhaoyue, Li Feng, et al. 2014. Molecular cloning of a dehydration-responsive protein gene （MRD22）from mulberry, and determination of abiotic stress patterns of MRD22 gene expression[J]. Russian Journal of Bioorganic Chemistry, 40（2）：185-192.

Wang Heng, Wei Tong, Li Feng, et al. 2014. De Novo Transcriptome Analysis of Mulberry（*Morus* L.）Under Drought Stress Using Illumina's Solexa Sequencing Technology[J]. Russian Journal of Bioorganic Chemistry, 40（4）：421-430.

附表1　2011—2015年期间新收集入中期库或种质圃保存情况

填写单位：中国农业科学院蚕业研究所
联系人：刘利

作物名称	目前保存总份数和总物种数（截至2015年12月30日）				2011—2015年期间新增收集保存份数和物种数			
	份数		物种数		份数		物种数	
	总计	其中国外引进	总计	其中国外引进	总计	其中国外引进	总计	其中国外引进
桑树	2 218	151	16	9	248	26	0	0
合计	2 218	151	16	9	248	26	0	0

附表2　2011—2015年期间项目实施情况统计

一、收集与编目、保存			
共收集作物（个）	1	共收集种质（份）	189
共收集国内种质（份）	189	共收集国外种质（份）	
共收集种子种质（份）		共收集无性繁殖种质（份）	189
入中期库保存作物（个）		入中期库保存种质（份）	
入长期库保存作物（个）		入长期库保存种质（份）	
入圃保存作物（个）	248	入圃保存种质（份）	248
种子作物编目（个）		种子种质编目数（份）	248
种质圃保存作物编目（个）	248	种质圃保存作物编目种质（份）	2 218
长期库种子监测（份）			
二、鉴定评价			
共鉴定作物（个）	1	共鉴定种质（份）	248
共抗病、抗逆精细鉴定作物（个）		共抗病、抗逆精细鉴定种质（个）	
筛选优异种质（份）			
三、优异种质展示			
展示作物数（个）	1	展示点（个）	1
共展示种质（份）	55	现场参观人数（人次）	50
现场预订材料（份次）			
四、种质资源繁殖与分发利用			
共繁殖作物数（个）	1	共繁殖份数（份）	2 526
种子繁殖作物数（个）		种子繁殖份数（份）	
无性繁殖作物数（个）	1	无性繁殖份数（份）	2 526
分发作物数（个）	1	分发种质（份次）	1 182
被利用育成品种数（个）		用种单位数/人数（个）	53
五、项目及产业等支撑情况			
支持项目（课题）数（个）	18	支撑国家（省）产业技术体系	1
支撑国家奖（个）		支撑省部级奖（个）	
支撑重要论文发表（篇）	20	支撑重要著作出版（部）	1

茶树种质资源（杭州）

陈　亮　马春雷　姚明哲　金基强　马建强　杨亚军

（中国农业科学院茶叶研究所，杭州，310008）

一、主要进展

1. 收集引进

"十二五"期间，国家种质杭州茶树圃收集保存来自浙江省、福建省、广东省、贵州省、江苏省、台湾地区、江西省等地的各类茶树种质资源共计203份，其中，野生资源18份、地方品种41份、选育品种（系）80份、遗传材料及突变体等其他类型资源64份（表1）。新收集的资源中包含多个具有特异性状的珍稀资源，如新梢白化资源"白玉2号"、新梢黄化资源"黄叶宝"和"中黄2号"、芽叶紫化资源"紫嫣"、枝条弯曲资源"龙曲1号"。这些资源的入圃保存，不仅丰富了我国茶树资源的类型，而且还蕴含着特殊的基因源，可以作为基因供体运用于育种和生产实践（图1、图2、图3、图4和图5）。截至2015年12月，国家种质杭州茶树圃已入圃保存资源共计2 150份（杭州主圃，未包括勐海分圃），包含了山茶属茶组植物所有的种与变种，即大厂茶（*Camellia tachangensis*）、厚轴茶（*C. crassicolumna*）、大理茶（*C. taliensis*）、秃房茶（*C. gymnogyna*）和茶（*C. sinensis*）5个种及白毛茶（*C. sinensis* var. *pubilimba*）、阿萨姆茶（*C. sinensis* var. *assamica*）2个变种。此外还保存了一些其他山茶属近缘植物。

表1　2011—2015年收集资源情况

年份	作物名称	种质份数（份）		物种数（个）	
		总计	国外引进	总计	国外引进
2011	茶树	20	0	3	0
2012	茶树	49	0	1	0
2013	茶树	20	0	1	0
2014	茶树	53	0	2	0
2015	茶树	61	0	2	0
	总计	203	0	3	0

图1 新收集的新梢白化资源——白玉2号

图2 新收集的新梢黄化资源——黄叶宝

图3 新收集的枝条弯曲
资源——龙曲1号

图4 新收集的芽叶紫化
资源——紫嫣

图5 新收集的新梢黄化
资源——中黄2号

2. 鉴定评价

"十二五"期间通过项目实施，完成了浙江省、湖北省、福建省、广东省、广西壮族自治区、云南省等地共201份资源的鉴定评价，发掘出茶氨酸含量高于3%的资源3份，分别为"恩施花枝茶"（5.19%）、"古兰茶"（4.64%）、"乐清青茶"（4.01%）；氨基酸含量高于5%的资源4份，分别为"安吉黄茶"（5.87%）、"越乡白茶"（6.24%）、"坟山1号"（5.95%）和"黄金2号"（5.69%）；咖啡碱含量低于1.5%的资源2份，分别为"广东可可茶"（0.13%）和"乳源柳坑1号"（1.38%）；儿茶素总量高于20%的资源2份，分别为"天娥燕来茶"（20.15%）和"下坝群体"（20.41%）；苦茶碱含量高于1.5%的资源2份，分别为"陇川2号"（1.57%）和"乳源柳坑1号"（3.6%）（图6、

图7、图8和图9）。另外，通过感官审评筛选到具有"柚花香""栗香""清花香""品
种香"等不同香型的优异资源12份。这些优异种质资源为今后茶树新品种的选育和开发提
供了重要的遗传材料。

图6　低咖啡碱资源——广东可可茶

图7　高茶氨酸资源——古兰茶

图8　高儿茶素资源——天娥燕来茶

图9　高氨基酸资源——安吉黄茶

此外，课题组从已鉴定的茶树资源中筛选了403份进行精细鉴定，结果表明这些资源
的春季儿茶素含量在56.6～231.9 mg/g，平均154.5 ± 18.1 mg/g，变异系数为11.7%（表
2），在研究的403份资源中有396份的儿茶素总量在120～200mg/g，并筛选出1份儿茶
素含量低于60 mg/g和3份高于200 mg/g的特异资源；初步分析表明，茶树3个变种间的
儿茶素组分和总量差异显著，茶（var. *sinensis*）的儿茶素总量要显著低于白毛茶（var.
pubilimba）和阿萨姆茶（var. *assamica*），其中，阿萨姆茶的EC（Epicatechin，EC）和
ECG（Epicatechin gallate，ECG）的含量最高，而白毛茶的GC（Gallocatechin，GC）、

C（Catechin，C）和GCG（Gallocatechin gallate，GCG）的含量最高，阿萨姆茶的儿茶素指数（Catechin index，CI）高于茶和白毛茶（表3）。因子分析表明，前2个因子主要受GC、C、GCG、CI和ECG等的影响，绝大多数茶、阿萨姆茶和白毛茶资源分别分属Ⅰ、Ⅱ和Ⅲ亚群（图10）。不同省份的资源儿茶素总量及其多样性差异明显，儿茶素总量有着从南向北下降的趋势，云南和广西壮族自治区的资源的多样性最高。

表2 403份茶树资源春季儿茶素的变异情况

Catechin	Min（mg/g）	Max（mg/g）	Median（mg/g）	Means ± SD（mg/g）	CV（%）	Kurtosis	Skewness	H''
GC	1.4	22.7	2.7	3.6 ± 3.0	81.9	13.3	3.4	1.32
EGC	2.1	39.4	15.6	16.1 ± 5.6	35.0	0.9	0.6	2.03
C	0.3	30.9	2.0	2.3 ± 2.0	87.9	135.9	10.4	1.31
EC	2.0	54.0	7.6	8.2 ± 3.7	45.7	56.7	5.3	1.86
EGCG	13.0	137.5	94.3	94.1 ± 14.6	15.6	3.3	-0.5	2.05
GCG	0.1	77.6	0.5	1.5 ± 4.7	323.6	169.4	11.3	1.36
ECG	3.2	72.8	27.6	28.9 ± 7.8	27.1	5.3	1.6	1.85
TC	56.6	231.9	153.3	154.5 ± 18.1	11.7	2.13	0.03	2.05

注：TC为儿茶素总量

表3 茶树不同变种间儿茶素含量（mg/g）

	茶（n = 320）	阿萨姆茶（n = 21）	白毛茶（n = 30）
GC	3.2 ± 2.3b[a]	3.4 ± 1.5b	7.7 ± 4.9a
EGC	16.6 ± 5.6a	17.0 ± 5.5a	12.4 ± 5.4b
C	2.0 ± 0.7c	2.7 ± 1.1b	3.3 ± 1.3a
EC	7.9 ± 2.3b	10.6 ± 3.9a	6.3 ± 3.9c
EGCG	94.6 ± 12.6ab	90.7 ± 18.0b	99.5 ± 15.4a
GCG	0.9 ± 2.2b	0.6 ± 1.1b	5.7 ± 5.3a
ECG	28.0 ± 6.7b	37.8 ± 10.2a	29.9 ± 9.3b
TC	152.9 ± 16.2b	162.8 ± 22.3a	165.1 ± 21.3a
CI	0.35 ± 0.16b	0.50 ± 0.16a	0.36 ± 0.17b

注：CI为儿茶素指数 [（EC + ECG）/（EGC + EGCG）]

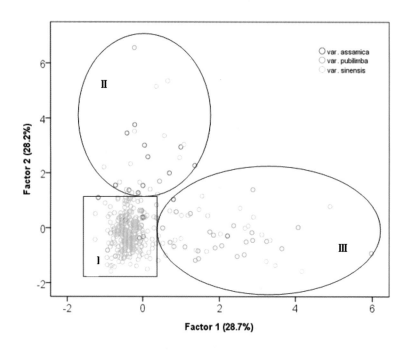

图10 基于因子分析的前2个因子对不同茶树资源的分类

3. 分发供种

"十二五"期间，课题组根据用户需要，共向37家科研机构和茶叶企业的62人提供了资源苗木、种子、鲜叶、插穗、DNA等样品1 131份次，服务范围涉及浙江省、湖北省、安徽省、贵州省等主要产茶省份，提供的各类茶树资源主要被用于基因组学、代谢组学研究、以及遗传育种、茶叶加工和新产品开发等领域，为茶叶生产和基础科研提供了有力支撑（表4）；同时也为国家茶叶产业技术体系、国家科技支撑计划、国家和浙江省自然科学基金等几十个国家级、省部级科研项目提供了必要的研究材料，保障了这些项目的顺利实施。

表4 2011—2015年资源提供利用总体情况

年度	作物	份数（次）	用种单位数	用种人数
2011	茶树	203	4	4
2012	茶树	289	6	11
2013	茶树	296	9	17
2014	茶树	166	6	12
2015	茶树	177	12	18
	总计	1 131	37	62

4. 安全保存

项目组根据茶树的生长特性，每年对资源圃进行两次定型修剪，并于每年的3月、5

月、10月定时施追肥和基肥，同时不定时进行茶树病虫害防治及茶园除草。另外，项目组每年年初通过对圃内资源进行全面的生长势调查，提前确定繁殖更新名单，通过台刈、深修剪和扦插扩繁等栽培措施更新复壮老化和衰弱的茶树资源，在项目组的精心管理下，"十二五"期间资源圃内20年以上树龄的资源80%都进行了更新，树龄10年以上的资源全部都得到了复壮，目前圃内资源长势良好，所有珍稀资源都得到了安全保存。

二、主要成效

重点介绍分发提供资源的利用成效。

典型案例一：高产优质茶树新品种选育

茶树育种工作者在资源圃提供的优异资源基础上，通过系统选种，已先后选育出了"中茶111""中茶125"和"中茶251"等多个高产优质的茶树新品种，其中，"中茶111"于2014年3月通过了全国农技中心组织的茶树新品种鉴定，成为了国家级茶树良种；"中茶125"和"中茶251"也分别获得了植物新品种权。这些良种具有春茶萌发早、产量高、适制名优绿茶等特点，有望成为长江中下游地区的主要推广品种。

国家级茶树新品种"中茶111"：以"云桂大叶"的优选单株为材料，通过系统选育获得新品种"中茶111"（图11）。该品种呈灌木型，树姿半开张，生长势强，中叶类；中生种，春茶一芽一叶期与对照福鼎大白茶基本一致；芽叶粗壮，茸毛少，鲜叶产量比对照平均高20%，制烘青绿茶感官品质明显优于对照。

图11　国家级茶树新品种"中茶111"

优质绿茶新品种"中茶125"：以重庆巫溪地方品种"蒲莲桐元"为母本，"龙井43"为父本，从F1子代中经过多年的单株筛选，选育出新品种"中茶125"。该品种发芽极早、制绿茶品种优异，已获植物新品种权。

低咖啡碱新品种"中茶251"：以引进的特异资源"枕CM22"为母本，采用开放授粉获得杂交种子，再从后代中经过多年的单株筛选，选育出新品种"中茶251"。该品种发芽早、品质优，属于低咖啡碱特异品种，目前已获植物新品种权。

典型案例二：纳雍县姑箐古茶树资源保护与开发利用

纳雍县是贵州的老茶区，品种资源丰富，当地气候温暖湿润，生态条件优越，茶树均生长在海拔1600m左右的高山，是名副其实的"高山有机茶"。近年来随着喝茶养生理念的兴起，"纳雍古茶树"逐渐被世人知晓，不少村民为了多采摘茶叶换取生活物资，掠夺式地采摘古茶树，使古茶树资源面临严重破坏的危险。为此，纳雍县政府与国家种质杭州茶树圃合作，在资源圃专家的指导下开展姑箐古茶树资源的生态环境、生物学特性与农艺性状等调查，并对古茶树的土壤、茶叶相关理化指标、品质等进行分析，积极推进古茶树的管理、复壮、繁育等工作。目前已建成了30多亩的古茶树扦插苗圃基地，扦插技术成活率达到75%以上，预计未来几年将会有几十万株古茶树树苗可供移栽（图12）。

图12　专家田间指导古茶树资源的扦插扩繁

典型案例三：茶树高密度遗传图谱构建及重要性状QTL定位

茶树科研工作者利用资源圃提供的种质资源"迎霜"和"北跃单株"构建了首张茶树高密度遗传图谱（图13）。该图谱是目前标记密度最高的茶树遗传图谱，共有15个连锁群，与茶树染色体对数一致，包含6 448个标记，其中，SSR标记406个，SNP标记6 042个，标记在图谱上基本呈均匀分布；覆盖基因组长度3 965 cM，平均图距1 cM；相邻标记间距99.2%不超过5 cM；偏分离标记共1 631个，集中分布在特定的连锁群区域。通过对F1分离群体进行多年的表型试验，观测物候期、芽叶大小、儿茶素组分和嘌呤生物碱含量等性状，利用连锁作图方法，首次鉴定出一批茶树重要性状QTL，包括儿茶素组分含量QTL

25个，咖啡碱和可可碱含量QTL各2个，物候期QTL 4个，一芽二叶长、叶长和叶宽QTL各1个。年度间定位结果比较表明，儿茶素组分、咖啡碱含量和物候期性状都受到1个稳定的主效QTL控制（图14）。相关研究结果发表在院选SCI期刊PLoS ONE（2014，9（3）：e93131；2015，10（6）：e0128798）。

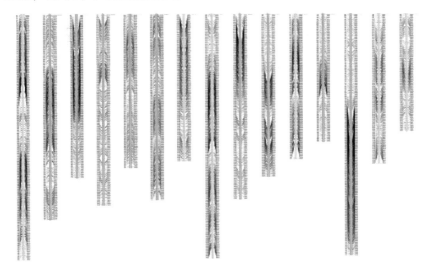

图13　茶树高密度遗传图谱

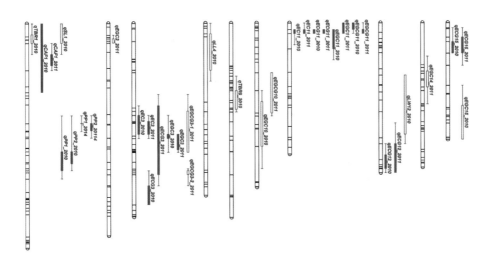

图14　茶树重要性状QTL分布

三、展望

针对本作物种质资源（中期库或种质圃）存在问题，提出相关建议与展望。问题要具体，建议和展望要有针对性。

对现有资源的认识还有待深入，特别是抗性数据缺乏制约了资源的进一步利用。应深入开展资源的系统鉴定评价，发掘优异的抗逆种质，充实茶树种质资源数据库，并适时在表型鉴定的基础上，开展基因型水平上的茶树资源鉴定研究。

资源圃中野生资源和国外品种有限，应针对主要的产茶国和国内野生资源生长地，系统地开展野生濒危资源的收集和国外资源的引进工作，尽量多地保存茶树资源的遗传多样性。

附录：获奖成果、专利、著作及代表作品

获奖成果

1. 茶树优异种质发掘与新品种选育及高效栽培技术示范推广，获2015年安徽省科学技术二等奖。
2. 茶树种质资源收集保存、鉴定评价体系建立与应用，获2011年中国农业科学院科学技术成果二等奖。
3. 无性繁殖作物种质资源收集、标准化整理、共享与利用，获2011年浙江省科学技术二等奖。

专利

1. 姚明哲，陈亮，马春雷，等. 低咖啡碱绿茶制备方法、低咖啡碱绿茶及其茶制品，专利号：201210228536.X（批准时间：2014年12月）。
2. 姚明哲，陈亮，马春雷，等. 新型茶组植物杂交袋，专利号：201220319291.7（批准时间：2013年2月）。
3. 马春雷，陈亮，姚明哲，等. 一种茶树种子保存装置，专利号：201420227009.1（批准时间：2014年9月）。
4. 马春雷，陈亮，姚明哲，等. 一种易移栽的茶树穗条扦插装置，专利号：201420228498.2（批准时间：2014年11月）。

著作

Chen L，Apostolides Z，Chen ZM. 2012. Global Tea Breeding：Achievements，Challenges and Perspectives. Zhejiang University Press-Springer.

陈亮，姚明哲，王新超，等. 2011. 农作物优异种质资源评价规范——茶树（NY/T 2031—2011）. 农业行业标准.

陈亮，虞富莲，王新超，等. 2011. 茶树短穗扦插技术规程（NY/T 2019—2011）. 农业行业标准.

主要代表作品

金基强，周晨阳，马春雷，等. 2014. 我国代表性茶树种质嘌呤生物碱的鉴定[J]. 植物遗传资源学报，15（2）：279-285.

周炎花，乔小燕，马春雷，等. 2011. 广西地方茶树品种遗传多样性与遗传结构的EST-SSR分析[J]. 林业科学，47（3）：59-67.

Jin J Q，Ma J Q，Ma C L，et al. 2014，Determination of catechin content in representative Chinese tea germplasms[J]. Journal of Agricultural and Food Chemistry，62：9436-9441.

Yao M Z，Ma C L，Qao T T，et al. 2012. Diversity distribution and population structure of tea germplasms in China revealed by EST-SSR markers[J]. Tree Genetics and Genomes，8：205-220.

Ma J Q，Yao M Z，Ma C L，et al. 2014. Construction of a SSR-based genetic map and identification of QTLs for catechins content in tea plant（*Camellia sinensis*）［J］. PLoS ONE，9（3）：e93131.

附表1　2011—2015年期间新收集入中期库或种质圃保存情况

填写单位：中国农业科学院茶叶研究所

联系人：马春雷

作物名称	目前保存总份数和总物种数（截至2015年12月30日）				2011—2015年期间新增收集保存份数和物种数			
	份数		物种数		份数		物种数	
	总计	其中国外引进	总计	其中国外引进	总计	其中国外引进	总计	其中国外引进
茶树	2 150	103	7	103	203	0	3	0
合计	2 150	103	7	103	203	0	3	0

附表2　2011—2015年期间项目实施情况统计

一、收集与编目、保存			
共收集作物（个）	1	共收集种质（份）	203
共收集国内种质（份）	203	共收集国外种质（份）	0
共收集种子种质（份）	0	共收集无性繁殖种质（份）	203
入中期库保存作物（个）	—	入中期库保存种质（份）	—
入长期库保存作物（个）	—	入长期库保存种质（份）	—
入圃保存作物（个）	1	入圃保存种质（份）	203
种子作物编目（个）	—	种子种质编目数（份）	—
种质圃保存作物编目（个）	1	种质圃保存作物编目种质（份）	213
长期库种子监测（份）	—		
二、鉴定评价			
共鉴定作物（个）	1	共鉴定种质（份）	201
共抗病、抗逆精细鉴定作物（个）	0	共抗病、抗逆精细鉴定种质（个）	0
筛选优异种质（份）	71		
三、优异种质展示			
展示作物数（个）	—	展示点（个）	—
共展示种质（份）	—	现场参观人数（人次）	—
现场预订材料（份次）	—		
四、种质资源繁殖与分发利用			
共繁殖作物数（个）	1	共繁殖份数（份）	272
种子繁殖作物数（个）	—	种子繁殖份数（份）	—
无性繁殖作物数（个）	1	无性繁殖份数（份）	272
分发作物数（个）	1	分发种质（份次）	1 131
被利用育成品种数（个）	3	用种单位数/人数（个）	37/62
五、项目及产业等支撑情况			
支持项目（课题）数（个）	53	支撑国家（省）产业技术体系	茶产业技术体系
支撑国家奖（个）	0	支撑省部级奖（个）	3
支撑重要论文发表（篇）	38	支撑重要著作出版（部）	1

李杏种质资源（熊岳）

刘　宁　刘威生　章秋平　刘　硕　徐　铭　张玉萍

郁香荷　张同喜　孙　猛　赵　锋

（辽宁省果树科学研究所，熊岳，115009）

一、主要进展

1. 资源收集引进

截至2015年12月底，李、杏种质资源编目上报1 847份，其中，李876份、杏971份；在编目上报资源中，国家果树种质熊岳李杏圃共保存1 489份，其中，李690份、杏799份，包含10个物种（不含亚种）李、10个物种（不含亚种）杏。本圃保存李、杏种质资源份数及多样性均居世界第一位。

"十二五"期间，结合李杏种质资源圃保存资源现状有目标地开展地方种质资源和不同野生资源类型的收集。通过近5年的资源收集，李、杏资源圃保存资源总份数由原来的1 356份增加到现在的1 520份，共增加了164份资源。其中，补充收集西南地区地方优良资源12份；增加不同野生辽杏（*Prunus mandshurica*）类型10份；新增新种1个——乌荆子李（*P. insititia*）。在新收集的国外引进资源中，有高糖低酸的中亚生态品种群种质，如"Haci Haliloğlu"（糖/酸比：120）和"Kabaasi"（糖/酸比：86）；有抗PPV优良种质"SEO"（高抗）和"Harcot"（中抗）（图1和图2）。

图1　兴凯湖野生辽杏生境状况考察　　　　图2　国外引进乌荆子李种子的成苗情况

2.资源鉴定评价

"十二五"期间，新鉴定评价324份李、杏资源的主要农艺性状，补充完善了编目种质主要农艺性状的数据库。在此基础上，结合分子标记技术构建出普通杏和李种质资源的核心种质，为种质资源的有效管理、科学评价奠定了基础（图3、图4和图5）。

果实糖酸含量以及组成比例是影响李杏果实品质的重要因素之一。在果实糖酸组分的标准化检测基础上，获得一批糖酸组分含量特异的李、杏种质资源，这些重要信息为李、杏育种的亲本选配与种质资源深入研究奠定了基础。例如，中国李（P. salicina L.）中的"矮甜李""吉红""绥李3号""海城苹果李"和"银川玉皇李"等高糖低酸品种已经在东北抗寒李育种中得到广泛利用，使东北寒地栽培李的品质得到明显提高。通过果实香气组分的检测，筛选出一批具有果香型、花香型、清香型和草香型的特异李资源。

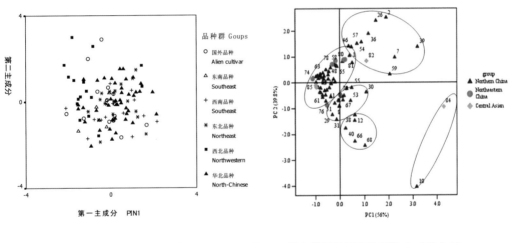

图3　普通杏核心种质分布图　　　图4　72份杏种质的香气物质的主成分分析

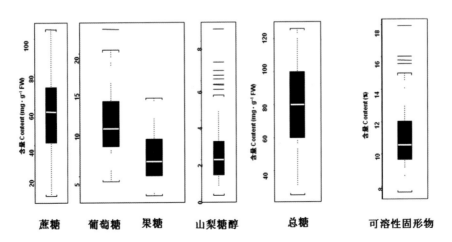

图5　91份杏种质果实主要可溶性糖组分的含量变化范围

利用分子标记技术，对杏种质资源的多样性和亲缘关系进行鉴定评价，提出了分子标记客观评价种质资源多样性的方法（图6）；寻找到了大扁杏为普通杏和山杏的种间杂交分子证据；发现黄河中上游地区是普通杏的多样性中心，而西南、山东省及辽南丘陵地区的种质资源具有独特的血缘，从而推测黄河中上游地区是普通杏的原始起源中心，而不是以前普遍认为的天山伊犁河谷地区。

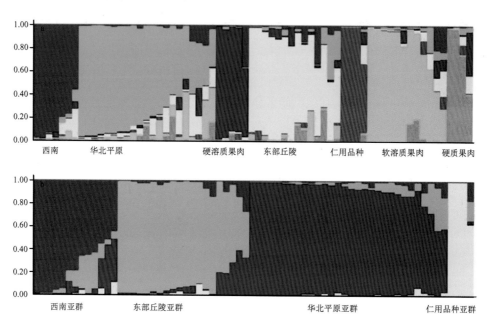

图6　华北普通杏种质的群体遗传结构（a，K=7；b，K=4）

3. 资源分发利用

"十二五"期间，向吉林省农业科学院果树研究所、黑龙江省农业科学院牡丹江分院、黑龙江省农业科学院浆果研究所、河北省石家庄果树研究所、中国科学研究院南京植物研究所、中国经济林研究中心、中国农业科学院郑州果树研究所、华南农业大学、新疆农业大学、河北农业大学、陕西省西安市杏果研究所、山西省果树研究所、山西省应县农委、山东省泰山林科院泰山植物园、大连庄河市果业管理局、丹东东港大孤山果园管理委员会、新疆奇台林业局、鞍山聚龙有限公司、沈阳太阳能公司、沈阳市人大代表培训中心、法库林场、贵州省园艺研究所等30余家等科研、教学、生产等单位分发种质资源247份、1166份次。

在田间展示方面，通过露地、设施栽培对12份优良李、杏种质资源进行了展示，其中，李品种分别为：幸运李、蜜橘李、黑霸李、安哥诺李、秋姬李、理查德早生李；杏品种分别为：莫帕克杏、金太阳杏、仰韶黄杏、沙地沟杏、歇马杏、孤山大杏梅。通过优良种质资源的分发利用和田间展示，推动了李杏产业的发展，并带动了相关产业（图7、图8、图9和图10）。例如：蜜橘李、幸运李和黑霸李都是设施栽培的优良品种，其在设施栽培中的应用，不仅扩大了上述品种的适栽区域，同时提高了品种的亩效益，市场售价均在14～30元/kg。按亩产1 500kg计算，亩产值为2.1万～4.5万元，是经济价值高、深受栽培者青睐的有发展前途的李优良品种，带动了地方经济的发展。

图7　"幸运"李设施结果状

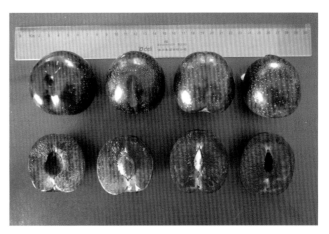

图8　"蜜橘"李成熟果实性状

图9　"莫帕克"杏设施结果状

图10　春季幼苗嫁接繁殖更新

4. 资源安全保存

为了保证资源圃内种质的安全保存，对圃内长势衰弱的资源以及保存数量不多的新引进材料及时进行繁殖更新。"十二五"期间，共繁殖更新李、杏资源570份次，其中，李277份次，杏293份次。通过对保存种质的不断复壮更新，延缓了因生长环境变化等因素而造成的种质流失现象，使资源圃植株的整齐度得到了明显改善，并确保了种质资源圃的供种能力。另外，随着南方资源和欧洲资源份数的不断增加，许多资源在露地表现出不抗寒性、不能正常越冬的现象。为此，加强了这些资源的设施内保存手段，以确保种质正常安全保存。

为了确保种质资源圃的安全运行管理，结合本单位的试验区综合改造项目，在种质保存圃周边及重要通道处共安装12个摄像头，有效地防止了重要资源的果实丢失问题，保证了种质资源鉴定评价的顺利开展。

二、主要成效

通过分发种质资源及开发利用，提升了我国李、杏育种的速度，对加大李杏产业的发展起到了积极的推动作用，支撑了农业部公益性行业（农业）科研专项、科技支撑计划和国家自然科学基金等项目的顺利实施，并选育出适合各地栽培的鲜食品种及绿化树种。这些新品种，在生产推广中获得了显著地经济、社会及生态效益。

1. 辽宁省果树科学研究所杏育种取得明显成效

一般地讲，我国地方品种杏具有鲜食品质佳、适应性强，但外观差、不耐贮运的特点。尽管国外引进品种外观好、耐贮运，但鲜食品质欠佳、风土适应性较差的特点。结合多年的杏种质资源鉴定评价工作，刘威生等提出我国杏品种改良的路径，即利用地方优质、适应性广、抗病性强的品种与国外引进的外观美、耐贮运品种杂交，选育优质、耐贮、高抗的杏新品种（简称"W+E"模式）。在此思路的指导下，国家果树种质熊岳李杏圃主要利用国外引进的的外观好、耐贮运品种与国内优质、适应性强的地方优良品种进行杂交，先后选育出"国强""国丰""国富"和"国之鲜"等一系列杏新品种（图11和图12）。

 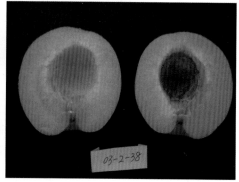

图11 "国之鲜"杏结果状　　　　图12 "国之鲜"杏果实切面状

2. 东北寒地李育种成效显著

我国东北地区冬季严寒、作物生长季节短，适于露地种植的水果较少。耐寒性强的地方李品种一直被黑龙江省和吉林省两省的果农大量种植，市场远销俄罗斯。黑龙江省农业科学院园艺所利用国家果树种质熊岳李杏圃提供的优良李品种"福摩萨李"（LC076）的花粉与当地抗寒的李资源"吉林黄干核"（LC057）杂交，于2013年选育出新品种 "龙园早桃李"； 黑龙江省农业科学院浆果所则利用国家果树种质熊岳李杏圃的 "月光李"（LC084）花粉与"绥李3号"（LC043）杂交选育出新品种"绥李5号"（图13和图14）。这两个品种为改善寒冷地区鲜食李市场的品种结构，有效地促进了寒地果树产业的发展。

图13 "龙园早桃李"结果状　　　　图14 "绥李5号"李结果状

3. "紫叶李"为寒地园林绿化增加色彩

长春市农业科学院和吉林省农业科学院利用国家果树种质熊岳李杏圃提供的珍稀樱桃李资源"好莱乌李"（LC230，紫叶）与中国李地方品种"孔雀蛋实生"（LC112）杂交，选育出抗寒红叶李 "长春彩叶李"和"北国红"（图15和图16）。这两个品种是利用樱桃李（*P. cerasifera* Enrh.）与中国李（*P. salicina* Lindl.）种间杂交选育出抗寒的红色的观赏性强的绿化树种，它填补了我国寒冷地区彩叶乔木树种的空白，为寒冷地区城市绿化、美化环境发挥了独特的作用。目前，已在我国北部寒冷地区黑龙江省、吉林省、辽宁省、河北省、内蒙古自治区、新疆维吾尔自治区等地园林绿化中广泛应用，并获得了20亿~30亿元的经济效益。

图15 "北国红"　　　　　　　　图16 "长春彩叶李"

三、展望

尽管我国杏种质资源丰富，但与国外李、杏资源的保存与利用相比，我们还需要从以下几个方面进行更多的工作。

1. 继续加强特异资源、野生资源的收集保存力度

我国是中国李、普通杏的原始起源中心。据文献记载，我国杏资源的地方品种约有3 000多份，而目前全国各圃总保存的编目杏资源不足1 000份。随着人类活动范围的不断扩张，野生果林的原始生境受到不断破坏。因此，搜集保存地方品种资源和不同类型的野生资源还需要继续加强。

2. 加强抗性资源/基因评价与利用，重视复杂性状的解析

目前，国内外学者均认为中国杏资源中存在着丰富的抗性资源，但由于抗性鉴定方法烦琐、成本较高和重复性差等原因，国内很少进行系统地鉴定评价。例如，PPV病毒（李痘病毒），俗称Sharka。它能影响杏、桃、李树生长，严重情况下会导致落果，可造成80%~100%减产。国外不仅对此病毒的抗性表型和基因进行了深入鉴定，而且也通过杂交育种使该抗源基因渗透到选育的新品种中。然而，国内杏育种者却对抗性育种知之甚少。

另外，符合生产需求的良种缺乏、花期晚霜危害、加工技术落后、产品质量差等问题一直制约着杏、李产业发展。大多数经济性状、重要农艺性状（如开花期等性状）是典型的数量性状，受多个基因和环境因素共同影响，很难进行精确评价。这就需要我们从发育生理等角度，先将复杂性状分解为多个生理性状或指标，再进行精细评价。

3. 观注特异资源，开展特色种质创新

在丰富的李、杏资源中，不乏具有观赏和园林绿化的资源。然而，由于这些资源存在着或多或少的缺陷，一直只能作为特异资源保存在资源圃内而不得到有效开发利用。因此，对于这些特异资源的改良将是加快种质资源挖掘利用的一个有效途径。

附录：获奖成果、专利、著作及代表作品

主要代表作品

郁香荷，章秋平，刘威生，等. 2011. 中国李种质资源形态性状和农艺性状的遗传多样性分析[J]. 植物遗传资源学报，12（3）：402-407.

张玉萍，刘宁，刘威生，等. 2011. 不同隔离袋对杏种质资源自花坐果率的影响[J]. 安徽农业科学，39（7）：3 863-3 866.

章秋平，刘威生，郁香荷，等. 2011. 基于优化LDSS法的中国李（*Prunus salicina*）初级核心种质构建[J].

果树学报，28（4）：617-623.

章秋平，刘冬成，刘威生，等.2013.华北生态群普通杏遗传多样性与群体结构分析[J].中国农业科学，46（1）：89-98.

章秋平，刘威生，郁香荷，等.2015.杏遗传多样性评价所需SSR等位变异数目估计[J].果树学报，32（2）：186-191.

章秋平，刘威生，郁香荷，等.2015.基于形态性状的仁用杏种质资源分类研究[J].果树学报，32（3）：385-392.

赵海娟，刘威生，刘宁，等.2013.普通杏（Armeniaca vulgaris）种质资源果实主要数量性状变异及概率分级[J].果树学报，30（01）：37-42.

赵海娟，刘威生，刘宁，等.2014.普通杏（Prunus armeniaca）种质资源数量性状的遗传多样性分析[J].果树学报，31（1）：20-29.

Cai Q Q，Wu B H，Liu W H，et al. 2012. Volatiles of plums evaluated by HS-SPME with GC-MS at the germplasm level[J]. Food Chemistry，130：432-440.

Liu W H，Liu N，Zhang Y P，et al. 2012. Kernel-Using Apricot Resources and Its Utilization[J]. Acta Hort，966：189-191.

Zhang Q P，Liu D C，Liu S，et al. 2014. Genetic diversity and relationships of common apricot（Prunus armeniaca L.）in China based on simple sequence repeat（SSR）markers[J]. Genetic Resources and Crop Evolution，61：357-368.

Zhang H H，Liu W S，Fang J B，et al. 2014. Volatile Profiles of Apricot Cultivars（Prunus armeniaca L.）Evaluated by Head Space Solid Phase Microextraction Gas Chromatography Mass Spectrometry[J]. Analytical Letters，47（3）：433-452.

附表1　2011—2015年期间新收集入中期库或种质圃保存情况

填写单位：辽宁省果树科学研究所

联系人：刘宁

作物名称	目前保存总份数和总物种数（截至2015年12月30日）				2011—2015年期间新增收集保存份数和物种数			
	份数		物种数		份数		物种数	
	总计	其中国外引进	总计	其中国外引进	总计	其中国外引进	总计	其中国外引进
杏	821	89	10	2	98	32	1	1
李	699	170	10	2	66	1	1	1
合计	1 520	259	20	4	164	33	2	2

附表2　2011—2015年期间项目实施情况统计

一、收集与编目、保存			
共收集作物（个）	2	共收集种质（份）	201
共收集国内种质（份）	163	共收集国外种质（份）	38
共收集种子种质（份）		共收集无性繁殖种质（份）	
入中期库保存作物（个）		入中期库保存种质（份）	
入长期库保存作物（个）		入长期库保存种质（份）	
入圃保存作物（个）	2	入圃保存种质（份）	164
种子作物编目（个）		种子种质编目数（份）	
种质圃保存作物编目（个）	2	种质圃保存作物编目种质（份）	176
长期库种子监测（份）			
二、鉴定评价			
共鉴定作物（个）	2	共鉴定种质（份）	324
共抗病、抗逆精细鉴定作物（个）		共抗病、抗逆精细鉴定种质（个）	
筛选优异种质（份）	6		
三、优异种质展示			
展示作物数（个）	2	展示点（个）	9
共展示种质（份）	12	现场参观人数（人次）	1 160
现场预订材料（份次）	55		
四、种质资源繁殖与分发利用			
共繁殖作物数（个）	2	共繁殖份数（份）	570
种子繁殖作物数（个）		种子繁殖份数（份）	
无性繁殖作物数（个）	2	无性繁殖份数（份）	570
分发作物数（个）	2	分发种质（份次）	1 166
被利用育成品种数（个）	5	用种单位数/人数（个）	17/100
五、项目及产业等支撑情况			
支持项目（课题）数（个）	7	支撑国家（省）产业技术体系	0
支撑国家奖（个）	0	支撑省部级奖（个）	0
支撑重要论文发表（篇）	12	支撑重要著作出版（部）	0

野生棉种质资源（三亚）

刘　方　周忠丽　王坤波　王春英　王玉红　蔡小彦　王星星　张振梅

（中国农业科学院棉花研究所，安阳，455000）

一、主要进展

2011—2015年，本课题先后深入美国夏威夷、澳大利亚金伯利地区、巴西东北部、厄瓜多尔加勒帕戈斯群岛等野生棉起源地，野外考察收集原生境野生棉资源。先后考察收集收集引进各种棉花资源共76份次。主要包括考察收集到夏威夷毛棉资源36份，海岛棉11份，陆地棉2份，桐棉等近缘植物7份；考察收集到澳大利亚K基因组野生棉资源材料9份；考察收集到巴西半野生棉资源4份；考察收集到厄瓜多尔达尔文氏棉15份，海岛棉3份，克劳茨基棉1份。"十二五"期间新收集入野生棉种质圃共76份材料，包括了毛棉、达尔文氏棉、半野生棉、海岛棉、陆地棉等四倍体以及克劳茨基棉、园叶棉、杨叶棉、稀毛棉等二倍体棉种。

"十二五"期间先后对450份陆地棉野生种系茎色、主茎茸毛、叶片形状及大小、叶茸毛、花形、花冠大小及颜色、花药色、花丝色、花柱高度、花瓣基斑大小、苞外蜜腺及其株高、果枝数、铃数、果枝始节等37个性状进行了调查鉴定鉴定，对22份毛棉的茎色、主茎茸毛、叶片形状、叶茸毛、花冠颜色、花药色、花柱高度、苞外蜜腺等表型农艺性状进行鉴定评价。

2011—2015年，先后向国内科研院所、高校、企业或个人发放野生及特色种质资源1661份次。维护野生棉圃种质资源的正常生长和发育；5年来，采用实生苗、嫁接、扦插等手段，先后繁殖更新复壮野生棉资源609份，保证了野生棉种质资源健康安全保存。

二、主要成效

"十二五"期间，野生棉圃先后向国内外单位和个人提供资源材料1600余份次，提供的资源材料主要用于研究生论文、基础理论研究、远缘杂交、新材料创造等。棉花野生资源难以直接解决生产上的重大问题或产生重大经济效益，但作为基本实验素材，在基础理论研究上发挥着至关重要的作用。关于棉花的起源与分化，学术界一直存在争论。如现有棉种基因组的起源，棉属四倍体种的供体基因组，二倍体D组的祖先种等问题，目前研究尚无定论，因而一直是棉花基础理论研究的热点。要取得突破性进展，确定各棉种在遗传进化中的地位，首先依赖于基本实验素材的获得。野生棉圃将保存野生与特色棉花资源无偿提供给国内科研及生产单位或个人，北京大学、中国农业大学、华中农业大学、南京农业大学等先后在棉花起源进化方面取得阶段性或突破性进展。

1. **典型案例一**

二倍体基因组雷蒙德氏棉的提供和基因组测序的完成，促进了棉花基础研究理论重大突破，开创了棉花基础研究真正走进基因组时代（图1）。野生种雷蒙德氏棉是公认的栽培棉花的D组祖先，中国农业科学院棉花研究所、华大基因研究院和北京大学利用野生棉圃提供的雷蒙德氏棉（*Gossypium raimondii*），进行全基因组测序，国际上首次联合绘制了棉花二倍体供体种D基因组草图。通过系统进化分析，揭示棉花以及可可有可能是唯一具有棉酚生物合成CDN1基因家族的植物物种。相关论文“The draft genome of a diploid cotton *Gossypium raimondii*”发表在Nature Genetics上[2012，44（10）：1098-1104]。

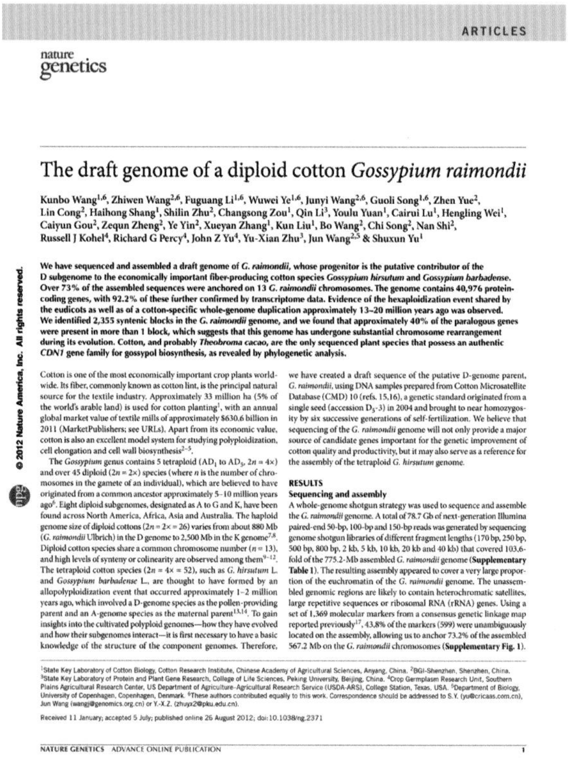
ARTICLES

nature genetics

The draft genome of a diploid cotton *Gossypium raimondii*

Kunbo Wang[1,6], Zhiwen Wang[2,6], Fuguang Li[1,6], Wuwei Ye[1,6], Junyi Wang[2,6], Guoli Song[1,6], Zhen Yue[2], Lin Cong[2], Haihong Shang[1], Shilin Zhu[2], Changsong Zou[1], Qin Li[3], Youlu Yuan[1], Cairui Lu[1], Hengling Wei[1], Caiyun Gou[2], Zequn Zheng[2], Ye Yin[2], Xueyan Zhang[1], Kun Liu[1], Bo Wang[2], Chi Song[2], Nan Shi[2], Russell J Kohel[4], Richard G Percy[4], John Z Yu[4], Yu-Xian Zhu[3], Jun Wang[2,5] & Shuxun Yu[1]

We have sequenced and assembled a draft genome of *G. raimondii*, whose progenitor is the putative contributor of the D subgenome to the economically important fiber-producing cotton species *Gossypium hirsutum* and *Gossypium barbadense*. Over 73% of the assembled sequences were anchored on 13 *G. raimondii* chromosomes. The genome contains 40,976 protein-coding genes, with 92.2% of these further confirmed by transcriptome data. Evidence of the hexaploidization event shared by the eudicots as well as of a cotton-specific whole-genome duplication approximately 13–20 million years ago was observed. We identified 2,355 syntenic blocks in the *G. raimondii* genome, and we found that approximately 40% of the paralogous genes were present in more than 1 block, which suggests that this genome has undergone substantial chromosome rearrangement during its evolution. Cotton, and probably *Theobroma cacao*, are the only sequenced plant species that possess an authentic *CDN1* gene family for gossypol biosynthesis, as revealed by phylogenetic analysis.

© 2012 Nature America, Inc. All rights reserved.

Cotton is one of the most economically important crop plants worldwide. Its fiber, commonly known as cotton lint, is the principal natural source for the textile industry. Approximately 33 million ha (5% of the world's arable land) is used for cotton planting[1], with an annual global market value of textile mills of approximately $630.6 billion in 2011 (MarketPublishers; see URLs). Apart from its economic value, cotton is also an excellent model system for studying polyploidization, cell elongation and cell wall biosynthesis[2–5].

The *Gossypium* genus contains 5 tetraploid (AD_1 to AD_5, $2n = 4\times$) and over 45 diploid ($2n = 2\times$) species (where n is the number of chromosomes in the gamete of an individual), which are believed to have originated from a common ancestor approximately 5–10 million years ago[6]. Eight diploid subgenomes, designated as A to G and K, have been found across North America, Africa, Asia and Australia. The haploid genome size of diploid cottons ($2n = 2\times = 26$) varies from about 880 Mb (*G. raimondii* Ulbrich) in the D genome to 2,500 Mb in the K genome[7,8]. Diploid cotton species share a common chromosome number ($n = 13$), and high levels of synteny or colinearity are observed among them[9–12]. The tetraploid cotton species ($2n = 4\times = 52$), such as *G. hirsutum* L. and *Gossypium barbadense* L., are thought to have formed by an allopolyploidization event that occurred approximately 1–2 million years ago, which involved a D-genome species as the pollen-providing parent and an A-genome species as the maternal parent[13,14]. To gain insights into the cultivated polyploid genomes—how they have evolved and how their subgenomes interact—it is first necessary to have a basic knowledge of the structure of the component genomes. Therefore, we have created a draft sequence of the putative D-genome parent, *G. raimondii*, using DNA samples prepared from Cotton Microsatellite Database (CMD) 10 (refs. 15,16), a genetic standard originated from a single seed (accession D_5-3) in 2004 and brought to near homozygosity by six successive generations of self-fertilization. We believe that sequencing of the *G. raimondii* genome will not only provide a major source of candidate genes important for the genetic improvement of cotton quality and productivity, but it may also serve as a reference for the assembly of the tetraploid *G. hirsutum* genome.

RESULTS

Sequencing and assembly

A whole-genome shotgun strategy was used to sequence and assemble the *G. raimondii* genome. A total of 78.7 Gb of next-generation Illumina paired-end 50-bp, 100-bp and 150-bp reads was generated by sequencing genome shotgun libraries of different fragment lengths (170 bp, 250 bp, 500 bp, 800 bp, 2 kb, 5 kb, 10 kb, 20 kb and 40 kb) that covered 103.6-fold of the 775.2-Mb assembled *G. raimondii* genome (**Supplementary Table 1**). The resulting assembly appeared to cover a very large proportion of the euchromatin of the *G. raimondii* genome. The unassembled genomic regions are likely to contain heterochromatic satellites, large repetitive sequences or ribosomal RNA (rRNA) genes. Using a set of 1,369 molecular markers from a consensus genetic linkage map reported previously[17], 43.8% of the markers (599) were unambiguously located on the assembly, allowing us to anchor 73.2% of the assembled 567.2 Mb on the *G. raimondii* chromosomes (**Supplementary Fig. 1**).

[1]State Key Laboratory of Cotton Biology, Cotton Research Institute, Chinese Academy of Agricultural Sciences, Anyang, China. [2]BGI-Shenzhen, Shenzhen, China. [3]State Key Laboratory of Protein and Plant Gene Research, College of Life Sciences, Peking University, Beijing, China. [4]Crop Germplasm Research Unit, Southern Plains Agricultural Research Center, US Department of Agriculture-Agricultural Research Service (USDA-ARS), College Station, Texas, USA. [5]Department of Biology, University of Copenhagen, Copenhagen, Denmark. [6]These authors contributed equally to this work. Correspondence should be addressed to S.Y. (yu@cricaas.com.cn), Jun Wang (wangj@genomics.org.cn) or Y.-X.Z. (zhuyx2@pku.edu.cn).

Received 11 January; accepted 5 July; published online 26 August 2012; doi:10.1038/ng.2371

NATURE GENETICS ADVANCE ONLINE PUBLICATION 1

图1 雷蒙德氏棉基因组测序文章首页

2. **典型案例二**

棉花质体基因组测序研究取得突破性进展。根据我们提供的不同野生棉种资源材料，中国农业大学华金平等利用50个多态性cpSSR标记对棉属41个野生棉材料的遗传分化和亲缘关系进行分析，发现：①E基因组可能是现存的最原始的棉种；②A基因组的遗传分化比AD基因组晚；②草棉或者亚洲棉是四倍体棉种的胞质供体种，这也就表明AD基因组其中，一个供体种是来自于A基因组的。同时通过分析棉种的分布扩散和生态环境的适应性对每个棉种的叶绿体基因组的遗传分化进行了分析。

三、展望

野生棉不是我国起源地，我国所有野生棉资源，均为考察收集而来。目前我国野生棉圃保存的野生种已经达到37个，达全部野生资源的80%，是世界野生棉种保存最多的。目前野生棉圃存在的问题主要有以下3个方面。

1. 尚有部分野生棉种没有入圃保存

澳洲的二倍体K基因组棉种共有12个，长期以来一直没有进行保存。2013年6月，我们深入到澳大利亚金伯利地区，成功地采集到园叶棉、杨叶棉、稀毛棉等3个K基因组的棉种，仅园叶棉1个棉种成功活体保存到野生棉圃，目前仍有11个棉种没有成功引进保存。

2. 部分棉种资源数量匮乏

特别是非洲的部分棉种，许多材料每个种仅有1份材料，多样性匮乏。非洲是野生棉的最原始起源地，有A、B、E、F等多个基因组。由于条件和经费限制，我们以前并没有到过非洲考察收集野生棉种，仅仅从美国种质库获得。我们计划今后几年里，连续对中非、东非、南非等地考察，对每个野生棉种都获得多个不同的资源材料，丰富我们的野生棉资源。

3. 野生棉资源保存方式单一，抗风险能力差

许多野生棉在我国不能正常开花结实，需要通过嫁接或扦插来繁殖。仅仅通过种质圃的田间保存，成本高、活力弱、易死亡。比如2014年的台风"海燕"，将我们多年辛苦保存的特纳氏棉全部摧毁。我们计划今后采用组织培养、DNA等途径，加强野生棉资源保存的抗风险能力。

附录：获奖成果、专利、著作及代表作品

获奖成果

野生棉研究创新团队，获2015年度农业部中华农业科技奖优秀创新团队奖（图2）。

专利

1. 张香娣，王坤波，黎绍惠，等，海南棉花露天无叶扦插方法，专利号：ZL 201010002688.9（2011年4月）。

2. 蔡小彦，王坤波，刘方，等，棉花叶片抗盐鉴定方法，专利号：ZL201210053538.X，（2013年10月）。

3. 王园园，张香娣，王坤波，等，棉花叶片棉球定位鉴定除草剂抗性的方法，专利号：ZL201210019682.1，（2013年11月）。

4. 高海燕，王坤波，马峙英，等，利用非暗培养叶片构建棉花BAC文库的方法，专利号：ZL201210215857.6，（2014年6月）。

图2　中华农业科技奖证书

著作

王坤波，王清连，等.2012.棉花南繁[M].北京：中国农业科学技术出版社.

主要代表作品

陈浩东，刘方，M.K.R.Khan，等.2013，试剂选用及带型读取方式对遗传图谱数据SSR的影响[J].湖南农业科学，（9）：11-14.

程华，甘仪梅，刘方，等.2013，海岛棉A亚组和草棉及阿非利加棉单染色体鉴定[J]。棉花学报，25（3）：227-233.

高海燕，王省芬，刘方，等.2013，棉花细菌人工染色体文库构建方法探讨[J].棉花学报，25（1）：9-16.

刘方，王春英，王玉红，等.2014，103份亚洲棉表型多样性分析[J].植物遗传资源学报，15（3）：491-497.

覃琴，刘方，甘仪梅，等.2013，雷蒙德氏棉三条染色体特异BAC的筛选与定位[J].棉花学报，25（4）：323-328.

周忠丽，蔡小彦，王春英，等.2015，半野生棉耐盐碱筛选初报[J].中国棉花，42（1）：15-18.

周忠丽，杜雄明，潘兆娥，等.2013，亚洲棉种质资源的SSR遗传多样性分析[J].棉花学报，25（3）：217-226.

Cai X Y，Liu F，Zhou Z L，et al. 2015，Development of novel chloroplast microsatellite markers for the genus Gossypium from sequence database[J]. Genetic and Molecular Research. 14（4）：11 924-11 932.

Chen H D，Liu F，Khan M K R，et al. 2015，A High-density SSR genetic map constructed from a F_2 population of Gossypium hirsutum and Gossypium darwinii[J]. Gene，574，273-286.

附表1　2011—2015年期间新收集入中期库或种质圃保存情况

填写单位：中国农业科学院棉花研究所
联系人：刘方

作物名称	目前保存总份数和总物种数（截至2015年12月30日）				2011—2015年期间新增收集保存份数和物种数			
	份数		物种数		份数		物种数	
	总计	其中国外引进	总计	其中国外引进	总计	其中国外引进	总计	其中国外引进
棉花	778	638	41	38	76	76	8	8
合计	778	638	41	38	76	76	8	8

附表2　2011—2015年期间项目实施情况统计

一、收集与编目、保存			
共收集作物（个）	8	共收集种质（份）	141
共收集国内种质（份）		共收集国外种质（份）	141
共收集种子种质（份）	113	共收集无性繁殖种质（份）	
入中期库保存作物（个）		入中期库保存种质（份）	
入长期库保存作物（个）		入长期库保存种质（份）	
入圃保存作物（个）	2	入圃保存种质（份）	41
种子作物编目（个）	2	种子种质编目数（份）	15
种质圃保存作物编目（个）		种质圃保存作物编目种质（份）	
长期库种子监测（份）			
二、鉴定评价			
共鉴定作物（个）	2	共鉴定种质（份）	472
共抗病、抗逆精细鉴定作物（个）		共抗病、抗逆精细鉴定种质（个）	
筛选优异种质（份）			
三、优异种质展示			
展示作物数（个）		展示点（个）	
共展示种质（份）		现场参观人数（人次）	
现场预订材料（份次）			
四、种质资源繁殖与分发利用			
共繁殖作物数（个）	31	共繁殖份数（份）	609
种子繁殖作物数（个）	31	种子繁殖份数（份）	574
无性繁殖作物数（个）	1	无性繁殖份数（份）	35
分发作物数（个）	34	分发种质（份次）	1 661
被利用育成品种数（个）		用种单位数/人数（个）	36/58
五、项目及产业等支撑情况			
支持项目（课题）数（个）	22	支撑国家（省）产业技术体系	3
支撑国家奖（个）		支撑省部级奖（个）	
支撑重要论文发表（篇）	13	支撑重要著作出版（部）	1

野生花生种质资源（武汉）

姜慧芳

（中国农业科学院油料作物研究所，武汉，430062）

一、主要进展

1. 收集引进

"十二五"期间，国家种质武昌野生花生圃新收集资源90份，入圃37份，新增物种4个，A.magna，A.sylvestris，A.pintoi和 A.kretchmeri；共新增15个物种132份资源编目后入国家长期库保存，目前野生花生圃共保存包括35个物种的270份野生花生资源，从31个物种扩大到35个物种，从246份扩大到270份，丰富了我国野生花生资源种类及数量，这些材料具有抗病、抗虫、抗逆、高含油量、高油酸等诸多优良性状，在育种中有很大的利用价值（图1、图2、图3和图4）。

图1　新入圃种质*A.appressipila*

图2　新入圃种质*A.hoehnei*

图3　新入圃物种*A.kretchmeri*

图4　新入圃种质*A.rigonii*

2. 鉴定评价

"十二五"期间，累计完成了180份（次）资源的性状调查，包括植物学性状，品质性状和抗病性。

（1）植物学性状包括主茎高、主茎节数、主茎粗、侧枝长、总分枝数、第一分枝数、第二分枝数、第三分枝数、植株宽度、主茎茸毛、主茎色素、分枝茸毛、分枝色素、叶片长、叶片宽、叶型、叶色、叶茸毛、花管筒长、旗瓣长、主根长、主根粗、根体积、根鲜重、主根根瘤数及开花期等32个植物学性状。

植物学性状数据分析表明，野生花生的性状变异较大，主茎较细且较短，侧枝很长，分枝较多，绝大多数材料主茎和分枝均有色素，植株宽度较大，叶片较小，小叶间距较长，叶形多种多样，包括窄披针形、倒卵形、宽椭圆形、披针形、椭圆，花较大，花管很长，花色变异较大，同一物种的材料间也存在着较大的差异（图5）。花期调查显示，在武汉气候条件下，野生花生始花期为4月29日至5月3日，盛花期在5月2日至6月16日，平均花期107.5d，变异范围65.4～135.3d，具有花期长，变异范宽泛的特点。

图5 野生花生具有花期长，变异范围广的特点

（2）品质性状鉴定。选取成熟饱满的种子送农业部油料检测中心分析测试含油量及脂肪酸组成分析，检测结果表明，80份野生花生的平均含油量57.21%，变异范围52.54%～63.29%。含油量55%以上的资源54份，含油量58%以上的资源22份，含油量达60%以上的资源3份，获得亚油酸含量达40%以上的种质3份，最高达48%，是目前所发现的花生资源（包括栽培种和野生种）中亚油酸含量最高的种质见表和图6。

表 2011—2015年 *A. appressipila* 含油量统计

A.appressipila	2011年	2012年	2013年	2014年	2015年
含油量	62.79%	60.72%	63.29%	62.03%	61.48%

图6 *A.appressipila* 在多年的鉴定中含油量均超过60%

（3）抗病性鉴定。连续多年调查了110份（次）野生花生资源对锈病、早斑病、晚斑病、条纹病毒病、轻斑驳病毒病、黄瓜花叶病毒病等6种病害的抗性，90份资源对青枯病的抗性、80份（次）资源对黄曲霉侵染的抗性，40份资源对烂果病的抗性（图7）。除了烂果病，调查方法和标准均按"花生种质资源描述规范和数据标准"（2006）。通过鉴定，获得了高抗锈病的种质资源9份，高抗早斑病的种质资源10份，其中，2份资源 *A.glabrata* 对早斑病免疫，获得了高抗抗青枯病种质资源12份，获得了中抗黄曲霉侵染的种质资源2份等，初步获得了抗烂果病的资源的35份，平均抗病率达到90%。

图7 *A.rigonii* 连续多年表现出稳定高抗的青枯病抗性

3. 分发供种

项目执行以来，先后向山东省花生研究所、河北省农业科学院、河南省农业科学院、广东省农业科学院、广西壮族自治区农业科学院、河北省农业科学院、四川省南充农科所、泉州市农科所、辽宁省风沙研究所、山东省潍坊农业科学院、江苏省农业科学院、山东农业大学和各地实验站等多家单位展示了优质抗病的野生花生并向国内13家育种或科研单位提供野生花生272份（次），用种人数达到40人（次）。通过提供种子，枝条，DNA

和各种性状鉴定信息，实现了供种形式的提升和多样化（图8）。同时，还向澳大利亚、美国、印度、日本、印度尼西亚、菲律宾、巴西、巴拉圭、越南等16个国家和地区的专家同行介绍了野生花生种质资源保存及利用情况，有效展示了我国野生花生研究利用情况，扩大了我国野生花生保存研究的的国际影响力。

图8 "十二五"期间，野生花生圃接待了来自国内及海外16个国家和地区的外国专家同行超过200人次，有效展示了我国野生花生研究的国际影响力

4. 安全保存

经过多年摸索研究，野生花生圃技术工作者已经建立了一套野生花生安全保存的技术体系。除了常规更新复壮资源的措施外，对于生活力差的资源建立起

图9 组织培养技术可有效提高生活力差的资源数量

了组培扩繁技术提高苗数（图9），对于生长严重退化的材料在花期进行激素处理显著提高了开花数量和结果数；对于结实困难的而且种子休眠期较长的材料，采用高温处理打破休眠的方式提高发芽效率；对于无性繁殖的材料在冬季进行弓棚培养和温室过冬的技术显著提高了地下茎生芽的数量，从而安全保存了野生花生资源。

二、主要成效

1. 河南省农业科学院棉油研究所取得的成绩

利用保种项目提供的二倍体抗青枯病高含油量的野生花生种质*A.chacoense*育成了通过河南省农作物品种审定委员会和国家农作物品种审定委员会审定并在生产上大面积

推广的远缘杂种"远杂9102""远杂9307"和"远杂9614"等品种，在生产上大面积推广利用，项目"花生野生种优异种质发掘研究与新品种培育"获得 2011年国家科技进步二等奖（图10）。

2. 广西壮族自治区农业科学院取得的成绩

以野生花生A.correntina为亲本培育出花生品种桂花22，以A. monticola为亲本培育出花生品种桂花26和桂花30，在生产上大面积应用。由这些品种组成的项目"高产、优质、多抗桂花系列花生新品种的创制与应用"，获2011年广西科学技术进步奖二等奖（图11）。

A.chacoense抗青枯病，高含油量

远杂9102，珍珠豆型花生代表品种

图10 获国家科技进步奖证书及获奖项目新品种

A.montico，高油、抗叶斑、锈病

桂花26，抗叶斑病、锈病、抗倒伏

图11 获广西科技进步奖证书及获奖项目新品种

三、展望

野生花生携带的优良性状很多，而且有些性状容易转移，已经通过远缘杂交育成了一批品种，一些品种在生产上大面积应用，获得了国家级或省级奖励，展示了野生花生巨大的应用前景。但也存在明显的制约野生花生事业发展的明显限制因素，主要如下：

1. 资源引进

野生花生原产南美洲，国内没有产地，也很少有单位或个人种植保存，通过跨国方式引进种子难度越来越大，官方渠道手续复杂，过程漫长，且引进的种子质量不好，不能保证发芽率，导致难以成苗，与其他组织进行合作引种沟通很不通畅。

2. 待鉴定性状

许多重要性状如耐寒性、耐旱性、根腐病、茎腐病、白绢病等没有方法和条件进行深入系统鉴定，一些性状，例如白绢病抗性等鉴定的技术难度较大，至今未发现可靠的鉴定场所，将在以后的工作中逐步建立起鉴定方法和标准。

3. 种子入长期库问题

野生花生种子收集难度较大，一个生长周期收集的种子数量难以满足入长期库的需求，拟连续2年或3年向长期库上交种子以积累到满足入库要求的数量。

附录：获奖成果、专利、著作及代表作品

获奖成果

1. 花生野生种优异种质发掘研究与新品种培育，获得2011年国家科技进步二等奖。
2. 高产、优质、多抗桂花系列花生新品种的创制与应用，荣获2011年广西科学技术进步奖二等奖。

主要代表作品

黄莉，赵新燕，张文华，等. 2011，利用RIL群体和自然群体检测与花生含油量相关的SSR标记[J]. 作物学报，37（11）：1967-1974.

唐梅，陈玉宁，任小平，等. 2012，源于栽培种花生的EST-SSR引物对野生花生扩增的多态性[J]. 作物学报，38（7）：1221-1231.

Chen Y，Ren X P，Zhou X J，et al. 2014，Alteration of gene expression profile in the roots of wild diploid *Arachis duranensis* inoculated with *Ralstonia solanacearum*[J]. Plant pathology，63（4）：803-811.

Li H，Jiang H F，Ren X P，et al.2012. Abundant Microsatellite Diversity and Oil Content in Wild *Arachis* Species[J]. PLOS ONE 7：e50002.

附表1　2011—2015年新收集入中期库或种质圃保存情况

填写单位：中国农业科学院油料作物研究所
联系人：陈玉宁

作物名称	目前保存总份数和总物种数（截至2015年12月30日）				2011—2015年新增收集保存份数和物种数			
	份数		物种数		份数		物种数	
	总计	其中国外引进	总计	其中国外引进	总计	其中国外引进	总计	其中国外引进
野生花生	270	270	35	35	24	24	3	3
合计	270	270	35	35	24	24	3	3

附表2 2011—2015年项目实施情况统计

一、收集与编目、保存			
共收集作物（个）	1	共收集种质（份）	90
共收集国内种质（份）	2	共收集国外种质（份）	88
共收集种子种质（份）	87	共收集无性繁殖种质（份）	3
入中期库保存作物（个）	1	入中期库保存种质（份）	190
入长期库保存作物（个）	1	入长期库保存种质（份）	132
入圃保存作物（个）	1	入圃保存种质（份）	37
种子作物编目（个）	1	种子种质编目数（份）	132
种质圃保存作物编目（个）	1	种质圃保存作物编目种质（份）	132
长期库种子监测（份）			
二、鉴定评价			
共鉴定作物（个）	1	共鉴定种质（份）	180
共抗病、抗逆精细鉴定作物（个）	1	共抗病、抗逆精细鉴定种质（个）	40
筛选优异种质（份）	6		
三、优异种质展示			
展示作物数（个）	1	展示点（个）	2
共展示种质（份）	50	现场参观人数（人次）	200
现场预订材料（份次）	60		
四、种质资源繁殖与分发利用			
共繁殖作物数（个）	1	共繁殖份数（份）	270
种子繁殖作物数（个）	1	种子繁殖份数（份）	258
无性繁殖作物数（个）	1	无性繁殖份数（份）	12
分发作物数（个）	1	分发种质（份次）	272
被利用育成品种数（个）	6	用种单位数/人数（个）	13/40
五、项目及产业等支撑情况			
支持项目（课题）数（个）	5	支撑国家（省）产业技术体系	1
支撑国家奖（个）	1	支撑省部级奖（个）	1
支撑重要论文发表（篇）	4	支撑重要著作出版（部）	

苎麻种质资源（长沙）

陈建华　许　英　栾明宝　王晓飞　孙志民

（中国农业科学院麻类研究所，长沙，410205）

一、主要进展

1. 收集引进

2011—2015年收集的苎麻种质资源具体情况见表1所示。5年期间共收集苎麻种质199份，属于11种，其中，野生资源105份。5年中新收集1个苎麻种，是双尖苎麻（*Boehmeria bicuspis* C. J. Chen）。

表1　2011—2015年种质资源收集情况

年份	作物名称	种质份数（份）		物种数（个）（含亚种）	
		总计	其中国外引进	总计	其中国外引进
2011	苎麻	51	0	7	0
2012	苎麻	35	0	5	0
2013	苎麻	32	0	3	0
2014	苎麻	49	0	5	0
2015	苎麻	32	0	3	0
合计	苎麻	199	0	11	0

2. 鉴定评价

2011—2015年对136份苎麻种质生育期、产量、纤维品质、化学成分、耐寒性等16个性状进行鉴定评价，具体见表2所示。根据鉴定数据，综合评价发现，高产的种质10份，鲜麻出麻率大于12.5%的种质20份，纤维品质优良的种质7份，炼折率超过65%的苎麻种质有9份。按照苎麻优异种质评价规范，满足两个优良指标的种质有8份，分别是751、752、QD4、QD5、白×黄2、丛江青麻、西洒青麻及小白麻，这些种质可作为优良育种亲本和科研材料。

（1）高产种质（图1和图2）

图1　资兴绿麻（2700 kg/hm²）　　　　　图2　宜春红心麻（3000 kg/hm²）

（2）纤维优质种质（图3和图4）

图3　红皮1号（2086支）　　　　　　　图4　家麻（2097支）

表2　2011—2015年种质资源鉴定评价及分发共享情况

年份	作物名称	鉴定评价（份次）	分发共享（份）	繁殖更新（份）
2011	苎麻	39	70	52
2012	苎麻	46	58	94
2013	苎麻	74	85	83
2014	苎麻	57	91	87
2015	苎麻	40	63	79
合计	苎麻	136	367	395

3. 分发共享

"十二五"期间，总共向38个单位69人次分发苎麻种质367份，进行科研、生产及教学等应用见表2所示。还接待荷兰、波兰、俄罗斯、日本、马来西亚等国专家参观学习。分发共享的苎麻种质对麻类国家产业技术体系的"369"工程、国家自然基金、国家支撑计划、湖南省自然基金、湖南省科技计划及中国农业科学院创新工程等项目的顺利实施起了支撑作用。

4. 安全保存

5年来，做好苎麻圃的日常管理工作，做好种质圃的施肥、浇水、打药、收获、冬培等工作，及时去除杂麻及串根麻，及时发现生长势或感病的种质，进行繁殖更新，共繁殖更新苎麻种质395份如表2所示。保证圃中资源安全保存，遗传稳定。

二、主要成效

支持国家和地方科技计划项目18项，支撑了国家麻类产业技术体系，为苎麻资源多用途研发项目提供服务，支持项目获得授权专利6项，选育品种1份，支持1项行业标准制定，发表论文20余篇，2013年，"苎麻饲料化与多用途研究和应用"项目获得湖南省科技进步一等奖。2015年，"苎麻与肉鹅种养结合研究和应用"获得中国农业科学院青年科技创新奖。

典型案例一

苎麻嫩梢是很好的青稞饲料的原料（图5、图6和图7）。

提供粗蛋白含量高，生物产量高的苎麻种质——中苎1号和中饲苎1号，以其嫩梢为材料作为苎麻青贮饲料的原料，进行了肉牛养殖试验，肉牛平均体重日增1kg以上。

图5　苎麻饲料加工——揉搓　　　　　图6　成品苎麻青贮饲料

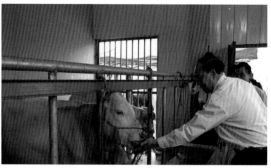

图7 苎麻青稞饲料喂养牛

典型案例二

苎麻饲料化与多用途研究和应用。支撑了"苎麻饲料化与多用途研究和应用"项目获得湖南省科技进步一等奖（图8）。此项目主要成果之一为"以高蛋白为目标，成功创制出世界上第一个饲料专用苎麻品种"。此品种为"中饲苎1号"。它是采用国家苎麻种质资源圃中的"湘杂苎一号×园青5号S3"杂交，后代中选育出的品种，该品种生长速率快、耐割性强，粗蛋白质含量为22.00%，赖氨酸含量为1.02%，钙含量4.07%，且这三项指标明显高于苜蓿。

中饲苎1号

品种登记证书

图8 获省科技进步奖证书及品种登记证书

典型案例三

苎麻与肉鹅种养结合研究和应用。支持"苎麻与肉鹅种养结合研究和应用"获得中国农业科学院科学技术成果奖"青年科技创新奖"（图9）。破解我国南方发展畜禽业缺乏优质蛋白饲料瓶颈问题的突破口。"粮草合一"的苎麻草料，充分发挥苎麻草粉高蛋白、其他牧草高能量的特点，通过辅料优化饲料营养结构，达到满足肉鹅生长的要求。该产品的应用，大幅度降低了人工投入与劳动强度，每只肉鹅平均利润增加50%以上，并且显著降低了粮食用量，节省了养殖成本。

图9　获中国农业科学院科技成果奖证书

三、展望

苎麻种质资源是育种、科研和生产的物质基础，是苎麻产业发展的物质保障。苎麻是中国特色资源，研究者和使用者主要为中国人群，有必要加大苎麻种质资源特色用途的宣传力度，提高在人们日常生活的苎麻影响力。苎麻种质资源的功能多，不仅是重要的纤维作物，也是很好的南方饲料作物，还具有很好的药效。尽管现在苎麻的鉴定工作稍有拓宽—增加了饲用品质的鉴定评价，但是鉴于研究的经费太少，目前鉴定评价还是主要围绕纤维品质方面，其他优异性能的鉴定还未大范围进行。为了充分利用和发掘苎麻种质资源优异功能，建议增加经费的投入。

附录：获奖成果、专利、著作及代表作品

专利

1. 陈建华，栾明宝，王晓飞，等．一种利用SSR分子标记构建苎麻分子身份证的方法，专利号：201310120547.0（批准时间：2013年4月）。
2. 栾明宝，陈建华，王晓飞，等．一种利用EST-SSR分子标记构建苎麻核心种质的方法，专利号：201310636792.7（批准时间：2014年12月）。

主要代表作品

陈建华，许英，王晓飞，等.2011.苎麻属植物资源基础研究进展[J].植物遗传资源学报，12（3）：346-351

陈建华，栾明宝，许英，等.苎麻种质资源核心种质构建[J].中国麻业科学，33（2）：59-64.

王晓飞，等.2014.苎麻种质DNA指纹库构建的SSR核心引物筛选[J]. 中国麻业科学，36（3）：122-126.

许英，陈建华，孙志民，等.2015.57份苎麻种质资源主要农艺性状及纤维品质鉴定评价[J]. 植物遗传资源学报，16（1）：54-58.

许英，陈建华，栾明宝，等.苎麻优异种质资源评价指标体系的研究[J]. 中国麻业科学，2013，35（6）：285-291.

许英，陈建华，栾明宝，等.2011.苎麻种质资源保存技术研究进展[J].植物遗传资源学报，12（2）：184-189.

许英，陈建华，栾明宝，等.微绿苎麻玻璃化超低温保存初步研究[J].中国麻业科学，33（1）：31-34.

邹自征，陈建华，栾明宝，等.2012.应用RSAP、SRAP和SSR分析苎麻种质亲缘关系[J].38（5）：840-847.

Chen J H，Luan M B，Song S F et al. 2011. Isolation and characterization of EST-SSR in the ramie. 5（21）：3 504-3 508.

Luan M B，Chen B F，Zou Z H，et al. 2015. Molecular Identity of 108 Ramie Germplasms by Using SSR Markers[J]. Genetics and Molecular Research，14（1）：2 302-2 311.

Luan M B，Zou Z Z，Zhu J J，et al. 2015. Genetic Diversity Assessment Using Simple Sequence Repeat （SSR）and Sequence-related Amplified Polymorphism （SRAP）Markers in Ramie[J]. Biotechnology & Biotechnological Equipment，29（4）：624-630.

附表1 2011—2015年新收集入中期库或种质圃保存情况

填写单位：中国农业科学院麻类研究所
联系人：陈建华

作物名称	目前保存总份数和总物种数（截至2015年12月30日）				2011—2015年期间新增收集保存份数和物种数			
	份数		物种数		份数		物种数	
	总计	其中国外引进	总计	其中国外引进	总计	其中国外引进	总计	其中国外引进
苎麻	2 053	21	20种8变种	2	7	0	1	0
合计	2 053	21		2	7	0	1	0

附表2 2011—2015年项目实施情况统计

一、收集与编目、保存			
共收集作物（个）	1	共收集种质（份）	199
共收集国内种质（份）	199	共收集国外种质（份）	0
共收集种子种质（份）	0	共收集无性繁殖种质（份）	199
入中期库保存作物（个）	0	入中期库保存种质（份）	0
入长期库保存作物（个）	0	入长期库保存种质（份）	0
入圃保存作物（个）	1	入圃保存种质（份）	7
种子作物编目（个）	0	种子种质编目数（份）	0
种质圃保存作物编目（个）	1	种质圃保存作物编目种质（份）	7
长期库种子监测（份）	0		
二、鉴定评价			
共鉴定作物（个）	1	共鉴定种质（份）	136
共抗病、抗逆精细鉴定作物（个）	1	共抗病、抗逆精细鉴定种质（个）	136
筛选优异种质（份）	8		
三、优异种质展示			
展示作物数（个）	0	展示点（个）	0
共展示种质（份）	0	现场参观人数（人次）	0
现场预订材料（份次）	0		
四、种质资源繁殖与分发利用			
共繁殖作物数（个）	0	共繁殖份数（份）	
种子繁殖作物数（个）	0	种子繁殖份数（份）	0
无性繁殖作物数（个）	1	无性繁殖份数（份）	395
分发作物数（个）	0	分发种质（份次）	367
被利用育成品种数（个）	1	用种单位数/人数（个）	38
五、项目及产业等支撑情况			
支持项目（课题）数（个）	18	支撑国家（省）产业技术体系	1
支撑国家奖（个）	0	支撑省部级奖（个）	2
支撑重要论文发表（篇）	20	支撑重要著作出版（部）	0

寒地果树种质资源（公主岭）

宋宏伟　张冰冰　梁英海　赵晨辉　卢明艳

李红莲　张艳波　李　锋　李粤渤

（吉林省农业科学院果树研究所，公主岭，136100）

一、主要进展

1. 收集入圃

2011—2015年，收集引进果树种类7个，种质198份；其中，国内种质116份，国外种质82份。入圃保存果树种类6个，种质192份；其中，国内种质134份，国外种质58份。到2015年年底，国家果树种质寒地果树圃（公主岭）保存的抗寒果树种质资源1 280份，其中，国内种质1 049份，国外种质231份。新增的物种2个，黑果腺类花楸（*Aronia melanocarpa*（Michx.）Elliott）和鸡树条荚蒾（*Viburnum sargentii* Koehne）（图1和图2）。

新收集引进国内外野生资源、地方品种及优异资源，增添果树新物种，提高了国外资源所占比例，提升了资源圃保存能力与种质质量。

图1　黑果腺类花楸［*Aronia melanocarpa*（Michx.）Elliott］

图2　鸡树条荚蒾（*Viburnum sargentii* Koehne）

2. 鉴定评价

对御紫、绚丽等苹果资源140份，秋苹果、大旺八棵树等梨资源100份，贡李、公主红李等李资源50份，财红、阿尔泰山楂等山楂资源15份，秋萍、秋福等树莓资源26份，金色瀑布、曙光等沙棘资源20份，C42、丹江黑等穗醋栗资源19份，蓝鸟、蓓蕾等蓝靛果资源10份进行鉴定评价。鉴定性状包括萌芽期、盛花期、果实成熟期、落叶期、生育期、果实大小、果实形状、果实色泽、果实整齐度、株高、早果性、丰产性，肉质、汁液、风味、香气、硬度、可溶性固形物及抗寒性、抗病性等20个，整理数据7600个。筛选出绚丽、御紫、光辉、王族、俄海棠5号、磐石海棠、超矮山荆子1号等观赏苹果资源，秋苹果、大旺八棵树等优质梨资源，贡李、晚秋霜、庆中秋等李地方品种资源，以及C28、C82、秋萍、美国22号、蓝鸟等优异小浆果资源，可作为观赏、优质、可溶性固形物高、高抗寒抗病等的优异育种材料及优异资源进行直接栽培（图3、图4、图5、图6、图7和图8）。

完成340份抗寒果树种质资源的鉴定和数据整理，按原产地，生育期，早果性，成熟期，果实大小、形状、底色、盖色等果实外观性状和果肉颜色、肉质、汁液、风味等果实内质性状，以及可溶性固形物、总糖、总酸、维生素C、特异性状及用途进行评价与编目，使寒地果树种质资源已完成853份资源的编目。

图3 观赏苹果资源——绚丽

图4 梨资源——秋苹果

图5 李资源——庆中秋

图6 黑穗醋栗资源——C82

图7　树莓资源——秋萍　　　　　　　　　图8　蓝靛果资源——蓝鸟

3. 分发供种

2011—2015年，向西南大学园艺园林学院、南京农业大学园艺学院、吉林大学植物科学学院、东北农业大学园艺学院、吉林农业大学园艺学院、北京农学院、扬州大学园艺与植物保护学院、中国农业科学院果树研究所、北京市农林科学院林果研究所、福建省农业科学院园艺研究所、内蒙古自治区园艺研究所、大兴安岭地区农林科学院、新疆维吾尔自治区农业科学院园艺研究所、黑龙江省农业科学院园艺分院和牡丹江分院、中国检科院等教学科研院所提供苗木、接穗、叶片、花粉、种子等果树资源270份，分发供种达到353份次。选育果树新品种7个，紫香苹果、寒雅梨、雪香梨、明月梨、晚金玉李、一品丹枫李和四公主草莓。

接待吉林省梅河口市园艺特产站、临江市农业广播学校、吉林市园艺特产协会和通榆县果树协会等组织的果农参观学习16次（图9和图10）；提供了苹果矮化砧GM-256、GM-310、南果梨、红南果、小山梨、仁用杏优一等10多个优异资源，举办各类果树技术培训班16次，现场技术指导42次，培训人数700多人；在吉林省西部沙地推广苹果新品种红凤、GM-310等200余亩。

图9　进行果树产业技术培训　　　　　图10　梅河口市园艺特产站果农参观学习

4. 安全保存

按照寒地果树种质资源圃田间管理工作历，结合当地气候、土壤状况，对圃地内果树资源实施修剪、施肥、灌水、病虫害防治等管理措施，保证了种质材料的安全和正常生长

（图11）。在果树行下铺地布，行间耙耕或生草覆盖，起到了防止水土流失，提高果树根部地温，促进果树生长的作用。

2011—2015年，对大黄干核等李资源30份，龙垦2号杏等杏资源62份，凤基、紫果海棠等苹果资源180份，进行了繁殖更新复壮。具体作法：当年8月初，田间采集健壮的接穗，采用带木质部或皮下芽接的方法嫁接在更新苗圃中的砧木上，芽接成活率87.3%～92.4%，每份资源10株。第二年春剪砧，及时进行抹芽、除草、灌水、病虫害防治等管理，保证资源材料生长健壮，并于秋季将健壮的更新资源的苗木出圃，假植越冬。第三年春整地定植入圃，定干整形。

图11　梨资源田间管理情况

图12　苹果资源繁殖更新状况

在苹果资源繁殖更新复壮中，对2013年繁殖更新的资源苗木（图12），2014年春定植在移植袋中，定干抚育，整形修剪；于2015年春季，将2年生大苗定植入圃。做到大苗壮苗定植，成活率高，长势良好，又可及时移栽补栽，取得了很好的效果。

二、主要成效

2011—2015年，提供梨资源55份和苹果资源40份，协助国家梨产业体系秋子梨育种岗位和花果管理与品质生理岗位和国家苹果产业体系寒地苹果试验站，完成杂交育种与新品种选育和分子标记测序及区域品种引进与筛选鉴定等试验工作，为国家梨和苹果产业技术体系提供技术支撑。国家梨产业体系秋子梨育种岗位利用延边大香水、苹香梨、寒红梨、寒香梨、小香水、红金秋、金香水与翠玉梨杂交、延边大香水、苹香梨、寒红梨与金香水杂交、寒红梨与晚香梨杂交，共11个组合杂交育种，获得杂交种10 000余粒，杂交苗6 000多株；2014年1月，以奥利亚为母本、鸭梨为父本育成抗寒中熟梨品种——寒雅梨，通过吉林省农作物品种审定委员会审定（图13和图14）。

同时为科技部科技支撑项目——主要果树类新品种选育、农业部行业专项——主要果树砧木收集、评价与筛选等科研项目，提供抗寒小苹果如山楂海棠、小酸果、红太平、

GM-256、GM-310等优异资源27份次，进行鲜食苹果及苹果矮化砧木新品种选育，到2015年年底，获得月7 000余株大量杂交后代，并从其中，选出优良品系30余个，待进一步筛选。有望"十三五"通过审鉴定，向生产中推广。

图13　梨亲本——奥利亚

图14　梨新品种——寒雅梨

2014—2015年，为新疆维吾尔自治区农业科学院园艺研究所提供秋红、花嫁等苹果资源57份，主要用于新疆野生苹果原生地果树资源保育区建设，对野生资源及栽培资源进行收集、鉴定评价和筛选优异资源及展示，丰富新疆苹果资源，加强苹果资源研究，开展苹果资源的评价具有重要意义。同时提供苹果梨、苹香梨、南果梨、晚香梨、寒香梨、寒红梨、红金秋、龙园洋梨和龙园洋红等梨资源10份，用于品种引进和杂交育种；2013—2015年连续3年，本圃协助新疆维吾尔自治区农业科学院园艺研究所进行库尔勒香梨与苹果梨、苹香梨、南果梨、晚香梨、寒红梨、红金秋、龙园洋梨和龙园洋红的杂交育种工作，杂交组合8个，杂交花数1260朵，获得杂交种20 000余粒，杂交苗15 000余株（图15和图16）。

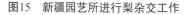
图15　新疆园艺所进行梨杂交工作

图16　寒地苹果在新疆原生境保育区栽植

2013—2014年，针对吉林市地方名特优李子——黄干核李，近年来品种退化，且病虫危害严重，产量极具下降的困境，为吉林市园艺特产协会提供技术支撑与指导（图17）。一方面进行品种普查，从黄干核李大量生产栽培资源群体中筛选优良单株资源，挖掘出金山2号（图18）、春光早黄、大黄干核等新的地方良种；另一方面从病虫害防治入手，推行病虫害预测预报，指导使用无公害的药剂防治，如3%呋喃丹颗粒剂、桃小灵、嘧幼脲等。通过高接换头，推广李地方良种500亩；建立和扩大病虫害综合防治示范点20~30个，面积300~500亩，辐射示范1000~2000亩，增加产量25~50t，增收15万~30万元；并进行合理施肥技术指导，增施有机肥，改善土壤结构和营养成分，提高果品品质。

图17　在吉林市进行地方李资源普查合影　　　图18　李地方良种——金山2号

2011—2015年，接待吉林大学植物科学学院、吉林农业大学园艺学院和长春科技学院等600多名大学生的毕业实习。为东北农业大学园艺学院提供的野生树莓资源6份，进行树莓叶片水杨酸等成分分析，对树莓资源的起源、分类、进化等进行研究，完成硕士论文；为吉林大学植物科学学院提供的野生苹果资源的叶片及新梢和果实各20份，进行苹果野生资源抗轮纹病鉴定和果实香气分析，将发表SCI论文。为吉林农业大学园艺学院提供荚蒾资源及蓝靛果资源10余份，进行野生果树资源的成分分析，协助李金英博士完成"吉林省忍冬科3属植物资源研究"博士论文；同时审定红凤苹果和保存及评价优异资源4份，同吉林农业大学、中国农业科学院特产研究所一起，以"寒地果树优异资源收集保护及创新利用"荣获2014年吉林省科学技术一等奖（图19）；并以第三主编身份，完成浆果专著《浆果栽培学》（图20）。

图19　获得吉林省科学技术一等奖　　图20　出版《浆果栽培学》

三、展望

1. 果树资源收集越来越困难

随着城镇化建设的加快和全球气候异常多变，地方品种和野生资源等丧失严重，果树资源收集十分困难，而任务中每年都有数量指标，很难保证收集资源的质量。建议采用灵活的指标，保证收集资源的质量。

2. 国外资源引进必须入国家库圃保存

现在大学、科研及生产单位通过各种渠道引进了一批农作物资源，尤其是通过国家及省部项目引进的，既未在国家登记，也未入国家资源库圃，造成资源重复引进和名称混乱，浪费国家外汇储备。建议项目验收鉴定时，必须出具入国家库圃保存证明，否则不能验收鉴定。

3. 种质更新复壮问题

果树资源重茬感病严重，缩短果树资源的保存寿命，增加更新成本；又增加资源安全保存的风险。建议采用挖坑换土施肥法，将根系周围 $1m^3$ 土壤更换，用生石灰等消毒后，再定植果树资源，延长保存寿命。

4. 编目滞后

由于历史原因和每年新入圃资源增加，现在仍有近400份入圃材料未编目；且果树是多年生作物，一般的稳定结果需3～5年，鉴定评价与编目滞后于入圃保存的时间；同时部分野生树种保存份数较少，尚未制定描述规范，只作了简单的性状鉴定与描述，很难编目。

5. 项目经费不足

随着物价上涨和劳动力短缺，项目经费不足凸显，且分配不合理。临时工的费用涨价过快，劳务费不足；收集资源难度加大，差旅费及交通费不够。

附录：获奖成果、专利、著作及代表作品

获奖成果

1. 吉林省5种重要果树遗传多样性极其利用研究，获2011年度吉林省科学技术进步二等奖。
2. 苹果矮化砧木新品种选育与应用及砧木铁高效机理研究，获2011年度教育部科学技术进步一等奖。
3. 苹果砧木铁高效、致矮机理研究及砧木新品种选育与应用，获2012年度国家科学技术进步二等奖。
4. 寒地果树优异资源收集保护及创新利用，获2014年度吉林省科学技术进步一等奖。
5. 越橘、树莓种质资源描述规范和数据标准，获2014年吉林省自然科学技术成果奖三等奖。

标准

1. 宋宏伟，王凤华，张冰冰，等.2013.植物新品种特异性、一致性和稳定性测试指南黑穗醋栗，NY/T 2514-2013。

2.宋宏伟，王凤华，张冰冰，等.2013.植物新品种特异性、一致性和稳定性测试指南树莓，NY/T 2520-2013。

著作

韩振海，等.2011.苹果矮化密植栽培——理论与实践[M].北京：科学出版社.

李亚东，张冰冰，郭修武，等.2012.浆果栽培学[M].北京：中国农业出版社.

张冰冰，宋宏伟，等，2013.树、越橘种质资源描述规范和数据标准[M].北京：中国农业科学技术出版社.

宋宏伟，张冰冰，等，2013.越、树梅种质资源描述规范和数据标准[M].北京：中国农业科学技术出版社.

主要代表作品

卜海东，张冰冰，宋宏伟，等.2012.用SSR结合表型性状构建寒地梨资源核心种质[J].园艺学报，39（11）：2 113-2 123.

宋宏伟，张冰冰，梁英海，等.2011.我国穗醋栗、树梅等小浆果资源研究与利用现状[J].吉林农业科学，36（5）：56-58.

张冰冰，李粤渤，宋宏伟，等.2011.苹果抗寒矮化砧木新品种GM310的选育[J].中国果树，（6）：4-5.

LiangYinghai. 2014. Construction and validation of a gene co-expression network in grapevine（*Vitisvinifera. L.*）[J]. Horticulture Research，（40）：1-9.

附表1　2011—2015年新收集入中期库或种质圃保存情况

填写单位：吉林省农业科学院果树研究所
联系人：宋宏伟

作物名称	目前保存总份数和总物种数（截至2015年12月30日）				2011—2015年新增收集保存份数和物种数			
	份数		物种数		份数		物种数	
	总计	其中国外引进	总计	其中国外引进	总计	其中国外引进	总计	其中国外引进
苹果	433	70	12	4	63	21	6	4
梨	223	7	4	1	10	1	2	1
李	146	3	5	1	60	0	1	0
杏	80	0	3	0	10	0	3	0
山楂	43	1	4	1				
穗醋栗	88	44	11	3	14	13	1	1
树莓	37	23	8	2	27	18	3	2
沙棘	52	51	1	1	2	1	2	1
越橘	3	0	3	0				
蓝靛果	31	7	4	3	6	4	4	3
草莓	29	20	8	2				
葡萄	20	5	4	2				
猕猴桃	25	0	3	0				
野生果树	70	0	18	0				
合计	1 280	231	88	18	192	58	22	12

附表2　2011—2015年项目实施情况统计

一、收集与编目、保存			
共收集作物（个）	7	共收集种质（份）	198
共收集国内种质（份）	116	共收集国外种质（份）	82
共收集种子种质（份）		共收集无性繁殖种质（份）	198
入中期库保存作物（个）		入中期库保存种质（份）	
入长期库保存作物（个）		入长期库保存种质（份）	
入圃保存作物（个）	6	入圃保存种质（份）	192
种子作物编目（个）		种子种质编目数（份）	
种质圃保存作物编目（个）	5	种质圃保存作物编目种质（份）	330
长期库种子监测（份）			
二、鉴定评价			
共鉴定作物（个）	8	共鉴定种质（份）	380
共抗病、抗逆精细鉴定作物（个）		共抗病、抗逆精细鉴定种质（个）	
筛选优异种质（份）	25		
三、优异种质展示			
展示作物数（个）		展示点（个）	
共展示种质（份）		现场参观人数（人次）	
现场预订材料（份次）			
四、种质资源繁殖与分发利用			
共繁殖作物数（个）	3	共繁殖份数（份）	270
种子繁殖作物数（个）		种子繁殖份数（份）	
无性繁殖作物数（个）	3	无性繁殖份数（份）	270
分发作物数（个）	7	分发种质（份次）	353
被利用育成品种数（个）	6	用种单位数/人数（个）	40/57
五、项目及产业等支撑情况			
支持项目（课题）数（个）	27	支撑国家（省）产业技术体系	4
支撑国家奖（个）	1	支撑省部级奖（个）	6
支撑重要论文发表（篇）	10	支撑重要著作出版（部）	4

核桃、板栗种质资源（泰安）

刘庆忠　陈　新　徐　丽　魏海蓉　张力思

（ 山东省果树研究所，泰安，271000 ）

一、主要进展

1. 收集引进

"十二五"期间首先保证了核桃板栗圃内种质资源的健壮生长，新收集核桃56份、板栗50份，对我国特有的、狭窄分布在河北省和北京市等地的麻核桃种质资源进行了考察、收集，从国外引进了具有高产、大果、耐储藏、易去涩皮、肉质糯等特点适合加工的欧洲栗品种。

2. 鉴定评价

完成了80份核桃、80份板栗种质的主要农艺性状的鉴定评价，包括坚果重量、树皮颜色、花芽形态、坚果风味和口感以及部分抗性等特征特性，对50份核桃和80份板栗的抗病性、淀粉含量、蛋白质含量、糖含量以及脂肪含量进行了检测分析，筛选出具有特异性状的8份核桃资源和5份板栗资源，在生产上直接利用或作为育种材料。其中，叶片和刺苞为红色的核桃种质1份，可以用作杂交亲本，创制出具有观赏价值、丰产、大果的优异核桃种质。

3. 分发供种

5年间向科研、教学和生产单位分发种质资源536份（次）。

4. 安全保存

总结提出了核桃溃疡病的有效防治方法，确保了种质资源的安全保存。在种质保存技术上，研究了核桃和板栗的组织培养离体保存技术体系，初步探索了核桃的超低温保存技术，丰富了资源保存方式。

二、主要成效

5年间积极向山东师范大学、中国林业科学研究院、中国农业大学、南京农业大学、山东农业大学、湖北省农业科学院、甘肃省陇南林业科学研究所、重庆市林业科学研究院、中国林业科学研究院亚热带林业研究所、河北省遵化林业局、河南省洛阳林业科学研究院、青海省林业科学研究所等高校科研单位提供叶片、花粉、枝条等育种、科研所需材料320份次，向泰安岱岳区夏张镇、临沂莒南洙边镇、潍坊果润斯有限公司、湖北丰年农业开发有限公司提供良种苗木236份次，为社会科研与生产提供了共享服务。为国家科技基础性专项重点项目提供技术支撑，在湖北省随州建立国家落叶果树农家品种资源圃一处。

典型案例一

山东师范大学植物分类学家李法曾教授为编著《山东植物图鉴》一书专门来到我们核桃板栗资源圃，进行一些稀缺栗属植物的照片拍摄、采集，提供板栗叶片、枝条30份次（图1）。

图1 李法曾教授开展栗树植物分类学研究

典型案例二

依托本圃提供的板栗优良品种，在生产上推广应用，产生了巨大的社会经济效益（图2）。如山东省枣庄市山亭区依托我圃育成的优质大果型板栗新品种"岱岳早丰""鲁岳早丰"等新品种，至今已推广2 000亩，创社会效益5 000万元；并且当地建立了板栗深加工企业（图3），产品出口到日本、韩国，每年创造外汇1 000多万元。

图2 枣庄山亭区板栗主产区

图3 到板栗加工厂对接服务

典型案例三

2011—2012年，国家果树种质泰安核桃板栗圃一直为北京大学城市与环境学院的部分科研项目提供所需的板栗试验场所和试验材料，提供板栗花粉39份次，先后在8个板栗生产园放置板栗花粉扑捉器46个，用于研究板栗花粉传播规律（图4）。

图4 北京大学研究生来山东省果树研究所资源圃开展板栗花粉漂移距离试验

典型案例四

充分发挥国家资源圃的资源优势，为果农提供良种核桃的优质接穗，为社会创造了巨大的经济效益。如山东省泗水县依托山东省果树研究所资源圃育成的优质核桃新品种"岱香""鲁果3号"等新品种，至今已推广2万亩，创社会效益1亿多元，获得国家林业局首批国家级核桃示范基地认定（图5）。

同时资源圃为科研人员提供一个良好的科研服务场所，中国林业科学研究院亚热带林业研究所龚榜初研究员团队成员来本单位开展板栗遗传多样性研究，甘肃省林业科学研究所利用保存的种质DNA材料开展分子标记研究，郑州果树研究所开展核桃杂交育种实验（图6）。

图5　国家核桃示范基地跟踪服务

图6　开展技术指导与示范

三、展望

1. 加强野生资源的收集力度

野生资源是杂交育种的基础，野生资源具有良好的抗性，包括抗寒、抗旱及抗病虫害等栽培品种无法比拟的优势，在今后几年内利用全国第三次种质资源普查这次大好机会项目组安排专人跟踪各地核桃板栗资源的搜集信息，积极协调相关单位，将资源收集到国家资源圃确保安全保存。

2. 加大优异种质资源的分发利用

借助多方媒体推广宣传种质资源保护工作所取得的成果，为社会创造更大的经济价值。

附录：获奖成果、专利、著作及代表作品

获奖成果

核桃种质资源评价与新品种选育，获2013年度山东省科学技术进步二等奖

著作

刘庆忠，李国田，江用文，等.2013. NY/T 2330—2013. 农作物种质资源鉴定评价技术规范—核桃.北京：中国农业出版社.

刘庆忠，陈新，江用文，等.2013. NY/T 2328—2013. 农作物种质资源鉴定评价技术规范—板栗.北京：中国农业出版社.

主要代表作品

陈新，张士刚，魏海蓉，等. 2012.陕西核桃实生居群遗传多样性ISSR分析[J].山东农业科学，44（5）：1-4.

陈新，刘庆忠，徐丽，等. 2014. Walnut genebank in China national clonal plant germplasm repository（国家核桃种质基因库）[J]. Acta Horticlturae，1050：89-94.

江锡兵，刘庆忠，陈新，等. 2013. 中国部分板栗品种坚果表型及营养成分遗传变异分析[J].西北植物学报，33（11）：2216-2224.

江锡兵，刘庆忠，陈新，等. 中国板栗地方品种重要农艺性状的表型多样性[J]. 2014. 园艺学报，41（4）：641-652.

贾建云，陈新，刘洪对，等.2014.麻核桃遗传多样性的SSR分析[J].山东农业科学，46（1）：15-18.

柳金伟，陈新，徐丽，等. 2013. 果树种质资源超低温保存研究进展[J].山东农业科学，45（3）：122～125.

徐丽，陈新，张力思，等. 2014. Molecular cloning and expression analysis of the transcription factor gene JrCBF from *Juglans regia* L[J]. Acta Horticlturae，1050：41-47.

徐丽，陈新，张力思，刘庆忠. 核桃JrCBF基因的克隆与表达和单核苷酸多态性分析[J]. 2014.植物遗传资源学报，15（2）：320-326.

徐丽，陈新，魏海蓉，等.2014.核桃Y2SK2型脱水素基因JrDHN的克隆、表达和单核苷酸多态性分析[J].园艺学报，41（8）：1573-1582.

徐丽，陈新，魏海蓉，等. 2014. 核桃WRKY4基因的克隆与表达分析[J]. 核农学报，28（7）：1188～1196.

徐丽，陈新，刘庆忠，等. 2013. 核桃主要病害的发生与防治[J].落叶果树，45（1）：30-31.

徐丽，陈新，刘庆忠，等.2015.核桃NBS类抗病基因的克隆及序列分析[J].江苏农业科学，43（6）：37-39.

附表1　2011—2015年新收集入中期库或种质圃保存情况

填写单位：山东省果树研究所
联系人：陈新

作物名称	目前保存总份数和总物种数（截至2015年12月30日）				2011—2015年新增收集保存份数和物种数			
	份数		物种数		份数		物种数	
	总计	其中国外引进	总计	其中国外引进	总计	其中国外引进	总计	其中国外引进
核桃	400	35	10	5	56	6	3	1
板栗	356	37	8	3	50	9	3	2
合计	756	72	18	8	106	15	6	3

附表2　2011—2015年项目实施情况统计

一、收集与编目、保存			
共收集作物（个）	2	共收集种质（份）	106
共收集国内种质（份）	91	共收集国外种质（份）	15
共收集种子种质（份）		共收集无性繁殖种质（份）	
入中期库保存作物（个）		入中期库保存种质（份）	
入长期库保存作物（个）		入长期库保存种质（份）	
入圃保存作物（个）	2	入圃保存种质（份）	106
种子作物编目（个）		种子种质编目数（份）	
种质圃保存作物编目（个）	2	种质圃保存作物编目种质（份）	106
长期库种子监测（份）			
二、鉴定评价			
共鉴定作物（个）	2	共鉴定种质（份）	106
共抗病、抗逆精细鉴定作物（个）	2	共抗病、抗逆精细鉴定种质（个）	60
筛选优异种质（份）	18		
三、优异种质展示			
展示作物数（个）	2	展示点（个）	11
共展示种质（份）	59	现场参观人数（人次）	770
现场预订材料（份次）	109		
四、种质资源繁殖与分发利用			
共繁殖作物数（个）		共繁殖份数（份）	
种子繁殖作物数（个）		种子繁殖份数（份）	
无性繁殖作物数（个）	2	无性繁殖份数（份）	299
分发作物数（个）	2	分发种质（份次）	773
被利用育成品种数（个）		用种单位数/人数（个）	77/138
五、项目及产业等支撑情况			
支持项目（课题）数（个）	24	支撑国家（省）产业技术体系	
支撑国家奖（个）		支撑省部级奖（个）	3
支撑重要论文发表（篇）	23	支撑重要著作出版（部）	2

山楂种质资源（沈阳）

董文轩　赵玉辉　高秀岩　秦嗣军　马怀宇　杜国栋　吕德国

（沈阳农业大学，沈阳，110866）

一、主要进展

1. 收集引进

从2011—2015年12月，沈阳山楂圃先后从河北省、山东省、辽宁省、云南省、上海市、新疆维吾尔自治区、河南省等国内省市区和捷克、俄罗斯等国家共收集山楂资源91份、除8份未知资源外共涉及山楂属植物15个种和1个变种，榛资源3份、涉及1个种，共计94份。具体名录为：艳果红、闾山红、隔红、丰收红、遵化33号、面楂、涞水金星、松山村实生、化马湾山里红、牧狐梨；单子山楂-1、宪平砧木1号、泰安实生砧木、野生山里红-1、野生山里红-2、野生山里红-3、野生山里红-4、野生山里红-5、野生山里红-6、野生山里红-7、野生山里红-8、野生山里红-9、野生山里红-10、野生山里红-11、野生山里红-12、野生山里红-13、野生山里红-14、鸡距山楂-1、楔叶山楂-2、涞水大金星，其中，单子山楂和鸡距山楂为新增物种，拉丁学名分别为*Crataegus monogyna* Jasq.和*C. cruss-galli* L.；杨家堡大红、水营山楂、泰安石榴、枣行红石榴、百花峪大红、百花峪大金星、隔红山楂、马家大队、沈78201、沈78213、792403、792204、81-2、8321、82015、湖北1号、湖北2号、辽宁山楂-2、辽宁山楂-3、辽宁山楂-4、红花山楂-2、单子山楂-2、早熟山楂、晚熟山楂、欧楂-1，其中，欧楂为新增物种；鸡油山楂、大白山楂、通海五棱山楂、通海红山楂、石林山楂、天生关山楂、小果型云南山楂、沙林果、五棱型沙林果、江川山棱果、小果型江川山楂（从鸡油山楂到小果型江川山楂均属于云南山楂*C. scabrifolia* Rehd.的栽培或野生资源）、软肉山里红-1（*C. pinnatifida* Bge.）、软肉山里红-2、软肉山里红-3、软肉山里红-4、软肉山里红-5、关山山楂、马氏山楂（*C. maximowiczii* Schneid.）、加拿大山楂1号、加拿大山楂2号，其中，云南山楂属于沈阳山楂圃中的新增物种；小绵球、费县紫肉、铁楂、野生山里红15号（硬肉山里红1号）、野生山里红16号（硬肉山里红2号）、野生山里红17号（硬肉山里红4号）、野生山里红18号（硬肉山里红5号）、野山楂1号、伏山楂1号、伏山楂2号、阿尔泰山楂2号、阿尔泰山楂3号、阿尔泰山楂4号、准噶尔山楂2

号、准噶尔山楂3号、华盛顿山楂1号，中田大山楂，辽榛5号（*Corylus heterophylla* Fisch. × *Corylus avellana* L.）、辽榛6号（*Corylus heterophylla* Fisch. × *Corylus avellana* L.）、富榛4号（*Corylus heterophylla* Fisch. × *Corylus avellana* L.），其中，中田大山楂不是山楂属植物、而是苹果属植物。

从2011年到2015年12月，国家果树种质沈阳山楂圃编目入圃的山楂资源共计100份，除10份分类不明外，其余90份资源分别属于13个种1个变种；其中，新增物种7个，分别为山楂属虾蛦山楂（*C. jozana* Schneid.）、红花山楂（*C. laevigata* Poir. Zika）、单子山楂（*C. monogyna* Jasq.）、鸡距山楂（*C. cruss-galli* L.）、华盛顿山楂（*C. phaenopyrum* Medic.）、欧楂（在原分类系统中欧楂*Mespilus germanica*称为欧楂属欧楂种，属于山楂属的近缘属；但近期的一些研究结果支持把欧楂属归入山楂属，所以可将欧楂种并入山楂属，因此*Mespilus germanica*也可称为*Crataegus germanica*）和野山楂（*C. cuneata* Sieb. et Zucc.）。具体编目的山楂资源名录如下：

羽裂山楂中大果山楂变种（*Crataegus pinnatifida* Bge. var. *major* N. E. Br.）的品种品系40份，具体名单为：粉里山楂、向阳2号、北京对照、二乙子、西坟5号、安泽大果、临汾小果、百花峪山楂、超金星、黄果山楂、旧寨山楂、莱芜黑红、枣行小金星、法库实生山楂、山东大金星、白瓢绵、杨家堡大红、水营山楂、泰安石榴、枣行红石榴、百花峪大红、百花峪大金星、隔红山楂、马家大队、沈78201、沈78213、792403、792204、8321、遵化33号、涞水金星、涞水大金星、早山楂（Early Hawthourn）、晚山楂（BK-Fruits-Late）、792407、小绵球、费县紫肉、铁楂、万宝地实生1号、万宝地实生2号。

羽裂山楂（*C. pinnatifida* Bge.）野生资源28份，具体名单为：野生山里红-1、野生山里红-2、野生山里红-3、野生山里红-4、野生山里红-5、野生山里红-6、野生山里红-7、野生山里红-8、野生山里红-9、野生山里红-10、野生山里红-11、野生山里红-12、野生山里红-13、野生山里红-14、化马湾山里红、松山村实生、软肉山里红-1、软肉山里红-2、软肉山里红-3、软肉山里红-4、软肉山里红-5、万宝地山里红、百花峪山里红1号、百花峪山里红2号、野生山里红15号（硬肉山里红1号）、野生山里红16号（硬肉山里红2号）、野生山里红17号（硬肉山里红4号）、野生山里红18号（硬肉山里红5号）。

伏山楂（*C. brettschneideri* Schneid.）资源5份，具体名单为：辽宁大果、82015、早熟山里红、伏山楂1号、伏山楂2号；辽宁山楂（*C. sanguine* Pall.）资源4份，具体名单为：辽宁山楂-2、辽宁山楂-3、辽宁山楂-4、辽宁山楂-5。

其他野生种资源14份，具体名单为：黑果绿肉-2（*C. jozana* Schneid.）、牧狐梨（*C.*

hupehensis Sarg.）、红花山楂-1（*C. laevigata* Poir. Zika）、红花山楂-2、单子山楂-1（*C. monogyna* Jasq.）、单子山楂-2、马氏山楂（*C. maximowiczii* Schneid.）、野山楂1号（*C. cuneata* Sieb. et Zucc.）、阿尔泰山楂2号（*C. altaica*（Loud.）Lange）、阿尔泰山楂3号、鸡距山楂1号（*C. cruss-galli* L.）、华盛顿山楂1号（*C. phaenopyrum* Medic.）、欧楂1号（其种名可初步定为*Crataegus mespilus*）。此外，分类不明资源10份，具体名单为：彰武山里红、宪平砧木1号、泰安实生砧木、81-2、湖北1号、湖北2号、关山山楂、*C. molicima*、加拿大山楂1号、加拿大山楂2号。此外，在2011—2015年，共完成了160份山楂资源的更新栽植任务。

2. 鉴定评价

2011年，在开放条件下调查了新圃中106份山楂结实资源的桃小食心虫虫果率，初步获得新的抗虫资源5份，包括彰武山里红（1.00%）、湖北山楂（1.00%）、豫8001（6.00%）、百泉7903（9.00%）和福山铁球（14.00%）。2012年，在开放条件下继续调查了新圃中192份山楂结实资源的桃小食心虫虫果率，获得特异的抗虫资源8份。包括：彰武山里红（0.00%）、豫8001（0.00%）、单子山楂-1（0.00%）、平邑大红子（1.00%）、平邑伏红子（2.00%）、韩国山里红（3.00%）、百泉7901（5.00%）和宪平砧木1号（5.00%）。2013年，进一步在开放条件下对新圃中257份山楂结实资源进行了食心虫抗性的调查与评价工作，筛选出抗虫资源8份：分别为豫8001（虫果率1.0%）、歪把红（虫果率1.0%）、81-2（虫果率1.0%）、平邑大红子（虫果率2.0%）、准噶尔山楂-1（虫果率3.0%）、百泉7901（虫果率3.0%）、兴隆紫肉（虫果率4.0%）和绛县798203（虫果率4.0%）。2014年，进一步在开放条件下对新圃中256份山楂结实资源进行了食心虫抗性的调查与评价工作，筛选出抗虫资源7份：分别为准噶尔山楂-1（虫果率0.1%）、软肉山里红-3（虫果率0.2%）、软肉山里红-2（虫果率0.5%）、京短1号（虫果率5.0%）、北京对照（虫果率7.0%）沈2-4（虫果率9.0%）和81-2（虫果率9.0%）。此外，2014年兴隆紫肉的虫果率为11.0%、平邑大红子的虫果率为13.0%。综合以上结果看出：准噶尔山楂-1、彰武山里红、豫-8001、81-2的抗虫性强，表现稳定。

此外，在2013年，由沈阳农业大学赵玉辉主持的国家自然科学基金项目的研究也取得了一定进展。通过在2011—2012年对山楂资源进行的叶片总黄酮和黄酮单体的测定工作，获得了150多份山楂资源叶片黄酮含量的数据，并筛选出了多份总黄酮和黄酮单体含量较高的资源。例如牡荆素鼠李糖苷含量最高的资源是阿尔泰山楂为0.7993%，其次是山楂种内品种"益都特大黄面楂"为0.6086%；芦丁含量最高的资源是"垂枝山里红"为0.7191%、其次为"短枝山里红"0.6907%，山楂品种资源含量较高的有"抚顺山楂"（0.6518%）、"陈沟大红"（0.6848%）；牡荆素含量最高的资源为"小黄面楂"0.3591%，其次为"赣榆2号"0.2659%；金丝桃苷含量最高的资源为绿肉山楂0.2442%，其次为湖北山楂资源"佳甜"0.1640%；槲皮素含量最高的资源为湖北山楂资源"佳甜"0.0092%，其次为山楂种内资源"徐州大货"为0.0063%。总黄酮含量最高的是山楂种内资源"海棠山楂"、含量为11.65%；其次为"豫8003"11.45%、"卧龙岗2号"10.92%、"吉林叶赫"10.7%、"彰武山里红"10.47%、"益都敞口"10.4%、"寒丰"10.2%、"聂家裕2号"10.07%、"林县上口"9.27%、"北京灯笼红"7.92%、"劈破石2号"7.75%、"铜台白野生"7.47%、"紫丰"7.42%、"黄宝裕1号"7.22%、"黄果"7.02%。这些资源的总黄酮含量均超过中国药典所规定的最低标准，可作为山楂的替代品进行山楂叶黄酮的提取。筛选发掘的山楂种质可为今后特色品种的筛选和山楂药用提供重要的物质基础。

在2014年山楂果实成熟季节，选择了42份资源的56株山楂树进行了全株测产，开展了丰产性或产量性状的评价（图1）。得到每m²产量大于1.5kg的资源（每株营养面积按12m²计算）有：冯水山楂（3.70kg/m²）、晋县小野山楂（2.93kg/m²）、粉色山楂（2.18kg/m²）、平邑甜红子（2.01kg/m²）、秋金星（1.86kg/m²）、费县大绵球（1.86kg/m²）、思山岭山楂（1.68kg/m²）、辽红山楂（1.68kg/m²）、清原磨盘山楂（1.64kg/m²）、蒙阴大金星（1.60kg/m²）、胜利紫肉山楂（1.60kg/m²），共计11份。

此外，在2013年，我们还调查了262份山楂资源的果实性状，采集数据项数为7 800个；在2014年，调查了210份山楂资源的果实性状，采集数据项4 200个（图2和图3）；在2015年，重点对202份山楂资源的果实中糖、酸和维生素C含量进行了测定，并对部分样品的糖酸单体含量进行了高效液相色谱的分离和检测；共采集数据项1 200多个。

3. 分发供种

在2011年，沈阳山楂圃向浙江大学果树研究所、北京林业大学园林学院和沈阳农业大学园艺学院分别提供了山楂资源的果实、枝条和叶片进行多项科学试验和研究，共利用资源110份次。在2012年，沈阳山楂圃向北京林业大学园林学院、沈阳农业大学园艺学院、牡丹江市林业科学研究所、新疆维吾尔自治区奇台县林业局等分别提供了山楂资源的果实和种子、幼果和叶片、花粉和接穗等进行多项科学试验和研究，共利用资源53份次。在2013年，沈阳山楂圃向黑龙江省牡丹江林业科学研究所曲跃军，辽宁省辽阳市东辽阳杨家花园杨秀石，浙江大学果树科学研究所李鲜和沈阳农业大学园艺学院代红艳、赵玉辉、王爱德等，提供了山楂资源的花粉、枝条、叶片及资源图片进行多项科学研究及生产利用，共利用资源205份次。在2014年，圃内资源强力支持了北京林业大学主持的山楂DUS测试项目的进行和完成，先后利用山楂资源100多份；山楂圃还向黑龙江省牡丹江林业科学研究所曲跃军和沈阳农业大学园艺学院王爱德等提供30份次山楂资源用于科学研究和生产试验；全年共分发利用山楂资源130份次（图4）。在2015年，圃内山楂资源继续支持了北京林业大学主持的山楂DUS测试项目的进行和完成，再次利用山楂资源100多份；山楂圃还向黑龙江省牡丹江林业科学研究所（13份）和沈阳市城市管理大东综合监管中心（17份）等提供30份次山楂资源用于生产试验和科普宣传。此外，山楂圃还为吉林师范大学提供榛资源叶片85份，用于榛品种指纹图谱构建和遗传多样性分析（图5）。全年共分发利用山楂资源215份次。总之，山楂圃在5年中，共计分发利用山楂资源623份次、榛资源85份次；超额完成了计划任务。

4. 安全保存

经过2011—2015年5年的工作，国家果树种质沈阳山楂圃，实现了358份山楂资源和145份榛资源的安全保存；完成了各个年度的工作任务。

二、主要成效

1. 资源分发与利用情况，以及产生的经济、社会等方面的效果

从2011—2015年，圃内的山楂资源一直是3个以山楂为试材进行的国家自然科学基金项目完成的基础，也是山楂种质资源鉴定评价技术规范、山楂种质资源描述规范以及山楂属植物DUS测试规范合理制定和完成的基础。具体情况如下：

在2011年，圃内山楂资源支持了由沈阳农业大学鲁巍巍博士主持的国家自然科学基金项目：中国山楂属植物叶黄酮类成分与抗氧化活性研究（执行期2010—2012年）的执行和研究，并取得了明显进展；初步摸清了山楂各种类及栽培品种叶片中类黄酮的含量及主要组分；在2012年，圃内资源支撑了这项基金项目的顺利完成和结题。

在2012—2015年，圃内山楂属植物资源强力支撑了沈阳农业大学代红艳博士主持的国家自然科学基金项目：山楂软核性状形成的分子机理研究（执行期：2012—2015）和赵玉辉博士主持的山楂黄酮性状的关联分析及功能标记研究（执行期：2012—2014）的执行和完成，先后利用173份山楂资源（主要是花粉和叶片）进行了山楂软核分子机理和山楂黄酮等的研究；取得了良好的科研成果，发表了2篇SCI论文。

此外，在2012—2015年，在项目组成员努力工作和充分利用山楂圃实物资源和数据信

息的基础上，于2012年12月沈阳农业大学董文轩、吕德国、赵玉辉等共同完成了中华人民共和国农业行业标准"农作物种质资源鉴定评价技术规范 山楂"的制定并于2013年5月20日由农业部正式发布、2013年8月1日实施，此外由中国农业出版社正式公开出版了该标准的单行本；在2014—2015年，圃内实物资源和调查数据再次支撑了沈阳农业大学主持的"农作物种质资源描述规范 山楂"的制定和北京林业大学主持的山楂属植物DUS测试规范的制定，并于2015年底将标准报批稿分别上交农业部和林业部的相关部门，等待批准、发布和实施。

2. 人才队伍及其人才培养情况，以及成果及论文著作情况

在2011年，沈阳山楂圃有1名硕士研究生高书燕顺利毕业，论文题目为：山楂核心种质资源的构建与验证，并在《中国果树. 2011（5）：14-20》公开发表了题为：《辽宁省山楂资源微核心种质的构建方法和评价》的研究论文。

在2013年，沈阳山楂圃共接待在校实习生400多人次；同时有7名本科生、5名硕士生以山楂圃收集的资源为材料，进行毕业论文的研究工作。此外，在2013年，代红艳博士利用软核山楂为试材发表了较高影响因子的SCI收录论文：Transcript assembly and quantification by RNA-Seq reveals differentially expressed genes between soft-endocarp and hard-endocarp Hawthorn. Plos one，2013，8（9）；赵玉辉博士也以山楂为试材发表了1篇研究论文，论文题目为：山楂（*C. pinnatifida* Bge.）果实多酚含量反相高效液相检测的方法学考察《北方园艺，2013（5）：23》。

在2014年，沈阳山楂圃共接待在校实习生400多人次，同时有5名本科生、3名硕士生、2名博士生以山楂圃收集的资源为材料，进行毕业论文的研究工作。此外，赵玉辉博士等以山楂为试材发表了3篇研究论文，论文题目为：《Genetic diversity of flavone content in leaf of hawthorn resources. Pakistan Journal of Botany. 2014，46（5）：1543-1548》（SCI收录，IF=1.28），《山楂（*Crataegus pinnatifida* Bge.）种质资源遗传多样性的SRAP分析. 分子植物育种，2014（12）：1281-1287》和《山楂种质资源种核性状与果实性状的相关性研究. 北方园艺，2014（12）：19》。

在2015年，沈阳山楂圃共接待在校实习生200多人次，同时有5名本科生、3名硕士生、2名博士生以山楂圃收集的资源为试验材料，进行毕业论文的研究工作。此外，赵玉辉博士等以山楂为试材发表了1篇研究论文，论文题目为《Genetic diversity analysis of fruit characteristics of hawthorn germplasm. Genet. Mol. Res. 2015，14（4）：16012－16017》，（SCI收录，IF=0.78）；董文轩作为主编出版著作1部，即《中国果树科学与实践 山楂》，2015年由陕西新华出版传媒集团和陕西科学技术出版社出版。

三、展望

我们在2013年发现较多的资源利用者是通过资源圃人员发表论文中的联系方式找到我们的，建议资源圃进一步加强与国内各高校院所及国际间的合作与交流，以便进一步提高资源利用和共享的效率。此外，我们认为资源圃的调查和管理任务多而琐碎，只有耐心并经常进行实地观测和观察才能较好地完成各项任务。

图1　2014年进行云南山楂的考察和资源搜集

图2　2014年采集田间样品用于山楂虫果率鉴定

图3　2014年采集左伏2号伏山楂（左）和晋县小野山楂（右）的果实用于测产

图4　2014年本科生在山楂圃实习操作的场景

图5　2014年采集杂种榛观测样品的照片

附录：获奖成果、专利、著作及代表作品

著作

董文轩等，2015.中国果树科学与实践 山楂[M].西安：陕西新华出版传媒集团、陕西科学技术出版社.

董文轩，吕德国，赵玉辉，等.2013.农作物种质资源鉴定评价技术规范 山楂[M].北京：中国农业出版社.

主要代表作品

Su K，Guo Y S，Wang G，et al. 2015. Genetic diversity analysis of fruit characteristics of hawthorn germplasm[J]. Genet. Mol. Res.，14（4）：16 012-16 017.

Zhao Y H，Su K，Wang G，et al. 2014. Genetic diversity of flavone content in leaf of hawthorn resources[J]. Pakistan Journal of Botany，46（5）：1 543-1 548.

附表1　2011—2015年新收集入中期库或种质圃保存情况

填写单位：国家果树种质沈阳山楂圃、沈阳农业大学园艺学院
联系人：董文轩、赵玉辉

作物名称	目前保存总份数和总物种数（截至2015年12月30日）				2011—2015年新增收集保存份数和物种数			
	份数		物种数		份数		物种数	
	总计	其中国外引进	总计	其中国外引进	总计	其中国外引进	总计	其中国外引进
山楂	358	15	18	5	108	13	12	5
榛	145	0	3	0	0	0	0	0
合计	503	15	21	5	108	13	12	5

附表2　2011—2015年项目实施情况统计

一、收集与编目、保存			
共收集作物（个）	2	共收集种质（份）	94
共收集国内种质（份）	81	共收集国外种质（份）	13
共收集种子种质（份）	—	共收集无性繁殖种质（份）	94
入中期库保存作物（个）	—	入中期库保存种质（份）	—
入长期库保存作物（个）	—	入长期库保存种质（份）	—
入圃保存作物（个）	2	入圃保存种质（份）	108
种子作物编目（个）	—	种子种质编目数（份）	—
种质圃保存作物编目（个）	1	种质圃保存作物编目种质（份）	100
长期库种子监测（份）			
二、鉴定评价			
共鉴定作物（个）	1	共鉴定种质（份）	298（256+42）
共抗病、抗逆精细鉴定作物（个）	—	共抗病、抗逆精细鉴定种质（个）	—
筛选优异种质（份）	16（5+11）		
三、优异种质展示			
展示作物数（个）	—	展示点（个）	—
共展示种质（份）	—	现场参观人数（人次）	—
现场预订材料（份次）	—		
四、种质资源繁殖与分发利用			
共繁殖作物数（个）	1	共繁殖份数（份）	160
种子繁殖作物数（个）	—	种子繁殖份数（份）	—
无性繁殖作物数（个）	1	无性繁殖份数（份）	160
分发作物数（个）	1	分发种质（份次）	623
被利用育成品种数（个）	0	用种单位数/人数（个）	9/13
五、项目及产业等支撑情况			
支持项目（课题）数（个）	7	支撑国家（省）产业技术体系	0
支撑国家奖（个）	0	支撑省部级奖（个）	0
支撑重要论文发表（篇）	5	支撑重要著作出版（部）	4

附表3　国家果树种质沈阳山楂圃2011—2015年山楂种质资源入国家种质圃保存目录

全国统一编号	种质名称	种质圃编号	作物名称	学名	种质类型[*1]	原产地[*2]	入圃保存年份	收集日期[*2]	保存单位[*4]	备注
SZP278	粉里山楂	GPSZ290	山楂	*Crataegus pinnatifida* Bge. var. *major* N.E.Br.	地方品种	辽宁	2011	1988	国家果树种质沈阳山楂圃	
SZP279	向阳2号	GPSZ291	山楂	*C. pinnatifida* Bge. var. *major* N.E.Br.	地方品种	辽宁	2011	2007	国家果树种质沈阳山楂圃	
SZP280	北京对照	GPSZ292	山楂	*C. pinnatifida* Bge. var. *major* N.E.Br.	地方品种	北京	2011	2003	国家果树种质沈阳山楂圃	
SZP281	二乙子	GPSZ293	山楂	*C. pinatifida* Bge. var. *major* N.E.Br.	地方品种	北京	2011	2007	国家果树种质沈阳山楂圃	
SZP282	西坟5号	GPSZ294	山楂	*C. pinnatifida* Bge. var. *major* N.E.Br.	地方品种	北京	2011	2007	国家果树种质沈阳山楂圃	
SZP283	安泽大果	GPSZ295	山楂	*C. pinnatifida* Bge. var. *major* N.E.Br.	地方品种	山西	2011	2007	国家果树种质沈阳山楂圃	
SZP284	临汾小果	GPSZ296	山楂	*C. pinnatifida* Bge. var. *major* N.E.Br.	地方品种	山西	2011	2007	国家果树种质沈阳山楂圃	
SZP285	百花峪山楂	GPSZ297	山楂	*C. pinnatifida* Bge. var. *major* N.E.Br.	地方品种	山东	2011	2007	国家果树种质沈阳山楂圃	
SZP286	超金星	GPSZ298	山楂	*C. pinnatifida* Bge. var. *major* N.E.Br.	地方品种	山东	2011	2006	国家果树种质沈阳山楂圃	
SZP287	黄果	GPSZ299	山楂	*C. pinnatifida* Bge. var. *major* N.E.Br.	地方品种	山东	2011	2007	国家果树种质沈阳山楂圃	
SZP288	旧寨山楂	GPSZ300	山楂	*C. pinnatifida* Bge. var. *major* N.E.Br.	地方品种	山东	2011	2007	国家果树种质沈阳山楂圃	
SZP289	莱芜黑红	GPSZ301	山楂	*C. pinnatifida* Bge. var. *major* N.E.Br.	地方品种	山东	2011	2007	国家果树种质沈阳山楂圃	
SZP290	枣行小金星	GPSZ302	山楂	*C. pinnatifida* Bge. var. *major* N.E.Br.	地方品种	山东	2011	2007	国家果树种质沈阳山楂圃	
SZP291	辽宁大果	GPSZ303	山楂	*C. brettschneideri* Schneid.	品系	辽宁	2011	2002	国家果树种质沈阳山楂圃	

（续表）

全国统一编号	种质名称	种质圃编号	作物名称	学名	种质类型*1	原产地*2	入圃保存年份	收集日期*2	保存单位*4	备注
SZP292	法库实生山楂	GPSZ304	山楂	*C. pinnatifida* Bge.	野生资源	辽宁法库	2011	2007	国家果树种质沈阳山楂圃	
SZP293	彰武山里红	GPSZ305	山楂	待定	野生资源	辽宁	2011	2002	国家果树种质沈阳山楂圃	
SZP294	黑果绿肉-2	GPSZ306	山楂	*C. jozana* Schneid.	野生资源	俄罗斯	2011	1988	国家果树种质沈阳山楂圃	
SZP295	红花山楂-1	GPSZ0307	山楂	*C. laevigata* Poir. Zika	野生资源	美国	2011	2008	国家果树种质沈阳山楂圃	
SZP163	山东大金星	GPSZ0308	山楂	*C. pinnatifida* Bge. var. *major* N.E.Br.	地方品种	山东临沂	2011	2002	国家果树种质沈阳山楂圃	
SZP214	白瓢绵	GPSZ0309	山楂	*C. pinnatifida* Bge. var. *major* N.E.Br.	地方品种	山东福山	2011	2002	国家果树种质沈阳山楂圃	
SZP296	单子山楂-1	GPSZ0310	山楂	*C. monogyna* Jasq.	野生资源	俄罗斯	2012	2004	国家果树种质沈阳山楂圃	
SZP297	宪平砧木1号	GPSZ0311	山楂	待定	野生资源	山东临沂	2012	2008	国家果树种质沈阳山楂圃	
SZP298	泰安实生砧木	GPSZ0312	山楂	待定	野生资源	山东泰安	2012	2008	国家果树种质沈阳山楂圃	
SZP299	野生山里红-1	GPSZ0313	山楂	*C. pinnatifida* Bge.	野生资源	辽宁沈阳	2012	2002	国家果树种质沈阳山楂圃	南区山里红
SZP300	野生山里红-2	GPSZ0314	山楂	*C. pinnatifida* Bge.	野生资源	辽宁沈阳	2012	2002	国家果树种质沈阳山楂圃	1544-山里红
SZP301	野生山里红-3	GPSZ0315	山楂	*C. pinnatifida* Bge.	野生资源	辽宁沈阳	2012	2002	国家果树种质沈阳山楂圃	1541-山里红
SZP302	野生山里红-4	GPSZ0316	山楂	*C. pinnatifida* Bge.	野生资源	辽宁沈阳	2012	2002	国家果树种质沈阳山楂圃	1352-山里红
SZP303	野生山里红-5	GPSZ0317	山楂	*C. pinnatifida* Bge.	野生资源	辽宁沈阳	2012	2007	国家果树种质沈阳山楂圃	野圃4号
SZP304	野生山里红-6	GPSZ0318	山楂	*C. pinnatifida* Bge.	野生资源	辽宁沈阳	2012	2007	国家果树种质沈阳山楂圃	野圃6号
SZP305	野生山里红-7	GPSZ0319	山楂	*C. pinnatifida* Bge.	野生资源	辽宁沈阳	2012	2007	国家果树种质沈阳山楂圃	野圃7号
SZP306	野生山里红-8	GPSZ0320	山楂	*C. pinnatifida* Bge.	野生资源	辽宁沈阳	2012	2007	国家果树种质沈阳山楂圃	野圃8号

（续表）

全国统一编号	种质名称	种质圃编号	作物名称	学名	种质类型*1	原产地*2	入圃保存年份	收集日期*2	保存单位*4	备注
SZP307	野生山里红-9	GPSZ0321	山楂	*C. pinnatifida* Bge.	野生资源	黑龙江	2012	2010	国家果树种质沈阳山楂圃	逊克山里红
SZP308	野生山里红-10	GPSZ0322	山楂	*C. pinnatifida* Bge.	野生资源	黑龙江	2012	2010	国家果树种质沈阳山楂圃	胜山要塞山里红-1
SZP309	野生山里红-11	GPSZ0323	山楂	*C. pinnatifida* Bge.	野生资源	黑龙江	2012	2010	国家果树种质沈阳山楂圃	胜山要塞山里红-2
SZP310	野生山里红-12	GPSZ0324	山楂	*C. pinnatifida* Bge.	野生资源	黑龙江	2012	2010	国家果树种质沈阳山楂圃	牡丹峰山里红
SZP311	野生山里红-13	GPSZ0325	山楂	*C. pinnatifida* Bge.	野生资源	甘肃	2012	2010	国家果树种质沈阳山楂圃	华亭县山里红
SZP312	野生山里红-14	GPSZ0326	山楂	*C. pinnatifida* Bge.	野生资源	内蒙古	2012	2010	国家果树种质沈阳山楂圃	大青沟山里红
SZP313	化马湾山里红	GPSZ0327	山楂	*C. pinnatifida* Bge.	野生资源	山东临沂	2012	2011	国家果树种质沈阳山楂圃	
SZP314	松山村实生	GPSZ0328	山楂	*C. pinnatifida* Bge.	野生资源	山东临沂	2012	2011	国家果树种质沈阳山楂圃	
SZP315	牧狐梨	GPSZ0329	山楂	*C. hupehensis* Sarg.	野生资源	山东临沂	2012	2011	国家果树种质沈阳山楂圃	
SZP316	杨家堡大红	GPSZ0330	山楂	*C. pinnatifida* Bge. var. *major* N.E.Br.	地方品种	山东	2013	2007	国家果树种质沈阳山楂圃	
SZP317	水营山楂	GPSZ0331	山楂	*C. pinnatifida* Bge. var. *major* N.E.Br.	地方品种	山东	2013	2007	国家果树种质沈阳山楂圃	
SZP318	泰安石榴	GPSZ0332	山楂	*C. pinnatifida* Bge. var. *major* N.E.Br.	地方品种	山东泰安	2013	2007	国家果树种质沈阳山楂圃	
SZP319	枣行红石榴	GPSZ0333	山楂	*C. pinnatifida* Bge. var. *major* N.E.Br.	地方品种	山东	2013	2007	国家果树种质沈阳山楂圃	
SZP320	百花峪大红	GPSZ0334	山楂	*C. pinnatifida* Bge. var. *major* N.E.Br.	地方品种	山东平邑	2013	2007	国家果树种质沈阳山楂圃	

（续表）

全国统一编号	种质名称	种质圃编号	作物名称	学名	种质类型*1	原产地*2	入圃保存年份	收集日期*2	保存单位*4	备注
SZP321	百花峪大金星	GPSZ0335	山楂	C. pinnatifida Bge. var. major N.E.Br.	地方品种	山东平邑	2013	2007	国家果树种质沈阳山楂圃	
SZP322	隔红山楂	GPSZ0336	山楂	C. pinnatifida Bge. var. major N.E.Br.	地方品种	河北兴隆	2013	2010	国家果树种质沈阳山楂圃	隔红
SZP323	马家大队	GPSZ0337	山楂	C. pinnatifida Bge. var. major N.E.Br.	地方品种	辽宁辽阳	2013	2007	国家果树种质沈阳山楂圃	
SZP324	沈78201	GPSZ0338	山楂	C. pinnatifida Bge. var. major N.E.Br.	品系	辽宁沈阳	2013	1988	国家果树种质沈阳山楂圃	
SZP325	沈78213	GPSZ0339	山楂	C. pinnatifida Bge. var. major N.E.Br.	品系	辽宁沈阳	2013	1988	国家果树种质沈阳山楂圃	
SZP326	792403	GPSZ0340	山楂	C. pinnatifida Bge. var. major N.E.Br.	品系	辽宁	2013	1988	国家果树种质沈阳山楂圃	
SZP327	792204	GPSZ0341	山楂	C. pinnatifida Bge. var. major N.E.Br.	品系	辽宁	2013	1988	国家果树种质沈阳山楂圃	
SZP328	81-2	GPSZ0342	山楂	C. pinnatifida Bge. var. major N.E.Br.	品系	山西	2013	2007	国家果树种质沈阳山楂圃	
SZP329	8321	GPSZ0343	山楂	C. pinnatifida Bge. var. major N.E.Br.	品系	山西	2013	2007	国家果树种质沈阳山楂圃	
SZP330	82015	GPSZ0344	山楂	C. brettschneideri Schneid.	品系	辽宁	2013	2007	国家果树种质沈阳山楂圃	
SZP331	湖北1号	GPSZ0345	山楂	待定	品系	北京	2013	2006	国家果树种质沈阳山楂圃	
SZP332	湖北2号	GPSZ0346	山楂	待定	品系	北京	2013	2006	国家果树种质沈阳山楂圃	
SZP333	辽宁山楂-2	GPSZ0347	山楂	C. sanguinea Pall.	野生资源	俄罗斯	2013	2002	国家果树种质沈阳山楂圃	苏-1
SZP334	辽宁山楂-3	GPSZ0348	山楂	C. sanguinea Pall.	野生资源	俄罗斯	2013	2002	国家果树种质沈阳山楂圃	苏-6
SZP335	辽宁山楂-4	GPSZ0349	山楂	C. sanguinea Pall.	野生资源	俄罗斯	2013	2002	国家果树种质沈阳山楂圃	苏-7
SZP336	辽宁山楂-5	GPSZ0350	山楂	C. sanguinea Pall.	野生资源	俄罗斯	2014	2002	国家果树种质沈阳山楂圃	苏-2

（续表）

全国统一编号	种质名称	种质圃编号	作物名称	学名	种质类型*1	原产地*2	入圃保存年份	收集日期*2	保存单位*4	备注
SZP337	单子山楂-2	GPSZ0351	山楂	C. monogyna Jasq.	野生资源	俄罗斯	2014	2002	国家果树种质沈阳山楂圃	
SZP338	红花山楂-2	GPSZ0352	山楂	C. laevigata Poir. Zika	野生资源	北京	2014	2011	国家果树种质沈阳山楂圃	
SZP339	关山山楂	GPSZ0353	山楂	待定	野生资源	中国甘肃	2014	2008	国家果树种质沈阳山楂圃	
SZP340	马氏山楂	GPSZ0354	山楂	C. maximouiczii Schneid.	野生资源	中国辽宁	2014	2008	国家果树种质沈阳山楂圃	
SZP341	软肉山里红-1	GPSZ0355	山楂	C. pinnatifida Bge.	野生资源	辽宁沈阳	2014	2007	国家果树种质沈阳山楂圃	
SZP342	软肉山里红-2	GPSZ0356	山楂	C. pinnatifida Bge.	野生资源	辽宁沈阳	2014	2007	国家果树种质沈阳山楂圃	
SZP343	软肉山里红-3	GPSZ0357	山楂	C. pinnatifida Bge.	野生资源	辽宁沈阳	2014	2007	国家果树种质沈阳山楂圃	
SZP344	软肉山里红-4	GPSZ0358	山楂	C. pinnatifida Bge.	野生资源	辽宁沈阳	2014	2007	国家果树种质沈阳山楂圃	
SZP345	软肉山里红-5	GPSZ0359	山楂	C. pinnatifida Bge.	野生资源	辽宁沈阳	2014	2007	国家果树种质沈阳山楂圃	
SZP346	早熟山里红	GPSZ0360	山楂	C. brettschneideri Schneid.	品系	吉林	2014	2007	国家果树种质沈阳山楂圃	
SZP347	遵化33号	GPSZ0361	山楂	C. pinnatifida Bge. var. major N.E.Br.	品系	河北兴隆	2014	2011	国家果树种质沈阳山楂圃	
SZP348	涞水金星	GPSZ0362	山楂	C. pinnatifida Bge. var. major N.E.Br.	地方品种	河北兴隆	2014	2011	国家果树种质沈阳山楂圃	
SZP349	涞水大金星	GPSZ0363	山楂	C. pinnatifida Bge. var. major N.E.Br.	地方品种	河北兴隆	2014	2011	国家果树种质沈阳山楂圃	
SZP350	早山楂（Early Hawthorn）	GPSZ0364	山楂	C. pinnatifida Bge. var. major N.E.Br.	地方品种	捷克	2014	2013	国家果树种质沈阳山楂圃	暂时编入
SZP351	晚山楂（BK-Fruits-Late）	GPSZ0365	山楂	C. pinnatifida Bge. var. major N.E.Br.	地方品种	捷克	2014	2013	国家果树种质沈阳山楂圃	暂时编入
SZP352	加拿大山楂1号	GPSZ0366	山楂	待定	野生资源	加拿大	2014	2012	国家果树种质沈阳山楂圃	暂时编入

（续表）

全国统一编号	种质名称	种质圃编号	作物名称	学名	种质类型*1	原产地*2	入圃保存年份	收集日期*2	保存单位*4	备注
SZP353	加拿大山楂2号	GPSZ0367	山楂	待定	野生资源	加拿大	2014	2012	国家果树种质沈阳山楂圃	暂时编入
SZP354	*C. molisima*	GPSZ0368	山楂	待定	野生资源	捷克	2014	2013	国家果树种质沈阳山楂圃	暂时编入
SZP355	792407	GPSZ0369	山楂	*C. pinnatifida* Bge. var. *major* N.E.Br.	品系	辽宁	2014	1988	国家果树种质沈阳山楂圃	暂时编入
SZP356	小绵球	GPSZ0370	山楂	*C. pinnatifida* Bge. var. *major* N. E. Br.	地方品种	山东	2015	2007	国家果树种质沈阳山楂圃	
SZP357	费县紫肉	GPSZ0371	山楂	*C. pinnatifida* Bge. var. *major* N. E. Br.	地方品种	山东费县	2015	2007	国家果树种质沈阳山楂圃	
SZP358	铁楂	GPSZ0372	山楂	*C. pinnatifida* Bge. var. *major* N. E. Br.	地方品种	河北兴隆	2015	2010	国家果树种质沈阳山楂圃	
SZP359	万宝地实生1号	GPSZ0373	山楂	*C. pinnatifida* Bge. var. *major* N. E. Br.	品系	山东	2015	2008	国家果树种质沈阳山楂圃	
SZP360	万宝地实生2号	GPSZ0374	山楂	*C. pinnatifida* Bge. var. *major* N. E. Br.	品系	山东	2015	2008	国家果树种质沈阳山楂圃	
SZP361	万宝地山里红	GPSZ0375	山楂	*C. pinnatifida* Bge.	野生资源	山东	2015	2008	国家果树种质沈阳山楂圃	
SZP362	百花峪山里红1号	GPSZ0376	山楂	*C. pinnatifida* Bge.	野生资源	山东	2015	2008	国家果树种质沈阳山楂圃	
SZP363	百花峪山里红2号	GPSZ0377	山楂	*C. pinnatifida* Bge.	野生资源	山东	2015	2008	国家果树种质沈阳山楂圃	
SZP364	野生山里红15号	GPSZ0378	山楂	*C. pinnatifida* Bge.	野生资源	辽宁沈阳	2015	2009	国家果树种质沈阳山楂圃	硬肉山里红1号
SZP365	野生山里红16号	GPSZ0379	山楂	*C. pinnatifida* Bge.	野生资源	辽宁沈阳	2015	2009	国家果树种质沈阳山楂圃	硬肉山里红2号
SZP366	野生山里红17号	GPSZ0380	山楂	*C. pinnatifida* Bge.	野生资源	辽宁辽阳	2015	2009	国家果树种质沈阳山楂圃	硬肉山里红4号
SZP367	野生山里红18号	GPSZ0381	山楂	*C. pinnatifida* Bge.	野生资源	辽宁辽阳	2015	2009	国家果树种质沈阳山楂圃	硬肉山里红5号

（续表）

全国统一编号	种质名称	种质圃编号	作物名称	学名	种质类型*1	原产地*2	入圃保存年份	收集日期*2	保存单位*4	备注
SZP368	野山楂1号	GPSZ0382	山楂	*C. cuneata* Sieb. et Zucc.	野生资源	河南	2015	2010	国家果树种质沈阳山楂圃	
SZP369	伏山楂1号	GPSZ0383	山楂	*C. brettschneideri* Schneid.	品系	辽宁沈阳	2015	2007	国家果树种质沈阳山楂圃	
SZP370	伏山楂2号	GPSZ0384	山楂	*C. brettschneideri* Schneid.	品系	辽宁沈阳	2015	2009	国家果树种质沈阳山楂圃	
SZP371	阿尔泰山楂2号	GPSZ0385	山楂	*C. altaica*（Loud.）Lange	野生资源	新疆	2015	2015	国家果树种质沈阳山楂圃	
SZP372	阿尔泰山楂3号	GPSZ0386	山楂	*C. altaica*（Loud.）Lange	野生资源	新疆	2015	2015	国家果树种质沈阳山楂圃	
SZP373	鸡距山楂1号	GPSZ0387	山楂	*C. cruss-galli* L.	野生资源	美国	2015	2010	国家果树种质沈阳山楂圃	从上海引入
SZP374	华盛顿山楂1号	GPSZ0388	山楂	*C. phaenopyrum* Medic.	野生资源	美国	2015	2010	国家果树种质沈阳山楂圃	从上海引入
SZP375	欧楂1号	GPSZ0389	山楂	不确定	野生资源	捷克	2015	2011	国家果树种质沈阳山楂圃	暂时编入

种质圃名称：国家果树种质沈阳山楂圃　　　　　　　　　　填报人：董文轩

*1：种质类型：①野生资源 ②地方品种 ③选育品种 ④品系 ⑤遗传材料 ⑥其他；

*2：原产地：国内种质填××省××县（市）；国外引进种质填国家名称；

*3：收集日期：保存单位收集或获得到该份种质的日期，以"年月"表示；

*4：保存单位：填单位全称

山葡萄种质资源（左家）

艾军　杨义明　范书田　王振兴　刘迎雪　许培磊　赵　滢　秦红艳

（中国农业科学院特产研究所，吉林左家，132109）

一、主要进展

1. 种质资源保存及繁殖更新

山葡萄种质资源圃主要保存抗寒性极强的葡萄属欧亚种群的山葡萄种及其杂种。包括野生资源，种内育成品种，山葡萄与欧亚种、美洲种等种间杂交品种及品系。

截至2015年12月，共入圃保存山葡萄种质资源392份，其中，野生资源352份，种内育成品种7份，种间杂交育成品种7份，品系22份，其他遗传材料4份。保存的种质资源采用单臂篱架栽培模式，每份资源保存6株。

每年都对圃内保存资源进行统计，对衰弱、老化资源进行重剪更新复壮树势；对死亡缺株资源，采集枝条扦插繁殖苗木进行补栽。5年来共繁殖更新山葡萄种质资源262份次。

山葡萄种质资源繁殖方式主要采用扦插繁殖，但多数山葡萄种质资源扦插生根能力远弱于贝达和其他欧亚种葡萄，因此在繁殖更新技术上我们进行了探索。研究发明冰床倒催根扦插繁殖技术，2015年获得了国家专利授权（专利名称：一种葡萄硬枝扦插的冰床倒催根方法，专利号：201410119707.4）。通过降低苗床下部温度来抑制芽眼萌发，提高苗床上部温度来促进插条生根。利用这种方法使山葡萄资源生根率可达90%以上。与以往的电热温床和火炕扦插繁殖方法相比，节能省力效果明显，操作管理方便，极大地提高了山葡萄种质资源繁殖更新效率。

2. 种质资源收集引进与入圃保存

2011—2015年共收集葡萄种质资源114份，新入圃保存种质资源27份。其中，收集野生山葡萄资源84份；通过国际合作、交流访问，引进俄罗斯等国外葡萄品种（种质）资源25份；收集国内利用山葡萄进行杂交选育的育成品种5份。

先后对黑龙江省牡丹江市牡丹峰自然保护区，吉林省抚松县、安图县、和龙市、汪清县的长白山山脉以及河北省青龙县祖山山脉等地区的野生山葡萄资源进行了系统的考察，收集野生资源84份（见表）。

表　5年期间山葡萄种质资源收集入圃保存情况

年份	收集份数				入圃份数
	合计	野生资源	国内品种	国外引进	
2011	11	10	1		5
2012	38	35		3	4
2013	12	12			6
2014	23	13		10	5
2015	30	14	4	12	7
合计	114	84	5	25	27

据报道和文献记载，野生山葡萄在我国主要分布于东北三省、内蒙古东北部以及华北地区。但目前山葡萄圃收集保存的野生山葡萄种质资源主要来源于东北三省，只有"燕山（花叶两性）"这一份种质资源是来自河北省的燕山山脉，但形态特征及果实性状与山葡萄差异很大。2012年在河北省祖山地区发现有大量野生葡萄资源分布，连续2年进行了考察收集工作（图1）。收集的野生葡萄种质资源，经初步观察鉴定，发现其形态特征与山葡萄一致，初步认为属于山葡萄这一野生种。这些资源的收集，将填补资源圃保存山葡萄资源分布地区的空白，并为山葡萄分布起源、演化及生物多样性研究提供重要材料。

图1　祖山地区野生资源考察

3. 种质资源鉴定评价

果实性状评价：对长白九号、75124、200403、087227等269份山葡萄种质资源果实的形态特征和品质特性的相关性状数据进行采集和评价，采集项包括果穗形状、穗长、穗宽、穗梗长、穗重、粒重、粒径、果皮颜色、果皮厚度、种子数、可溶性固形物含量、含糖量、含酸量等30余项，采集数据7700多个。对鉴定筛选的51份高糖低酸种质的糖、酸含量进行精细评价，选出7份高糖低酸资源提供育种利用。

（1）山葡萄种质资源霜霉病抗性评价。对75041等250多份山葡萄种质资源的霜霉病田间发病情况（感病指数）进行了调查评价；对45份山葡萄资源进行了室内接种霜霉病的鉴定评价。感病指数从7.23%～40.00%，变异系数39.49%，筛选出200409、200507等9份对霜霉病抗性强的种质资源提供利用。

（2）山葡萄种质资源抗寒性评价。通过对资源圃中保存的来源于不同地区的38份山葡萄种质资源、2个山欧杂交品种、1个美洲杂交品种的枝条进行低温胁迫，测定抗寒相关生理指标，并做相关性分析、主成份分析，最后利用隶属函数法综合评价山葡萄资源的抗寒性强弱，并研究山葡萄种质资源抗寒性与其田间生态表现的关系，建立抗寒性综合评价方法，评价获得山葡萄高抗寒种质资源。根据隶属函数法的结果，认为73099为高抗种质；属抗寒等级的山葡萄种质资源有11份，主要来自黑龙江省和吉林省；属中等抗寒等级的山葡萄种质资源有23份，低抗等级的山葡萄种质资源仅为3份。综合评价结果显示，收集来源于黑龙江省的山葡萄种质资源总体抗寒性稍强于来源于吉林省的资源，来源于辽宁省的山葡萄种质资源总体抗寒性相对较低。

（3）山葡萄种质资源抗旱性评价。我国西北地区干旱少雨，光照充足，昼夜温差大，有利于植物光合糖分积累，如甘肃省河西地区、内蒙古自治区赤峰地区等，是酿酒葡萄生产的优质地域。干旱少雨又利于减少葡萄霜霉病的发生，但这些地区又较为寒冷，所以对抗寒耐旱葡萄品种资源的需求迫切。建立高效的抗旱评价方法，筛选抗寒耐旱山葡萄种质资源提供利用并为葡萄耐旱育种提供理论依据。在资源圃避雨大棚内进行，以"双红""双优"等8个山葡萄品种的当年生扦插苗为试材。采用盆栽试验处理，通过测定不同干旱水平下叶片光合作用、荧光特性、叶片水势以及非光调节介导下的光保护机制-叶黄素循环，初步评价供试山葡萄品种资源的抗旱能力，综合评价分析后，"双优""双红""左山一"及"左山二"的抗旱性较好。以此为基础，建立山葡萄种质资源抗旱评价体系。

4. 种质资源分发利用

在资源圃内和吉林省集安市、柳河县分别建立优异种质资源田间展示栽培区，向国内科研、教学、生产单位的科研人员提供田间展示60余人次。共向中国农业大学、沈阳农业大学、西北农林科技大学、中国科学院北京植物研究所、中国农业科学院郑州果树研究所、新疆石河子农业科技开发研究中心葡萄研究所、河北省张家口市农业科学院等26家单位的科研人员提供山葡萄种质资源实物利用346份次，主要用于育种亲本、抗性评价、遗传分析研究及硕、博研究生论文试材等。每年向生产单位和种植户提供山葡萄品种苗木1 000～5 000株不等，用于引种和生产建园，5年来累计达1.4万多株。

二、主要成效

1. 为国家葡萄产业技术体系和吉林省现代农业产业技术体系提供支撑

每年为国家葡萄产业技术体系的多个岗位、试验站提供山葡萄种质资源实物利用50份次以上，用于基础研究、杂交育种等。为吉林省现代农业产业技术体系特色浆果规范化高效栽培技术研究与示范课题提供种质支撑，开展规范化栽培、高标准建园等试验示范。

国家葡萄产业技术体系寒地葡萄育种岗位专家在2009年和2011年分别利用山葡萄种质做了14个杂交与自交组合，获得杂交苗4 000多株。经2013年和2014年2年鉴定评价，初选获得13个优系，各优系的酿酒性状均得到显著提升。2015年进行优系区试，有希望选育出适宜我国北方栽培的酿造高档干酒及冰红葡萄酒的优良新品种。国家葡萄产业技术体系砧木育种岗位专家在2012年和2013年利用山葡萄资源进行9个砧木杂交育种组合，共计获得杂交种子4万多粒。国家葡萄产业技术体系左家综合试验站从2011年开始利用山葡萄资源与欧亚种酿酒葡萄进行杂交，共做组合60多个，得到杂交苗3 000多株。经2年鉴定评价，2015年初选优系20多个（图2）。

图2 部分杂交选育优系

中国农业科学院特产研究所宋润刚、路文鹏等人利用圃内山葡萄种质资源"73134""双庆""左山二""73040""双丰"等种质与欧亚种葡萄经过多次杂交、回交，选育出酿造干红山葡萄酒新品种"雪兰红"，2012年通过吉林省农作物品种审定委员会审定（图3）。该品种果穗圆锥形，果粒圆形，果皮蓝黑色，果肉绿色，无肉囊；果实可溶性固形物含量16.2%～21.8%，总酸12.4～15.6g/L，单宁0.333～0.398g/L，出汁率55.3%～62.1%；抗寒力近似"贝达"葡萄，丰产性好。

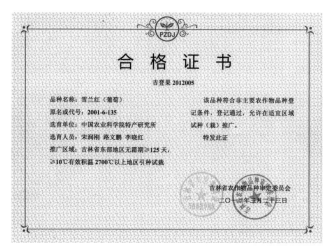

图3 "雪兰红"品种审定证书及果穗

2. 支持地方产业经济和企业的发展

吉林省集安市和柳河县是山葡萄栽培的两个主要产区。资源圃深挖资源优势，提供优质品种和先进技术，帮助产区建立高标准规范化示范园，支撑地方山葡萄产业快速发展。目前，集安市山葡萄种植面积达2.1万亩，年产山葡萄约1.4万t，致力于打造中国山葡萄冰酒顶级产区。柳河是我国优质山葡萄的主产地之一，山葡萄种植面积达3万亩，全县拥有通过QS认证的山葡萄酒生产企业44家，生产线98条，年生产能力达1.5×10^{8} L，被评为"国家级山葡萄生产标准化示范区""中国优质山葡萄酒之乡"。

提供技术、品种支持，帮助集安市鸭江谷酒庄有限公司、集安百特酒庄在集安市青石镇分别建成北冰红葡萄规范化生产示范园200亩（图4）和110亩，采用单龙蔓厂形架栽培模式配合轻简化修剪技术。现已成为山葡萄冰酒原料生产的优质产区，多次受中央电视台等多家媒体采访、宣传、报道。

图4 鸭江谷酒庄北冰红葡萄栽培示范园

提供品种和技术支持，自2012年开始帮助双鸭山天隆矿业有限公司青谷酒庄在双鸭山市和东宁县分别建成山葡萄优质生产基地1 300亩和3 900亩（图5）。栽培品种以北冰红为主，少量栽培雪兰红、公主白、双红、双优等。全部采用篱架倾斜单龙蔓厂形或单干双臂形（T形）栽培模式。到2015年部分植株进入结果期，年生产优质酿酒葡萄1 300多t，用于酿造冰红、干红、甜红葡萄酒和生产浓缩果汁。

图5 双鸭山青谷酒庄及山葡萄生产示范园

3. 支撑项目及获奖成果

支撑省部级项目7个。支撑国家自然科学基金项目（2015年获批）3个，分别为"山葡萄雄株性别CKX基因家族分析与VaCKX的性别转换功能研究"（批准号31501747）、"基于多指标化学组分分析的山葡萄种质资源品质评价研究"（批准号31500269）和"基于连锁作图及转录组分析的山葡萄性别分化相关基因筛选"（项目批准号31501722）。

支撑项目"寒地果树优异资源收集保护及创新利用"，2014年获得吉林省科学技术一等奖；"酿造冰红葡萄酒山葡萄新品种北冰红及定向栽培技术应用与推广"项目2014年获吉林市科学技术进步一等奖。

三、展望

1. 加强合作，提高资源利用效率

目前对于山葡萄资源研究利用的科研单位较少，资源利用率较低。我们要加强与全国相关科研和生产单位合作，发挥资源优势，挖掘资源价值，提高资源利用效率。如为沈阳农业大学的寒地葡萄育种、国家自然科学基金项目申请，提供支撑。依托种质资源优势，积极参与重大项目、重点企业和重点县市示范基地建设，展示优异资源和先进技术，更好地为产学研服务。

2. 积极开展山葡萄种质深度鉴定评价

围绕育种和生产需要，发挥山葡萄种质抗性优势，加强抗逆（如抗寒、抗旱、抗盐、抗碱等）、抗病性状的鉴定评价和基因标记，筛选优异种质，利用田间展示等方式主动向科研、教学和生产单位推介优异种质资源，提高资源利用效率。

深入开展山葡萄资源倍性研究，主要是多倍体资源的鉴定与利用；开展山葡萄资源原花青素、白藜芦醇的形成机理与含量变化趋势研究。评价筛选高含量的特异资源。

建立山葡萄加工适性评价实验室，开展种质资源加工品质评价研究。

附录：获奖成果、专利、著作及代表作品

获奖成果

寒地果树优异资源收集保护及创新利用，获2014年度吉林省科学技术一等奖（第三完成单位）。

专利

艾军，杨义明，范书田，等. 一种葡萄硬枝扦插的冰床倒催根方法，专利号：ZL201410119707.4（授权时间：2015年12月）。

主要代表作品

付晓伟，焦健，刘崇怀，等. 2014. 山葡萄及其杂种Myb相关基因的基因型及VvmybA1片段的分析[J]. 果树学报，31（3）：353-361.

何伟，艾军，杨义明，等. 2014.山葡萄种质资源枝条的低温半致死温度研究[J].北方园艺，（21）：19-22.

何伟，艾军，范书田，杨义明，等. 2015. 葡萄品种及砧木抗寒性评价方法研究[J]. 果树学报，（8）：1009-9980.

焦竹青，等.2012.山葡萄花序蛋白质双向电泳技术体系的建立[J].果树学报，29（5）：945-951.

秦红艳，艾军，许培磊，等.2013.盐胁迫对山葡萄叶绿素荧光参数及超微结构的影响[J].西北植物学报，33（6）：1159-1164.

王新伟，赵滢，沈育杰.2011.山葡萄籽中原花青素提取工艺优化[J].食品科学，32（10）：21-24.

王新伟，等.2011.山葡萄种质资源原花青素分布及其含量动态变化[J].北方园艺，（11）：12-16.

许培磊，范书田，刘迎雪，等.2015.山葡萄应答霜霉病侵染过程中叶绿素荧光成像的变化[J].园艺学报，（7）：1378-1384.

赵滢，艾军，王振兴，等.2013.外源NO对NaCl胁迫下山葡萄叶片叶绿素荧光和抗氧化酶活性的影响[J].核农学报，27（6）：867-872.

Xu P L，Liu Y X，Qin H Y，et al. 2015. Proteomic Analysis of the Resistant Responses of Two Vitis amurensis Cultivars to Plasmopara viticola Infections[J]. Current Proteomics. 12：63-68.

Wang Zhenxing，Jiao Zhuqing，Xu Peilei，et al. 2013. Bisexual flower ontogeny after chemical induction and berrycharacteristics evaluation in male Vitis amurensis Rupr[J]. Scientia Horticulturae，（162）：11-19.

附表1 2011—2015年新收集入中期库或种质圃保存情况

填写单位：中国农业科学院特产研究所
联系人：杨义明

作物名称	目前保存总份数和总物种数（截至2015年12月30日）				2011—2015年新增收集保存份数和物种数			
	份数		物种数		份数		物种数	
	总计	其中国外引进	总计	其中国外引进	总计	其中国外引进	总计	其中国外引进
山葡萄	392	2	1	1	27		1	
合计	392	2	1	1	27		1	

附表2 2011—2015年项目实施情况统计

一、收集与编目、保存			
共收集作物（个）	1	共收集种质（份）	114
共收集国内种质（份）	89	共收集国外种质（份）	25
共收集种子种质（份）		共收集无性繁殖种质（份）	114
入中期库保存作物（个）		入中期库保存种质（份）	
入长期库保存作物（个）		入长期库保存种质（份）	
入圃保存作物（个）	1	入圃保存种质（份）	27
种子作物编目（个）		种子种质编目数（份）	
种质圃保存作物编目（个）	1	种质圃保存作物编目种质（份）	116
长期库种子监测（份）			
二、鉴定评价			
共鉴定作物（个）	1	共鉴定种质（份）	269
共抗病、抗逆精细鉴定作物（个）	1	共抗病、抗逆精细鉴定种质（个）	51
筛选优异种质（份）	32		

（续表）

三、优异种质展示			
展示作物数（个）	1	展示点（个）	2
共展示种质（份）	20	现场参观人数（人次）	60
现场预订材料（份次）	43		
四、种质资源繁殖与分发利用			
共繁殖作物数（个）	1	共繁殖份数（份）	60
种子繁殖作物数（个）		种子繁殖份数（份）	
无性繁殖作物数（个）	1	无性繁殖份数（份）	60
分发作物数（个）	1	分发种质（份次）	346
被利用育成品种数（个）		用种单位数/人数（个）	26/41
五、项目及产业等支撑情况			
支持项目（课题）数（个）	7	支撑国家（省）产业技术体系	2
支撑国家奖（个）		支撑省部级奖（个）	1
支撑重要论文发表（篇）	25	支撑重要著作出版（部）	

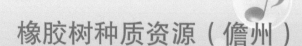

橡胶树种质资源（儋州）

胡彦师　华玉伟　蔡海滨　安泽伟　程　汉　涂　敏　方家林　黄华孙

（中国热带农业科学院橡胶研究所，海南儋州，571737）

一、主要进展

1. 收集引进

橡胶树种质资源的考察、收集与引进是国家橡胶树种质资源圃的一项基础性工作，"十二五"期间，通过不同途径开展了橡胶树种质资源的考察、收集与引进，并取得了较大进展。在收集资源类型方面，紧密围绕橡胶产业发展趋势，并结合我国特殊植胶环境条件对橡胶树品种的需求，加强国内各植胶区抗逆性强或某些特性上表现优异的品种/品系等种质材料的收集保存。"十二五"期间共收集各类资源86份，其中，从云南省热带作物科学研究所收集抗寒种质材料36份，从海南省保亭收集育种材料44份，2013年通过专家出访从越南引进种质材料1份，根据报道，此份种质分布在亚马逊河出口处的马拉若岛，平均株高2~3m，是抗风育种的种源。在国际橡胶研究与发展委员会IRRDB的协调下，2014年从印度通过材料多边交换获得高产品种5份。

种质资源的考察、收集与引进，在很大程度上丰富了国家橡胶树种质资源圃的基因资源类型，为抗逆、高产、优质橡胶树新品种的选育奠定的丰厚的物质基础，也为解决目前育成品种遗传基础狭窄问题及突破性新品种的选育创造了有利条件。

截至2015年12月，国家橡胶树种质资源圃共收集保存了我国海南省、云南省、广东省等植胶区及巴西、马来西亚、印度尼西亚、泰国等植胶国的Wickham栽培品种、野生种质和同属种质材料5个种、1个变种共计6155份资源（表2）。

表1　"十二五"期间种质资源收集入库（圃）保存情况

年份	作物名称	种质份数（份）		物种数（个）（含亚种）	
		总计	其中国外引进	总计	其中国外引进
2011	橡胶树	10		1	1
2012	橡胶树	10		1	1
2013	橡胶树	21	1	1	1
2014	橡胶树	25	5	1	1
2015	橡胶树	20		1	1
合计		86	6	1	1

2. 鉴定评价

橡胶树种质资源鉴定评价是种质资源的核心工作，在资源鉴定评价方面，严格按照农业行业标准《农作物种质资源鉴定技术规程 橡胶树》等相关规范规程的技术要求，对新引进的种质材料进行了形态学鉴定、生长鉴定、小叶柄胶值产量预测、大田白粉病发病调查等工作；在对圃内保存的野生橡胶

图1　次生乳管分化能力较强种质（XJA02076）

树种质进行全面生长调查的基础上，选择了表现较优异的材料进行了生长和乳管解剖鉴定。"十二五"期间共完成80份种质材料的生长、乳管鉴定评价，结果表明，60份3年生种质中XJA05229等10份种质平均次生乳管超过5列，平均为5.9列，XJA05255达到7列，表现出较好地高产潜力，而XJA05282等7份种质平均次生乳管仅为1列；37份3年生种质茎围平均年增粗超过8.0cm（对照7.8cm），平均茎围年增粗9.13cm，XJA05265、XJA02734两份种质茎围平均年增粗分别达到10.6cm、11.86cm表现出较好地速生性。20份7年生种质中XJA02150等3份种质平均次生乳管超过10列，平均为14列，XJA02076甚至达到19.5列（图1），表现出较好地高产潜力，XJA04878等3份7年生种质平均次生乳管仅有3列；20份7年生种质中仅有XJA00425一份种质茎围平均年增粗超过对照，为10.85cm（对照10.3cm），表现出较好地速生性，XJA04608生长最慢，茎围平均年增粗仅为1.05cm。

3. 分发供种

"十二五"期间，资源圃共向中国科学院遗传与发育生物学研究所、云南省热带作物科学研究所、中国热带农业科学院环境与植物保护研究、海南大学农学院、海南大学环境与植物学院、海南大学园艺园林学院、农业部热带作物种子种苗质检中心、海垦天然橡胶产业集团股份有限公司等科研、教学及生产单位提供热研7-33-97等优异种质材料345份992份次供研究、教学及生产单位试种，种质资源分发利用成效显著（表2）。

表2　"十二五"期间分发供种情况

年度	份数	份（次）数	用种单位数	用种人数	利用单位
2011	52	52	1	2	海南大学农学院
2012	48	138	3	3	海南大学农学院，中国热带农业科学院环境与植物保护研究，海南大学环境与植物学院

（续表）

年度	份数	份（次）数	用种单位数	用种人数	利用单位
2013	54	540	2	2	中国热带农业科学院环境与植物保护研究所，海南大学园艺园林学院
2014	68	68	2	2	海南大学农学院，农业部热带作物种子种苗质检中心
2015	187	194	4	4	中国科学院遗传与发育生物学研究所，云南省热带作物科学研究所、海南大学农学院，海垦天然橡胶产业集团股份有限公司
合计	345	992	8	13	

4. 安全保存

"十二五"期间，严格按照《农作物种质资源管理办法》《国家橡胶树种质资源圃管理细则》等规章制度中的相关要求，完成好国家橡胶树种质资源圃的水、肥管理、除草、病虫害防控等田间监测、更新复壮等工作，确保了圃内种质资源的安全保存，目前所有种质材料生长正常、健壮，无材料损失及混杂情况发生，为种质资源的研究与利用提供了保障。

在橡胶树种质圃保种技术上，根据本圃多年积累的鉴定评价数据及核心种质分析，筛选了1/3的资源建立了大田鉴定评价基地，一方面对重要种质资源进行备份保存，另一方面有利于开展这部分资源的深入鉴定，为资源的科学评价和创新利用打下良好的基础。

二、主要成效

"十二五"期间分发供种主要用户为科研及教学单位，因此，资源利用无法产生直接的经济效益，但利用单位在研究方面取得了较好的效果。

（一）典型案例一

种质名称：1981'IRRDB野生种质59份次。

利用单位：海南大学农学院。

利用过程：通过采集不同品种橡胶树的叶片，开发和筛选橡胶树死皮相关基因，为橡胶树死皮发生机制及有效防治橡胶树死皮提供理论依据。

解决的主要问题：开发和筛选出了橡胶树死皮相关基因，阐明了橡胶树死皮发生机制，为进一步有效防治橡胶树死皮提供了理论依据。

利用效果：

1. 该服务支撑橡胶树死皮发生机制及相关分子标记筛选研究取得突破性进展

（1）首次提出活性氧（ROS）产生与清除、细胞程序化死亡（PCD）、泛素蛋白酶体途径（UPP）和橡胶生物合成是橡胶树死皮发生关键调控途径，在死皮中发挥重要作用；鉴定ROS和UPP途径中关键基因的功能（图2）。

（2）开发和筛选橡胶树死皮相关基因内含子长度多态性（ILP）标记，首次将筛选到的标记在大戟科种属间进行转化（图3）。

2.该服务为阐明橡胶树死皮发生机制研究奠定了基础

为进一步有效防治橡胶树死皮提供了理论依据。同时为分子标记辅助选育死皮发生率低的橡胶树品种提供候选标记。

死皮是橡胶树单产提高的一个主要限制因子。随着橡胶树高产无性系和乙烯利刺激采胶技术的推广，我国橡胶树死皮发生率和严重程度呈逐年上升趋势，这给天然橡胶产业造成巨大的经济损失。但目前对死皮发生机制的仍不清楚，这也严重制约了橡胶树死皮有效防控措施的制定。我们通过橡胶树种质资源平台提供的实验材料，研究发现ROS产生与清除、PCD、UPP和橡胶生物合成是橡胶树死皮发生关键途径（图2）。为阐明死皮发生机制提供新观点，也为制定安全、有效的橡胶树死皮防控措施提供理论指导，同时为利用转基因技术降低死皮发生率提供靶标基因。另外，我们通过橡胶树种质资源平台提供的实验材料，利用ILP技术分析橡胶树发生率具有差异的种质，筛选橡胶树死皮相关分子标记（图3），并实现大戟科种属间转化，为分子标记辅助选育死皮发生率低的橡胶树品种提供候选标记。

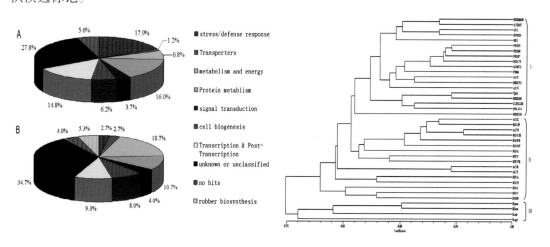

图2　橡胶树死皮差异表达EST功能分类　　图3　39份橡胶树种质中61个ILP标记聚类分析

3.该服务支撑获得国家基金2项

（1）项目来源。国家基金委，项目名称：巴西橡胶树死皮关键基因——翻译控制肿瘤蛋白特性及功能研究，项目编号：31270651。

（2）项目来源。国家基金委，项目名称：橡胶树排胶相关ADF基因参与乳管堵塞的机制研究，项目编号：31200514。

4. 支撑论文

在国内外核心刊物上发表论文9篇，其中，SCI论文3篇。

邓治，刘辉，王岳坤，等. 2014. 橡胶树胞质型谷胱甘肽还原酶基因的克隆与表达分析[J]. 植物生理学报，50（11）：1699-1706.

邓治，李德军. 2014. 利用 RAPD 和 ILP 技术筛选橡胶树抗寒分子标记[J]. 基因组学与应用生物学，33（1）：145-152.

邓治，杜磊，李德军. 2014. 橡胶树肌动蛋白解聚因子原核表达及纯化[J]. 热带作物学报，35（2）：277-281.

李德军，邓治，刘向红，等. 2014. 巴西橡胶树HbUBC14基因克隆，生物信息学及表达分析[J]. 热带农业科学，34（5）：39-43.

李德军，邓治，刘向红. 2014. 橡胶树产排胶相关基因在死皮和健康橡胶树中表达模式分析[J]. 热带作物学报，35（7）：1336-1340.

李德军，刘向红，邓治，等. 2014. 巴西橡胶树HbUBC5基因克隆，生物信息学及表达分析[J]. 天津农业科学，20（7）：6-10.

Deng Z, Zhao M, Liu H, et al. 2015. Molecular cloning, expression profiles and characterization of a glutathione reductase in Heveabrasiliensis[J]. Plant Physiology and Biochemistry，96：53-63.

LI D J, Dwng Z, Guo H N, et al. 2014. Development and Characterizations of EST-SSR Markers in Rubber Tree （Heveabrasiliensis）[J]. Agricultural Science & Technology，15（5）：733-737.

Li D, Deng Z, Liu C, et al. 2014. Molecular cloning, expression profiles, and characterization of a novel polyphenol oxidase （PPO）gene in Heveabrasiliensis[J]. Bioscience，biotechnology，and biochemistry，78（10）：1648-1655.

（二）典型案例二

种质名称：热研7-33-97等24份。

利用单位：中国热带农业科学院环境与植物保护研究。

利用过程：橡胶抗螨性及其机理研究。

利用效果：通过田间调查和室内离体叶片饲养朱砂叶螨和六点始叶螨，在24份核心橡胶种质中初步筛选出5份对两种害螨均具有抗性的种质和5份感性的种质，然后通过室内饲养，详细记录六点始叶螨和朱砂叶螨发育和繁殖参数，最终获得抗性较显著的种质两份（热研87-6-5和IRCI12）以及感性种质2份（桂研77-11-23和IAN2904）。

社会经济效益：针对目前国内外尚无确定的橡胶抗螨品种，十分缺乏橡胶抗螨性系统研究理论与技术支撑现状及现代天然橡胶产业发展与实际需求，以目前大面积发生危害的六点始叶螨、朱砂叶螨和橡胶树外来危险性重要害螨、木薯单爪螨为主要研究对象，在建立切实可行的橡胶抗螨性评级标准和获得抗螨性稳定的种质基础上，进一步重点开展橡胶树对六点始叶螨、朱砂叶螨和木薯单爪螨的营养物质防御效应、次生代谢物质防御效应、酶学防御效应及相关酶基因表达特性分析，初步阐明橡胶树的抗螨性机理，为橡胶抗螨分子设计育种提供基础信息、参试材料及理论与技术支撑（图4）。

项目的实施不仅可提高我国橡胶树重要害螨防控技术水平，有效持久控制害螨的发生与危害，降低生产成本，又可有效促进我国热带经济作物无公害生产，显著减少农药对热带农产品和环境的污染，确保热带农产品安全有效供给和产地环境安全，为海南国际旅游岛建设提供强有力的无公害防控物质与技术支撑，经济、社会和生态效益显著。

资源利用相关图像（图4）：

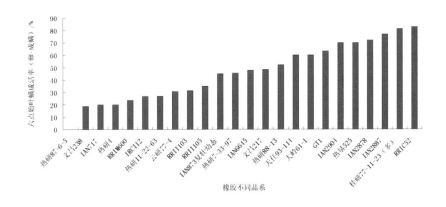

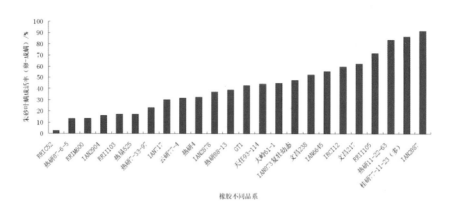

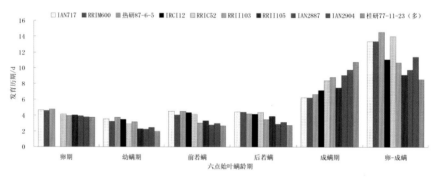

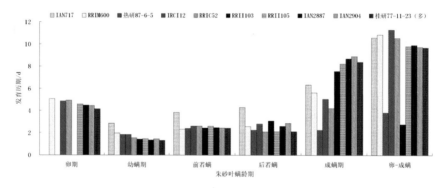

图4 开展对橡胶抗螨性及其机理研究

（三）典型案例三

服务内容：提供橡胶树萌条及科学数据。

利用单位：橡胶研究所乳管发育课题组。

利用过程：通过采集不同橡胶树种质的树皮研究其乳管分化能力的差异以及采集不同橡胶树种质胶乳提RNA开展分子生物学研究。

利用效果：取得初步成效。

1. 该服务支撑橡胶树乳管分化机制的研究取得创造性和突破性进展

发现次生乳管分化能力与橡胶树的产量密切相关，解决了橡胶树产量育种效率低、选育种周期长的重大问题；该服务支撑获得2012年海南省科技进步一等奖1项（图5），授权国家发明专利1项（图6）。

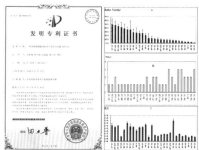

图5　海南省进步一等奖证书　　图6　授权国家发明专利证书

2. 支撑论文

该服务支撑发表SCI论文3篇。

Chen Y Y，Wang L F，Dai L J. et al. 2012. Characterization of HbEREBP1，a wound-responsive transcription factor gene in laticifers of Hevea brasiliensis Muell［J］. Arg. Mol Biol Rep 39：3 713-3 719.

Chen Y Y，Wang L F，Yang S G.et al. 2011. Molecular characterization of HbEREBP2，a jasmonateresponsive transcription factor from Hevea brasiliensis Muell［J］. Arg. African Journal of Biotechnology Vol. 10（48），9 751-9 759，29 August，2011.

Zhao Y，Zhou L M，Chen Y Y. et al. 2011. MYC genes with differential responses to tapping，mechanical wounding，ethrel and methyl jasmonate in laticifers of rubber tree （*Hevea brasiliensis* Muell. Arg. ）［J］. Journal of Plant Physiology, 168: 1 649-1 658.

三、展望

目前，占全世界植胶面积90%以上的东南亚地区，其大面积种植的无性系均系由1876年英国人Wickham所引进的几十株原始实生树经杂交繁衍而来，亲本材料的遗传基础比较狭窄，育成品种难以有大的突破，而目前种质改良利用研究不足，遗传变异资源难以获得，另外，大部分资源材料还停留在鉴定阶段，不少种质材料缺乏长期、系统的种质特性研究，制约了优异野生资源的利用。在今后的资源利用研究工作中，应进行深入细致的遗传鉴定，充分发掘优异资源，重点加强抗源亲本筛选，采用远缘杂交、理化诱变、转基因等技术多途径加强种质创新，扩大遗传变异，满足橡胶树育种对新种质的需求。

附录：获奖成果、专利、著作及代表作品

获奖成果

橡胶树种质资源收集保存评价和利用，获2013年海南省科技进步奖一等奖。

专利

1. 诱导拟南芥在黑暗中继续发育的方法，发明专利号：ZL 2013 1 0317997.9（授权时间：2015.3.25）。

2. 一种橡胶树芽接苗解绑刀，实用新型专利号：ZL201420367180.2（授权时间：2014.9.23）。

3. 一种橡胶树根病接种盒，实用新型专利号：ZL201420366653.7（授权时间：2014.9）。

4. 一种橡胶树实生苗定植挖穴装，实用新型专利号：201220117275.X（授权时间：2012.9）。

5. 橡胶树芽接工具箱，实用新型专利号：ZL201220574206.1（授权时间：2012.4.24）。

主要代表作品

蔡海滨，涂敏，华玉伟，等. 2012. 巴西橡胶树HbAGL62基因的克隆及表达分析[J]. 热带作物学报，33（10）：1766-1771.

蔡海滨，华玉伟，胡彦师，等. 2011. 国家橡胶树种质资源大田鉴定圃2011年"纳沙"台风风害调查[J]. 热带农业科学，31（12）49-52.

方家林，龙青姨，华玉伟，等. 2013. 橡胶树魏克汉种质群体结构分析[J]. 基因组学与应用生物学，32（5）627-632.

方家林，龙青姨，华玉伟，等. 2013. 基于EST-SSRs的巴西橡胶树魏克汉种质核心种质构建研究[J]. 热带作物学报，6：1013-1017.

胡彦师，华玉伟，蔡海滨，等. 2012. 橡胶树野生种质抗寒前哨苗圃系比区寒害调查报告[J]. 热带农业科技，35（3）：9-11.

胡彦师，蔡海滨，安泽伟，等. 2012. 橡胶树新种质抗寒性综合评价[J]. 广东农业科学，39（16）：51-55.

胡彦师，安泽伟，华玉伟，等. 2011. 橡胶树种质资源大田种质库寒害调查报告[J]. 中国农学通报，27（25）：56-59.

涂敏，蔡海滨，华玉伟，等. 2011. 巴西橡胶树HbRPS6-2基因的克隆与生物信息学分析[J]. 热带作物学报，32（11）：2048-2053.

涂敏，蔡海滨，华玉伟，等. 2011. 巴西橡胶树抗白粉病室内鉴定模型的建立[J]. 湖北农业科学，50（20）：4185-4187，4193.

Cheng H, Cai H B, et al. 2015. Functional Characterization of Hevea brasiliensis CRTDRE Binding Factor 1GeneRevealed Regulation Potential in the CBF Pathway of Tropical Perennial Tree[J]. PLOS ONE，1-15.

农业行业标准

农作物优异种质资源评价规范橡胶树NY/T 2184—2012. 中国农业出版社. 2012.9.

附表1　2011—2015年新收集入中期库或种质圃保存情况

填写单位：中国热带农业科学院橡胶研究所
联系人：胡彦师

作物名称	目前保存总份数和总物种数（截至2015年12月30日）				2011—2015年新增收集保存份数和物种数			
	份数		物种数		份数		物种数	
	总计	其中国外引进	总计	其中国外引进	总计	其中国外引进	总计	其中国外引进
橡胶树	6 155		6	6	86	6		
合计	6 155		6	6	86	6		

附表2　2011—2015年项目实施情况统计

一、收集与编目、保存

共收集作物（个）	1	共收集种质（份）	86
共收集国内种质（份）	80	共收集国外种质（份）	6
共收集种子种质（份）		共收集无性繁殖种质（份）	86
入中期库保存作物（个）		入中期库保存种质（份）	
入长期库保存作物（个）		入长期库保存种质（份）	
入圃保存作物（个）	1	入圃保存种质（份）	80
种子作物编目（个）		种子种质编目数（份）	
种质圃保存作物编目（个）	1	种质圃保存作物编目种质（份）	80
长期库种子监测（份）			

二、鉴定评价

共鉴定作物（个）	1	共鉴定种质（份）	80
共抗病、抗逆精细鉴定作物（个）		共抗病、抗逆精细鉴定种质（个）	
筛选优异种质（份）	16		

三、优异种质展示

展示作物数（个）		展示点（个）	
共展示种质（份）		现场参观人数（人次）	
现场预订材料（份次）			

四、种质资源繁殖与分发利用

共繁殖作物数（个）	1	共繁殖份数（份）	180
种子繁殖作物数（个）		种子繁殖份数（份）	
无性繁殖作物数（个）	1	无性繁殖份数（份）	180
分发作物数（个）	1	分发种质（份次）	992
被利用育成品种数（个）		用种单位数/人数（个）	8/13

五、项目及产业等支撑情况

支持项目（课题）数（个）	9	支撑国家（省）产业技术体系	1
支撑国家奖（个）		支撑省部级奖（个）	1
支撑重要论文发表（篇）	12	支撑重要著作出版（部）	

香料饮料种质资源（兴隆）

郝朝运

（中国热带农业科学院香料饮料研究所，海南兴隆，571533）

一、主要进展

1. 收集引进

"十二五"期间，新收集和入种质圃保存胡椒、咖啡、可可、香草兰等热带香料饮料作物种质资源233份，其中，包括一批宝贵的优异农家品种、野生近缘种和珍稀濒危种等，新增物种假荜拔*Piper retrofractum*、*Piper peltatum*、*Piper pseudofuligineum*、粗梗胡椒*Piper macropodum*、嵌果胡椒*Piper infossibaccatum*、台湾胡椒*Piper taiwanense*、瑞丽胡椒*Piper tsengianum*、大花可可*Theobroma grandiflorum*、双色可可*Theobroma bicolor*、*Piper dilitatum*、*Piper lessertiana*、*Piper hillianum*、*Piper biolleyi*、毛叶胡椒*Piper puberulilimbum*和长穗胡椒*Piper dolichostachyum*共15种，发表胡椒属新物种——盾叶胡椒（*Piper peltatifolium*）。使我国热带香料饮料作物种质资源圃圃存量达到389份，进一步丰富咖啡资源保存量，解决我国香草兰、胡椒、可可种质资源偏少、育种材料欠缺的现状。

2. 鉴定评价

"十二五"期间，利用种质资源描述评价系列规范，对收集保存的主要热带香料饮料作物种质资源进行重要性状鉴定评价。通过植物学性状、农艺性状、抗性性状等鉴定评价，筛选出具有高产、抗病、抗逆、优质等优异性状的种质资源27份。其中，可可：BGL22-2等果实色泽白色、抗可可盲蝽，KFKK2G等单果重达935g、籽粒数35、单籽粒种1.67g，BGL33-2等可可脂含量超过60%，BGL48-3等单果可可脂产量达43.44 g，BGL4-7等类黄酮含量高达23.23 mg/g；香草兰：香草兰栽培变种茎蔓生长迅速、果荚品质优，大花香草兰茎蔓粗壮、长势好、果荚粗壮；胡椒：华山蒟、假煤点胡椒、黄花胡椒等高抗胡椒瘟病，竹叶胡椒、毛叶树胡椒等高抗寒，大叶蒟等果穗长度极长（可超过40cm）；咖啡：热199-1等高产、稳产、品质好、中抗锈病，卡蒂姆P88等高产稳产、抗锈病。为选育适合我国气候环境特点的高产、高抗、优质等优良新品种提供了材料、技术和数据支撑，有利于解决产业面临的品种问题，促进产业健康持续发展。

3. 分发供种

利用种质资源圃展示、优异种质提供或种质互换等实物共享形式，向相关科研院所、大中院校等提供相关种质材料200余份次、数据资料600余份次，为农场、种植户等提供优良种质种苗30余份次、5万余株。

4. 安全保存

认真做好种质圃的田间种植管理，以及长势病虫害等监测。由于受降雨、病虫害等因素影响，热带香料饮料作物种质资源圃部分种质长势减弱甚至死亡，因此开展种质育苗扩繁工作，共育种质165份次，更新圃存种质134份次，保证圃存种质的长势，防止丢失。

二、主要成效

通过热带作物种质资源信息网、中国植物图片库等平台，网络共享种质位点、性状数据和图片资料等600余份次；向GenBank数据库等上传胡椒资源基因序列近100条。通过种质资源的充分共享，进一步促进了资源的物种分类、药用成分、新品种培育等研究的效率和水平，为国家自然科学基金、公益性行业（农业）科研专项、省自然科学基金等国家和省部级科研项目20余项提供支撑，为课堂教学和科普示范等提供了材料来源，提高了我国胡椒种质资源的整体研究水平。在《热带作物学报》《J Genet》等期刊发表研究论文12篇，获授权发明专利3项，支撑成果奖励2项，"热引1号"胡椒、"热研1号"咖啡和"热研2号"咖啡等3个品种通过全国热带作物品种审定委员会审定，"热研3号"咖啡、"热引3号"香草兰和"热引4号"可可等4个品种通过海南省第四届农作物品种审定委员会认定。

典型例子一：热引4号可可新品种推广应用

无锡华东可可食品股份有新公司是中国可可行业规模最大、综合实力最强的可可生产加工基地，年加工生产可可制品5万吨以上，产品90%以上销往国外，占中国可可行业进出口总量的50%以上。然而，可可原材料的供给成为华东可可公司的发展瓶颈，受国际可可市场供给关系的影响，原材料进口一度匮乏，给公司的运营带来巨大的压力。中国热带农业科学院香料饮料研究所是我国唯一一家长期从事可可产业技术体系研究的单位，拥有我国第一个具有自主知识产权的热引4号可可新品种，并研发了相配套的种苗繁育及高产栽培关键技术。近年来，香饮所与华东可可公司建立"科研院所+公司+基地+农户"的合作模式，助推我国可可产业的发展，以确保公司可可原料的补给供给，带动周边农业增效、农民增收（图1）。

经过多年的努力，在香饮所的支持下，进行热引4号可可优良种苗的繁育工作，为华东可可公司在海南省万宁地区建立种植示范基地500多亩，推广热引4号可可种植面积达1万多亩，培训技术骨干和工人100人次，完善集团公司的产业链结构，稳定原料供应，为集团公司的长远发展提供有效保证。示范基地采用槟榔或椰子间作可可的模式，不仅大量节约了土地，而且能大幅提高土地单产，将对周边农场和种植户起到示范带动的作用，加速可可种植推广速度，从而促进可可产业发展（图2）。近期，公司计划与香饮所合作在三年内推广种植可可总面积5万亩，共建可可鲜豆初加工工厂1个。同时免费提供技术指导与支持，与周边乡镇政府或农户签订收购协议，全部收购海南省可可豆，解决种植户的后顾之忧。届时，华东可可将建立起从可可上游种植到中间可可加工再到可可终端产品生产和销售的全产业链模式，提高集团公司的竞争力。

图1　热引4号可可品种种苗繁育基地　　　　图2　热引4号可可示范基地及技术指导

典型例子二：香饮所用胡椒优良品种及配套生产技术助推绿春县打造"云南省最大胡椒生产基地"

绿春县是云南省典型的温热区，海拔1 000m以下的热区面积100多万亩，具有发展胡椒产业的自然优势。近年来，该县高度重视胡椒产业的发展，成立胡椒产业发展工作领导小组，将胡椒产业纳入"兴边富民工程"项目予以重点支持。2011年以来，按照"谁发展、扶持谁、谁受益"的原则，投入200万元扶持资金，实施了农户自愿发展1亩胡椒，政府补助2t水泥的优惠政策，带动了适宜区群众发展胡椒的积极性。同时，该县决定从"十二五"第二年开始，县政府每年安排300万元以上的专项扶持胡椒产业资金，预计在"十三五"期间，推广种植胡椒10万余亩，通过农业产业结构的调整，促进农业增效、农民增收。然而，优良种苗以及种植与加工技术的严重缺乏，绿春县政府到中国热带农业科学院香料饮料研究所多次调研考察，并达成科技合作意向，帮助绿春县规范化种植胡椒，形成生产、加工、销售一体化产业链，使胡椒产业向规模化、标准化、效益化迈进，建成名副其实的"云南省最大的胡椒生产基地"。

经过多年的努力，在中国热带农业科学院香料饮料研究所的指导下，进行热引1号胡椒优良种苗的繁育工作，为种植户提供无病虫害的优良种苗。绿春县负责与种植户日常联系、反馈等工作，将工作中遇到的技术问题及时反馈给中国热带科学院香料饮料研究所。同时，绿春县做好热带香料饮料作物种植和推广计划，负责组织科技示范户、种植户、农技人员参加各项实用技术培训。中国热带科学院香料饮料研究所派研究人员到绿春县挂职，专门负责胡椒产业技术指导，绿春县也将适时派送科技青年或政府部门技术人员到中国热带科学院香料饮料研究所学习胡椒种植技术，培养一批胡椒科技人才队伍（图3和图4）。截至2015年，绿春县胡椒面积达20 514亩，采摘面积超过5 000亩，年产胡椒700吨，覆盖骑马坝、平河、三猛、大黑山、半坡等乡镇，产值5 000多万元，成为适宜群众脱贫致富特色产业。

图3　项目专家在云南绿春县胡椒种植基地　　图4　项目专家在云南省绿春县骑马坝乡举办胡椒栽培技术
　　　进行技术指导　　　　　　　　　　　　　　培训班

三、展望

种质资源是育种、科研和生产的物质基础，是我国热带香料饮料作物产业发展的物质保障。胡椒、可可、咖啡、香草兰等种质资源种类多、分布广、地域性强，主要分布在世界热带发展中国家，我国种质资源保存量仍然偏少。今后需进一步加大境外优异资源引进，结合新种质创制，不断丰富我国热带香料饮料种质资源。

鉴定评价是种质资源研究的关键环节，我国热带香料饮料种质资源精准鉴定有待进一步加强，特别是在特性鉴定与评价，如抗逆性、抗病性、品质性状等。今后，建议上级部门加大对种质资源深度鉴定及优异基因挖掘的经费支持力度，加强特性鉴定与评价，以保证热带香料饮料作物资源工作的系统性和完整性，满足当前育种和生产利用。

附录：获奖成果、专利、著作及代表作品

获奖成果

1. 特色热带作物种质资源收集评价与创新利用，获2012年度国家科学技术进步二等奖。
2. 胡椒种质资源收集保存、鉴定评价与利用，获2014年度海南省科技进步二等奖。

专利

1. 邬华松，郝朝运，杨建峰，等. 一种鉴定胡椒种质资源的方法，专利号：ZL201210230511.3（批准时间：2014年1月）。
2. 闫林，董云萍，黄丽芳，等. 一种咖啡扦插育苗的方法，专利号：ZL 201210514919.3（批准时间：2014年3月）。
3. 王晓阳，董云萍，闫林，等. 一种鉴定小粒种咖啡与中粒种咖啡的方法，专利号：ZL201310490342.1（批准时间：2015年4月）。

主要代表作品

范睿，凌鹏，顾文亮，等. 2013. 海南蒟cDNA文库的构建及评价[J]. 热带作物学报，34（4）：636-640.

郝朝运，谭乐和，范睿，等. 2012. 中国部分胡椒属植物表型性状的数量分类[J]. 热带作物学报，3（5）：779-785.

李付鹏，王华，伍宝朵，等. 可可果实主要农艺性状相关性及产量因素的通径分析[J]. 热带作物学报，2014，35（3）：448-453.

李付鹏，秦晓威，伍宝朵，等. 2015. 可可蔗糖磷酸合成酶基因家族进化及组织表达分析[J]. 热带作物学报，6（9）：1608-1613.

刘红，郝朝运，徐志，等. 2012. 海南胡椒种质资源主要品质特性研究初报[J]. 热带农业科学，32（9）：38-40.

闫林，黄丽芳，陈鹏，等. 2012. 不同处理对中粒种咖啡扦插生根的影响[J]. 热带作物学报，33（12）：2193-2198.

闫林，黄丽芳，谭乐和，等. 2012. 咖啡ISSR与RAPD-PCR反应体系优化[J]. 热带作物学报，33（5）：854-859.

Li F P, Hao C Y, Yan L, et al. 2015. Gene structure, phylogeny and expression profile of the sucrose synthase gene family in cacao（*Theobroma cacao* L.）[J]. Journal of genetics, 94（3）：461-472.

Li F P, Wu B D, Qin X W, et al. 2014. Molecular cloning and expression analysis of the sucrose transporter gene family from *Theobroma cacao* L[J]. Gene, 546（2）：336-341.

Qin X W, Hao C Y, He S Z, et al. 2014. Volatile Organic Compound Emissions from Different Stages of Cananga odorata Flower Development[J]. Molecules, 19（7）：8965-8980.

附表1 2011—2015年新收集入中期库或种质圃保存情况

填写单位：中国热带农业科学院香料饮料研究所
联系人：郝朝运

作物名称	目前保存总份数和总物种数（截至2015年12月30日）				2011—2015年新增收集保存份数和物种数			
	份数		物种数		份数		物种数	
	总计	其中国外引进	总计	其中国外引进	总计	其中国外引进	总计	其中国外引进
咖啡	94	48	3	3	110	27	3	3
胡椒	169	31	56	16	67	13	16	10
香草兰	34	22	6	4	11	7	5	2
可可	92	56	3	3	45	45	3	3
合计	389	157	68	26	233	92	27	18

附表2 2011—2015年项目实施情况统计

一、收集与编目、保存

共收集作物（个）	4	共收集种质（份）	233
共收集国内种质（份）	141	共收集国外种质（份）	92
共收集种子种质（份）	155	共收集无性繁殖种质（份）	78
入中期库保存作物（个）		入中期库保存种质（份）	
入长期库保存作物（个）		入长期库保存种质（份）	
入圃保存作物（个）	4	入圃保存种质（份）	233
种子作物编目（个）	2	种子种质编目数（份）	133
种质圃保存作物编目（个）	4	种质圃保存作物编目种质（份）	306
长期库种子监测（份）			

二、鉴定评价

共鉴定作物（个）	4	共鉴定种质（份）	306
共抗病、抗逆精细鉴定作物（个）	4	共抗病、抗逆精细鉴定种质（个）	104
筛选优异种质（份）	38		

三、优异种质展示

展示作物数（个）		展示点（个）	
共展示种质（份）		现场参观人数（人次）	
现场预订材料（份次）			

四、种质资源繁殖与分发利用

共繁殖作物数（个）	4	共繁殖份数（份）	165
种子繁殖作物数（个）	2	种子繁殖份数（份）	75
无性繁殖作物数（个）	2	无性繁殖份数（份）	90
分发作物数（个）	4	分发种质（份次）	238
被利用育成品种数（个）	7	用种单位数/人数（个）	12/23

五、项目及产业等支撑情况

支持项目（课题）数（个）	18	支撑国家（省）产业技术体系	
支撑国家奖（个）	1	支撑省部级奖（个）	1
支撑重要论文发表（篇）	12	支撑重要著作出版（部）	1

热带牧草种质资源（儋州）

白昌军

（中国热带农业科学院热带作物品种资源研究所，海南儋州，571737）

一、主要进展

1. 收集引进

2012年收集、引进种质材料16种77份，其中，猪屎豆属种质最多，65份；其他还有银合欢属、山蚂蝗属、雀稗属、木蓝属等。国外引进12种。2013年收集、引进山蚂蝗属种质材料6种60份，其中，国外引进12种，主要为卵叶山蚂蝗。2014年收集千斤拔材料3种19份、引进柱花草属种质材料12种31份。2015年引进距瓣豆属和柱花草属15种50份，其中，国外引进12种，主要为卵叶山蚂蝗。通过2012—2015年4年间不断的收集引进，共引进柱花草属26个种，基本完成了热带柱花草属的收集。

2. 鉴定评价

2012年对50份猪屎豆属种质材料的生育期（播种期、出苗期、分枝期、现蕾期、开花期、结荚期、成熟期等）、株高、叶片形状、花、种子及千粒重等常规农艺性状进行观测评价。

2013年山蚂蝗属种质60份资源进行了植物性状观测和生育期记录，包括株高、叶、花、果荚等观测。对其中，13份种质的N、P、K、Ca、Mg、S、Fe、B、Mn、Cu、Zn、Mo等营养元素含量进行分析评价。结果表明，山蚂蝗属是含高N、P、K的有机绿肥，且微量元素含量丰富。其中，圆叶绒毛山蚂蝗综合评价最高，且含丰富的中量元素Ca、Mg、S和微量元素Fe、B、Mn、Cu、Mo、Zn，是热区推广绿肥的首选。对山蚂蝗属20份种质在不同NaCl浓度梯度胁迫下植株形态指标和生理指标的反应。初步结果表明，耐盐性较强的是糙伏山蚂蝗、大叶山蚂蝗、绒毛山蚂蝗、度尼山蚂蝗。

对从澳大利亚引入的卵叶山蚂蝗等18份山蚂蝗属种质进行选育（图1），从中筛选并通过国家审定品种"热研16号卵叶山蚂蝗"。该品种喜湿润热带气候，适合年降水1 000 mm以上的地区生长，在酸性瘠土表现优良；草产量可达36382.5 kg/hm² · 年，耐荫性强，适合与禾本科牧草混播；主要用于人工草地建植和林草间作覆盖作物，适合在我国热带和亚热带地区推广种植。

图1　引种卵叶山蚂蝗品种

2014年收集华南热带地区的千斤拔属野生种质材料19份，引进国外柱花草种质31份。完成31份柱花草属和19份千斤拔属种质资源农艺性状鉴定评价，进行了植物性状观测记录，包括叶、花、果荚等观测和记录。对千斤拔属19份种质资源进行产量评价测定（图2）。

图2　开展引进品种观测和记录

2015年对21份距瓣豆属和29份柱花草属种质材料进行繁殖评价，其中，国外引进种质47份。对收集的资源在经过整理和核实后，扩繁正式入圃保存并按照相关要求编写入圃种质资源名录。对50份种质材料进行了繁殖更新，已完成50份种质材料的农艺性状鉴定评价，进行了植物性状观测记录，包括叶、花、果荚等观测。对29份柱花草种质资源，按照《植物新品种特异性、一致性和稳定性测试指南 柱花草》的要求，进行了24个基本性状的考察。根据先前完成的"柱花草DUS测试指南基本性状和标准品种的修订建议"，对29份柱花草种质资源新增性状（如茎的颜色，托叶毛情况、枝条黏性的强弱，旗瓣条斑的多少，荚果的性状及种皮的颜色）的考察，检测新增性状的有效性（图3）。

采用砂培盆栽对43份柱花草种质耐盐性评价研究，采用土培盆栽法对44份柱花草种质抗旱性评价研究。通过盆栽试验，对20份蝴蝶豆进行耐盐处理。

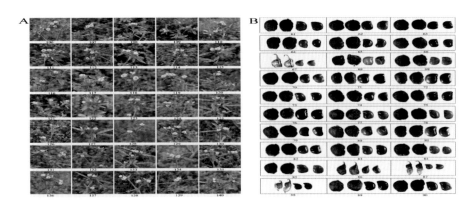

图3 对柱花草进行评价研究

3. 分发供种

2012年向本单位和外省相关单位（广西壮族自治区畜牧研究所和牧草工作站、云南省热带经济作物研究所、福建省农业科学院农业生态研究所等）提供利用材料6次140多份，主要用于国家级科研项目、国际合作项目和国家自然基金项目的研究。

2013年共向本单位和外省相关单位（福建省农业科学院农业生态研究所、华南师范大学、广西壮族自治区畜牧研究所和牧草工作站、云南省热带经济作物研究所等）提供利用材料12次240多份，主要用于国家级科研项目、国际合作项目和国家自然基金项目的研究。

2014年共向本单位和外省相关单位（湖北省农业科学院、华南农业大学、广州饲料研究所等）提供利用材料7次151多份，主要用于国家级科研项目、国际合作项目和国家自然基金项目的研究。

2015年共向本单位和外省相关单位提供草种材料10次171多份，主要用于种植推广和科研研究（图4）。

图4 提供合作研究品种材料

4. 安全保存

对收集到的热带牧草种质资源进行扩繁，可使用种子进行繁殖或使用种茎和分株繁殖，收获的种子量达到入库要求后入备份库保存。在圃内保存的资源是不能直接分发利用的，需在繁殖扩大数量后才能提供分发利用。扩繁方法按照《农作物种质资源整理技术规程》中的扩繁技术进行。2010—2015年，库圃重点对柱花草属190份、山蚂蝗属（*Desmodium* Desv.）232份、木蓝属（*Indigofera* Linn.）229份、猪屎豆属（*Crotalaria* Linn）324份、距瓣豆属[*Centrosema*（DC.）Benth.]117份、千斤拔属（*Flemingia* Roxb. ex Ait.）86份、虫豆属（*Atylosia* Wight et Arn.）44份、决明属（*Cassia* L.）50份、链荚豆属（*Alysicarpus* Neck.ex Desv.）102份等资源进行了繁殖。另外，还对葛属（*Pueraria* DC.）、灰叶属（*Tephrosia* Pers.）、胡枝子属（*Lespedeza* Michx.）、黍属等资源进行了扩繁。

定期更新复壮圃存种质资源，保证其生长势。一般在热带牧草圃中种植3～5年以上的牧草进行一次更新繁殖，当资源出现衰退现象（如部分植株枯死）或遭到严重的病虫危害时要及时更新。更新时采用扦插、株丛分割、根茎或根蘖分割等方法进行。圃内资源繁殖更新程序包括了解拟繁殖种质的特征特性、制订繁殖更新计划、确定繁殖时间与种植点、田间设计、种植前准备、田间种植与栽培管理、更新数据采集表的制订、性状核对与去杂、收获与种子处理、数据录入与工作总结。截至2015年年底，对禾本科狗牙根属300份、蜈蚣草属100份、甘蔗属32份、黍属28份等资源做了更新繁殖。

在同一气候区内或相似气候区对牧草的异地保存，无须采取特殊保护措施，植株也能正常生长发育，而且对某些病虫害和逆境具有较强的抵抗力，比较容易保存成功。但任何一个资源圃都不可能有各种各样的生态类型去满足众多生态特性差异的牧草资源，每一种野生牧草种质都具有各自的特点，在保存方法、保存生境和保存株数上也不尽相同，所以应根据牧草的生长习性施加相对应的措施提高存活率。可以用人工模拟各种生态环境条件对不同资源进行保存，采取遮荫、防寒、排灌、调节土壤pH值、改土、施肥、营造伴生草种、适量间伐、引入根瘤菌、小生境栽培等措施，减少异地保存的环境选择压力，提高种质的存活率。

建立规范的工作制度，制定了《种质圃田间管理制度》，并严格按照规章制度执行。完善种质资源圃建设，维护好田间设施，定期对热带牧草种质圃进行维护，包括网围栏、喷头、田埂、排水沟等（图5），及时做好田间除杂工作。

图5　建立规范的耕作要求

二、主要成效

1. 加强间作效应分析

2012年，云南省农业科学院热区生态农业研究所利用中国热带农业科学院热带作物品种资源研究所分发的热研2号柱花草进行了干热河谷退化山地龙眼和柱花草间作效应分析（图6）。在龙眼树行间种植热研2号柱花草，观测了龙眼单作区与龙眼——柱花草间作区土壤营养成分、水分和地表温度与湿度、龙眼生长量和产量、柱花草的鲜草产量。结果表明，龙眼行间种植热研2号柱花草，间种区土壤肥力得到提高，土壤有机质、总氮及微生物细菌数量高于龙眼单作区，土壤容重降低。翻压柱花草后土壤全氮、有机质、有效磷和速效钾显著高于未翻压样地。龙眼行间种植热研2号柱花草，旱季0～20 cm土层土壤水分高于龙眼单作1.679%，20～40cm土层土壤含水量高于龙眼单作0.833%。在寒冷季节（1月），间种区地表温度在18：00时高于龙眼单作0.400℃；在炎热季节，间作区地表温度在 14：00 时低于龙眼单作 0.664℃。间种区龙眼株高、冠幅和地径高于龙眼单作41.00 cm、0.231 m^2、1.034 cm，单位面积经济效益高于龙眼单作 4 830.0元/hm^2。

图6　开展山地龙眼和柱花草间作效应研究

2. 加强推广间作技术，提高水平，推动产业发展

2015年针对广西壮族自治区可选用的热带牧草品种少、种植技术落后、果农科技意识不高等问题，热带牧草种质资源标准化整理、整合及共享运行服务项目提供热研4号王草、柱花草、银叶山蚂蟥、平托落花生等适宜在广西壮族自治区百色地区发展的品种或品系，推广果草间作技术，提高规模化栽培水平，推动广西壮族自治区草木业发展（图7）。该技术涵盖从种植到堆肥的一整套系统技术，其内容丰富，科学性、系统性和可操作性强。

图7 加强科技指导与服务

三、展望

1. 圃地扩建要求

草资源在田间繁殖评价，每年的任务都在增加，而圃的用地面积是固定的，这就使得用地紧张，希望增加对圃的建设性投入。

2. 鉴定评价所需要试验设备

需要长期稳定的试验室和必需的仪器设备，用于所收集种质资源的农艺性状观测、抗性鉴定评价、种子检验检测以及无性繁殖材料的保育研究和种质资源多样性研究等。

3. 经费投入增加

由于几乎所有的费用均不同程度的涨价，水电费、劳务费、材料费、燃料动力费等，无性繁殖材料与田间评价圃田间管理，需要增加这方面的投入。需要长期稳定的实验室和必需的仪器设备，用于所收集种质资源的农艺性状观测、抗性鉴定评价、种子检验检测以及无性繁殖材料的保育研究和种质资源多样性研究等，希望经费能够增加。

4. 开展重点收集

今后热带牧草圃收集保存的重点应放在热区特有种和珍稀濒危牧草种质资源上，如刀豆属、柳叶箬属、尾稃草属等我国特有饲用作物种质资源，特别是沿海岸线收集耐盐植物种质资源，同时有计划从印度、泰国、哥伦比亚、澳大利亚等国引进优良热带牧草种质资源。

附录：获奖成果、专利、著作及代表作品

获奖成果

1. 柱花草优良新品种推广及利用，获2013年海南省科技转化一等奖。

2. 柱花草种质创新及利用，获2013年中华农业科技奖一等奖。

专利

1. 张瑜. 一种种子筛选装置，专利号：2015 2 0096809.9（获批时间：2015年9月）。

2. 张瑜，严琳玲，白昌军，一种种子脱皮工具，专利号201520524257.7。

著作

刘国道，白昌军.2014，柱花草良种繁育技术与管理[M]. 南京：江苏科学技术出版社.

主要代表作品

丁西朋，罗小燕，张龙，等.2015.柱花草种间亲缘关系SSR分析[J].草业科学，32（10）：1594-1602.

刘建乐，白昌军，严琳玲，等.2014.16份柱花草材料的耐铝性评价[J].热带作物学报，35（3）476-482.

刘建乐，白昌军，严琳玲，等.2015.割手密资源农艺性状遗传多样性评价[J].热带作物学报，30（2）：229-236.

张德，龙会英，何光熊.2012.干热河谷退化山地龙眼和柱花草间作效应分析[J].云南农业大学学报，27（1）：112 -116，128.

张瑜，严琳玲，虞道耿，等.2015.4种柱花草种子萌发形态的观察与分析[J].南方农业学报，46（2）：216-222.

附表1　2011—2015年新收集入中期库或种质圃保存情况

填写单位：中国热带农业科学院热带作物品种资源研究所

联系人：白昌军

作物名称	目前保存总份数和总物种数（截至2015年12月30日）				2011—2015年新增收集保存份数和物种数			
	份数		物种数		份数		物种数	
	总计	其中国外引进	总计	其中国外引进	总计	其中国外引进	总计	其中国外引进
蝴蝶豆	16	13	1	1				
大果蝴蝶豆	3	3	1	1				
草地蝴蝶豆	2	2	1	1				
圭亚那柱花草	20	20	1	1				
灌木柱花草	3	3	1	1	3	3	1	1
黏质柱花草	5	5	1	1	5	5	1	1
光果柱花草	1	1	1	1	1	1	1	1
大叶柱花草	2	2	1	1	2	2	1	1
蔓性柱花草	1	1	1	1	1	1	1	1
头状柱花草	1	1	1	1	1	1	1	1

（续表）

作物名称	目前保存总份数和总物种数（截至2015年12月30日）				2011—2015年新增收集保存份数和物种数			
	份数		物种数		份数		物种数	
	总计	其中国外引进	总计	其中国外引进	总计	其中国外引进	总计	其中国外引进
糙柱花草	6	6	1	1	6	6	1	1
合轴柱花草	1	1	1	1	1	1	1	1
披毛柱花草	1	1	1	1	1	1	1	1
细茎柱花草	2	2	1	1	2	2	1	1
大头柱花草	6	6	1	1	6	6	1	1
毛叶柱花草	1	1	1	1	1	1	1	1
灌木黏质柱花草	1	1	1	1	1	1	1	1
狭叶柱花草	2	2	1	1	2	2	1	1
矮柱花草	2	2	1	1	2	2	1	1
有钩柱花草	5	5	1	1				
球穗千斤拔	2		1					
蔓性千斤拔	1		1					
大叶千斤拔	16		1					
绒毛山蚂蝗	31		1					
圆叶舞草	1		1					
度尼山蚂蝗	1	1	1	1	1	1	1	1
糙伏山蚂蝗	1	1	1	1	1	1	1	1
卵叶山蚂蝗	10	10	1	1	10	10	1	1
大叶山蚂蝗	16		1					
猪屎豆	64		1					
银合欢	1		1					
合计	225	93	31	23	47	47	18	18

附表2　2011—2015年项目实施情况统计

一、收集与编目、保存

共收集作物（个）	37	共收集种质（份）	225
共收集国内种质（份）	135	共收集国外种质（份）	90
共收集种子种质（份）	225	共收集无性繁殖种质（份）	
入中期库保存作物（个）	36	入中期库保存种质（份）	152
入长期库保存作物（个）		入长期库保存种质（份）	
入圃保存作物（个）	36	入圃保存种质（份）	210
种子作物编目（个）	36	种子种质编目数（份）	210
种质圃保存作物编目（个）	36	种质圃保存作物编目种质（份）	210
长期库种子监测（份）			

（续表）

二、鉴定评价			
共鉴定作物（个）	36	共鉴定种质（份）	210
共抗病、抗逆精细鉴定作物（个）	10	共抗病、抗逆精细鉴定种质（个）	115
筛选优异种质（份）	8		
三、优异种质展示			
展示作物数（个）	16	展示点（个）	3
共展示种质（份）	118	现场参观人数（人次）	175
现场预订材料（份次）			
四、种质资源繁殖与分发利用			
共繁殖作物数（个）	36	共繁殖份数（份）	210
种子繁殖作物数（个）	36	种子繁殖份数（份）	210
无性繁殖作物数（个）		无性繁殖份数（份）	
分发作物数（个）	52	分发种质（份次）	562
被利用育成品种数（个）		用种单位数/人数（个）	29
五、项目及产业等支撑情况			
支持项目（课题）数（个）	10	支撑国家（省）产业技术体系	
支撑国家奖（个）	1	支撑省部级奖（个）	
支撑重要论文发表（篇）	10	支撑重要著作出版（部）	1

木薯种质资源（儋州）

叶剑秋　肖鑫辉　李开绵　张　洁　陈松笔　黄　洁

王　明　万仲卿　许瑞丽　欧文军　朱文丽　安飞飞

（中国热带农业科学院热带作物品种资源研究所，海南儋州，571737）

一、主要进展

"十二五"期间新收集木薯种质54份，其中，50份为国内收集，4份为国外引进，截至2015年12月，入圃种质达606份，其中，国外引进资源为154份，新增物种1个，为*Mihot esculenta* spp.Flabellifolia。

"十二五"期间，利用SSR标记，结合植物学性状评价、淀粉特性鉴定评价、抗病虫害鉴定与评价、种质创新和新品种选育共6个方面对200余份国内外主要推广品种、大部分栽培种以及部分引进种做了全面评价，并对其遗传背景进行较系统的分析，以期对木薯种质圃的材料之间的亲缘关系和遗传多样性水平进行系统的评价，为今后引种与选育具有高产、高淀粉、抗性强和食用型等特性木薯新品种提供参考、也作为探讨性研究，分析各种指标、实验方法和评价手段对于木薯综合评价研究的可行性，为发展木薯定向育种提供理论依据。

1. 植物学性状鉴定与评价

对228份材料的15个质量性状和7个数量性状进行了分析。15个质量性状频率分布和遗传多样性指数的分析表明：多样性指数较小，范围为0.435～1.889，平均为0.957。成熟主茎外皮颜色多样性指数最大，为1.889；成熟主茎外皮颜色、块根内外皮颜色等性状频率分布较为分散；株型、块根表皮等性状分布较为集中，株型为张开型，块根表皮粗糙的资源居多。对7个数量性状频率分布，变异系数及遗传多样性指数研究表明：数量性状多样性指数较大，范围为1.895～2.073，平均2.013，块根干物率多样性指数最大，为2.073，表明228份木薯种质遗传多样性丰富。利用概率分级法将7个数量性状多样性指数分为5级，即极低、低、中、高和极高级。筛选可作为木薯育种亲本材料，多样性指数为极高级品系40份，其中，单株鲜薯重极高种质共22份，如瑞士J17、ZM 95111、华南5等，占总参试种质的9.95%；收获指数极高种质共18份，如SM 1747、CM 92-56-1、ZM 9710等，占总参试种质的8.22%；干物率极高种质共17份，如ZM 98173、CM 2399-4、KM 98-7等，占总参试种质的8.02%。

2. 淀粉特性鉴定与评价

对212份国内外栽培木薯种质块根淀粉率、直链淀粉含量、支链淀粉含量、黏度峰值和糊化温度5个重要淀粉特性指标进行研究。结果表明，不同木薯种质各淀粉特性差异较大，不同指标间有一定的相关性，利用概率分级法将5个淀粉特性性状分为5级，即极低、低、中、高和极高级。筛选可作为木薯育种亲本材料，淀粉品质特性为推荐极高级种质种质35份，其中，直链淀粉含量极高种质共17份，如南植199、桂热5号、CM 2399-4等；支链淀粉含量极高种质共18份，如OMR 36-40-1、R 72、SM 2323-6等（图1）。利用主成分分析法及隶属函数法对不同资源的木薯淀粉的理化特性进行综合评价，筛选出综合加工性能最好的12份木薯种质，分别为SM 2300-1、海南红心、4363、者东镇街兴社坡角、MCR 142、E25、ZM 99250、COL 523-7、八-1、R 90、文昌红心、ZM 99200。

图1　淀粉样品制备

3. 抗病虫害鉴定与评价

于细菌性枯萎病及螨害多发期，在田间进行木薯抗细菌性枯萎病及抗螨性鉴定。根据细菌性枯萎病情指数和螨害指数，将抗细菌性枯萎病和抗螨性分为高抗、抗、中抗、感和高感5个等级。筛选出抗木薯细菌性枯萎病资源6份，为ZM 9932、云南8、CM 92-56-1、COL 523-7、CM 965-3、SM 2300-1；高抗螨性资源2份，为ZMF701和缅甸种；双抗2种病虫害资源3份，为ZMF701、ZM9932和ZM8752（图2）。

图2　种质资源抗病虫害调查

4. 木薯种质资源遗传多样性及亲缘关系

从160对SSR引物中筛选44对多态性引物，每对引物可检测到等位位点数4.23个，基因多样性为0.56，Shannon's 信息指数为1.01，多样性信息平均指数0.49。当以遗传相似系数0.71为阈值时，195份木薯参试种质材料划分为7个类群：A类群包括国内大部分的育成品种、地方品种、育成品系；由华南11号等来自不同地区的15份材料组成为一类（Group B）；以巴西种质和部分国内地方品种为代表材料组成类群C；以大部分瑞士材料为代表材料的组成了类群D；以材料CM483-2、CM769-2和瑞士J17组成类群E；以大部分来源哥伦比亚和泰国的材料组成了类群F；ECU81为单独一类（Group G）。

通过44对引物对195份木薯材料进行PCR扩增，比较195份木薯种质国内选育品种、地方品种、品系和国外引进品系间的遗传信息多样性（表1），结果表明，引进品系的Na、Ne、I、GD和PIC值均高于或接近国内品种、地方品种和品系的Na、Ne、I、GD和PIC值，说明国外材料遗传差异更丰富，对于常规育种，为拓宽遗传变异范围，实现品种的快速突破，亲本选配时应多用国外品系。

表1　不同来源材料的多样性信息比较

类别		Na	Ne	I	GD	PIC
国内品种	min	2.000	1.362	0.436	0.245	0.215
	max	8.000	4.912	1.746	0.800	0.775
	Mean	3.546	2.450	0.963	0.547	0.483
	St. Dev	1.517	0.868	0.348	0.143	0.152
地方品种	min	2.000	1.297	0.442	0.375	0.305
	max	8.000	4.187	1.698	0.761	0.733
	Mean	3.568	2.286	0.917	0.522	0.457
	St. Dev	1.546	0.716	0.333	0.140	0.144
	min	2.000	1.175	0.281	0.145	0.135

（续表）

类别		Na	Ne	I	GD	PIC
品系	max	7.000	3.873	1.578	0.745	0.711
	Mean	3.432	2.332	0.917	0.533	0.463
	St. Dev	1.437	0.682	0.319	0.146	0.147
	min	2.000	1.175	0.281	0.149	0.138
引进品系	max	8.000	5.730	1.873	0.825	0.803
	Mean	4.227	2.503	1.004	0.546	0.488
	St. Dev	1.696	0.966	0.385	0.159	0.164

　　"十二五"期间主要向39家国内木薯科研单位、高等院校、企业及政府部门提供华南系列木薯新品种和种质资源。提供华南6068、华南5号、华南6号、华南7号、华南8号、华南9号、华南10号、华南11号、华南12号等木薯新品种和种质资源共1669份次（表2）。

表2　2013—2015年提供种质资源明细表

时间	使用人	单位	种质类型	目的
2013/1/6	刘丽珍	中国热带农业科学院环境与植物保护研究所草害研究室	实物资源	实验研究
2013/1/22	李光义	中国热带农业科学院环境与植物保护研究所	实物资源	木薯茎秆不同前处理还田效应
2013/1/25	李兆贵	武鸣县农业技术推广中心	实物资源	示范推广
2013/1/30	王定发	中国热带农业科学院热带作物品种资源研究所畜牧中心	实物资源	测定木薯的营养成分
2013/2/15	杨玉光	广东省河源市东源县四龙镇万涤湖旅游区南湖畔农家乐	实物资源	示范推广
2013/2/26	高玲	农业部植物新品种测试（儋州）分中心	实物资源	DUS测试
2013/2/26	郑永清	中国热带农业科学院广州实验站	实物资源	木薯繁苗
2013/3/6	李艺坚	雅星镇	实物资源	示范推广
2013/3/6	王定发	中国热带农业科学院热带作物品种资源研究所畜牧中心	实物资源	测定木薯的营养成分
2013/3/9	宋记明	云南省农业科学院热经所木薯课题组	实物资源	示范推广
2013/3/11	程汉亭	昌江县七叉镇	实物资源	示范推广
2013/3/20	宋勇	湖南农业大学	实物资源	示范推广
2013/3/20	刘光华	云南省农业科学院	实物资源	示范推广
2013/3/20	林世欣	海南省白沙黎族自治县农业科学研究所	实物资源	示范推广
2013/3/20	田益农	广西壮族自治区亚热带作物研究所	实物资源	示范推广
2013/3/20	肖子盈	广西壮族自治区合浦县农业科学研究所	实物资源	示范推广
2013/3/20	覃新导	中国热带农业科学院广州实验站	实物资源	示范推广
2013/3/20	袁展汽	江西省农业科学院	实物资源	示范推广

（续表）

时间	使用人	单位	种质类型	目的
2013/3/20	周高山	福建省三明市大田县农业科学研究所	实物资源	示范推广
2013/3/20	范大冰	广西壮族自治区桂林市农业科学研究所	实物资源	示范推广
2013/3/21	欧文军	柬埔寨木薯品种试验基地	实物资源	示范推广
2013/3/21	邹积鑫	中国热带农业科学院橡胶研究所	实物资源	木薯营养吸收相关分子实验
2013/3/24	陈青	中国热带农业科学院环境与植物保护研究所	实物资源	实验研究
2013/3/26	乔爱民	仲恺农业工程学院园林学院	实物资源	实验研究
2013/3/30	高玲	农业部植物新品种测试（儋州）分中心	实物资源	DUS测试
2013/4/12	陈青	中国热带农业科学院环境与植物保护研究所	实物资源	木薯杂交授粉试验
2013/5/21	陆国权	浙江大学农业与生物技术学院农学系	实物资源	实验研究
2013/5/24	王定发	中国热带农业科学院热带作物品种资源研究所畜牧中心	实物资源	分析营养成分
2013/7/3	王超	化绍新钓鱼用品公司	实物资源	饲用
2013/7/08	欧珍贵	贵州省亚热带作物研究所	实物资源	资源交换
2013/9/20	王明	农业部植物新品种测试（儋州）分中心	实物资源	遗传多样性分析
2013/12/3	胡文斌	中国热带农业科学院热带作物品种资源研究所种质资源中心	实物资源	用于品种指纹图谱构建
2014/1/14	郁昌的	广东中能酒精有限公司	实物资源	基地种植
2014/1/15	黄显洲	中国热带农业科学院热带作物品种资源研究所	实物资源	木薯摘叶喂养试验的需要
2014/2/17	李雯	海南大学	实物资源	木薯采后品质劣变机理及控制技术研究
2014/2/25	肖铭浩	梅州市农业局	实物资源	基地种植
2014/2/25	何冰	广西大学农学院	实物资源	研究木薯养分高效吸收利用的根系生物学特性
2014/2/28	宋勇	湖南省长沙市芙蓉区湖南农业大学	实物资源	品质特性
2014/2/28	张如莲	农业部植物新品种测试（儋州）分中心	实物资源	对木薯DUS测试指南进行验证
2014/3/4	顾珍贵	贵州省农科热作所	实物资源	交流合作
2014/3/9	林世欣	白沙试验站	实物资源	示范推广
2014/3/11	石建楠	后勤服务中心综合办	实物资源	基地种植
2014/3/18	林世欣	白沙试验站	实物资源	示范推广
2014/3/18	谢亚三	昌江县乌烈镇道隆村	实物资源	木薯种植
2014/3/24	邢致远	松涛淀粉厂	实物资源	高产高淀粉木薯
2014/4/9	林世欣	白沙试验站	实物资源	示范推广
2014/4/11	赖杭桂	海南大学农学院	实物资源	海南大学农学院因教学科研需要
2014/4/24	陈青	中国热带农业科学院环境与植物保护研究所	实物资源	验证已鉴定木薯种质的抗螨性
2014/5/13	宋红艳	品资所	实物资源	

（续表）

时间	使用人	单位	种质类型	目的
2014/5/15	应东山	热科院品资所质检中心	实物资源	云南省石屏县开展木薯种植实验
2014/6/25	郑永清	中国热带农业科学院广州试验站	实物资源	因推广科研需要
2014/7/3	王定发	中国热带农业科学院热带作物品种资源研究所畜牧中心	实物资源	为了开展木薯副产物饲料化利用技术研究，分析其营养成分
2014/10/11	李志英	中国热带农业科学院热带作物品种资源研究所快繁中心	实物资源	将种质圃现有木薯种质资源入离体库更新保存
2014/10/16	卢芙萍	中国热带农业科学院环境与植物保护研究所	实物资源	补充材料
2014/11/11	李静	中国热带农业科学院广州实验站	实物资源	实验需求
2015/3/4	陈青	中国热带农业科学院环境与植物保护研究所	实物资源	提供品种种茎
2015/3/10	覃新导	中国热带农业科学院广州实验站	实物资源	抗病虫研究
2015/3/13	王天地	新疆农业科学院海南三亚育种中心	实物资源	扩繁推广
2015/3/13	王定美	中国热带农业科学院环境与植物保护研究所	实物资源	为木薯叶饲料化利用研究提供原料来源，为木薯杆还田试验提供原料来源
2015/3/13	王天地	新疆农业科学院海南三亚育种中心	实物资源	扩繁推广
2015/3/23	覃新导	中国热带农业科学院广州实验站	实物资源	开展抗螨性研究
2015/4/1	严华兵	广西农业科学院经济作物研究所	实物资源	三亚开展杂交授粉工作
2015/4/7	余泽群	岳阳市君山区农业局	实物资源	用于示范
2015/4/8	符总	印度尼西亚农业发展有限公司	实物资源	提供SC5等木薯品种及品系10份
2015/4/9	余泽群	岳阳市君山区农业局	实物资源	提供木薯种茎用于示范
2015/4/10	蔡南	番加某农场	实物资源	食用木薯品系JG1301
2015/4/14	王定发	中国热带农业科学院热带作物种资源研究所	实物资源	开展木薯副产物饲料化利用技术研究需要
2015/4/17	郑永清	中国热带农业科学院广州实验站	实物资源	提供木薯品种及品系用于观察特征特性
2015/4/22	赖杭桂	海南大学农学院	实物资源	抗病性研究
2015/4/24	欧珍贵	贵州省亚热带作物研究所	实物资源	国外引进品种资源用于交流
2015/4/24	王定发	中国热带农业科学院热带作物种资源研究所	实物资源	种茎用于叶片饲料
2015/5/6	丛汉卿	中国热带农业科学院热带作物品种资源研究所	实物资源	木薯开花调控的分子机制研究
2015/5/11	刘贝贝	中国热带农业科学院环境与植物保护研究所	实物资源	不同品种食用木薯对重金属的累积试验及土壤PH调节对食用木薯富集重金属的影响
2015/5/14	王康文	海南儋州国家农业科技园区	实物资源	食用木薯品系到琼中示范种植
2015/5/20	时涛	中国热带农业科学院环境与植物保护研究所	实物资源	主要叶部病害的抗病性评价工作
2015/8/21	欧吉雄	无	实物资源	木薯种茎到广西用于食用品系示范

在木薯种质资源繁殖更新方面，制定《木薯种质资源繁殖更新技术规程》，规范了木

薯种质资源的繁殖更新技术。

研究保存技术（离体保存）：以木薯华南5号（SC5）和华南8号（SC8）微茎尖为外植体，通过比较试验，对微茎尖的长度、初始培养基、继代增殖和生根培养基进行筛选。结果表明：将长度为0.4～0.5 mm的木薯微茎尖外植体接种于初代培养基MS+6-BA 0.01 mg/L+NAA 0.02 mg/L+GA31.0 mg/L上培养30 d后，SC5和SC8成活率均达60.0%以上；初代培养的小苗在继代和生根培养基MS+NAA 0.02 mg/L上培养35 d后，SC5和SC8增值系数均达4.0以上，生根率达100%。建立了SC5和SC8木薯微茎尖离体培养技术体系，为下一步脱毒苗的培育和种质资源的安全保存等奠定基础。

二、主要成效

1. 华南12号、华南13号木薯新品种通过全国热带作物品种审定委员会审定

"十二五"期间，审定木薯品种华南12号，当年编号为ZME1424，母本为OMR36-34-1，父本为ZM99247，均为种质圃保存资源，该品种在海南省、广西壮族自治区、江西省和福建省等木薯主产区具有很好的适应性，丰产性和稳产性明显，品质优良，氢氰酸含量低、可鲜食、抗病虫性强（图3和图4）。大面积推广种植鲜薯产量约39.37t/ hm²，比现大面积种植的当家品种华南205增产28.65%，如以2013年种植面积710万亩为计算，鲜薯总产量为1863.51万t，每年增产808.81万t，以现在的鲜薯每吨500元计算，每年增加鲜薯的经济效益为40多亿元。经济效益十分显著。

图3　现场测评

图4　品种审定书

审定木薯品种华南13号，利用SC8013自然杂交种子，建立F1代无性系，完成规定之育种程序选育而成。2004年，在海南省儋州SC8013母本园收获自然杂交种子234粒。2005年将全部F1代种子播种于条件基本一致的同一地块，播种株行距1×0.8（m）或0.8×0.8

（m），获得F₁代实生苗78株，当年对全部F1代进行单株选择，编号ZMF701之单株入选。2006年建立ZMF701无性系，同时进行小规模无性扩繁。2006—2009年，在海南儋州进行初级系比、中级系比、品种比较试验；2009—2011年，在海南省儋州、白沙、屯昌、琼中，广西壮族自治区武鸣、合浦，广东省罗定进行区试；2012—2014年，在海南省白沙、屯昌、琼中，广西壮族自治区武鸣、合浦，广东省罗定，江西省东乡，福建省大田以及柬埔寨进行生产性试验，定名为华南13号（图5和图6）。2015年7月15日通过全国热带作物品种审定委员会审定，在海南省、广西壮族自治区、广东省、云南省、福建省、江西省等省区以及柬埔寨等东南亚国家木薯适宜地区推广。

图5　国内大面积收获

图6　品种审定证书

2. 华南系列木薯品种在柬埔寨大放异彩

5年前，柬埔寨基本无木薯主栽种植品种，主要从越南边境引进KM越南系列品种和泰国边境引进HUIBONG、LUOYONG、KU50等泰国系列品种，近年来由于我国中资涉农企业在柬农业投资的增多，把我国的华南系列新品种和新品系通过国合项目和其他途径逐步引进到柬埔寨，其中，我国的华南5号木薯品种脱颖而出，一夜成为许多企业和农户的当家品种，累计推广面积超300万亩，仅PPM公司每年的种植面积达30万亩以上。PPM公司非常注重新品种的增产潜力，目前准备实现第三次主栽品种的更新，这个主推品系便是F701（2015年经全国热带作物品种审定委员会审议通过定名为华南13号木薯），具有发芽整齐、出苗生长快、分枝少、淀粉累积快和含量高、早熟、抗红蜘蛛等优势，目前公司已发展种植达10万亩。值得一提的是，华南5号和华南13号均由李开绵研究员、叶剑秋副研究员等团队成员分别在2000年和2015年选育的具有自主知识产权的木薯新品种，华南系列木薯品种在柬埔寨大放异彩，超越泰国KU50和越南KM89等木薯品种产量和淀粉含量，说明我国木薯选育种水平达到国际领先水平（图7和图8）。

图7　A.华南木薯5号示范基地；B.华南木薯13号一级繁育苗圃；C和D.覆盖地膜与
非覆盖控草高效栽培技术示范对比

图8　A和B见证PPM公司华南13号收获现场；C和D农户用锄头和砍刀收获木薯

三、展望

1.加强信息收集，完善鉴定体系

需要拓展资源的收集渠道、增加种质的鉴定性状，对种质进行全面深入的鉴定评价，因此，需要建立新性状鉴定技术，完善评价指标体系。

2.增进交流与合作，实现信息与技术共享

建议种质资源圃之间要加强学习、交流和合作，实现信息和技术共享，及时解决研究工程中出现的问题，提高种质资源研究的水平和能力，不断促进种质资源研究工作不断取得新进展。

附录：获奖成果、专利、著作及代表作品

获奖成果

1. 木薯新品种选育关键技术研发及其应用，获2012年度中国产学研促进会奖励。

2. 食用木薯华南9号的育成及利用推广，获2012年度海南省科技进步奖三等奖。

3. 木薯种质资源收集、保存及应用研究团队，获2013年度农业部中华农业科技奖优秀创新团队奖。

专利

1. 欧文军，李开绵，李庚虎，等.一种稳定高效的木薯种质资源离体保存方法，专利号：201210241335.3（批准时间：2013年10月）。

2. 叶剑秋，黄晖，崔振德，等.一种适用于木薯收获机的偏心振动筛分装置，专利号：201330234688.0（批准时间：2014年5月）。

3. 张振文，马武建，罗金杰，等.薯类脱皮装置，专利号：201420223651.2（批准时间：2014年9月）。

4. 王明，叶剑秋，肖鑫辉，等.一种样品保存、固定装置，专利号：201520620976.9（批准时间：2015年8月）。

5. 张洁，董荣书，李开绵，等.一种易于晾晒和收纳样品的样品袋，专利号：201520151860.5（批准时间：2015年10月）。

6. 王明，叶剑秋，肖鑫辉，等.一种花朵授粉专用套袋，专利号：201520624622.1（批准时间：2015年12月）。

7. 王明，叶剑秋，肖鑫辉，等.一种植物标牌，专利号：201520620705.3（批准时间：2015年12月）。

著作

叶剑秋，周建国，薛茂富，等.2011.木薯种质资源形态图谱[M].北京：中国农业出版社.

叶剑秋，周建国，薛茂富，等.2015.木薯种质资源形态图谱（第二版）[M].北京：中国农业出版社.

主要代表作品

安飞飞，李庚虎，陈霆，等.2014.低温胁迫对木薯叶片叶绿素荧光参数及PSⅡ相关蛋白表达水平的影响[J].湖南农业大学学报，40（2）：148-152.

陈霆，李开绵，安飞飞，等.2014.华南系列木薯叶绿素荧光参数及光系统Ⅱ相关蛋白表达水平分析[J].江西农业大学学报，36（3）：514-519.

黄洁.2014.食用木薯生产技术规程[J].热带农业科学，34（10）：42-47.

陆小静，刘子凡，柳红娟，等.2014.不同含钙药剂浸种对木薯产量与品质的影响[J].湖南农业大学学报，40（4）：349-352.

欧文军，罗秀芹，李开绵.2014.一种木薯种质资源离体保存方法的初步研究[J].中国农学通报，31：250-253.

魏云霞，王晓庆，黄洁. 2014. 干旱胁迫下33份木薯种质表型性状的初步分析[J]. 热带农业科学，34（10）：30-34.

王明，肖鑫辉，安飞飞，等. 2015. 利用SSR标记分析木薯遗传多样性[J]. 热带农业科学，35（11）：38-44.

叶剑秋，黄洁，陈松笔，等. 2014. 木薯新品种华南12号的选育[J]. 热带作物学报，35（11）：2121-2128.

叶剑秋，安飞飞，肖鑫辉，等. 2015. 木薯亲本正反交亲和力与授粉柱头的蛋白质组学分析[J]. 植物遗传资源学报，16（2）：264-268.

张振文，古碧. 2014. 9个木薯品种酒精加工特性综合评价[J]. 西南农业学报，27（2）：807-812.

张振文，黎良贤，简纯平，等. 2014. 不同温度对不同木薯品种盆栽苗叶片光合特性的影响[J]. 热带作物学报，36（01）：103-109.

An Feifei，Fan J，Li J，et al. 2014. Comparison of Leaf Proteomes of Cassava（*Manihot esculenta* Crantz）Cultivar NZ199 Diploid and Autotetraploid Genotypes[J]. PLOS ONE，9（4）：e85991.

Yan Q X，Li K M，Li Q X，et al. 2014. Quantitative Trait Locus Analysis for Yield Traits of Cassava[J]. Applied Mechanics and Materials，651-653：277-288.

附表1 2011—2015年期间新收集入中期库或种质圃保存情况

填写单位：中国热带农业科学院热带作物品种资源研究所
联系人：叶剑秋，肖鑫辉

作物名称	目前保存总份数和总物种数（截至2015年12月30日）				2011—2015年期间新增收集保存份数和物种数			
	份数		物种数		份数		物种数	
	总计	其中国外引进	总计	其中国外引进	总计	其中国外引进	总计	其中国外引进
木薯	606	156	2	1	56	13	2	1
合计	606	156	2	1	56	13	2	1

附表2 2011—2015年期间项目实施情况统计

一、收集与编目、保存			
共收集作物（个）	1	共收集种质（份）	56
共收集国内种质（份）	25	共收集国外种质（份）	13
共收集种子种质（份）	15000	共收集无性繁殖种质（份）	56
入中期库保存作物（个）	0	入中期库保存种质（份）	0
入长期库保存作物（个）	0	入长期库保存种质（份）	0
入圃保存作物（个）	1	入圃保存种质（份）	606
种子作物编目（个）	0	种子种质编目数（份）	0
种质圃保存作物编目（个）	1	种质圃保存作物编目种质（份）	606
长期库种质监测（份）	0		

（续表）

二、鉴定评价			
共鉴定作物（个）	1	共鉴定种质（份）	1 231
共抗病、抗逆精细鉴定作物（个）	1	共抗病、抗逆精细鉴定种质（个）	11
筛选优异种质（份）	56		
三、优异种质展示			
展示作物数（个）	1	展示点（个）	5
共展示种质（份）	26	现场参观人数（人次）	2041
现场预订材料（份次）	544		
四、种质资源繁殖与分发利用			
共繁殖作物数（个）	1	共繁殖份数（份）	1 152
种子繁殖作物数（个）	1	种子繁殖份数（份）	15 000
无性繁殖作物数（个）	1	无性繁殖份数（份）	606
分发作物数（个）	1	分发种质（份次）	1 567
被利用育成品种数（个）	2	用种单位数/人数（个）	39/54
五、项目及产业等支撑情况			
支持项目（课题）数（个）	57	支撑国家（省）产业技术体系	1
支撑国家奖（个）	0	支撑省部级奖（个）	3
支撑重要论文发表（篇）	35	支撑重要著作出版（部）	5

热带果树种质资源（湛江）

石胜友　谢江辉

（中国热带农业科学院南亚热带作物研究所，广东湛江，524091）

一、主要进展

1. 收集入库

"十二五"期间新收集资源213份，其中，国外种质资源60份。荔枝、龙眼和香蕉2012年收集后，就再也没有收集，新增了油梨、番荔枝和番石榴等热带果树种质资源。截至2015年9月底，国家热带果树种质资源圃保存有种质资源1 017份。但是，由于2015年10月初"彩虹"超强台风的破坏（嫁接的资源损失严重，如从美国引进的油梨，直接从嫁接口吹断），热带果树圃的资源损失严重，截至2015年12月底，国家热带果树种质资源圃保留935份热带果树种质资源。

特色种质资源：

（1）油梨（*Persea americana* Mill.）。又名鳄梨、牛油果（图1），樟科鳄梨属，是一种重要的热带、亚热带水果，在世界水果生产上居第11位。农业部曾经将油梨研究列入了重点优先项目，是有发展潜力的优势农产品之一。果实富含维生素、矿质元素、食用植物纤维，不饱和脂肪酸含量高达80%，有降低胆固醇和血脂，保护心血管和肝脏系统等重要生理功能。国家热带果树种质资源圃"十二五"期间从美国等国引进了24份种质资源，其中，两份抗根腐病资源。

a　　　　　　　　　　　　　　　b

c   d

图1　油梨

（2）番荔枝（*Annona squamosa*）。番荔枝科番荔枝属，原产于热带美洲，乔木（图2、图3、图4和图5）。果实表面有很多突起之鳞目，我国台湾习惯称"释迦"。果实富含蛋白质、脂肪、碳水化合物、矿物质、维生素C等，被誉为世界五大热带名果之一。番荔枝还可供药用，种子作强心剂、根作泻药，从番荔枝根中分离出的番荔枝内酯具有抗肿瘤活性，被喻为"明日抗癌之星"。国家热带果树种质资源圃收集保存了番荔枝属5个种的种质资源。

图2　牛心番荔枝　　　图3　山刺番荔枝　　　图4　普通番荔枝　　　图5　圆滑番荔枝

（3）番石榴（*Psidium guayava* L.）。桃金娘科番石榴属，原产热带美洲，现广泛分布于热带和亚热带地区（图6和图7）。果实中维生素C含量很高，每百克鲜果维生素C含量高达330多mg，还有丰富的维生素A、维生素B、脂质、矿物质和纤维质及钾、钙、磷、铁等人体必需的微量元素。国家热带果树种质资源圃收集保存了番石榴11份的种质资源。

图6　珍珠番石榴　　　　　　　　　　　　图7　红叶番石榴

2. 鉴定评价

"十二五"期间主要对芒果和澳洲坚果种质资源进行了鉴定评价，通过鉴定评价，筛选南亚12号、南亚116号、922澳洲等坚果和热农1号芒果等优异种质，这些优异种质具有丰产、质优、抗性强等优异性状，在科研和生产等方面具有较大的使用价值，并且通过广东省品种鉴定委员会现场鉴定和全国热带作物品种审定委员会审定。

（1）南亚12号澳洲坚果。通过了广东省品种鉴定。果实卵圆形，深绿色，平均单果重17.94g；壳果棕红色，球形，平均干重7.21g；果仁较大，乳白色，平均干重2.58g。出仁率35.8%，一级果仁率100%，果仁中总糖含量2.0%，蛋白质含量8.1%，含油率74.1%。早结丰产、品质优良，较耐高温高湿，适宜在广东省中南部无台风明显影响地区种植。

（2）922澳洲坚果。通过了广东省品种鉴定。果实卵圆形，亮绿色，平均单果重19.22g；壳果深褐色，椭圆形，平均干重7.15g；果仁较大，乳白色，平均干重2.72g。出仁率37.9%，一级果仁率100%，果仁中总糖含量2.2%，蛋白质含量9.7%，含油率76.1%。早结丰产、品质优良，较耐高温高湿，适宜在广东省中南部无台风明显影响地区种植。

（3）南亚116号澳洲坚果。通过了广东省品种鉴定（图8）。平均单粒重7.45 g；果仁乳白色，平均单粒重2.76 g；出仁率37.2% ~ 40.1%，一级果仁率97.8% ~ 100%，果仁中总糖含量2.1% ~ 2.9%，蛋白质含量7.78% ~ 9.82%，含油率73.8% ~ 77.5%。

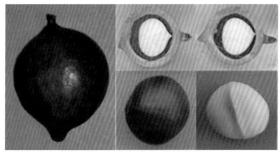

图8　116号澳洲坚果

（4）热农1号芒果。通过了全国热带作物品种审定委员会审定（图9和图10）。平均单果重526g，最大单果重900g，可食率74.6%，可溶性固形物13.2%，可滴定酸0.34%，总糖10.39%，还原糖2.61%，维生素C11.03 mg/100g。

图9　热农1号（不套袋）　　　　　图10　热农1号（套袋）

3. 分发供种

（1）向中国热带农业科学院品种资源研究所、广西园艺研究所、广西南亚热带农业科学研究所、徐闻伊齐食品有限公司、海南万钟农业公司、雷州市龙门镇等提供菠萝种质资源200份。这些材料为上述单位的科学研究和生产应用起到了巨大的作用，例如为海南省、广西壮族自治区和广东省菠萝主产区提供选育的"金菠萝""金钻菠萝""perola""珍珠"等鲜食菠萝和加工型菠萝品种，这些品种种植面积近2万亩。

（2）向海南医学院、云南华平、重庆储良果树种植有限公司、攀枝花金沙江干热河谷地区及广西壮族自治区百色右江干热河谷地区芒果种植户分发芒果、澳洲坚果、菠萝、番荔枝、番石榴、黄皮、荔枝、龙眼、西印度樱桃、神秘果、杨桃、莲雾、油梨、桃金娘黄皮等种质资源1600份，这些材料为上述单位的科学研究和生产应用起到了不可替代的作用。例如，芒果种质资源"热农1号"，该品种在云南华平、攀枝花金沙江干热河谷地区及广西壮族自治区百色右江干热河谷地区推广了近2万亩。

（3）给广西壮族自治区、广东省、云南省和贵州省分发的澳洲坚果资源南亚1号、南亚2号、南亚3号和922等已推广600多亩，在广东省、广西壮族自治区、云南省共辐射推广种植澳洲坚果约7600多亩。

4. 安全保存

我们利用日常的管理方法对国家热带果树种质资源圃所有的热带、亚热带果树种质资源进行了安全保存，对菠萝进行了更新复壮。

二、主要成效

2012—2015年，国家热带果树种植资源圃对完成菠萝和芒果行业计划、支撑国家自然科学基金项目、荔枝龙眼产业体系、香蕉产业体系以及其他省部级项目提供物质基础，为我院"特色热带作物种质资源收集评价与创新利用"获得国家科技进步奖二等奖和"芒果种质资源收集保存、评价与创新利用"获得中华农业科技奖科技成果一等奖以及"菠萝产期调节与品质调控的研究与应用"获得中华农业科技奖科技成果二等奖提供了重要的材料，项目组成员是上述成果奖的完成人之一。我们分发的芒果、菠萝和澳洲坚果种质资源对广东省、广西壮族自治区、云南省和贵州省等热区的热带果树产业的可持续发展提供了品种支撑，产生了良好的经济效益和社会效益，现举2个典型例子进行说明，并附照片，具体如图11所示。

1. **菠萝种质资源继续为公益性行业科研专项项目"菠萝产业技术研究与示范"种质创新利用提供基础材料**

同时也为农业部湛江菠萝种质资源圃提供材料。为海南省、广西壮族自治区和广东省菠萝主产区提供选育的"金菠萝""金钻菠萝""perola""珍珠"等鲜食菠萝和加工型菠萝品种，此类品种种植面积近2万亩。

图11　伊齐爽公司优良品种基地雷州市龙门镇菠萝基地

2. **提供优质品种**

向云南华平、攀枝花金沙江干热河谷地区及广西百色右江干热河谷地区芒果种植户分发种质资源"热农1号"，该品种已推广了近2万亩（图12、图13、图14和图15）。

图12　云南华平

图13　广西百色

图14　攀枝花

图15　延边

附录：获奖成果、专利、著作及代表作品

获奖成果

1. 特色热带作物种质资源收集评价与创新利用，获2013年国家科学技术进步奖二等奖。

2. 芒果种质资源收集保存、评价与创新利用，获2013年中华农业科技奖科技成果一等奖。

3. 菠萝产期调节与品质调控的研究与应用，获2015年中华农业科技奖科技成果二等奖。

主要代表作品

陆新华, 孙德权, 吴青松, 等. 2013. 不同类群菠萝种质果实糖酸组分含量分析[J]. 果树学报, 30（3）444-448.

陆新华, 孙德权, 吴青松, 等. 2013. 菠萝种质资源有机酸含量的比较研究[J]. 热带作物学报, 34（5）：915-920.

石胜友, 马小卫, 许文天, 等. 2014. 不同芒果种质果实品质性状多样性分析[J]. 热带作物学报, 35（11）：2 168-2 172.

曾辉, 陆超忠, 邹明宏, 等. 2013. 澳洲坚果新品种南亚3号的选育及其特性研究[J]. 热带作物学报, 34（2）：207-210.

Lu X H, Sun D Q, Wu Q S, et al. 2014. Physico-Chemical Properties, Antioxidant Activity and Mineral Contents of Pineapple Genotypes Grown in China[J]. Molecules, 19: 81-85.

Shi S, Ma X, Xu W, et al. 2015. Evaluation of 28 mango genotypes for physicochemical characters, antioxidant capacity, and mineral content[J]. Journal of Applied Botany and Food Quality. 88: 264-273.

Shi S Y, Chen D L, Fu J X, et al. 2015. Comprehensive evaluation of fruit quality traits in longan 'Fengliduo' × 'Dawuyuan' sexual progenies[J]. Scientia Horticulturae，192: 54-59.

Shi S Y, Li W C, Zhang H N, et al. 2015. Application of extended Biologische Bundesantalt，Bundessortenamt and Chemische Industrie scale for phenological studies in longan（*Dimocarpus longan* L.）[J]. Annals of Applied Biology，167（1）:127-134.

Shi S Y, Wang W, Liu L Q, et al. 2013. Effect of chitosan/nano-silica coating on the physicochemical characteristics of longan fruit under ambient temperature[J]. Journal of food engineering，118（1）:12-131.

Shu B, Li W, Liu L, et al. 2016. Transcriptomes of arbuscular mycorrhizal fungi and litchi host interaction after tree girdling[J]. Frontiers in Microbiology，7，408.

Wei Y Z, Zhang H N, Li W C, et al. 2013. Phenological growth stages of lychee（*Litchi chinensis* Sonn.）using the extended BBCH-scale[J]. Scientia Horticulturae，161：273-277.

Zhang H N, Shi S Y, Li W C, et al. 2016. Transcriptome analysis of 'Sijihua' longan（*Dimocarpus longan* L.）based on next-generation sequencing technology[J]. The Journal of Horticultural Science & Biotechnology，doi：//dx.doi.org/10.1080/14620316.2015.1133539.

附表1　2012—2015年期间新收集入中期库或种质圃保存情况

填写单位：中国热带农业科学院南亚热带作物研究所
联系人：石胜友

作物名称	目前保存总份数和总物种数（截至2015年12月30日）				2012—2015年期间新增收集保存份数和物种数			
	种质份数（份）		物种数（个）（含亚种）		种质份数（份）		物种数（个）（含亚种）	
	总计	其中国外引进	总计	其中国外引进	小计	其中国外引进	小计	其中国外引进
芒果	220	97			36	9		
澳洲坚果	140	40			14	6		
菠萝	131	104			12	6		
番荔枝	5	5			5	5		
番石榴	11	11			11	6		
莲雾	12	5			12	4		
油梨	24	24			24	24		
毛叶枣	17	0			11			
杨桃	12				12			
荔枝	96	5			17			
龙眼	90	4			24			
香蕉	103	40			10			
其他	74		4		26		4	
合计	935	335	4		213	60	4	

附表2 2012—2015年期间项目实施情况统计

一、收集与编目、保存			
共收集作物（个）	13	共收集种质（份）	213
共收集国内种质（份）	153	共收集国外种质（份）	60
共收集种子种质（份）		共收集无性繁殖种质（份）	
入圃保存作物（个）	13	入圃保存种质（份）	113
种子作物编目（个）	3	种子种质编目数（份）	40
无性繁殖作物编目（个）		无性繁殖编目种质（份）	
长期库种子监测（份）			
二、鉴定评价			
共鉴定作物（个）	4	共鉴定种质（份）	187
共抗病、抗逆精细鉴定作物（个）		共抗病、抗逆精细鉴定种质（个）	
筛选优异种质（份）	27		
三、优异种质展示			
展示作物数（个）	3	展示点（个）	14
共展示种质（份）	18	现场参观人数（人次）	381
现场预订材料（份次）			
四、种质资源繁殖与分发利用			
共繁殖作物数（个）	5	共繁殖份数（份）	5 486
种子繁殖作物数（个）	3	种子繁殖份数（份）	2 486
无性繁殖作物数（个）	2	无性繁殖份数（份）	3 000
分发作物数（个）	4	分发种质（份次）	1 812
被利用育成品种数（个）	3	用种单位数/人数（个）	5/1 800
五、项目及产业等支撑情况			
支持项目（课题）数（个）	国家自然科学基金7项、基本业务费33项广东省自然科学基金2项、海南省自然科学基金12项。	支撑国家（省）产业技术体系（个）	2
支撑国家奖（个）	1	支撑省部级奖（个）	2
支撑重要论文发表（篇）	18	支撑重要著作出版（部）	

热带棕榈种质资源（文昌）

刘艳菊　范海阔

（ 中国热带农业科学院椰子研究所，海南文昌，571339 ）

一、主要进展

1. 收集与入库（圃），见表。

表　种质资源入库（圃）保存（截至2015年12月）

序号	作物名称	截至2015年12月				2015年入库（圃）统计			
		种质份数（份）		物种数（个）（含亚种）		种质份数（份）		物种数（个）（含亚种）	
		总计	其中国外引进	总计	其中国外引进	小计	其中国外引进	小计	其中国外引进
1	槟榔	61	6	1	—	22	2	—	—
2	椰子	185	91	1	—	26	0	—	—
3	油棕	89	55	1	—	12	2	—	—

　　截至2015年12月，海南文昌棕榈种质资源圃共收集保存种质共335份（槟榔61份，椰子185份，油棕61份），开展了60份（槟榔5份，椰子50份，油棕5份）种质的鉴定评价；向相关单位提供种质45份次；进行种质圃日常维护管理，维修损坏的围栏等基本设施；每年对原先收集的资源进行入圃定植保存，成活率达95%，通过施肥、浇水、控制病虫害、修剪等田间管理，目前种质整体生长良好。对新收集的和现有的种质资源进行妥善安全保存，并对现有的热带棕榈种质资源圃进行维护，杂草及病虫害均可控制在5%以下，各项基础设施逐步完善，保证了种质圃的安全性。

　　2. 鉴定评价

　　（1）椰子。开展了椰子抗病性鉴定，以椰子离体叶片为材料，对部分椰子种质的叶斑病、泻血病抗性进行了评价（图1和图2）。

　　通过种质创新，选育椰子优良新品种"文椰2号""文椰3号""文椰4号"，并对新品种进行推广，每亩可增收效益3960.46元，取得了可观的经济和社会效益。

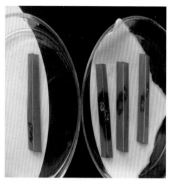

图1　椰子泻血病的抗性鉴定

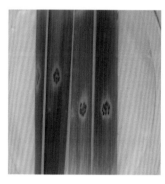

图2　叶斑病的抗性鉴定

文椰2号：又名帝皇椰子。果实圆形，果皮黄色，椰肉细腻松软，甘香可口，椰子水鲜美清甜，7～8个月的嫩果椰子水总糖含量达6%～8%；结果早，种植后3～4年开花结果，8年后达到高产期，自然寿命约80年，经济寿命约60年；产量高，平均株产一般115个。

文椰3号：又名贵妃金椰。早结，定植后3～4年开花结果，比本地高种早3～5年；产量高，年产量达100个/株；椰子果中含椰水300ml，椰子水中总糖含量达8%，叶片和椰果均呈橙红色，俗称为"金椰子"；不仅是作为鲜食产品的优良品种，而且是极佳的旅游产品和美化环境的好材料，在热带地区非常受欢迎。

文椰4号：又名香水椰子。果实小，圆形，单果质量1～1.4kg，椰水300ml，椰水和椰肉均具有特殊的芋头香味；嫩果果皮绿色，椰肉细腻松软，清香可口，椰水鲜美甘甜，可溶性糖含量5.09%，结果早，一般种苗定植后3～4年开花结果，8年后达到稳产期，产量高：平均株产90个左右。

文椰2号、文椰3号、文椰4号是第一批矮种早结椰子新品种，填补了我国高产、早结、矮种椰子新品种的空白，并且通过了海南省农作物品种委员会认定和农业部国家热带作物品种审定委员会审定。

（2）槟榔

①槟榔耐寒性鉴定。对种质资源圃内的槟榔开展耐寒性鉴定，以槟榔一龄苗为材料，设置26℃、20℃、14℃、8℃等4个温度梯度，通过在不同处理时间（0d，10d，20d，30d）测定植株的相对含水量、电导率、叶绿素、脯氨酸、丙二醛、POD、SOD等生理生化指标的变化，探讨供试材料低温胁迫的耐受性。实验结果表明，在26℃时各指标表现正常；20℃/10d、20℃/20d时开始出现小幅度变化，但影响不大；在20℃/30d开始出现明显变化；当在14℃、8℃条件下各指标数值间差异达极显著。特别是随着低温胁迫程度的加强，在8℃/30d时脯氨酸、丙二醛、POD、SOD活性均出现了持续上升后再下降的趋势，结合植株濒临死亡的外观症状，证明了在8℃/30d条件下幼苗严重受损直至死亡。

②槟榔耐盐性鉴定。以种质资源圃内一年生槟榔苗为试材，设计5个处理，以浇灌液中不加NaCl的为对照（CK），即CK（0%）、0.2%、0.5%、0.8%、1.1%，每处理供试植株10株，每2 d补充NaCl溶液1次。每隔10 d进行一次取样测定，选取自上而下的第2片功能叶测定相关生理指标。结果表明：NaCl胁迫下，叶片SPAD值呈先降低，后升高再降低的趋势，无论低浓度盐处理还是高浓度盐处理叶绿素含量均低于对照；相对电导度呈S形曲线变化；脯氨酸、丙二醛与蛋白浓度含量均随着盐胁迫时间的延长，呈先上升后下降的趋势。

经过对选育获得的后代进行多年品种比较试验，"热研1号"槟榔品种表现为高产、稳产。该品种果实主要特征为长椭圆形，经济价值高，品种综合性状优良。4～5年开花结果，15年后达到盛产期，经济寿命达60年以上。平均年产鲜果9.52 kg/株。于2010年通过海南省品种审定委员会认定，2014年6月经全国热带作物品种审定委员会审定通过。

（3）油棕

①低温胁迫下油棕生理生化变化。以油棕幼苗为材料，对种质的抗寒性进行了鉴定，根据温度的日变化规律，设置4个不同的最低温度处理，分别为CK（自然温度处理），18℃（T1处理）、12℃（T2处理）、6℃（T3处理），分别在0d、7d、14d、21d取样，研究低温处理过程中相关生理生化指标。结果表明，随着温度的下降和低温胁迫时间的延长，油棕幼苗叶片含水量、SOD活性不断下降；可溶性蛋白、糖含量、H_2O_2、MDA含量不断升高；POD、CAT、APX活性先上升而后下降；T2、T3处理分别处理2周后其心叶变褐色，且油棕幼苗生长明显减缓。本研究验证了18℃是油棕正常生长的临界温度。低温会对油棕幼苗造成了明显的氧化伤害，并且油棕幼苗可能通过提高可溶性蛋白、糖等物质的含量，抗氧化酶维持一定活性的适应机制，以抵抗低温造成的氧化伤害，维持其正常生长。

②低温胁迫下油棕叶片表面SEM扫描观测。本试验以2年生的油棕为材料，设置不同的最低温度处理：T1（16℃）、T2（12℃）和T3（8℃），以正常自然条件下盆栽处理为对照（CK），观察不同低温处理后叶片扫描结构的变化，从图3可以看出，分别在电子显微镜500X的情况下，任选区域进行拍照，得到3个不同油棕品种的电镜图像，叶片的整体清晰程度由高到低分别为MA-1，MA-2，MA-3。随着处理温度的降低，所成的像的清晰度逐渐降低。这可能跟低温导致叶变形程度不一样，导致的成像清楚不一。

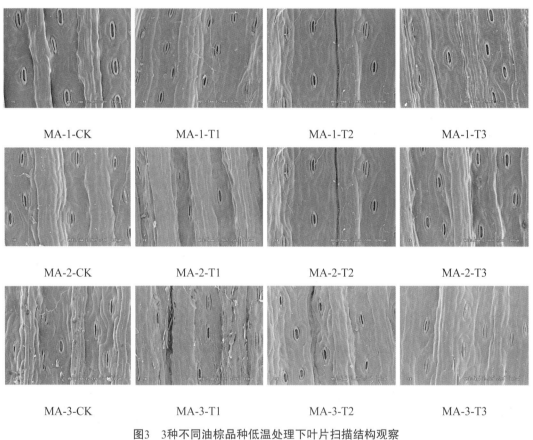

图3　3种不同油棕品种低温处理下叶片扫描结构观察

③油棕耐寒性鉴定。对种质资源圃内的马来西亚的3个资源YGH、GH、HRU，科特迪瓦的资源OPKT，海南本地厚壳种OPBD共5个油棕资源的18个月生的盆栽苗为材料。每个资源重复3次，每重复3株，以顶端下第2～3片叶作为样品叶。把取回的样品清洗干净，其中，1组于25℃的光照箱下为对照（CK）。其余4组放入不同的光照箱中，分别做降温处理，处理温度分别为：15℃、10℃、5℃和0℃。处理温度误差为±0.5℃。当达到所需的冷冻温度时，维持12h。冷冻和解冻速度为1℃/h，处理后的样品于室内静置12h后进行观察、测定。结果表明，在低温胁迫过程中，5个油棕资源的叶片伤害率和相对电导率均

随温度的下降而持续上升，耐寒性大小顺序依次为：OPBD > OPKT > YGH> GH > HRU，其半致死温度范围在3.57 ~ 6.69℃。其中，来自海南本地厚壳种OPBD和非洲科特迪瓦的资源OPKT的半致死温度较低，耐寒能力强，可能与海南本地厚壳种OPBD在海南栽培较久，适应性强有关；而非洲科特迪瓦的资源OPKT的主要特点是抗逆性强，这2个资源可做抗寒育种的材料进行应用。来自亚洲马来西亚的GH、HRU在低温处理的过程中，叶片的伤害率值、电导率值、低温半致死温度都比较大，耐寒性较差，可能由于这些资源长期在高温多雨的环境中生长，抗寒性较弱，在东南亚引进油棕资源时，从海拔高的地区引进，抗寒性可能较强。

3. 分发供种

先后向多家单位提供种果种苗、叶片、DNA样品等近175份次，实现椰子、槟榔、油棕种质资源的共享利用。

4. 安全保存

对种质资源进行妥善安全保存。椰子种质圃现有面积75亩，配有系列安全设施，主要包括安全围栏2 320m，围栏高1.8m，同时配有1名专门的保安人员，保证种质保存的安全。油棕种质圃建有安全围栏1 360m，围栏高1.8m，同时配有1名专门的保安人员负责种质圃的巡视，有效地防止人为或牲畜破坏，保证种质保存的安全。槟榔种质圃加强灌溉系统的建设，保证资源，特别是幼苗的正常生长。

二、主要成效

种质资源的收集、引进丰富了种质圃的种质内涵，为棕榈种质的创新利用提供了重要的材料保证。种质资源的鉴定评价工作为种质的创新利用和育种提供了重要的参考资料和数据。新培育的椰子、槟榔品种适应了鲜食消费及加工市场，深受消费者喜爱，进而促进了新品种的推广种植，提高了农民的种植积极性。

椰子研究团队中高级职称1人，中级职称4人，博士2人，硕士3人。2014年依托热带棕榈种质资源圃"文椰4号"椰子新品种通过全国热带作物品种审定委员会审定。2015年，依托热带棕榈种质资源圃获批发明专利《一种椰子苗快速培育方法》1项，正式颁布了海南省地方标准《矮种椰子生产技术规程》和《椰子粗蛋白粗脂肪含量测定》2项（图4）。槟榔研究团队中高级职称3人，中级职称1人，硕士2人；2014年依托热带棕榈种质资源圃"热研1号"槟榔新品种通过全国热带作物品种审定委员会审定；2015年依托热带棕榈种质资源圃发表论文2篇，获批实用新型专利1项。油棕研究团队中高级职称4人，中级职称

1人，博士4人，硕士3人；2014年依托热带棕榈种质资源圃制定完成了《油棕催芽技术规程》。2015年依托热带棕榈种质资源圃正式颁布了2项海南省地方标准，分别为《油棕生产技术规程》和《油棕种苗繁育技术规程》。

图4　相关成果

三、展望

1. 增加国外优异资源引进

椰子、油棕、槟榔等热带棕榈植物受地域限制，仅在海南省、云南省等少数地区有大面积栽培种植，获批的支撑项目少，国外资源很难引进。出国同人为顺利过关，带回来已去除种皮的资源发芽率较低，长势差，不易存活。建议增加国外优异资源引进资金的支持力度。

2. 制订好计划，做好标记

由于椰子生长和青果采摘的特点，在种质调查过程中，除了要制订好计划，按部就班进行种质调查收集外，还需要与专门从事椰子采摘和买卖的相关人员建立联系，并从他们那里得到椰子种质资源的信息，防止"调查到，收不到"等情况的发生。因槟榔以卖鲜果（6~7个月时期的果实）为准，但槟榔种果是生长至11~12个月的果实，所以在槟榔鲜果尚未采摘前要做好标记，保证后期能收集到目标种果。

3. 加强科室合作扩大创新成果

随着椰子、油棕全基因组测序工作的完成，应抓住机会，与相关科室加强合作，开展椰子、油棕分子育种研究，进行更深层次的种质鉴定，推进椰子、油棕鉴定评价与种质创新的研究工作。

4. 开展种质超低温离体技术研究

海南地处台风高发区，虽然热带棕榈均有一定的抗台风能力，但仍会造成部分损失，为了提高种质的安全性，建议开展相关种质的超低温离体保存及常规离体保存等技术研究。项目依托单位已经成立组织培养课题组，初步开展该方面的研究。

附录：获奖成果、专利、著作及代表作品

获奖成果

1. 椰子种质资源创新与新品种培育，2012—2013年度中华农业科技奖 二等奖。

2. 油棕高产、抗寒的生物学基础研究，2015年海南省科技进步奖 三等奖1项。

专利

1. 张军，刘蕊，范海阔. 一种椰子种苗的快速培育方法，专利号：ZL 2014 1 0104319.9（授权公告日：2015年8月）。

2. 刘立云，李艳，黄丽云，王萍. 一种移栽槟榔大树的方法. 专利号： ZL2012 1 0103796.4（批准时间：2013年7月）。

3. 张大鹏，曹红星，一种适合快速观测油棕叶片解剖结构的冷冻切片方法，专利号：ZL 201410170900.0（批准时间：2016年4月）。

著作

赵松林，曹红星，黄丽云，等. 2012.椰子种质资源的收集、保存、鉴定评价及创新利用[M].北京：中国农业出版社.

雷新涛，曹红星. 2013.油棕[M].北京：中国农业出版社.

赵松林，范海阔，吴翼，等. 2013.椰子种质资源图谱[M].海口：海南出版社.

主要代表作品

黄丽云、刘立云、李艳，等. 2014.海南主栽槟榔品种鲜果性状评价[J].热带作物学报，35（2）313-315.

黄丽云、刘立云、李艳. 2014.海南不同果形槟榔资源形态差异性研究[J].中国热带农业，3（58）22-24

黄丽云、李和帅，曹红星，等. 2011.我国槟榔资源与选育种现状分析[J].中国热带农业，2（39）60-62.

刘蕊，吴翼，高荣宝，等. 2013. 椰子DUS测试性状的选择——花序与果实部分[J].中国农学通报，29（34）：111-114.

刘蕊，范海阔，张军. 2013.5个椰子品种植株叶片解剖结构的观察[J].热带作物学报，34（4）：690-694.

Lei X，Xiao Y，Xia W，et al. 2014.RNA –Seq of oil palm under cold stress reveals a different CBF-mediated gene expression pattern in Elaeis guineensis compared to other species[J]. PLOS ONE，9：e114482.

Xia W，Mason AS，Xiao Y，et al. 2014.Analysis of multiple transcriptomes of the Africa oil palm（*Elaeis guineensis*）to identify reference genes for RT-qPCR[J]. Journal of Biotechnology，184：63-73.

Xiao Y，Zhou L，Xia W，et al. 2014.Exploiting transcriptome data for development and characterization of gene-based SSR markers related to cold tolerance in oil palm（*Elaeis guineensis*）[J]. BMC Plant Biology，14：384 .

附表1　2011—2015年期间新收集入中期库或种质圃保存情况

填写单位：中国热带农业科学院椰子研究所

联系人：刘艳菊

作物名称	目前保存总份数和总物种数（截至2015年12月30日）				2011—2015年期间新增收集保存份数和物种数			
	份数		物种数		份数		物种数	
	总计	其中国外引进	总计	其中国外引进	总计	其中国外引进	总计	其中国外引进
油棕	89	55	1	—	12	2	—	—
椰子	185	91	1	—	26	0	—	—
槟榔	61	6	1	—	22	2	—	—
合计	335	152	3	—	60	4	—	—

附表2 2011—2015年期间项目实施情况统计

一、收集与编目、保存

共收集作物（个）	3	共收集种质（份）	335
共收集国内种质（份）	183	共收集国外种质（份）	152
共收集种子种质（份）		共收集无性繁殖种质（份）	
入中期库保存作物（个）		入中期库保存种质（份）	
入长期库保存作物（个）		入长期库保存种质（份）	
入圃保存作物（个）		入圃保存种质（份）	
种子作物编目（个）		种子种质编目数（份）	
种质圃保存作物编目（个）		种质圃保存作物编目种质（份）	
长期库种子监测（份）			

二、鉴定评价

共鉴定作物（个）	3	共鉴定种质（份）	13
共抗病、抗逆精细鉴定作物（个）	3	共抗病、抗逆精细鉴定种质（个）	8
筛选优异种质（份）	4		

三、优异种质展示

展示作物数（个）		展示点（个）	
共展示种质（份）		现场参观人数（人次）	
现场预订材料（份次）			

四、种质资源繁殖与分发利用

共繁殖作物数（个）		共繁殖份数（份）	
种子繁殖作物数（个）		种子繁殖份数（份）	
无性繁殖作物数（个）		无性繁殖份数（份）	
分发作物数（个）		分发种质（份次）	
被利用育成品种数（个）		用种单位数/人数（个）	

五、项目及产业等支撑情况

支持项目（课题）数（个）		支撑国家（省）产业技术体系	
支撑国家奖（个）	1	支撑省部级奖（个）	1
支撑重要论文发表（篇）	8	支撑重要著作出版（部）	3

猕猴桃种质资源（武汉）

（中国科学院武汉植物园，武汉，430074 ）

一、主要进展

1. 国家猕猴桃种质资源圃建设项目总结

2010年，中国科学院武汉植物园和湖北省农业科学院果树茶叶研究所经中国农业部批准，建设国家猕猴桃种质资源圃。2012年完成改建，在如下3方面取得重大提升。

（1）建安工程。建设完成800m² 的育种实验中心，200m² 的低温种质保存库，150m² 的组培实验室等。

（2）田间工程。建设完成共计115亩的物种保育园、品种保育园、特殊遗传资源保育园、群体遗传资源圃和新品种试验园；1 200m² 的看护房和仓库；720m² 的日光温室及384m² 的隔离网室建设；98亩的节水灌溉系统；4 020m² 的道路；2 500m² 的排水沟；1 200m 的防护栏。

（3）新购置仪器设备73台。其中，购置割灌机、打草机等农用设备8台；购买监控系统等27台；购置种质资源评价实验室设备，如流式细胞仪、雷磁滴定仪、恒温遥床、智能人工气候箱等常规生理及育种试验设备38台。

经3年试运行后，湖北省农业厅组织的专家组通过验收认为："项目整体完成良好，特别是建安工程和田间工程超额完成任务，显著提升了猕猴桃资源圃保存和利用猕猴桃资源条件。"总体来说，猕猴桃资源圃在"十二五"期间硬件条件实现了质的飞越，成为国内领先、国际一流的猕猴桃资源保存及研究机构。

国家猕猴桃资源圃建设前（图1a）后（图1b）对比。

图1a　国家猕猴桃资源圃建设前

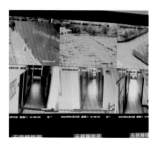

图1b　国家猕猴桃资源圃建设后

建成后的部分温室、水利设施、护坡及防护栏等（图2）。

图2　国家猕猴桃资源圃部分设施

项目验收总结证书（图3）。

证书编号：201601010004

农业建设项目竣工验收证书

中国科学院武汉植物园
湖北省农业科学院果树茶叶研究所

你单位承建的 国家猕猴桃种质资源圃（武汉） 项目，

经 湖北省农业厅 组织的竣工验收 合格 ，特发此证。

验收组织单位（印章）：

2016年 1月 4日

图3 项目验收证书

2. 收集引进

（1）猕猴桃种质资源收集、保育。累计至2015年12月，共收集保存猕猴桃科中的猕猴桃属植物51个种和变种、15个变型和水冬哥属植物中1种，110个国内外选育的中华猕猴桃、美味猕猴桃、软枣猕猴桃和毛花猕猴桃品种（系），3万余株猕猴桃属植物的种内种间杂交F_1、F_2代群体。其中，2011—2015年新收集种质资源125份、新种或变种13个，重点从湖北省、湖南省、贵州省、安徽省、广西壮族自治区、云南省、陕西省、黑龙江省、吉林省和辽宁省等省区开展野生资源调查和收集（图4）。

图4 猕猴桃种质资源收集、保育

（2）猕猴桃种质资源的鉴评与编目。加强了对种质资源的鉴定评价，从植物学形态特征、生物学特性、果实品质特性、需冷量和果实糖酸、香气成分、抗病性、对重金属富集程度及AFLP遗传多样性等多方面开展了系统评价，综合前期鉴定结果，共编目种质资源188份。

（3）收集的特色和新增的物种。本资源圃"十二五"期间收集的特色包括重点对有重要经济价值的物种资源的收集，此外还包括了一批可以作为育种材料的种质资源。项目新增的物种如下：

全毛猕猴桃、葡萄叶猕猴桃、硬齿猕猴桃、美丽猕猴桃、临桂猕猴桃、宛田猕猴桃、五辩猕猴桃、卵圆叶猕猴桃、毛叶硬齿猕猴桃、两广猕猴桃、黑蕊猕猴桃、海棠猕猴桃、四萼猕猴桃等13个。还有中华猕猴桃、狗枣猕猴桃、软枣猕猴桃和京梨猕猴桃的新野生资源。

项目新增的品种有G3、G14、M91雄、龙山红、红华、华优、华特、汉拿黄金、试剂黄金、哑特等。

3. 鉴定评价

（1）猕猴桃品种果实性状特征评价。为深入了解猕猴桃不同品种（系）的果实性状与其倍性的相关性，对44个栽培品种（系）进行了果实性状分析，结果表明，44个栽培品种（系）的果实性状具有丰富的遗传多样性并且果实重量、果面毛被、果肉颜色和质地、果实维生素C含量、果实后熟天数和软熟果硬度、果实成熟期等与品种（系）倍性呈显著相关。对相关性状采用主成分分析表明，果实成熟时间、果肉质地、果面毛被和果实后熟天数、果肉颜色是区分品种（系）的主要特征。由于品种（系）的倍性与主要性状特征关联，品种（系）按倍性相对聚类，且二倍体品种（系）群和六倍体品种（系）群间无重叠，而四倍体品种（系）群与相邻的二倍体和六倍体品种（系）群均有一定重叠。

（2）猕猴桃品种花形态特征、开花习性与倍性评价。对60个中华猕猴桃栽培品种（系）[中华猕猴桃二倍体和四倍体品种（系）、美味猕猴桃六倍体品种（系）各20个]连续开展3年的开花物候期、花的特征调查统计，旨在探明猕猴桃各品种倍性水平与其开花期、花形态特征之间的相关性。结果表明：①在开花习性上，各品种的倍性水平与其初花期在0.01水平达到极显著正相关性，随着倍性的增加，初花期逐渐推迟，并呈连续分布；②在花期长短上，同一性别不同倍性品种之间无显著性差异，而同一倍性中不同性别品种与花期长短呈极显著相关性，雄性品种（系）的花期比雌性品种（系）的花期长3～10 d；③在花的形态特征上，不同倍性品种之间花冠直径有显著性差异，且呈正相关；而花瓣数和雄蕊数却是中华猕猴桃二倍体和四倍体品种与美味猕猴桃六倍体品种之间有显著差异，特别是雄蕊数，呈现极显著差异；雌性品种花的柱头数与品种倍性有相关性，即二倍体品种的柱头数与四倍体和六倍体品种之间有显著性差异，但四倍体和六倍体之间无差异；④同样是四倍体品种，美味猕猴桃品种湘麻6号花的雄蕊数与中华猕猴桃品种的雄蕊数有极显著差异，同样达到了0.01水平，而湘麻6号的初花期及花的大小与中华猕猴桃4倍体品种无差异，在综合花的各形态特征进行因子分析时，仍与美味猕猴桃中六倍体品种聚在一起。

（3）猕猴桃品种遗传多样性评价。对76个中华猕猴桃和美味猕猴桃栽培品种（系）的DNA采用AFLP分子标记遗传多样性分析，从76个猕猴桃栽培品种（系）的相似系数看，这些品种具有丰富的遗传多态性。按二倍体、四倍体和六倍体品种分析，二倍体品种的多态性条带百分率最低，杂合度也是最低的，仅0.156，而六倍体品种的杂合度最高，为0.176；四倍体居中，为0.163；表明多倍体品种具有更高的遗传多样性，其杂合度高于二倍体品种的杂合度。

根据遗传相似系数对76个品种进行聚类分析表明，在相似系数约0.43处，76个品种聚类为中华猕猴桃、美味猕猴桃和沁香（图5）。

（4）重要栽培品种的需冷量值评价。对含有三种倍性水平（2x、4x、6x）的9个品种，在自然低温处理条件下，在200 CU、400 CU、500 CU、700 CU、900 CU时从田间采集枝条放入温室水培并调查叶芽和花芽萌芽率，结果表明二倍体品种（系）（"东红""金玉""武七"）营养芽最低需冷量为422 CU，四倍体品种（系）（"金桃""金霞""H-15"）和六倍体品种（"金魁""川猕1号""布鲁诺"）营养芽最低需冷量分别为722 CU和761 CU；二倍体品种花芽最低需冷量为774 CU，四倍体品种和六倍体品种花芽最低需冷量分别为935 CU和966 CU。二倍体品种需冷量与四倍体和六倍体品种均呈现显著性差异，四倍体品种与六倍体品种间无显著性差异；结果表明，冬季有效低温（1.5~12.4℃）累计值在700CU以上的区域种植中华猕猴桃，就可开花结果；其中，二倍体品种适于推广范围更靠南或靠低海拔区域，而多倍体品种推广范围靠北或中高海拔区域。

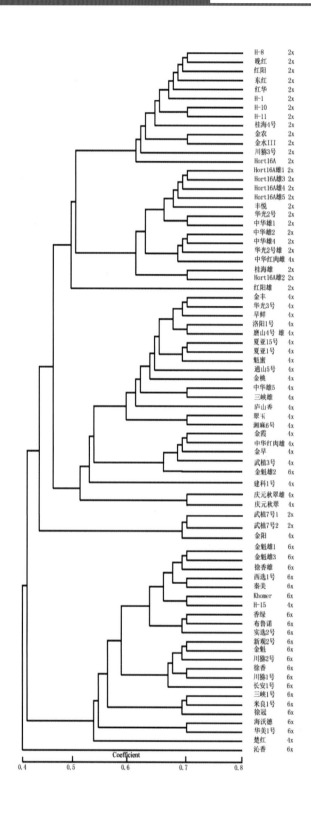

图5　76个中华猕猴桃品种基于遗传相似系数的UPGMA分析聚类图

对中华猕猴桃品种"磨山4号"、毛花猕猴桃株系"6113"及种间杂交后代品种"金艳""满天红"等种间杂交品种及其亲本品种，在田间自然低温积累分别达到100 CU、200 CU、400 CU、500 CU、700 CU、900 CU时采集枝条，并置于温室水培。结果表明，中华猕猴桃"满天红"营养芽需冷量最低367 CU，"金艳"营养芽需冷量最高为814 CU，毛花猕猴桃"6113"和中华猕猴桃"磨山4号"营养芽需冷量分别为649 CU、446 CU。而"满天红""金艳"、中华猕猴桃和毛花猕猴桃样本花芽需冷量依次为551 CU、867 CU、485 CU和908 CU。本研究证实，种间杂种营养芽需冷量表现出"超亲本"现象，为通过种间杂交选育低需冷量品种提供了直接证据。

（5）果实香气成分的鉴定。对3个猕猴桃品种果实利用气相色谱—质谱仪分析（GC-MS）猕猴桃果实中的香气成分，结果表明主要是乙醛、乙醇和糠醛。

（6）种质资源抗真菌病害鉴定。近几年来猕猴桃果实软腐病的发生情况日益严重，极大地影响了猕猴桃的品质，并给猕猴桃产业造成了巨大的经济损失。为选育抗性品种，在确定软腐病的致病菌后，采取与致病力测试相同的方法对国家猕猴桃种质资源圃内31个具有重要经济价值的品种进行抗性初步筛选，在第10天统一观察果实的发病症状及感病直径，根据综合感病指数对各品种的抗性进行评价。结果证实31个品种的抗性由强到弱依次为："川猕2号" > "东红" > "和平1号" = "建科1号" > "金桃" = "金霞" = "金圆" = "武植3号" = "长安1号" > "桂海4号" = "金丰" = "米良1号" > "川猕1号" = "金魁" = "夏亚1号" = "徐香" > "金梅" = "金玉" > "金艳" = "魁蜜" > "西选1号" > "布鲁诺" = "夏亚15号" > "新观2号" > "通山5号" = "龙山红" = "马边野生红心株系MBR" > "满天红" = "秦美" > "川猕3号" > "M2" > "香绿"。

（7）重要栽培品种抗细菌病害鉴定。运用人工接种溃疡病菌于猕猴桃离体枝条及活体嫁接苗的技术，对武汉植物园猕猴桃国家资源圃中77个具有重要经济价值的物种及品种进行了溃疡病抗性筛选，目前已获得了高抗及中抗种质20余份，其中，山梨、绵毛、革叶、对萼、刺毛、网脉、阔叶等物种抗病性强，贵露、庆元秋翠、魁蜜、米良1号、西选1号、通山5号、金魁、徐香、厦亚1号、金霞、建科1号等品种抗病性强；金艳、金桃、金早、东红、磨山4号、江山娇等品种抗性居中。

（8）种质资源糖酸成分鉴定。对66个猕猴桃资源的糖酸组分开展测定，结果表明猕猴桃中奎宁酸和柠檬酸为主，苹果酸含量较少，其中，小叶猕猴桃中苹果酸含量较柠檬酸含量高。秃果毛花、大果毛花和白花毛花的抗坏血酸含量最高，在500mg/g以上，浙江和长果含量次之，在400mg/g以上。糖组分中，葡萄糖和果糖为主，蔗糖含量稍低，肌醇含量极少，其中，金艳、金早实生和柱果的蔗糖含量在所有组分中最高，川猕一号的肌醇含量最高。

相关性分析表明，苹果酸和奎宁酸、抗坏血酸；奎宁酸、抗坏血酸和肌醇含量极显著相关。蔗糖和葡萄糖、果糖和柠檬酸、葡萄糖和柠檬酸含量极显著相关。即糖组分含量与柠檬酸含量极其相关，而酸组分含量与奎宁酸极其相关。总糖含量与柠檬酸和总酸含量均极其相关。果糖、葡萄糖和肌醇均与奎宁酸含量相关，抗坏血酸含量与苹果酸含量相关，柠檬酸含量与肌醇含量和蔗糖含量相关。

对糖酸在66种资源中含量的分布规律研究表明，苹果酸、柠檬酸、果糖、葡萄糖和蔗糖含量均按照标准正态分布，肌醇、抗坏血酸呈正（右）偏态分布倾斜。

分析中华猕猴桃与其他物种猕猴桃总酸和总糖含量差异，表明中华猕猴桃总酸含量分布主要集中在27~33mg/g，而其他物种猕猴桃总酸含量分布范围主要在15~32mg/g，中华猕猴桃总酸含量中值为29.7mg/g，高于其他物种总酸中值25.7mg/g。中华猕猴桃总糖含量分布主要集中在82~104mg/g，而其他物种猕猴桃总糖含量分布范围主要在63~97mg/g，中华猕猴桃总糖含量中值为92.8mg/g，高于其他物种总糖中值79.3mg/g。

如上评价所述开展加深了对猕猴桃属整体资源的了解，为猕猴桃科学研究、育种创新提供了坚实的基础；特别是对栽培品种的鉴定，为它的综合利用提供了科学依据。

3. 分发供种

国家猕猴桃资源圃在"十二五"期间实现硬件条件升级的同时，完善了我国猕猴桃资源在共享、分发和利用方面的职能。国家猕猴桃资源圃建立了专门的网站（http：//www.chinakiwifruit.net/），从机构概况、新闻中心、资源总览、专家团队、科研成果和合作交流等多方面全面介绍了本圃的信息、提供了资源圃的种质资源共性和特性描述、分享了全国猕猴桃信息、加强了全国猕猴桃同人的交流。

国家猕猴桃资源圃加大了猕猴桃资源分发和利用，在"十二五"期间提供给十余所大学（如西北农林科技大学、中国第二军医大学、浙江大学等）、5个科研院所（中国科学院、江西省农业科学院等）、十余个公司（四川中际、北京华麟合纵等）、十余个政府机构（广西壮族自治区百色市乐业县农业局、贵州省六盘水市农业局等）和近110个个人共计猕猴桃资源800余份。为这些单位开展猕猴桃的基础科学研究、药用价值开发、育种创新和产业化利用提供了基础材料，这些单位利用这批资源建立了育种和应用基地、在《American journal of botany》《Chinese Journal of Natural Medicines》《果树学报》等杂志发表了系列文章，扩大了我国猕猴桃科研和产业的影响。

我国猕猴桃种质资源圃网站和成都猕猴桃基因库（图6）。

图6　我国狝猴桃种质资源圃网站和成都狝猴桃基因库

4. 安全保存

（1）种质资源繁殖更新。狝猴桃寿命较长，在正常的管理条件下，田间可保存30年。狝猴桃更新应加强常规的田间管理，如加强肥水管理，进行冬季修剪和夏季修剪。冬季修剪在冬季落叶后至萌芽前进行，对结果枝组更新复壮，旺树轻剪，弱树重剪，剪口下留壮芽，剪口芽后需留3cm的保护桩。夏季修剪在花后至7月进行，疏除病虫枝、三生枝或二生枝，过密枝等，对远离主干的结果枝留6～8片叶摘心。防止暴雨渍水，及时清沟排水，高温季节及时喷灌给叶片降温。对于超过30年的老弱树的更新需要重新建园，全园深翻，并空植2年种植豆科作物，再隔行定植，株行距不小于2m×4m，每份资源至少保存3株。2012—2015年对全圃300余份重要种质资源进行了备份，每份嫁接了5株，用于田间更新重新定植。

（2）种质资源圃的安全运行。国家狝猴桃种质资源圃首先安装了隔离防护栏，对重要的种质资源进行隔离保存；此外在围墙等可能翻越的地方安装了红外报警装置，防止人为的破坏和盗窃；最后，在安装实时监控系统之外，在果实成熟等季节安排了专门人员的值班。

此外，针对自然灾害，实施了以防为主，综合防治，建立完善、快速、有效的应急机制，制定应急对策，具体内容如下。

①轻度灾害预防应急方案：针对一般轻度自然灾害，应加强常规田间管理，采用成熟的观测预防技术，做到常规化、长期化，专人负责，定期定位观测，预防预报。

②中度灾害预防应急方案：由于气候、病害等原因明显影响到种质的正常生长发育，在常规管理基础上，集中时间和人员加强针对性预防，做到工作细致，关键时期和区域及时采取预防措施，消除灾害的发生和蔓延。

③重度灾害预防应急方案：做好梅雨期暴雨防渍及高温干旱天气等灾害的预防，加强

认识，防微杜渐，及时做好清沟排涝和喷灌设备的检修，保证资源圃整体生存和发展。

（3）种质圃保种技术上突破或改进。国家猕猴桃种质资源圃主要采取田间保存方式，但是在2013年新增组织培养离体保存、低温离体保存和超低温保存DNA手段，极大地提升了种质资源的保存力度。目前效果较好，但仍需要5～10年的观察、测定，确保保存物种和资源在新保存条件下存活率高、遗传稳定。

二、主要成效

1. 资源的创新和新品种培育

利用收集的资源，采用实生、种间和种内杂交等多种育种方法创制10个农艺性状优异的猕猴桃新品种，包括国家品种6个，省级4个；获得植物新品种权2个、受理7个（图7）。其中，采用"金艳"与中华猕猴桃优系父本回交，选育出中熟耐贮优质黄肉新品种"金圆"，果实短圆柱形，平均果重84g，可溶性固形物14%～17%，果肉橙黄色，细嫩多汁，风味浓郁香甜。采用实生育种选育的"东红"是第二代耐贮红肉新品种，品质和货架期在国内红肉品种中处于领先地位。选育的"满天红"是国际上第一个观赏鲜食兼备的黄肉猕猴桃新品种。选育的磨山系列雄性品种（No. 1-5）开花期覆盖了目前国内选育出的100余个优良雌性品种（系）的花期，解决了产业中优良雄性品种缺乏的问题。

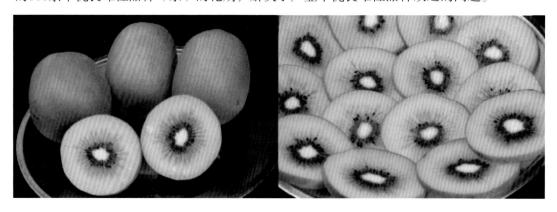

图7　培育出优质猕猴桃新品种

2. 资源圃成果推广和产业化

在"十二五"期间，国家资源圃加大了猕猴桃优良品种的推广，先后将"东红""金圆""金梅"等品种授权给"联想佳沃-四川中新农业""北京华麟""苗汉子"等多家实力企业开展产业化应用，累计推广了新品种"金艳""东红"等21万余亩，获得了巨大的经济效益。此外，资源圃的优良品种在贵州大方县、水城县、湖南花垣县、安徽金寨县等国家级贫困县的应用促进贫困地区农民增收致富（图8），取得了良好的社会效益，受到了国家扶贫办主任刘永富等领导的高度评价。

图8　国家资源圃猕猴桃资源创新及推广示意图

3. 资源圃科研产出及成效

在"十二五"期间系统开展了猕猴桃基础科研和产业技术研究，取得科技成果"猕猴桃种间杂交技术体系构建及新品种培育"获得了2015年度湖北省技术发明一等奖。

国家猕猴桃资源圃以种质资源为基础，挖掘了猕猴桃属多物种的优异基因，构建了雌雄异株果树（猕猴桃）的基因渐渗育种技术体系和倍性育种理论，完成种间杂交群体父母本的高密度分子标记遗传图谱，开展了猕猴桃发育生理研究及抗性鉴定。研究结果共发表50余篇学术论文，包括SCI论文25余篇，获批专利2项（图9）；目前已经成为世界公认的猕猴桃资源研究中心。

国家猕猴桃资源圃在此期间出版了《猕猴桃属 分类 资源 驯化 栽培》《中国猕猴桃种质资源》《The Genus *Actinidia*：A world Monograph》《猕猴桃研究进展Ⅵ》《猕猴桃研究进展Ⅶ》专著5部。《猕猴桃属：分类 资源 驯化 栽培》，总结了我国30余年来在猕猴桃属系统分类、资源分布特征、猕猴桃驯化栽培史、遗传育种及种质创新，以及产业发展现状等方面较为详尽的成果；《中国猕猴桃种质资源》收录了我国35年来在猕猴桃属植物经济物种的收集、评价、保存及新品种选育成果，共收集了10个种、20个变种（型）及53个美味猕猴桃品种（系）、75个中华猕猴桃品种（系）、16个软枣猕猴桃品种（系）、4个毛花猕猴桃品种（系），是对前一本专著的有力补充，两本书是对我国猕猴桃属植物资源的利用及猕猴桃科研产业的发展的完美总结，为我国猕猴桃科研工作者在今后的工作中提供了一套完整的指导用书。

图9　已发表的有关猕猴桃学术论文、专著及专利等材料

三、展望

国家猕猴桃种质资源圃目前在资源保存领域已形成了一整套的技术体系。除资源传统的园地保存外，还采用了组织培养离体保存、低温离体保存和超低温保存等保存手段。此外，在种质资源的鉴定评价方面，除了运用传统的植物学形态和生物学特征的系统观察外，还采用细胞学、孢粉学以及分子生物学分析技术。但目前新技术和新方法的应用，带来了经费的大量增加，因此建议设立新方法和新手段实验基金，鼓励资源保存方法学的创新。此外，在目前资源收集数量遇到瓶颈的同时，应该鼓励新资源的创新工作，例如在采用传统的实生育种、杂交育种同时，尝试染色体加倍、分子辅助育种等手段创新资源；特别是利用最新技术（例如Crispr等）创建新的突变体，让我国特色果树资源走在世界前列。

附录：获奖成果、专利、著作及代表作品

获奖成果

1. 狝猴桃种间杂交技术体系构建及新品种培育，湖北省2015年度技术发明奖1等奖。

2. 早熟黄肉无毛狝猴桃新品种金农、金阳选育及应用，2013年度湖北省科技进步二等奖、武汉市科技进步一等奖。

专利

1. 用于狝猴桃杂交群体雌雄性别鉴定的SSR分子标记A003，ZL201410523043.8。

2. 狝猴桃种间杂交品种金艳的分子鉴定证书，ZL201510062151.4。

3. 一种狝猴桃和茶树立体种植技术，ZL201110130379.4。

品种

1. 国家品种：东红、金圆、金梅、满天红、磨山雄1号和5号等，中国科学院武汉植物园选育。

2. 国家品种：金魁、金农、金阳等，湖北省农业科学院果树茶叶研究所选育。

标准

《植物新品种特异性、一致性和稳定性测试指南 狝猴桃属》（2014年标准NY/T 2351—2013升格国家标准，陈庆红为主要起草人，排名第4）。

著作与发表论文

黄宏文、钟彩虹. 2013. 狝猴桃属 分类 资源 驯化 栽培[M]. 北京：科学出版社.

黄宏文. 2013. 中国狝猴桃种质资源[M]. 北京：中国林业出版社.

Huang H W，Liu YF. 2014. Natural hybridization，introgression breeding，and cultivar improvement in the genus *Actinidia*. [J] Tree Genetics and Genomes，10：1 113-1 122.

Huang Hongwen（eds）. 2014. The Genus Actinidia：A world Monograph.[J] Beijing，Science Press.

Li Dawei，Liu Y F，Li X W，2013. et al. Genetic diversity in kiwifruit polyploid complexes：insights into cultivar evaluation，conservation，and utilization.[J] Tree Genetics & Genomes，10（5）：1451-1 463. 2014.

Zhang Q，Liu C Y，Liu Y F，et al. 2015. High-density interspecific genetic maps of kiwifruit and the identification of sex-specific markers.[J] DNA Research，1-13，doi：10.1093/dnares/dsv019.

Zhong C H，Wang S M，Jiang Z W，et al. 2012. Jinyan，an interspecific hybrid kiwifruit with brilliant yellow flesh and good storage quality. [J] Hortscience，47：1 187-1 190.

附表1 2011—2015年期间新收集入中期库或种质圃保存情况

填写单位：中国科学院武汉植物园、湖北省农业科学院果树茶叶研究所

联系人：黄宏文

作物名称	目前保存总份数和总物种数（截至2015年12月30日）				2011—2015年期间新增收集保存份数和物种数			
	份数		物种数		份数		物种数	
	总计	其中国外引进	总计	其中国外引进	总计	其中国外引进	总计	其中国外引进
猕猴桃	1188	6	51	2	125	4	13	1
水冬哥	1	1	1					
三叶木通	45		2					
泡泡果	10	10	1					
合计	1 243	16	55	2	125	4	13	1

附表2 2011—2015年期间项目实施情况统计

一、收集与编目、保存			
共收集作物（个）	1	共收集种质（份）	125
共收集国内种质（份）	121	共收集国外种质（份）	4
共收集种子种质（份）		共收集无性繁殖种质（份）	
入中期库保存作物（个）		入中期库保存种质（份）	
入长期库保存作物（个）		入长期库保存种质（份）	
入圃保存作物（个）	1	入圃保存种质（份）	125
种子作物编目（个）		种子种质编目数（份）	
种质圃保存作物编目（个）		种质圃保存作物编目种质（份）	30
长期库种子监测（份）			
二、鉴定评价			
共鉴定作物（个）	1	共鉴定种质（份）	429
共抗病、抗逆精细鉴定作物（个）	1	共抗病、抗逆精细鉴定种质（个）	108
筛选优异种质（份）	120		
三、优异种质展示			
展示作物数（个）	1	展示点（个）	10
共展示种质（份）	121	现场参观人数（人次）	3 800
现场预订材料（份次）	58		

（续表）

四、种质资源繁殖与分发利用			
共繁殖作物数（个）	1	共繁殖份数（份）	1 248
种子繁殖作物数（个）		种子繁殖份数（份）	121
无性繁殖作物数（个）	1	无性繁殖份数（份）	1 127
分发作物数（个）	1	分发种质（份次）	411
被利用育成品种数（个）	13	用种单位数/人数（个）	52
五、项目及产业等支撑情况			
支持项目（课题）数（个）	31	支撑国家（省）产业技术体系	
支撑国家奖（个）		支撑省部级奖（个）	2
支撑重要论文发表（篇）	12	支撑重要著作出版（部）	5

果梅、杨梅种质资源（南京）

高志红　倪照君　侍　婷　蔡斌华　夏小江　黄颖宏　郄红丽　王华坤

（南京农业大学，南京，210095）

一、主要进展

1. 收集和入圃

（1）新收集资源。2012—2015年新收集果梅、杨梅种质资源共52份，果梅新收集资源共27份（图1），分别是福建白梅、福建青梅、云南的野生梅种质资源3份、美林黄、美林红、宜兴1号、宜兴2号、宜兴3号、宜兴4号、宜兴5号、A18、8820、长兴1号、珍珠梅、萧山大青梅、嵊州红梅、台湾胭脂梅、热带大梅、福建白粉梅、大龙梅、酸梅、云南苦梅、云南盐梅、云南双套梅；杨梅新收集资源共25份（图2），分别是常熟小甜山、老黑头、短柄纪顺、浮宫1号、八贤道、毛杨梅、矮杨梅、玉华山1号、白水晶、落子、洞口乌、早梅、苹果、狗色头、李子种、二都水晶、萧山迟色、啦爪、凤欢种、小甜山、丁岙梅、迟色、早佳、夏至红、龙海白水晶。果梅新引进资源不但有地方品种还有野生资源，来源广泛，包括浙江省、福建省、台湾省、云南省等地。杨梅除了杨梅栽培种以外还包括毛杨梅和矮杨梅等近缘种。

图1　果梅新引进资源

左图：长兴1号，野生梅选育，短果枝多，节间短，无采前落果，果型圆，果核圆，丰产性好，属中晚熟品种；右图：萧山大青梅，果实大，果肉厚，果核小，汁多

图2 杨梅新引进资源

左图：白水晶，果实成熟时白稍带红色，可食率90%左右，味酸甜有清香；右图：苹果，成熟果实呈紫黑色，缝合线明显，肉柱圆刺，果实甜，汁少，采前不易落果，品质中上，6月下旬成熟

（2）入圃保存情况。2012—2015年编目入圃保存果梅、杨梅种质资源共70份，果梅编目入圃保存资源共40份（图3），分别是白加贺、丰后、月世界、莺宿、杭州白梅、小梅、东青、东山李梅、黄小大、龙眼、南红、软条红梅、太湖1号、太湖3号、卫山种、小叶猪肝、小青、叶里青、中红、早红、长农17、大嵌蒂、大叶猪肝、大白梅、古城、绿萼、细叶青、养老、早花、之枝梅、古城、广东黄皮、高田丰后、高田梅、横核、大白梅、大羽、大核青、奉化李梅、粉瓣果梅；杨梅编目入圃保存资源共30份（图4），分别是荸荠种、东魁、晚稻、大叶细蒂、小叶细蒂、乌梅、软浪荡子、接头、短柄甜山、凤仙花、紫晶、紫条、桃红、青蒂绿荫头、石家种、大核头、荔枝头、葛家坞早红、短柄纪顺、水晶头、深红种、水梅、蚂蚁种、软丝安海、小黑头、黑晶、早荠、象山乌紫、早色、东山浪荡子。

图3 果梅种质资源

左图：细叶青，果实歪圆形，果皮深绿色，阳面偶有微红，果肉味酸，无苦涩味，品质上等，抗病性强；右图：软条红梅，果实圆形或扁圆形，果皮淡绿色，阳面紫红色，果肉味酸带苦味，无涩味，品质上等，抗病性较强

图4 杨梅种质资源

左图：小叶细蒂，果实扁圆形，果面深紫红色，果肉较厚，柔软多汁，风味浓甜，品质上等，在苏州地区成熟期为6月下旬，大小年结果不明显；右图：紫晶，果实圆球形，果面紫红色，完全成熟时呈紫黑色，果肉厚，其柔软多汁，品质上等。在苏州地区成熟期为6月中下旬，抗逆性强，大小年结果不明显

2. 鉴定评价

2012—2015年果梅、杨梅种质资源共鉴定评价64份，其中，果梅鉴定评价32份（图5和图6），通过田间调查和鉴定评价，发现多个具有优异性状的种质，主要有细叶青、小叶猪肝、黄小大、南红等；杨梅鉴定评价32份（图7和图8），发现多个具有优异性状的种质，主要有优1、优2、葛家坞早红、硬浪荡子等。

图5 果梅优异种质资源

左图：细叶青，果实大，果肉味酸，无苦涩味，品质上等，抗病性强，抗寒性较强，可作为大果、优质、抗性强的育种材料；右图：小叶猪肝，果实较大，且大小整齐，果肉味酸苦，无涩味，品质上等，抗病性很强，易丰产稳产，可作为大果、优质、丰产、抗性强的育种材料

图6 果梅优异种质资源

（左图：黄小大，果实中等，且大小整齐，抗病性很强，易丰产稳产，可作为丰产、抗性强的育种材料；右图：南红果实中等，果肉味酸，无苦涩味，易丰产稳产，可作为优质、丰产的育种材料）

图7 杨梅优异种质资源

优1（左图）和优2（右图）果实大，品质优。其中优1大小年不太显著，稳产性较好；优2果实比王1稍大些，成熟期晚些。优1、优2育成后可调节市场成熟期，为市场提供优质大果杨梅新品种，市场前景十分广阔

图8 杨梅优异种质资源

葛家坞早红（左图）成熟期较早、果实耐贮性好、品质中等，可作为提早成熟的育种材料和耐贮性育种材料；硬浪荡子（右图）品质较好，果实较硬，常温下可保存2~3d，可作为耐贮性育种材料

3. 展示与分发利用

（1）常规分发。一是为科研院所（如吉林省农业科学院、中国医学科学院药用植物研

究所、辽宁省果树研究所、福建省果树研究所、福建省农业科学院、辽宁省果树研究所、浙江省临海市林业特产局、江苏省农业科学院、中国农业科学院果树研究所、浙江省农业科学院、镇江农业科学研究所等）提供花粉、种子、叶片、植株、接穗等育种材料80多份；二是为大专院校（如南京农业大学、北京林业大学、浙江大学、苏州大学、海南大学等）提供叶片、果实、枝条、植株等实验材料130多份；三是为果梅、杨梅生产单位（如泾县茂林镇林场、南京梦杨科技有限公司、福建省龙海地区等）提供接穗、植株等材料40份。

（2）资源展示。为了展示资源圃丰富的种质资源和相关的加工品及加工工艺，每年5月底或6月初国家果梅、杨梅种质资源圃都会举办优异种质资源展示活动（图9）。展示会不仅展示了类型丰富的种质资源，还展示了梅酒的制作工艺。展示活动不仅得到了学校广大师生的关注，还引起了南京市民的注意；获得了新闻和网络媒体报到8次；资源展示活动在校内校外均取得了很好的反响和宣传效果。

图9　果梅、杨梅种质资源展示现场及媒体宣传

4. 安全保存

（1）繁殖更新。针对2012—2015年新收集的52份果梅、杨梅种质资源，采用枝接和芽接相结合的方法进行繁殖，每个种质繁殖5～15株。同时，每年2月对圃内所有种质进行核对，对于老弱病和保存数量少于5株的种质及时进行繁殖更新。目前圃内种质资源长势良好。

（2）日常管理。一直以来，资源圃在资源收集、入圃、编目、利用、土地、人员、信息档案、经费管理等方面严格按照国家有关法律法规实施，非常重视圃地日常管理工作的正规化、科学化和合法化，保证了现存资源健康生长不丢失。

（3）具体分工。主持人全面负责资源圃各项工作，总体安排，内部协调，合理分工，监督实施，效果评价；资源收集、入圃保存、资源整理整合、鉴定评价、原始数据采集与整理、资源编目、网络信息系统维护等工作由专人负责；田间日常管理、安全保卫、资源圃防护、提供利用资源实物材料的准备、保存和发放、利用效果和信息反馈由专人负责，保证资源健康生长和高效利用，并及时汇报发生的重要事件和应对措施。

二、主要成效

果梅、杨梅种质资源圃在进行充分的资源评价和育种的基础上，为果梅、杨梅的生产提供优质的品种资源，有力地支撑了产业的品种创新和可持续发展。同时，为本单位承担的国家自然基金、公益性行业专项、省级自然基金、省级科技支撑项目等基础研究工作的开展提供了材料，为科研水平的提升和产业健康发展做出了显著贡献。

典型案例一

通过对收集的资源进行鉴定，发现果梅品种"龙眼"完全花比例高，而"大嵌蒂"相反，是作为雌蕊发育的研究的优良材料。南京农业大学以此为材料进行了深入的研究，于2012申请到国家自然科学基金"microRNA在果梅雌蕊发育中的作用"。共发表相关文章10多篇，其中，SCI收录5篇，培养了研究生10名（图10）。资源圃为该树种的深入研究提供了植物材料和基础数据。

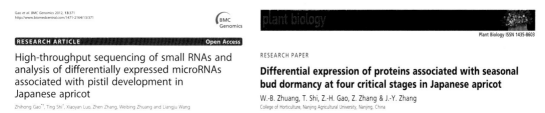

图10 SCI收录的部分文章标题

典型案例二

"龙眼"是我圃较早收集和评价的品种之一，该品种完全花比例高，丰产性强，目前作为福建的主栽品种。近年来，随着果梅的营养和保健价值被开发和认识，作为加工企业的原料品种之一，2015年的收购价为5元左右，经济效益显著。其中，果梅加工企业溜溜果园集团是一家致力于果品加工、销售、科研于一体的现代化企业集团，国家级农业产业化龙头企业，下辖安徽溜溜果园集团有限公司、福建溜溜果园食品有限公司等，占地面积30万m²。溜溜果园旗下自主品牌有"溜溜梅""小番仔""吾爱""热带风情"等系列产品，其中，以青梅为原料的精加工品"溜溜梅"是其旗下的主打产品（图11）。资源圃为其提供了品种资源、栽培技术和文化方面的资料信息，从而促进了果梅产业的健康发展。

图11　果梅资源圃成员和相关专家到溜溜果园公司交流

典型案例三

2012—2015年参与国家公益性行业（农业）科研专项《杨梅产业化关键技术研究与示范》项目和省科技支撑项目《江苏优质、大果杨梅新品种选育》等，对筛选的6个优良单株进行观察，建立新品种基地35亩，高效栽培示范基地300亩（图12），亩产800kg，优质果率80%，2013—2015年平均售价每千克30元，每亩经济效益达1.5万元左右。

图12　新品种示范和高效栽培技术示范基地

三、展望

1. 项目实施过程中存在的主要问题及解决措施

（1）种质收集工作。种质资源涉及范围比较广，随着产业进程发展，城镇化进程的加快，许多种质面临流失。解决措施是进一步加大收集力度，下一步将继续加强与产区科技工作者联系，采用交换或购买等方式加强种质的收集工作。

（2）种质资源的保存方式问题。果梅、杨梅均是多年生果树，目前主要通过无性系田间保存，田间保存不可避免的会受到恶劣环境的影响，部分种质会损失。目前解决措施是加强更新，争取多点备份。

（3）种质鉴定问题。果梅、杨梅是多年生果树，从外地引入种质后，始果期较长，要全部掌握该种质在资源圃的性状，需要一定时间。解决措施主要是加强管理，采取前控后促技术，提高种质结果，便于开展果实性状鉴定工作。

（4）资源共享问题。目前主要是为协会内单位提供材料，下一步将扩大宣传，为更多的单位服务。同时，让更多的公众了解到种质资源保护的重要性。

（5）劳动力问题。种质资源田间管理需要劳动力，但随着社会经济的发展，人力成本越来越高，现有经费难以支撑目前资源圃的日常人工管理经费需求。目前解决措施一是积极争取省、市等部门对资源圃的支持；二是单位自筹；三是争取提高机械化生产管理水平，减少用工。

2. 建议

（1）在可能的情况下提高经费支持力度，主要是人工经费。

（2）希望能支持种质备份库的建设。

（3）项目经费早一些下拨，以便更合理使用。

3. 展望

在广泛收集、妥善保存果梅、杨梅种质资源的基础上，以先进、规范的技术体系为支撑，对果梅、杨梅种质资源进行深入研究。通过形态特征、经济性状和分子水平进行果梅、杨梅种质资源的评价和鉴定，并利用分子标记辅助进行亲本选择和后代的早期鉴定，开展基因工程育种。为国内外科研院所提供种质资源，以促进杨梅产业的较快深入发展，建立果梅、杨梅种质资源圃规范管理和资源共享利用制度，完善项目管理体系。

附录：获奖成果、专利、著作及代表作品

获奖成果

1. 梅种质资源收集和创新利用，2013江苏省科技进步三等奖。

2. 苏州地方特色果茶新品种选育与示范，获2013年度苏州市科学技术进步三等奖。

3. 地方特色水果种质创新与高效栽培技术推广，获2012—2013年度江苏省农业丰收奖二等奖。

新品种

黄颖宏，郜红丽，叶利发，俞文生，郭志海，等.杨梅新品种"紫晶"，鉴定编号：苏鉴果201201。

专利

1. 高志红，邵静，章镇，蔡斌华. 一种果梅果实浸提液的提取方法和应用. CN201110322351.0. 南京农业大学. 2012-06-20。

2. 高志红，庄维兵，章镇，王真. 一项果树季节性休眠解除的技术. CN201310162772.0 南京农业大学 2015-09-16。

主要代表作品

黄颖宏，邱学林，俞文生. 2012. 苏州杨梅种质资源现状及利用前景[J]. 现代园艺，（3）：20.

倪照君，廖雪竹，顾林平，等. 2015. 杨梅地方品种'浪荡子'组培快繁体系建立[J]. 中国南方果树，5（44）：59-62.

孙海龙，宋娟，高志红，等. 2014. 果梅PmKNAT2基因全长cDNA克隆及表达分析[J]. 中国农业科学，47（17）：3 444-3 452.

俞文生，郭志海，张林，等. 2012. 江苏杨梅部分品种的ISSR分析[J]. 安徽农业科学，40（28）：13 731-13 733.

Gao Z H*，Wang P P，Zhuang W B，et al. 2013. Sequences Analysis of New S-RNase and SFB alleles in Japanese Apricot（Prunus mume）[J]. Plant Molecular Biology Reporter，31：751-762.

Gao Z H*，Zhuang W B，Wang L J，et al. 2012. Evaluation of Chilling and Heat Requirements in Japanese Apricot with Three Models[J]. HORTSCIENCE，47（12）：1-6.

Gao Z H*，Shi T，Luo X Y，et al. 2012. High-Throughput Sequencing of small RNAs and Analysis of Differentially Expressed microRNAs Associated with Pistil Development in Japanese apricot[J]. BMC Genomics，（13）：371.

Song J，Gao Z H*，Huo X M，et al. 2015. Genome-wide identification of the auxin response factor（ARF）gene family and expression analysis of its role associated with pistil development in Japanese apricot（Prunus mume Sieb.et Zucc）[J]. Acta Physiol Plant，37：145.

Wang P P，Shi T，Zhuang W B，et al. 2012. Determination of S-RNase genotypes and isolation of four novel S-RNase genes in Japanese apricot（Prunus mume Sieb. et Zucc.）native to China[J]. Journal of Horticultural Science & Biotechnology，87（3）：266-270.

附表1　2011—2015年期间新收集入中期库或种质圃保存情况

填写单位：南京农业大学

联系人：高志红

作物名称	目前保存总份数和总物种数（截至2015年12月30日）				2011—2015年期间新增收集保存份数和物种数			
	份数		物种数		份数		物种数	
	总计	其中国外引进	总计	其中国外引进	总计	其中国外引进	总计	其中国外引进
果梅	40	10	1	1	27	10	1	1
杨梅	30	0	1	0	25	0	1	0
合计	70	10	2	1	52	10	2	1

附表2 2011—2015年期间项目实施情况统计

一、收集与编目、保存			
共收集作物（个）	2	共收集种质（份）	52
共收集国内种质（份）	42	共收集国外种质（份）	10
共收集种子种质（份）		共收集无性繁殖种质（份）	52
入中期库保存作物（个）		入中期库保存种质（份）	
入长期库保存作物（个）		入长期库保存种质（份）	
入圃保存作物（个）	2	入圃保存种质（份）	70
种子作物编目（个）		种子种质编目数（份）	
种质圃保存作物编目（个）	2	种质圃保存作物编目种质（份）	70
长期库种子监测（份）			
二、鉴定评价			
共鉴定作物（个）	2	共鉴定种质（份）	91
共抗病、抗逆精细鉴定作物（个）		共抗病、抗逆精细鉴定种质（个）	
筛选优异种质（份）	14		
三、优异种质展示			
展示作物数（个）	2	展示点（个）	9
共展示种质（份）	39	现场参观人数（人次）	3 872
现场预订材料（份次）			
四、种质资源繁殖与分发利用			
共繁殖作物数（个）	2	共繁殖份数（份）	150
种子繁殖作物数（个）		种子繁殖份数（份）	
无性繁殖作物数（个）	2	无性繁殖份数（份）	150
分发作物数（个）	2	分发种质（份次）	260
被利用育成品种数（个）	1	用种单位数/人数（个）	12/22
五、项目及产业等支撑情况			
支持项目（课题）数（个）	10	支撑国家（省）产业技术体系	3
支撑国家奖（个）		支撑省部级奖（个）	2
支撑重要论文发表（篇）	5	支撑重要著作出版（部）	

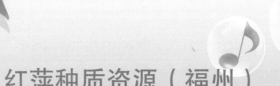

红萍种质资源（福州）

徐国忠　黄毅斌　郑向丽　王俊宏　林永辉

（福建省农业科学院农业生态研究所，福州，350013）

一、主要进展

1. 收集引进

"十二五"期间新收集和入种质圃保存红萍种质资源12份，其中，从瑞典引进1份，从云南省收集2份、上海市收集1份、武汉市收集1份，江西省1份、浙江省1份、选育新品系5份。新收集的红萍种质具有产量高、抗逆性强等特点，有望在废水污染治理等应用方面取得好的效果。

2. 鉴定评价

按照植物种质资源共享平台建设的相关标准和规范，对现有的505份红萍种质资源进行了编目。完成了70份红萍种质资源的鉴定评价，相关数据已经提交到中国农业科学院作物科学研究所国家种质信息中心。目前鉴定评价的70份红萍种质资源都为覆瓦状满江红，是中国的本地种，适于在中国各个地方种植，这些红萍的耐热性都较强，可为夏季红萍的生产提供品种保障。

3. 分发供种

"十二五"期间，共为福建师范大学、中国农业大学、华南农业大学、福建省海洋与渔业厅、上海大学、福建省莆田农业科学研究所、中山大学、浙江省农业科学院、福建省南平农业科学研究所、云南省农业科学院、福建省农业科学院甘蔗研究所等科研院所提供细绿萍、墨西哥萍、卡州萍、小叶萍、回交萍等红萍种质200多份，保障其科研工作的顺利进行；同时还为江苏省镇江天成畜牧科技有限公司、福建长汀枫林生态农业有限公司、福建满堂香生态农业有限公司等一些企业及农民提供红萍100份左右，进行推广利用，取得显著的经济效益和生态效益。

4. 安全保存

建立红萍品种资源多级保存体系，采用茎尖组培、温室培养、网室培养三套保存方法保存了505份红萍种质资源。红萍种质资源每年都进行更新1次，其中，茎尖培养保存培养基更换时间为每半年更换1次，更换时取生长良好的萍体数朵进行更新繁殖；网室和温室每年更换1次培养土，网室换土时从温室取生长健壮的萍体到网室进行更新保存；温室换土时也取数朵生长健壮的萍体进行繁殖更新。

二、主要成效

红萍种质资源在新品种选育、研究生培养等科学研究及稻田生产上应用等方面都取得显著的成效，主要成效如下。

1. 新品种选育方面

2015年，选育的"闽育1号小叶萍"（*Azolla microphylla* Kaulfus cv.MINYU 1）通过国家草品种委员会审定（图1）。

"闽育1号小叶萍"是以小叶萍（抗热性强，结孢性能稳定，结孢率高，雌孢子果多，但抗寒性较差）为母本，细绿萍（抗寒性强，丰产性好，固氮能力强，具湿生习性，结孢率高，营养丰

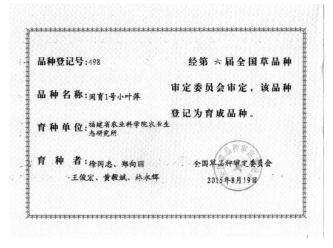

图1　选育"闽育1号小叶萍"证书

富，耐盐性强，但抗热性差）为父本进行有性杂交选育而成。闽育1号小叶萍，植株多边形，平面浮生或斜立浮生于水面，萍体大小为10mm×20mm，背叶长椭圆型，背叶表面突起细短，腹叶白或绿。闽育1号小叶萍具有以下特性：①抗寒性强：0℃以上均可生存，气温5℃开始生长。②抗热性强：40℃以下均可生存，气温35℃以下可以正常生长。③耐盐性：可在0.6%的盐浓度下生长。④生产速度快，产草量高：适宜生长温度10～30℃，繁殖快，产量高，在福州地区1年可生长260d左右，年产鲜萍70万kg/hm²以上，是对照覆瓦状萍（覆瓦状满江红）的1.5～3倍。⑤无性繁殖：以侧枝断裂形式进行无性繁殖。⑥群体产量高：在萍体密集群居条件下，表现出比单生和散生更强的繁殖速度。

2. 科学研究方面

"十二五"期间，与福建师范大学陈祖亮教授共同培养硕士研究生1名，论文题目为"纳米颗粒对红萍富集水体中重金属的影响"，研究红萍在纳米二氧化钛颗粒存在下对溶液中Cu（II）与Cr（VI）的富集能力（图2）。结果表明，随着纳米二氧化钛颗粒浓

度由0，50mg/L，150mg/L增加至300mg/L时，卡洲萍对Cu（Ⅱ）与Cr（Ⅵ）的富集量都减少，当纳米二氧化钛浓度为300mg/L时，卡洲萍对Cu（Ⅱ）的富集量下降了51%，而对阴离子Cr（Ⅵ）的定集量仅下降了15%。研究表明，在纳米二氧化钛颗粒存在的条件下，其影响卡洲萍富集阴阳离子Cu（Ⅱ）与Cr（Ⅵ）的机制是相同的，而影响的大小是随着卡洲萍本身对不同重金属富集能力的不同而不同。

图2　发表具有影响力的论文

国家红萍种质圃还对项目的研究起到了支撑作用。国家红萍种质圃主要支撑的项目有：国家"863"项目"空间生命生态保障系统研究"、农业部公益性行业科研专项"福建山地绿肥及红萍资源利用技术及示范"、福建省属公益类科研院所基本科研专项"基于数据挖掘的红萍品种资源研究"、"红萍种质资源的C、N、P生态化学计量特征研究"等。

3. 生产上应用方面

"稻萍鱼"生产模式得以在生产上推广应用，同时还制订了地方标准稻萍鱼生产技术规程。

"稻萍鱼"生产模式下，虽然因为挖鱼塘而损失了部分面积，但由于"稻萍鱼"生产模式下能促进水稻生产，水稻生产更壮，单位面积内的产量得以提高，因此，在挖制10%左右的鱼塘面积下，"稻萍鱼"生产模式下水稻不会减产。同时由于"稻萍鱼"模式下生态环境得以改善，杂草病虫害得以控制，又有红萍和鱼粪便的有机肥施入稻田，因此稻米总的品质得以提升。稻田土壤由于有了绿肥红萍分解及鱼的过腹还田作用，土壤有机质及N养分得以大大提高。

研究表明，"稻萍鱼"生产模式下，通过加高稻田水位10cm，可利用鱼的取食作用消除病虫害，水稻生产过程中不使用农药；"稻萍鱼"生产模式下水稻产量不会下降，稻米品质得以提升，其稻米垩白粒率和垩白度分别为10.1%和2.6%，都极显著（P < 0.01）低于常规水稻生产区（垩白粒率为32.2%、垩白度为10.6%）；"稻萍鱼"生产模式下，稻田土壤有机质提高65.96%、全氮提高74.27%、全磷提高39.33%、碱解氮提高54.51%、有效磷提高90.51%，都极显著（P < 0.01）高于常规水稻生产区；"稻萍鱼"生产模式对水稻田杂草、病虫害都具有很好的防治作用，"稻萍鱼"模式区比常规水稻生产区杂草量减少80.33%（图3、图4和图5）。

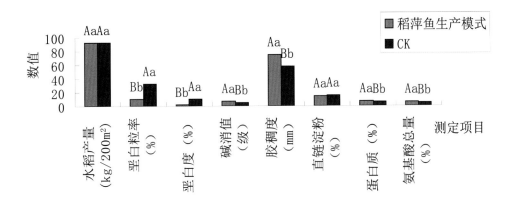

图3　稻萍鱼生产模式水稻产量及稻米品质

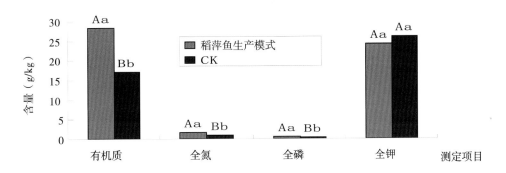

图4　稻萍鱼生产模式稻田土壤养分1

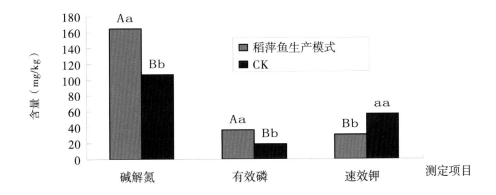

图5　稻萍鱼生产模式稻田土壤养分2

图6 "稻萍鱼"生产模式—放鱼　　　　图7 "稻萍鱼"生产模式—验收

三、展望

红萍，是一种蕨藻共生的固氮植物，在中国传统农业作为水生绿肥、饲料或饵料已有几千年的历史。红萍在生产中的应用已取得巨大的经济、社会和生态效益。新中国成立以来红萍作为水生绿肥在全国推广，1977年红萍的养殖面积已达7万亩，1978年以后，红萍的应用面积不断扩大并日趋多样化，1980年起"稻-萍-鱼"等红萍综合利用模式得到大面积的推广，至20世纪90年代中期，全国每年推广"稻-萍-鱼"模式达百万亩，新增稻谷3 000多万kg，新增产值2亿多元。20世纪80年代，由于化肥的大量使用，红萍作为绿肥的应用逐渐减少，红萍主要以"稻萍鱼、稻萍鸭、稻萍螺蟹"等生态农业模式进行利用。近年来，化肥使用带来土壤质量下降的问题已得到人们普遍的认识，绿肥等有机肥使用的好处也逐渐得以体现，同时绿色、有机食品的生产也呼唤使用更多的有机肥，相信将来，红萍等绿肥的使用必将迎来新的春天。

附录：获奖成果、专利、著作及代表作

品种审定

闽育1号小叶萍，通过2015年全国草品种审定委员会审定. 完成人：徐国忠、郑向丽、王俊宏、黄毅斌、林永辉。

地方标准

制定福建省地方标准1项，稻萍鱼生产技术规范. 起草人：徐国忠、郑向丽、王俊宏、林永辉、应朝阳、黄毅斌、翁伯琦、柯碧南、叶花兰。

专利

1. 徐国忠，郑向丽，叶花兰，等. 红萍品种保存方法，专利号：ZL201010583023.1（批准时间：2012年4月）。

2. 郑向丽，徐国忠，王俊宏，等. 温室红萍种质资源防混杂装置及保存方法，专利号：ZL

2013103333732.8（批准时间：2014年11月）。

3. 郑向丽，徐国忠，王俊宏，等.一种植物盆栽防混杂装置，专利号：201320469857.9（批准时间：2014年1月）。

4. 王俊宏，徐国忠，郑向丽，等.室外红萍保种装置，专利号：201320513708.8（批准时间：2014年2月）。

5. 王俊宏，徐国忠，郑向丽，等.室外红萍保种方法，专利号：ZL 2013 1 0368116.6（批准时间：2015年8月）。

6. 黄毅斌，陈敏，杨有泉，等.便携式红萍活性保存装置，专利号：201320404428.3（批准时间：2014年2月）。

7. 黄毅斌，陈敏，刘晖，等.红萍采集盒，专利号：201320404386.3（批准时间：2014年2月）。

8. 黄毅斌，陈敏，杨有泉，等.红萍活性保存箱及其保存液，专利号：ZL 2013 1 0285160.0（批准时间：2015年4月）。

9. 黄毅斌，陈敏，林永辉，等.野外红萍品种采集方法及其采集盒，专利号：ZL 201310285155.X（批准时间：2015年10月）。

10. 陈敏，黄毅斌，杨有泉，等.红萍种质资源保存装置，专利号：ZL 2013 1 0284635.4（批准时间：2015年4月）。

11. 陈敏，邓素芳，杨有泉，等.红萍生物净化沼液循环利用方法，专利号：ZL 2013 1 0408135.7（批准时间：2015年1月）。

附表1　2011—2015年期间新收集入中期库或种质圃保存情况

填写单位：福建省农业科学院农业生态研究所
联系人：徐国忠

作物名称	目前保存总份数和总物种数（截至2015年12月30日）				2011—2015年期间新增收集保存份数和物种数			
	份数		物种数		份数		物种数	
	总计	其中国外引进	总计	其中国外引进	总计	其中国外引进	总计	其中国外引进
红萍	505	351	7	7	12	1	3	1
合计	505	351	7	7	12	1	3	1

附表2 2011—2015年期间项目实施情况统计

一、收集与编目、保存			
共收集作物（个）	1	共收集种质（份）	12
共收集国内种质（份）	10	共收集国外种质（份）	1
共收集种子种质（份）	0	共收集无性繁殖种质（份）	12
入中期库保存作物（个）	0	入中期库保存种质（份）	0
入长期库保存作物（个）	0	入长期库保存种质（份）	0
入圃保存作物（个）	1	入圃保存种质（份）	505
种子作物编目（个）	0	种子种质编目数（份）	0
种质圃保存作物编目（个）	1	种质圃保存作物编目种质（份）	505
长期库种子监测（份）	0		
二、鉴定评价			
共鉴定作物（个）	1	共鉴定种质（份）	70
共抗病、抗逆精细鉴定作物（个）	1	共抗病、抗逆精细鉴定种质（个）	20
筛选优异种质（份）	3		
三、优异种质展示			
展示作物数（个）	1	展示点（个）	3
共展示种质（份）	505	现场参观人数（人次）	305
现场预订材料（份次）	106		
四、种质资源繁殖与分发利用			
共繁殖作物数（个）	1	共繁殖份数（份）	505
种子繁殖作物数（个）	0	种子繁殖份数（份）	0
无性繁殖作物数（个）	1	无性繁殖份数（份）	505
分发作物数（个）	1	分发种质（份次）	306
被利用育成品种数（个）	1	用种单位数/人数（个）	13 /85
五、项目及产业等支撑情况			
支持项目（课题）数（个）	5	支撑国家（省）产业技术体系	1
支撑国家奖（个）	0	支撑省部级奖（个）	0
支撑重要论文发表（篇）	10	支撑重要著作出版（部）	0

食用菌种质资源

张金霞　黄晨阳　陈　强　邬向丽　高　巍

（中国农业科学院农业资源与农业区划研究所，北京，100081）

一、主要进展

1. 收集引进

"十二五"期间新收集种质355份，其中，从荷兰、日本等地引进糙皮侧耳、杏鲍菇、肺形侧耳等共计64份，新增物种个数9个。白灵菇是我国特有珍稀食用菌，主要分布在新疆，随着环境日益恶化，野生白灵菇数量逐年减少，因此，我们投入了大量的精力，收集了252份野生白灵菇，占新收集种质的71%（表1）。其他新收集的菌株主要以具有优异农艺性状的栽培菌株为主，共计90份，占新收集种质的25%，此外，还收集了荷兰CBS菌种保藏中心的一些侧耳属菌株，用于侧耳属系统发生关系研究。

表1　2011—2015年间收集菌种统计

收集种类	收集份数	其中国外引进份数	新增物种个数
糙皮侧耳	24	5	0
秀珍菇	4	0	0
香菇	1	0	0
毛木耳	1	0	0
白灵菇	252	0	0
双孢蘑菇	4	0	0
金针菇	3	0	0
杏鲍菇	27	26	0
肺形侧耳	6	5	0
大幕侧耳	2	2	0
黄伞	1	0	0
金福菇	2	0	0
大球盖菇	1	0	0
桃红侧耳	3	3	0
泡囊侧耳	3	3	0
白黄侧耳	6	5	0
金顶侧耳	2	2	0
Pleurotus abieticola	2	2	0

（续表）

收集种类	收集份数	其中国外引进份数	新增物种个数
Pleurotus subareolatus	1	1	1
Pleurotus purpureo-olivaceus	2	2	2
Pleurotus populinus	1	1	1
Pleurotus opuntiae	2	2	2
Pleurotus bursiformis	2	2	2
Pleurotus australis	2	2	0
Pleurotus albidus	1	1	1
总计	355	64	9

2. 鉴定评价

"十二五"期间我们对白灵菇、阿魏菇、平菇等共计64份菌株进行了分类学地位、生物学特性及农艺性状的鉴定。野生白灵菇和阿魏菇主要分布在我国新疆地区，在野生条件下，两者的子实体形态特征极为相似，肉眼不能区别。我们通过分子标记COI、和ITS、mtSSU-rDNA的V4、V6和V9区域、ef1α、rpb2部分序列分析，结合交配试验、栽培试验，对库存野生白灵菇和阿魏菇进行了鉴定，发现多数白灵菇的菌盖为白色或乳白色，菌丝稀疏、生长速率快，菌落舒展，而多数阿魏菇的菌盖为浅米黄色或米黄色，菌丝浓密、生长缓慢，菌落局限。白灵菇子实体形态较阿魏菇好，生产上应用较多，可是前者生长周期较长，我们在研究中发现一株白灵菇，生长周期较普通品种缩短1/3，这将极大的减少栽培中的能耗，增加产量，具有极好的应用前景。

平菇是商品的俗称，主要包括了糙皮侧耳、白黄侧耳、佛州侧耳等3种，尚有少量的肺形侧耳、金顶侧耳、泡囊侧耳等数种。平菇子实体形态相似，且随环境条件有较大变化，因此对平菇类各种的鉴定需要结合分子生物学标记及农艺性状综合评价。通过ITS测序及COI标记的鉴定，我们对44份平菇进行了分类鉴定，并对其菌丝生长情况、子实体形态、质地、颜色、产量、耐高温性等农艺性状进行了鉴定，筛选出了8个优异品种，如表2所示，部分品种子实体形态如图1所示。

表2 优异平菇品种及其性状

菌株号	温型	子实体形态	子实体颜色	优点
328	低温	覆瓦状丛生，朵型中等大，呈扇状，偏生	暗黄褐色	肉厚，质地紧实
599	广温耐高温	放射状丛生，朵型小至中等，偏生	灰色	出菇早，转潮快，产量高，耐高温

（续表）

菌株号	温型	子实体形态	子实体颜色	优点
499	高温	放射状丛生，朵型中等，侧生	暗黄褐色	产量高，出菇快，耐黄斑病，子实体质地紧密，口感脆嫩
3763	广温	覆瓦状丛生，中等至较大，菌盖扇状	深灰色	不易感染黄斑病
388	广温	散装丛生，朵型小至中等，侧生	灰色	转潮快，菇型好，不易感染黄斑病
585	广温	覆瓦状丛生，菌盖中央凹、边缘向下弯，偏生	乳白色	高温下产量高
419	广温耐高温	覆瓦状丛生，菌柄粗短，近侧生	浅黄褐色	质厚，产量高
403	广温耐高温	覆瓦状丛生，菌盖直径在7~21cm，边缘质薄，近侧生	浅黄褐色	产量高，不易感染黄斑病

图1 优异品种子实体图片（左上：388，右上：419，左下：599，右下：3763）

3. 分发供种

"十二五"期间，共计给48家单位分发428份菌种（表3），其中，平菇（含糙皮侧耳、肺形侧耳、秀珍菇、白黄侧耳、桃红侧耳等）273份，占分发总数的54.4%，白灵菇和阿魏菇40份，占9.3%，其他常见的食用菌（含香菇、双孢蘑菇、黑木耳、金针菇、草菇、滑菇等）87份，占20.3%。分发的菌种主要用于品种筛选和栽培示范（图2和图3），为国家食用菌产业技术体系、北京市食用菌创新团队、国家重点基础研究计划（973计划）、公益性农业行业科技等课题提供了原材料和强有力的支撑。

表3　2011—2015年间分发菌种统计

分发食用菌	份数	分发食用菌	份数
平菇	233	桃红侧耳	2
阿魏侧耳	25	*Pleurotus australis*	2
香菇	21	*Pleurotus citrinopileatus*	2
双孢蘑菇	19	灰树花	2
肺形侧耳	18	双环蘑菇	2
黑木耳	17	哥伦比亚侧耳	1
秀珍菇	15	红侧耳	1
白灵菇	15	金顶侧耳	1
金针菇	9	菌核侧耳	1
斑玉蕈	8	扇形侧耳	1
栎生侧耳	5	亚侧耳	1
刺芹侧耳	4	*Pleurotus rattenburyi*	1
泡囊侧耳	5	角质木耳	1
鸡腿菇	4	毡盖木耳	1
白黄侧耳	3	林地蘑菇	1
茶树菇	3	草菇	1
鲍鱼侧耳	2	滑菇	1
总计			428

图2　秀珍菇栽培图片

图3　杏鲍菇栽培图片

4. 安全保存

短期库菌种采用冰箱4℃保存，每年需转管2~3次，"十二五"期间共繁殖转管15 000多株次，保障了短期保藏菌种资源的正常运转，确保资源安全性。

长期库采用液氮超低温保藏，保藏菌株1 223个，6 000多份。课题组定期检查液氮罐的运行情况，保证隔氮式超低温保藏系统的正常，运行做好长期库的维护工作，所有入长期库的种质资源入库保藏一段时间后，每份种质都要抽出其中，一个备份检查其是否污染，确认其经活化仍能保持良好的生长状态。确保所有长期库保存的种质资源无污染，适宜液氮保存。

二、主要成效

"十二五"期间菌种主要分发给科研院所、大专院校用于科学研究及菌种选育，为国家食用菌产业技术体系、北京市食用菌创新团队、国家重点基础研究计划（973计划）、公益性农业行业科技等课题提供了原材料和强有力的支撑。

典型案例一

中国科学院微生物所对本单位分发的40株侧耳属真菌进行次级代谢产物分析，选择次级代谢产物丰富的金顶侧耳*P. citrinopileatus*和鲍鱼菇（泡囊侧耳）*P.cystidiosus*进行深入的活性物质研究。从金顶侧耳发酵物中分离获得了12个萜类化合物，其中，7个为新化合物。通过NMR、MS和X-ray单晶衍射等技术鉴定新化合物的结构。从鲍鱼菇发酵物中已分离鉴定了8个倍半萜化合物，其中，6个为新化合物（图4和图5）。另外，对6株金顶侧耳的活性物质进行了分析对比，确定了两个化学标识分子，为菌种的选育提供了化学标识。

图4　金顶侧耳活性次级代谢产物结构

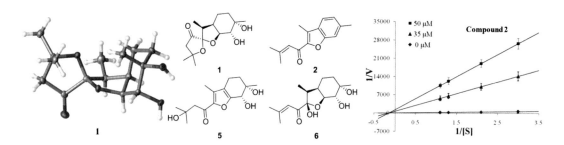

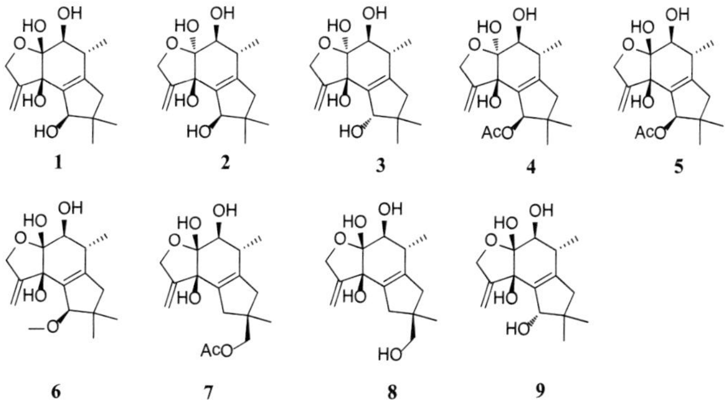

图5　鲍鱼菇活性次级代谢产物结构

典型案例二

分发多个平菇的品种供国家食用菌产业技术体系各试验站进行区域和季节栽培试验，最终确定主要示范品种为灰美2号（图6）和99（图7）。

平菇灰美2号、99：均为广温型品种，灰美2号出菇温度范围2～32℃，99出菇温度范围4～34℃。华北及以南地区基本上可全年栽培，但以秋冬季出菇品质最好，东北地区除冬季外，可以全年栽培适宜棉籽壳为主和玉米芯为主的栽培配方。夏季出菇小袋栽培（（17～18）cm×（35～37）cm），一头接种；其他季节出菇大袋栽培（（22～24）cm×45cm），两头接种。

在北京市示范栽培50万袋，石家庄市、牡丹江市、泰安市等地示范20万袋，目前已经成为北京市主要推广品种。

图6　灰美2号　　　　　　　　　　　　图7　99

三、展望

1.增加对丰富地区的考察和资源收集及保护的投入

我国食用菌野生资源虽然丰富，但近年来由于环境恶化、人为破坏等原因，一些中国特有的珍稀的野生食用菌数量急剧下降，建议对遗传多样性丰富地区增加考察次数，增加在资源收集和保护方面的投入，某些重要的野生资源分布区可以考虑建立保育区，加强对野生资源的保护。

2.建立专用的食用菌种质评价基地

食用菌农艺性状鉴定对出菇管理要求较高，目前没有专用的食用菌种质评价基地，目前采取的主要方式是与郊区农户合作，对农户技术水平依赖过大，管理困难，且不稳定，难以持久。

3. 食用菌无性繁殖的特点，造成同物异名情况比较严重，新收集的资源都要首先与库里菌株进行比对，排除同物异名菌株

但是分子标记也不是万能的，某些菌株通过现有的分子标记并不能分开的，其农艺性状却有明显不同，这给资源收集工作带来了较大困难。

4. 加快短期库菌种入液氮长期库保存进度

食用菌在转管繁殖过程中，部分菌种发生了退化，长速变缓甚至停止生长，有的菌种虽然菌丝长势良好，但在栽培实践中退化严重，这种现象是食用菌普遍存在的现象，退化的机理不清，这给我们菌种保藏工作带来了极大的困难。应加快短期库菌种入液氮长期库保存的进度。

5. 现有菌种数据库亟待完善升级

现有数据库涵盖中文学名、拉丁学名等基本信息，未能将农艺性状、分子试验、分发记录等结果标注到每个菌株后。亟待将现有数据库字段扩充和修改。

附录：获奖成果、专利、著作及代表作品

获奖成果

食用菌菌种资源及其利用的技术链研究与产业化应用，获2015年农业部科技进步奖一等奖。

专利

张金霞，黄晨阳，陈强，高巍. 一种猴头菇，专利号：ZL 2011 1 0265993.1，批准时间：2013年9月。

著作

黄晨阳，张金霞. 2012. 国家食用菌标准菌株库菌种目录[M]. 北京：中国农业出版社.

张金霞，黄晨阳，胡小军. 2012. 中国食用菌品种[M]. 北京：中国农业出版社.

主要代表论文

叶翔，黄晨阳，陈强，等. 2012. 中国主栽香菇品种SSR指纹图谱的构建[J]. 植物遗传资源学报（6）：1067-1072.

附表1　2011—2015年期间新收集入中期库或种质圃保存情况

填写单位：中国农业科学院农业资源与农业区划研究所

联系人：张金霞

作物名称	目前保存总份数和总物种数（截至2015年12月30日）				2011—2015年期间新增收集保存份数和物种数			
	份数		物种数		份数		物种数	
	总计	其中国外引进	总计	其中国外引进	总计	其中国外引进	总计	其中国外引进
食用菌	1 336	249	118	89	355	64	9	9
合计	1 336	249	118	89	355	64	9	9

附表2　2011—2015年期间项目实施情况统计

一、收集与编目、保存			
共收集作物（个）	1	共收集种质（份）	355
共收集国内种质（份）	291	共收集国外种质（份）	64
共收集种子种质（份）		共收集无性繁殖种质（份）	
入中期库保存作物（个）		入中期库保存种质（份）	
入长期库保存作物（个）		入长期库保存种质（份）	1 223
入圃保存作物（个）		入圃保存种质（份）	
种子作物编目（个）		种子种质编目数（份）	110
种质圃保存作物编目（个）		种质圃保存作物编目种质（份）	
长期库种子监测（份）			
二、鉴定评价			
共鉴定作物（个）	1	共鉴定种质（份）	64
共抗病、抗逆精细鉴定作物（个）		共抗病、抗逆精细鉴定种质（个）	
筛选优异种质（份）	8		
三、优异种质展示			
展示作物数（个）		展示点（个）	
共展示种质（份）		现场参观人数（人次）	
现场预订材料（份次）			
四、种质资源繁殖与分发利用			
共繁殖作物数（个）	1	共繁殖份数（份）	15 247
种子繁殖作物数（个）		种子繁殖份数（份）	
无性繁殖作物数（个）	1	无性繁殖份数（份）	15 247
分发作物数（个）	1	分发种质（份次）	440
被利用育成品种数（个）		用种单位数/人数（个）	48/245
五、项目及产业等支撑情况			
支持项目（课题）数（个）	5	支撑国家（省）产业技术体系	国家食用菌产业技术体系、北京市食用菌创新团队
支撑国家奖（个）		支撑省部级奖（个）	1
支撑重要论文发表（篇）	1	支撑重要著作出版（部）	2

绿肥作物种质资源

白金顺　曹卫东

（中国农业科学院农业资源与农业区划研究所，北京，100081）

一、主要进展

1. 收集引进

我国绿肥种质资源工作严重滞后导致绿肥品种创新不足是恢复发展绿肥、适应现代农作制度变革的关键瓶颈，"十二五"期间，坚持"广泛收集，加强引进"的原则，通过野外考察，从安徽、福建等省累计收集野生绿肥作物种质资源141个，主要包括野豌豆、苕子、紫云英、草木樨、箭筈豌豆、决明等15个种类；通过国际交流，从国外引进作物种质资源556份，主要包括绿豆、豌豆、山黧豆等5个种类（图1、图2和图3）。截至2015年12月，绿肥种质资源中期库共保存种质2 550份，其中，国外引进1 422份，物种数123个，其中，国外引进物种数16个，有效夯实了绿肥种质资源基础。

图1　野生紫云英，采集于湖南省岳阳君山，早花、耐渍　　图2　二月兰，采集于黑龙江，耐寒、自繁能力强　　图3　毛叶苕子，采集于安徽固镇，中熟、高产、抗寒

2. 鉴定评价

"十二五"期间，针对绿肥作物填闲、倒茬的实际需要，采取稳定开展常规鉴定与重点开展特异性状鉴定相结合的方式，在甘肃、青海和贵州对325份北方冷凉型、短期速生型和南方越冬型豆科绿肥资源开展了常规鉴定工作，每个资源获得了连续两年的形态特征、生物学特性和品质特性等性状数据20～25条，同时，通过特异性状鉴定，筛选获得适应西北冷凉地区早发性好、生长快、产量高毛叶苕子优异资源1个，适应南方稻区"早花、适产、高养分"紫云英优异资源4个，能潜在解决南方稻区及西北冷凉区绿肥生产中面临的水稻接茬绿肥品种缺乏、麦后复种长期局限于农家品种的瓶颈问题。

3. 分发供种

"十二五"期间，以绿肥行业专项项目全国试验网为重点并向社会公益开展了大规模的资源分发工作，累积分发资源3 734余份次，开展田间展示服务35次，接待2 932人次，技术培训19次，培训2 005人次。通过绿肥资源的大规模分发、展示和培训，为适应我国不同区域和不同农作制度优异绿肥品种的筛选与选育提供了资源保障，对于抢救性挖掘我国绿肥种质资源具有重要意义，同时也有力支撑了全国绿肥的快速恢复和提高了社会认知（图4和图5）。

图4　田间展示（青海，2014年11月14日）　　　图5　野田间展示（甘肃，2014年7月5日）

4. 安全保存

"十二五"以来，采取田间资源圃与室内资源库相结合的办法，有力保障资源繁殖更新工作的顺利开展。在西北、华北和南方等不同生态区完善田间资源圃4个，面积合计10 000余m²，累计完成了绿肥中期库1 048份次资源的繁殖更新（图6和图7）；种质资源室内低温保存设施面积20m²，资源保有量2 550份，并建立了绿肥作物种质资源ACCESS数据库，实现了资源管理的科学化和规范化，有力提升了中期库的资源管理、服务效率。

图6　品种资源圃　　　　　　　　　　　图7　野生绿肥品种资源圃

二、主要成效

传统优良绿肥作物品种退化、消亡和现有品种难以适应现代农作制需求是生产中长期稳定发展绿肥的关键限制因素，绿肥中期库资源的有效分发为绿肥作物新品种选育提供了重要支撑。

1. 提供并培育优良品种

（1）成效一：青海省耐寒、抗旱绿肥作物毛叶苕子新品种的选育与示范。以资源库提供的苏联毛苕为群体，选育适应青海地区早发性好、生长快、产量高毛叶苕子优良品种1个，该品种已于2015年1月20日经青海省农作物品种审定委员会审定通过，定名为"青苕1号"（图8）。

区域试验及生产试验结果表明，"青苕1号"较当地青海毛苕具有产草量高（平均增加14.8%），生育期短（平均提前10d），籽粒产量高（平均增加36.7%）的特点。推广麦后复种毛叶苕子模式面积5 000hm²，示范区主栽作物产量提高10%～15%，节肥20%～30%。在农牧结合区可提供大量优质饲草，每亩价值200元以上（图9）。

图8　青苕1号　　　　　　　　　　　图9　小麦-毛叶苕子

（2）成效二：湖南省抗逆、广适紫云英绿肥新品种的选育与示范。以国家库45份资源为基础，开展"湘紫"系列紫云英新品种的选育，新选育适应湖南省"早花、适产"紫云英新品种3个，分别于2014年（"湘紫1号""湘紫2号"）和2015年（"湘紫4号"）年通过湖南省农作物品种审定委员会审定登记。

多点试验表明，湘紫1，湘紫2，湘紫4号全生育期分别较当地紫云英品种湘肥2号平均缩短3～4d，4～6d和9d，成功解决了水稻移栽期提前的绿肥接茬难题（图10、图11、图12和图13）。在湖南省30多个县市累计推广38.1万亩，双季稻区种植可减少化肥用量20%～40%，提高稻谷产量10%～20%，每亩节约成本40～60元，增加效益150～250元。

图10　湘紫1号　　　图11　湘紫2号　　　图12　湘紫4号　　　图13 双季稻-紫云英

2. 人才队伍及其人才培养，以及成果及论文著作情况

（1）人才队伍及培养。直接参与保种项目的人员共有4个单位9人，青海省3人、甘肃省3人、中国农业科学院资源区划研发所2人、贵州省1人，其中，研究员3人。间接参与项目的包括绿肥行业项目的20多家参加单位，通过保种项目，进一步加强了绿肥资源在绿肥项目实施中的基础地位。另外，重点安排年轻同志参与，尤其是支持甘肃、青海对年轻同志的培养。其中，青海省农林科学院土壤肥料研究所韩梅通过几年的培养，能独立承担研究和示范工作。现为青海省农牧业创新平台岗位专家，并参与青海省重大攻关项目"海东粮改饲模式下的饲草产业关键技术集成与示范"中"箭筈豌豆和毛苕子"繁种技术研究任务。

（2）支撑成果4项。所支撑的科技成果"南方稻田绿肥-水稻高产高效清洁生产体系集成及示范"，获2012年度中国农业科学院科技成果一等奖；"稻田绿肥-水稻高产高效清洁生产体系集成及示范"，获2012—2013年度中华农业科技一等奖；"西北灌区绿肥高效农作体系及地力提升技术创新"获甘肃省科技进步二等奖；"紫云英新品种'信紫1号'选育及应用"获河南省科技进步三等奖。绿肥项目先后获得省部级科技奖励一等、二等奖，是绿肥作物历史上的重大突破。

（3）支撑论文20篇，中文19篇，英文1篇。

三、展望

现代农业中一类作物多种用途的现象普遍，特别是兼用型绿肥作物越来越多。绿肥作物除了传统意义上的肥田效果外，其生态环境以及轮作倒茬的作用越发重要，种植绿肥作物是调整种植制度、实现土地用养结合的重要环节。因此，当前的绿肥作物已经不完全是传统意义以肥田和养分供应为主要目的的绿肥作物，绿肥作物种质资源的收集整理也随之而有较大发展。

从事绿肥作物资源工作的有关人员多数非资源专业出身，专业素质较为欠缺，这也是目前绿肥保种工作的一大难题。资源采集和整理工作是一项基础性工作，不仅复杂，而且要求细致，对参试人员的基本素质要求较高。所以，加强业务培训十分重要。希望能有机会接受评价鉴定技术、图像采集技术、入库编目具体操作规程等培训。同时建议编写一部操作手册，对保种的整理、鉴定等工作，应当建立较统一的规范要求，尤其是对编目入库工作，应进一步规范操作程序、上交流程等具体要求。对长期库、中期库扩繁，也建议给出具体操作程序、上交流程规范要求。相关规范要求要具有可操作性。

"十二五"期间，绿肥资源在资源整理、更新等方面取得较大进展，但总体上新资源的储备不够，表现在一是野外收集资源种子量较少，扩繁较慢，且对资源特性了解不足；二是与境外资源研究保存相关机构联系较少，境外资源的引入严重缺乏。同时，对资源鉴定的手段较传统且精度不够和效率较低，导致优异资源的鉴定和挖掘滞后，这方面是以后需要进一步加强的方向。

绿肥作物资源面广，但应用面窄，给保种工作带来较大困难。单纯依靠保种项目开展搜集、鉴定、繁种，有一定难度。绿肥中期库"十二五"期间主要依托绿肥行业专项紧密结合进行，在行业专项中要求开展绿肥资源保种工作，在分发利用以及资源评价方面取得了一定成效。建议保种工作应当进一步与国家有关科技项目相结合。另外，在资源分发利用方面需要不断创新模式，近年来我们在甘肃省和青海省等地采用"科研+公司（推广单位）+农户"的资源分发推广模式取得良好成效。

附录：获奖成果、专利、著作及代表作品

获奖成果

1. "南方稻田绿肥—水稻高产高效清洁生产体系集成及示范"，获2012年度中国农业科学院科技成果一等奖。
2. "稻田绿肥—水稻高产高效清洁生产体系集成及示范"，获2012—2013年度中华农业科技一等奖。
3. "紫云英新品种'信紫1号'选育及应用"，获2013年度河南省科技进步三等奖。
4. "西北灌区绿肥高效农作体系及地力提升技术创新"，获2013年度甘肃省科学技术进步二等奖。

主要代表作品

韩梅，张宏亮，郭石生，等.2012.不同绿肥毛苕子品种农艺性状评价[J].广东农业科学，（18）：21-23.
韩梅，张宏亮，郭石生，等.2013.绿肥作物箭筈豌豆种质产量性状综合评价[J].作物杂志，（4）：67-69.
韩梅，张宏亮，曹卫东.2014.绿肥作物箭筈豌豆萌发期抗旱性研究[J].青海农林科技，（2）：1-4.
韩梅，马晓彤，曹卫东，等.2015.青海蚕豆根瘤菌的系统发育与多样性研究[J].青海大学学报，（5）：5-9.
卢秉林，包兴国，张久东，等.2015.甘肃箭筈豌豆种质资源评价[J].草业科学，32（8）：1296-1302.
邹长明，王允青，曹卫东，等.2015.高光合效率小豆筛选与营养价值评价[J].草业学报，24（7）：52-59.

附表1　2011—2015年期间新收集入中期库或种质圃保存情况

填写单位：中国农业科学院农业资源与农业区划研究所

联系人：白金顺，曹卫东

作物名称	目前保存总份数和总物种数（截至2015年12月30日）				2011—2015年期间新增收集保存份数和物种数			
	份数		物种数		份数		物种数	
	总计	其中国外引进	总计	其中国外引进	总计	其中国外引进	总计	其中国外引进
绿肥作物	2 550	1 422	123	16	680	556	59	5
合计	2 550	1 422	123	16	680	556	59	5

附表2　2011—2015年期间项目实施情况统计

一、收集与编目、保存

共收集作物（个）	15	共收集种质（份）	697
共收集国内种质（份）	141	共收集国外种质（份）	556
共收集种子种质（份）	697	共收集无性繁殖种质（份）	
入中期库保存作物（个）	15	入中期库保存种质（份）	697
入长期库保存作物（个）		入长期库保存种质（份）	
入圃保存作物（个）		入圃保存种质（份）	
种子作物编目（个）		种子种质编目数（份）	
种质圃保存作物编目（个）		种质圃保存作物编目种质（份）	
长期库种子监测（份）			

二、鉴定评价

共鉴定作物（个）	7	共鉴定种质（份）	325
共抗病、抗逆精细鉴定作物（个）	1	共抗病、抗逆精细鉴定种质（个）	102
筛选优异种质（份）	5		

三、优异种质展示

展示作物数（个）	28	展示点（个）	35
共展示种质（份）	3 734	现场参观人数（人次）	2 932
现场预订材料（份次）			

四、种质资源繁殖与分发利用

共繁殖作物数（个）	7	共繁殖份数（份）	470
种子繁殖作物数（个）	7	种子繁殖份数（份）	470
无性繁殖作物数（个）		无性繁殖份数（份）	
分发作物数（个）	28	分发种质（份次）	3 734
被利用育成品种数（个）	4	用种单位数/人数（个）	22/200

五、项目及产业等支撑情况

支持项目（课题）数（个）	5	支撑国家（省）产业技术体系	
支撑国家奖（个）		支撑省部级奖（个）	4
支撑重要论文发表（篇）	19	支撑重要著作出版（部）	

西藏农作物种质资源

廖文华

（西藏自治区农牧科学院农业研究所，拉萨，850000）

一、主要进展

1. 收集引进

共新收集与入库种质资源210份。其中，2014年新收集冬小麦中间材料48份、加查县紫青稞材料3份、半野生青稞资源2份；2015年开展了西藏自治区东南部雅鲁藏布江流域的林芝和昌都地区7个县14个乡镇的18个行政村和自然村的农作物生物资源多样性调查，共收集到8个科18个属1年生农作物资源样本97份，其中，禾本科47份（包括大麦及其半野生种13份、小麦及其近缘野生种9份、玉米8份、水稻7份、鸡爪谷5份、燕麦及其野生种3份、谷子2份）；豆科21份（其中，豌豆9份，大豆和花生各3份，其他食用豆类6份）；十字花科12份（其中，10份油菜、1份萝卜和1份芜根）；蓼科8份（苦荞7份，甜荞1份）；茄科6份（辣椒和马铃薯各3份）；百合科（葱）、胡麻科（芝麻）和苋科（籽粒苋）各1份，并对所有收集到的实物资源进行了图像采集和产量、品质、特用、特异性以及生境信息调查，对部分资源的生境进行了实地调查和图像采集。同时从内地院所新引进豌豆资源30份，燕麦资源30份，已经编目并入中期库保存。

2. 鉴定评价

截至2015年12月31日，已经完成了3 000份大麦种质资源的繁种、农艺性状的基本鉴定，100份油菜种质资源和700份小麦种质资源的基本农艺性状鉴定，同时观察鉴定了200份优异大麦种质资源的31个数量性状，主要包括出苗期、抽穗期、成熟期、幼苗生长习性、冬春性、分蘖力、叶耳颜色、叶片长度、叶片姿势、叶片颜色、茎叶蜡质、株型、株高、茎秆直径、单株穗数、穗姿、穗和芒色、棱型、穗长、穗密度、穗分枝、芒型、芒性、护颖宽窄、穗轴绒毛、每穗粒数、带壳性、籽粒颜色、籽粒性状、千粒重，并对每份资源进行不同生育期田间拍照采集了图片信息。与此同时还开展了6份深色青稞资源的品质分析与鉴定，筛选出了加工品质优异的"拉萨黑青稞"，该品种富含B-葡聚糖、膳食纤维和复合B族维生素等多种保健功能组分，具有调整血压、降胆固醇、增强免疫力和预防癌症等多种功能，对西藏深色籽粒青稞资源开展深入研究与开发利用将对提高青稞种植效益，促进西藏地方特色产业发展均有积极的推动作用。

3. 分发供种

2014—2015年共向全区5家科研单位、3家企业和2家社会团体提供5种农作物种质资源565份。这些资源大部分作为育种亲本利用，科研育种部门利用所提供的亲本材料共配置杂交组合240余份，小麦育种研究室利用提供资源育成并审定了春小麦新品种"藏春951"；同时作为加工原料品种进行利用，西藏圣科农业技术服务中心利用新育成的藏青2000品种开展种子加工与销售，2014年共加工销售"藏青2000"良种50万kg，销售单价6.4元/kg，实现销售收入320万元，提供大田生产种植6万余亩。西藏自治区农牧科学院《青稞红曲等系列食饮品开发与利用》项目组利用提供的深色籽粒青稞资源"拉萨黑青稞"作为原料品种并建设了原料基地，目前已成功开发出青稞红曲酒，并生产销售了3万瓶，市场每瓶定价260元，实现销售收入780万元。同时提供823M的资源品种信息供利用，其中，包括品种资源名称、产地、农艺性状、品质性状、图片，《西藏作物科学数据共享分中心运行服务》项目组通过提供的资源信息建设完成了西藏作物科学数据共享结点，将西藏农作物种质资源数据库实现互联网共享，形成了具有西藏地方特色的作物科学数据服务平台。共示范各类优异资源530亩，展示优异资源25份，得到了西藏自治区政府、推广部门和示范地农户的关注和好评。

4. 安全保存

共完成3 000份大麦、700份小麦和100份油菜种质资源的繁殖更新和入库保存，2015年在现有中短期的基础上，新建了种质资源保存长期库一座，设计保存温度-18 ℃±2℃，设计保存年限30～50年，保存容量3万份，该库的修建使西藏自治区农作物种质资源保存形成了由短期库、中期库和长期库3个方面组成的系统的种质资源库。完善了西藏自治区农作物种质资源保存体系，为更加科学、安全的保存西藏自治区特有珍稀农作物种质资源奠定了坚实的基础。

二、主要成效

典型案例一

服务对象：《西藏作物科学数据共享分中心运行服务》项目组。

服务方式：资源数据信息。

服务内容：提供了近年来整理和完善的种质资源数据库信息，由《西藏作物科学数据共享分中心运行服务》项目组建设完成了西藏作物科学数据共享结点。

解决的主要问题、取得的突出成效、产生的社会影响或受到的评价如下：

将西藏农作物种质资源数据库实现互联网共享，形成了具有西藏地方特色的作物科学数据服务平台。让区内外资源用户能通过网络充分了解西藏自治区种质资源保存和各资源的数据信息情况，并从中选出所需的各种基础资源。有效解决了西藏自治区以往由于信息通讯渠道不畅通所导致的资源用户不知道从哪里获取资源，平台拥有大量资源却无法找到更多的资源用户的现状，使平台能为用户提供更加便捷有效的资源服务（图1和图2）。

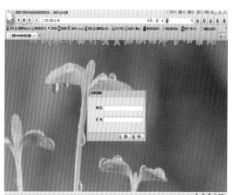

图1　内部管理系统界面

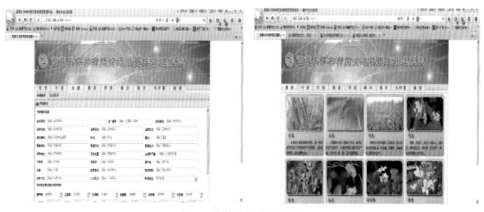

图2　外部查询系统界面

典型案例二

服务对象：《青稞红曲等系列食饮品开发与利用》项目组。

服务方式：实物资源服务。

服务内容：提供深色籽粒青稞资源。

解决的主要问题、取得的突出成效、产生的社会影响或受到的评价如下：

西藏自治区从2013年为《青稞红曲等系列食饮品开发与利用》项目组提供了6份深色

籽粒青稞资源进行选择，后又根据加工工艺要求最终确定优质青稞资源"拉萨黑青稞"作为原料品种，该品种富含B-葡聚糖、γ-氨基丁酸、膳食纤维和复合B族维生素等多种保健功能组分，具有较高的营养保健功效，该项目组利用该资源于2014成功开发出了青稞红曲酒、2015年又先后开发出了青稞红曲醋、青稞酥、青稞手工曲奇等系列产品，为促进西藏青稞深加工和特色产业发展发挥了重要作用（图3）。

图3　开发新型食品

典型案例三

服务对象：西藏圣科农业技术服务中心，2015年3月，拉萨市。

服务方式：实物资源服务。

服务内容：提供青稞新品种"藏青2000"。

解决的主要问题、取得的突出成效、产生的社会影响或受到的评价如下：

自2014年为西藏圣科种业提供了优质青稞资源"藏青2000"后，该公司利用该品种开展青稞良种加工与销售，生产规模逐年扩大，截至2015年共加工销售"藏青2000"良种

150万kg，实现销售收入960万元，同时为西藏自治区"藏青2000"的规模示范和推广提供了良种支撑，取得了较大的经济社会效益（图4）。

图4　优质青稞资源利用登记表

三、展望

1. 加强资源的精准鉴定

针对西藏种质资源库目前田间农艺性状的鉴定开展较多而品质、抗病、抗逆等精细鉴定不足的情况，课题组将通过各种渠道积极争取和申报资源精细和精准鉴定相关项目，使资源的鉴定与评价工作更加深入，为下一步提供更加精准的资源服务奠定基础，不断提高资源服务的能力。

2. 加强专业人才的培养与引进

西藏目前从事农作物种质资源收集保存的专业人员较为缺乏，尤其是开展野外资源考察收集时能够准确鉴别各类作物地方资源和野生近缘种名称种类的植物分类学人才还极为空缺。因此下一步必须在加大现有人员培训的基础上，引进相关技术人才以满足课题需求，同时加强与国内相关院所的合作与交流，利用他们的人才优势联合开展项目实施，在共同实施项目的过程中培养和锻炼本地技术人员。

3. 加强与内地院所的合作与交流

西藏目前与国内相关院所的合作与交流不足，资源的收集渠道与研究领域相对较单一，建议加强各保种单位的横向合作与交流，实现承担保种项目各单位各部门间的资源、信息、人才等的协作和共享，以不断提高和拓宽种质资源保护、利用和服务的深度和广度。

4. 加强国内外高原农作物种质资源的搜集与引进

西藏虽然目前保存的种质资源数量较多，但真正原产地为国内外高山高原地区的品质资源不多，优势不突出、特色不明显，下一步将有针对性地从国内外高山高原地区开展资源的引进与收集，使西藏逐步成为收集高原地区农作物种质资源种类最全、数量最多的地区之一。

附录：获奖成果、专利、著作及代表作

获奖成果

高产型春小麦新品种"藏春951"选育示范，获2014年度西藏自治区科技进步二等奖。

专利

一种从青稞中提取母育酚的办法，专利号：1429356（批准时间：2014年6月）。

主要代表作品

高小丽. 2016. 豌豆新品种藏豌1号的选育[J]. 现代农业科技，（2）：133-135.

张玉红. 2014. 大麦黑粉菌研究进展[J]. 大麦与谷类科学，（3）：1-4.

附表1　2011—2015年期间新收集入中期库或种质圃保存情况

填写单位：西藏自治区农牧科学院农业研究所

联系人：廖文华

作物名称	目前保存总份数和总物种数（截至2015年12月30日）				2011—2015年期间新增收集保存份数和物种数			
	份数		物种数		份数		物种数	
	总计	其中国外引进	总计	其中国外引进	总计	其中国外引进	总计	其中国外引进
2014	12 625	0	8	0	53	0	0	0
2015	12 782	0	21	0	157	0	13	0
合计	12 782	0	0	0	210	0	13	0

附表2　2011—2015年期间项目实施情况统计

一、收集与编目、保存			
共收集作物（个）	20	共收集种质（份）	270
共收集国内种质（份）	270	共收集国外种质（份）	0
共收集种子种质（份）	267	共收集无性繁殖种质（份）	3
入中期库保存作物（个）	21	入中期库保存种质（份）	12 782
入长期库保存作物（个）		入长期库保存种质（份）	
入圃保存作物（个）		入圃保存种质（份）	
种子作物编目（个）	21	种子种质编目数（份）	270
种质圃保存作物编目（个）		种质圃保存作物编目种质（份）	
长期库种子监测（份）			

（续表）

二、鉴定评价			
共鉴定作物（个）	3	共鉴定种质（份）	3 800
共抗病、抗逆精细鉴定作物（个）	0	共抗病、抗逆精细鉴定种质（个）	0
筛选优异种质（份）	3		
三、优异种质展示			
展示作物数（个）	6	展示点（个）	12
共展示种质（份）	25	现场参观人数（人次）	350
现场预订材料（份次）	1		
四、种质资源繁殖与分发利用			
共繁殖作物数（个）	3	共繁殖份数（份）	3 800
种子繁殖作物数（个）	3	种子繁殖份数（份）	3 800
无性繁殖作物数（个）	0	无性繁殖份数（份）	0
分发作物数（个）	5	分发种质（份次）	565
被利用育成品种数（个）	1	用种单位数/人数（个）	5
五、项目及产业等支撑情况			
支持项目（课题）数（个）	18	支撑国家（省）产业技术体系	2
支撑国家奖（个）		支撑省部级奖（个）	1
支撑重要论文发表（篇）	2	支撑重要著作出版（部）	